材料科學精要 第五版

Foundations of Materials Science and Engineering, 5e

William F. Smith
Late Professor Emeritus of Engineering of
University of Central Florida

Javad Hashemi, Ph.D.
Professor of Mechanical Engineering
Texas Tech University

著

趙宇強

中原大學物理學系

編譯

McGraw Hill

國家圖書館出版品預行編目資料

材料科學精要 / William F. Smith, Javad Hashemi 合著；趙宇強
編譯. – 三版. -- 臺北市：麥格羅希爾, 2017. 03
面； 公分. -- (機械工程叢書；ME013)
譯自：Foundations of materials science and engineering, 5th ed.
ISBN 978-986-341-308-0 (平裝)
1. 材料科學

440.2   106001419

機械工程叢書 ME013

材料科學精要 第五版

作　　　　者	William F. Smith, Javad Hashemi
編　譯　者	趙宇強
教 科 書 編 輯	許玉齡
企 劃 編 輯	陳佩狄
業 務 行 銷	李本鈞 陳佩狄 林倫全
業 務 副 理	黃永傑
出　版　者	美商麥格羅希爾國際股份有限公司台灣分公司
地　　　　址	台北市 10044 中正區博愛路 53 號 7 樓
讀 者 服 務	E-mail: tw_edu_service@mheducation.com
	TEL: (02) 2383-6000　　FAX: (02) 2388-8822
法 律 顧 問	惇安法律事務所盧偉銘律師、蔡嘉政律師
總經銷(台灣)	臺灣東華書局股份有限公司
地　　　　址	10045 台北市重慶南路一段 147 號 3 樓
	TEL: (02) 2311-4027　　FAX: (02) 2311-6615
	郵撥帳號：00064813
網　　　　站	http://www.tunghua.com.tw
門　　　　市	10045 台北市重慶南路一段 147 號 1 樓　TEL: (02) 2371-9320
出 版 日 期	2017 年 3 月（三版一刷）

Traditional Chinese Adaptation Copyright © 2017 by McGraw-Hill International Enterprises, LLC., Taiwan Branch
Original title: Foundations of Materials Science and Engineering, 5e ISBN: 978-0-07-352924-0
Original title copyright © 2010 by McGraw-Hill Education
All rights reserved.

ISBN：978-986-341-308-0

※著作權所有，侵害必究。如有缺頁破損、裝訂錯誤，請寄回退換

尊重智慧財產權！

本著作受銷售地著作權法令暨國際著作權公約之保護，如有非法重製行為，將依法追究一切相關法律責任。

編譯序
From the Translator

　　材料為萬物之母，掌握材料即能掌握萬物特性。唯有使用特性極佳的材料與控制精確的製程，才能擁有品質穩定的產品。對於材料的研究堪稱為科技發展進步的關鍵。

　　材料科學與工程即是一門能協助學子通往康莊大道的重要基礎學科。其內涵由基礎的物理與化學，延伸至各種工程應用。對於不同的應用，所選用的材料需具有不同的性質，而材料的微結構即是影響材料性質的重要因素之一。科學家與工程師需要有能力控制材料的製程，以掌握材料的微結構，進而影響材料的特性，最終能夠滿足特定的產品應用。

　　William F. Smith 與 Javad Hashemi 所著的 *Foundations of Materials Science and Engineering* 是一本對於材料科學與工程相關課程的重要知名教材。McGraw-Hill Education Taiwan 出版商考量國內為期一學期的材料科學與工程導論課程之需求，因此規劃出版此重要原文教材的精簡版譯書。本書內容涵蓋了金屬、聚合物、陶瓷與複合材料的結構、鍵結與缺陷等知識，以及材料的機械、光、電與磁特性。適合作為材料科學與工程導論課程的教材或參考書籍。

　　本書係於課餘之際完成，非常感謝 McGraw-Hill Education Taiwan 出版社的 Patty、Pearl 與 Ally 各方面的協助。本書雖經數次校稿，不足之處仍在所難免，敬祈各位先進惠予指教，感謝！

趙宇強

中原大學物理學系

關於作者
About the Authors

Javad Hashemi 是德州科技大學（Taxas Tech University）機械工程系教授，目前並擔任 Edward E. Whitacre 工程學院研究副院長。他於 1988 年自 Drexel 大學取得機械工程博士學位。他從 1991 年起，便在德州科技大學教授大學及研究所的材料與機械課程，同時也教授實驗課程。Hashemi 博士在材料的製造、結構與合成方面具有廣泛的研究背景。他目前的研究重點是在材料、生物材料及工程教育等領域。

已故的 **William F. Smith** 之前是中央佛羅里達大學（University of Central Florida，位在美國佛羅里達州奧蘭多市）機械工程與航太工程學系的榮譽教授。他自普渡（Purdue）大學取得金屬冶金工程碩士學位，並自麻省理工學院（Massachusetts Institute of Technology）取得冶金工程博士學位。Smith 博士在加州與佛羅里達州皆取得專業工程師執照，他教授大學與研究所的材料科學與工程課程多年，並積極撰寫教科書。他也是《工程合金結構與性質》第二版（*Structure and Properties of Engineering Alloys*, Second Edition, McGraw-Hill, 1993）的作者。

前言
Preface

對於所有學門領域的工程師和科學家來說，材料科學與工程是不可或缺的一門課。隨著科學與科技的進步、新工程領域的發展及工程專業上的變革，現今的工程師都必須對材料相關的議題具備更深、更廣及最新的知識。至少，所有工程系的學生都必須對各種類型的工程材料之結構、特性、製程與性能有基本的知識。這是在日常的基本工程問題中，針對材料選擇作決定的關鍵第一步。複雜系統的設計師、材料破壞分析師，還有研發工程師及科學家，都有必要針對上述的相同主題進行更深入的了解。

因此，為協助未來的材料工程師與科學家作好準備，《材料科學精要》(*Foundations of Materials Science and Engineering*) 以深度與廣度兼具的方式呈現此領域中的各種主題。本書的優點在於平衡呈現出材料科學（基本知識）與材料工程（應用知識）的觀念。透過簡潔的文字說明、切題且能促進思考的比喻、詳盡的例題與習題，將基本與應用觀念加以整合。本書適用於大學二年級程度的材料科學導論課程，也適用於更進階（大三／大四程度）的材料科學與工程課程的第二學科學習。最後，第五版及所提供的學習資源，都是為了滿足學生的各種學習型態而設計，因為我們深信並不是所有的學生都會以同樣的方式並使用同樣的工具來學習。

第五版已做了如下改進：

- 第 2 章原子結構與鍵結已重新寫過。本章是基於對原子結構、鍵結及其對材料性質與行為的影響之更新理解，而以新的方式呈現。也因此，所涵蓋的內容會更精確、而且更新。重要的改進包含：(1) 以簡明且很有意思的歷史觀來看此領域的關鍵發展，我們相信老師和學生都會喜歡並領會；(2) 針對多電子原子鍵結的概念有更詳盡的探討；(3) 討論晶格能量的概念；(4) 對於鍵結型態和材料性質之間的關係有更詳盡的解說；(5) 提供新的例題與習題以因應上述改動。
- 奈米技術相關主題已涵蓋在不同的章節中。這些主題包含奈米材料尺度特徵（例如奈米晶粒的尺寸）、研究奈米尺度特徵所需的儀器、製程技術，以及奈米尺度特徵的材料特性。
- 章末習題是根據老師所期望的學生學習／了解程度而分類。此分類是根據 Bloom 的目標分類學（Bloom's Taxonomy），目的是要幫助學生以及老師來設立學習目標與標準。第一組分類是知識及理解性問題。此類問題要學生展現出記得資訊與認得事實方面的最基本學習程度。大部分問題會要求學生完成像是定義、描述、列示與說出名稱等任務。第二類是應用及分析問題。此類問題需要學生應用所學知識去解題、解釋某個概念、計算與分析。最後，第三類問題是綜合及評價問題。在這類問題中，學生必須根據自該章所學，去判斷、評估、設計、發展、估算、評價，而且通常要能綜合出新的理解。需要注意的是，此種分類並不是難易度的指標，而純粹只是認知程度上的不同。
- 每一章也有撰寫新習題，大部分是在綜合及評價這一類中。這類習題的用意是要讓學生能以更深入的方式思考。這是作者的主要目的，要協助老師去訓練需要用較高認知領域工作的工程師及科學家。
- 本書的線上資源請參考以下網站：www.mhhe.com/smithmaterials5。

致　謝

共同作者 Javad Hashemi 要將他投入本書的心力獻給他摯愛的雙親 Seyed-Hashemi 與 Sedigheh、他的妻子同時也是良師益友 Eva、他的兒子 Evan Darius 與 Jonathon Cyrus；最後但同樣重要的，是要感謝他的兄弟姊妹（謝謝你們無止境的愛和支持）。

作者們要感謝共同合作作者 Naveen Chandrashekar 博士的努力，他是 Waterloo 大學機械工程系的助理教授，他組織本書章節、製作 Power Point® 投影片、性質表，並協助虛擬圖書館與家教課程的設計。作者們也要感謝 Allen Conway 及 Metallurgical Technologies Inc. 的支持，提供我們個案研究及圖片。我們衷心感謝他們的幫忙。最後，我們要感謝德州科技大學化學系教授 Greg I. Gellene 博士審閱本書章節並提供寶貴的意見。

作者也衷心感謝以下評論者與審閱者提供諸多寶貴的意見、建議、建設性的批評與讚揚：

Betty Lise Anderson, *Ohio State University*

Behzad Bavarian, *California State University—Northridge*

William Brower, *Marquette University*

Charles M. Gilmore, *George Washington University*

Brian Grady, *University of Oklahoma*

Mamoun Medraj, *Concordia University*

David Niebuhr, *California Polytechnic State University*

Dr. Devesh Misra, *University of Louisiana at Lafayette*

Halina Opyrchal, *New Jersey Institute of Technology*

John R. Schlup, *Kansas State University*

Raymond A. Fournelle, *Marquette University*

Javad Hashemi

目次
Contents

編譯序　iii
關於作者　v
前言　vii
目次　ix

CHAPTER 1　材料科學與工程導論　1

1.1　材料與工程　2
1.2　材料科學與工程　3
1.3　材料的種類　4
　　1.3.1　金屬材料　5
　　1.3.2　高分子聚合物材料　6
　　1.3.3　陶瓷材料　7
　　1.3.4　複合材料　8
　　1.3.5　電子材料　9
1.4　材料間的競爭　10
1.5　材料科學和技術的最新發展與未來趨勢　11
　　1.5.1　智慧型材料　11
　　1.5.2　奈米材料　12
1.6　設計及選擇　13
1.7　名詞解釋　13
1.8　習題　14

CHAPTER 2　原子結構與鍵結　17

2.1　原子結構與次原子粒子　18
2.2　原子序、質量數與原子量　20
　　2.2.1　原子序與質量數　20
2.3　原子的電子結構　22
　　2.3.1　普朗克量子理論與電磁輻射　22
　　2.3.2　波爾的氫原子理論　25
　　2.3.3　測不準原理與薛丁格的波函數　27
　　2.3.4　量子數、能階與原子軌域　29
　　2.3.5　多電子原子的能態　32
　　2.3.6　量子力學模型與週期表　33
2.4　原子大小、游離能以及電子親和力的週期變化　36
　　2.4.1　原子大小的趨勢　36
　　2.4.2　游離能的趨勢　38
　　2.4.3　電子親和力的趨勢　39
　　2.4.4　金屬、類金屬與非金屬　40
2.5　主要鍵結　40
　　2.5.1　離子鍵結　41
　　2.5.2　共價鍵　46
　　2.5.3　金屬鍵結　51
　　2.5.4　混合鍵結　53
2.6　次級鍵結　54
2.7　名詞解釋　56
2.8　習題　58

CHAPTER 3　材料之晶體結構與非晶質構造　61

3.1　空間晶格與單位晶胞　62

3.2　晶體系統與布拉斐晶格　63

3.3　主要的金屬晶體結構　64
- 3.3.1　體心立方（BCC）晶體結構　66
- 3.3.2　面心立方（FCC）晶體結構　68
- 3.3.3　六方最密堆積（HCP）晶體結構　69

3.4　立方單位晶胞中的原子位置　71

3.5　立方單位晶胞中的方向　71

3.6　立方單位晶胞中的結晶面之米勒指數　74

3.7　六方晶體結構中的結晶面與方向　78
- 3.7.1　HCP 單位晶胞中結晶面的指數　78
- 3.7.2　HCP 單位晶胞的方向指數　79

3.8　FCC、HCP 與 BCC 晶體結構的比較　80
- 3.8.1　面心立方與六方最密堆積晶體結構　80
- 3.8.2　體心立方晶體結構　82

3.9　計算單位晶胞中原子的體、面與線密度　82
- 3.9.1　體密度　82
- 3.9.2　面原子密度　82
- 3.9.3　線原子密度　84

3.10　晶體結構分析　85
- 3.10.1　X 光繞射　85
- 3.10.2　晶體結構的 X 光繞射分析　87

3.11　非晶材料　91

3.12　名詞解釋　92

3.13　習題　93

CHAPTER 4　固化與結晶缺陷　95

4.1　金屬的固化　96
- 4.1.1　液態金屬中穩定核的形成　96
- 4.1.2　液態金屬中晶體的生長與晶粒構造的形成　99

4.2　單晶的固化　100

4.3　金屬固溶體　101
- 4.3.1　置換型固溶體　101
- 4.3.2　間隙型固溶體　103

4.4　結晶缺陷　104
- 4.4.1　點缺陷　104
- 4.4.2　線缺陷（差排）　105
- 4.4.3　面缺陷　106
- 4.4.4　體缺陷　109

4.5　識別微結構及缺陷的實驗技巧　109
- 4.5.1　光學金相學、ASTM 晶粒尺寸與晶粒直徑測定法　109
- 4.5.2　掃描式電子顯微鏡　111
- 4.5.3　穿透式電子顯微鏡　112
- 4.5.4　高解析穿透式電子顯微鏡　113

4.5.5　掃描探針顯微鏡與原子解析度　114

4.6　名詞解釋　117

4.7　習題　119

CHAPTER 5　固體中的熱活化過程和擴散　121

5.1　材料動力學　122

5.2　固體中的原子擴散　125

5.2.1　一般固體擴散　125

5.2.2　擴散機制　125

5.3　擴散製程在工業上的應用　127

5.3.1　以氣體滲碳法進行鋼表面硬化　127

5.3.2　積體電路用的矽晶圓雜質擴散　128

5.4　名詞解釋　131

5.5　習題　131

CHAPTER 6　金屬的機械性質　133

6.1　金屬的應力與應變　134

6.1.1　彈性和塑性變形　134

6.1.2　工程應力和工程應變　134

6.1.3　波松比　136

6.1.4　剪應力和剪應變　137

6.2　拉伸試驗和工程應力－應變曲線　138

6.2.1　由拉伸試驗與工程應力－應變曲線所獲得的機械特性　139

6.3　硬度與硬度試驗　143

6.4　單晶金屬的塑性變形　145

6.4.1　金屬晶體表面的滑動帶與滑動線　145

6.4.2　金屬晶體塑性變形的滑動機制　146

6.4.3　雙晶　148

6.5　多晶金屬的塑性變形　150

6.5.1　晶界對金屬強度的影響　150

6.5.2　塑性變形對晶粒形狀和差排排列之影響　151

6.5.3　冷塑性變形對增加金屬材料強度的影響　152

6.6　金屬材料的固溶強化　153

6.7　金屬的超塑性　154

6.8　金屬斷裂　155

6.8.1　延性斷裂　156

6.8.2　脆性斷裂　158

6.8.3　韌性與衝擊實驗　158

6.8.4　延脆轉變溫度　159

6.9　金屬疲勞　160

6.10　金屬的潛變與應力斷裂　163

6.11　改善金屬機械性質的最新進展與未來方向　165

6.11.1　同時改善延展性與強度　165

6.11.2　奈米結晶金屬的疲勞行為　166

6.12　名詞解釋　166

6.13 習題 168

CHAPTER 7 相圖 171

7.1 純物質的相圖 172

7.2 吉布斯相定律 173

7.3 冷卻曲線 174

7.4 二元類質同型合金系統 175

7.5 二元共晶合金系統 177

7.6 二元包晶系統 180

7.7 二元偏晶系統 183

7.8 無變度反應 184

7.9 名詞解釋 185

7.10 習題 187

CHAPTER 8 聚合物材料 191

8.1 簡介 191

    8.1.1 熱塑性塑膠 192

    8.1.2 熱固性塑膠 192

8.2 聚合反應 193

    8.2.1 乙烯分子的共價鍵結構 193

    8.2.2 活化的乙烯分子的共價鍵結構 193

    8.2.3 聚乙烯的一般聚合反應及聚合度 194

    8.2.4 鏈狀聚合反應的步驟 195

    8.2.5 熱塑性塑膠之平均分子重量 196

    8.2.6 單體之官能度 197

    8.2.7 非晶線性聚合物的結構 197

    8.2.8 乙烯基及亞乙烯基聚合物 198

    8.2.9 同質聚合物與共聚合物 198

    8.2.10 其他聚合法 202

8.3 熱塑性塑膠之結晶度與立體異構性 203

    8.3.1 非結晶性熱塑性塑膠之固化 203

    8.3.2 部分結晶性熱塑性塑膠的固化 204

    8.3.3 部分結晶熱塑性材料的結構 204

    8.3.4 熱塑性塑膠的立體異構現象 205

8.4 一般用途之熱塑性塑膠 207

    8.4.1 聚乙烯 208

    8.4.2 聚氯乙烯與共聚合物 210

    8.4.3 聚丙烯 211

    8.4.4 聚苯乙烯 212

    8.4.5 聚丙烯腈 213

    8.4.6 苯乙烯－丙烯腈 213

    8.4.7 ABS 214

    8.4.8 聚甲基丙烯酸甲酯 215

    8.4.9 氟素塑膠 216

8.5 工程熱塑性塑膠 217

    8.5.1 聚醯胺（尼龍） 218

    8.5.2 聚碳酸酯 220

    8.5.3 苯醚基樹脂 221

8.5.4 縮醛 222

8.5.5 熱塑性聚酯 222

8.6 **熱固性塑膠** 224

8.6.1 酚醛樹脂 225

8.6.2 環氧樹脂 227

8.6.3 未飽和聚酯 228

8.7 **彈性體（橡膠）** 230

8.7.1 天然橡膠 230

8.7.2 合成橡膠 233

8.8 **塑膠材料的變形與強化** 235

8.8.1 熱塑性塑膠的變形機制 235

8.8.2 強化熱塑性塑膠 236

8.8.3 強化熱固性塑膠 239

8.8.4 溫度對塑膠材料強度的影響 239

8.9 **聚合物材料的潛變與斷裂** 240

8.9.1 聚合物材料的潛變 240

8.9.2 聚合物材料的應力鬆弛 241

8.9.3 聚合物材料的斷裂 243

8.10 **名詞解釋** 245

8.11 **習題** 247

CHAPTER 9 **陶瓷材料** 249

9.1 **簡介** 250

9.2 **簡單陶瓷晶體結構** 251

9.2.1 簡單陶瓷化合物的離子鍵與共價鍵 251

9.2.2 離子鍵結固體中的簡單離子排列 252

9.2.3 氯化銫（CsCl）型晶體結構 254

9.2.4 氯化鈉（NaCl）型晶體結構 255

9.2.5 面心立方（FCC）和六方最密堆積（HCP）晶格中的間隙位置 259

9.2.6 閃鋅礦（ZnS）型晶體結構 260

9.2.7 氟化鈣（CaF_2）型晶體結構 262

9.2.8 反螢石晶體結構 263

9.2.9 剛玉（Al_2O_3）型晶體結構 263

9.2.10 尖晶石（MgAl2O4）晶體結構 263

9.2.11 鈣鈦礦（$CaTiO_3$）晶體結構 263

9.3 **傳統陶瓷與工程陶瓷** 263

9.3.1 傳統陶瓷 263

9.3.2 工程陶瓷 266

9.4 **陶瓷的機械性質** 268

9.4.1 概論 268

9.4.2 陶瓷材料的變形機制 268

9.4.3 影響陶瓷材料強度的因素 269

9.4.4 陶瓷材料的韌性 270

9.4.5 陶瓷的疲勞失效 270

9.4.6 陶瓷研磨材料 270

9.5 **陶瓷的熱性質** 271

9.5.1 陶瓷耐火材料 272

9.5.2 酸性耐火材料 272

9.5.3　鹼性耐火材料　273

9.5.4　太空梭隔熱陶瓷磚　273

9.6　玻璃　274

9.6.1　玻璃的定義　274

9.6.2　玻璃轉換溫度　274

9.6.3　玻璃的結構　275

9.6.4　玻璃的組成　276

9.6.5　強化玻璃　277

9.6.6　化學強化玻璃　278

9.7　奈米科技及陶瓷　278

9.8　名詞解釋　280

9.9　習題　281

CHAPTER 10　複合材料　283

10.1　簡介　284

10.2　強化塑膠複合材料用纖維　285

10.2.1　用於強化塑膠樹脂之玻璃纖維　285

10.2.2　用於強化塑膠之碳纖維　286

10.2.3　用於強化塑膠樹脂之醯胺纖維　287

10.2.4　比較用於強化塑膠複合材料之碳纖維、醯胺纖維與玻璃纖維的機械性質　288

10.3　纖維強化塑膠複合材料　289

10.3.1　纖維強化塑膠複合材料之基材　289

10.3.2　纖維強化塑膠複合材料　290

10.4　三明治結構　292

10.4.1　蜂巢狀三明治結構　292

10.4.2　覆層式金屬結構　293

10.5　金屬基與陶瓷基複合材料　293

10.5.1　金屬基複合材料　293

10.5.2　陶瓷基複合材料　296

10.5.3　陶瓷複合材料與奈米技術　297

10.6　名詞解釋　298

10.7　習題　299

CHAPTER 11　材料的電性質　301

11.1　金屬的電傳導性質　302

11.1.1　金屬電傳導的古典模型　302

11.1.2　歐姆定律　303

11.1.3　電子在導體金屬中的漂移速度　306

11.1.4　金屬的電阻率　307

11.2　電傳導的能帶模型　312

11.2.1　金屬的能帶模型　310

11.2.2　絕緣體的能帶模型　312

11.3　本質半導體　312

11.3.1　本質半導體的導電機制　312

11.3.2　純矽晶格中的電荷遷移　313

11.3.3　本質元素半導體的能帶圖　314

11.3.4　元素本質半導體的電子傳導定量關係　314

11.4　外質半導體　316
　　11.4.1　n 型（負型）外質半導體　316
　　11.4.2　p 型（正型）外質半導體　318
　　11.4.3　外質矽半導體材料的摻雜　318
　　11.4.4　摻雜對外質半導體中載子濃度的影響　319
11.5　半導體元件　322
　　11.5.1　pn 接面　322
　　11.5.2　pn 接面二極體的一些應用　324
　　11.5.3　雙載子接面電晶體　325
11.6　微電子　326
　　11.6.1　微電子平面型雙載子電晶體　326
　　11.6.2　微電子平面型場效電晶體　327
　　11.6.3　微電子積體電路的製造　328
11.7　化合物半導體　331
11.8　陶瓷的電子性質　332
　　11.8.1　介電質的基本特性　332
　　11.8.2　陶瓷絕緣材料　335
　　11.8.3　電容器的陶瓷材料　335
11.9　奈米電子學　336
11.10　名詞解釋　337
11.11　習題　339

CHAPTER 12　光的特性　341

12.1　介紹　342

12.2　光與電磁光譜　342
12.3　光的折射　343
　　12.3.1　折射率　343
　　12.3.2　斯涅爾定律　344
12.4　光線的吸收、穿透及反射　345
　　12.4.1　金屬　345
　　12.4.2　矽酸鹽玻璃　346
　　12.4.3　塑膠　347
　　12.4.4　半導體　348
12.5　發光　349
　　12.5.1　光致發光　350
　　12.5.2　陰極發光　350
12.6　輻射與雷射的受激放射　351
　　12.6.1　雷射的種類　352
12.7　光纖　354
　　12.7.1　光纖中的光損耗　355
　　12.7.2　單模與多模光纖　356
　　12.7.3　現代光纖通訊系統　356
12.8　名詞解釋　357
12.9　習題　358

CHAPTER 13　材料的磁性質　359

13.1　導論　360
13.2　磁場與磁量　360
　　13.2.1　磁場　360
　　13.2.2　磁感應　361
　　13.2.3　磁導率　362

xvii

13.2.4　磁化率　363

13.3　磁性的類型　363

13.3.1　反磁性　363

13.3.2　順磁性　364

13.3.3　鐵磁性　364

13.3.4　單一未成對電子的磁矩　365

13.3.5　反鐵磁性　367

13.3.6　亞鐵磁性　367

13.4　溫度對鐵磁性的影響　367

13.5　鐵磁金屬的磁化與去磁化　368

13.6　軟磁材料　369

13.6.1　軟磁材料的理想特性　369

13.6.2　軟磁材料的能量損失　369

13.6.3　鐵－矽合金　370

13.6.4　金屬玻璃　370

13.6.5　鎳鐵合金　371

13.7　硬磁材料　372

13.7.1　硬磁材料的特質　372

13.7.2　亞力可合金　373

13.7.3　稀土合金　374

13.7.4　釹－鐵－硼磁性合金　375

13.7.5　鐵－鉻－鈷磁性合金　376

13.8　鐵氧磁體　376

13.8.1　鐵氧軟磁　377

13.8.2　鐵氧硬磁　378

13.9　名詞解釋　379

13.10　習題　381

附錄　383

參考書目　389

索引　393

材料科學與工程導論

Introduction to Materials Science and Engineering

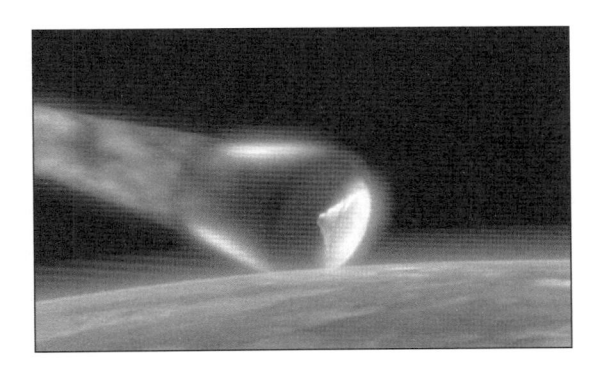

（資料來源：NASA.）

美國太空總署（NASA）火星探測計畫幕後的「機器人科學家」——鳳凰號火星探測器（Phoenix Mars Lander）身負任務有二：一是找出火星是否曾有過生命，二是了解火星上的氣候。鳳凰號火星探測器能在各種極端條件下保持有效運作，是人類在工程上頂級成就的代表。例如，它在發射階段必須承受巨大的負載、在巡航階段必須承受太陽風暴和小隕石的襲擊。它在進入、下降和著陸階段時，溫度將會升高數千度，而且當降落傘展開後，巨大的拖曳力量會強迫它減速。到了最後運作時，它還必須承受火星北極區的酷寒和火星塵暴。

鳳凰號火星探測器裝載了許多工具與科學儀器，主要包括：(1) 有照相功能的機械手臂〔由噴射推進實驗室（Jet Propulsion Laboratory, JPL）、亞歷桑那大學和德國馬克斯普朗克研究所（Max Planck Institute）建造〕；(2) 顯微術、電化學和導電率分析儀（JPL）；(3) 熱和逸出氣體分析儀（亞歷桑那大學和德州大學達拉斯分校）；(4) 各種影像系統；(5) 氣象探測站（加拿大太空署）。包含了金屬、高分子聚合物、陶瓷、複合物和電子材料等所有主要材料類別都派上用場。

1.1 材料與工程
Materials and Engineering

人類、**材料**（material）與工程學一直不斷在進步。人類所使用的材料從史前的石頭、木材、骨頭與皮毛等，到較近期的銅或鐵（青銅或鐵器時代），都受限於天然材料。即使今日，我們可以獲得的材料仍然受限於只能從地殼和大氣中取得（見表1.1）。現代經濟活動是由製造與處理材料成為最終產品所構成。

表 1.1 地球的地殼和大氣中最常見元素的重量及體積百分率

元素	在地殼中的重量百分率
氧（O）	46.60
矽（Si）	27.72
鋁（Al）	8.13
鐵（Fe）	5.00
鈣（Ca）	3.63
鈉（Na）	2.83
鉀（K）	2.70
鎂（Mg）	2.09
總計	98.70

氣體	在乾空氣中的體積百分比率
氮氣（N_2）	78.08
氧氣（O_2）	20.95
氬氣（Ar）	0.93
二氧化碳（CO_2）	0.03

圖 1.1 高速民用運輸機，照片為 Hyper-X 型飛機以 7 馬赫的速度飛行，環形表示表面的流速。
（資料來源：© The Boeing Company.）

由於製造產品需要利用各種不同材料，工程師應該了解所使用材料的內部結構與性質，才能針對產品選出最適合的材料，並發展出最好的處理方法。

研發工程師會創造新材料或修改現有材料的性質。設計工程師則會利用現有的或修改過的新材料來設計與創造新產品和新系統。有時候，設計工程師需要研發人員開發出新材料以幫忙解決在設計上面臨的問題。例如，設計高速民用運輸機（high-speed civil transport, HSCT，見圖1.1）的工程師必須開發一種能夠承受1800°C（3272°F）高溫的材料，以便讓此運輸機的飛行速度達到12至25馬赫（Mach，等於空氣中的聲速）。目前為了類似應用，新的材料研發仍在進行中。

最需要材料科學家和工程師人才的領域非太空探索莫屬。國際太空站（International Space Station, ISS）和火星探測車（Mars Exploration Rover, MER）的設計與建造就是最佳實例。國際太空站是一個在太空中以27,000 km/h速度移動的大型研究實驗室。所使用的建構材料必須要能在與地表完全不同的環境下正常運作（見圖1.2）。材料務必輕巧，以便減少在發射過程中的酬載重量。太空站外殼也必須能抵擋來自於微小流星體和人造碎片的撞擊。太空站內部約為 15 psi 的氣壓會不斷地壓迫太空艙。此外，太空艙還得要能經得起發射時產生的巨大壓力。火星探測車的材料選擇也不惶多讓，尤其是這些材料必須能抵抗夜間低達 −96°C 的溫度。所有這些材料選擇的限制將設計的困難度推到了極限。

材料的使用與工程設計不斷在變，沒有人能夠預測未來可能的發展。1943 年時，有人預測美國的富豪將擁有自己的自動飛機。差多了！在那同時，電晶體、積體電路和電視均未受到重視。僅僅在 30 年前，很多人都不會相信電腦會成了家中類似電話或冰箱的常見電器。今天，我們仍然很難相信太空旅行將會商業化，或是人類將可殖民火星。科學和工程終會將遙不可及的夢想變成現實。

找尋新材料的研究持續進行。機械工程師必須找尋特殊高溫材料，以便讓噴射機引擎運作更有效率。電子工程師必須找尋新材料，以便讓電子元件操作更快且能耐高溫。太空工程師必須找尋高強度／重量比的材料，而化學和材料工程師則要找尋更多的耐腐蝕材料。各種不同的產業會尋找智慧型材料和裝置與微電機系統（microelectromechanical systems, MEMs）當作感測器和驅動元件。近年來，奈米材料更是吸引了世界各地科學家和工程師的目光，其新穎結構、化學和機械性能已經為種種工程和醫療問題開啟了全新的可能。許多過去的不可能今日均已實現！

圖 1.2　國際太空站。
（資料來源：© Stocktrek/age fotostock.）

各種領域的工程師都應了解工程材料的基本知識與應用，以便使自己的工作更有效率。本書主要為介紹工程材料內部結構、特性、製程及應用的基本入門。由於此領域過於龐大，本書只能以有限篇幅挑選重要的部分作介紹。

1.2　材料科學與工程
Materials Science and Engineering

材料科學（materials science）主要是研究材料內部結構、特性與製程的基本知識，**材料工程**（materials engineering）則是著重於材料相關基本與應用知識的使用。材料科學與工程（materials science and engineering）結合了這兩個領域從材料的理論端到應用端，兩者之間沒有特定的分界（見圖 1.3）。

圖 1.4 說明了基礎科學（及數學）、材料科學與工程以及其他工程學門間的關係。圖的中心是基礎科學，而各種工程學門（機械、電子、土木、化學等）

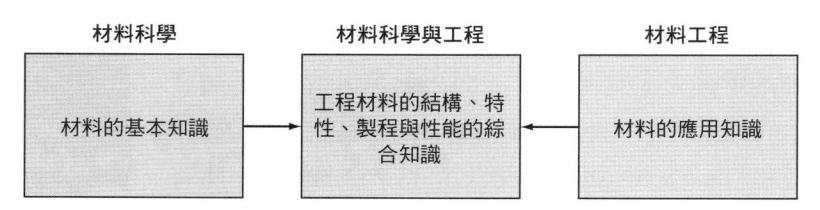

圖 1.3 材料的知識範圍。運用材料科學與材料工程的綜合知識,讓工程師有能力將材料製成人們需要的產品。

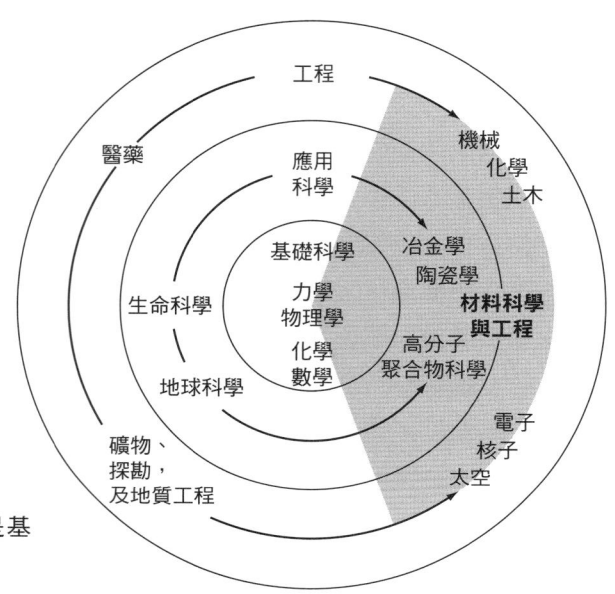

圖 1.4 此圖說明材料科學與工程是基礎科學和工程學門之間的橋樑。
(資料來源:*National Academy of Sciences.*)

則圍繞在最外圈。至於應用科學、冶金學、陶瓷學和高分子聚合物科學則位在中間。材料科學與工程顯然是基礎科學(及數學)和工程學門之間的橋樑。

1.3 材料的種類
Types of Materials

工程材料大多可以分為三類:**金屬材料(metallic material)**、**高分子聚合物材料(polymeric material)**及**陶瓷材料(ceramic material)**。我們會在本章中依據其重要的機械、電性及物理性質來加以區分,然後在後面幾章分別探討這幾類材料的結構。除了這三種主要類別外,我們還會介紹兩種處理或應用類別——**複合材料(composite material)**與**電子材料(electronic material)**,這兩種材料在工程上都相當重要。

1.3.1 金屬材料

金屬材料屬於由一種或多種金屬元素所組成的無機物質,也可能包含一些非金屬元素。鐵、銅、鋁、鎳與鈦等都是金屬元素,而像是碳、氮與氧等非金屬元素也可以存在於金屬材料中。金屬擁有規則排列的原子結晶構造,多半是熱與電的良好導體。許多金屬在室溫下的強度與延性極佳,而也有許多金屬在高溫下也能保持良好的強度。金屬和合金一般分兩大類:像是鋼與鑄鐵的**鐵基金屬及合金**(ferrous metal and alloy),其中鐵元素的占比很高,以及像是鋁、銅、鋅、鈦與鎳的**非鐵基金屬及合金**(nonferrous metal and alloy),沒有或是只包含少量的鐵元素。由於鋼與鑄鐵的使用和生產比例遠高於其他合金,才會用這種方式區分。

金屬合金或純物質形式廣泛用於各類產業,包括航太、生物醫學、半導體、電子、能源、土木結構和運輸等。美國生產的金屬量,像是鋁、銅、鋅和鎂,一般預期會緊跟著美國的經濟。然而,由於全球競爭及重大經濟因素,美國的鋼鐵生產量比預期低。材料科學家和工程師們不斷地嘗試提高現有合金的性能,同時設計並生產強度、高溫強度、潛變和疲勞屬性更佳的新合金。現有的合金可以透過加強其化學性質、控制組成和處理技術而加以改善。例如,在 1961 年,飛機空氣渦輪的渦輪機翼上已能使用經過改善的鎳基、鐵鎳鈷基**超合金**(superalloy)。「超合金」這個名詞源自此合金在將近 540°C(1000°F)的高溫和高壓下仍能保持良好性能。圖 1.5 和圖 1.6 顯示一具 PW-4000 空氣渦輪引擎,主要是由金屬合金與超合金所製成。引擎內部的合金必須能承受引擎運轉時所產生的高溫和高壓。到了 1980 年,改良的鑄造技術可以生產出定向固化的柱狀結晶和單晶鑄造鎳基合金。到了 1990 年代,單向固化的柱狀結晶鑄造合金已經成為許多飛機空氣渦輪應用的標準材料。超合金在高溫下的性能愈好,飛機引擎的效率就愈提高。

生物醫學方面常見的金屬合金包括鈦合金、不鏽鋼及鈷基合金。這些合金材料的高強度、剛

圖 1.5 圖中的飛機渦輪引擎(PW 4000)主要由金屬合金製成,使用最新的耐高溫、抗熱和高強度鎳基合金。此引擎使用許多先進技術以提升運作性能和耐久性,包括第二代單晶渦輪葉片材料、粉末金屬磁碟及改良的全權數位電子控制技術。
(資料來源:*Pratt & Whitney Co.*)

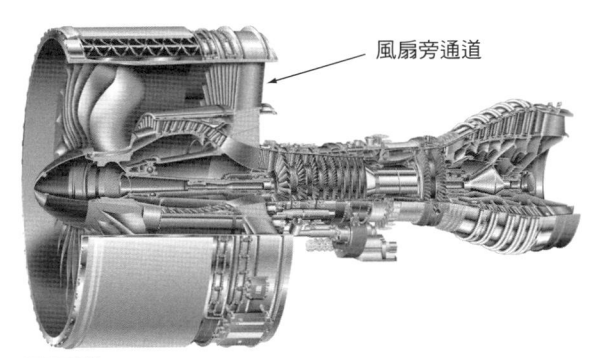

圖 1.6 PW 4000 112 英吋(284.48 公分)空氣渦輪引擎剖面圖顯示出風扇的旁通道。
(資料來源:*Pratt & Whitney Co.*)

性和生物相容性使其可用作骨科植入物、心臟瓣膜、固定裝置及螺絲釘。生物相容性非常重要，因為人體內部環境對這些材料的腐蝕性極高，所以這些材料必定不可受到環境影響。

除了更好的化學性質與成分控制，研究人員和工程師也致力於改善這些材料的加工技術。像是等熱壓和等溫鍛造等製程可改善許多合金的疲勞壽命。此外，因為有些合金可以由較低成本的製程獲得較好的性能，粉末冶金技術的研發也很重要。

1.3.2 聚合物材料

大部分高分子聚合物材料是由有機（含碳）長分子鏈或分子網路所組成。多數聚合物材料的結構屬於非結晶相，但有些則是結晶相與非結晶的混合。聚合物材料的強度與延展性差異甚大。由於其內部結構本質的關係，大部分聚合物材料皆非好的導電體，有些甚至被用作好的絕緣體。數位影音光碟（digital video disk, DVD）是聚合物材料應用的近期範例（見圖 1.7）。一般來說，聚合物材料的密度低，軟化與分解的溫度也相對低。

塑膠材料是美國史上成長最快的基礎材料，每年以重量來算成長 9%（見圖 1.14）。然而到了 1995 年，塑膠材料的成長率跌破 5%。這是可以預期的，因為在需求量較大的市場（例如包裝和建築），塑膠已取代了金屬、玻璃和紙。

像是尼龍這類工程塑膠被預期仍然對金屬有競爭力。圖 1.8 顯示工程塑膠樹脂和一些常見金屬的預期成本。塑膠供應工業愈來愈重視聚合物－聚合物混合物（也稱為合金或混摻物）的開發，以達到某些單一聚合物無法做到的應用。

圖 1.7 塑膠樹脂製造商正致力於研發用於 DVD 的超純、高流量等級的聚碳酸酯塑膠。

（資料來源：*Getty/RF.*）

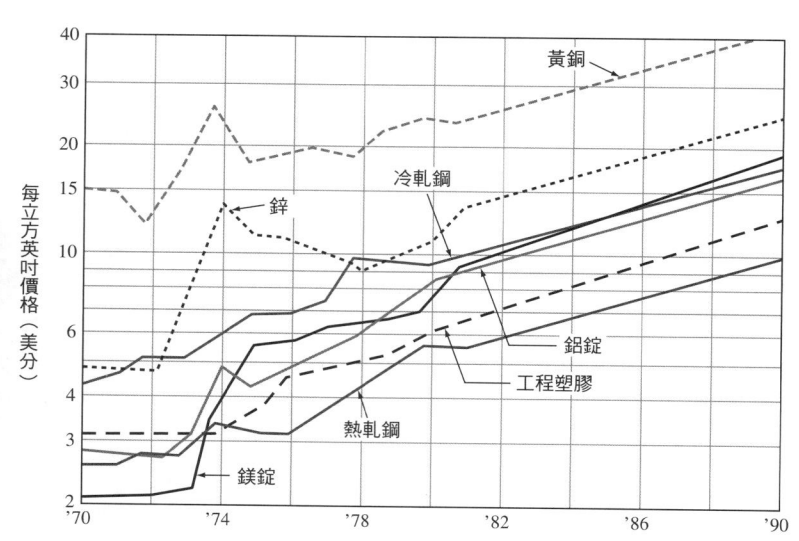

圖 1.8 從 1970 年到 1990 年工程塑膠樹脂對某些常見金屬的歷史與預期競爭成本。跟冷軋鋼和其他金屬相較，工程塑膠被認為具競爭力。

（資料來源：*Modern Plastics, August 1982, p.12, and new data, 1998.*）

混摻物（blend）是由已知性質的聚合物來製造，因此開發成本不但較低，而且比合成一個全新的聚合物更可靠。例如，彈性體（變形力極強的聚合物）通常會和其他塑膠混合，以改善材料的衝擊強度（impact strength）。混摻物的重要應用包括汽車保險桿、電動工具外殼、運動器材及通常是混合了橡膠和聚氨酯的室內跑道的合成元件。混合了多種纖維和色彩鮮豔填充物的丙烯酸塗料可用於網球場和遊樂場。也有其他聚合物塗料會用來防腐蝕、刺激性化學環境、熱衝擊、消耗和磨損。

1.3.3 陶瓷材料

陶瓷材料屬於無機材料，由金屬與非金屬元素透過化學鍵結所組成。陶瓷材料可以是結晶體、非結晶體，或是兩者混合。大部分陶瓷材料硬度高且高溫強度強，但是易碎（在斷裂前很少或是沒有變形）。陶瓷材料應用於工程的優點包括重量輕、強度及硬度高、耐熱及耐磨耗、摩擦力低和絕緣佳（見圖1.9與圖1.10）。絕緣再加上耐熱及耐摩擦等特性使得多數陶瓷可作為像是鋼的熱處理爐和煉鋼熔煉爐內部的爐襯。

像是黏土、玻璃和石材等傳統陶瓷材料在美國的成長率為3.6%（1966年至1980年），而在1982年至1995年間，其年成長率緊跟著美國經濟。過去

圖1.10 高性能陶瓷滾珠軸承與座圈，以鈦金屬和氮化碳原料透過電力金屬技術製成。
（資料來源：© David A. Tietz/Editorial Image, LLC.）

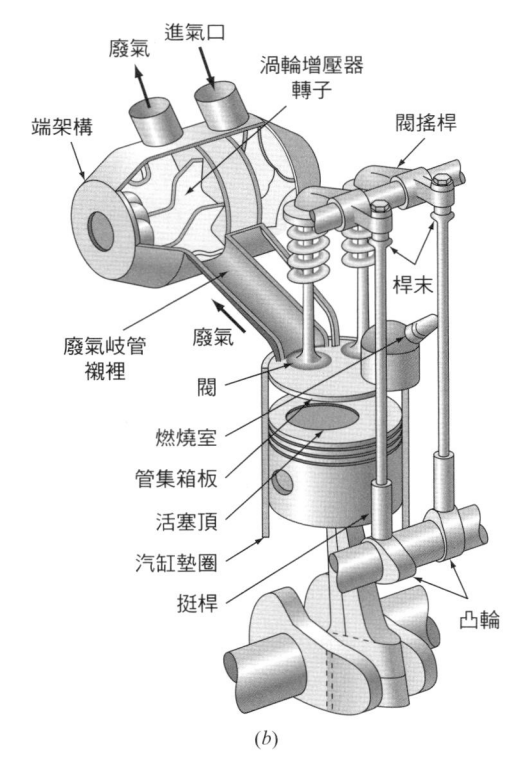

圖1.9 (a) 先進引擎使用的新一代工程陶瓷材料實例。黑色物件包括使用氮化矽製成的引擎閥、閥座嵌環與活塞銷，白色物件為氧化鋁陶瓷材料製成的氣門歧管襯裡。
（資料來源：*Kyocera Industrial Ceramics Corp.*）

(b) 渦輪增壓柴油引擎可能用到的陶瓷材料元件。
（資料來源：*Metals and Materials, December 1988.*）

幾十年研發出了全新且特性更優良的陶瓷氧化物、氮化物和碳化物。稱為工程陶瓷、結構陶瓷或**先進陶瓷**（advanced ceramic）的新一代陶瓷材料具有更高的強度、更好的耐磨性和耐蝕性（即使溫度更高）和更強的耐熱衝擊性（突然暴露在極高溫或極低溫）。這些先進陶瓷包括了氧化鋁（氧化物）、氮化矽（氮化物）及碳化矽（碳化物）。

先進陶瓷在航太上的一個重要應用是在太空梭上使用陶瓷磚。由碳化矽所組成的陶瓷磚能作為隔熱板，並能在熱源移除後快速恢復到正常溫度。在太空梭升空和返回進入地球大氣層的過程中，這些陶瓷材料能夠保護內部的鋁結構。先進陶瓷還可用作切削材料，像氮化矽就是一種極好的切削材料。這些可能的應用均充分展現先進陶瓷的可用性、重要性和未來發展無限。

陶瓷材料有兩個主要缺點：(1) 難以加工成為最終成品，因此價格昂貴；(2) 相較於金屬，陶瓷材料易脆且斷裂韌性低。只要能提高陶瓷韌性，這些材料將引領工程應用的潮流。

1.3.4 複合材料

複合材料（composite material）是由至少兩種材料（相或成分）所組成的新材料；整體複合材料的性質會不同於原本任何單一成分的性質。大部分的複合材料包含特定填充或強化材料與可相容的樹脂黏合劑，以便達到想要的特性及性質。各種成分通常不會互相溶解，而且彼此間會存在界面。複合材料有很多種，主要為纖維狀〔由基質（matrix）中的纖維所組成〕和顆粒狀〔由基質中的顆粒（particle）所組成〕。許多強化和基質材料的不同組合用於製造複合材料。例如，基質材料可以是金屬（如鋁）、陶瓷（如氧化鋁）或聚合物（如環氧樹脂）。依基質材料的不同，複合材料可分為金屬基複合材料（metal matrix composite, MMC）、陶瓷基複合材料（ceramic matrix composite, CMC）或聚合物基複合材料（polymer matrix composite, PMC）。從這三類材料中，也可選出纖維或顆粒材料，像是碳、玻璃、醯胺、碳化矽等。複合材料的材料組合設計主要視應用類型與使用環境而定。

複合材料已取代了許多金屬元件，尤其是在航太、航空電子、汽車、土木結構和運動器材工業。未來，這些複合材料預計每年使用量會增加約5%，主要是因為複合材料具有高強度和剛度重量比。某些先進複合材料的剛度與強度和金屬相似，但密度低，因此使得零組件重量相對較輕。這些特性使得先進複合材料非常具有吸引力，尤其當零組件重量是重要關鍵時。一般而言，大部分複合材料類似於陶瓷材料之處，在於主要缺點都是易碎和斷裂韌性低。在某些情況下，可以藉由選擇適當的基質材料來改善這些缺點。

工程應用上有兩種優質的現代複合材料，一是在聚脂或環氧基質中的玻璃纖維強化材料，一是在環氧基質中的碳纖維材料。圖 1.11 顯示 C-17 運輸機的機翼和引擎使用碳纖維環氧樹脂複合材料的位置。自這些飛機建造成功後，節省成本的新製造流程與相關修正也已被納入（參見 *Aviation Week & Space Technology*, June 9, 1997, p.30）。

1.3.5 電子材料

電子材料並不是產量最大的材料種類之一，但對先進工程科技而言極為重要。最重要的電子材料是純矽，其電特性可以透過摻雜而改變。許多複雜的電子電路可以微小化到面積僅 1.90 平方公分（3/4 平方英吋）的矽晶片上（見圖 1.12）。許多新產品得以因此而誕生，像是通訊衛星、高端電腦、手持計算機、電子錶和機器人等（見圖 1.13）。

從 1970 年起，於固態微電子元件中使用矽和其他半導體材料開始出現顯著成長。在積體電路內使用矽晶片對電腦和其他工業設備帶來極大的衝擊。自動化機器人對現代製造業所帶來的全面影響仍有待觀察。電子材料無疑將在「未來工廠」中扮演重要角色，因為在未來，幾乎所有的製造都可能會透過電腦控制的工具與機器人完成。

單一矽晶片上積體電路裡的電晶體密度逐年成長，而大小逐年下降。例如，在 1998 年時，矽晶片上點對點解析度為 0.18 微米，所使用的矽晶圓為 12 英吋。另一項進步是將電路中的導線由鋁換成銅，這是因為銅的導電率較高的緣故。

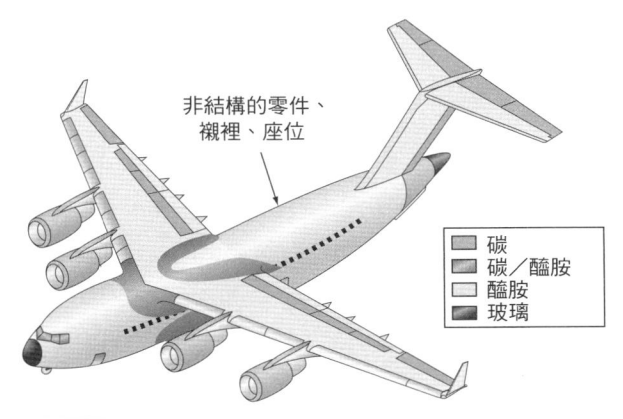

圖 1.11 空軍 C-17 運輸機使用多種不同複合材料零件。此飛機的機翼展開有 165 英呎，使用了 15,000 磅的先進複合材料。

（資料來源：*Advanced Composites*, May/June 1988, p. 53.）

圖 1.12 現代微處理器有許多出口，如同照片中英特爾 Pentium II 微處理器所示。

（資料來源：© IMP/Alamy RF.）

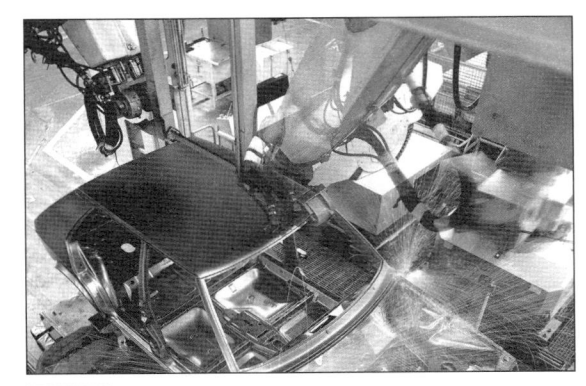

圖 1.13 機械手臂正在焊接汽車零件。

（資料來源：CORBIS/RF.）

1.4 材料間的競爭
Competition Among Materials

材料彼此之間會相互競爭,因為隨著時間演進,某些應用會需要改變使用材料。成本當然是一個原因。假設某種材料的製造成本能夠大幅降低,就可能會取代另一種材料。新開發出的材料性質是另一個可能原因。因此,材料的使用會隨時間改變。

圖 1.14 顯示六種不同材料在美國過去幾年內的年生產重量的變化。自 1930 年以來,鋁和聚合物的產量有顯著增加。但由於它們都很輕,因此若以體積來看,它們增加的幅度其實更大。

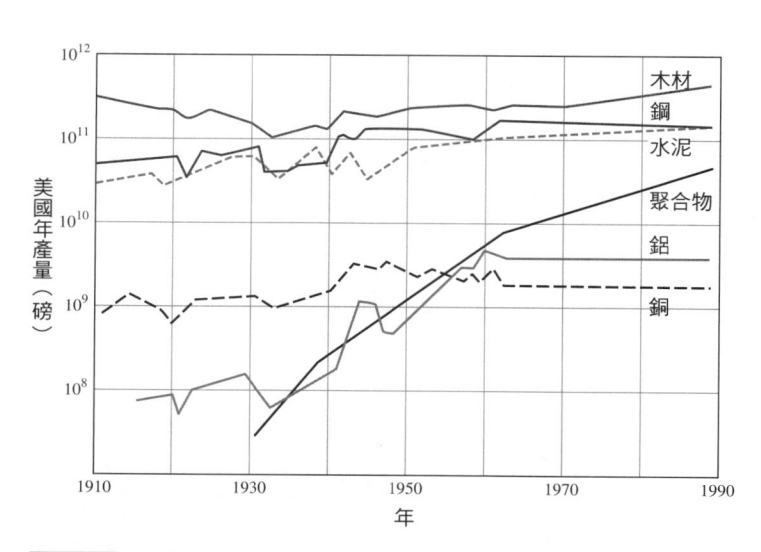

圖 1.14 以產量(磅)來看美國生產的六種主要材料之間的競爭。圖中可明顯看出鋁和聚合物(塑膠)的產量快速增加。
(資料來源:*J. G. Simon, Adv. Mat. & Proc., 133:63 (1988) and new data.*)

材料之間的競爭在美國的汽車組成更是明顯。在 1978 年時,美國汽車平均重量為 1800 公斤(4000 磅),其中鑄鐵與鋼約占 60%,塑膠約占 10% 至 20%,鋁約占 3% 至 5%。到了 1985 年,美國汽車平均重量為 1400 公斤(3100 磅),其中鑄鐵與鋼占 50% 至 60%,塑膠約占 10% 至 20%,鋁則占 5% 至 10%。也就是說,在 1978 年到 1985 年間,鑄鐵與鋼的占比下降,聚合物則增加,鋁維持不變。在 1997 年,美國汽車平均重量為 1476 公斤(3248 磅),塑膠比重約達 7.4%(見圖 1.15)。這個趨勢顯示,汽車製造中鋁及鋼的用量較多,而鑄鐵較少,塑膠的占比則大致相同(見圖 1.16)。

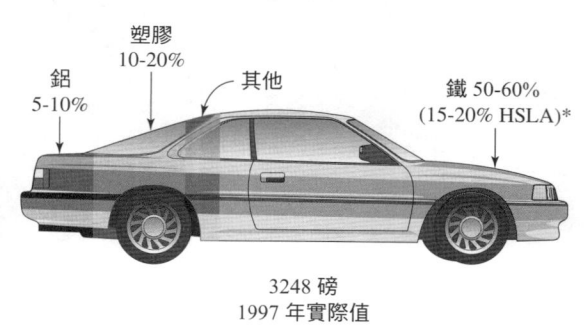

圖 1.15 1985 年美國一般汽車使用的主要材料之重量百分率。

*HSLA 指高強度低合金鋼(High Strength Low Alloy Steel)。

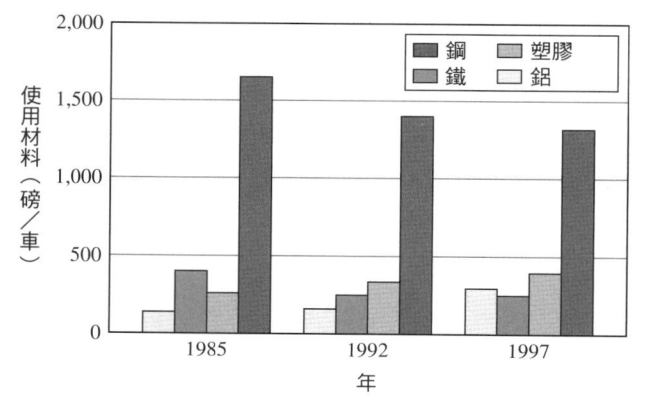

圖 1.16 美國汽車材料的預測和使用。
(資料來源:*J. G. Simon, Adv. Mat. & Proc., 133:63(1997) and new data.*)

某些應用只能使用特定材料,而這些材料的價格可能較貴。例如,現代噴射機引擎需要使用耐高溫的鎳基超合金才能正常運作(見圖 1.5)。這些材料非常貴,目前也無較便宜的材料可以取代。因此,雖然成本很重要,但材料也非符合所設計的特性規格不可。

1.5 材料科學和技術的最新發展與未來趨勢
Recent Advances in Materials Science and Technology and Future Trends

有為數不少的開創性研究正在進行中,可能會對材料科學的未來有革命性的影響。智慧型材料(微米尺度元件)及奈米材料就是兩種會徹底改變所有主要產業的材料。

1.5.1 智慧型材料

一些**智慧型材料**(smart material)已經存在多年,但是近來有更多新的應用。它們能感應外部環境刺激(溫度、壓力、光線、濕度、電場和磁場),並透過改變特性(機械、電或外觀)、結構或功能作出相對回應。智慧型材料或使用智慧型材料的系統包含感測器和致動器。感測器偵測環境變化,然後致動器則執行某特定功能或回應。例如,當環境中的溫度、光強度或電流改變時,某些智慧型材料會變色或產生顏色。

一些可以作為致動器的智慧型材料是**形狀記憶合金**(shape-memory alloy)和**壓電陶瓷**(piezoelectric ceramic)。形狀記憶合金為金屬合金,一旦受力後,只要溫度到高於轉變溫度(transformation temperature)即可恢復原來形狀,因為晶體結構在溫度高於轉變溫度時會改變。在生物醫學上,形狀記憶合金可用作支架以支撐衰弱動脈壁或擴展狹窄動脈(見圖 1.17)。支架會先利用探針傳送至血管中的適當位置(見圖 1.17a)。當支架的溫度上升達到體溫時,就會擴展至原本的形狀和大小(見圖 1.17b),比以往方便許多。鎳鈦及銅鋅鋁合金都屬於形狀記憶合金。

壓電材料也可用來製作致動器。材料暴露在機械應力時會產生電場;而外部電場改變時,同樣材料也會產生相對的機械反應。這種材料可以用來感測及降低元件的不良

(a)

(b)

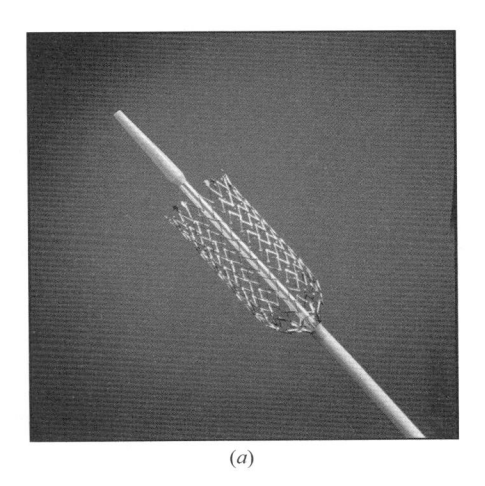

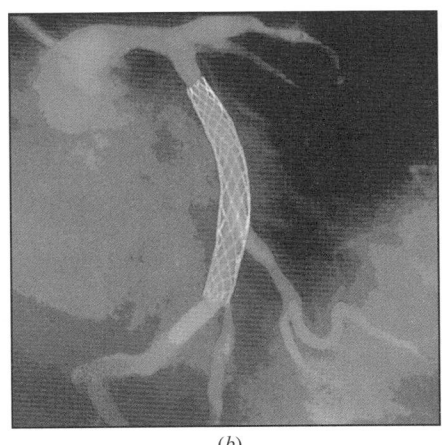

圖 1.17 形狀記憶合金可用作支架以擴展狹窄動脈或支撐衰弱的動脈:(a) 探針上的支架;(b) 將支架在受損動脈上固定以提供支撐。

(資料來源:*http://www.designinsite.dk/htmsider/inspmat.htm, Courtesy of Nitinol Devices & Components © Sovereign/Phototake NYC.*)

振動。只要檢測到振動，電流便會施加到致動器以產生可以抵銷振動效應的機械反應。

我們現在來討論使用智慧型材料與裝置的微米規格系統之設計與開發，以進行感測、通訊和驅動；這就是所謂的**微機電系統（microelectromechanical system, MEM）**。早期的微機電系統是集合技術、電子材料與智慧型材料於半導體晶片的元件，用來製作**微機械（micromachine）**。當時，微機電系統的微小機械元件是利用積體電路技術組裝在矽晶片上，以成為感測器或致動器。今日的「微機電系統」已涵蓋所有微型設備，包括微幫浦、鎖定系統、發動機、鏡子和感測器等，應用廣泛。例如，汽車的安全氣囊使用微機電系統以感測減速以及乘客的體型大小，並會以適當的速度展開安全氣囊。

1.5.2 奈米材料

奈米材料（nanomaterial）一般是指長度（粒徑、晶粒尺寸、層厚度等）小於 100 奈米（1 奈米 = 10^{-9} 公尺）的材料。奈米材料可以是金屬、聚合物、陶瓷、電子或者是複合材料。因此，小於 100 奈米的陶瓷粉體與塊材顆粒、厚度小於 100 奈米的聚合物薄膜以及直徑少於 100 奈米的電線，全都屬於奈米材料或奈米結構材料。在奈米尺度下的材料特性既非分子或原子級，也非塊材。奈米材料的早期研究可追溯到 1960 年代，但直到近十年才有顯著進展。早期的奈米材料用於化學催化劑與顏料。長久以來，冶金學家已知金屬在精煉至超細（次微米大小）規格時，其強度、硬度會比粗大晶粒（微米大小）提升許多。例如，奈米結構純銅的降伏強度（yield strength）是粗晶粒銅的 6 倍之多。

奈米材料未來的應用潛能無限，但仍需克服一些障礙，其中之一就是如何能有效且低價地生產這些材料。奈米材料優良的生物相容性、強度和比金屬更好的耐磨特性使其可用來製造骨科與牙科的植入物，像是奈米氧化鋯（一種堅硬、耐磨且具化學穩定性和生物相容性的陶瓷）。此種材料可以按多孔式處理，使其在作為植入性材料時，可允許骨頭長進孔內，能更穩定地固定。目前使用的金屬合金就缺乏此優點，因此時間長久後接合處往往會鬆開，還是要靠手術來處理。奈米材料也可用於更耐刮與耐外界環境傷害的油漆或塗料。此外，像是電晶體、二極體甚至雷射等電子設備的開發也都可能用到奈米線。材料科學在這方面的進步將對各領域的產業及工程造成重大影響。

1.6 設計及選擇
Design and Selection

材料工程師應清楚了解各類材料及其屬性、結構、製造過程、環境與經濟議題等。零組件愈複雜，所需要做的材料分析及考慮因素也更繁複。假設我們要為一輛自行車的車架及前叉選擇材料。所選材料的強度必須足以支撐負載而不發生降伏（永久性變形）或斷裂，剛性也須足以抵抗過度的彈性變形與疲勞失效（重複性負載）。自行車在可用年間也必須考慮到材料的抗腐蝕性。若自行車是用來競速，車架就一定要輕。有什麼材料能夠滿足上述種種條件？整個材料選擇的過程必須同時考慮強度、剛性、重量和元件形狀（形狀因素），然後參考材料選擇圖表以找出最合適的材料。

1.7 名詞解釋 *Definitions*

1.1 節

材料（material）：組成或用來做成某些東西的物質。

1.2 節

材料科學（materials science）：探討有關材料內部結構、特性與製程之基本知識的科學學門。

材料工程（materials engineering）：探討如何應用材料以製成所需產品的工程學門。

1.3 節

金屬材料（metallic material）：熱傳導與電傳導特性良好的金屬及合金材料，像是鐵、鋼、鋁和銅等。

聚合物材料（polymeric material）：由碳、氫、氧和氮等輕元素結合產生長分子鏈或分子網路所組成的材料。聚合物材料大多導電性不佳，像是聚乙烯和聚氯乙烯（PVC）等。

陶瓷材料（ceramic material）：由金屬與非金屬元素複合的材料，質地通常又硬又脆，像是陶土製品、玻璃以及經緻密壓實過的純氧化鋁等。

複合材料（composite material）：由兩種以上材料組合而成的材料，像是聚酯基或環氧基中的玻璃纖維強化材料。

電子材料（electronic material）：用於電子方面的材料，尤其是微電子領域，像是矽和砷化鎵等。

鐵基金屬及合金（ferrous metal and alloy）：鐵元素占比高的金屬及合金，像是鋼與鑄鐵等。

非鐵基金屬及合金（nonferrous metal and alloy）：不含或是只含微量鐵元素的金屬及合金，像是鋁、銅、鋅及鎳等。

超合金（superalloy）：經過改良後能在高溫及高壓下具較佳性能的金屬合金。

混摻物（blend）：兩種或更多種聚合物的混合，又稱作聚合物合金。

先進陶瓷（advanced ceramic）：強度、抗蝕性及抗熱震性更佳的新一代陶瓷材料，又稱作工程陶瓷或結構陶瓷。

1.5 節

智慧型材料（smart material）：能感應外在環境改變並作出回應的材料。

形狀記憶合金（shape-memory alloy）：當溫度升高後，可以回復原來形狀的合金。

壓電陶瓷（piezoelectric ceramic）：受到應力時能產生電場的材料，反之亦然。

微機電系統（microelectromechanical system, MEM）：任何具有感測或致動功能的微型元件。

微機械（micromachine）：用來執行特定功能或任務的微機電系統。

奈米材料（nanomaterial）：規格長度小於 100 奈米的材料。

1.8 習題 Problems

知識及理解性問題

1.1 何謂「材料」？舉出八種常見的工程材料。

1.2 工程材料主要有哪幾種？

1.3 在五大工程材料中，每一種材料有哪些重要性質？

1.4 定義何謂複合材料，並舉出一個例子。

1.5 列出用於太空用途的結構材料特性。

1.6 定義何謂智慧型材料，並舉例說明其應用。

1.7 何謂 MEM？舉例說明 MEM 的應用。

1.8 何謂奈米材料？和傳統材料相比，奈米材料具有哪些優點？

1.9 鎳基超合金常用在航空器的渦輪引擎結構中，是什麼性質使其適於這項應用？

應用及分析問題

1.10 列出你所觀察到某些產品隨時間經過所發生材料使用上的改變。你認為是哪些原因造成這樣的改變？

1.11 (a) PTFE 屬於哪一種材料類別？ (b) 其具有哪些良好特性？ (c) 其在炊具製造產業有哪些應用？

1.12 為何機械工程師必須了解材料的成分、性質與製程？

1.13 為何化學工程師必須了解材料的成分、性質與製程？

1.14 為何工業工程師必須了解材料的成分、性質與製程？

1.15 為何電子工程師必須了解材料的成分、性質與製程？

1.16 為何生物醫學工程師必須了解材料的成分、性質與製程？

綜合和評價問題

1.17 哪些因素可能會導致材料使用上的預測不正確？

1.18 (a) 選擇登山車車體材料時要考慮哪些重要因素？(b) 鋼、鋁及鈦合金都被用來當過自行車結構的主要材料，說明每一種材料主要的優缺點；(c) 較新近的自行車使用先進複合材料製造，說明原因，並舉出一種用於自行車結構的特定複合材料。

1.19 如同本章所做的，將材料分成不同種類有什麼重要性或幫助？

1.20 某應用所需的材料在室溫及大氣下必須非常堅固且耐腐蝕。如果此材料也能耐衝擊將會有幫助，但不是必要的。(a) 若只考慮主要需求，你會選擇哪些類別的材料？ (b) 若同時考慮主要需求和次要需求，你會選擇哪些類別的材料？ (c) 建議一種材料。

原子結構與鍵結

Atomic Structure and Bonding

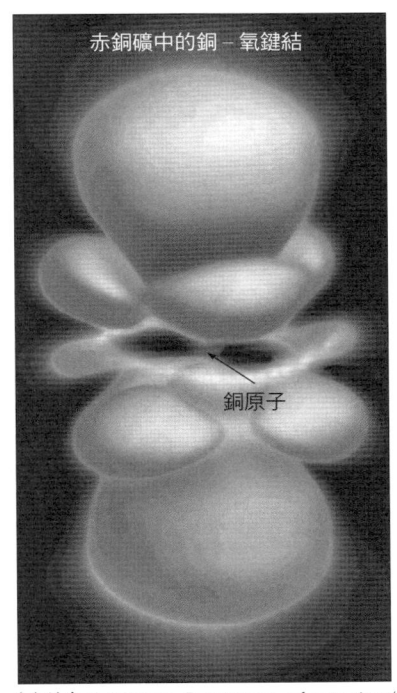

CHAPTER 2

赤銅礦中的銅－氧鍵結

銅原子

（資料來源：©*Tom Pantages adaptation/ courtesy Prof. J. Spence.*）

原子軌域代表電子可能占據空間中不同位置的機率。除了最深層的電子外，軌域形狀並非球狀。以往由於缺乏驗證技術，我們只能想像這些軌域的存在與形狀。最近，科學家們已經可以利用 X 光繞射與電子顯微鏡等科技製作出電子軌域的 3D 模擬影像。上圖顯示氧化亞銅（Cu_2O）中，銅－氧鍵結的 d 電子軌域。透過對銅氧化物中鍵結的了解，並使用上述軌域模擬技術，科學家們對於解釋銅氧化物的高溫超導體特性又更接近一步。[1]

1　www.aip.org/physnews/graphics/html/orbital.html.

2.1 原子結構與次原子粒子
Atomic Structure and Subatomic Particles

在西元前 5 世紀，希臘哲學家德謨克利特（Democritus）提出物質最終是由不可分割的粒子所組成，他稱其為 atomos（或 atoms，原子），意思就是無法切割或分裂的。科學界一直忽略此想法，直到 17 世紀時，波以耳（Robert Boyle）主張元素是由「簡單的粒子」所組成，而這些粒子本身並非由其他物體組成；他的論述與 2200 年前德謨克利特的說法非常近似。到了 19 世紀初，原子論再度成為風潮，當時道爾頓（John Dalton）假設了對物體的基本組成的最精準定義，認為物體是由名為原子的小粒子組成，而純物質中的所有原子的大小、形狀、質量和化學性質皆完全相同。他也假設不同純物質的原子也彼此不同；一旦兩種純物質以特定簡單比例結合，便會形成不同的化合物，稱為**倍比定律（law of multiple proportions）**。最後，他提出化學反應可用原子之間的分離、組合或重整來說明，且不會產生或消滅質量，稱為**質量守恆定律（law of mass conservation）**。道爾頓和波以耳的主張在化學界引發了一場革命。

在 19 世紀末，法國的貝克勒（Henri Becquerel）及居里夫婦（Marie Curie 與 Pierre Curie）引入了輻射的概念。他們認為像是鈽和鐳等新發現的元素會自發地發出射線，並稱此現象為輻射（radioactivity）。實驗顯示，輻射線的組成有 α（alpha）、β（beta）和 γ（gamma）射線，而且 α 和 β 粒子都有電荷和質量，但 γ 粒子的電荷和質量卻無法測出。這些發現的主要結論是，原子一定是由更小的成分或次原子粒子所組成。

陰極射線管（cathode ray tube）實驗在確認原子成分或次原子粒子功不可沒（見圖 2.1）。陰極射線管是由一個內部空氣被抽出的玻璃管所組成。在管子一端是接到高電壓源的兩個金屬板。負電荷板（陰極）會射出一個被帶正電的板（陽極）所吸引看不見的射線，稱為陰極射線（cathode ray），是由來自於陰極中原子的帶負電荷的粒子所組成。陽極中心的洞可讓陰極射線通過，並繼續前進到管子盡頭的特殊塗層板（螢光屏幕），產生微小的閃爍（見圖 2.1）。經過一系列的實驗，湯普森（Joseph J. Thompson）的結論是，所有物質的原子都是由更小的帶負電荷粒子所組成，稱為電子（electron）。他也計算出電子質量與電荷比為 5.60×10^{-19} g/C，其中庫侖（Coulomb, C）是電荷單位。之後，密立坎（Robert Millikan）在其油滴實驗中，測定一個電荷或電子的基本電量為 1.60×10^{-19} C。電子的

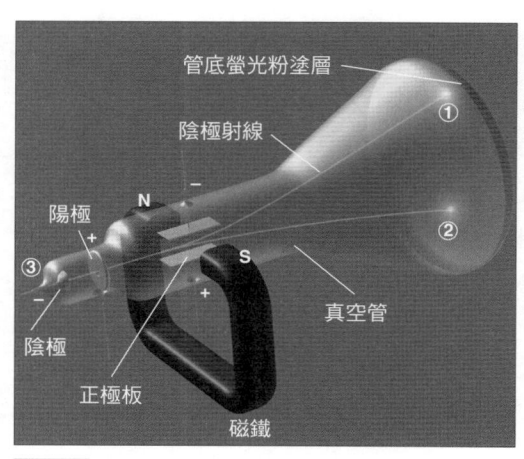

圖 2.1 陰極射線管，包含了玻璃管、陰極、陽極、偏轉板和螢光屏幕。

電量是用 −1 來表示。利用湯普森的電子質量與電荷比以及密立坎的電子電荷量，所算出的電子質量為 8.96×10^{-28} 克。基於帶負電荷電子存在的事實，科學家們推論原子也必須包含帶有相同數量正電荷的次原子粒子以保持電中性。

1910 年，湯普森的學生拉塞福（Ernest Rutherford）用帶正電荷的 α 粒子轟擊一片極薄的金箔。他發現很多 α 粒子會毫無偏折地穿過金箔，有些會稍微偏折，而有少數則會大幅偏折或完全反彈。他的結論是：(1) 大部分原子一定是由無物質的空間組成（因此，多數的粒子能無偏折地通過）；(2) 在原子中心（即原子核）附近的區域含有帶正電的粒子。他認為那些大幅偏折甚至反彈的 α 粒子一定是和帶正電荷的原子核產生密切的互相影響。原子核中帶正電荷的粒子稱為質子（proton），並在後來被證實帶有和電子相同數量但符號相反的電荷，且質量為 1.672×10^{-24} 克（電子質量的 1840 倍）。質子的電量用 +1 來表示。

最後，由於原子為電中性，因此必須具有相同數量的電子和質子。但是，中性原子的質量比單獨質子的質量大。1932 年，查兌克（James Chadwick）首次提出在原子以外的單獨中子的證明。這些不帶電荷，質量為 1.674×10^{-24} 克（比質子稍大）的粒子稱為中子（neutron）。表 2.1 列出了電子、質子與中子的質量、電荷和電荷單位。

根據原子模型，典型的原子半徑大約為 100 皮米（1 picometer = 1×10^{-12} m），而原子核半徑僅約 5×10^{-3} 皮米。如果原子是一個足球場大小的話，原子核的大小就像一顆彈珠。電子被認為是分布在距原子核一段距離的電荷雲（charge cloud）中。圖 2.2 顯示此原子模型以及相對應的尺寸大小。

在研究原子（相同或相異的原子）的交互作用時，每個原子的電子

表 2.1 電子、中子與質子的質量、電荷及電荷單位

粒子	質量 (g)	電荷 庫侖（C）	電荷單位
電子	9.10939×10^{-28}	-1.06022×10^{-19}	-1
質子	1.67262×10^{-24}	$+1.06022 \times 10^{-19}$	$+1$
中子	1.67493×10^{-24}	0	0

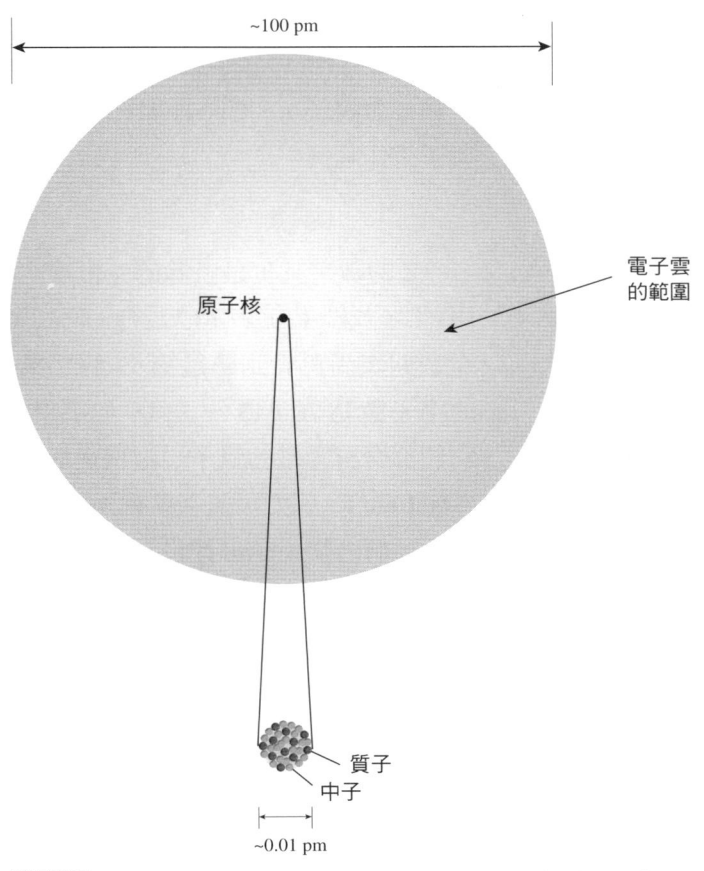

圖 2.2 原子和其原子核的相對大小，原子核是由質子和中子所組成。注意到原子的邊界並未清楚界定。

結構非常關鍵。電子（尤其是具有最高能量的）會決定反應程度，或原子和另一個原子鍵結的傾向。

2.2 原子序、質量數與原子量
Atomic Numbers, Mass Numbers, and Atomic Masses

2.2.1 原子序與質量數

20 世紀初時發現了每個原子其原子核中含有特定數量的質子，這個數字稱為**原子序**（atomic number, Z）。每個元素都有可以用來作定義的特定原子序，例如碳原子是一個含有 6 個質子的原子。中性原子的原子序，或質子數，就等於其電子雲中的電子數。原子的質量是以**原子質量單位**（atomic mass unit, amu）來表示。1 個 amu 的定義為一個含有 6 個中子與 6 個質子的碳原子質量的 $\frac{1}{12}$。這也代表一個中子或質子的質量非常接近 1 amu。因此，碳 12 的原子質量為 12 amu。

質量數（mass number, A）是原子中的中子與質子數量的總和。除了氫平常沒有中子外，所有原子核都有中子與質子。例如，碳的質量數為 12（6 個中子與 6 個質子）。同時表示質量數（A）與原子序（Z）的正確方式可用以下碳原子來作範例：

$$_Z^A C \text{ 或 } _6^{12}C$$

Z 的數字其實是多餘的；根據定義，質子數量可由原子特性得知，因此僅用 ^{12}C（或碳 12）表示已足夠。例如，如果我們想知道碘 131（^{131}I）的中子數，從週期表尚可看到碘是第 53 個元素（表 53 個質子），很容易就能算出碘 131 的中子數為 78（131 − 53）。但不是所有相同的原子都含有等量的中子，即使它們都含有等量的質子。這種變異（原子序相同，但質量數不同）稱為**同位素**（isotope）。例如，氫原子有 3 種同位素：氕（$_1^1H$）、氘（$_1^2H$）和氚（$_1^3H$）。

我們已知 1 amu 提供了一種相對於碳原子重量的原子重量量測基準，但是它又該如何以克為單位來表示呢？實驗證明，12 克的 ^{12}C 含有 6.02×10^{23} 個原子〔稱為亞佛加厥數（Avogadro's number），以義大利科學家亞佛加厥（Amedeo Avogadro）命名〕。想知道這個數字有多大嗎？如果你將 6.02×10^{23} 個一元銅板平分給地球上的 60 億人口，每個人將會分得超過 100 兆元！1 **莫耳**（mole）或克分子量（gram-mole）的元素被定義為含有 6.02×10^{23} 個該元素原子。亞佛加厥數代表與原子質量 amu 值相同數值的克數所需的原子數量。例如，一個 ^{12}C 原子的原子質量為 12 amu，則質量 12 克的 ^{12}C 為 1 莫耳，含有 6.02×10^{23} 個原子；此質量稱為相對原子質量（relative atomic mass）、莫耳質量（molar mass）或原子量（atomic weight）。值得注意的是，多數的教科書（包括本書）會將每個元素的相對原子質量以該元素及其所有自然形成的同位素經過加權的平均相對原子質量（average relative atomic mass）表示。例如，碳的相對原子質量為 12.01 克，而非 12 克，這是因為有些碳的同位素，像是 ^{13}C（1.07% 天然含量），其質量比 ^{12}C（98.93% 天然含量）重。

門得列夫（Dmitri I. Mendeleev）首先將元素列表，最後成為我們現在所謂的週期表（periodic table）。他依元素的相對原子質量將元素以水平列的方式排序，然後當他發現一個元素與前一列的元素化學特性相近時，他就會新增一列。表格完成後，他發現同一行的元素有類似的化學特性，而且有幾行有些空白。他認為這些空白其實是尚未被發現的元素（像是鎵和鍺）。這些元素後來陸續被發現，而且其特性與門得列夫所推測的相當接近。

例題 2.1

鐵（Fe）最常見的同位素（天然含量）如下：
^{56}Fe（91.754%），原子質量為 55.934 amu
^{54}Fe（5.845%），原子質量為 53.939 amu
^{57}Fe（2.119%），原子質量為 56.935 amu
^{58}Fe（0.282%），原子質量為 57.933 amu

解

a. 求出鐵的平均原子質量。

$$[(91.754 \times 55.934) + (5.845 \times 53.939) + (56.935 \times 2.119)$$
$$+ (0.282 \times 57.933)]/100 = 55.8 \text{ amu}（一個鐵原子的質量，單位為 amu）$$

b. 鐵的相對原子質量是多少？

如前所述，相對原子質量的值與平均原子質量相同，只不過單位為克，每單位含有 55.849 克。比較此值與週期表（見圖 2.3）中的值。

c. 55.849 克的鐵含有多少原子？

$$6.02 \times 10^{23} \text{ 個原子}$$

d. 1 克的鐵含有多少原子？

$$1 \text{ g Fe} \times (1 \text{ mol Fe}/55.849 \text{ g Fe}) \times (6.02 \times 10^{23} \text{ atoms Fe}/ 1 \text{ mol Fe})$$
$$= 1.078 \times 10^{22} \text{ 個鐵原子}$$

e. 1 個鐵原子的質量為多少克？

$$\frac{55.849 \text{ g}}{6.02} \times 10^{23} \text{ atoms} = 9.277 \times 10^{-23} \text{ gram/atom.}$$

f. 根據 e 小題求得的答案，1 amu 鐵的質量為多少克？從 a 小題中得知鐵的平均原子質量為 55.846 amu。在 e 小題中，其相對應的質量為 9.277×10^{-23} 克。因此換算後的結果是 1 amu 為 $9.277 \times 10^{-23}/55.846 = 1.661 \times 10^{-24}$ 克。

例題 2.2

一介金屬化合物的化學式為 Ni_xAl_y，其中 x、y 為最簡單整數，此化合物由 42.04 wt % 的鎳和 57.96 wt % 的鋁組成，求此鋁化鎳的最簡化學式。

解

我們先計算此化合物中鎳和鋁所占的莫耳分率。以此化合物為 100 克作基礎，則鎳有 42.04 克，鋁有 57.96 克。所以

$$鎳的莫耳數 = 42.04g \times (1\ mol/58.71g) = 0.7160\ mol$$

$$鋁的莫耳數 = 57.96g \times (1\ mol/26.98g) = 2.148\ mol$$

$$總莫耳數 = 2.864\ mol$$

因此

$$鎳的莫耳分率 = \frac{0.7160}{2.864} = 0.25$$

$$鋁的莫耳分率 = \frac{2.148}{2.864} = 0.75$$

將 0.25 及 0.75 分別代入 Ni_xAl_y 中得 $Ni_{0.25}Al_{0.75}$。為整數化，再將 0.25 及 0.75 同時乘以 4，即可得 $NiAl_3$，為鋁化鎳的最簡化學式。

科學家之後發現，將元素以遞增的原子序（Z）依序排列，而不是依相對原子質量排列，能顯示出週期行為，又稱為**化學週期定律（law of chemical periodicity）**，說明元素的特性與原子序有週期關係。莫斯利（Henry. G. J. Moseley）使用原子序（Z）排列提出的新週期表，圖 2.3 顯示其更新版本。每一水平列稱為一個週期（period），如第一週期、第二週期……第七週期；每一個直行稱為族（group），如 1A 族、2A 族……8A 族。表中也顯示過渡元素及內過渡元素（重金屬）。每個元素都以其化學符號表示，原子序標示在上方，以 amu 表示的原子質量或以克表示的相對莫耳質量（回想一下，它們的值是相同的）則標示在下方。例如，週期表顯示，鋁有 13 個質子（Z = 13），一莫耳鋁的質量為 26.98 克（或 26.98 grams/mol），且含有 6.02×10^{23} 個原子。到今天為止，從原子序為 1 的氫到原子序為 109 的䥑（meitnerium），已有 109 個元素被發現並命名。

2.3 原子的電子結構

The Electronic Structure of Atoms

2.3.1 普朗克量子理論與電磁輻射

在 20 世紀初期，德國科學家普朗克（Max Planck）發現，原子和分子只

元素週期表

	主族元素													主族元素				
	IA (1)																	VIIIA (18)
1	1 H 1.008	IIA (2)											IIIA (13)	IVA (14)	VA (15)	VIA (16)	VIIA (17)	2 He 4.003
2	3 Li 6.941	4 Be 9.012				過渡元素							5 B 10.81	6 C 12.01	7 N 14.01	8 O 16.00	9 F 19.00	10 Ne 20.18
3	11 Na 22.99	12 Mg 24.31	IIIB (3)	IVB (4)	VB (5)	VIB (6)	VIIB (7)	VIIIB (8)	VIIIB (9)	VIIIB (10)	IB (11)	IIB (12)	13 Al 26.98	14 Si 28.09	15 P 30.97	16 S 32.07	17 Cl 35.45	18 Ar 39.95
4	19 K 39.10	20 Ca 40.08	21 Sc 44.96	22 Ti 47.88	23 V 50.94	24 Cr 52.00	25 Mn 54.94	26 Fe 55.85	27 Co 58.93	28 Ni 58.69	29 Cu 63.55	30 Zn 65.39	31 Ga 69.72	32 Ge 72.61	33 As 74.92	34 Se 78.96	35 Br 79.90	36 Kr 83.80
5	37 Rb 85.47	38 Sr 87.62	39 Y 88.91	40 Zr 91.22	41 Nb 92.91	42 Mo 95.94	43 Tc (98)	44 Ru 101.1	45 Rh 102.9	46 Pd 106.4	47 Ag 107.9	48 Cd 112.4	49 In 114.8	50 Sn 118.7	51 Sb 121.8	52 Te 127.6	53 I 126.9	54 Xe 131.3
6	55 Cs 132.9	56 Ba 137.3	57 La 138.9	72 Hf 178.5	73 Ta 180.9	74 W 183.9	75 Re 186.2	76 Os 190.2	77 Ir 192.2	78 Pt 195.1	79 Au 197.0	80 Hg 200.6	81 Tl 204.4	82 Pb 207.2	83 Bi 209.0	84 Po (209)	85 At (210)	86 Rn (222)
7	87 Fr (223)	88 Ra (226)	89 Ac (227)	104 Rf (261)	105 Db (262)	106 Sg (266)	107 Bh (262)	108 Hs (265)	109 Mt (266)	110 Uun (269)	111 Uuu (272)	112 Uub (277)	113 Uug (285)	114	115	116 Uuh (289)	117	118 Uuo

圖例：
- 金屬（典型）
- 金屬（過渡）
- 金屬（內過渡）
- 類金屬
- 非金屬

內過渡元素

6 鑭系元素	58 Ce 140.1	59 Pr 140.9	60 Nd 144.2	61 Pm (145)	62 Sm 150.4	63 Eu 152.0	64 Gd 157.3	65 Tb 158.9	66 Dy 162.5	67 Ho 164.9	68 Er 167.3	69 Tm 168.9	70 Yb 173.0	71 Lu 175.0
7 錒系元素	90 Th 232.0	91 Pa (231)	92 U 238.0	93 Np (237)	94 Pu (242)	95 Am (243)	96 Cm (247)	97 Bk (247)	98 Cf (251)	99 Es (252)	100 Fm (257)	101 Md (258)	102 No (259)	103 Lr (260)

圖 2.3 更新過的元素週期表，顯示 7 個週期、8 個主族元素、過渡元素與內過渡元素。大多數的元素被歸類為金屬或類金屬。

能發出某些離散數量的能量，稱為**量子**（**quantum**，複數為 quanta）。在此之前，科學家認為原子可以發出任何數量的（連續的）能量。普朗克的量子理論（quantum theory）改變了科學的研究方向。在了解他的發現之前，我們必須先了解波的特性。

波有許多種，像是水波、聲波和光波。在 1873 年，馬克士威（James Clerk Maxwell）提出了可見光的特性是**電磁輻射**（**electromagnetic radiation**）。在電磁輻射中，能量是以電磁波的形式釋放並傳遞。電磁波以光速行進，在真空中為 3.00×10^8 公尺／秒。

如同其他形式的波一樣，電磁波的重要特徵為波長（通常為奈米或 10^{-9} m）、頻率（s^{-1} 或 Hz）與速度（m/sec）。波速 c 與頻率 ν 和波長 λ 的關係如下：

$$v = \frac{c}{\lambda} \tag{2.1}$$

許多電磁波,包括無線電、微波、紅外線、可見光、紫外線、X射線和 gamma 射線波可見於圖 2.4。這些波會依其波長和頻率差異而有所不同。例如,無線電天線會產生大波長(10^{12} 奈米～1 公里)和低頻(10^6 赫茲)的波;微波爐會產生波長約 10^7 奈米(明顯短於無線電波)和頻率約 10^{11} 赫茲(明顯高於無線電波)的微波。隨著波長減小與頻率增加,我們到達了波長約 10^3 奈米和頻率約 10^{14} 赫茲(烤燈的操作範圍)的紅外線範圍。當波長在 700 奈米(紅光)到 400 奈米(紫光)的範圍,所產生的輻射是可見光(可見光範圍)。紫外線(10 奈米)、X 射線(0.1 奈米)及 gamma 射線(0.001 奈米)則又是在非可見光的範圍。

例如,當鎢燈絲加熱後,它的原子會以輻射形式釋放出能量,在我們看來是白色的可見光。普朗克認為,由從與這種輻射相關的原子射出來的能量就是量子形式。單一能量量子的能量可用以下式子表示:

$$E = hv \tag{2.2}$$

其中 h 為普朗克常數:6.63×10^{-34} 焦耳·秒(J·s),而 v(Hz) 是輻射的頻率。

根據普朗克,能量總是以 hv 的整數倍數釋放(即 $1hv$、$2hv$、$3hv$ 等),永遠不會是非整數,像是 $1.34hv$。式 2.2 也意味著,能量會隨著輻射頻率增加而

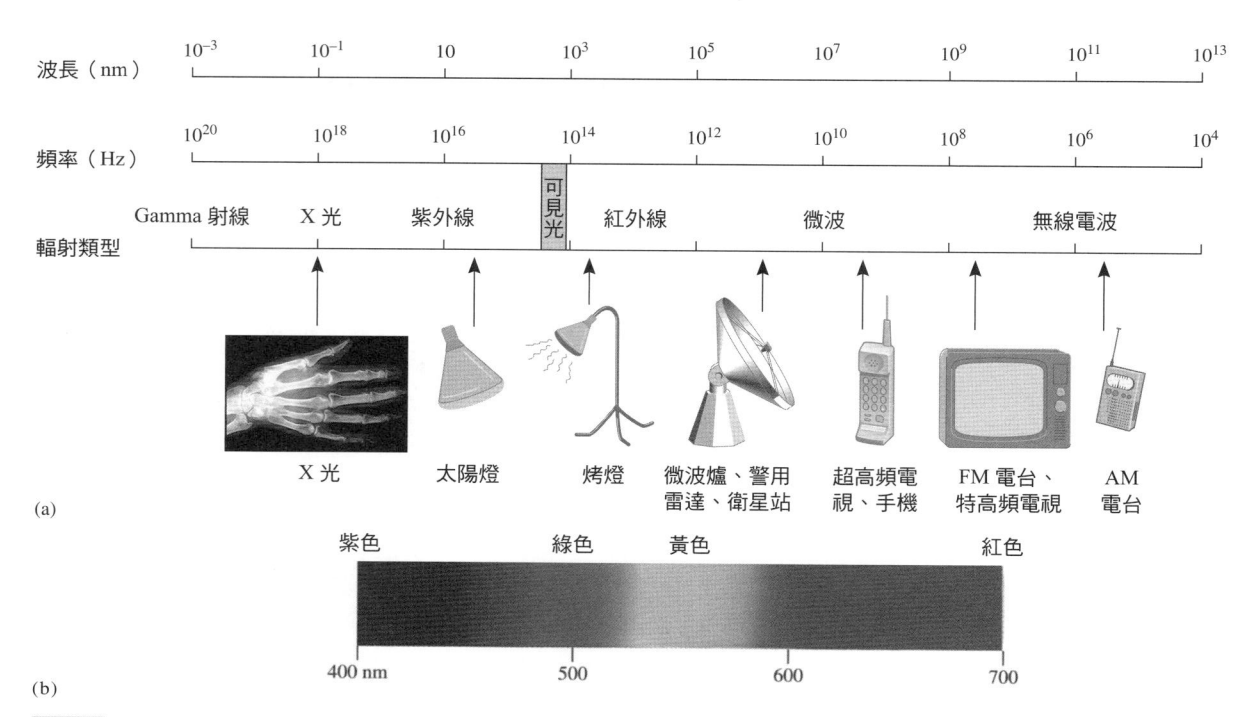

圖 2.4 電磁光譜從短波長、高頻率的 gamma 射線展延到長波長、低頻率的無線電波。(a) 全譜;(b) 可見光譜。
(資料來源:© Getty/RF.)

增加。因此，在討論電磁光譜時，gamma 射線的能量高於 X 射線，而 X 射線的能量又高於紫外線，以此類推。

將式 2.1 代入式 2.2 後，與輻射相關的能量可以用輻射波長表示如下：

$$E = \frac{hc}{\lambda} \qquad (2.3)$$

c 代表光速，相當於 3.00×10^8 公尺／秒（m/s），而 λ 則是波長。

2.3.2 波爾的氫原子理論

1913 年，波爾（Neils Bohr）用普朗克的量子理論來說明受激發的氫原子為何只吸收和放射特定波長的光；這個現象當時無人能解。他認為是具有離散角動量（速率和半徑的乘積）的電子依圓形軌跡繞著原子核運行。他還認為，電子的能量被限制在特定的能階，使得電子處於與原子核有著固定距離的環形軌道上。他稱此環形軌道為電子的軌道（orbit）。如果電子失去或得到特定的能量，它就會將軌道改到與原子核有另一個固定距離的環形軌道（見圖 2.5）。在波爾的模型中，軌道的數值就是主量子數 n，範圍可由 1 至無限大。電子的能量與軌道大小會隨 n 值的增加而增加。$n = 1$ 的軌道所代表的能量狀態最低，因此最靠近原子核。氫原子電子的正常狀態是在 $n = 1$，稱為基態（ground state）。電子要能從低軌道移到較高的激發狀態（excited state），例如由 $n = 1$ 移至 $n = 2$，必須吸收特定能量（見圖 2.5）。反之，電子要由激發狀態掉落至基態（由 $n = 2$ 移至 $n = 1$），就必須釋放相同的能量。這種釋放出來的量子化能量會是以稱為**光子**（**photon**）的電磁波輻射形式，具特定的波長與頻率。

波爾發展出一個可找出依量子數 n 而定的氫電子能量模型（見圖 2.6）。只有符合此式的能量階才能存在：

$$E = -2\pi^2 me^4/n^2 h^2 = \frac{-13.6}{n^2} \text{ eV} \qquad (2.4)$$

m 和 e 分別代表電子的質量及電荷。1 電子伏特（eV）$= 1.60 \times 10^{-19}$ 焦耳（J）。由於波爾將完全分離且在 $n =$ 無限大時無動能的電子能量定義為零，因此式（2.4）使用負值。也就是說，在較低軌道的任何電子能量皆為負值。根據波爾的方程式，電子在基態（$n = 1$）的能量為 -13.6 eV。要將該電子從原子核分離，電子就必須吸收能量。要做到這一點所需要吸收的最低能量稱為**游離能**（**ionization energy**）。n 增加時，該軌道上的電子能量也會增加（或變得比較不負）。例如當 $n = 2$ 時，相對應

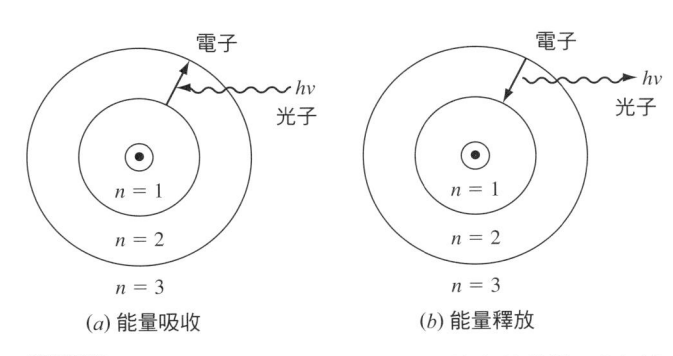

(a) 能量吸收　　(b) 能量釋放

圖 2.5 (a) 氫原子中的電子被激發至較高的軌道；(b) 較高軌道的電子掉至較低的軌道，結果釋放出能量為 $h\nu$ 的光子（此圖只適用於波爾的模型）。

電子的能階為 $-13.6/2^2$ 或 -3.4 eV。

波爾根據電子在最終及初始軌道的能量差異來解釋電子在改變軌道時釋放或吸收的能量（釋放能量時，$\Delta E > 0$；吸收能量時，$\Delta E < 0$）：

$$\Delta E = E_f - E_i = -13.6 \,(1/n_f^2 - 1/n_i^2) \tag{2.5}$$

其中 f 和 i 分別為最終和初始的電子狀態。例如，電子由 $n = 2$ 移至 $n = 1$ 所需要的相關能量為：$\Delta E = E_2 - E_1 = -13.6 \left(\frac{1^2}{2} - \frac{1^2}{1}\right) = 13.6 \times 0.75 = 10.2$ eV。當電子降到 $n = 1$ 時，會放射一個 10.2 eV 的光子（能量釋放）。此光子的波長為 $= (6.63 \times 10^{-34}$ J·s$)\,(3.00 \times 10^8$ m/sec$)/10.2$ eV $(1.6 \times 10^{-19}$ J/eV$) = 1.2 \times 10^{-7}$ m 或 120 nm。從圖 2.4 可判定這個波長落在紫外線範圍。

圖 2.6 顯示氫電子各種可能的遷移或是氫的發射光譜。圖中每條橫線都代表依氫電子主量子數 n，氫電子可接受的能階或軌道。所有可見光的放射都屬於巴耳末（Balmer）系列。來曼（Lyman）系列對應紫外線的放射。帕申（Paschen）和布拉克（Brackett）系列則對應紅外線的放射。

圖 2.6 氫的線光譜能階圖。
（資料來源：*F. M. Miller, Chemistry: Structure and Dynamics*, McGraw-Hill, 1984, p. 141.）

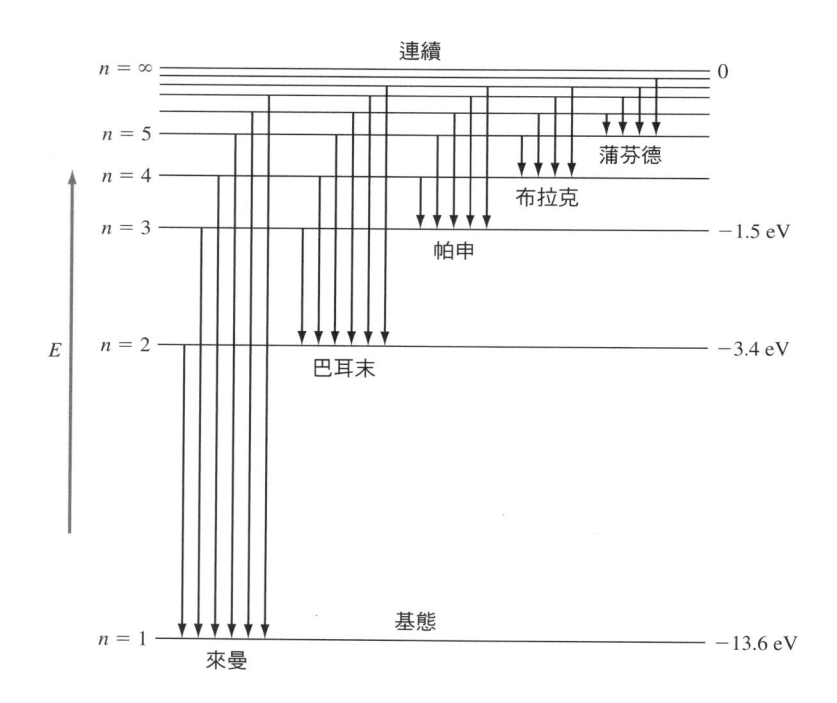

例題 2.3

一氫原子其電子在 $n = 3$ 階，後來此電子移至 $n = 2$ 階，計算 (a) 所對應光子的能量；(b) 其頻率；(c) 其波長；(d) 其為能量釋放還是能量吸收？(e) 其屬於何系列，所放射的光又為何種特定類型？

解

a. 此光子所釋放的能量為

$$E = \frac{-13.6 \text{ eV}}{n^2}$$

$$\Delta E = E_3 - E_2$$

$$= \frac{-13.6}{3^2} - \frac{-13.6}{2^2} = 1.89 \text{ eV} \blacktriangleleft$$

$$= 1.89 \text{ eV} \times \frac{1.60 \times 10^{-19} \text{ J}}{\text{eV}} = 3.02 \times 10^{-19} \text{ J} \blacktriangleleft$$

b. 此光子的頻率為

$$\Delta E = h\nu$$

$$\nu = \frac{\Delta E}{h} = \frac{3.02 \times 10^{-19} \text{ J}}{6.63 \times 10^{-34} \text{ J} \cdot \text{s}}$$

$$= 4.55 \times 10^{14} \text{ s}^{-1} = 4.55 \times 10^{14} \text{ Hz} \blacktriangleleft$$

c. 此光子的波長為

$$\Delta E = \frac{hc}{\lambda}$$

$$\lambda = \frac{hc}{\Delta E} = \frac{(6.63 \times 10^{-34} \text{ J} \cdot \text{s})(3.00 \times 10^8 \text{ m/s})}{3.02 \times 10^{-19} \text{ J}}$$

$$= 6.59 \times 10^{-7} \text{ m}$$

$$= 6.59 \times 10^{-7} \text{ m} \times \frac{1 \text{ nm}}{10^{-9} \text{ m}} = 659 \text{ nm} \blacktriangleleft$$

d. 由於量子為正，故為能量釋放，且電子是由較高的軌道移至較低的軌道。

e. 屬於巴耳末系列（見圖 2.6），對應的是可見光中的紅光（見圖 2.4）。

2.3.3　測不準原理與薛丁格的波函數

雖然波爾的模型對於像氫那樣簡單的原子來說非常適用，但並無法解釋更複雜（多電子）的行為，也留下許多待解的問題。對於原子真實行為的解釋得歸功於兩個後來的新發現。第一個是由德布羅意（Louis de Broglie）提出，認為類似電子般的物質粒子可以同時視為具有粒子和波的特性（類似於光）。他認為電子（或其他任何粒子）的波長可以從質量和速度的乘積（動量）而求得，如式（2.6）所示：

$$\lambda = \frac{h}{mv} \tag{2.6}$$

海森堡（Werner Heisenberg）後來提出了**測不準原理**（**uncertainty principle**），指出要同時判斷物體（如電子）的確切動量與位置是不可能的事。式（2.7）表示測不準原理，其中 h 為普朗克常數，Δx 為位置的不確定性，Δu 為速度的不確定性：

$$\Delta x \cdot m\Delta u \geq \frac{h}{4\pi} \quad (2.7)$$

例題 2.4

假如根據德布羅意，所有的粒子皆可視為同時具有波和粒子的特性，則比較以下兩者的波長：一個是一電子以 16.67% 的光速移動，另一個是一質量為 0.142 kg 的棒球以 96.00 mi/hr（42.91 m/s）的速度移動。你的結論是什麼？

解

根據式（2.6），我們需要知道粒子的質量和速度才能確定粒子的波長。所以，

$$\lambda_{\text{electron}} = \frac{h}{mv} = \frac{6.62 \times 10^{-34} \text{ kg} \cdot \text{m}^2/\text{s}}{(9.11 \times 10^{-31} \text{ kg})(0.1667 \times 3.0 \times 10^8 \text{ m/s})}$$

$$= 1.5 \times 10^{-10} \text{ m} = 0.15 \text{ nm}$$

（注意此原子的直徑約為 0.1 nm）

$$\lambda_{\text{baseball}} = \frac{6.62 \times 10^{-34} \text{ kg} \cdot \text{m}^2/\text{s}}{(0.142 \text{ kg})(42.91 \text{ m/s})} = 1.08 \times 10^{-34} \text{ m}$$

$$= 1.08 \times 10^{-25} \text{ nm}$$

由此可知棒球的波長比電子小 10^{24} 倍（太短以至於無法觀察）。一般而言，普通大小的粒子其波長小到無法量測，因此無法確定其波的性質。

例題 2.5

針對上述問題，假如測量球速的不確定性為：(a) 1%；(b) 2%，則測量棒球位置的不確定性分別為何？你的結論是什麼？

解

根據式（2.7），先計算測量球速的不確定性，(a) 小題為 (0.01 × 42.91 m/s) = 0.43 m/s；(b) 小題為 (0.02 × 42.91 m/s) = 0.86 m/s。

a. 重寫式（2.7）得：

$$\Delta x \geq \frac{h}{4\pi m \Delta u} \geq \frac{6.62 \times 10^{-34} \text{ kg} \cdot \text{m}^2/\text{s}}{4\pi(0.142 \text{ kg})(0.43 \text{ m/s})} \geq 8.62 \times 10^{-34} \text{ m}$$

b. 重寫式（2.7）得：

$$\Delta x \geq \frac{h}{4\pi m \Delta u} \geq \frac{6.62 \times 10^{-34} \text{ kg} \cdot \text{m}^2/\text{s}}{4\pi(0.142 \text{ kg})(0.86)} \geq 4.31 \times 10^{-34} \text{ m}$$

當測量球速的不確定性增加，則測量位置的不確定性會減少。

海森堡的理由是，任何量測動作都會改變電子的速度和位置。他也推翻波爾所提出的電子有固定半徑的「軌道」概念。他認為，我們頂多只能在特定的空間及能量下提出找到一個電子的機率。

當薛丁格（Erwin Schrodinger）使用波動方程式（wave equation）來解釋電

子的行為時,理論近趨完備。波動方程式的解為波 ψ(psi)的函數。波函數的平方 ψ^2,提供了在特定空間及能階中找到電子的機率;這個機率稱為**電子密度**(**electron density**),可以用一群圓點〔稱為電子雲(electron cloud)〕來表示,每個圓點表示一個特定能階電子的可能位置。例如,圖 2.7a 中的電子密度分布為基態氫原子。雖然一般的形狀為球形(如波爾所論),很顯然地,根據這個模型電子能夠存在於相對原子核的任何位置。最可能找到在基態電子的位置非常接近原子核(電子雲密度最高),距原子核愈遠,找到電子的機率愈低。

解開波動方程式後,即可產生不同的波函數及電子密度圖。這些波函數稱為**軌域**(**orbital**)。我們要立刻澄清「軌域」與波爾所使用的「軌道」(orbit)為兩種截然不同的概念(這兩個術語絕對不可混用)。軌域有獨特的能階及獨特的電子密度分布。

表示電子位置在特定能階機率的另一種方法是畫出一個內部區域有 90% 機會可以發現電子的範圍。基態電子有 90% 的機率可以在半徑為 100 皮米(1 皮米 = 10^{-12} 公尺)的球體內被發現。不同於電子密度圖,圖 2.7b 所示的球體稱為**邊界表面**(**boundary surface**)表示法。要注意的是,同一個電子 100% 機率的邊界表面將會有無限大的範圍。前面已提過,在圖 2.7a 發現電子的最高機率是在非常接近原子核的位置。但是,如果我們將此球體分成等距的同心區塊(見圖 2.7c),則發現電子的最高總機率不會在原子核,而是與原子核些許距離之處。此總機率也稱為徑向(radial)機率。愈接近原子核,發現電子的機率愈高,但體積愈小;愈遠離原子核,機率愈小,但體積愈大,然而相較於基層,由於第二層的體積增加比機率降低還大許多,因此,在第二層觀察到電子的總機率較高;圖 2.7c 顯示第二層位於距原子核 0.05 奈米或 50 皮米附近。到了更外層,此效應會逐漸消失,因為之後的機率降低會比體積增加的幅度還大。

高能階電子的邊界表面圖會變得更複雜,且不見得為球形。我們會在後面做更詳細的討論。

2.3.4 量子數、能階與原子軌域

薛丁格等人提出的現代量子力學需要一組四個整數(量子數,quantum number)的數字來定義邊界空間(或電子雲)的能量和形狀,以及任何原子中任何電子的自旋。第一組量子數為 n、ℓ、m_ℓ、m_s。

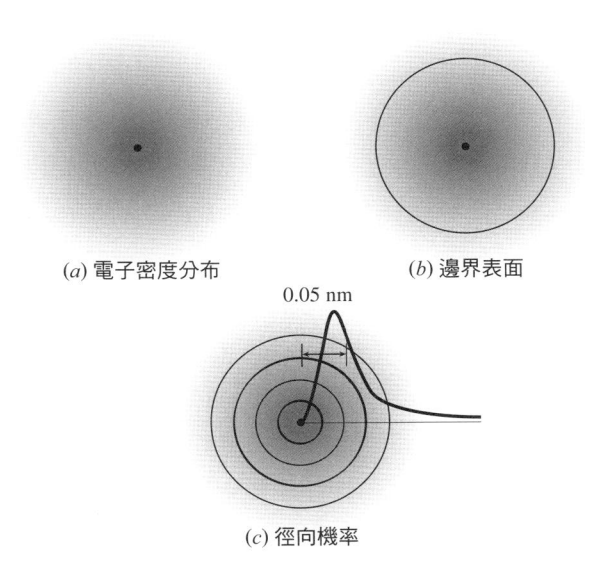

(a) 電子密度分布　　(b) 邊界表面

0.05 nm

(c) 徑向機率

圖 2.7　(a) 氫原子的電子在基態的密度分布;(b) 90% 的邊界表面圖;(c) 連續球形殼層與徑向機率分布(黑線)。

主量子數 n：主能階或殼層　主量子數（principal quantum number） n 是決定電子能階最重要的量子數。n 只能是 1 或比 1 大的整數。每一個主能階也稱為一個殼層（shell），代表所有具有相同主量子數 n 的次殼層（subshell）或軌域（orbital）。當 n 值增加，電子的能量也增加，代表這些電子與原子核之間的力較小（較易離子化）。而且當 n 值增加，離原子核較遠處可以發現電子的機率也會增加。

角量子數或軌域量子數 ℓ：次殼層　每個主殼層（n）中都有次殼層。當 $n = 1$ 時，只會有一種次殼層，如圖 2.7 所示。當 $n = 2$ 時，會有兩種不同的次殼層。當 $n = 3$ 時，會有三種不同的次殼層，以此類推。次殼層是由角量子數 ℓ 來代表，可決定電子雲的形狀或軌域的邊界空間。角量子數 ℓ 可以由 0 到 $n - 1$ 的整數或是由字母來代表。

數字表示　　$\ell = 0, 1, 2, 3, ... , n - 1$
字母表示　　$\ell = s, p, d, f, ...$

$n = 1$ 時，$\ell = s$；$n = 2$ 時，$\ell = s$ 或 p；$n = 3$ 時，$\ell = s$、p 或 d，以此類推。因此，3s 代表一個主能階 n 為 3 且次殼層 ℓ 為 s。

不管 n 為何，s 次殼層（$\ell = 0$）總是為球形（見圖 2.8a）。當 n 變大時，球也會變大，代表電子能夠在離原子核較遠處運動。

p 次殼層（$\ell = 1$）不是球形，而是呈啞鈴狀，在原子核的兩側各有一個電子密度葉（見圖 2.8b）。每個特定的次殼層中有三個 p 軌域，各自在空間中有不同的方位。這三個軌域為互相垂直。d 次殼層的形狀更為複雜（見圖 2.8c），在過渡金屬離子的化學性扮演重要角色。

磁量子數 m_ℓ：軌域及其方位　磁量子數（magnetic quantum number） m_ℓ，代表每個次殼層內的軌域方位。量子數 m_ℓ 的值在 $+\ell$ 到 $-\ell$ 之間。$\ell = 0$ 或 s 時，$m_\ell = 0$；$\ell = 1$ 或 p 時，$m_\ell = -1$、0、+1；$\ell = 2$ 或 d 時，$m_\ell = -2$、-1、0、+1、+2，以此類推。每個次殼層 ℓ 內都有 $2\ell + 1$ 個軌域。就 s、p、d 及 f 而言，最多有 1 個 s 軌域、3 個 p 軌域、5 個 d 軌域和 7 個 f 軌域。主殼層的總軌域數（包含所有可用的次殼層）可以用 n^2 表示；例如，$n = 1$ 有 1 個軌域，$n = 2$ 有 4 個軌域，$n = 3$ 有 9 個軌域。相同次殼層中的軌域能階也相同。圖 2.8 顯示 s、p、d 軌域的邊界空間圖。要注意的是，當 n 值愈大，邊界空間也會愈大，表示在離原子核更遠的地方發現在該能階電子的機率更高。

自旋量子數 m_s：電子自旋　在氦原子（$Z = 2$）中，兩個電子占據了第一主殼層（$n = 1$）、相同次殼層（$\ell = 0$ 或 s）及相同磁量子數（$m_\ell = 0$）。這兩個電子的量子數是否相同？要完整地描述任何原子中的任何電子，除了 n、ℓ、m_ℓ

(a)

1s 2s 3s

(b)

$2p_x$ $2p_y$ $2p_z$

(c)

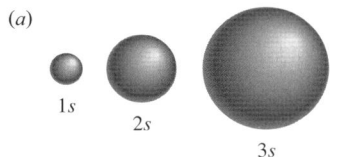

$3d_{x^2-y^2}$ $3d_{z^2}$ $3d_{xy}$ $3d_{xz}$ $3d_{yz}$

圖 2.8 圖示 (a) s 軌域；(b) p 軌域；(c) d 軌域。

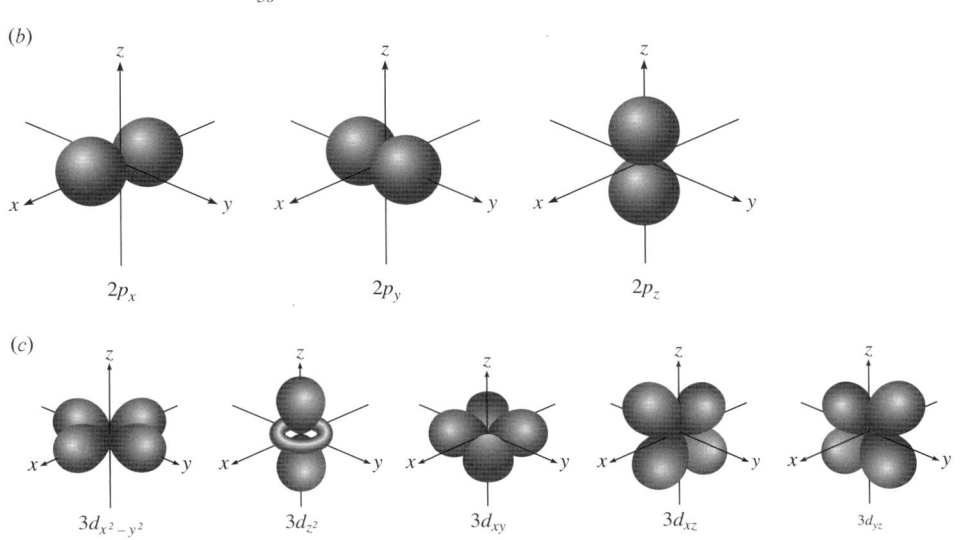

之外，我們還必須確定其**自旋量子數**（spin quantum number）m_s，可能是 $+\frac{1}{2}$ 或 $-\frac{1}{2}$。此電子只能有兩個自旋方向，且不得有任何其他位置。

另外，根據**鮑立不相容原理**（Pauli's exclusion principle），一個原子的相同軌域上最多只能有兩個電子，且自旋方向必須相反。也就是說，沒有兩個電子的一組四個量子數會完全相同。例如，在氦（He）原子中，從量子力學的觀點來看，它的兩個電子的差異在於自旋量子數；一個為 $m_s = +\frac{1}{2}$，另一個為 $m_s = -\frac{1}{2}$。表 2.2 總結所有可以出現的量子數。

由於只有兩個電子能夠占據單一個軌域，且每一個主能階或殼層（n）可以有 n^2 個軌域，我們可以說，每一個主能階最多可以容納 $2n^2$ 個電子（見表 2.3）。例如，$n = 2$ 時，主能階最多能容納 $2(2)^2 = 8$ 個電子，兩個電子在 s 次殼層（subshell），六個在 p 次殼層；其本身有三個軌域。

表 2.2 電子量子數的容許值

n	主量子數	$n = 1, 2, 3, 4, ...$	所有正整數
ℓ	角量子數	$\ell = 0, 1, 2, 3, ..., n+1$	根據 n 的 ℓ 容許值
m_ℓ	磁量子數	$-\ell$ 至 $+\ell$ 的正整數，包括 0	$2\ell + 1$
m_s	自旋量子數	$+\frac{1}{2}$ 與 $-\frac{1}{2}$	2

表 2.3　各主要原子殼層的最多電子數量

殼層數 n（主量子數）	每一殼層的最多電子數量（$2n^2$）	各軌域的最多電子數量
1	$2(1^2) = 2$	s^2
2	$2(2^2) = 8$	s^2p^6
3	$2(3^2) = 18$	$s^2p^6d^{10}$
4	$2(4^2) = 32$	$s^2p^6d^{10}f^{14}$
5	$2(5^2) = 50$	$s^2p^6d^{10}f^{14}...$
6	$2(6^2) = 72$	$s^2p^6...$
7	$2(7^2) = 98$	$s^2...$

2.3.5　多電子原子的能態

到目前為止，我們的討論大都聚焦在僅有單電子的氫原子。但是當電子不只一個時，電子和原子核之間的靜電吸引力以及電子之間的排斥力會使能量狀態或能階分裂複雜許多。因此，一個多電子原子的軌域能量不僅和其 n 值（大小）有關，也與其 ℓ 值有關（形狀）。

我們先來看一個氫原子裡的單電子，以及在一個離子化氦原子（He⁺）裡的單電子。這兩個電子都在 1s 軌域。然而，之前提過氦的原子核中有兩個質子，而氫的原子核中只有一個。在氫電子的軌域能量為 –1311 kJ/mol，而氦電子的軌域能量則為 –5250 kJ/mol。要移除氦電子較難，因為兩個質子的原子核對此電子的吸引力很強。也就是說，原子核的電荷愈多，對電子的吸引力就愈高，而電子的能量就愈低（系統愈穩定）。此即所謂的**核電荷效應**（nucleus charge effect）。

我們現在來比較一下氦原子和氦離子。兩者的原子核中電荷相同，但電子數不同。氦原子的 1s 電子軌域能量為 –2372 kJ/mol，氦離子則為 –5250 kJ/mol。要自氦原子移除兩個電子中的其中之一，要比移除氦離子裡的單電子明顯簡單許多。這主要是因為氦原子中的兩個電子會彼此排斥，因此抵銷了原子核的吸引力。電子們就像是會互相保護，以降低來自原子核的力量；此即所謂的**屏蔽效應**（shielding effect）。

我們接著來比較在基態的鋰原子（Z = 3）和處於第一激發態的鋰離子（Li²⁺）。兩者的原子核電荷都有 +3。鋰原子有兩個 1s 電子與一個 2s 電子，而鋰離子則有一個電子被激發至 2s 軌域（第一激發態）。鋰原子的 2s 軌域電子能量為 –520 kJ/mol，而鋰離子的 2s 軌域電子能量為 –2954 kJ/mol。前者較容易移除，因為在鋰原子內部殼層的兩個 1s 軌域電子會屏蔽掉原子核對 2s 電子的影響（大部分時間）。鋰離子的 2s 軌域電子並沒有這層屏蔽，因此會受到原子核的強力吸引。因此，內部電子會屏蔽掉原子核之對外層電子的吸引力，並比處於相同次能階的電子更有效。

我們最後來比較基態的鋰原子與處於第一激發態的鋰原子。基態鋰原子的外層電子位處 2s 軌域，而第一激發態鋰原子的外層電子位處 2p 軌域。2s 電子的軌域能量為 –520 kJ/mol，而 2p 電子的軌域能量為 –341 kJ/mol。因此，2p 軌域的能態比 2s 軌域高。這是因為 2s 電子會花部分時間要滲透至更靠近原子核（更勝於 2p），使得它對原子核吸引力更高，能階更低，也更穩定。我們可以更進一步推斷，在給定的主要殼層 n 時，ℓ 的值愈低，多電子原子的次殼層能量也愈低（亦即 s < p < d < f）。

由此可知，受到不同靜電力的影響，主能階 n 會分裂成好幾個次能階 ℓ，如圖 2.9 所示。從圖中可見不同的主要及次要的能階彼此的順序關聯。例如，在 3p 次能階的電子比在 3s 次能階的電子能量高，但比 3d 的低。要注意的是，圖中的 4s 次能階比 3d 次能階的能量高。

2.3.6　量子力學模型與週期表

週期表中的元素是依其基態電子組態來分類。因此，一個元素的原子（如有 3 個電子的鋰原子）會比前一個元素多一個電子（氦原子有 2 個電子）。這些電子分布在主殼層、次殼層和軌域中。但是我們要如何知道電子填滿軌域的順序？電子會先填補第一個主能階。每個主能階可容納的最多電子數量如表 2.3 所列。然後，在每個主能階內，電子會先填滿最低能量的次殼層，也就是從 s 開始，到 p、d，最後是 f 軌域，它們分別可以容納 2、6、10 和 14 個電子。每個次殼層都有自己的能階，而每個次能階被填滿的順序如圖 2.9 所示。

電子占據軌域（orbital occupancy）可以用兩種不同的形式表達：(1) 電子組態；(2) 軌域方塊圖。

電子組態符號的組成包含主殼層數值 n，次殼層的字母 ℓ，以及該次殼層的電子數量，會以上標表示。例如，有 8 個電子的氧（O），其電子組態為 $1s^2 2s^2 2p^4$。在用 2 個電子填滿 1s 軌域後，氧還剩 6 個電子。根據圖 2.9，這 6 個電子其中 2 個會去填滿 2s 軌域（$2s^2$），而剩下 4 個會占據 p 軌域（$2p^4$）。氧的下一個元素是氟（F），比氧多 1 個電子，電子組態為 $1s^2 2s^2 2p^5$。氧前面的元素是氮（N），比氧少 1 個電子，電子組態為 $1s^2 2s^2 2p^3$。表 2.4 列出了週期表前 10 個元素的電子組態。

我們現在來看看有 21 個電子的鈧（Sc）。前五個能階依序為（見圖 2.9）$1s^2$、$2s^2$、$2p^6$、$3s^2$、$3p^6$，共含 18 個電子。還有 3 個電子才能完成鈧的電子組態。我們可能直覺認為這 3 個電子將填 3d 軌域，所得電子組態為 $3d^3$。然而根據圖 2.9 所示，下一個該填滿的軌域其實是 4s，不是 3d，因為 4s 的能階比 3d 低（由於屏蔽和穿透力的影響）。前面已提過，低能階的軌域一定會先被填滿。因此，接下來的 2 個電子（第 19 個和第 20 個）會先填滿 4s 後，

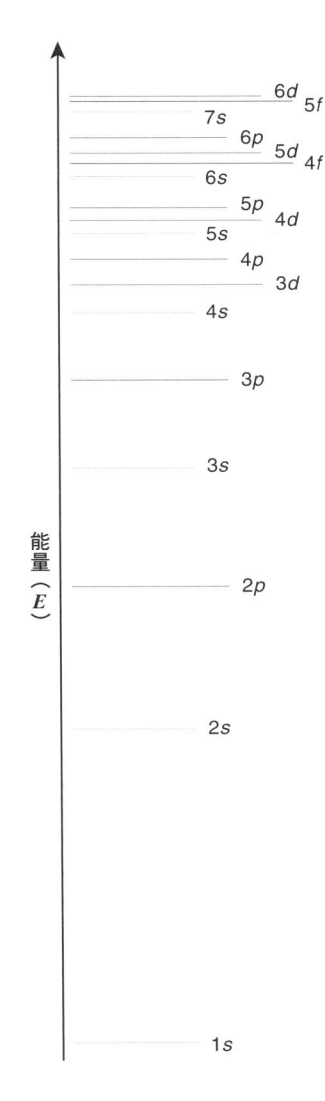

圖 2.9　最多到 n = 7 的所有次能階的能階圖。軌域會按照相同的確切順序被填滿。

表 2.4　量子數和電子的容許值

電子組態	軌域方塊圖

		1s	2s	2p
H	$1s^1$	↑		
He	$1s^2$	↑↓		
Li	$1s^22s$	↑↓	↑	
Be	$1s^22s^1$	↑↓	↑↓	
B	$1s^22s^22p^1$	↑↓	↑↓	↑
C	$1s^22s^22p^2$	↑↓	↑↓	↑ ↑
N	$1s^22s^22p^3$	↑↓	↑↓	↑ ↑ ↑
O	$1s^22s^22p^4$	↑↓	↑↓	↑↓ ↑ ↑
F	$1s^22s^22p^5$	↑↓	↑↓	↑↓ ↑↓ ↑
Ne	$1s^22s^22p^6$	↑↓	↑↓	↑↓ ↑↓ ↑↓

最後 1 個電子（第 21 個）才會填至 3d。最後，鈧的電子組態按填滿順序為 $1s^22s^22p^63s^23p^64s^23d^1$。不過，按主能階順序來表示也行：$1s^22s^22p^63s^23p^63d^14s^2$。要注意的是，內殼層電子，$1s^22s^22p^63s^23p^6$，代表惰性氣體氬（Ar）的電子結構。因此，鈧的電子組態也可以表示成 $[Ar]4s^23d^1$。

顯示電子占據軌域的另一種形式為軌域方塊圖。它的好處是能顯示軌域上成對電子的自旋（方向相反）。週期表前 10 個元素的軌域方塊圖如表 2.4 所示。氮有 7 個電子，前 2 個電子會以成對自旋的方式占據 1s（最低能階軌域），之後的 2 個電子會以成對自旋的方式占據 2s（次低能階軌域）。不過，接下來的 3 個電子會以相同自旋方向隨機填入三個 p 軌域（所有 p 軌域能階相同）。雖然 p 軌域的選擇過程為隨機，為了方便起見，我們視其為從左至右填入。最後的 1 個電子將會和已在 p 軌域上的 3 個電子其中之一隨機配對（注意，最後 1 個電子的旋轉方向會和其他 3 個的方向相反）。也就是說，電子不會成對占據那三個 p 軌域。氟比氧多 1 個電子，因此會配對下一個 p 軌域。氖（Ne）比氧多 2 個電子，因此三個 p 軌域皆被配對。同樣的道理也適用於在第三主殼層中的五個 d

軌域：在五個 d 軌域分別被自旋方向相同的電子填入後，任何剩下來的電子將會以相反自旋方向一一填入 d 軌域。

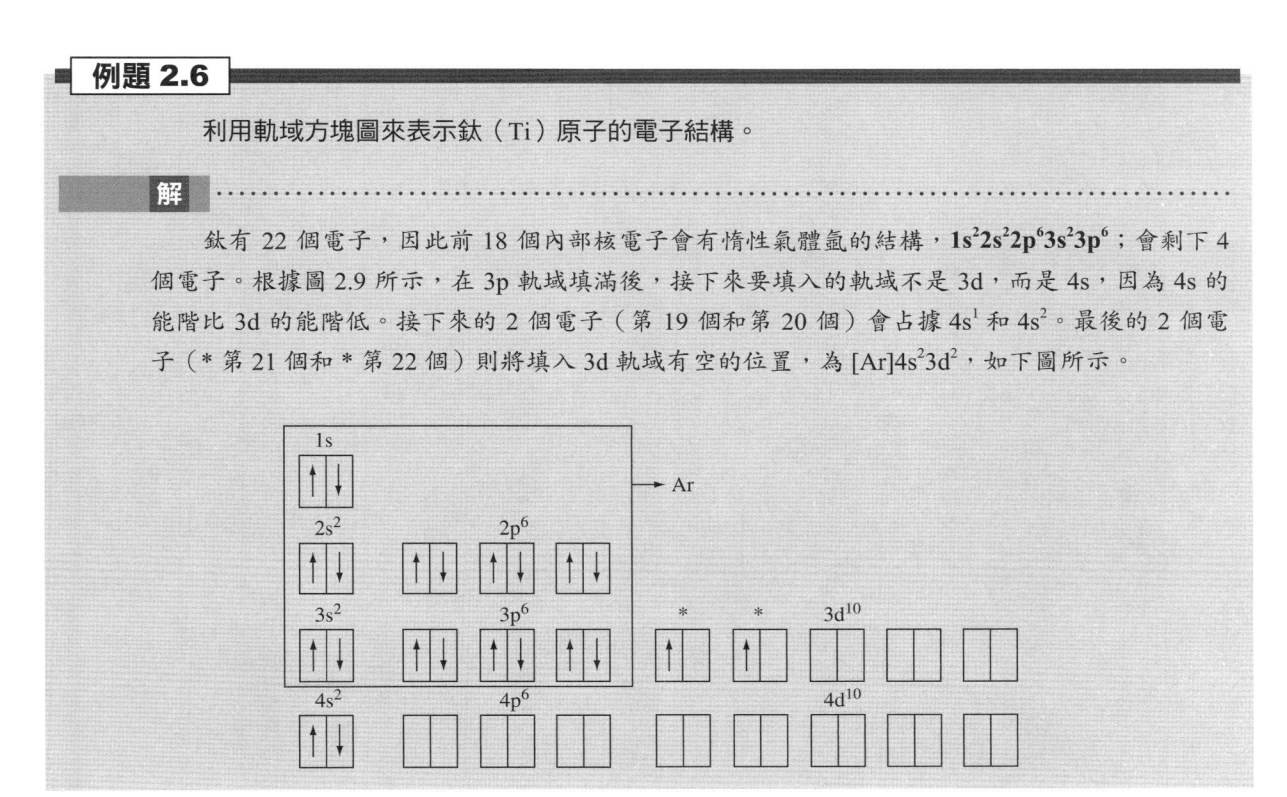

例題 2.6

利用軌域方塊圖來表示鈦（Ti）原子的電子結構。

解

鈦有 22 個電子，因此前 18 個內部核電子會有惰性氣體氬的結構，**$1s^2 2s^2 2p^6 3s^2 3p^6$**；會剩下 4 個電子。根據圖 2.9 所示，在 3p 軌域填滿後，接下來要填入的軌域不是 3d，而是 4s，因為 4s 的能階比 3d 的能階低。接下來的 2 個電子（第 19 個和第 20 個）會占據 $4s^1$ 和 $4s^2$。最後的 2 個電子（*第 21 個和*第 22 個）則將填入 3d 軌域有空的位置，為 $[Ar]4s^2 3d^2$，如下圖所示。

有一點很重要：元素的電子占據軌域並非完全規則。例如，你可能認為含有 29 個電子的銅（比鈦多 8 個）的電子組態應該是 $[Ar]3d^9 4s^2$；但它其實是 $[Ar]3d^{10} 4s^1$。雖然這種情形的原因目前仍不明確，但有一種說法是銅的 3d 和 4s 軌域對應的能階非常接近。鉻（Cr）是另一個不符規則的元素，電子組態為 $[Ar]3d^5 4s^1$。週期表中所有元素的部分基態組態列於圖 2.10，從其中可以觀察到有些不符規則的範例。

	主族元素 (s 區塊)												主族元素 (p 區塊)					
	1A (1) ns^1																	8A (18) ns^2np^6
1	1 H $1s^1$	2A (2) ns^2											3A (13) ns^2np^1	4A (14) ns^2np^2	5A (15) ns^2np^3	6A (16) ns^2np^4	7A (17) ns^2np^5	2 He $1s^2$
2	3 Li $2s^1$	4 Be $2s^2$			過渡元素 (d 區塊)								5 B $2s^22p^1$	6 C $2s^22p^2$	7 N $2s^22p^3$	8 O $2s^22p^4$	9 F $2s^22p^5$	10 Ne $2s^22p^6$
3	11 Na $3s^1$	12 Mg $3s^2$	3B (3)	4B (4)	5B (5)	6B (6)	7B (7)	8B (8)	8B (9)	8B (10)	1B (11)	2B (12)	13 Al $3s^23p^1$	14 Si $3s^23p^2$	15 P $3s^23p^3$	16 S $3s^23p^4$	17 Cl $3s^23p^5$	18 Ar $3s^23p^6$
4	19 K $4s^1$	20 Ca $4s^2$	21 Sc $4s^23d^1$	22 Ti $4s^23d^2$	23 V $4s^23d^3$	24 Cr $4s^13d^5$	25 Mn $4s^23d^5$	26 Fe $4s^23d^6$	27 Co $4s^23d^7$	28 Ni $4s^23d^8$	29 Cu $4s^13d^{10}$	30 Zn $4s^23d^{10}$	31 Ga $4s^24p^1$	32 Ge $4s^24p^2$	33 As $4s^24p^3$	34 Se $4s^24p^4$	35 Br $4s^24p^5$	36 Kr $4s^24p^6$
5	37 Rb $5s^1$	38 Sr $5s^2$	39 Y $5s^24d^1$	40 Zr $5s^24d^2$	41 Nb $5s^14d^4$	42 Mo $5s^14d^5$	43 Tc $5s^24d^5$	44 Ru $5s^14d^7$	45 Rh $5s^14d^8$	46 Pd $4d^{10}$	47 Ag $5s^14d^{10}$	48 Cd $5s^24d^{10}$	49 In $5s^25p^1$	50 Sn $5s^25p^2$	51 Sb $5s^25p^3$	52 Te $5s^25p^4$	53 I $5s^25p^5$	54 Xe $5s^25p^6$
6	55 Cs $6s^1$	56 Ba $6s^2$	57 La* $6s^25d^1$	72 Hf $6s^25d^2$	73 Ta $6s^25d^3$	74 W $6s^25d^4$	75 Re $6s^25d^5$	76 Os $6s^25d^6$	77 Ir $6s^25d^7$	78 Pt $6s^15d^9$	79 Au $6s^15d^{10}$	80 Hg $6s^25d^{10}$	81 Tl $6s^26p^1$	82 Pb $6s^26p^2$	83 Bi $6s^26p^3$	84 Po $6s^26p^4$	85 At $6s^26p^5$	86 Rn $6s^26p^6$
7	87 Fr $7s^1$	88 Ra $7s^2$	89 Ac** $7s^26d^1$	104 Rf $7s^26d^2$	105 Db $7s^26d^3$	106 Sg $7s^26d^4$	107 Bh $7s^26d^5$	108 Hs $7s^26d^6$	109 Mt $7s^26d^7$	110 Ds $7s^26d^8$	111 Rg $7s^26d^9$	112 $7s^26d^{10}$	113 $7s^27p^1$	114 $7s^27p^2$	115 $7s^27p^3$	116 $7s^27p^4$		

週期編號：最高占據能階

	內過渡元素（f 區塊）													
6	*鑭系元素	58 Ce $6s^24f^15d^1$	59 Pr $6s^24f^3$	60 Nd $6s^24f^4$	61 Pm $6s^24f^5$	62 Sm $6s^24f^6$	63 Eu $6s^24f^7$	64 Gd $6s^24f^75d^1$	65 Tb $6s^24f^9$	66 Dy $6s^24f^{10}$	67 Ho $6s^24f^{11}$	68 Er $6s^24f^{12}$	69 Tm $6s^24f^{13}$	70 Yb $6s^24f^{14}$	71 Lu $6s^24f^{14}5d^1$
7	**錒系元素	90 Th $7s^26d^2$	91 Pa $7s^25f^26d^1$	92 U $7s^25f^36d^1$	93 Np $7s^25f^46d^1$	94 Pu $7s^25f^6$	95 Am $7s^25f^7$	96 Cm $7s^25f^76d^1$	97 Bk $7s^25f^9$	98 Cf $7s^25f^{10}$	99 Es $7s^25f^{11}$	100 Fm $7s^25f^{12}$	101 Md $7s^25f^{13}$	102 No $7s^25f^{14}$	103 Lr $7s^25f^{14}5d^1$

圖 2.10 週期表中所有元素的部分基態組態。

2.4 原子大小、游離能以及電子親和力的週期變化

Periodic Variations in Atomic Size, Ionization Energy, and Electron Affinity

2.4.1 原子大小的趨勢

前幾節曾提到，有時電子會距離原子核很遠，使得建立原子的絕對形狀很困難。為了解決這個問題，我們想像原子是一個有固定半徑的球體，而電子有 90% 的時間存在其中。然而在現實中，原子的實際大小是在該原子組成的固態元素中，兩個相鄰原子核距離的一半。這個距離亦稱為**金屬半徑（metallic radius）**，適用於週期表中的金屬元素。對於其他經常會形成共價分子的元素（像是氯、氧、氮等），我們將原子大小定義為分子內兩個相同原子的原子核之間距離的一半，稱為**共價半徑（covalent radius）**。因此，一個原子的大小會取決於鄰近的原子，且物質間也會有些許差異。

原子大小直接受到電子組態的影響，因此也會隨著週期和族而改變。一般來說，有兩個相反的力量會同時作用：當主量子數 n 增加（由週期表的某週期移至下一週期），電子占據的位置離原子核更遠，原子也更大。因此在同族原子中，由上到下的原子會愈來愈大。另一方面，在同一週期中，由左到右，原子核電荷會逐漸增加（更多質子），表示電子會被原子核更強烈地吸引，使得原子變小。因此，原子的大小是由這兩種力的淨合力而定。這很重要，因為原子大小會影響其他原子和材料的性質。除了少數例外，這個趨勢通用於主要的元素族（1A 族到 8A 族），但對過渡元素就較不準確（見圖 2.11）。

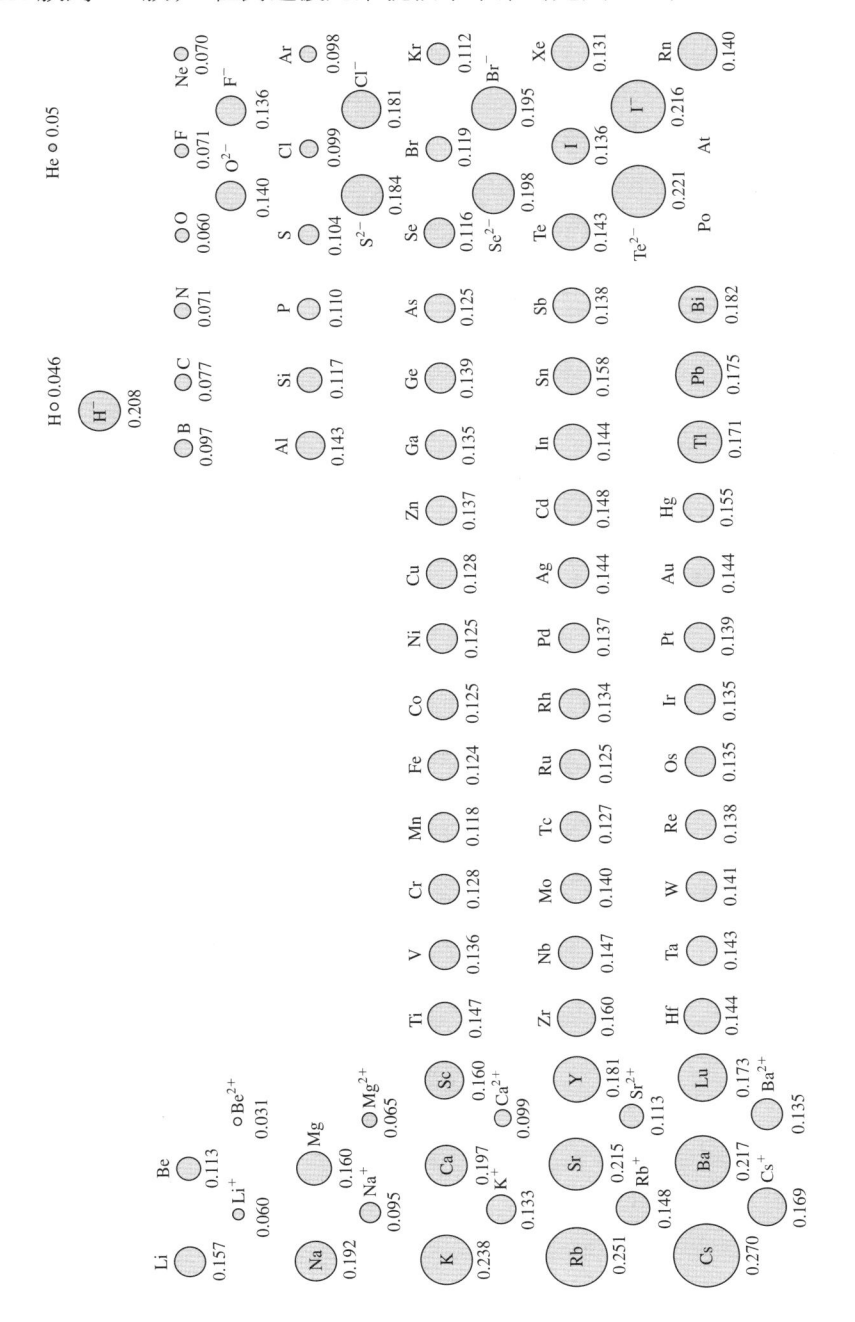

圖 2.11 週期表中原子和離子大小的變化。

2.4.2 游離能的趨勢

從原子移除一個電子所需的能量稱為游離能（ionization energy, IE），它永遠為正，因為必須提供系統能量，才可能從原子中移除一個電子。對於任何原子的化學反應而言，最重要的是移除最外層電子所需的能量，也就是**第一游離能（first ionization energy, IE1）**。

原子的第一游離能與原子大小約成反比關係（見圖 2.12）。比較圖 2.11 與圖 2.12 可以看出，在同一週期中愈是往右，游離能會增加，而在同一族中愈是往下，游離能會減少；這有異於前述的原子大小規律。換句話說，當原子愈小，要移除電子就會需要更多能量。在同一週期中，原子愈小，原子核與電子間的吸引力愈大，使得移去電子變得困難，游離能也因而增加。因此，我們可以概括認為，1A 族和 2A 族元素非常容易被離子化。反之，在同一族中愈往下，原子愈大，原子核與最外層電子的距離也愈大，使得兩者間的吸引力愈低。而這代表移除電子所需的能量愈低，游離能也會因此而跟著降低。

至於多電子原子，當第一個外層電子移除後，會需要更大的能量才能移除第二個外層電子。這表示**第二游離能（second ionization energy, IE2）**會更高。一旦外層電子全部移除，只剩下內層電子時，要繼續移除電子所需的能量將會非常高。例如，鋰原子有 1 個外層電子（$2s^1$）與 2 個內層電子（$1s^1$ 與 $1s^2$）。當

圖 2.12 週期表中的游離能變化。

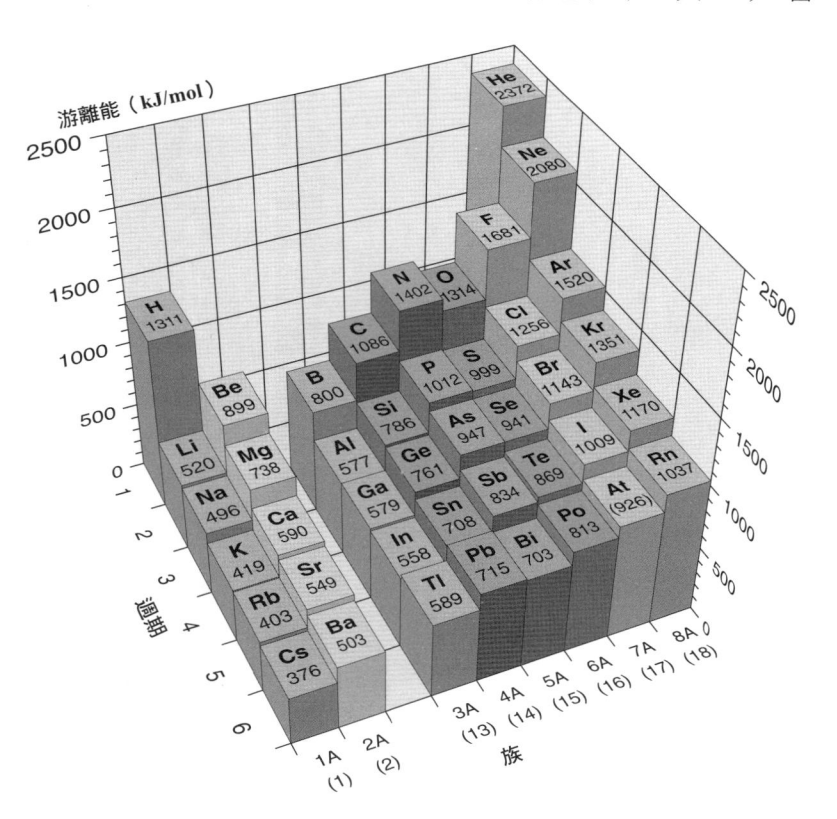

逐步移除電子時，移除 2s¹ 軌域的電子需要 0.52 MJ/mole 的能量，移除 1s² 軌域的電子需要 7.30 MJ/mole，而移除 1s¹ 軌域的電子則需要 11.81 MJ/mole。由於移除內層電子需要的能量較高，因此內層電子很少參與化學反應。在離子化的過程中，原子釋放的外層電子數量稱為**正氧化數**（positive oxidation number），如圖 2.13 所示。要注意的是，有些元素有的正氧化數不只一個。

2.4.3　電子親和力的趨勢

1A 族和 2A 族原子的 IE1 較低，因此較容易失去最外層的電子。相反地，有些原子較容易接受一個或多個電子，並且在過程中釋放能量；這個特性稱為**電子親和力**（electron affinity, EA）。類似於游離能的概念，同樣也有所謂的第

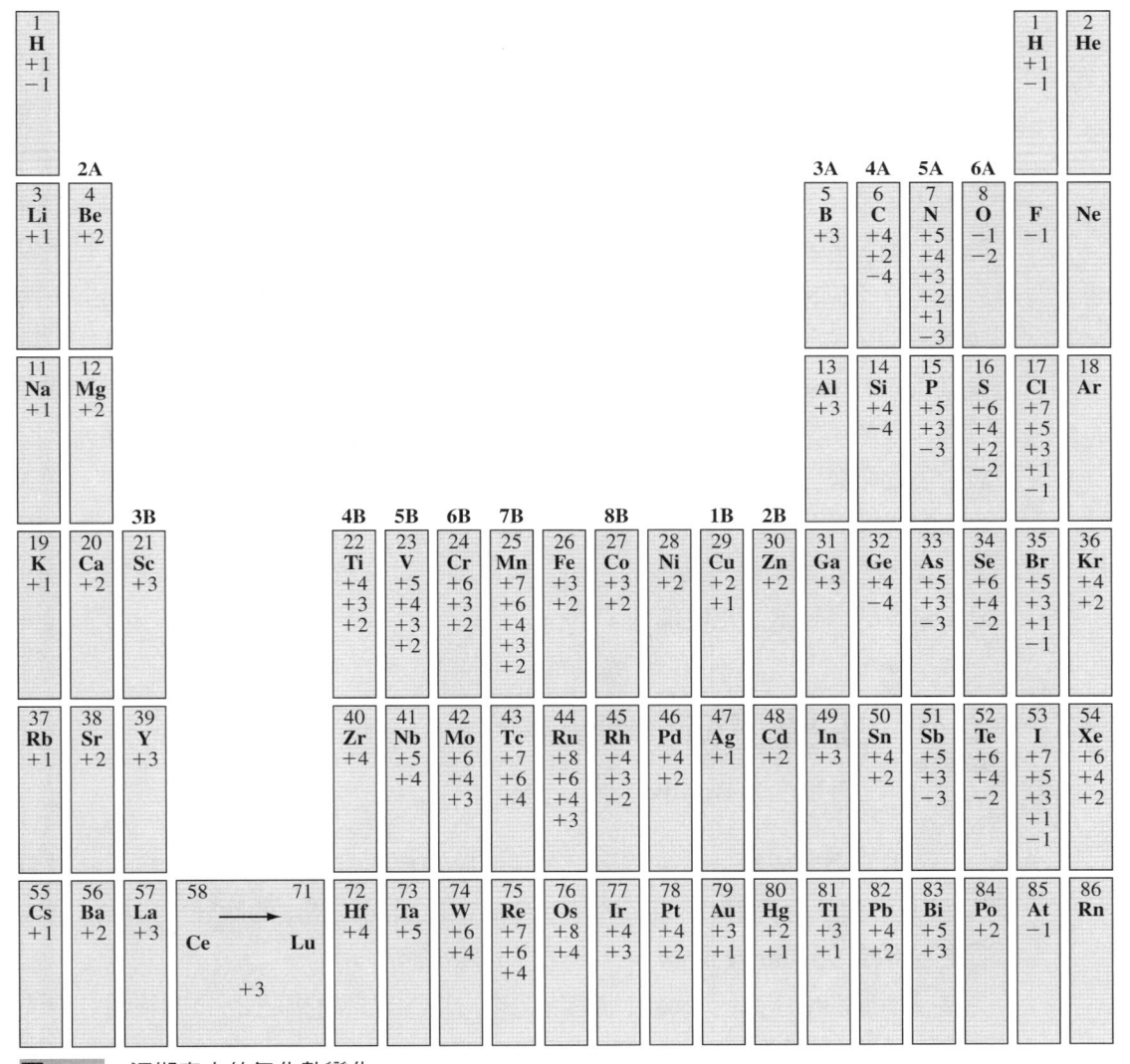

圖 2.13　週期表中的氧化數變化。

（資料來源：*R. E. Davis, K. D. Gailey, and K. W. Whitten, Principles of Chemistry, Saunders College Publishing, 1984, p. 299.*）

一電子親和力（first electron affinity, EA1）。原子獲得一個電子時的能量改變，與失去一個電子時的能量改變剛好相反。在同一週期中愈往右，和在同一族中愈往下的原子，電子親和力會愈高（在接受一個電子後，會釋放更多的能量）。因此，一般來說，6A 族和 7A 族的電子親和力最高。一個原子可以獲得的電子數量稱為**負氧化數**（**negative oxidation number**），如圖 2.13 所示。要注意的是，有些元素是正氧化數和負氧化數兩者都有。

2.4.4　金屬、類金屬與非金屬

先不考慮少數例外，一般而言，1A 族和 2A 族原子的游離能低，電子親和力也非常低，甚至沒有。這些元素稱為**活性金屬**（**reactive metal**），簡稱金屬。它們會傾向失去電子而形成陽離子，帶正電。6A 族和 7A 族元素游離能高，電子親和力也高。這些元素稱為**活性非金屬**（**reactive nonmetal**），簡稱非金屬。它們傾向接受電子而形成陰離子，帶負電。

3A 族的第一個元素是硼，可以表現得像金屬或非金屬。這種元素稱為**類金屬**（**metalloid**）。其餘的族員都是金屬。4A 族的第一個元素碳和接下來的兩個元素（矽及鍺）為非金屬，而其餘的元素（錫和鉛）則為金屬。5A 族的氮和磷為非金屬，砷和銻為類金屬，最後的鉍為金屬。因此，3A 族至 5A 族中的元素會有非常不同的表現，不過很顯然地，同一族中愈往下的金屬表現愈突出，而隨著週期表愈往右，則非金屬表現愈突出。這些不同的特性可以用陰電性或**電負度**（**electronegativity**）表示，也就是原子吸引電子的能力（見圖 2.14）。圖中每個原子的電負度範圍為 0.8 至 4.0。不意外地，非金屬的電負度比金屬高，而類金屬的電負度則介於兩者之間。

8A 族原子為惰性氣體，游離能很高，沒有電子親和力。這些元素非常穩定，是所有元素中最不活性的。除了氦以外，這一族其他元素（氖、氬、氪、氙、氡）的外層電子結構都是 s^2p^6。

2.5　主要鍵結

Primary Bonds

原子間會形成鍵結，主要是因為每個原子都要尋求最穩定的狀態。透過與其他原子鍵結，每個鍵結原子的位能會降低，造成較穩定的狀態。這些鍵結稱為**主要鍵結**（**primary bond**），具有很大的原子間作用力。

我們已知像是原子大小、游離能和電子親和力等的原子行為及特性，取決於該原子的電子結構、原子核與電子間的吸引力，還有電子間的排斥力。同樣的，材料的行為及特性也與原子間的鍵結類型及強度直接相關。以下我們將討

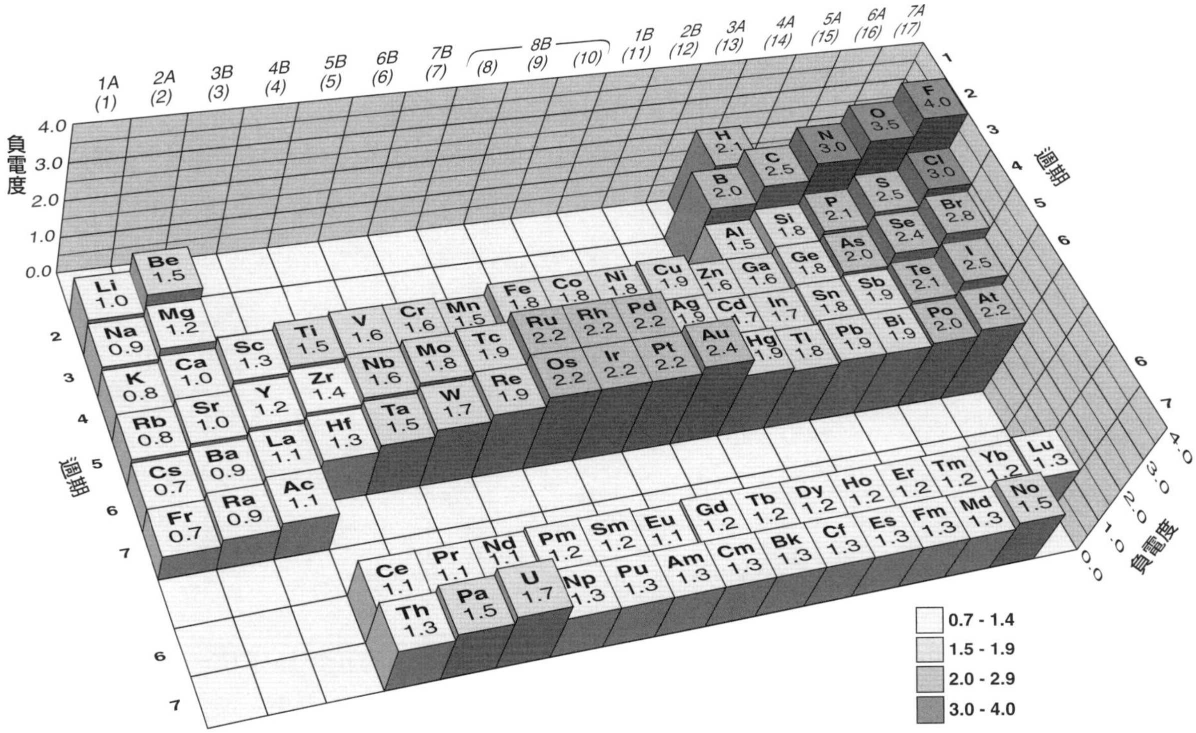

圖 2.14 週期表中的負電度變化。

論主要鍵結和次要鍵結的本質與特性。

還記得週期表中的元素可以分為金屬與非金屬，而類金屬的表現可以為其中的任何一種。這兩種原子的鍵結主要有三種：(1) 金屬－非金屬；(2) 非金屬－非金屬；(3) 金屬－金屬。

2.5.1 離子鍵結

電性與大小考量　金屬和非金屬元素的鍵結會經由電子傳遞和**離子鍵結**（**ionic bonding**）。離子鍵結通常會發生在原子間的電負度差異很大時（見圖 2.14），像是 1A 族或 2A 族原子（活性金屬）和 6A 族或 7A 族原子（活性非金屬）。舉例來說，我們來看電負度為 1.0 的金屬鋰（Li）和電負度為 4.0 的非金屬氟（F）這兩者之間的離子鍵結。鋰原子失去一個電子形成鋰離子（Li^+），半徑也因此由原來的 $r = 0.157$ nm 減少為鋰離子的半徑 $r = 0.060$ nm。變小的原因是：(1) 在離子化後，外圍電子不再是在 $n = 2$，而是在 $n = 1$ 的狀態；(2) 帶正電的原子核和帶負電的電子雲之間失去平衡，使得原子核對電子的作用力較強，能夠將電子拉近。相反地，氟原子獲得鋰原子失去的電子而形成氟離子（F^-）。半徑由原來的 $r = 0.071$ nm 增加為氟離子的半徑 $r = 0.136$ nm。我們可以概論，當金屬形成陽離子，半徑會變小；當非金屬形成陰離子，半徑會變大。圖 2.11 顯示不同元素的離子大小。在電子傳遞過程完成後，鋰會完成它的外層電子結構，成為惰性氣體氦的電子結構。同樣地，氟會完成它的外層電子結構，成為惰性氣體氖的電子結構。這兩個離子間的靜電吸引力會將它們拉住，形成離子鍵。鋰和氟的離子鍵形成過程以電子組態、軌域圖、電子點形式顯示於圖2.15。

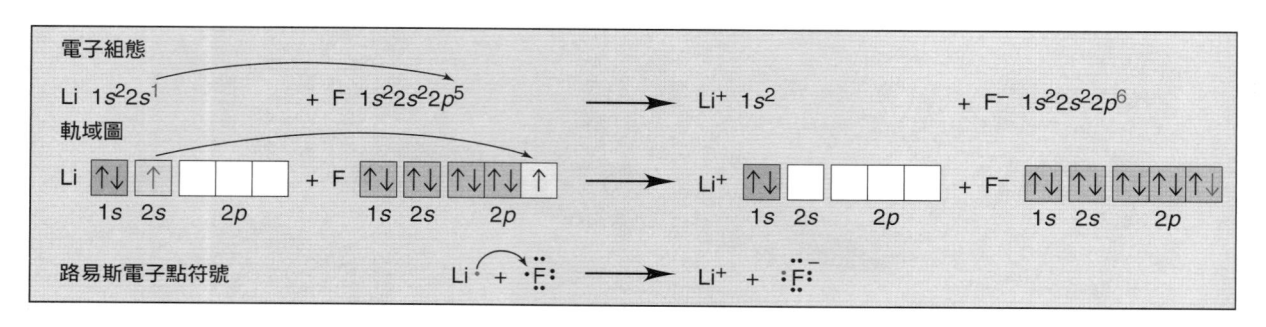

電子組態
Li $1s^2 2s^1$ + F $1s^2 2s^2 2p^5$ ⟶ Li$^+$ $1s^2$ + F$^-$ $1s^2 2s^2 2p^6$

軌域圖
Li ↑↓ ↑ □ □ □ □ + F ↑↓ ↑↓ ↑↓ ↑↓ ↑ ⟶ Li$^+$ ↑↓ □ □ □ □ + F$^-$ ↑↓ ↑↓ ↑↓ ↑↓ ↑↓
　 1s　2s　　2p　　　　1s　2s　　2p　　　　　　1s　2s　　2p　　　　　　1s　2s　　2p

路易斯電子點符號　　　　Li· + ·F̈: ⟶ Li$^+$ + :F̈:$^-$

圖 2.15　鋰和氟之間的離子鍵結過程。(a) 電子組態；(b) 軌域圖；(c) 電子點表示法。

作用力考量　從力平衡的觀點來看，一個離子的正電原子核會吸引另一個離子的負電電子雲，反之亦同。因此，離子間距離 a 會變小，彼此會更靠近，導致負電電子雲彼此作用而產生排斥力。這兩個相對的力量最後會互相平衡產生零淨力。此時離子間的距離就達到**離子間平衡距離（equilibrium interionic distance）** a_0，鍵結也就此形成（見圖 2.16）。

任何離子間距離的淨力可以用下列方程式來計算。

$$F_{net} = -\frac{z_1 z_2 e^2}{4\pi \epsilon_0 a^2} - \frac{nb}{a^{n+1}} \quad (2.8)$$

（第一項為吸引力，第二項為排斥力）

其中的 z_1 和 z_2 是每個原子失去及得到的電子數（必須是相反符號），b 和 n 是常數，e 是電子電荷，a 是離子間距離，ϵ_0 是真空的介電係數（permittivity, 8.85×10^{-12} C^2/N·m^2）。

鍵結形成時，淨力在平衡狀態時為零，而鍵結的位能在最低值 E_{min}（見圖 2.17）。E_{min} 為負值，可用式（2.8）求得。這表示如果要破壞此鍵結，必須投入 E_{min} 的能量。

$$E_{net} = \frac{z_1 z_2 e^2}{4\pi \epsilon_0 a} + \frac{b}{a^n} \quad (2.9)$$

（第一項為吸引能量，第二項為排斥能量）

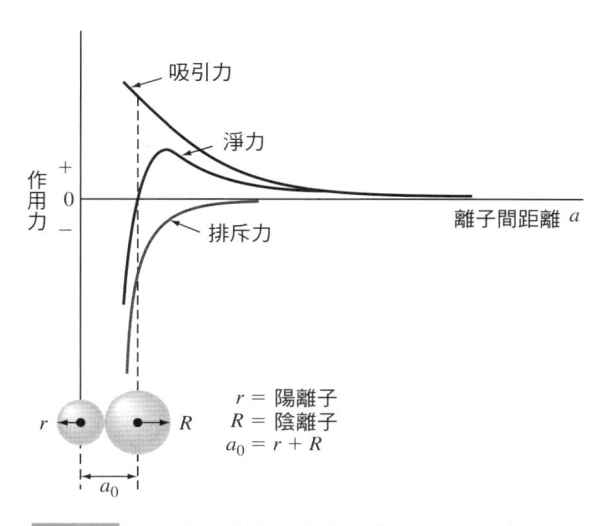

圖 2.16 在離子鍵結形成時，會發展出吸引力排斥力。注意，當鍵結形成時，淨力為零。

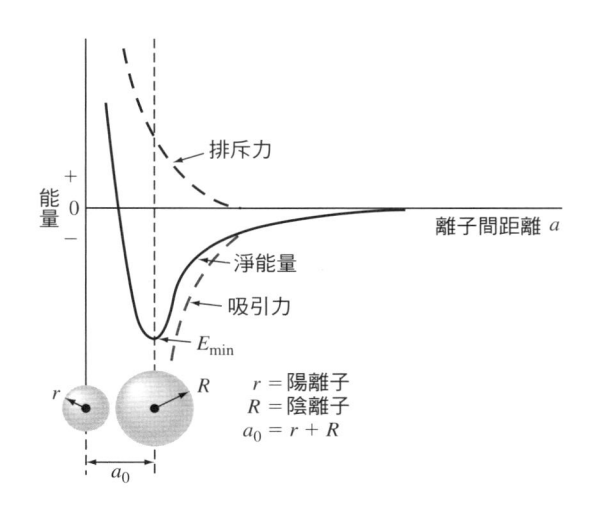

圖 2.17 離子鍵結時的能量變化。注意，當鍵結形成時，淨能量為最低值。

例題 2.7

若 Mg^{2+} 和 S^{2-} 離子之間在平衡狀態下的吸引力為 1.49×10^{-9} N，計算：(a) 相對應的離子間距離；假設 S^{2-} 離子的半徑為 0.184 nm，計算：(b) Mg^{2+} 的離子半徑；(c) 此位置兩離子間所產生的排斥力。

解

從庫侖定律計算出 a_0 值，為 Mg^{2+} 和 S^{2-} 的離子半徑之和：

a.
$$a_0 = \sqrt{\frac{-Z_1 Z_2 e^2}{4\pi \epsilon_0 F_{\text{attraction}}}}$$

$Z_1 = +2$ for Mg^{2+} $Z_2 = -2$ for S^{2-}
$|e| = 1.60 \times 10^{-19}$ C $\epsilon_0 = 8.85 \times 10^{-12}$ C²/(N·m²)
$F_{\text{attractive}} = 1.49 \times 10^{-9}$ N

所以，

$$a_0 = \sqrt{\frac{-(2)(-2)(1.60 \times 10^{-19} \text{ C})^2}{4\pi [8.85 \times 10^{-12} \text{ C}^2/(\text{N}\cdot\text{m}^2)](1.49 \times 10^{-8} \text{ N})}}$$
$$= 2.49 \times 10^{-10} \text{ m} = 0.249 \text{ nm}$$

b. $a_0 = r_{Mg^{2+}} + r_{S^{2-}}$

或
$$0.249 \text{ nm} = r_{Mg^{2+}} + 0.184 \text{ nm}$$
$$r_{Mg^{2+}} = 0.065 \text{ nm} \blacktriangleleft$$

例題 2.8

在平衡狀態下，Na^+ 離子（$r = 0.095$ nm）與 Cl^- 離子（$r = 0.181$ nm）之間的排斥力為 -3.02×10^{-9} N。(a) 利用式（2.8）計算常數 b 的值；(b) 計算鍵能 E_{min}；假設 $n = 9$。

解

a. 求 Na^+Cl^- 離子對的 b 值：

$$F = -\frac{nb}{a^{n+1}} \quad (2.8)$$

由於 Na^+Cl^- 離子對的排斥力是 -3.02×10^{-9} N，因此：

$$-3.02 \times 10^{-9} \text{ N} = \frac{-9b}{(2.76 \times 10^{-10} \text{ m})^{10}}$$

$$b = 8.59 \times 10^{-106} \text{ N} \cdot \text{m}^{10} \blacktriangleleft$$

b. 計算 Na^+Cl^- 離子對的位能：

$$E_{Na^+Cl^-} = \frac{+Z_1 Z_2 e^2}{4\pi\epsilon_0 a} + \frac{b}{a^n}$$

$$= \frac{(+1)(-1)(1.60 \times 10^{-19} \text{ C})^2}{4\pi[8.85 \times 10^{-12} \text{ C}^2/(\text{N} \cdot \text{m}^2)](2.76 \times 10^{-10} \text{ m})} + \frac{8.59 \times 10^{-106} \text{ N} \cdot \text{m}^{10}}{(2.76 \times 10^{-10} \text{ m})^9}$$

$$= -8.34 \times 10^{-19} \text{ J}^* + 0.92 \times 10^{-19} \text{ J}^*$$

$$= -7.42 \times 10^{-19} \text{ J} \blacktriangleleft$$

---

*1 J = 1 N·m

離子固體內的離子排列 我們雖然在前面討論的是離子對，陰離子會吸引來自四面八方的陽離子，也會盡可能與它們鍵結。反之亦然。這會部分決定離子的排列方式，也會決定離子固體如何形成三維結構。因此，離子會以三維的方式來堆疊，且無特定方位（不存在獨立的單分子）。這種鍵結稱為無方向性（nondirectional）鍵結。

可堆疊在一個陰離子周圍的的陽離子數目（堆疊效率）取決於兩個因素：(1) 它們的相對大小；(2) 電中性。以氯化銫（CsCl）和氯化鈉（NaCl）的離子固體為例。在氯化銫中，8 個銫陽離子 Cs^+（$r = 0.169$ nm）圍繞中央的氯陰離子 Cl^-（$r = 0.181$ nm），如圖 2.18a 所示。相反地，在氯化鈉中，只有 6 個氯陰離子 Cl^- 圍繞中央的鈉陽離子 Na^+（$r = 0.095$ nm），如圖 2.18b 所示。氯化銫的陽離子與陰離子半徑比為 $r_{Cs^+}/r_{Cl^-} = 0.169/0.181$

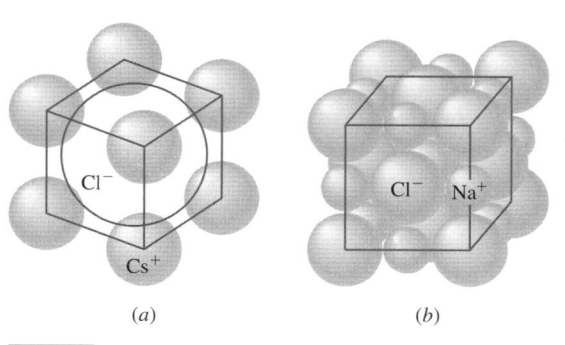

圖 2.18 兩個離子固體的離子排列：(a) CsCl；(b) NaCl。

（資料來源：C. R. Barrett, W. D. Nix, and A. S. Tetelman, "The Principles of Engineering Materials," Prentice-Hall, 1973, p.27.）

= 0.93。氯化鈉的則為 0.095/0.181 = 0.525。因此,當陽離子與陰離子半徑比下降,圍繞中心陽離子的陰離子數目也會減少。

再來看電中性。例如,在氯化鈉離子固體中,每個鈉離子都得有一個氯離子。然而,在氟化鈣(CaF_2)離子固體中,每個鈣離子(Ca^{2+})都得有兩個氟離子(F^-)。

離子固體內的能量考量　要了解離子固體形成時的能量考量,我們來看氟化鋰(LiF)離子固體。產生氟化鋰離子固體會釋放大約 617 kJ/mol,也就是氟化鋰的生成熱(heat of formation)為 ΔH^0 = –617 kJ/mol。不過,從離子化階段到形成離子固體的鍵結過程可分為五個步驟,其中有些會需要消耗能量。

步驟 1　固態鋰轉換成氣態鋰($1s^2 2s^1$):此階段稱為原子化(atomization),需要大約 161 kJ/mol 的能量,ΔH^1 = +161 kJ/mol。

步驟 2　氟分子(F_2)轉換成 F 原子($1s^2 2s^1 2p^5$):此階段需要 79.5 kJ/mol,ΔH^2 = +79.5 kJ/mol。

步驟 3　移除鋰的 $2s^1$ 電子以形成鋰陽離子 Li^+:此階段需要的能量為 520 kJ/mol,ΔH^3 = +520 kJ/mol。

步驟 4　將一個電子移轉或增加至氟原子以形成氟陰離子(F^-):這個過程實際上會釋放能量。因此,能量的變化為負數,大約是 –328 kJ/mol,ΔH^4 = –328 kJ/mol。

步驟 5　從氣體離子形成固體離子。陽離子和陰離子之間的靜電吸引力會在氣體離子間產生離子鍵,以形成三維的固體。此過程的能量稱為**晶格能(lattice energy)**,是個未知數,ΔH^5 = ? kJ/mol。

根據**赫斯定律(Hess law)**,氟化鋰的生成熱等於所有步驟所需的熱能總和。

$$\Delta H^0 = \Delta H^1 + \Delta H^2 + \Delta H^3 + \Delta H^4 + \Delta H^5 \quad (2.11)$$

由此關係式可求晶格能為 $\Delta H^5 = \Delta H^0 - [\Delta H^1 + \Delta H^2 + \Delta H^3 + \Delta H^4]$ = –617 kJ – [161 kJ + 79.5 kJ + 520 kJ – 328 kJ] = –1050 kJ。這表示儘管能量會在步驟 1、2 和 3 消耗,但是在固體離子形成階段會產生更大的晶格能(1050 kJ)。也就是說,當離子被吸引成為固體時,步驟 5 所產生的晶格能可提供在步驟 1、2 和 3 消耗的能量而且還超過。這證明原子形成鍵結以降低其電位能的概念。不同離子固體的晶格能列於表 2.5。仔細檢視此表可以發現:(1) 愈往表格下方或是離子愈大,晶格能愈低;(2) 當離子電荷較高時,晶格能會明顯升高。

離子鍵與材料特性　離子固體的熔點通常很高。表 2.5 顯示,當離子固體的

表 2.5　各種不同離子固體的晶格能與熔點

離子固體	晶格能 * kJ/mol	Kcal/mol	熔點（ºC）
LiCl	829	198	613
NaCl	766	183	801
KCl	686	164	776
RbCl	670	160	715
CsCl	649	155	646
MgO	3932	940	2800
CaO	3583	846	2580
SrO	3311	791	2430
BaO	3127	747	1923

* 形成鍵結時，所有值皆為負值（能量被釋放）。

晶格能增加時，熔點也會升高。例如，氧化鎂（MgO）的晶格能高達 3932 kJ/mol，也有高熔點 2800ºC。此外，離子固體多為堅硬（不會凹陷）、具剛性（不會彎曲或不具任何彈性）、堅固（難以斷裂）和易碎（在斷裂之前很少變形）。這些特性來自將離子結合起來的強大靜電力。圖 2.18 和圖 2.19 顯示陰離子和正離子的排列會互相交疊。如果對離子固體施以巨大外力，就能強迫離子移位，使得相同的離子彼此互依。這將會產生一巨大的排斥力，導致固體斷裂（見圖 2.19）。

最後，離子固體一般導電性並不佳，因此是很好的絕緣體。這是因為電子被緊綁於鍵結內，因而無法參與傳導過程。但是一旦熔化或溶解於水，離子材料也能藉由離子擴散（離子的運動）而導電。這也證明了離子存在於固體材料中。

2.5.2　共價鍵

共用電子對與鍵級　在電負度差異不大的原子間，尤其是在非金屬間，通常可以觀察到**共價鍵結（covalent bonding）**。非金屬原子透過局域性的電子分享與共價鍵結而產生鍵結。共價鍵結是自然界中最常見的鍵結形式，從雙原子氫到生物材料，到合成巨分子都是。共價鍵也可以是離子或金屬材料所有鍵的一部份。共價鍵和離子鍵都很強。

我們先來看兩個氫原子間的共價鍵。首先，一個氫原子的原子核吸引另一個氫原子的電子雲；兩個原子開始靠近。當它們接近時，彼此的電子雲會互相影響，然後兩個原子開始爭奪兩個電子（共用電子）。這兩個氫原子持續靠近，直到它們共享電子而形成鏈結，因而達到平衡點。此時兩個原子都完成了最外層的電子結構，達到最低能態（見圖 2.20a）。在該位置，吸引力和排斥力彼此

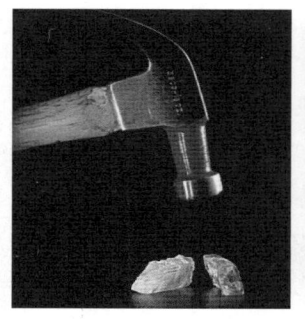

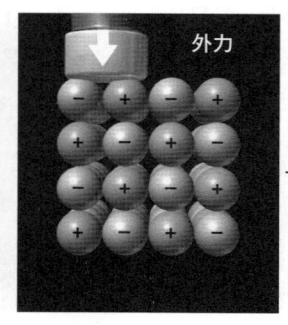

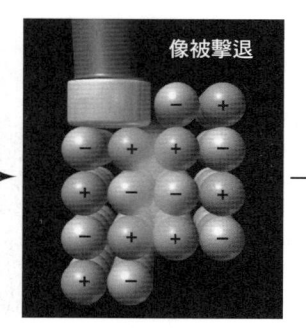

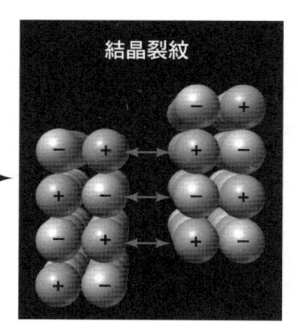

圖 2.19　離子固體的斷裂機制。衝擊會迫使離子面對彼此，並產生很大的排斥力。這個很大的排斥力可以折斷材料。

（資料來源：*The McGraw-Hill Higher Educational/ Stephen Frisch, photographer.*）

平衡，如圖 2.20b 所示。圖的電子都處於特定位置以便說明。但是實際上，電子可能處於陰影中的任何位置。

原子間的共價鍵結可約略用路易斯電子點（Lewis electron dot）表示法呈現。圖 2.21 顯示氟（F_2）、氧（O_2）以及氮（N_2）中共價鍵的電子點表示法。此圖中，共價鍵的電子對稱為**共享對（shared pair）**或**鍵結對（bonding pair）**，會以一對點或一條線表示。要注意的是，為了完成外層電子結構（共 8 個電子），原子會儘量形成共享對電子。因此，氟原子（$2s^2 2p^5$）會形成一個共享對，使得**鍵級（bond order）**為 1。氧原子（$2s^2 2p^4$）會形成二個共享對（鍵級為 2）。氮原子（$2s^2 2p^3$）會形成三個共享對（鍵級為 3）。共價鍵的強度視原子核間的吸引力大小及電子共享對的數量而定。克服吸引力所需的能量稱為**鍵能（bond energy）**。鍵能大小是視鍵結的原子、電子組態、原子核電荷及原子半徑而定。因此，每種鍵都有自己的鍵能。

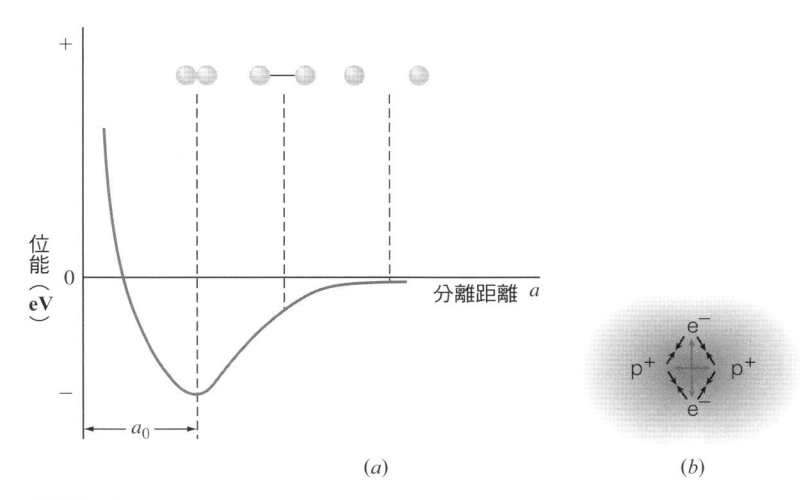

圖 2.20 氫原子間的共價鍵結。(a) 為位能圖；(b) 則顯示氫分子和分子內的力。請注意，電子可存在於圖中的任何位置，不過為了便於作力的分析，我們選擇呈現這些位置。

圖 2.21 氟（鍵級為 1）、氧（鍵級為 2）與氮（鍵級為 3）分子的路易斯電子點表示法。

另外還要注意的是，不同於共價分子的路易斯電子點表示法，鍵結的電子不會在原子間的固定位置停留。不過，在介於鍵結原子間的區域找到它們的機率較高（見圖 2.20b）。不同於離子鍵，共價鍵有方向性，而且電子點表示法也不見得能顯示出分子形狀。這些分子多有複雜的三維形狀與非正交的鍵角。最後，原子四周的鄰近原子數量（或堆疊效率）會視鍵級而定。

鍵長、鍵級與鍵能 兩個鍵結原子在能量最小時的原子核間距離稱為共價鍵的**鍵長（bond length）**。鍵級、鍵長和鍵能彼此間關係密切：一對原子的鍵級愈高，鍵長愈短。鍵長愈短，則鍵能愈大，因為原子核與多個共享電子對間的吸引力很強。一些不同鍵級原子的鍵能和鍵長列於表 2.6。

我們進一步討論鍵長和鍵能之間的關係。假設鍵結中的一個原子保持不變，但另一個原子改變例如，碳–碘，碳–溴，碳–氯，三者的鍵長前者最小，後者最大。注意，隨著與碳鍵結之原子的直徑增加，鍵長也會跟著增加（碘直徑

表 2.6　不同共價鍵的鍵能和鍵長

共價鍵	鍵能* kcal/mol	鍵能* kJ/mol	鍵長（nm）
C—C	88	370	0.154
C=C	162	680	0.13
C≡C	213	890	0.12
C—H	104	435	0.11
C—N	73	305	0.15
C—O	86	360	0.14
C=O	128	535	0.12
C—F	108	450	0.14
C—Cl	81	340	0.18
O—H	119	500	0.10
O—O	52	220	0.15
O—Si	90	375	0.16
N—O	60	250	0.12
N—H	103	430	0.10
F—F	38	160	0.14
H—H	104	435	0.074

* 因為環境會造成能量改變，故此為近似值。鍵結形成時，所有的值皆是負的（因為釋放能量）。

（資料來源：L. H. Van Vlack, "Elements of Materials Science," 4th ed., Addison-Wesley, 1980.）

> 溴直徑 > 氯直徑）。因此，碳－氯的鍵能最大，碳－溴的鍵能次大，而碳－碘的鍵能最低。

非極性與極性共價鍵　依鍵結原子間的電負度差異而定，共價鍵可為極性或非極性（程度各異）。非極性共價鍵的例子包括氫（H_2）、氟（F_2）、氮（N_2），以及其他電負度相似原子。在這些鍵中，原子及鍵平等分享鍵結電子，因此鍵為非極性（nonpolar）。當共價鍵結原子的電負度差異愈大，其鍵結電子即非平等共享（鍵結電子會靠近電負度較高的原子），例如氟化氫（HF）。這將產生極性共價鍵（polar covalent bond）。當負電度差異愈大，鍵的極性也愈大。一旦差異夠大，鍵則會離子化。例如，氟（F_2）、溴化氫（HBr）、氟化氫（HF）和氟化鈉（NaF）的鍵結分別是非極性共價鍵、極性共價鍵、高度極性共價鍵及離子鍵。

含碳分子的共價鍵結　碳在工程材料中相當重要，因為碳是多數高分子材料的基本元素。基態碳原子的電子組態為 $1s^2 2s^2 2p^2$。此電子組態顯示碳原子應該有 2 個共價鍵，各別位在半填滿的 2p 軌域。不過，碳經常會形成 4 個強度相等的共價鍵。混成（hybridization）的觀念可以用來說明箇中原因：鍵結形成時，2 個 2s 軌域電子的其中之一被提升至 2p 軌域，因而產生了 4 個相同的 sp^3 **混成軌域（hybrid orbital）**，如圖 2.22 所示。儘管混成過程需要能量才可將 2s 電子激發至 2p 狀態，鍵結過程造成能量降低遠可補償激發時所需的能量。

圖 2.22　單鍵形成的碳軌域混成作用。

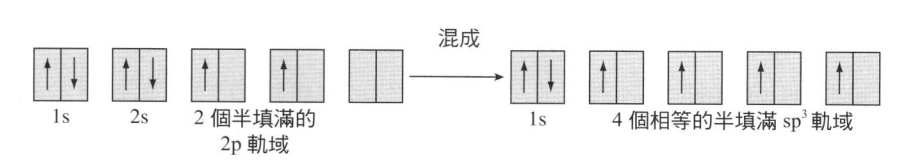

基態軌域排列　　　　　　　　　　　sp^3 混成軌域排列

1s　2s　2 個半填滿的 2p 軌域　→ 混成 →　1s　4 個相等的半填滿 sp^3 軌域

具有鑽石結構鍵結的碳顯示 sp^3 四面體的共價鍵結。這四個 sp^3 混成軌域會對稱地指向正四面體的角落，如圖 2.23 所示。鑽石結構包含一個由 sp^3 四面體形共價鍵結所組成的大型網絡。此結構說明了鑽石具有超高硬度、高鍵結強度與高熔點的原因。鑽石的鍵能為 711 kJ/mol（170 kcal/mol），熔點則為 3550°C。

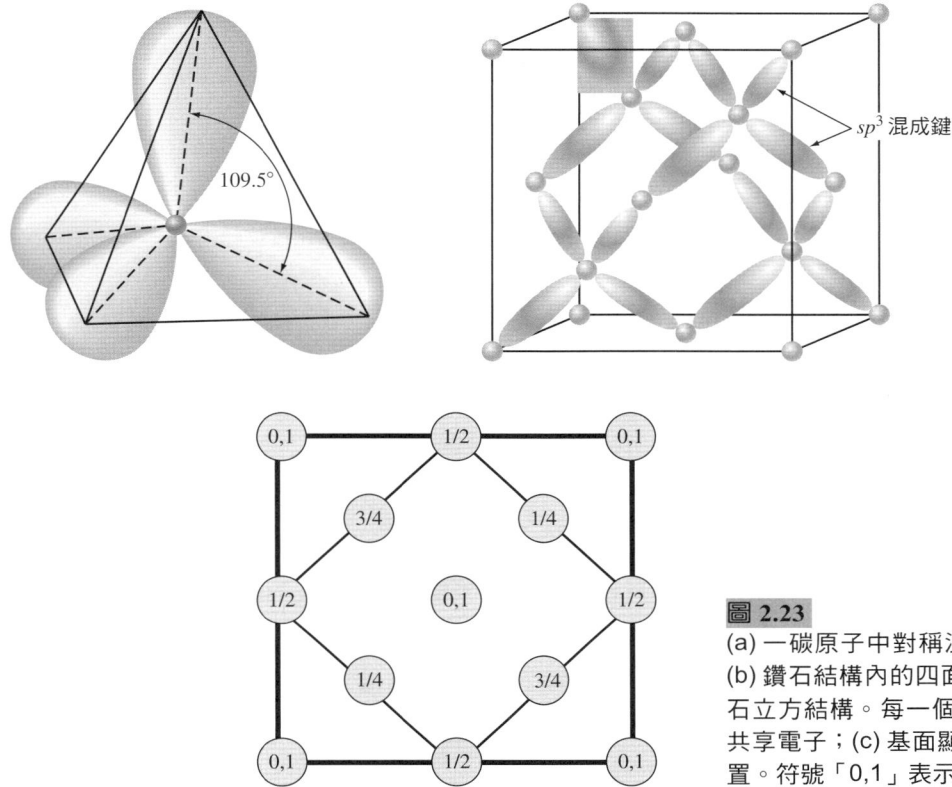

圖 2.23
(a) 一碳原子中對稱混成 sp^3 軌域的角度；(b) 鑽石結構內的四面體 sp^3 共價鍵稱為鑽石立方結構。每一個陰影區域即代表一對共享電子；(c) 基面顯示每個碳原子的 z 位置。符號「0,1」表示一個原子在 z = 0，另一個原子在 z = 1。

碳氫化合物的共價鍵結　只含碳、氫這兩種原子的共價鍵結分子稱為碳氫化合物（hydrocarbon）。最簡單的碳氫化合物是甲烷（methane），其中每個碳和 4 個氫原子會結合成 4 個 sp^3 四面體共價鍵，如圖 2.24 所示。甲烷的分子內鍵能很高，達 1650 kJ/mol（396 kcal/mol），但分子間的鍵能卻很低，只有 8 kJ/mol（2 kcal/mol）。因此，甲烷分子是非常薄弱地鍵結在一起，因而導致只有 –183ºC 的低熔點。

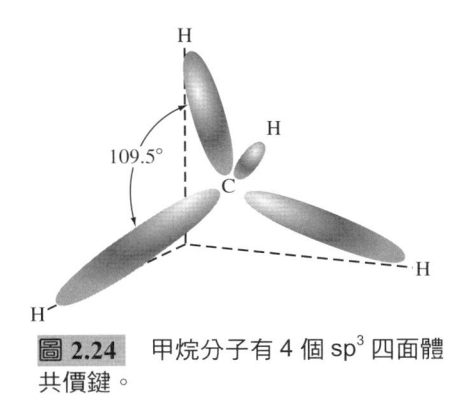

圖 2.24　甲烷分子有 4 個 sp^3 四面體共價鍵。

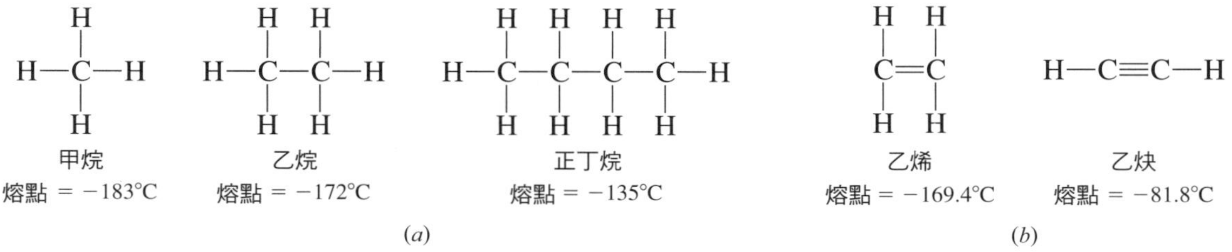

甲烷
熔點 = −183°C

乙烷
熔點 = −172°C

正丁烷
熔點 = −135°C

(a)

乙烯
熔點 = −169.4°C

乙炔
熔點 = −81.8°C

(b)

圖 2.25 (a) 單一共價鍵結的碳氫化合物結構式；(b) 多重共價鍵結的碳氫化合物結構式。

圖 2.25a 顯示甲烷、乙烷與正丁烷三個單一共價鍵結之碳氫化合物的結構式。分子量愈大，穩定性和熔點也愈高。

碳也可以在自己形成雙鍵與三鍵，像是圖 2.25b 所示的乙烯與乙炔。碳－碳雙鍵與三鍵會比單鍵的化學活性大許多。含碳分子中的多重碳－碳鍵稱為未飽和鍵（unsaturated bond）。

對某些高分子材料而言，苯結構相當重要。苯分子的化學式是 C_6H_6，其中的 6 個碳原子會形成六角形環，又稱為苯環（benzene ring）（見圖 2.26）。苯分子中的 6 個氫原子和苯環的 6 個碳原子分別形成單一共價鍵。然而，苯環中的碳原子鍵結複雜。由於碳原子必須要有 4 個共價鍵，最簡單的方式就是讓苯環中碳原子各有輪流享有單鍵與雙鍵（見圖 2.26a）。我們可以省略寫出外部的氫原子，讓結構看來更簡單（見圖 2.26b）。本書將會採用此種簡單結構式來表示苯，因為它可以很清楚地顯示所有的鍵結排列。

不過，實驗顯示，苯內並沒有正常的活性碳－碳雙鍵，而且苯環內的鍵結電子為非定域（delocalized），會形成一個整體性鍵結結構，其化學活性介於碳－碳單鍵和雙鍵之間（見圖 2.26c）。因此，大部分的化學文獻都會用圖 2.26d 來表示苯的結構。

圖 2.26 苯的分子結構式。(a) 使用直線鍵結符號表示；(b) (a) 的簡化圖；(c) 顯示苯環內碳－碳鍵結電子非定域的鍵結排列；(d) (c) 的簡化圖。

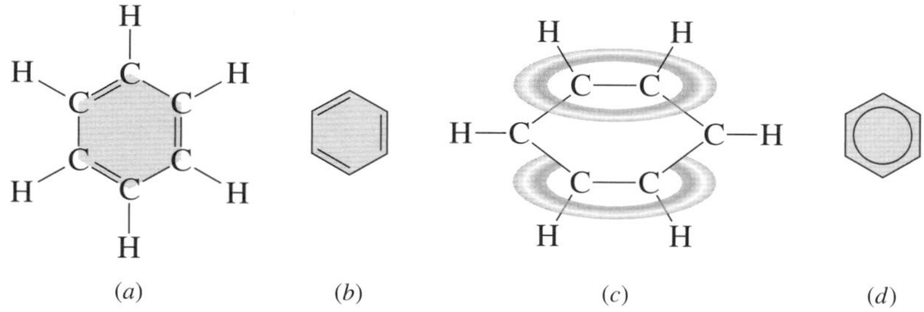

(a)　(b)　(c)　(d)

共價鍵與材料特性 很多材料都是由共價鍵組成，像是多數氣體分子、液體分子、低熔點固體分子。此外，這些材料的共通點是分子（分子間的鍵結相當弱）。原子間的共價鍵很強，不易破壞。然而，分子間的鍵結卻很弱，因此很容易沸騰或熔化。以下我們將會討論這些鍵的特性。

相對於上述分子材料，在一些所謂**共價網狀固體**（network covalent solid）

的無分子材料中，所有鍵都是共價鍵。這種材料原子的鄰近原子數依鍵級所有的共價鍵數而定，像是石英和鑽石。石英的特性反映出其共價鍵的強度。石英是由矽原子和氧原子（二氧化矽，SiO_2）透過不斷相互連接的共價鍵形成三維網絡。此材料無分子。與鑽石類似，石英也非常堅硬，而且熔點極高（1550°C）。共價材料的導電性極差，不但在網狀固體如此，熔融液態也一樣，這是因為共享電子對的電子鍵結緊密，因此沒有離子可供電荷傳輸。

2.5.3　金屬鍵結

儘管兩個獨立的金屬原子間可形成強大的共價鍵，如鈉分子（Na_2）。但是形成的材料是氣態的，也就是說，鈉分子間的鍵結很弱。那麼哪種鍵結才能形成穩定的固態鈉（或是其他的固體金屬）呢？根據觀察，從熔融狀態到固化時，金屬原子會有組織地重複緊密堆疊，以降低能量而達到更穩定的固態，進而產生**金屬鍵**（**metallic bond**）。例如，每個銅原子周圍會有 12 個鄰近原子整齊堆疊（見圖 2.27a）。每個原子都會貢獻自己的價電子至所謂的「電子海」或「電子電荷雲」（見圖 2.27b）。這些價電子為非定域，可以自由地在電子海中移動，且不屬於任何特定原子。因此它們也稱為自由電子（free electron）。緊密堆疊的原子的原子核和剩餘電子會形成陽離子核或正電核（因為它們失去了價電子）。在固體金屬中，原子之所以能夠維繫在一起，主要是因為正離子核（金屬陽離子）和負電子雲之間的吸引力，稱為金屬鍵結。

類似離子鍵，金屬鍵為三維，且無方向性。然而，由於沒有陰離子，因此沒有電中性的限制。此外，金屬陽離子也不像在離子固體裡那麼受限。與有方向性的共價鍵相較，原子間並不存在共享的電子對，因此金屬鍵的鍵結力又比共價鍵更弱。

金屬鍵與材料特性　純金屬的熔點只稍微高些，因為要使它熔化並不需要破

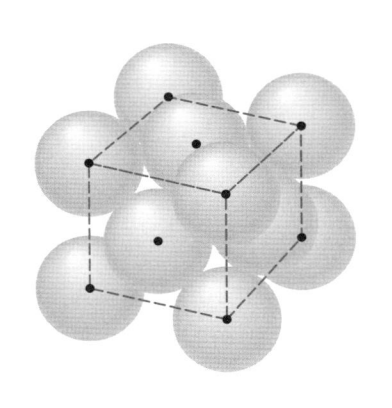

圖 2.27　(a) 銅原子在金屬固體中為整齊有效堆疊的結構；(b) 金屬鍵結的正離子核和周遭的電子海模型。

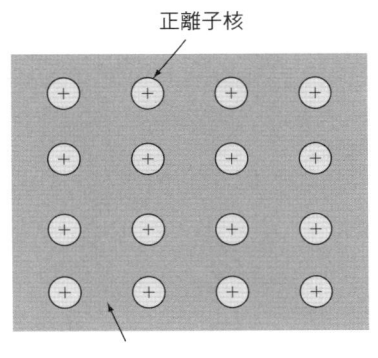

正離子核

形成電子電荷雲的價電子

(a)　　(b)

壞離子核心和電子雲之間的鍵。因此，平均來說，離子鍵材料和共價鍵網絡的熔點較高，因為兩者鍵結都需要先被破壞才能熔化。每種金屬的鍵能和熔點的差異極大，主要是依價電子數量和金屬鍵比例而定。一般來說，1A 族的元素（鹼金屬）只有 1 個價電子，且多為金屬鍵，因此這些金屬的熔點比 2A 族元素低，因為 2A 族元素有 2 個價電子，且共價鍵比例較高。

週期表第四列元素（包括過渡金屬）的電子組態、鍵能和熔點都列於表 2.7。在金屬中，價電子數量增加，正電核和電子雲間的吸引力也會隨之提高；鉀（$4s^1$）有 1 個價電子，熔點為 63.5°C，而鈣（$4s^2$）有 2 個價電子，熔點則為 851°C（見表 2.7）。過渡金屬具有 3d 電子組態，價電子數量增加，熔點也會增加，最高可達到鉻（$3d^5 4s^1$）的 1903°C。過渡金屬的鍵能和熔點會增加是因為共價鍵結的比例提高。當 3d 軌域和 4s 軌域填滿時，過渡金屬的熔點會再度開始下降，銅（$3d^{10} 4s^1$）最低可至 1083°C。在銅之後，鋅（$4s^2$）甚至可降至 419°C。

表 2.7　週期表第四列金屬的鍵能、電子組態與熔點

元素	電子組態	鍵能 kJ/mol	鍵能 Kcal/mol	熔點（°C）
K	$4s^1$	89.6	21.4	63.5
Ca	$4s^2$	177	42.2	851
Sc	$3d^1 4s^2$	342	82	1397
Ti	$3d^2 4s^2$	473	113	1660
V	$3d^3 4s^2$	515	123	1730
Cr	$3d^5 4s^1$	398	95	1903
Mn	$3d^5 4s^2$	279	66.7	1244
Fe	$3d^6 4s^2$	418	99.8	1535
Co	$3d^7 4s^2$	383	91.4	1490
Ni	$3d^8 4s^2$	423	101	1455
Cu	$3d^{10} 4s^1$	339	81.1	1083
Zn	$4s^2$	131	31.2	419
Ga	$4s^2 4p^1$	272	65	29.8
Ge	$4s^2 4p^2$	377	90	960

金屬的機械性質與離子鍵和共價鍵材料明顯不同，尤其是純金屬，延展性非常高（較軟與可變形）。事實上，純金屬在結構上的應用很有限，因為太軟。這是因為在施加外力時，金屬原子可輕易的滑移，如圖 2.28 所示。與離子鍵和共價鍵相比，金屬間的離子鍵可被較低的能量破壞。我們之後會說明強化純金屬的方法。

純金屬主要應用於電器和電子。純金屬導電性極佳，因為其價電子為非定

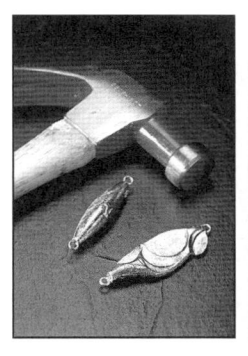

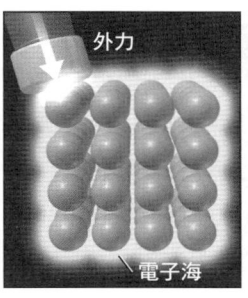

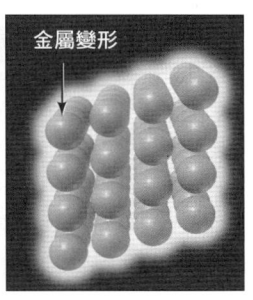

圖 2.28 (a) 固體金屬的變形；(b) 敲擊將會迫使陽離子滑移過彼此，因此會具有很大的可塑性。

（資料來源：*The McGraw-Hill Higher Education/Stephen Frisch, photographer.*）

域。一旦金屬元件入電路，每一個價電子會自由地帶負電荷往正電極移動。這在離子鍵或共價鍵材料是不可能發生的。最後，金屬的熱導性也極佳，因為熱能可以藉由原子震動有效地傳導。

2.5.4 混合鍵結

原子或離子間的化學鍵結可包含不只一種主要鍵結，也可包含次級偶極鍵結。主要鍵結有以下的四種混合鍵結形式：(1) 離子－共價；(2) 金屬－共價；(3) 金屬－離子；(4) 離子－共價－金屬。

離子－共價混合鍵結　大部分共價鍵結分子都有某些離子鍵特性，反之亦然。共價鍵結的部分離子特性可透過圖 2.14 的電負度來說明。在混合離子－共價鍵中，元素的電負度差異愈大，離子特性就愈明顯。鮑林（Pauling）提出下列方程式來求得化合物 AB 內鍵結的離子特性比率：

$$\text{離子特性 \%} = (1 - e^{(-1/4)(X_A - X_B)^2})(100\%) \quad (2.12)$$

其中 X_A 和 X_B 分別是 A、B 原子在該化合物中的電負度。

許多半導體化合物都有混合離子－共價鍵結。例如，砷化鎵（GaAs）是 III－V 族化合物（鎵為 3A 族，砷為 5A 族），硒化鋅（ZnSe）則是 II－VI 族化合物。這些化合物鍵結的離子特性會隨著原子間電負度差異的增加而增加。因此，II－VI 族化合物的離子特性應該會比 III－V 族化合物大，因為 II－VI 族化合物中的電負度差異較大。

■ 例題 2.9

利用以下鮑林方程式來計算半導體化合物砷化鎵（3－5 族）與硒化鋅（2－6 族）的離子特性比率：

$$\text{離子特性 \%} = (1 - e^{(-1/4)(X_A - X_B)^2})(100\%)$$

解

a. 根據圖 2.14 可知，砷化鎵的 X_{Ga} 為 1.6，X_{As} 為 2.0，因此：

$$離子特性\% = (1 - e^{(-1/4)(1.6-2.0)^2})(100\%)$$
$$= (1 - e^{(-1/4)(-0.4)^2})(100\%)$$
$$= (1 - 0.96)(100\%) = 4\%$$

b. 根據圖 2.14 可知，硒化鋅的 X_{Ga} 為 1.6，X_{As} 為 2.4，因此：

$$離子特性\% = (1 - e^{(-1/4)(1.6-2.4)^2})(100\%)$$
$$= (1 - e^{(-1/4)(-0.8)^2})(100\%)$$
$$= (1 - 0.85)(100\%) = 15\%$$

金屬－共價混合鍵結 混合金屬－共價鍵結相當常見。例如，過渡金屬有包含 dsp 鍵結軌域的混合金屬－共價鍵結，因此熔點高。另外，週期表 4A 族中，碳（鑽石）的純共價鍵結會逐漸轉變成矽和鍺的部分金屬特性鍵結。錫和鉛則主要是金屬鍵結。

金屬－離子混合鍵結 如果形成介金屬化合物（intermetallic compound），材料的元素的電負度差異很大，化合物中可能會有大量的電子移轉（離子鍵結）。因此，一些介金屬化合物可作為混合金屬－離子鍵結的例子。電子移轉對像是 $NaZn_{13}$ 的介金屬化合物特別重要，不過對於 Al_9Co_3 及 Fe_5Zn_{21} 就沒那麼重要，因為後兩者的負電度差異較小。

2.6 次級鍵結
Secondary Bonds

截至目前，我們只討論了原子間的主要鍵結，並說明價電子作用的影響。驅動主要鍵結目的是降低鍵結電子的能量。相較於主要鍵結，**次級鍵結（secondary bond）**較弱，能量通常只在 4 到 42 kJ/mol（1 到 10 kcal/mol）之間。次級鍵結的驅動力為原子或分子中的電偶極相互吸引作用。

當兩個大小相等而符號相反的電荷被分開時，就會形成一個電偶極矩，如圖 2.29a 所示。當正電荷中心和負電荷中心存在時，原子或分子中就會形成電偶極（見圖 2.29b）。

原子或分子中的偶極（dipole）會產生偶極矩（dipole moment），為電荷值乘以正、負電荷間的距離：

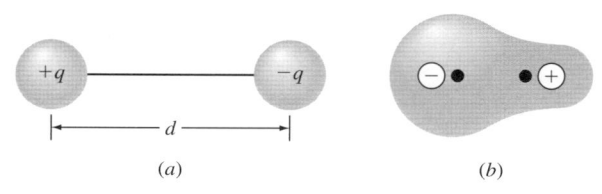

圖 2.29 (a) 電偶極，其偶極矩是 qd；(b) 共價鍵結分子中的電偶極矩。

$$\mu = qd \qquad (2.13)$$

其中 μ = 偶極矩

q = 電荷大小

d = 電荷中心之間的距離

原子和分子中偶極矩的度量單位是庫侖－米（C・m）或德拜（debye）。1 德拜 = 3.34×10^{-30} C・m。

電偶極透過靜電（庫侖）力而彼此作用，所以擁有偶極的原子或分子因此而相互吸引。雖然次級鍵結的鍵能很弱，不過當它是原子或分子鍵結中的唯一鍵結力來源時，就變得很重要。

一般來說，原子或分子間包含電偶極的次級鍵結有兩類：變動偶極（fluctuating dipole）和永久偶極（permanent dipole）。此類次級偶極鍵也可統稱為凡德瓦鍵（van der Walls bond）。

外部價電子殼層完整的惰性氣體元素（He 為 s^2，Ne、Ar、Kr、Xe 和 Rn 為 s^2p^6）之間有時會形成非常微弱的次級鍵結，因為這些原子間的電荷分布不對稱，進而會形成電偶極。不論何時，原子某側的電子電荷會比另一側還要多機率都很高（見圖 2.30）。因此，一個特定原子中的電子雲會隨著時間改變，形成所謂的**變動偶極（fluctuating dipole）**。鄰近原子的變動偶極會彼此吸引，形成微弱的原子間無方向性鍵結。惰性氣體在低溫及高壓下的液化和固化就是因為變動偶極鍵之故。表 2.8 列出惰性氣體在一大氣壓力下的熔點和沸點。當惰性氣體的原子愈大，其熔點及沸點也會增加，因為電子能更自由地形成較強的偶極矩，進而造成較強的鍵結力。

如果有共價鍵結的分子中有**永久偶極（permanent dipole）**，則分子間即可形成微弱的鍵結力。例如，以四面體結構方式排列的甲烷分子（CH_4）（見圖 2.24），其偶極矩為 0，因為它的 4 個 C-H 鍵為對稱排列。也就是說，四個偶極矩的向量和為零。相對地，氯甲烷分子（CH_3Cl）的 3 個 C－H 鍵及 1 個 C－

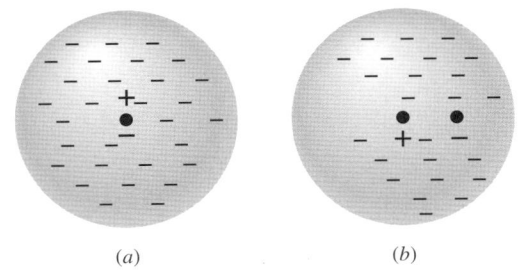

圖 2.30 惰性氣體原子的電子電荷分布。(a) 理想的對稱電荷分布，其中的正電荷及負電荷中心在中心點重疊；(b) 實際上電子的分布不對稱導致暫時性的偶極。

表 2.8 惰性氣體在大氣壓力下的熔點和沸點

惰性氣體	熔點（°C）	沸點（°C）
氦	－272.2	－268.9
氖	－248.7	－245.9
氬	－189.2	－185.7
氪	－157.0	－152.9
氙	－112.0	－107.1
氡	－71.0	－61.8

Cl 鍵呈非對稱性的四面體排列方式，因此淨偶極矩值為 2.0 德拜。將甲烷中的一個氫原子用一個氯原子取代，會使沸點由原來甲烷的 –128°C 提升到氯甲烷的 –14°C。氯甲烷沸點會高這麼多，是因為其分子間有著永久偶極鍵結。

氫鍵（hydrogen bond）是極化分子間永久偶極－偶極交互作用的特例。當含有氫原子的極化鍵結（O – H 或 N – H）與負電度原子（O、N、F 或 Cl）作用，即會產生氫鍵。例如，水分子（H_2O）的永久偶極距為 1.84 德拜，因為它與自己的兩個氫原子的不對稱排列，與氧原子呈 105°（見圖 2.31a）。

水分子的氫原子區有正電荷中心，而氧原子區的另一端則有負電荷中心（見圖 2.31a）。在水分子之間的氫鍵結中，一個分子的負電荷區域會受庫侖力吸引至另一分子的正電荷區（見圖 2.31b）。

液態及固態水的分子間會形成強的分子間永久偶極力（氫鍵結）。氫鍵的能量約為 29 kJ/mol（7 kcal/mol），而惰性氣體內的變動偶極力只有 2 到 8 kJ/mol（0.5 到 2 kcal/mol）。以水的分子質量來看，水 100°C 的沸點異常高就是因為氫鍵結的影響。氫鍵結對於某些高分子材料分子鏈的強化也很重要。

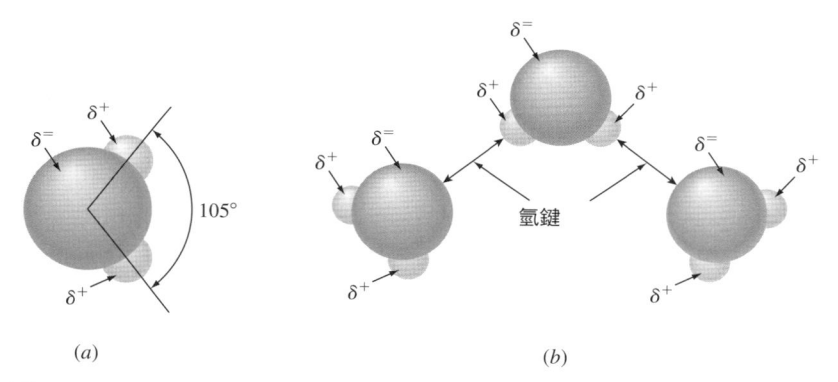

圖 2.31 (a) 水分子的永久偶極；(b) 水分子之間因為永久偶極的吸引而產生的氫鍵結。

2.7 名詞解釋

2.1 節

倍比定律（law of multiple proportions）：當原子以特定的簡單比例結合時，就會形成不同的化合物。

質量守恆定律（law of mass conservation）：化學反應不會產生物質或是破壞物質。

2.2 節

原子序（atomic number, Z）：原子核所包含的質子數量。

原子質量單位（atomic mass unit, amu）：定義為碳原子質量的 1/12。

質量數（mass number, A）：原子核所包含的質子和中子數量總和。

同位素（isotope）：屬於同一種化學元素的原子，電子和質子數量相同，但中子數量不同。

莫耳（mole）：物質含有 6.02×10^{23} 個基本實體（原子或分子）的數量。

化學週期定律（law of chemical periodicity）：元素的特性是其原子序的函數，並有週期性。

2.3 節

量子（quanta）：原子和分子所發出的離散（特定）能量。

電磁輻射（electromagnetic radiation）：以電磁波方式釋放和傳輸的能量。

光子（photon）：以電磁波輻射形式射出或釋放具特定波長和頻率的量子能量。

游離能（ionization energy）：從原子核移除電子所需要的最小能量。

測不準原理（uncertainty principle）：不論何時，要同時判定一個物體（例如電子）的確切位置與動量是不可能的事。

電子密度（electron density）：在特定空間區域及能階中找得到電子的機率。

軌域（orbital）：波動方程式的不同波函數解，可以用電子密度圖表示。

邊界表面（boundary surface）：電子密度圖的替代方案，顯示出有 90% 機率可以找到一個電子的區域。

主量子數（principal quantum number）：代表電子能階的量子數。

軌域量子數（orbital quantum number）：決定電子雲形狀或軌域邊界空間的數值。

磁量子數（magnetic quantum number）：代表每個次殼層內的軌域定向。

自旋量子數（spin quantum number）：代表電子的旋轉方向。

鮑立不相容原理（Pauli's exclusion principle）：沒有兩個電子的一組四個量子數會完全相同。

核電荷效應（nucleus charge effect）：原子核的電荷愈高，對電子的吸引力愈大，而該電子的能量也愈低。

屏蔽效應（shielding effect）：當同能階的兩個電子互相抵抗，會抵消來自原子核的吸引力。

2.4 節

金屬半徑（metallic radius）：在金屬元素中，兩個相鄰原子核相隔距離的一半。

共價半徑（covalent radius）：在共價分子中，兩個相同原子的原子核相隔距離的一半。

第一游離能（first ionization energy, IE1）：移除最外層電子所需要的能量。

第二游離能（second ionization energy, IE2）：移除第二個外核電子所需要的能量（在第一個電子被移除之後）。

正氧化數（positive oxidation number）：在離子化的過程中，原子所能釋放出的外層電子數量。

電子親和力（electron affinity, EA）：原子可接受一個或多個電子的程度，並在過程中釋放能量。

負氧化數（negative oxidation number）：原子可獲得的電子數量。

活性金屬（reactive metal）：游離能低且電子親和力極小、甚至全無的金屬。

活性非金屬（reactive nonmetal）：游離能高且電子親和力也高的非金屬。

類金屬（metalloid）：可以表現得像金屬或像非金屬的元素。

負電度（electronegativity）：原子吸引電子的能力。

2.5 節

主要鍵結（primary bond）：原子間形成的強鍵結。

離子鍵結（ionic bonding）：在金屬和非金屬或負電度差異大的電子間形成的主要鍵結。

離子間平衡距離（equilibrium interionic distance）：當鍵結形成時，陽離子和陰離子之間的距離（平衡狀態）。

晶格能（lattice energy）：氣態離子透過離子鍵結形成三維固體所需的能量。

赫斯定律（Hess Law）：生成熱等於離子固體形成中所有五個步驟所需的熱能總和。

共價鍵（covalent bonding）：常存在於負電度差異小的原子間的主要鍵結，尤其是非金屬元素。

共享對（shared pair）／鍵結對（bonding pair）：共價鍵的電子對。

鍵級（bond order）：兩個原子間形成的共享電子對（共價鍵）的數量。

鍵能（bond energy）：要克服共價鍵中原子核與共享電子對之間吸引力所需的能量。

鍵長（bond length）：共價鍵結原子處於最低能量時，其原子核之間的距離。

混成軌域（hybrid orbital）：當兩個或更多原子的軌域混合而形成的新軌域。

共價網狀固體（network covalent solid）：完全由共價鍵組成的材料。

金屬鍵（metallic bond）：由於金屬在固化時的原子緊密堆疊所形成的一種主要鍵結。

2.6 節

次級鍵結（secondary bond）：由於電偶極的靜電吸引力而在分子間（及惰性氣體原子間）形成的相對較弱的鍵。

變動偶極（fluctuating dipole）：因電子電荷雲瞬間改變而產生的變動偶極。

永久偶極（permanent dipole）：因分子的結構不對稱性而產生的穩定偶極。

氫鍵（hydrogen bond）：極化分子間永久偶極交互作用的特例。

2.8 習題 *Problems*

知識及理解性問題

2.1 敘述測不準原理。此原理如何反駁波爾的原子模型？

2.2 說明鮑立不相容原理。

2.3 敘述 (a) 核電荷效應；(b) 多電子原子的屏蔽效應。

2.4 何謂次級鍵結？形成這種鍵結的驅動力是什麼？請舉出有這種鍵結的材料的例子。

應用及分析問題

2.5 美國鑄幣廠生產的 25 分錢硬幣是銅和鎳的合金所鑄造。每一枚硬幣中含有 0.00740 莫耳的鎳和 0.0886 莫耳的銅。(a) 一枚 25 分錢硬幣的總質量是多少？ (b) 一枚 25 分錢硬幣中，鎳和銅所占的重量百分率分別是多少？

2.6 一般而言硼有兩個同位素，質量數分別為 10（10.0129 amu）和 11（11.0093 amu）；百分比則分別為

19.91 和 80.09。(a) 求出平均原子質量；(b) 求出硼的相對原子質量（或原子量）。將你求出的值和週期表中的值作比較。

2.7 人類的眼睛要能夠偵測到可見光，視神經必須接觸的最低能量為 2.0×10^{-17} J。(a) 計算為達到此能量，所需要的紅光（$\lambda = 700$ nm）的光子數量為多少？(b) 如果不再作其他計算，推估要激發視神經，需要更多或更少的藍光光子？

2.8 一氫原子的電子在 $n = 4$ 的狀態，此電子經歷過渡到 $n = 3$ 的狀態。計算 (a) 光子射出的能量；(b) 其頻率；(c) 其波長（以 nm 為單位）。

2.9 依照以下的 n 值與 ℓ 值，寫出次殼層名稱、m_ℓ 可能的值，以及相對應的軌域數目。

(a) $n = 1$，$\ell = 0$

(b) $n = 2$，$\ell = 1$

(c) $n = 3$，$\ell = 2$

(d) $n = 4$，$\ell = 3$

2.10 利用 spdf 符號，寫出以下離子的電子組態：(a) Cr^{2+}、Cr^{3+}、Cr^{6+}；(b) Mo^{3+}、Mo^{4+}、Mo^{6+}；(c) Se^{4+}、Se^{6+}、Se^{2-}。

2.11 三個原子的電子組態為 (a) $[He]2s^2$；(b) $[Ne]3s^1$；(c) $[Ar]4s^1$；(d) $[He]2s^1$，第一游離能為 496 kJ/mol、419 kJ/mol、520 kJ/mol、899 kJ/mol。判斷哪個游離能是屬於哪個電子組態，並說明你的答案。

2.12 如果一對 Cs^+ 和 I^- 離子間的吸引力為 2.83×10^{-9} N，且 Cs^+ 離子的離子半徑為 0.165 nm，計算 I^- 離子的離子半徑是多少（以 nm 為單位）。

2.13 根據以下資訊，計算形成固體 NaCl 所需的晶格能。從計算所得的晶格能可得知材料的什麼特性？

(i) 將固體 Na 轉換成氣體 Na 需要 109 kJ

(ii) 將氣體 Cl2 轉換成兩個單原子 Cl 原子需要 121 kJ

(iii) 要移除 Na 的 $3s^1$ 軌域電子（形成 Na^+ 離子）需要 496 kJ

(iv) 加一個電子至 Cl 需要（釋放）–570 kJ

(v) 形成氣體 NaCl（NaCl 的生成熱）需要 – 610 kJ

2.14 對於 sp^3、sp^2、sp 混成作用的 C 原子，列出其鍵結的原子數，並針對每一個繪出分子內的原子幾何排列。

綜合及評價問題

2.15 金屬鉀的熔點為 63.5°C，而鈦的熔點卻高達 1660°C。該如何解釋兩者熔點如此巨大的差異？

2.16 彈殼黃銅（cartridge brass）是由兩種金屬組成的合金：70 wt % 的銅和 30 wt % 的鋅。討論在此合金中銅和鋅鍵結的特性。

2.17 石墨和鑽石都是由碳原子所組成。(a) 列出兩者各自的物理特性；(b) 針對這兩種材料，各舉出一個應用的例子；(c) 如果這兩種材料皆由碳所組成，為何會有如此大的特性差異？

2.18 如何利用金屬鍵結的「電子氣」模型來解釋其高導電性和高導熱性？延展性又如何解釋？

2.19 甲烷（CH₄）的沸點比水（H₂O）的沸點低得多。根據這兩種物質分子間的鍵結對此做解釋。

2.20 不鏽鋼含有大量的鉻，因此是一種耐腐蝕的金屬。鉻如何保護金屬使其不被腐蝕？

CHAPTER 3

材料之晶體結構與非晶質構造
Crystal and Amorphous Structure in Materials

(a)   *(b)*   *(c)*   *(d)*

（資料來源：*(a)* © *Paul Silverman/Fundamental Photographs. (b)* © *The McGraw-Hill Companies, Inc./Doug Sherman, photographer. (c) and (d)* © *Dr. Parvinder Sethi.*）

固體大致上可分為結晶質（crystalline）和非晶質（amorphous）固體。由於結晶質固體原子、分子或離子的結構規則有序，因此形狀稜角分明。金屬為結晶質，由線條清楚的晶體或晶粒（grain）組成，它的顆粒微小，並且由於金屬的不透明性，所以無法清楚觀察。礦物多數擁有半透明到透明的本質，可以清楚看到界線分明的結晶質形狀。上圖顯示了礦物的晶體本質：(a) 天青石（$SrSO_4$），為天空藍；(b) 黃鐵礦（FeS_2），因為色呈為黃銅，因此又稱為「傻瓜的黃金」；(c) 紫水晶（SiO_2），是一種紫色的石英；(d) 石鹽（NaCl），一般稱之為岩鹽。相對來說，非晶質固體的長程有序很差，或根本沒有，不會像結晶質固體般以對稱性和規律性固化。

3.1 空間晶格與單位晶胞
The Space Lattice and Unit Cells

對工程重要的固體材料之物理結構主要是靠組成固體的原子、離子與分子之排列,以及它們之間的鍵結。如果原子或離子是在三維空間重複依序排列,它們就會形成一個有長程有序(long-range order, LRO)的固體,稱為結晶質固體或稱為結晶質材料(crystalline material)。結晶質材料的範例包括合金、金屬及一些陶瓷材料。相對來說,有些材料的原子和離子的排列並非如此,而只有短程有序(short-range order, SRO)。也就是說,只在靠近原子或分子之處才存在有序(order)。例如,液態水的分子內有短程有序,其中一個氧原子共價鍵結兩個氫原子。然而當每一個分子透過弱的次鍵結與其他分子隨機鍵結時,這種有序則消失。只有短程有序的材料屬於非晶質或非結晶質(noncrystalline)材料。我們在 3.11 節會有更多的說明與範例。

結晶固體中的原子排列可以用三維網絡的交會點來說明。這種網絡稱為**空間晶格(space lattice)**(見圖 3.1a),可視為一個無限的三維點陣。空間晶格中的每一點的環境都相同。在理想**晶體(crystal)**中,任何一點周圍的**晶格點(lattice point)**組合和晶格中任何其他點的完全相同。因此,只要說明重複**單位晶胞(unit cell)**中的原子位置,就能描述每個晶格點,如圖 3.1a 中以粗線標示的區域。單位晶胞可視為得以保持整體晶體特性的晶格最小單位。以特定重複排列方式組織在一起的原子彼此以晶格點相關聯,即構成**基本單元(motif)**或基底(basis)。此**晶體結構(crystal structure)**則可被定義為晶格及基底的組合。要注意的是,原子不見得會與晶格點重疊。單位晶胞的形狀與大小可以用來自晶格角的三個晶格向量(lattice vector)**a**、**b**、**c** 來描述(見圖 3.1b)。軸長度 a、b、c 及其間夾角 α、β、γ 為單位晶胞的晶格常數(lattice constant)。

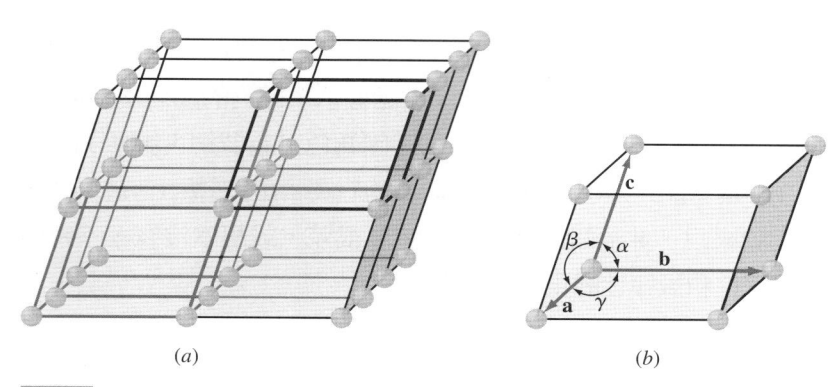

(a) (b)

圖 3.1 (a) 理想結晶固體的空間晶格;(b) 單位晶胞的晶格常數。

3.2 晶體系統與布拉斐晶格
Crystal Systems and Bravais Lattices

指定特定邊長與軸間夾角即可建構不同的單位晶胞。結晶學家指出,創造所有的空間晶格只需有七種單位晶胞。這些晶體系統列於表 3.1。

這七個晶體系統中,有許多系統的單位晶胞有些變化。布拉斐(August Bravais)證明了要描述所有可能的晶格網絡需要用 14 種標準單位晶胞,圖 3.2 即顯示這些布拉斐晶格(Bravais lattice)。單位晶胞則有四種基本形式:(1) 簡單型(simple);(2) 體心型(body-centered);(3) 面心型(face-centered);(4) 底心型(base-centered)。

立方晶系統有三種單位晶胞:簡單立方、體心立方、面心立方。斜方晶系統則四種都有。正方晶系統只有兩種:簡單正方與體心正方。面心正方單位晶胞看似被遺漏,其實可以用四個體心正方單位晶胞組成。單斜晶系統有簡單型和底心型單位晶胞,而菱方、六方和三斜晶系統都只有一種簡單型單位晶胞。

表 3.1 晶體系統的空間晶格分類

晶體系統	軸長與軸間夾角	空間晶格
立方	三軸等長,並且成直角相交 $a = b = c$,$\alpha = \beta = \gamma = 90°$	簡單立方 體心立方 面心立方
正方	三軸成直角相交,其中兩軸等長 $a = b \neq c$,$\alpha = \beta = \gamma = 90°$	簡單正方 體心正方
斜方	三軸不等長,成直角相交 $a \neq b \neq c$,$\alpha = \beta = \gamma = 90°$	簡單斜方 體心斜方 底心斜方 面心斜方
菱方	三軸等長,並且相交成三個等傾斜的夾角 $a = b = c$,$\alpha = \beta = \gamma \neq 90°$	簡單菱方
六方	兩軸等長且夾角為 120°,並且與第三軸成直角相交 $a = b \neq c$,$\alpha = \beta = 90°$,$\gamma = 120°$	簡單六方
單斜	三軸不等長,而且其中一夾角不成 90° $a \neq b \neq c$,$\alpha = \gamma = 90° \neq \beta$	簡單單斜 底心單斜
三斜	三軸不等長,三夾角不等,而且無直角 $a \neq b \neq c$,$\alpha \neq \beta \neq \gamma \neq 90°$	簡單三斜

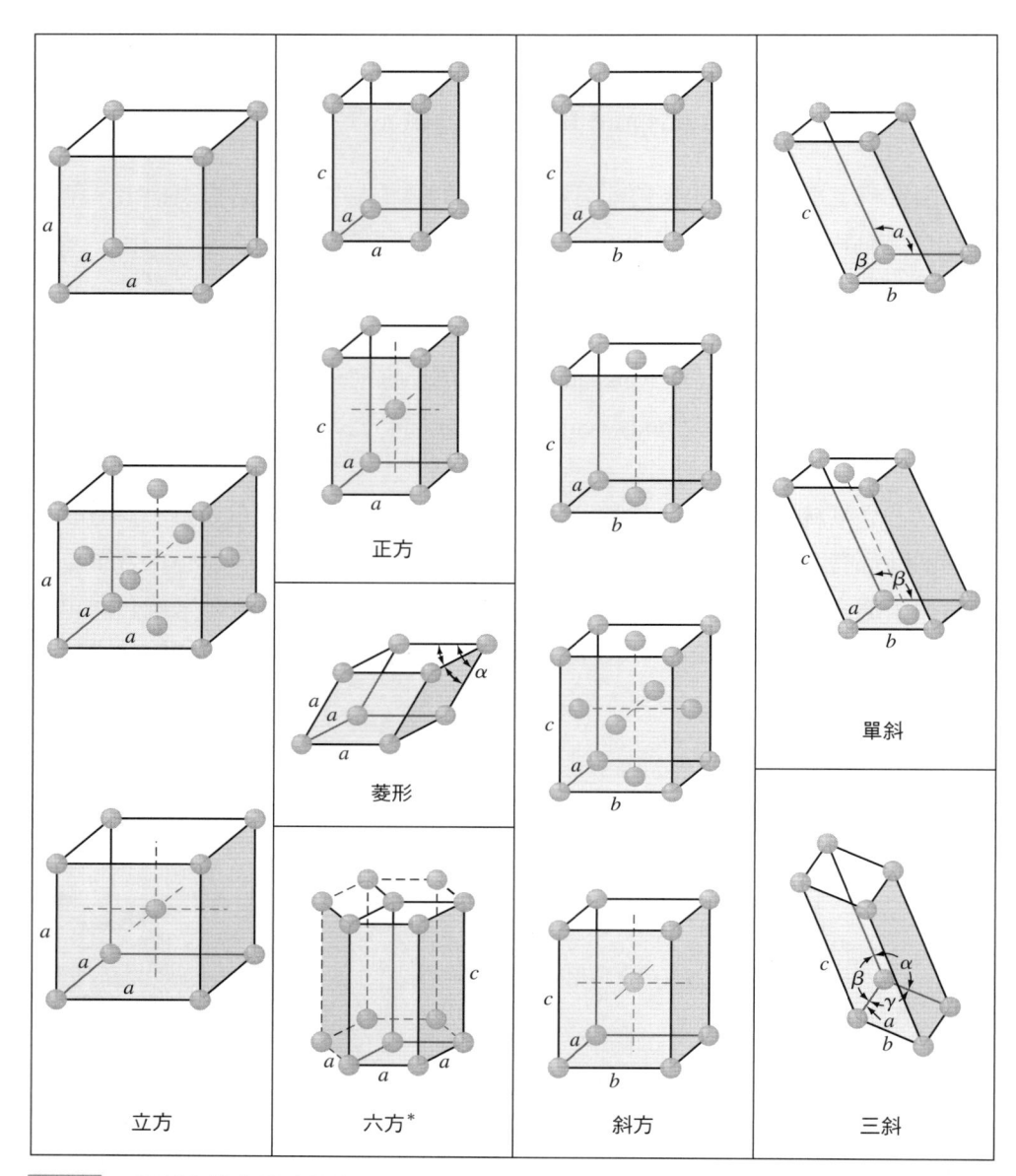

圖 3.2 14 種布拉菲單位晶胞，可以分為七大晶體系統。圓點代表晶格點，位於表面或角落者即可能會與鄰近的相同單位晶胞共享。

(資料來源：*W. G. Moffatt, G. W. Pearsall, and J. Wulff, The Structure and Properties of Materials, vol. l: 'Structure," Wiley, 1964, p.47*)

* 單位晶胞用實線表示。

3.3 主要的金屬晶體結構

Principal Metallic Crystal Structures

本章會討論元素金屬的主要晶體結構。至於陶瓷材料的離子和共價鍵則會在第 9 章討論。

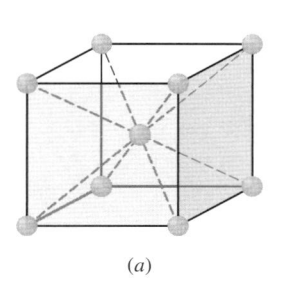

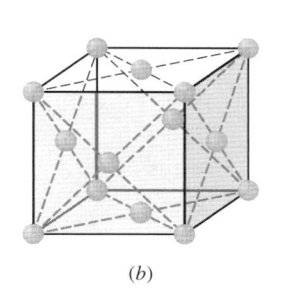

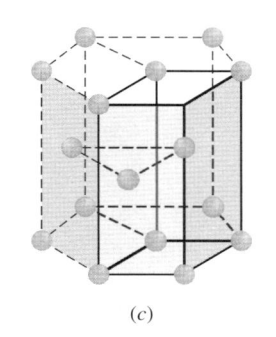

圖 3.3 主要金屬晶體結構和單位晶胞：(a) 體心立方；(b) 面心立方；(c) 六方最密堆積結晶結構（單位晶胞用實線標示）。

(a)　　　　(b)　　　　(c)

大部分的元素金屬（約 90%）固化時會結晶成有三種密集堆積的晶體結構：**體心立方**（body-centered cubic, BCC）（見圖 3.3a）、**面心立方**（face-centered cubic, FCC）（見圖 3.3b）與**六方最密堆積**（hexagonal close-packed, HCP）（見圖 3.3c）。六方最密堆積結構是圖 3.2 顯示的簡單六方晶體結構的緊密修訂版。多數金屬都是用這幾種結構結晶，因為原子更接近彼此，並會於鍵結在一起後釋放能量。因此，密集堆積結構的能量較低，也是較穩定的排列方式。

圖 3.3 顯示的結晶金屬之單位晶胞非常小，得特別注意。例如，在室溫下，體心立方結構的鐵元素邊長是 0.287×10^{-9} m 或 0.287 nm〔一奈米（nm）= 10^{-9} 米（m）〕。因此，如果將純鐵單晶胞接連排列的話，1 mm 中會有

$$1 \text{ mm} \times \frac{1 \text{ 單位晶胞}}{0.287 \text{ nm} \times 10^{-6} \text{ mm/nm}} = 3.48 \times 10^{6} \text{ 個單位晶胞}$$

我們現在來細看三種主要晶體結構單位晶胞的原子排列方式。雖然只是近似，我們假設這些晶體結構中的原子全是硬球狀。兩個相鄰原子間的距離可以 X 光繞射分析測量而出。例如，在 20°C 時，純鋁的兩個相鄰原子間距是 0.2862 nm。純鋁中鋁原子的半徑被設定為原子間距的一半，或 0.143 nm。表 3.2 至表 3.4 明列了一些金屬原子的半徑大小。

表 3.2 在室溫（20°C）下，一些具 BCC 晶體結構的金屬及其晶格常數與原子半徑

金屬	晶格常數 a（nm）	原子單位 R^*（nm）
鉻	0.289	0.125
鐵	0.287	0.124
鉬	0.315	0.136
鉀	0.533	0.231
鈉	0.429	0.186
鉭	0.330	0.143
鎢	0.316	0.137
釩	0.304	0.132

表 3.3 在室溫（20°C）下，一些具 FCC 晶體結構的金屬及其晶格常數與原子半徑

金屬	晶格常數 a（nm）	原子單位 R^*（nm）
鋁	0.405	0.143
銅	0.3615	0.128
金	0.408	0.144
鉛	0.495	0.175
鎳	0.352	0.125
鉑	0.393	0.139
銀	0.409	0.144

* 由晶格常數及（3.3）式（$R = \sqrt{2}a/4$）求得。

表 3.4 在室溫（20°C）下，一些具 HCP 晶體結構的金屬及其晶格常數、原子半徑與 c/a 比率

金屬	晶格常數 a（nm） a	c	原子半徑 R（nm）	c/a 比率	與理想狀況的偏離率（%）
鎘	0.2973	0.5618	0.149	1.890	+15.7
鋅	0.2665	0.4947	0.133	1.856	+13.6
理想 HCP				1.633	0
鎂	0.3209	0.5209	0.160	1.623	−0.66
鈷	0.2507	0.4069	0.125	1.623	−0.66
鋯	0.3231	0.5148	0.160	1.593	−2.45
鈦	0.2905	0.4683	0.147	1.587	−2.81
鈹	0.2286	0.3584	0.113	1.568	−3.98

3.3.1 體心立方（BCC）晶體結構

圖 3.4a 顯示 BCC 晶體結構的原子位置單位晶胞。實心球體代表原子所在的中心，清楚地顯示它們的相對位置。如果我們將此晶胞中的原子視為硬球，則單位晶胞就會如圖 3.4b 所示。我們可以清楚看到單位晶胞的中心原子被 8 個最接近的相鄰原子包圍，因此配位數（coordination number）是 8。

如果我們單獨看一個硬球單位晶胞，則模型就如圖 3.4c 所示。單位晶胞的中心是一個完整原子，而晶胞各角各有一個八分之一個硬球，加起來是一個完

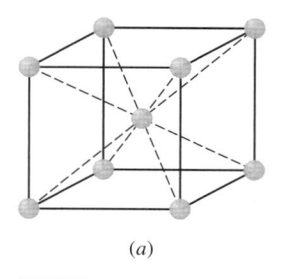

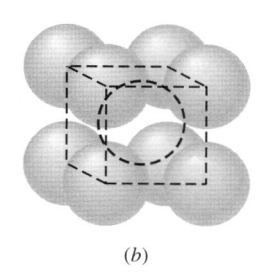

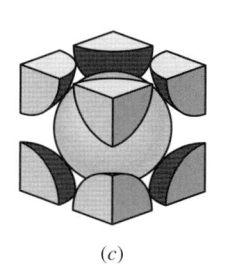

(a)   (b)   (c)

圖 3.4 BCC 單位晶胞：(a) 原子位置單位晶胞；(b) 硬球單位晶胞；(c) 單獨獨立出來的單位晶胞。

整的原子。所以每個單位晶胞的總原子數是 1（中心）+ 8× $\frac{1}{8}$（角落）= 2 個。BCC 單位晶胞內的原子跨過立方體對角相互接觸，如圖 3.5 所示，使得立方體邊長 a 與原子半徑 R 之間的關係如下：

$$\sqrt{3}a = 4R \quad \text{或} \quad a = \frac{4R}{\sqrt{3}} \tag{3.1}$$

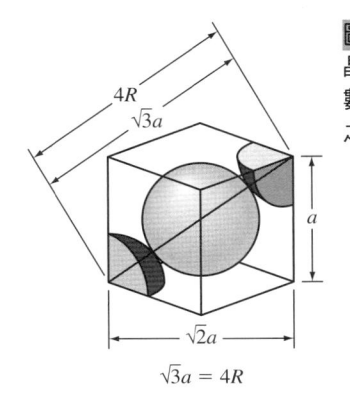

圖 3.5 BCC 單位晶胞，顯示了晶格常數 a 與原子半徑 R 之間的關係。

例題 3.1

鐵在 20°C 時的晶體結構為 BCC，而原子半徑為 0.124 nm，計算鐵單位晶胞的立方體邊長 a 的晶格常數。

解

從圖 3.5 可看到 BCC 單位晶胞中的原子跨過立方體對角相互接觸。因此，若 a 為此立方體的邊長，則

$$\sqrt{3}a = 4R \tag{3.1}$$

其中 R 是鐵原子的半徑。所以：

$$a = \frac{4R}{\sqrt{3}} = \frac{4(0.124 \text{ nm})}{\sqrt{3}} = 0.2864 \text{ nm} \blacktriangleleft$$

假設 BCC 單位晶胞中的原子為球狀，**原子堆積因子（atomic packing factor, APF）** 可用以下方程式求得：

$$\text{原子堆積因子（APF）} = \frac{\text{單位晶胞原子所占體積}}{\text{單位晶胞的體積}} \tag{3.2}$$

此式可解出 BCC 單位晶胞（圖 3.4c）的 APF 值為 68%（詳見例題 3.2）。也就是說，BCC 單位晶胞內有 68% 的體積被原子占據，而剩餘 32% 的體積是空的。由於此原子可以更緊密堆積，因此 BCC 結晶並非密集堆積結構。很多金屬在室溫下都有 BCC 晶體結構，像鐵、鉻、鎢、鉬與釩。表 3.2 列出一些 BCC 金屬的晶格常數和原子半徑。

例題 3.2

假設原子為硬球，計算 BCC 單位晶胞的原子堆積因子（APF）。

解

$$\text{原子堆積因子（APF）} = \frac{\text{單位晶胞原子所占體積}}{\text{單位晶胞的體積}} \tag{3.2}$$

由於每個 BCC 單位晶胞都有 2 個原子，所以在半徑為 R 的單位晶胞中，原子所占的體積為

$$V_{\text{atoms}} = (2)(\tfrac{4}{3}\pi R^3) = 8.373 R^3$$

BCC 單位晶胞的體積為

$$V_{\text{unit cell}} = a^3$$

其中 a 是晶格常數。由圖 3.5 可看出 a 和 R 的關係，該圖顯示 BCC 單位晶胞內的原子跨過立方體對角相互接觸，因此

$$\sqrt{3}a = 4R \quad \text{或} \quad a = \frac{4R}{\sqrt{3}} \tag{3.1}$$

所以

$$V_{\text{unit cell}} = a^3 = 12.32 R^3$$

因此，BCC 單位晶胞的原子堆積因子為

$$\text{APF} = \frac{V_{\text{atoms}}/\text{單位晶胞}}{V_{\text{unit cell}}} = \frac{8.373 R^3}{12.32 R^3} = 0.68 \blacktriangleleft$$

3.3.2　面心立方（FCC）晶體結構

現在來看圖 3.6a 的 FCC 晶格點單位晶胞。單位晶胞立方體的每一角及每一面的中心都有一個晶格點。圖 3.6b 中的硬球模型顯示 FCC 晶體結構的原子都是盡可能地密集堆積，其 APF 值為 0.74，而 BCC 晶體結構只有 0.68，因為 BBC 結構並非最緊密。

圖 3.6c 中的 FCC 單位晶胞等同於每單位晶胞有 4 個原子。位於 8 個角的 $\tfrac{1}{8}$ 個原子合計為 1 個原子（$8 \times \tfrac{1}{8} = 1$），而 6 個面上的 $\tfrac{1}{2}$ 個原子合計為 3 個原子，使得每單位晶胞有 4 個原子。FCC 單位晶胞的原子在面的對角線相互接觸，如圖 3.7 所示，因此使得晶格常數 a 與原子半徑 R 之間的關係成為

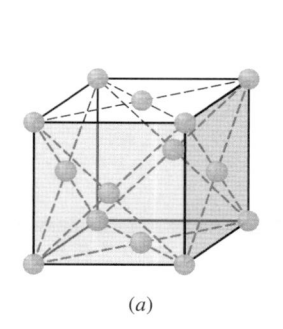

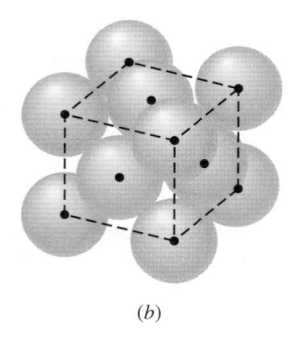

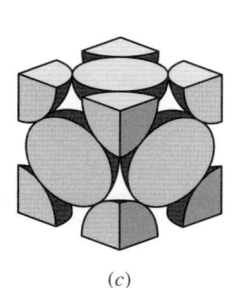

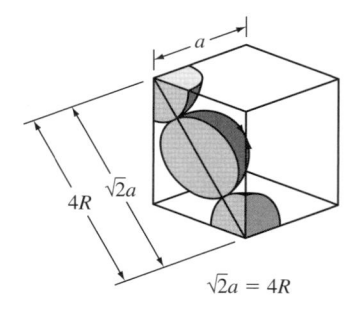

圖 3.6 FCC 單位晶胞：(a) 原子位置單位晶胞；(b) 硬球單位晶胞；(c) 單獨獨立出來的單位晶胞。

圖 3.7 FCC 單位晶胞，顯示了出晶格常數 a 和原子半徑 R 之間的關係。原子跨過面對角線方向互相接觸，因此 $\sqrt{2}a = 4R$。

$$\sqrt{2}a = 4R \quad \text{或} \quad a = \frac{4R}{\sqrt{2}} \tag{3.3}$$

FCC 晶體結構的 APF 為 0.74，比 BCC 晶體結構的 0.68 大。「球形原子」密堆積的極限 APF 就是 0.74。許多金屬在高溫（912°C 至 1394°C）下的晶體結構為 FCC，例如鋁、銅、鉛、鎳與鐵。表 3.3 列出一些 FCC 金屬的晶格常數與原子半徑。

3.3.3　六方最密堆積（HCP）晶體結構

第三種常見的金屬晶體結構是 HCP，如圖 3.8a 和圖 3.8b 所示。金屬並不會結晶成為如圖 3.2 的簡單六方晶體結構，因為 APF 值太低。原子可以形成圖 3.8b 的 HCP 結構，以獲得較低的能量與較穩定的狀態。HCP 和 FCC 晶體結構的 APF 都是 0.74，因為兩者的原子都是最密集堆積。在這兩種晶體結構內，每個原子都被 12 個鄰近原子包圍，因此兩者的配位數都是 12。FCC 與 HCP 晶體結構原子堆積方式的差異會在 3.8 節討論。

圖 3.8c 顯示一個單獨獨立出來的 HCP 晶胞，也稱為原始晶胞（primitive cell）。在圖 3.8c 中位於標示為「1」的原子貢獻給單位晶胞 $\frac{1}{6}$ 個原子。位於標示為「2」的原子則貢獻 $\frac{1}{12}$ 個原子。因此，坐落在單位晶胞的 8 個角的原子總共貢獻 1 個原子 $[4(\frac{1}{6})+4(\frac{1}{12}) = 1]$。位於標示「3」的原子是在單位晶胞的中心，但稍微超出晶胞邊界。因此，HCP 單位晶胞內的總原子數為 2（8 個角有一個，中心有一個）。有些書會以圖 3.8a 來表示 HCP 單位晶胞，稱其為「較大晶胞」（larger cell）。此時，單位晶胞有 6 個原子。這僅是為了方便起見；真正的單位晶胞用實線表示於圖 3.8c 中。在討論結晶方向及面的相關議題時，除了原始晶胞之外，我們也會用較大晶胞以求方便。

HCP 晶體結構的六角柱高 c 和底面邊長 a 的比率，稱為 c/a 比率（見圖 3.8a）。理想的 HCP 晶體結構（由均勻的球組成而且達至最緊密靠近的程度）的 c/a 比率為 1.633。表 3.4 列出許多重要 HCP 金屬及其 c/a 比率，其中，鎘與鋅

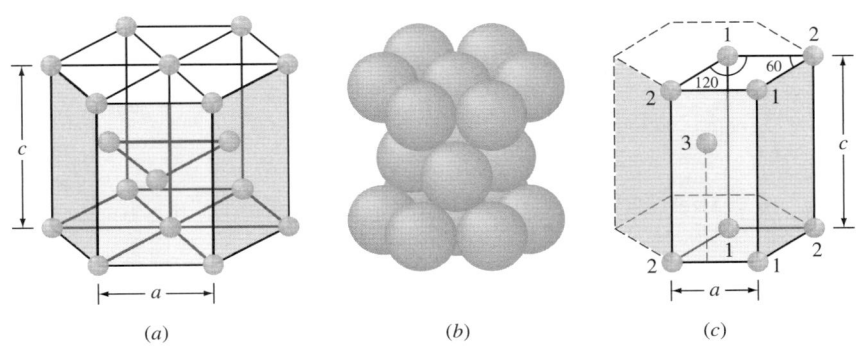

(a) *(b)* *(c)*

圖 3.8　HCP 單位晶胞：(a) 圖示晶體結構；(b) 硬球模型；(c) 圖示單獨獨立出來的單位晶胞。

（資料來源：*F. M. Miller, Chemistry: Structure and Dynamics, McGraw-Hill, 1984, p. 296.*）

的 c/a 比率大於理想值 1.633，這表示這些結構中的原子沿著 HCP 單位晶胞 c 軸的方向會被拉長一些。鎂、鈷、鋯、鈦與鈹這些金屬的 c/a 比率比 1.633 小，這表示它們沿著 c 軸的長度會被壓縮一些。因此，表 3.4 列出的 HCP 金屬會和理想硬球模型稍有不同。

例題 3.3

a. 使用以下資料計算鋅晶體結構單位晶胞的體積：純鋅的晶體結構是 HCP，晶格常數為 $a = 0.2665$ nm 與 $c = 0.4947$ nm。

b. 求出較大單位晶胞的體積。

解

先計算單位晶胞的底面積，再乘以高，即可求得鋅的 HCP 單位晶胞體積（見圖 EP3.3）。

a. 單位晶胞的底面積為圖 EP3.3a 和 b 中的 $ABDC$ 面積。而 $ABDC$ 的總面積是由圖 EP3.3b 中的 2 個等邊三角形 ABC 所組成。自圖 EP3.3c 可知

$$\text{三角形 } ABC \text{ 的面積} = \tfrac{1}{2}(\text{底})(\text{高})$$
$$= \tfrac{1}{2}(a)(a \sin 60°) = \tfrac{1}{2}a^2 \sin 60°$$

自圖 EP3.3b 可知

$$\text{HCP 底面積} = ABDC \text{ 面積} = (2)(\tfrac{1}{2}a^2 \sin 60°)$$
$$= a^2 \sin 60°$$

自圖 EP3.3a 可知

$$\text{鋅 HCP 單位晶胞的體積} = (a^2 \sin 60°)(c)$$
$$= (0.2665 \text{ nm})^2(0.8660)(0.4947 \text{ nm})$$
$$= 0.0304 \text{ nm}^3 \blacktriangleleft$$

鋅 HCP 單位晶胞的體積

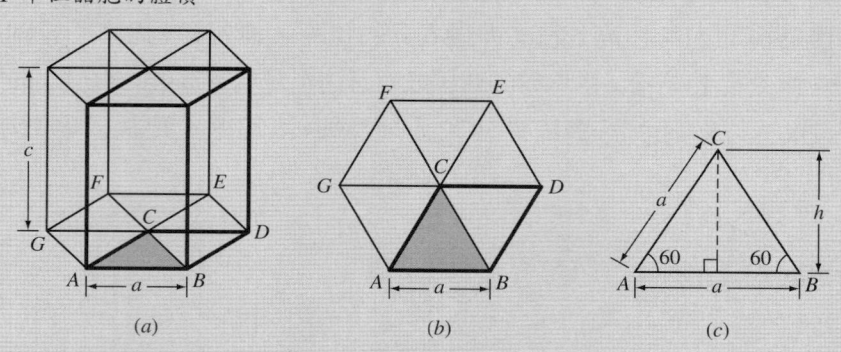

(a)   (b)   (c)

圖 EP3.3   圖示 HCP 單位晶胞體積的算法：(a) HCP 單位晶胞；(b) HCP 單位晶胞底面；(c) 自 HCP 單位晶胞底面移出的三角形 ABC。

b. 從圖 EP3.3a 可知

「最大」鋅 HCP 單位晶胞的體積 = 3（單位晶胞或原始晶胞的體積）
$$= 3(0.0304)$$
$$= 0.0913 \text{ nm}^3$$

3.4 立方單位晶胞中的原子位置
Atom Positions in Cubic Unit Cells

要找出原子在立方單位晶胞中的位置，我們用直角 x、y 與 z 軸座標。在結晶學中，正 x 是從紙張射出的方向，正 y 是紙張右邊的方向，而正 z 則是紙張上方的方向（見圖 3.9）。負的方向則是相反。

原子在單位晶胞中的位置可用 x、y、z 軸上的單位距離來定義，如圖 3.9a 所示。例如，圖 3.9b 顯示了 BCC 單位晶胞內原子的位置。位於 BCC 單位晶胞 8 個角的原子位置是：

(0, 0, 0)　(1, 0, 0)　(0, 1, 0)　(0, 0, 1)

(1, 1, 1)　(1, 1, 0)　(1, 0, 1)　(0, 1, 1)

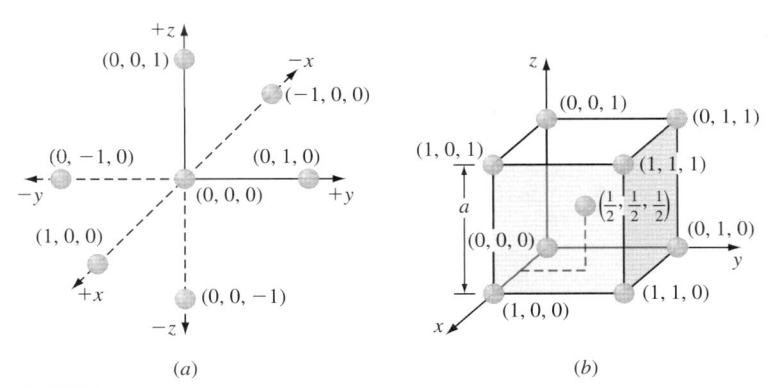

圖 3.9 (a) 直角 x、y 與 z 軸座標，用以找出原子在立方單位晶胞中的位置；(b) BCC 單位晶胞中的原子位置。

中心原子的位置坐標是 ($\frac{1}{2}$, $\frac{1}{2}$, $\frac{1}{2}$)。為了簡單起見，BCC 單位晶胞中的原子位置有時只用 (0,0,0) 和 ($\frac{1}{2}$, $\frac{1}{2}$, $\frac{1}{2}$) 兩個原子位置坐標表示，並假定其他原子位置都已默認。FCC 單位晶胞內的原子位置亦可用相同方法來表示。

3.5 立方單位晶胞中的方向
Directions in Cubic Unit Cells

晶體晶格中的方向有時需要特別定義，這對於特性會隨著結晶方位不同而改變的金屬和合金來說尤其重要。立方晶體的結晶**方向指數**（**direction indices**）是每一個坐標軸上的向量分量縮減至最小整數。

要在立方單位晶胞中指出方向，我們從原點（通常是立方晶胞的某一角）畫一方向向量到穿出立方表面為止（見圖 3.10）。這個方向向量在立方表面穿出的單位晶胞位置座標轉換為整數後，即為方向指數。方向指數會用中括弧標示，而且不會用逗號分隔。

例如，圖 3.10a 中的方向向量 *OR* 在立方表面穿出的位置座標為 (1, 0, 0)，因此方向向量 *OR* 的方向指數是 [100]。方向向量 *OS*（見圖 3.10a）的位置座標為 (1, 1, 0)，所以其方向指數為 [110]。方向向量 *OT*（見圖 3.10b）的位置座標

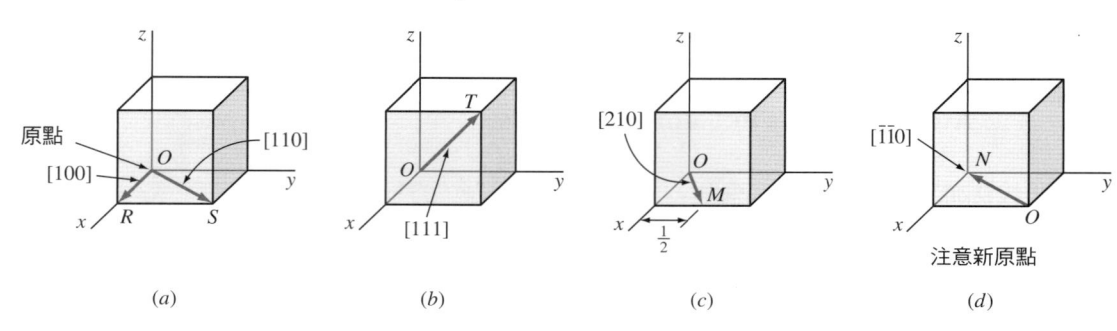

圖 3.10 立方單位晶胞中的一些方向。

為 (1, 1, 1)，因此其方向指數為 [111]。

方向向量 OM（見圖 3.10c）的位置坐標是 $(1, \frac{1}{2}, 0)$。由於方向向量必須是整數，因此這個坐標須乘以 2 才行，使得 OM 的方向指數為 $2(1, \frac{1}{2}, 0) = [210]$。方向向量 ON（見圖 3.10d）的位置座標為 (–1, –1, 0)。負的方向指數在數字上方會加橫槓表示，因此 ON 的方向指數為 $[\bar{1}\bar{1}0]$。注意，在立方體中畫 ON 方向時，原點需要移到前面右下方的角（見圖 3.10d）。

英文字母 u、v、w 泛用於表示 x、y、z 方向的方向指數，並且寫成 [uvw]。這裡也要注意，所有平行方向向量的方向指數都相同。

如果每一方向的原子間距都相同，我們稱這些方向為結晶等效（crystallographically equivalent）。例如，以下立方邊緣方向為結晶等效方向：

$$[100], [010], [001], [0\bar{1}0], [00\bar{1}], [\bar{1}00] \equiv \langle 100 \rangle$$

等效方向稱為方向族。符號 $\langle 100 \rangle$ 是用來概括表示立方邊緣方向。其他的方向族為立方體的對角線 $\langle 111 \rangle$ 及立方面的對角線 $\langle 110 \rangle$。

例題 3.4

試畫出以下立方單位晶胞中的方向向量：

a. [100] 與 [110]
b. [112]
c. [$\bar{1}$10]
d. [$\bar{3}$2$\bar{1}$]

解

a. [100] 方向的位置坐標為 (1, 0, 0)（見圖 EP3.4a）。至於 [110] 方向的位置坐標則為 (1, 1, 0)（見圖 EP3.4a）。

b. [112] 方向的位置坐標求法為將 [112] 的方向指數除以 2，其位置坐標為 $(\frac{1}{2}, \frac{1}{2}, 1)$（見圖 EP3.4b）。

c. [$\bar{1}$10] 方向的位置坐標為 (–1, 0, 0)（見圖 EP3.4c）。注意到原點被移至立方晶胞的左下前方。

d. [32$\bar{1}$] 方向的位置坐標求法為先將指數除以 3，即最大指數，如此可以求得位置坐標為 $(-1, \frac{2}{3}, -\frac{1}{3})$，如圖 EP3.4d 所示。

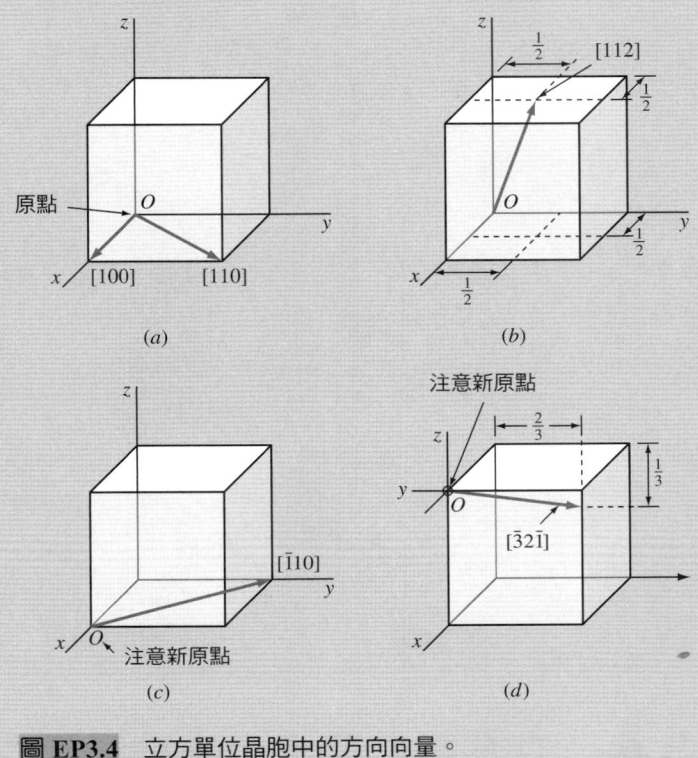

圖 EP3.4 立方單位晶胞中的方向向量。

例題 3.5

試求如圖 EP3.5a 所示之立方方向的方向指數。

解

平行方向向量的方向指數都相同，因此我們可以將該方向向量往上平移直到碰到立方晶胞最近的角落為止，此時左前方的角落會變成新原點（見圖 EP3.5）。現在可以求方向向量離開立方晶胞的位置坐標為：$x = -1$，$y = +1$，$z = -\frac{1}{6}$，可知位置坐標為 $(-1, +1, -\frac{1}{6})$，各自乘以 6 之後，即可得方向指數為 [66$\bar{1}$]。

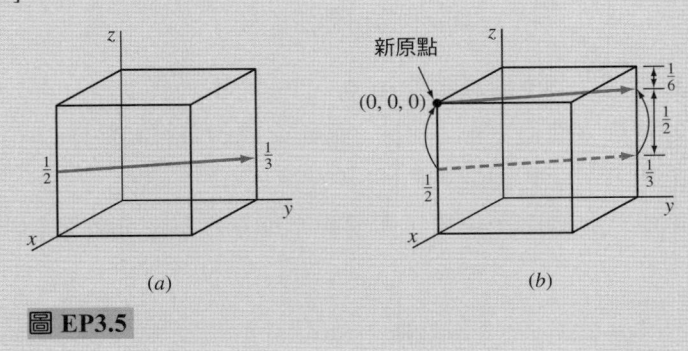

圖 EP3.5

例題 3.6

試求位置座標 $(\frac{3}{4}, 0, \frac{1}{4})$ 與 $(\frac{1}{4}, \frac{1}{2}, \frac{1}{2})$ 兩點之間立方方向的方向指數。

解

先找出單位立方體方向向量的原點與終點，如圖 EP3.6 所示，此方向向量的分量為

$$x = -(\frac{3}{4} - \frac{1}{4}) = -\frac{1}{2}$$
$$y = (\frac{1}{2} - 0) = \frac{1}{2}$$
$$z = (\frac{1}{2} - \frac{1}{4}) = \frac{1}{4}$$

由此可知向量方向的各個分量值分別為 $-\frac{1}{2}$、$\frac{1}{2}$、$\frac{1}{4}$，而且方向指數與其向量分量的比率會相同。將其各乘以 4，即可得方向指數為 $[\bar{2}21]$。

圖 EP3.6

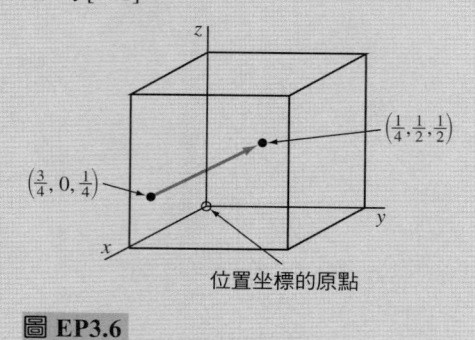

3.6 立方單位晶胞中的結晶面之米勒指數
Miller Indices for Crystallographic Planes in Cubic Unit Cells

有時我們會需要討論晶體結構內特定的晶格平面，或是希望了解晶體晶格中單一或一群平面的結晶取向（crystallographic orientation）。米勒標記系統（Miller notation system）可用來找出立方晶體結構中的結晶面[1]。**結晶面的米勒指數（Miller indices of a crystal plane）** 被定義為結晶面和立方單位晶胞非平行邊緣的 x、y、z 軸相交截距的倒數（將分數整式化）。單位晶胞邊緣代表單位長度，而與結晶面的截距會以此單位長度來計算。

求立方結晶面的米勒指數步驟如下：

1. 選擇一個不通過原點 (0, 0, 0) 的平面。
2. 找出平面與 x、y、z 軸之截距，它們有可能是分數。
3. 求各截距的倒數。
4. 整式化各截距倒數，所得數字即為結晶平面的米勒指數，會用括弧括起來，

---

[1] 英國結晶學家米勒（William Hallowes Miller, 1801-1880）於 1839 年發表 "Treatise on Crystallography"，使用平行晶體邊緣的結晶參考軸並使用倒數指數。

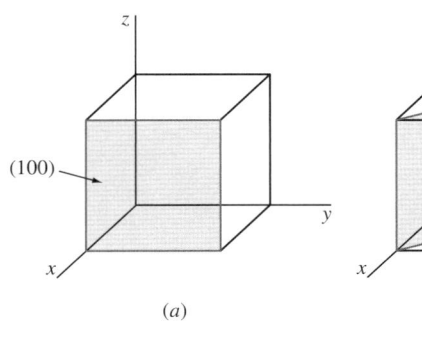

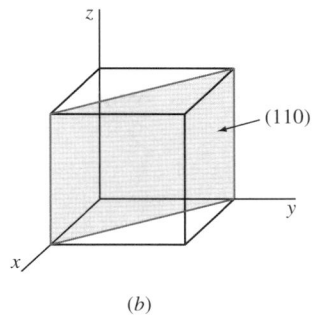

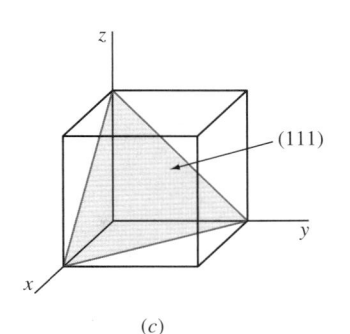

圖 3.11 一些重要立方結晶面的米勒指數：(a) (100)；(b) (110)；(c) (111)。

也沒有逗點。h、k 與 l 通常用來代表結晶面 x、y、z 軸之米勒指數，寫成 (hkl)。

圖 3.11 顯示三種最重要的立方晶體結構結晶面。先看圖 3.11a 中以陰影表示的結晶面，與 x、y 與 z 軸的截距分別是 1、∞、∞。它們的倒數，也就是米勒指數，為 1、0、0。由於不包含分數，所以此平面的米勒指數是 (100)。接著來看圖 3.11b 的第二個平面。該結晶面與 x、y 與 z 軸的截距是 1、1、∞，倒數是 1、1、0，也不含分數。因此，此平面之米勒指數是 (110)。最後，第三個平面（見圖 3.11c）的截距是 1、1、1，米勒指數則是 (111)。

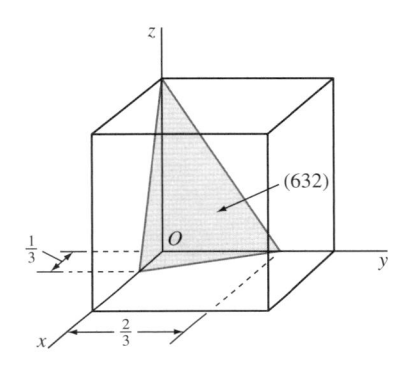

圖 3.12 立方結晶面 (632)，其有分數截距。

我們現在來看圖 3.12 中的結晶面，它與 x、y、z 軸的截距是 $\frac{1}{3}$、$\frac{2}{3}$、1，倒數是 3、$\frac{3}{2}$、1。由於截距不允許有分數，因此必須整式化，各乘以 2。所得截距倒數為 6、3、2，因而米勒指數為 (632)。

例題 3.7

試畫出以下立方單位晶胞中之結晶面：

a. (101)
b. ($1\bar{1}0$)
c. (221)
d. 畫出 BCC 原子位置單位晶胞內的 (110) 面，並列出原子中心於此平面上的原子位置坐標。

解

a. 先求 (101) 面米勒指數的倒數為 1、∞、1，(101) 面和 x 與 z 軸的截距分別為 1、1，而且會和 y 軸平行（見圖 EP3.7a）。

b. 先求 ($1\bar{1}0$) 面米勒指數的倒數 1、-1、∞，可知 ($1\bar{1}0$) 面和 x 軸與 y 軸的截距分別為 1、-1，而且會和 z 軸平行。要注意的是，原點移至立方晶胞的右後下角（見圖 EP3.7b）。

c. 先求 (221) 面米勒指數的倒數為 $\frac{1}{2}$、$\frac{1}{2}$、1，(221) 面和 x、y 與 z 軸的截距分別為 $\frac{1}{2}$、$\frac{1}{2}$、1（見圖 EP3.7c）。

d. (110) 面的中心原子坐標為 (1, 0, 0)、(0, 1, 0)、(1, 0, 1)、(0, 1, 1) 以及 ($\frac{1}{2}$, $\frac{1}{2}$, $\frac{1}{2}$)。這些原子的位

置皆以實心圖表示（見圖 EP3.7d）。

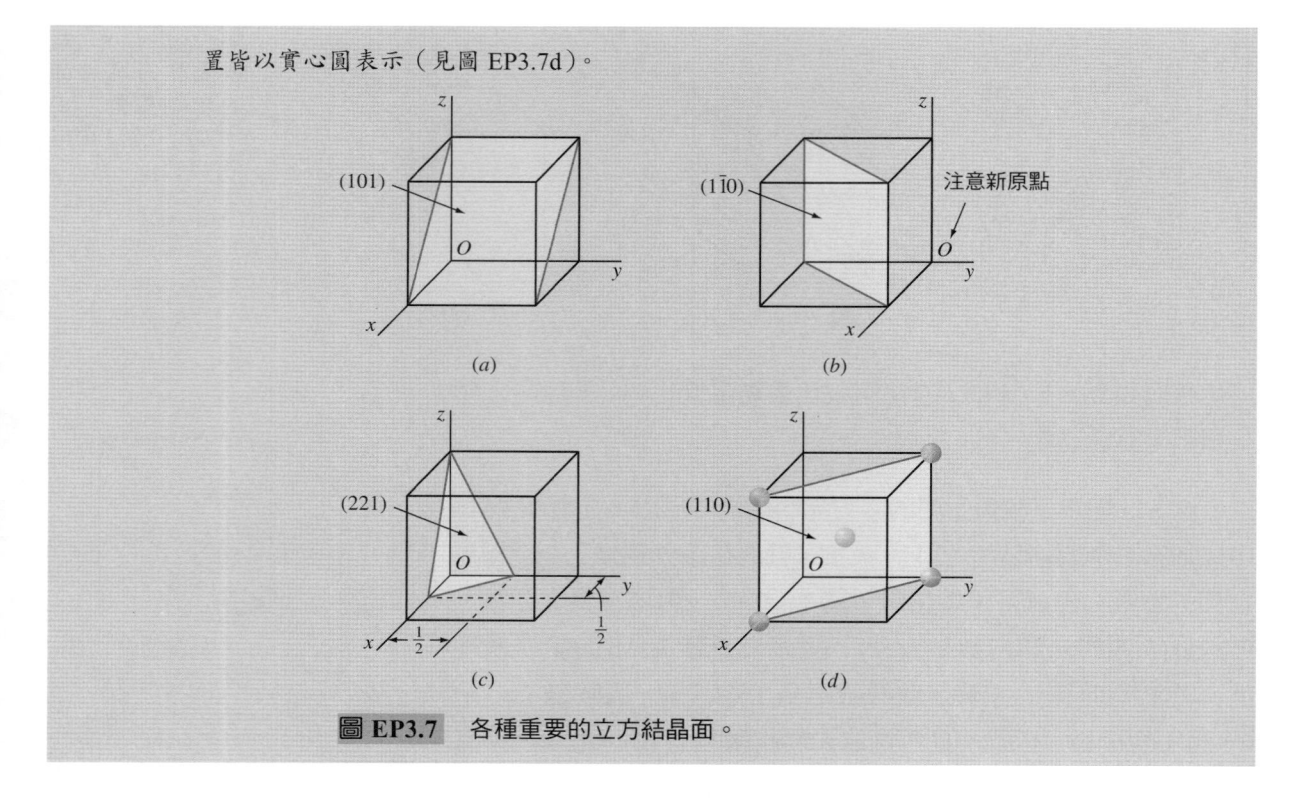

圖 EP3.7 各種重要的立方結晶面。

若結晶面通過原點，使得部分截距為 0，該平面必須移到相同單位晶胞內的一個等效位置，而且該平面必須和原來的平面保持平行。這是有可能達到的，因為所有等距平行的米勒指數都相同。

若是等效晶格平面的晶體系統均為對稱，它們被稱為平面族（planes of a family or form），而其中每個平面可用 $\{hkl\}$ 表示其指數。例如，立方體表面平面的米勒指數 (100)、(010) 和 (001) 一齊被歸類於以 $\{100\}$ 表示的平面族。

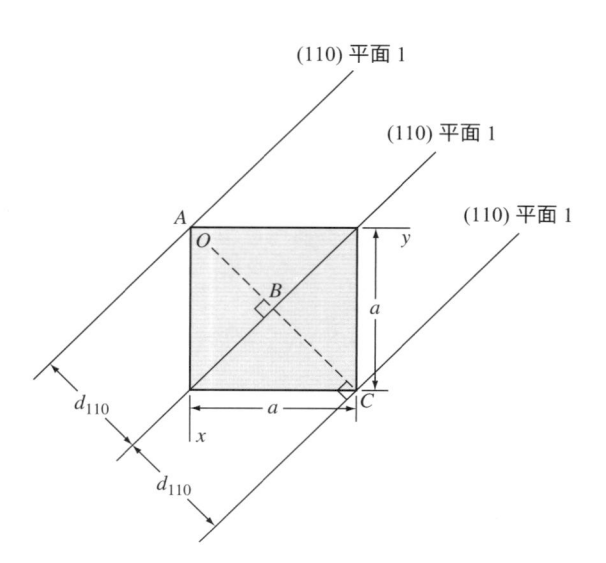

立方晶系統，而且也唯有此系統，有一個重要關係，就是垂直於某結晶面平面的方向指數和該平面的米勒指數相同。例如，[100] 方向和結晶面 (100) 相互垂直。

在立方晶體結構中，兩個米勒指數相同且最接近的平行結晶面，兩者間距離表示為 d_{hkl}，其中的 h、k 與 l 為米勒指數。例如圖 3.13 中，(110) 平面 1 與平面 2 之間的距離 d_{110} 為 AB。另外，(110) 平面 2 與平面 3 之間的距離 d_{110} 為 BC。使用簡單幾何計算可得知：

圖 3.13 立方單位晶胞的俯視圖顯示 (110) 結晶面的距離為 d_{110}。

$$d_{hkl} = \frac{a}{\sqrt{h^2 + k^2 + l^2}} \qquad (3.4)$$

其中 d_{hkl} = 兩個米勒指數 h、k 與 l 相同的最接近平行結晶面之間的距離
0 = 晶格常數（單位立方體的邊長）
h、k、l = 結晶面的米勒指數

例題 3.8

試求出圖 EP3.8a 中的結晶面之米勒指數。

解

將與 z 軸平行的平面沿著 y 軸向右平移 $\frac{1}{4}$ 單位，如圖 EP3.8b 所示，此時新原點位於右後下角，平移後的平面和 x 軸的截距為 1 個單位長，因此新平面和各軸的截距為 $(+1, -\frac{5}{12}, \infty)$。取其倒數後可得 $(1, -\frac{12}{5}, 0)$，然後再取簡單整數比，求得此平面的米勒指數為 $(5\bar{12}0)$。

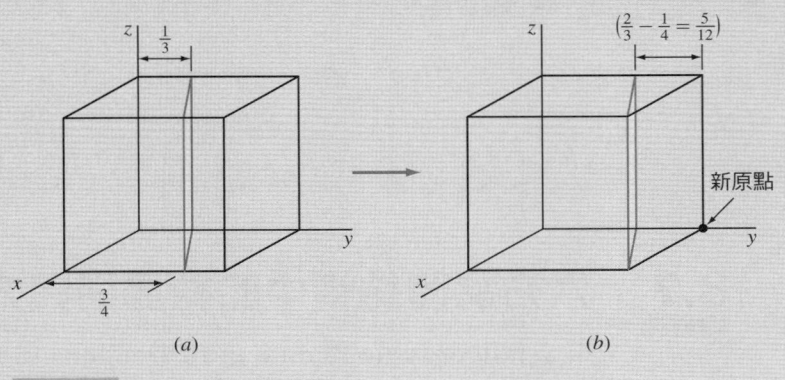

圖 EP3.8

例題 3.9

試求通過位置坐標為 $(1, \frac{1}{4}, 0)$、$(1, 1, \frac{1}{2})$、$(\frac{3}{4}, 1, \frac{1}{4})$ 此三點的立方結晶面之米勒指數。

解

先將此 3 個位置坐標用 A、B、C 標示為 $A(1, 1, \frac{1}{2})$、$B(\frac{3}{4}, 1, \frac{1}{4})$、$C(1, \frac{1}{4}, 0)$，如圖 EP3.9 所示。然後連接 AB 並將之延伸到 D 點，之後連接 AC，最後連接 CD 得到 ACD 平面。此平面的原點可選為 E，如此可得到各軸的截距為 $x = -\frac{1}{2}$，$y = -\frac{3}{4}$，$z = \frac{1}{2}$，取其倒數為 -2、$-\frac{3}{4}$ 與 2，再將倒數各乘以 3，即得平面米勒指數 $(\bar{6}\bar{4}6)$。

圖 EP3.9

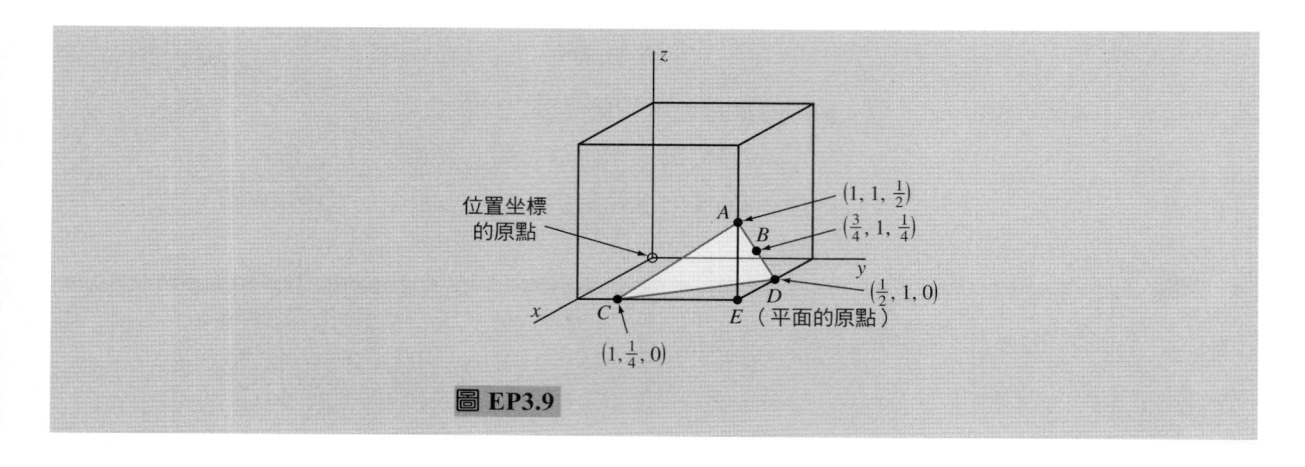

例題 3.10

銅是 FCC 晶體結構，單位晶胞晶格常數為 0.361 nm。求距離 d_{220} 是多少？

解

$$d_{hkl} = \frac{a}{\sqrt{h^2 + k^2 + l^2}} = \frac{0.361 \text{ nm}}{\sqrt{(2)^2 + (2)^2 + (0)^2}} = 0.128 \text{ nm}$$

3.7　六方晶體結構中的結晶面與方向

Crystallographic Planes and Directions in Hexagonal Crystal Structure

3.7.1　HCP 單位晶胞中結晶面的指數

HCP 單位晶胞中的結晶面通常會以四個指數來表示，並非三個。HCP 結晶面指數稱為米勒－布拉斐指數（Miller-Bravais indices），是以括號中的字母 h、k、i、l 代表，如 ($hkil$)。此四個數字的六面體指數建立於四個坐標軸系統基礎上，如圖 3.14 所示的 HCP 單位晶胞。a_1、a_2 與 a_3 為三個基本軸，彼此間夾角為 120°，c 軸為第四軸，是位於單位晶胞中心的垂直軸。位於 a_1、a_2 與 a_3 軸上的原子間的距離為 a，如圖 3.14 所示。在針對 HCP 平面與方向的討論中，我們會同時使用單元晶胞與較大晶胞來說明概念。c 軸量測的是單位晶胞的高度。結晶面和 a_1、a_2 與 a_3 軸截距的倒數為 h、k、i 指數，而與 c 軸截距的倒數則為 l 指數。

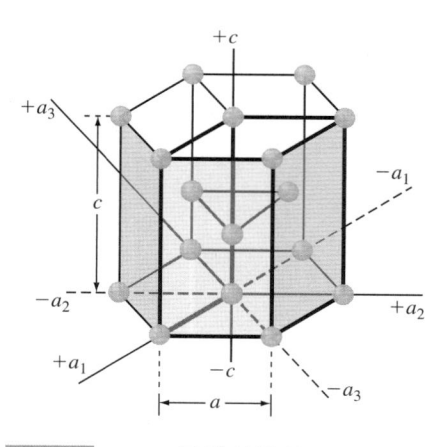

圖 3.14　HCP 晶體結構的四個坐標軸（a_1、a_2、a_3 與 c）。

基面（Basal Plane） HCP 單位晶胞的基面非常重要，如圖 3.15a 所示。由於圖中位於 HCP 單位晶胞上方的基面和 a_1、a_2 與 a_3 軸平行，因此截距皆為無窮大：$a_1 = \infty$，$a_2 = \infty$，$a_3 = \infty$。而由於基面與 c 軸在單位距離處交叉，因此截距是 1。取所有截距之倒數後，可得 HCP 基面的米勒－布拉斐指數：$h = 0$，$k = 0$，$i = 0$ 與 $l = 1$，可寫成 (0001) 面。

稜柱面 (Prism Plane) 根據上述方式，圖 3.15b 的稜柱面（$ABCD$）的截距為 $a_1 = +1$，$a_2 = \infty$，$a_3 = -1$ 與 $c = \infty$。取倒數可得 $h = l$，$k = 0$，$i = -1$ 及 $l = 0$，可寫成 ($10\bar{1}0$) 面。接著，圖 3.15b 的 $ABEF$ 稜柱面指數是 ($1\bar{1}00$)，而 $DCGH$ 稜柱面指數則是 ($01\bar{1}0$)。所有 HCP 稜柱面可一起視為 $\{10\bar{1}0\}$ 平面族。

有時，HCP 面可以只用三個指數 (hkl) 表示，這是因為 $h + k = -i$。不過，(hkil) 指數還是較為普遍，因為它可以顯示 HCP 單位晶胞的六方對稱性。

3.7.2 HCP 單位晶胞的方向指數

HCP 單位晶胞裡面的方向也是以四個指數 u、v、t 和 w 來表示，寫成 [uvtw]，而 u、v、t 分別是 a_1、a_2 與 a_3 方向的晶格向量（見圖 3.16），w 為 c 方向的晶格向量。方向條件為 $u + v = -t$，以保持 HCP 平面與方向指數的均勻性。

我們現在來看方向 a_1、a_2、a_3 的米勒－布拉斐六方指數。圖 3.16a 顯示 a_1 的方向指數，圖 3.16b 顯示 a_2 的方向指數，圖 3.16c 顯示 a_3 的方向指數。如果我們還需要為 a_3 方向顯示 c 方向，請見圖 3.16d。圖 3.16e 則總結了簡單六方晶體結構上方基面的正、負方向。

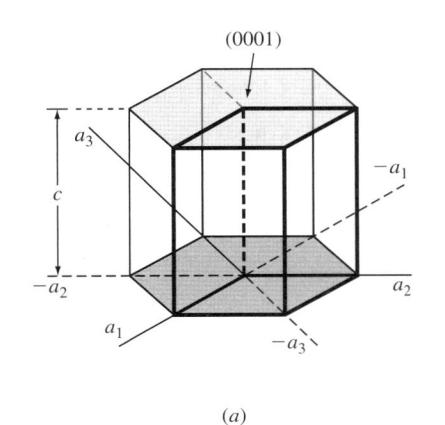

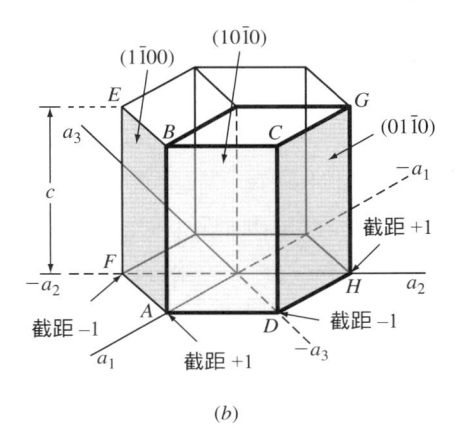

圖 3.15 六方結晶面的米勒－布拉斐指數：(a) 基面；(b) 稜柱面。

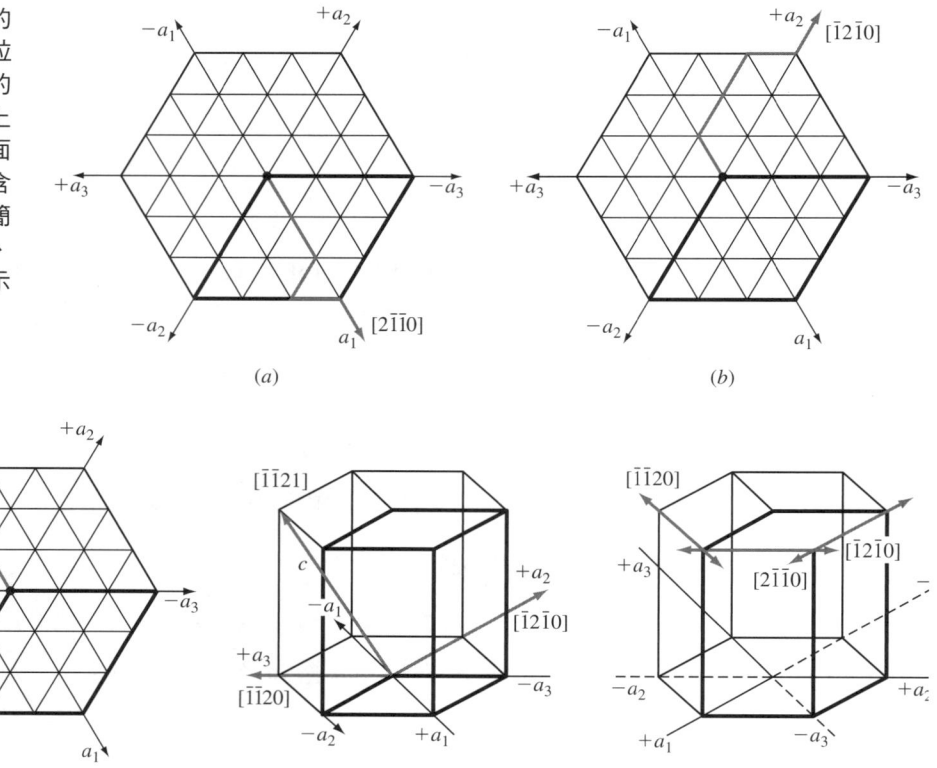

圖 3.16 指出主要方向的六方晶體結構米勒－布拉斐指數：(a) 在基面上的 $+a_1$ 軸方向；(b) 在基面上的 $+a_2$ 軸方向；(c) 在基面上的 $+a_3$ 軸方向；(d) 包含 c 軸的 $+a_3$ 方向軸；(e) 簡單六方晶體結構中，正、負米勒－布拉斐指數顯示在上方基面。

3.8 FCC、HCP 與 BCC 晶體結構的比較
Comparison of FCC, HCP, and BCC Crystal Structures

3.8.1 面心立方與六方最密堆積晶體結構

我們已知 HCP 與 FCC 晶體結構為最密堆積結構，也就是說，近似球形的原子會盡量緊密堆積，使原子堆積因子達到 0.74[2]。圖 3.17a 顯示的 FCC 晶體結構 (111) 面與圖 3.17b 顯示的 HCP 晶體結構 (0001) 面的堆積方式完全相同。不過，FCC 和 HCP 的三維晶體結構並不相同，這是因為兩者的原子平面堆疊方式不同。如果我們用彈珠來代表原子，我們可以想像以同尺寸的彈珠形成的平面需要往上堆疊，使間隙達到最小。

我們先討論如圖 3.18 所示由最密堆積原子所組成的 A 平面。從圖中明顯可見原子之間的兩種空隙：a 空隙指向上方，而 b 空隙則指向下方。在 a 或 b 的上方可以放第二層原子平面，形成同樣的三維結構。假設我們將 B 平面放在 a 空隙的上方，如圖 3.18b 所示，接著如果在 B 的上方又放了第三層平面，形成

---

[2] 如 3.3 節所指出的，HCP 結構中的原子與理想狀況會有不同程度的偏離。有些 HCP 金屬中的原子會沿著 c 軸被拉長，有些則會沿著 c 軸被壓縮（見表 3.4）。

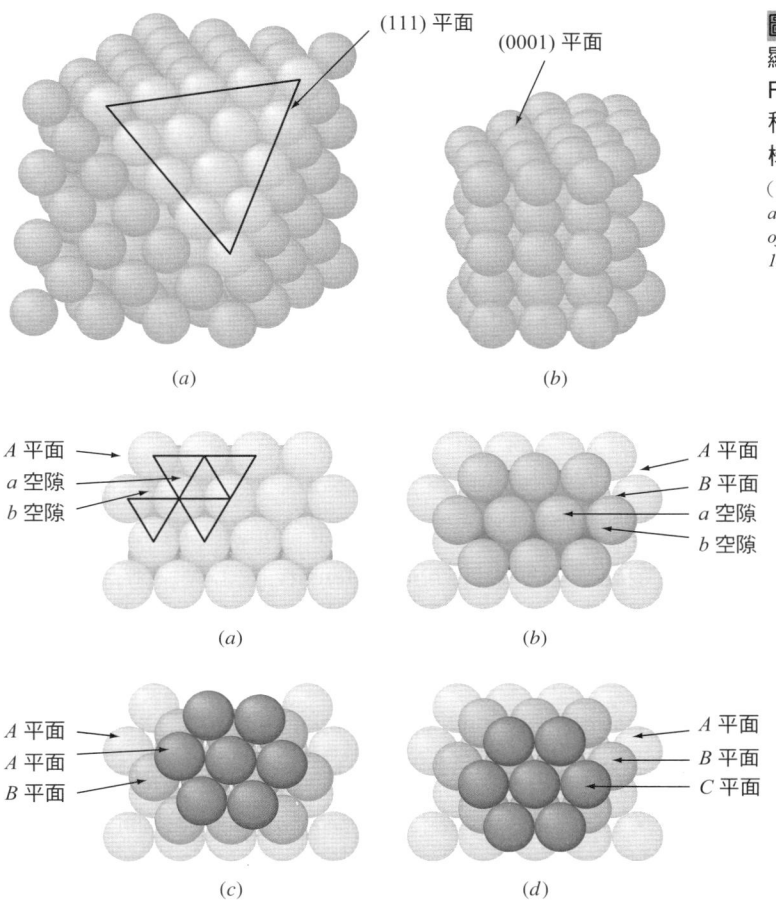

圖 3.17 比較以下二者：(a) 顯示最密堆積平面 (111) 的 FCC 晶體結構；(b) 顯示最密堆積平面 (0001) 的 HCP 晶體結構。

（資料來源：*W. G. Moffatt, G. W. Pearsall, and J. Wulff, The Structure and Properties of Materials, vol. l: "Structure," Wiley, 1964, p.51.*）

圖 3.18 原子平面堆積出 HCP 與 FCC 晶體結構。(a) 顯示 a 及 b 空隙的 A 平面；(b) B 平面被放在 A 平面的 a 空隙上；(c) 第三平面被放在 B 平面的 b 空隙上，產生了另一個 A 平面並形成了 HCP 晶體結構；(d) 第三平面被放在 B 平面的 a 空隙上，產生了一個新的 C 平面並形成了 FCC 晶體結構。

（資料來源：*P. Ander and A. J. Sonnessa, Principles of Chemistry, 1st ed., © 1965.*）

最密堆積結構，就可能形成兩種不同的最密堆積結構。一種可能是將第三層平面的原子放入 B 平面的 b 空隙，使得第三層平面的原子直接位於 A 平面原子的上方，形成另一個 A 平面（見圖 3.18c）。如果後續的平面都是如此處理，那麼此三維空間結構堆疊順序可寫為 $ABABAB\cdots\cdots$，形成圖 3.17b 顯示的 HCP 晶體結構。

第二種可能是將第三層原子放至如 B 平面的 a 空隙（見圖 3.18d）。由於第三層原子並非直接放在 A 平面或 B 平面原子的正上方，因此稱為 C 平面。此最密堆積結構之堆疊順序則為 $ABCABCABC\cdots\cdots$，形成圖 3.17a 顯示的 FCC 晶體結構。

3.8.2 體心立方晶體結構

BCC 結構並非最密堆積結構，因此並沒有像 FCC 的 {111} 面與 HCP 的 {0001} 面。BCC 結構中最密堆積的平面為 {110} 面族，其中的 (110) 面如圖 3.19b 所示。然而，BCC 結構的原子沿立方體對角線方向還是有最密堆積方向，也就是 ⟨111⟩ 方向。

3.9 計算單位晶胞中原子的體、面與線密度
Volume, Planar, and Linear Density Unit-Cell Calculations

3.9.1 體密度

用硬球原子模型來描繪金屬的晶體結構單位晶胞，以及使用由 X 光繞射所求出的原子半徑，金屬的**體密度**（volume density, ρ_v）可用下式求得：

$$\text{金屬的體密度} = \rho_v = \frac{\text{質量／單位晶胞}}{\text{體積／單位晶胞}} \quad (3.5)$$

例題 3.11 求得銅的密度為 8.98 Mg/m³（8.98 g/cm³）；手冊上的密度實驗值則為 8.96 Mg/m³（8.96 g/cm³）。後者之所以較低，主要可能是因為某些原子位置沒有原子、線缺陷與晶界不對等所致；第 4 章會有更詳細的討論。另一個可能原因則是原子並非完美球形。

3.9.2 面原子密度

我們有時會需要計算不同結晶面之原子密度。利用下式可計算**面原子密度**（planar atomic density, ρ_p）：

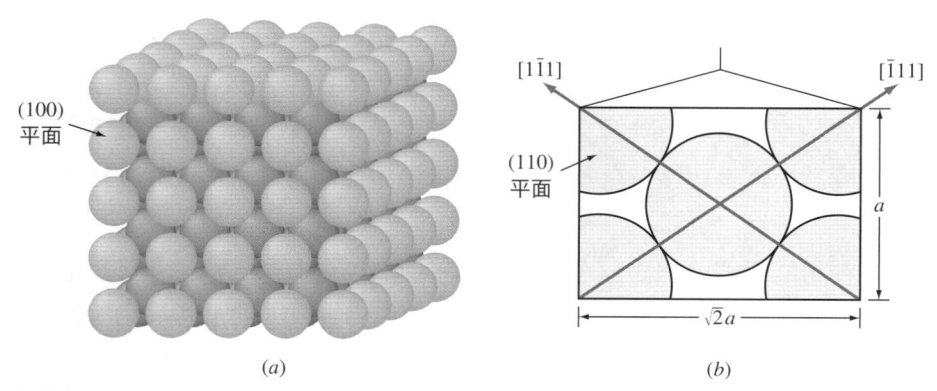

圖 3.19 BCC 晶體結構顯示：(a) (100) 平面；(b) (110) 平面剖面圖。值得注意的是此並非最密堆積結構，而是立方對角方向有最密堆積方向。

（資料來源：*W. G. Moffatt, G. W. Pearsall, and J. Wulff, The Structure and Properties of Materials, vol. l: "Structure," Wiley, 1964, p.51.*）

例題 3.11

銅為 FCC 的晶體結構，其原子半徑為 0.1278 nm。假定原子為硬球，並沿著 FCC 單位晶胞的面對角線相互接觸，如圖 3.7 所示。計算銅的密度理論值（單位為 Mg/m^3）。銅的原子質量為 63.54 g/mol。

解

對 FCC 單位晶胞來說，$\sqrt{2}a = 4R$，其中 a 是單位晶胞的晶格常數，R 為銅原子的原子半徑。因此，

$$a = \frac{4R}{\sqrt{2}} = \frac{(4)(0.1278 \text{ nm})}{\sqrt{2}} = 0.361 \text{ nm}$$

$$\text{銅的體密度} = \rho_v = \frac{\text{質量／單位晶胞}}{\text{體積／單位晶胞}} \quad (3.5)$$

在 FCC 單位晶胞中，每個單位晶胞有 4 個原子，每個銅原子的質量是 $(63.54 \text{ g/mol})/(6.02 \times 10^{23} \text{ atoms/mol})$，因此 FCC 單位晶胞中銅原子的總質量 m 為

$$m = \frac{(4 \text{ atoms})(63.54 \text{ g/mol})}{6.02 \times 10^{23} \text{ atoms/mol}} \left(\frac{10^{-6} \text{ Mg}}{\text{g}}\right) = 4.22 \times 10^{-28} \text{ Mg}$$

銅單位晶胞的體積 V 為

$$V = a^3 = \left(0.361 \text{ nm} \times \frac{10^{-9} \text{ m}}{\text{nm}}\right)^3 = 4.70 \times 10^{-29} \text{ m}^3$$

所以銅的密度為

$$\rho_v = \frac{m}{V} = \frac{4.22 \times 10^{-28} \text{ Mg}}{4.70 \times 10^{-29} \text{ m}^3} = 8.98 \text{ Mg/m}^3 \quad (8.98 \text{ g/cm}^3) \blacktriangleleft$$

$$\text{面原子密度} = \rho_p = \frac{\text{原子中心在特定區域上原子的等效數量}}{\text{特定區域面積}} \quad (3.6)$$

為了方便起見，這些計算通常用的是與單位晶胞交叉的晶面面積，像是圖 3.20 顯示的 BCC 單位晶胞的 (110) 面。晶面必須穿過原子的中心才能納入計算。例題 3.12 中的 (110) 面與 5 個原子中心相交，但能納入計算的只有 2 個等效的原子，因為單位晶胞的 4 個角只各有 $\frac{1}{4}$ 原子可算在內。

圖 3.20 (a) 顯示出以陰影表示 (110) 面的 BCC 原子位置單位晶胞；(b) BCC 單位晶胞中被 (110) 面切出的原子面積。

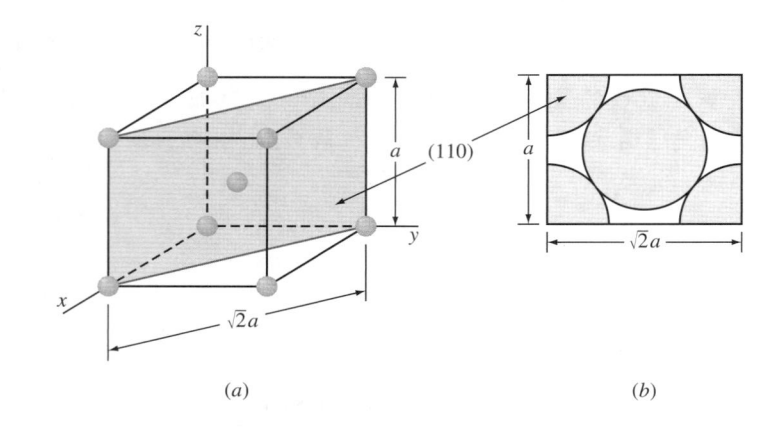

(a) *(b)*

例題 3.12

計算 α 鐵 BCC 晶格在 (110) 面的面原子密度 ρ_p（單位為 atoms/mm^2）。α 鐵的晶格常數是 0.287 nm。

解

$$\rho_p = \frac{\text{原子中心在特定區域上原子的等效數量}}{\text{特定區域面積}} \quad (3.6)$$

如圖 3.20 所示，BCC 單位晶胞中在 (110) 面上的等效原子數為

$$1\,\text{中心原子} + 4 \times \tfrac{1}{4}\,\text{角落原子} = 2\,\text{原子}$$

此單位晶胞中 (110) 面的面積（即特定區域面積）為

$$(\sqrt{2}a)(a) = \sqrt{2}a^2$$

所以面原子密度為

$$\rho_p = \frac{2\,\text{atoms}}{\sqrt{2}(0.287\,\text{nm})^2} = \frac{17.2\,\text{atoms}}{\text{nm}^2}$$

$$= \frac{17.2\,\text{atoms}}{\text{nm}^2} \times \frac{10^{12}\,\text{nm}^2}{\text{mm}^2}$$

$$= 1.72 \times 10^{13}\,\text{atoms/mm}^2 \blacktriangleleft$$

3.9.3 線原子密度

我們有時會需要計算晶體結構中不同方向的原子密度。下式可求得**線原子密度**（**linear atomic density, ρ_l**）：

$$\text{線原子密度} = \rho_l = \frac{\text{原子直徑在特定直線上原子的等效數量}}{\text{特定直線長度}} \quad (3.7)$$

例題 3.13 說明如何求得純銅晶格在 [110] 方向的線原子密度。

例題 3.13

計算銅晶格在 [110] 方向的線原子密度 ρ_l（單位為 atoms/mm²）。銅是 FCC 晶體結構，晶格常數是 0.361 nm。

解

如圖 EP3.13 所示中心在 [110] 方向上的所有原子。選定特定直線為 FCC 單位晶胞的面對角線，長度為 $\sqrt{2}a$，則原子直徑位於該特定直線的原子數目為 $\frac{1}{2}+1+\frac{1}{2}=2$ 個。因此利用式（3.7）即可求得線原子密度如下

$$\rho_l = \frac{2 \text{ atoms}}{\sqrt{2}a} = \frac{2 \text{ atoms}}{\sqrt{2}(0.361 \text{ nm})} = \frac{3.92 \text{ atoms}}{\text{nm}}$$

$$= \frac{3.92 \text{ atoms}}{\text{nm}} \times \frac{10^6 \text{ nm}}{\text{mm}}$$

$$= 3.92 \times 10^6 \text{ atoms/mm} \blacktriangleleft$$

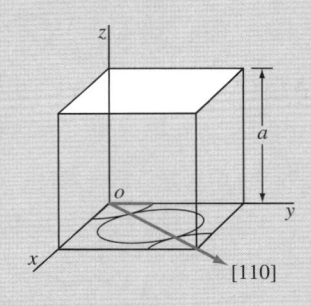

圖 EP3.13 用以計算 FCC 單位晶胞在 [110] 方向上線原子密度的圖。

3.10 晶體結構分析
Crystal Structure Analysis

我們目前對於晶體結構的知識主要是歸功於 X 光繞射分析技術，使用波長與晶格間距相等的 X 光。

3.10.1　X 光繞射

由於有些 X 光波長與結晶質固體的結晶面間距差不多，當 X 光射入結晶質固體時，即可產生不同強度的增強繞射峰。不過，在討論 X 光繞射技術在晶體結構分析方面的應用前，我們先來看看產生 X 光繞射或增強光束所需要的幾何條件。

圖 3.21 顯示一個單色（單一波長）的 X 射線入射到晶體中。為了簡化，我們將原子散射中心的結晶面用像鏡子般可以反射的結晶面取代。在圖 3.21 中，水平線表示一組米勒指數為 (hkl) 的平行結晶面。當波長為 λ 的單色 X 射線以

某個角度射入這一組平行結晶面，使得產生的反射光相位不同相位，就不會產生增強光束（見圖 3.21a）。這時會發生破壞性干涉（destructive interference）。若所產生的反射光束相位同相的話，則會產生增強光束，導致建設性干涉（constructive interference）（見圖 3.21b）。

我們現在來看圖 3.21c 的入射 X 光射線 1 與 2。若要讓這兩道 X 光同相位，射線 2 需要多走的距離為 $MP + PN$，且 $MP + PN$ 必須為波長 λ 的整數倍數。因此

$$n\lambda = MP + PN \tag{3.8}$$

其中的 $n = 1, 2, 3, \ldots\ldots$，為繞射階數（order of the diffraction）。由於 MP 與 PN 都等於 $d_{hkl} \sin \theta$，其中 d_{hkl} 是指數 (hkl) 晶面的平面間距，因此產生建設性干涉（亦即產生強放射繞射峰）的條件必須是

$$n\lambda = 2d_{hkl} \sin \theta \tag{3.9}$$

上式稱為布拉格定律〔Bragg's law，以英國物理學家布拉格（William Henry

圖 3.21 一結晶體 (hkl) 面上的 X 光束反射情形：(a) 任意入射角並無法產生反射光束；(b) 在布拉格角 θ，反射光束同相並且會增強；(c) 與 (b) 相似，除了波形以外。

（資料來源：*A. G. Guy and J. J. Hren, Elements of Physical Metallurgy, 3rd ed., Addison-Wesley, 1974, p. 201.*）

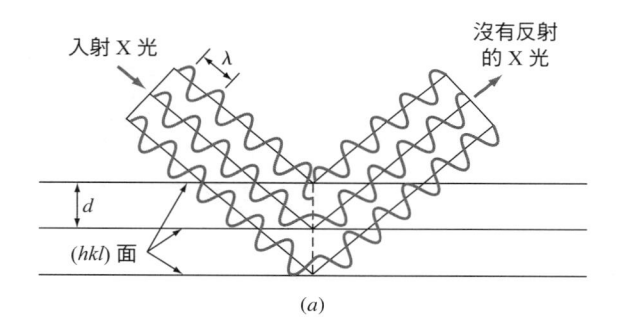

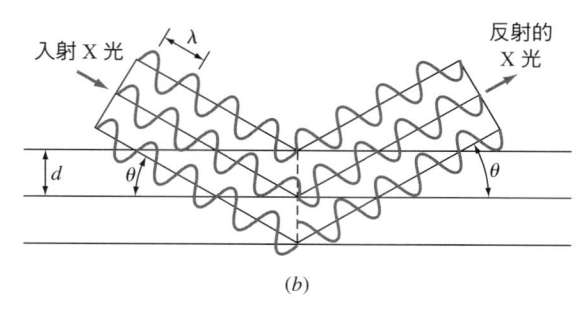

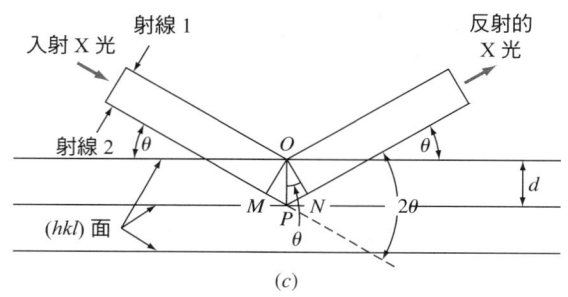

Bragg）命名），用入射 X 光的波長 λ 及晶面間距 d_{hkl} 來說明增強繞射光束入射角度。多數情況會使用一階繞射（$n=1$），而此時布拉格定律則成為

$$\lambda = 2d_{hkl} \sin \theta \tag{3.10}$$

例題 3.14

將 BCC 鐵樣本放在 X 光繞射儀內，使用的入射 X 光束波長 $\lambda = 0.1541$ nm。從 {110} 面得到的繞射角 $2\theta = 44.704°$。計算 BCC 鐵的晶格常數 a 是多少（假設為第一階繞射，$n=1$）。

解

$$2\theta = 44.704° \quad \theta = 22.35°$$
$$\lambda = 2d_{hkl} \sin \theta \tag{3.10}$$
$$d_{110} = \frac{\lambda}{2 \sin \theta} = \frac{0.1541 \text{ nm}}{2(\sin 22.35°)}$$
$$= \frac{0.1541 \text{ nm}}{2(0.3803)} = 0.2026 \text{ nm}$$

由式（3.4）可得

$$a = d_{hkl}\sqrt{h^2 + k^2 + l^2}$$

所以

$$a(\text{Fe}) = d_{110}\sqrt{1^2 + 1^2 + 0^2}$$
$$= (0.2026 \text{ nm})(1.414) = 0.287 \text{ nm} \blacktriangleleft$$

3.10.2 晶體結構的 X 光繞射分析

X 光繞射分析粉末法　最常用的 X 光繞射技術為粉末法（powder method），其中會使用粉末狀樣本，使得許多晶體為隨機排列，以確保一些顆粒會朝向 X 射線光束，滿足布拉格繞射定律的條件。現代的 X 光晶體分析使用 X 光繞射儀中的輻射計數器來偵測繞射光束的角度與強度（見圖 3.22）。計數器隨著測角器轉圈的同時（見圖 3.23），繞射光束的強度會被記錄下來。圖 3.24 為一個純金屬粉末樣本的 X 光繞射圖，顯示繞射光束強度對繞射角 2θ 的變化。如此可同時記錄繞射光束的角度與強度。有時候，繞射儀可用封閉底片粉末照相機所取代，但它較慢，也比較不方便。

立方單位晶胞的繞射條件　X 光繞射技術可用以測定結晶質固體的結構。大部分結晶物質的 X 光繞射資訊很難詮釋且複雜，已超出本書範圍；本書只會討論純立方金屬的簡單繞射。立方單位晶胞的 X 光繞射資訊分析可以將式（3.4）及布拉格定律 $\lambda = 2d \sin \theta$ 合併簡化如下：

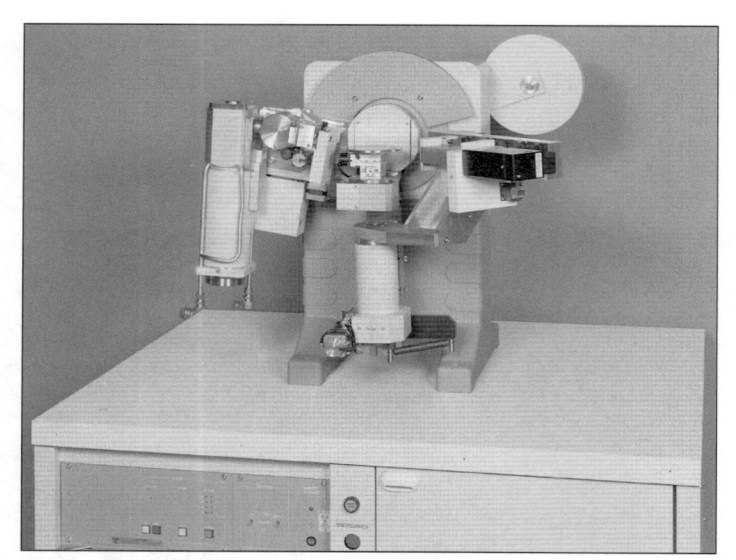

圖 3.22 X 光繞射儀（X 光防護罩已移除）。
（資料來源：*Rigaku.*）

$$\lambda = \frac{2a \sin \theta}{\sqrt{h^2 + k^2 + l^2}} \quad (3.11)$$

此方程式可以用 X 光繞射數據來判斷立方晶體結構為體心立方或面心立方。以下將詳細說明此法。

首先，我們必須知道每一種晶體結構中的哪些結晶面是繞射面。就簡單立方晶格而言，反射可能來自所有 (*hkl*) 面。但 BCC 結構的繞射只會發生在米勒指數值加總 ($h + k + l$) 為偶數的平面（見表 3.5）。因此，BCC 晶體結構的主要繞射面為 {110}、{220}、{211} 等，如表 3.6 所列。而 FCC 晶體結構的主要繞射面為米勒指數全是偶

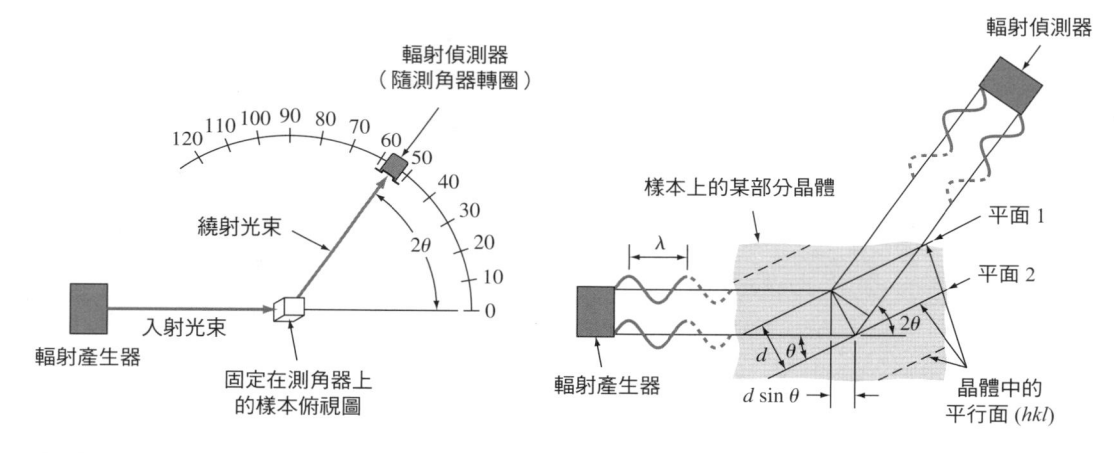

圖 3.23 圖示晶體分析的繞射方法及繞射時所需的條件。
（資料來源：*A. G. Guy, Essentials of Materials Science, McGraw-Hill, 1976.*）

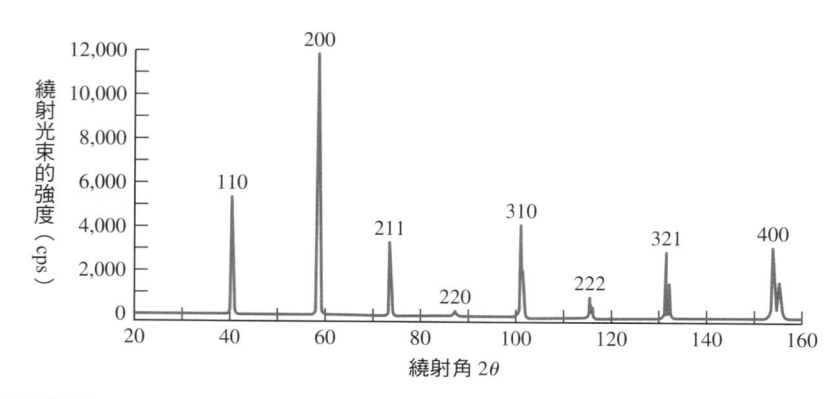

圖 3.24 使用銅輻射的繞射儀所得到的鎢樣本繞射角度記錄。
（資料來源：*A. G. Guy and J. J. Hren, Elements of Physical Metallurgy, 3rd ed., Addison-Wesley, 1974, p.208.*）

表 3.5 決定立方晶體繞射面 {hkl} 的規則

布拉菲晶格	產生反射	不產生反射
BCC	(h + k + l) = 偶數	(h + k + l) = 奇數
FCC	(h, k, l) 全是偶數或全是奇數	(h, k, l) 不全是偶數或不全是奇數

表 3.6 BCC 與 FCC 晶格繞射面的米勒指數

立方結晶面 {hkl}	$h^2 + k^2 + l^2$	總和 $\Sigma[h^2 + k^2 + l^2]$	立方繞射面 {hkl} FCC	BCC
{100}	$1^2 + 0^2 + 0^2$	1	...	...
{110}	$1^2 + 1^2 + 0^2$	2	...	110
{111}	$1^2 + 1^2 + 1^2$	3	111	...
{200}	$2^2 + 0^2 + 0^2$	4	200	200
{210}	$2^2 + 1^2 + 0^2$	5	...	...
{211}	$2^2 + 1^2 + 1^2$	6	...	211
...		7		
{220}	$2^2 + 2^2 + 0^2$	8	220	220
{221}	$2^2 + 2^2 + 1^2$	9	...	...
{310}	$3^2 + 1^2 + 0^2$	10	...	310

數或全是奇數的平面（0 為偶數）。因此，FCC 結構的繞射面為 {111}、{200}、{220} 等，如表 3.6 所列。

詮釋立方晶體結構金屬的 X 光繞射實驗數據 我們可用 X 光繞射儀的數據來判斷晶體結構，像是如何判斷立方金屬的 BCC 與 FCC 晶體結構。假設有一個晶體結構可能是 BCC 或 FCC 的金屬，而已知金屬的主要繞射面與相對應 2θ 角，如圖 3.24 的鎢。

求解式（3.11）中的 $\sin^2 \theta$，得到

$$\sin^2 \theta = \frac{\lambda^2 (h^2 + k^2 + l^2)}{4a^2} \tag{3.12}$$

由於入射光與晶格常數 a 均為常數，我們可以消去這些常數：

$$\frac{\sin^2 \theta_A}{\sin^2 \theta_B} = \frac{h_A^2 + k_A^2 + l_A^2}{h_B^2 + k_B^2 + l_B^2} \tag{3.13}$$

其中 θ_A 與 θ_B 分別為主要繞射面 $\{h_A k_A l_A\}$ 與 $\{h_B k_B l_B\}$ 之繞射角。

使用式（3.13）與表 3.6 中 BCC 與 FCC 晶體結構的前兩組主繞射面的米勒指數，我們可以求得 BCC 與 FCC 兩者的 $\sin^2 \theta$ 比值。

BCC 晶體結構的前兩組主繞射面分別為 {110} 與 {200}（表 3.6）。將這些米勒指數代入式（3.13）可得

$$\frac{\sin^2 \theta_A}{\sin^2 \theta_B} = \frac{1^2 + 1^2 + 0^2}{2^2 + 0^2 + 0^2} = 0.5 \tag{3.14}$$

因此，如果未知立方金屬之晶體結構為 BCC，則其前兩組繞射面的 $\sin^2\theta$ 比率是 0.5。

FCC 晶體結構的前兩組主繞射面分別為 {111} 與 {200}（表 3.6）。將這些米勒指數代入式（3.13）可得

$$\frac{\sin^2\theta_A}{\sin^2\theta_B} = \frac{1^2 + 1^2 + 1^2}{2^2 + 0^2 + 0^2} = 0.75 \tag{3.15}$$

因此，如果未知立方金屬之晶體結構為 FCC，則其前兩組繞射面之 $\sin^2\theta$ 比率是 0.75。

例題 3.15 使用式（3.13）與 X 光繞射實驗的 2θ 數據來判定未知立方金屬是 BCC 或 FCC 結構。X 光繞射分析一般都會複雜許多，但使用的是相同原則。材料晶體結構的判定會持續地同時使用實驗及理論的 X 光繞射分析。

例題 3.15

某晶體結構為 BCC 或 FCC 的元素，其 X 光繞射圖顯示繞射頂峰的 2θ 角為 40、58、73、86.8、100.4 及 114.7。使用的入射 X 光波長為 0.154 nm。

a. 求此元素的晶體結構。
b. 求此元素的晶格常數。
c. 辨別此為何元素。

解

a. 求此元素的晶體結構。先從 2θ 繞射角來計算 $\sin^2\theta$ 值。

2θ(deg)	θ(deg)	$\sin\theta$	$\sin^2\theta$
40	20	0.3420	0.1170
58	29	0.4848	0.2350
73	36.5	0.5948	0.3538
86.8	43.4	0.6871	0.4721
100.4	50.2	0.7683	0.5903
114.7	57.35	0.8420	0.7090

接著算出第一和第二個 2θ 的 $\sin^2\theta$ 比率：

$$\frac{\sin^2\theta}{\sin^2\theta} = \frac{0.117}{0.235} = 0.498 \approx 0.5$$

由於其比率約為 0.5，晶體結構是 BCC。若比率約為 0.75，則晶體結構是 FCC。

b. 求此元素的晶格常數。將式（3.12）改寫並 a^2：

$$a^2 = \frac{\lambda^2}{4} \frac{h^2 + k^2 + l^2}{\sin^2\theta} \tag{3.16}$$

或

$$a = \frac{\lambda}{2}\sqrt{\frac{h^2+k^2+l^2}{\sin^2\theta}} \quad (3.17)$$

將 BCC 晶體結構第一組主要繞射面之米勒指數 $h=1$、$k=1$、$l=1$ 代入式（3.17），所對應的 $\sin^2\theta$ 值是 0.117，波長是 0.154 nm，如此可得

$$a = \frac{0.154\ \text{nm}}{2}\sqrt{\frac{1^2+1^2+0^2}{0.117}} = 0.318\ \text{nm} \blacktriangleleft$$

c. 辨識出此元素為何。元素為鎢元素，因為其晶格常數為 0.318 nm，而且晶體結構為 BCC。

3.11 非晶材料

Amorphous Materials

前面已提及，有些材料缺乏長程有序的原子結構，被稱為非晶質或非晶態。要注意的是，一般而言，材料會傾向達到結晶狀態，才會最穩定，也才有最低能量。不過，非晶材料中的原子是以無序方式鍵結，因為有些原因會阻礙它們形成週期性的排列。因此，不像結晶質固體中的原子會占據特定位置，非晶材料中的原子會隨機占據空間位置。圖 3.25 列出不同程度的有序（或無序）。

大部分的聚合物、玻璃和某些金屬皆屬於非晶材料。聚合物分子間的次級鍵不允許在固化過程中形成平行且緊密堆積的長鏈。因此，像是聚氯乙烯的聚合物是既長又扭曲的分子鏈所組成，形成非晶質構造固體，如圖 3.25c 所示。某些像是聚乙烯的聚合物分子在材料的某些區塊可較有效的緊密堆積，形成較高的區塊性長程有序。因此，這些聚合物通常會被歸為**半晶質**（**semicrystalline**）。第 10 章會就此做更進一步的探討。

由氧化矽（SiO_2）組成的無機玻璃一般是歸類為陶瓷材料（陶瓷玻璃），也是一種非晶質結構材料。這種玻璃中分子的基礎次單位是四面體的 SiO_4^{4-}。這種玻璃的理想晶體結構如圖 3.25a 所示。圖中顯示矽－氧四面體角對角連接，形成長程有序。在黏稠液體狀態下，分子的活動力有限，一般會結晶得很慢。因此，較溫和的冷卻速度能抑制晶體結構的形成，使得四面體的各角會形成一個缺乏長程有序的網絡（見圖 3.25b）。

除了聚合物及玻璃外，有些金屬在嚴格，且通常很難達成的條件下，也能形成非晶材料。由於金屬在熔融狀態下的建構單位既小，活動性也高，因此很難阻止它結晶。不過組合成分中有高比率半金屬的合金，像是 78% 鐵 — 9% 矽 — 13% 硼，矽和硼可能會因冷卻速度超過 10^8°C/s 而形成**金屬玻璃**（**metallic glass**）在冷卻速度如此高的狀況下，原子根本沒有足夠時間形成晶質結構，而

圖 3.25 圖示各種材料中不同程度的排序：(a) 長程有序的結晶矽；(b) 無長程有序的矽玻璃；(c) 聚合物的非晶質構造。

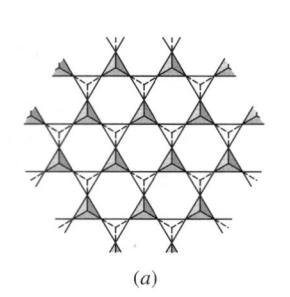

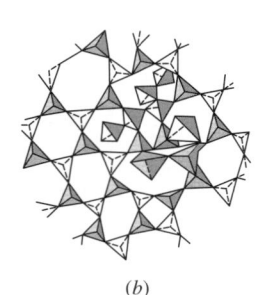

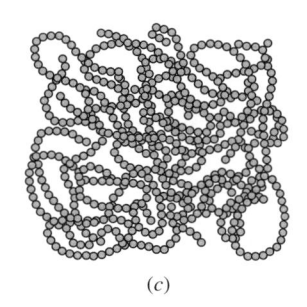

(a)　　　　(b)　　　　(c)

只能形成非晶材料金屬。換句話說，這些原子的排列有高度不規則性。

由於結構特殊，非晶材料有些優於一般的特性。例如，和自己的結晶相比，金屬玻璃的強度較高、腐蝕特性及磁特性也更佳。最後必須注意的是，在用 X 光繞射技術分析時，非晶材料不會顯示尖銳繞射峰模式，因為其原子結構缺乏秩序和週期。我們在後面會說明材料結構對其特性會造成哪些影響。

3.12　名詞解釋　*Definitions*

3.1 節

空間晶格（space lattice）：三維空間內的點陣，每一點的周遭環境完全相同。

晶體（crystal）：由原子、離子或分子在三維空間重複規則排列組合的固體。

晶體結構（crystal structure）：原子或離子的規則三維空間排列。

晶格點（lattice point）：點陣中的一點，所有點的周遭環境完全相同。

單位晶胞（unit cell）：空間晶格內重複排列的最小單位。軸長與軸間夾角為單位晶胞的晶格常數。

基本單元（motif）：根據彼此所組織的一組原子或（基底），與相對應的晶格點有關。

3.3 節

體心立方單位晶胞（body-centered cubic (BCC) unit cell）：原子排列方式是在虛擬立方中，有一中心原子及 8 個位於各角的原子的單位晶胞。

面心立方單位晶胞（face-centered cubic (FCC) unit cell）：原子排列方式是 12 個原子圍繞一中心原子的單位晶胞。FCC 晶體結構最密堆積平面的堆疊順序為 *ABCABC*……。

六方最密堆積單位晶胞（hexagonal close-packed (HCP) unit cell）：原子排列方式是 12 個原子圍繞一中心原子的單位晶胞。HCP 晶體結構最密堆積平面的堆疊順序為 *ABABAB*……。

原子堆積因子（atomic packing factor, APF）：單位晶胞內原子所占體積除以單位晶胞的總體積。

3.5 節

立方晶體的方向指數（indices of direction in a cubic crystal）：立方單位晶胞內的方向是以原點至單位晶胞表面端點的向量來表示；向量位置坐標 (*x*, *y*, *z*) 整式化後即為此方向的方向指數，可寫為 [*uvw*]。指數上方有一橫槓代表負值。

3.6 節

立方結晶面的米勒指數（indices for cubic crystal planes, Miller indices）：結晶面和 x、y、z 軸相交截距倒數的整式化結果稱為結晶面的米勒指數，可以 (hkl) 來表示。必須注意所選擇的結晶面不能通過原點。

3.9 節

體密度（volume density, ρ_v）：單位體積的質量，常用 Mg/m^3 或 g/cm^3 為單位。

面原子密度（planar atomic density, ρ_p）：中心與某特定區域交叉的原子之等效原子數除以該特定區域面積。

線原子密度（linear atomic density, ρ_l）：在單位晶胞中，中心位於特定方向的直線上之原子的原子數。

3.11 節

半晶質（semicrystalline）：材料的晶體結構區塊分散在周圍非晶區域，例如某些聚合物。

金屬玻璃（metallic glass）：含非晶原子結構的金屬。

3.13 習題 *Problems*

知識及理解性問題

3.1 針對 FCC 單位晶胞，(a) 單位晶胞內有幾個原子？ (b) 其原子配位數是多少？ (c) FCC 單位晶胞的邊長 a 和原子半徑之間的關係為何？ (d) 原子堆積因子為何？

3.2 列出 FCC 單位晶胞的 8 個角落原子及 6 個面心原子的位置。

3.3 以下結構的最密堆積方向為何？ (a) BCC 結構； (b) FCC 結構； (c) HCP 結構。

應用及分析問題

3.4 鉬在 20°C 時為 BCC 結構，且其原子半徑為 0.140 nm。計算其晶格常數 a（單位為 nm）。

3.5 計算鈦晶體結構單位晶胞（使用較大的晶胞）的體積（以 nm^3 為單位）。鈦在 20°C 時的晶體結構為 HCP，a = 0.29504 nm，c = 0.46833 nm。

3.6 立方單位晶胞的 (111) 平面包含哪些 $\langle 111 \rangle$ 方向？

3.7 計算通過以下三點的結晶面米勒指數：$(\frac{1}{2}, 0, \frac{1}{2})$、$(0, 0, 1)$、$(1, 1, 1)$。

3.8 銠（rodium）為 FCC 晶體結構，晶格常數 a 為 0.38044 nm，計算以下各結晶面間距：

(a) d_{111}； (b) d_{200}； (c) d_{220}

3.9 某 FCC 金屬的 d_{422} 平面間距之值為 0.083397 nm，計算：(a) 晶格常數 a；(b) 原子半徑；(c) 這可能是何金屬？

3.10 已知 FCC 鉑的晶格常數 a 為 0.39239 nm，原子質量為 195.09 g/mol，計算其密度為多少（以 g/cm^3 為單位）。

3.11 計算 FCC 金在以下結晶面的面原子密度（atoms/mm^2），晶格常數為 0.40788 nm：

(a) (100)

(b) (110)

(c) (111)

3.12 計算 HCP 鈹在 (0001) 結晶面的面原子密度（以 aloms/mm² 為單位），其晶格常數 a = 0.22856 nm，c = 0.35832 nm。

3.13 計算 FCC 銥在以下方向的線原子密度（以 atoms/mm 為單位），其晶格常數為 0.38389 nm：

(a) [100]

(b) [110]

(c) [111]

3.14 某晶體結構為 BCC 或 FCC 的元素，其 X 光繞射圖顯示繞射頂峰的 2θ 角為 41.069°、47.782°、69.879°、84.396°。X 光波長為 0.15405 nm。

(a) 計算元素的晶體結構。

(b) 計算元素的晶格常數。

(c) 辨別此為何元素。

綜合及評價問題

3.15 你認為鈦和銀是否具有相同的：(a) 原子堆積因子；(b) 單位晶胞體積；(c) 每單位晶胞所含的原子數量；(d) 配位數？證明你的答案。

3.16 假設 HCP 金屬晶胞（較大晶胞）的體積是 0.01060 nm³，c/a 比率是 1.587，求：(a) c 值和 a 值；(b) 原子的半徑 R；(c) 如果你被告知此金屬為鈦，你會驚訝嗎？你如何解釋這種不一致？

3.17 碘化銫的結構與圖 2.18a 類似。求：(a) 堆積因子；(b) 比較此堆積因子與 BCC 金屬的堆積因子。若有差異，解釋原因為何。

3.18 解釋為什麼有些金屬合金經過超快速冷卻後會產生金屬玻璃。

固化與結晶缺陷

Solidification and Crystalline Imperfections

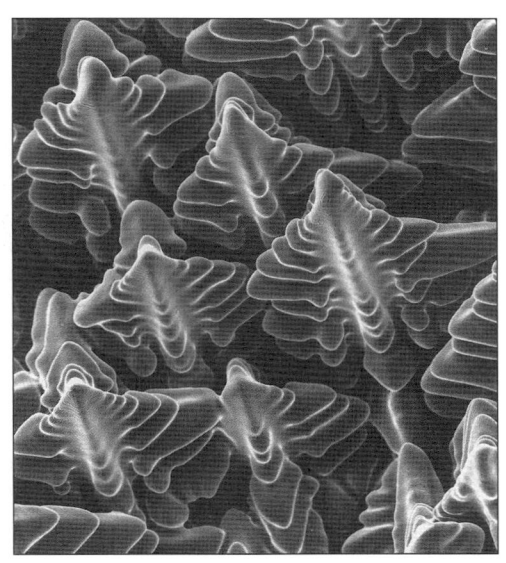

（資料來源：*Stan David and Lynn Boatner, Oak Ridge National Library.*）

當熔融合金被澆鑄入模具時，合金會先從模具的壁面開始固化，而且會在一個溫度範圍內逐漸發生，不是只在某個特定的溫度。在此溫度範圍內時，合金呈現漿糊的型態，是由固態、像是樹一樣的樹狀晶結構與液態金屬組成。冷卻速率會決定樹狀晶的尺寸和形狀。液態金屬存在於這種三維樹枝狀結構間，然後最終會固化，形成我們稱之為晶粒結構的完整固體結構。樹狀晶會影響組成變化、多孔性和偏析，所以會影響到鑄造金屬的特性，因此要詳細研究。上圖顯示鎳基超合金在固化過程中所形成的樹狀晶「森林」組織。[1]

---

[1] http://mgnews.msfc.nasa.gov/IDGE/IDGE.html.

4.1 金屬的固化
Solidification of Metals

由於多數金屬都是先被熔化成液體,再鑄造為半成品或成品,因此金屬和合金的固化是很重要的工業製程。圖 4.1 顯示一個大型的半連續製造鋁合金鑄錠,會繼續被製成鋁合金板狀產品,說明了金屬鑄造(固化)過程可能有的大規模。

一般來說,金屬或合金的固化可分成以下步驟:

1. 在熔化物中形成穩定的**核**(**nucleus**)(成核作用)(見圖 4.2a)。
2. 核成長為晶體(見圖 4.2b),形成了晶粒結構(見圖 4.2c)。

圖 4.3 顯示鈦合金固化時所形成的一些實際晶粒。金屬固化後的晶粒形貌會受很多因素影響,其中,熱梯度(thermal gradient)相當重要。圖 4.3 顯示的晶粒結構為等軸(equiaxed),因為它在各方面的生長都相同。

4.1.1 液態金屬中穩定核的形成

固體顆粒在液態金屬中成核有兩個主要機制:均質成核與異質成核。

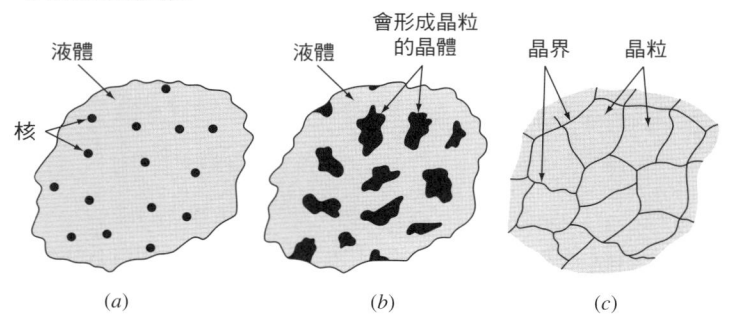

圖 4.1 大型的半連續製造鋁合金鑄錠被移出,隨後會將鑄錠進行熱軋與冷軋處理成板或片。
(資料來源:*Reynolds Metals Co.*)

圖 4.2 金屬固化的步驟:(a) 形成核;(b) 核成長為晶體;(c) 晶體結合後形成晶粒與晶界。注意到晶粒方位的排列是隨機的。

圖 4.3 電弧鑄造鈦合金鑄錠在鎚擊下形成的晶粒群。此晶粒群仍保有原先鑄造結構中個別晶粒的真正鍵結面(放大倍率 $\frac{1}{6}\times$)。
(資料來源:*W. Rostoker and J. R. Dvorak, "Interpretation of Metallographic Structures," Academic, 1965, p.7.*)

均質成核 均質成核（homogeneous nucleation）是最簡單的成核方式。當金屬本身能夠提供形成核的原子時，均質成核就會在液態熔化物中發生。我們先看純金屬。當純的液態金屬冷卻到平衡凝固點下的相當程度後，原子會緩慢移動，鍵結成許多均質核。均質成核通常需要相當的過冷度，對於某些金屬來說，甚至須過冷到攝氏幾百度（見表 4.1）。核要能穩定形成晶體，必須先達到臨界尺寸（critical size）。一群比臨界尺寸小的原子鍵結在一起的團簇（cluster）稱為**胚**（embryo）；尺寸大於臨界尺寸的團簇則稱為核。由於胚不穩定，所以在熔融金屬中原子受激發的情況下，會不斷形成與再熔解。

均質成核所需能量 在固化純金屬的均質成核過程中有兩種能量轉變：(1) 液態轉固態時所釋放的體積自由能（volume free energy）；(2) 固化顆粒形成新的固體表面時所需的表面能（surface energy）。當純液態金屬（例如鉛）冷卻到平衡凝固點以下，從液態轉為固態時所需要的驅動能是液態與固態體積自由能的差異 ΔG_v。若 ΔG_v 代表單位體積金屬的體積自由能差值，則半徑為 r 的球形核的自由能差為 $\frac{4}{3}\pi r^3 \Delta G_v$。體積自由能與半徑間的關係顯示如圖 4.4 中下方曲線；由於由液態轉固態為放熱，因此曲線為負值。

表 4.1 某些金屬的凝固點、熔解熱、表面能與最大過冷度

金屬	凝固點 °C	凝固點 K	熔解熱 (J/cm³)	表面能 (J/cm²)	最大過冷度 (ΔT[°C])
Pb	327	600	280	33.3 × 10⁻⁷	80
Al	660	933	1066	93 × 10⁻⁷	130
Ag	962	1235	1097	126 × 10⁻⁷	227
Cu	1083	1356	1826	177 × 10⁻⁷	236
Ni	1453	1726	2660	255 × 10⁻⁷	319
Fe	1535	1808	2098	204 × 10⁻⁷	295
Pt	1772	2045	2160	240 × 10⁻⁷	332

資料來源：B. Chalmers, "Solidification of Metals," Wiley, 1964.

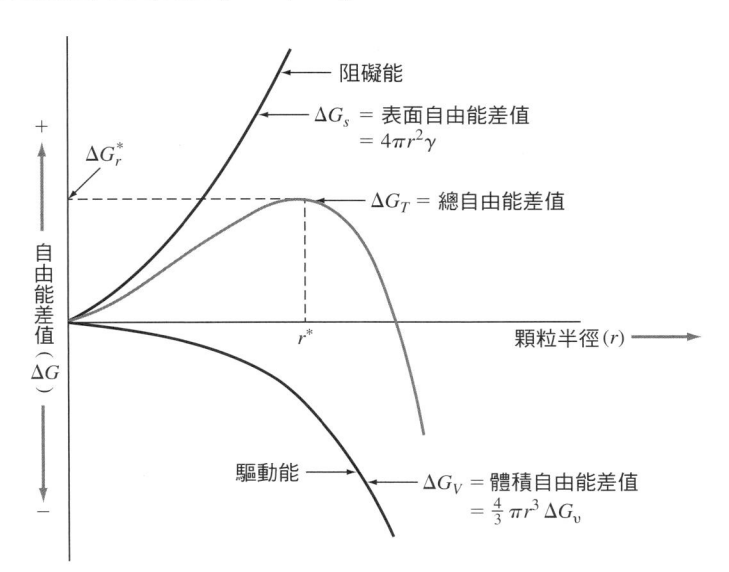

圖 4.4 一純金屬固化產生的自由能差值 ΔG 和胚或核半徑的關係圖。若顆粒的半徑大於 r^*，則穩定的核會繼續成長。

圖中標註：
- 阻礙能
- ΔG_s = 表面自由能差值 = $4\pi r^2 \gamma$
- ΔG_r^*
- ΔG_T = 總自由能差值
- 顆粒半徑 (r)
- 自由能差值 (ΔG)
- 驅動能
- ΔG_V = 體積自由能差值 = $\frac{4}{3}\pi r^3 \Delta G_v$
- r^*

然而，胚與核的形成會面對一個對抗能，就是形成顆粒表面所需要的能量 ΔG_S，相當於顆粒表面自由能（specific surface free energy，γ）乘以球面積，或 $4\pi r^2 \gamma$。圖 4.4 上方的曲線為 ΔG_S，為正值。形成胚或核的總自由能為體積與表面自由能的和，顯示如圖 4.4 中央的曲線，可用以下方程式表示：

$$\Delta G_T = \tfrac{4}{3}\pi r^3 \Delta G_v + 4\pi r^2 \gamma \tag{4.1}$$

在自然界中，系統能夠自發性由高能量轉為低能量的狀態。純金屬在冷凍的過程中，若所形成的固態顆粒半徑小於**臨界半徑（critical radius）**r^*，當它再度熔融時，系統能量會降低。因此，這些小胚群會在液態金屬中再次熔融。不過，若顆粒半徑大於 r^*，當顆粒（核）生長或是轉變成為晶體（見圖 4.2b）時，系統能量才會降低。半徑到達臨界半徑 r^*，ΔG_T 為最大值。

將式（4.1）積分，可得固化純液態金屬臨界半徑大小、體積自由能與表面自由能間的關係。$r = r^*$ 時，ΔG_T 的積分為零，也就是曲線中的最高點。因此

$$\frac{d(\Delta G_T)}{dr} = \frac{d}{dr}\left(\frac{4}{3}\pi r^3 \Delta G_v + 4\pi r^2 \gamma\right)$$

$$\frac{12}{3}\pi r^{*2} \Delta G_V + 8\pi r^* \gamma = 0 \tag{4.1a}$$

$$r^* = -\frac{2\gamma}{\Delta G_v}$$

異質成核 異質成核（heterogeneous nucleation）是液體在容器、不溶解雜質及其他會降低形成穩定和所需臨界自由能的結構材料表面上發生的成核。由於工業鑄造作業過程中不會發生大量的過冷現象，而且過冷的溫度範圍通常會在 0.1°C 至 10°C 之間，成核一定是異質而不是均質。

要讓異質成核發生，固態成核媒介物（不溶解雜質或容器）必須先被液態金屬潤濕，而且液態金屬應該能輕易地在成核媒介物上固化。圖 4.5 顯示一個被固化中金屬液體潤濕的成核媒介物（基材），在固態金屬與成核媒介物之間形成一個低的接觸角 θ。異質成核會發生在成核媒介物上的原因是，在此媒介物

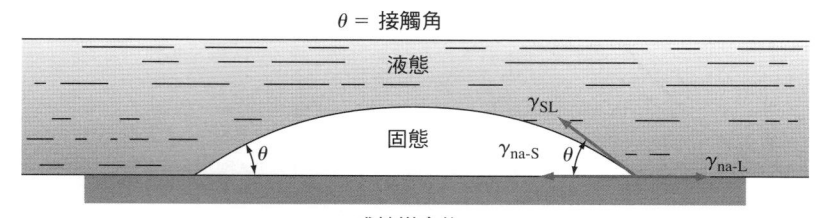

圖 4.5 成核媒介物的異質成核作用。na 表示成核媒介物，SL 表示固態－液態，S 表示固態，L 表示液態；θ 表示接觸角。

（資料來源：*J. H. Brophy, R. M.Rose, and J. Wulff, Structure and Properties of Materials, vol. II: 'Thermodynamics of Structure,'* Wiley, 1964, p. 105.）

上形成穩定核之表面能比在純液體上（均質成核）要低，這也導致形成穩定核所需之總自由能差異會較低一些，核的臨界尺寸也會較小。因此，異質成核形成穩定核所需的過冷度數值會小許多。

4.1.2 液態金屬中晶體的生長與晶粒構造的形成

當固化中金屬內形成了穩定的核之後，這些核便會長成為晶體，如圖 4.2b 所示。在每一個固化中的晶體內，原子基本上為規則排列，但每個晶體的方向不同（見圖 4.2b）。當金屬終於固化完成後，晶體會在不同方向結合，形成晶體邊界；原子排列的方向會在邊界幾個原子的距離處發生改變。包含許多結晶的固化後金屬稱為多晶體（polycrystalline），其中的結晶稱為**晶粒（grain）**，而晶粒間的表面稱為晶界（grain boundary）。

冷凍金屬中成核位置數量會影響所產生的固體金屬中的晶粒結構。如果在固化過程中，成核位置的數量相對少，形成的晶粒結構會較粗或較大；反之，也就是成核的位置數量相對變多的話，會形成微細晶粒構造（fine-grain structure）。所有的工程金屬和合金幾乎都使用微晶粒構造鑄模，因為所製造出來的成品強度及均勻性都令人滿意。

把相當高純度的液態金屬倒入一個靜止的模具裡，而且不添加任何晶粒細化劑（grain refiner）時，通常會產生兩種晶粒構造：

1. 等軸晶粒。
2. 柱狀晶粒。

若液態金屬的固化過程條件適宜，使晶體得以往各方向均衡生長，就會產生**等軸晶粒（equiaxed grain）**。等軸晶粒通常發生在比較冷的模壁邊，如圖 4.6 所示。模壁附近在固化過程中的過冷度大，會產生高度的核，也是產生等軸晶粒構造必要的先決條件。

柱狀晶粒（columnar grain）是一種既長且薄的粗晶粒，此種晶粒的出現是金屬在溫度梯度很陡的情況下進行緩慢固化時所產生的。在產生柱狀晶粒時，所需核的數量相對較少。等軸晶粒與柱狀晶粒顯示於圖 4.6a。請注意，在圖 4.6b 中的柱狀晶粒是沿垂直於模壁的方向成長，這是由於在此方向上有一較大的熱梯度之故。

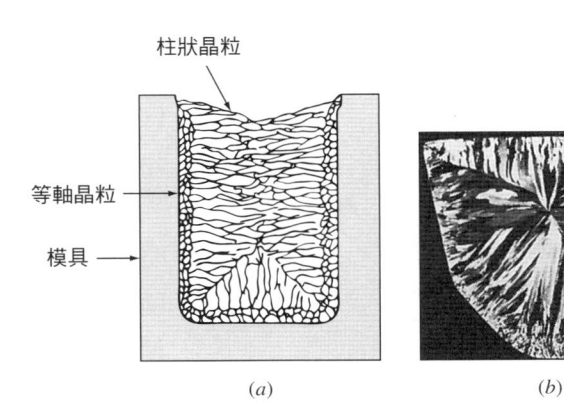

圖 4.6 (a) 使用冷模產生的固化金屬晶粒構造圖；(b) 使用 Properzi 法鑄造的 1100 鋁合金（99.0% Al）鑄錠的橫剖面。注意到所有的柱狀晶粒都會朝垂直於模壁的方向成長。

（資料來源：*"Metals Handbook" vol.8, 8th ed., American Society for Metals, 1973, p.164.*）

4.2 單晶的固化
Solidification of Single Crystals

幾乎所有的工程結晶材料皆是由許多晶體組成，因此是**多晶體**（**polycrystalline**）。不過，還是有少數材料只有單一晶體，因此稱為單晶體（single crystal）。例如，高溫抗潛變燃氣渦輪葉片有時是以單晶體製作，如圖 4.7c 所示。在高溫下，單晶渦輪葉片比用等軸晶粒結構（見圖 4.7a）或柱狀晶結構（見圖 4.7b）製作的渦輪葉片還要能抗潛變，因為當溫度高於金屬熔點一半時，晶界會變得比晶粒脆弱。

單晶體在生長時，必須只能在單核周圍發生固化，而沒有任何其他的晶體會成核與生長。因此，在固態及液態間的介面溫度必須略低於固態熔點，而且液態溫度要高於介面溫度。要達到此溫度梯度，固化中的晶體必須能傳導固化潛熱[2]。晶體成長的速率必須緩慢，好讓液態和固態間的介面溫度能稍低於固化中固體的熔點。

工業用單晶體的另一個例子是單晶矽，會被切成晶圓用於積體電路晶片（見圖 11.1）。單晶體的這種應用非常重要，因為晶界會阻礙半導體矽中電子的自由流動。8 到 12 吋的單晶矽晶圓早已應用於工業半導體元件的製作。最常用來製作高品質（最少缺陷）單晶矽的方法之一是柴氏法（Czochralski method）。高純度的多晶矽會先熔融於鈍性坩堝中，溫度會維持剛好在熔點上，然後具有特定方向的高純度矽晶種會一邊旋轉、一邊降入熔融液之中。此時，晶種的部分表面會在液體中熔化，以去除表面應變區域，同時產生一個可以讓液體固化的表面。接著，晶種會持續旋轉，然後緩慢地由熔融液中拉出。當晶種被拉出時，來自坩堝中的液體矽就會黏著並開始生長成直徑大出許多的矽單晶（見圖 4.8）。此製程可以製作出 12 吋的大單晶矽鑄錠。

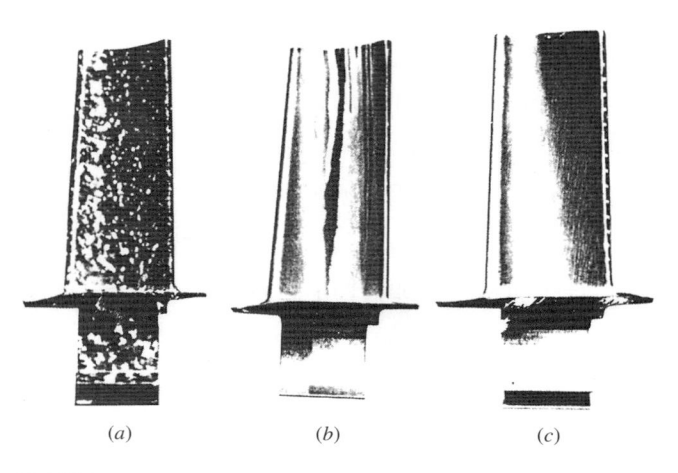

圖 4.7 燃氣渦輪葉片的不同晶粒構造：(a) 多晶等軸；(b) 多晶柱狀；(c) 單晶體。
（資料來源：*Pratt and Whitney Co.*）

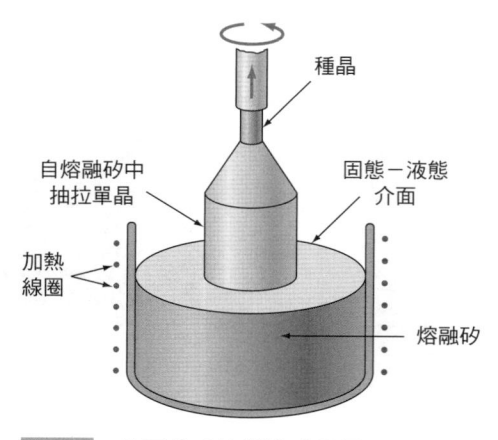

圖 4.8 使用柴氏法製造矽單晶。

---
[2] 固化潛熱是指金屬固化時所釋放出來的熱能。

4.3 金屬固溶體
Metallic Solid Solutions

雖然純金屬或是接近純金屬的使用非常少，還是有少數金屬會以接近純金屬的狀態被使用。例如，電線使用的是純度為 99.99% 的銅，因為其導電率極高；高純度的鋁（99.99%）（稱為超純度鋁）常用來作裝飾，因為它在加工後的表面非常光亮。不過，大部分的工程用金屬都會與其他金屬或非金屬結合，以獲得高強度、耐腐蝕或其他特性。

金屬合金（metal alloy）簡稱**合金**（**alloy**），是指兩種（含）以上的金屬或金屬與非金屬的混合物。合金的結構可以相當簡單（例如，彈殼黃銅為 70 wt% 銅和 30 wt% 鋅的二元合金），或是相當複雜（例如，噴射引擎零件使用的鎳基超合金 Inconel 718 含十種合金組合元素）。

最簡單的合金形式是**固溶體**（**solid solution**），由兩種（含）以上的元素組成，原子散布在單一晶相構造中。固溶體一般有兩種類型：置換型與間隙型。

4.3.1 置換型固溶體

置換型固溶體（**substitutional solid solution**）是以兩種元素組成，其中的溶質原子可以取代位於晶格的母溶劑原子。圖 4.9 顯示某 FCC 晶格的 (111) 面，一些溶質原子已取代了母元素的溶劑原子。母元素或溶劑的晶體結構並未改變，但是晶格可能會因加入溶質原子而被扭曲，尤其當溶質和溶劑原子的直徑差異很大時，扭曲會更明顯。

休姆－若塞瑞法則（Hume-Rothery rules）可提高某一個元素在另一個元素中的固溶度（solid solubility）：

1. 元素的原子直徑差異不可超過 15%。
2. 兩元素的晶體結構必須相同。
3. 兩元素的陰電性差距不可過大，以免形成化合物。
4. 兩元素的價數應該相同。

如果形成固溶體的兩元素原子直徑不同，晶格就會出現扭曲。由於原子晶格只能承受有限的壓縮或膨脹，原子直徑的差異也有限制，以確保固溶體仍可保持相同的晶體結構。若原子直徑差異超過 15%，則「尺寸因素」將不利於產生大規模的固溶度。若溶質和溶劑的原子都有相同的晶體結構，則較容易產生大的固溶度。若兩個元素在任何比例下都可以互溶，則兩者的晶體結構一定相同。

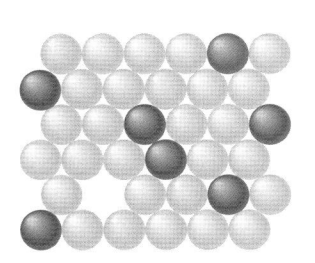

圖 4.9 置換型固溶體。深色和淺色的圓圈分別代表不同元素的原子。圖中的原子平面為某 FCC 晶格的 (111) 面。

例題 4.1

請根據下表的數據,預測以下元素在銅中的原子固溶度之相關程度。

a. 鋅　　d. 鎳
b. 鉛　　e. 鋁
c. 矽　　f. 鈹

請使用以下尺度標準:70% ～ 100% 為非常高;30% ～ 70% 為高度;10% ～ 30% 為中度;1% ～ 10% 為低度;< 1% 為非常低。

元素	原子半徑（nm）	晶體結構	陰電性	原子價
銅	0.128	FCC	1.8	+2
鋅	0.133	HCP	1.7	+2
鉛	0.175	FCC	1.6	+2, +4
矽	0.117	鑽石立方	1.8	+4
鎳	0.125	FCC	1.8	+2
鋁	0.143	FCC	1.5	+3
鈹	0.114	HCP	1.5	+2

解

銅－鋅系統的原子半徑差異比例的計算方式如下:

$$原子半徑差異比例 = \frac{溶質原子半徑 - 溶劑原子半徑}{溶劑原子半徑}(100\%)$$

$$= \frac{R_{Zn} - R_{Cu}}{R_{Cu}}(100\%)$$

$$= \frac{0.133 - 0.128}{0.128}(100\%) = +3.9\%$$

(4.3)

系統	原子半徑差異比例 (%)	陰電性差異	預測的固溶度相關程度	最大固溶度實驗值（%）
銅－鋅	+3.9	0.1	高度	38.3
銅－鉛	+36.7	0.2	非常低	0.1
銅－矽	−8.6	0	中度	11.2
銅－鎳	−2.3	0	非常高	100
銅－鋁	+11.7	0.3	中度	19.6
銅－鈹	−10.9	0.3	中度	16.4

原則上,可以利用原子半徑差異比例作為預測的基礎。不過,就銅－矽系統來說,晶體結構的差異非常重要。這些系統的陰電性並無太大的差異,而且除了鋁與矽之外,其餘的原子價皆相同。在進行最後分析時,必須將實驗數據納入考量才行。

4.3.2　間隙型固溶體

間隙型固溶體中的溶質原子會插入母原子間的空隙。這些空隙稱為**間隙**（interstice）。當一原子比另一原子大許多時，就可能形成**間隙型固溶體**（**interstitial solid solution**）。因為體積小而能形成間隙型固溶體的原子包括氫、碳、氮、氧等。

一個重要的間隙型固溶體是將碳溶入在 912°C 至 1394°C 之間、為穩定狀態的 FCC γ 鐵中。γ 鐵原子的半徑為 0.129 nm，碳原子半徑則為 0.075 nm，兩者的差異比例為 42%。但是即便差異很大，碳原子能在 1148°C 時，以間隙型的形式溶解於鐵中，最高可達 2.08%。圖 4.10 顯示 γ 鐵晶格中碳原子周遭的扭曲。

FFC γ 鐵的最大間隙孔洞半徑為 0.053 nm（參考例題 4.2）。由於碳原子半徑為 0.075 nm，碳在 γ 鐵中的最大固溶度只有 2.08 % 並不意外。BCC α 鐵的最大間隙空孔半徑只有 0.036 nm，因此剛好在 723°C 以下時，只有 0.025 % 的碳原子能夠以間隙型的形式溶解。

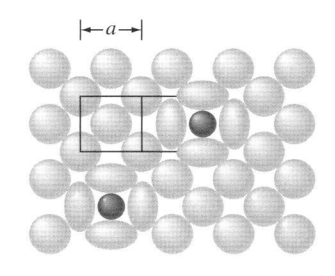

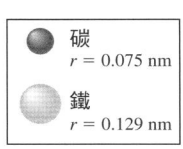

圖 4.10　溫度高於 912°C 之碳–FCC γ 鐵間隙型固溶體 (100) 面。要注意的是，碳原子插入 0.053 nm 半徑空孔的情況下，圍繞於碳原子（半徑 0.075 nm）周遭的鐵原子（半徑 0.129 nm）會扭曲。
（資料來源：*L. H. Van Vlack, Elements of Materials Science and Engineering, 4th ed., p.113.*）

例題 4.2

計算 FCC γ 鐵晶格中最大間隙空孔的半徑。FCC 晶格內的鐵原子半徑為 0.129nm，而最大間隙空孔發生在 $(\frac{1}{2}, 0, 0)$、$(0, \frac{1}{2}, 0)$、$(0, 0, \frac{1}{2})$ 等形式的位置。

解

圖 EP4.3 顯示 yz 平面上的 (100) FCC 晶格面。令鐵原子的半徑是 R，$(0, \frac{1}{2}, 0)$ 位置上的間隙空孔半徑是 r。則從圖 EP4.3 可知，

$$2R + 2r = a \tag{4.4}$$

由圖 EP4.3 中可知，

$$(2R)^2 = (\tfrac{1}{2}a)^2 + (\tfrac{1}{2}a)^2 = \tfrac{1}{2}a^2 \tag{4.5}$$

解上式可得

$$2R = \frac{1}{\sqrt{2}}a \quad 或 \quad a = 2\sqrt{2}R \tag{4.6}$$

將式（4.4）及式（4.6）結合可得

$$2R + 2r = 2\sqrt{2}R$$
$$r = (\sqrt{2} - 1)R = 0.414R$$
$$= (0.414)(0.129 \text{ nm}) = 0.053 \text{ nm} \blacktriangleleft$$

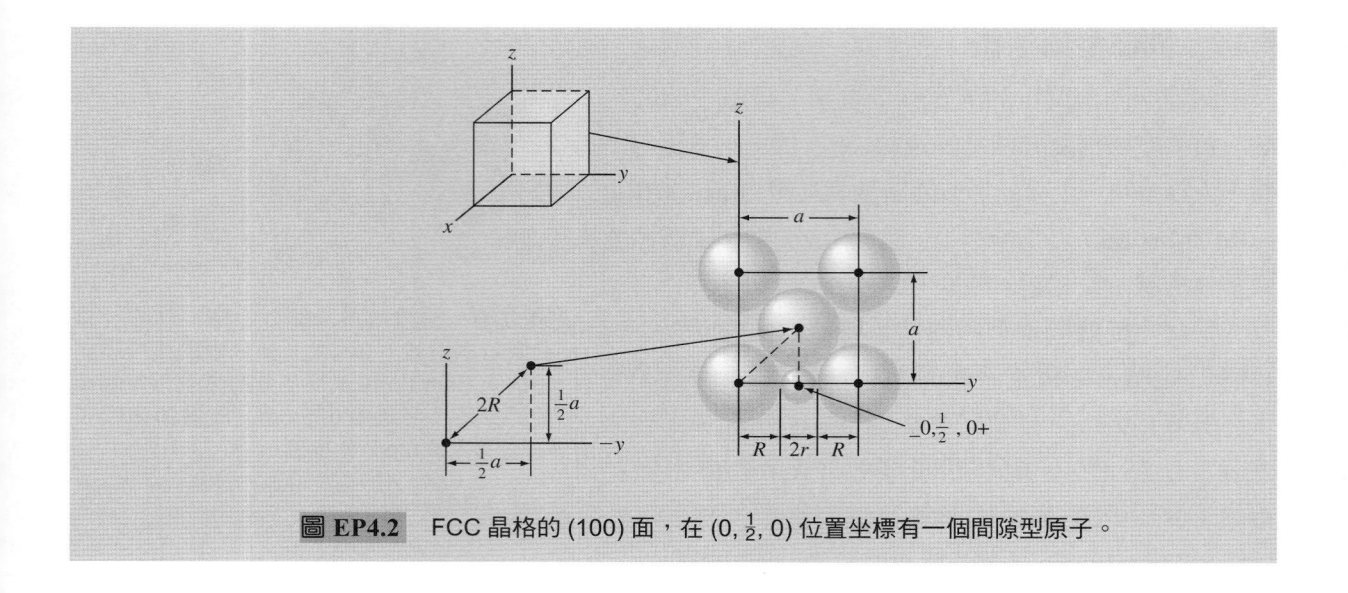

圖 EP4.2 FCC 晶格的 (100) 面，在 (0, $\frac{1}{2}$, 0) 位置坐標有一個間隙型原子。

4.4 結晶缺陷
Crystalline Imperfections

晶體其實並非完美，也包含各種不同能影響其物理和機械性質的缺陷，進而影響材料的工程性質，像是合金的冷加工特性、半導體電子導電率、合金內原子遷移速率和金屬腐蝕性等。

晶格缺陷會依結晶的幾何與形狀作分類，主要有三種：(1) 零維缺陷或點缺陷；(2) 一維缺陷或線缺陷（差排）；(3) 二維缺陷，包含外表面、晶界、雙晶、低角度晶界、高角度晶界、扭轉、疊差、空隙和析出。三維空間的巨觀缺陷或體缺陷，像是空孔、破裂與外來雜質物等也能包含在內。

4.4.1 點缺陷

最簡單的點缺陷就是**空位（vacancy）**，也就是原本應該要有原子的位置上卻不存在原子（見圖 4.11a）。在固化期間，在晶體生長時的局部擾動可能會造成空位。原子因原子遷移率（atomic mobility）而再排列也可能產生空位。金屬中空位的平衡濃度很少超過 1/10,000。空位屬於金屬的平衡缺陷，形成所需要的能量約為 1 eV。

塑性變形、高溫急速冷卻及高能量粒子（例如中子）碰撞，皆可在金屬中增加額外空位。非平衡的空位有聚集的傾向，因而導致雙空位（divacancy）或三空位（trivacancy）的形成。空位能與鄰居互換位置而移動。這過程對固態原子的遷移和擴散非常重要，尤其是在高溫時，原子的遷移率更大。

晶體內的原子有時也會占據鄰近正常原子間的間隙位置（見圖 4.11b），這種點缺陷稱為**自我間隙**（**self-interstitial** 或 **interstitialcy**）。這種缺陷通常不會自然產生，因為如此會使結構產生扭曲，但是它可以透過照射的方式產生。

離子晶體中的點缺陷較複雜，因為必須保持電中性。當離子晶體中同時缺少兩個帶相反電荷的離子時，便會產生出一個陽離子－陰離子的雙空位，稱為**蕭特基缺陷**（**Schottky imperfection**）（見圖 4.12）。若一個陽離子移到離子晶體的間隙位置上，便會在正常的離子位子造成一個陽離子空位，此空位－自我間隙對是**法蘭克缺陷**（**Frenkel imperfection**，以俄國物理學家 Yakov Ilyich Frenkel 命名）（見圖 4.12）。這些缺陷都會增加離子晶體的導電率。

置換型或間隙型的雜質原子也是點缺陷，可能出現在由金屬鍵或共價鍵晶體中。例如，純矽中摻入極少量的置換型雜質原子會對其導電率有極大影響。離子晶體中的雜質離子也是點缺陷。

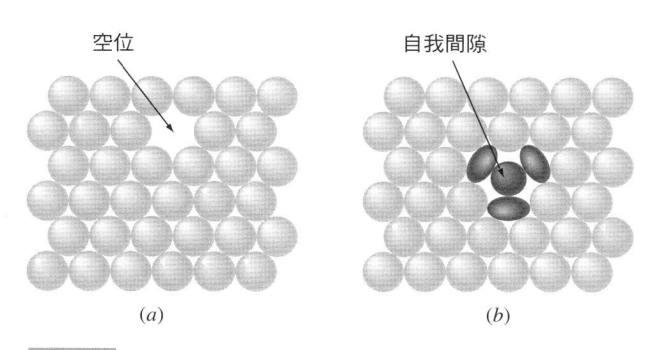

圖 4.11 (a) 空位點缺陷；(b) 緊密堆積固體金屬晶格內的自我間隙點缺陷。

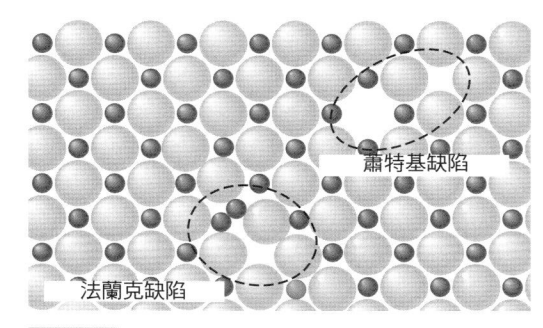

圖 4.12 圖中呈現出離子晶體的蕭特基缺陷與法蘭克缺陷。

（資料來源：Wulff et al., Structure and Properties of Materials, vol. I: "Structure," Wiley, 1964, p.78.）

4.4.2 線缺陷（差排）

固態晶體中的線缺陷，也稱**差排**（**dislocation**），是指會造成圍繞著一條直線產生晶格扭曲的缺陷。結晶固體固化時，可能產生差排結晶固體的永久或塑性變形、空位聚集或是固溶體中的原子不匹配（mismatch），也都可能形成差排。

差排的兩種主要形式為刃差排（edge dislocation）和螺旋差排（screw dislocation）。兩者同時出現時則稱為混合差排（mixed dislocation）。刃差排是指晶體中插入一個額外的原子半平面，如圖 4.13a 所示，在「⊥」符號的正上方。倒 T 符號「⊥」代表正刃差排，而正 T 符號「⊤」代表負刃差排。

差排附近的原子位移距離稱為滑動向量或布格向量（Burgers vector）**b**，與刃差排線垂直（見圖 4.13b）。差排屬於非平衡的缺陷，會在差排周圍的晶格扭曲區域中儲藏能量。在刃差排的額外半平面處有一個壓縮應變區，而在半平面下方則會有一個拉伸應變區（見圖 4.14a）。

在被一個平面切割的完美晶體中施加向上及向下的剪應力可造成螺旋差排，如圖 4.15a 所示。這些剪應力會產生了晶格扭曲的區域，內含螺旋狀的扭曲原子或螺旋差排（見圖 4.15b）。晶格扭曲的區域並不會清楚劃分，但直徑至

(a)   (b)

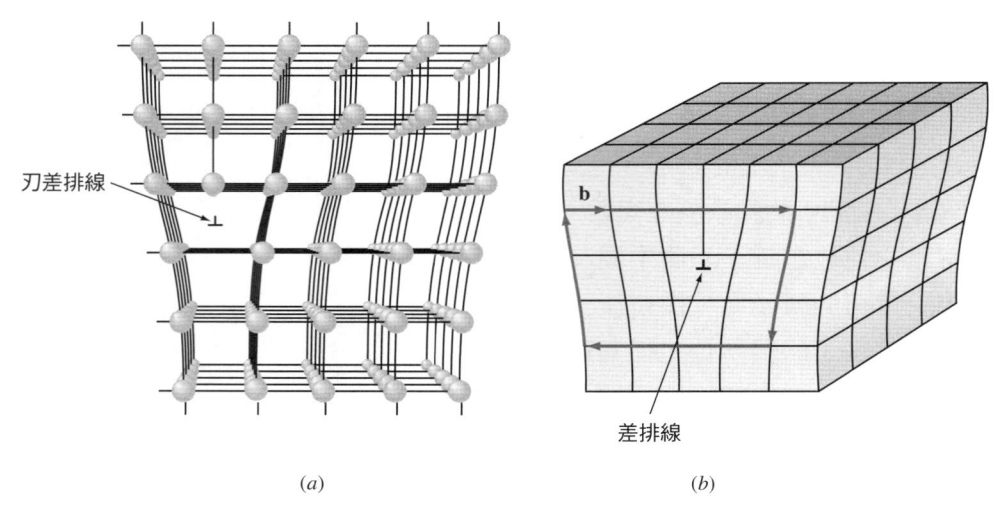

圖 4.13
(a) 結晶晶格的正刃差排；線缺陷是發生在倒 T「⊥」正上方的區域，即一額外的原子半平面插入之處。
（資料來源：A. G. Guy, "Essentials of Materials Science," McGraw-Hill, 1976, p.153.）
(b) 指出布格向量或稱滑動向量 **b** 方位的刃差排。
（資料來源：M. Eisenstadt, Introduction to Mechanical Properties of Materials: An Ecological Approach, 1st ed., ©1971.）

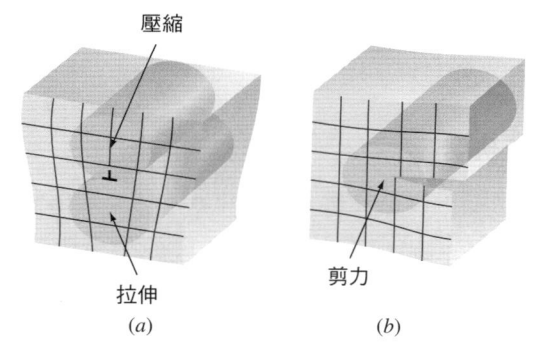

(a)   (b)

圖 4.14 圍繞在 (a) 刃差排和 (b) 螺旋差排的應變區。
（資料來源：Wulff et al., The Structure and Properties of Materials, Vol. III, H. W. Hayden, L. G. Moffatt, and J. Wulff, "Mechanical Behavior," Wiley, 1965, p. 69.）

少有幾個原子長。螺旋差排的周圍會出現一個剪應變區域，會儲藏能量（見圖 4.14b）。螺旋差排的滑動或是布格向量與差排線平行，如圖 4.15b 所示。

晶體內大部分的差排為混合形式。在圖 4.16 的 *AB* 弧形差排線中，當它進入晶體時，左邊為純的螺旋差排；當它離開晶體時，右邊為純的刃差排。而在晶體中的差排形式則為混合差排，同時具有刃差排及螺旋差排兩種形式。

4.4.3 面缺陷

面缺陷包括外表面、**晶界**（**grain boundary**）、**雙晶**（**twin**）、**低角度晶界**（**low-angle boundary**）、高角度晶界（high-angle boundary）、**扭轉**（**twist**）及疊

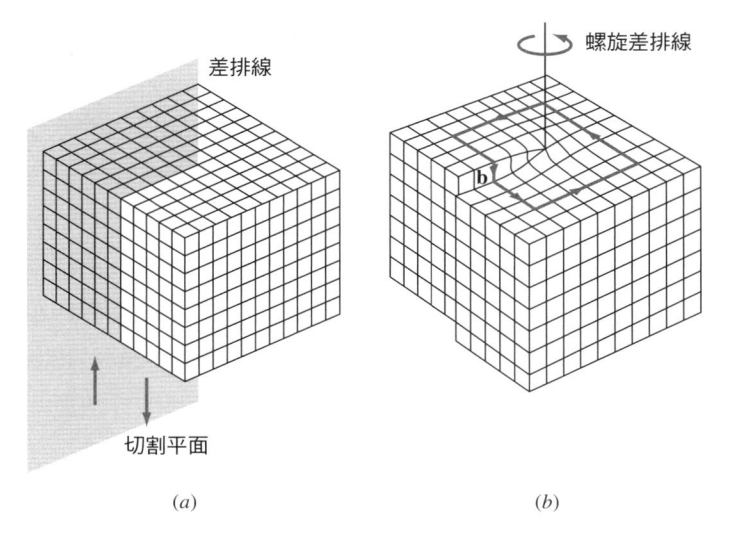

圖 4.15 螺旋差排的形成。(a) 完美晶體被一平面切割而分割，並被施加向上及向下的剪應力因而形成 (b) 的螺旋差排；(b) 螺旋差排的滑動或布格向量與差排線平行。

（資料來源：*M. Eisenstadt, Introduction to Mechanical Properties of Materials: An Ecological Approach, 1st ed., ©1971.*）

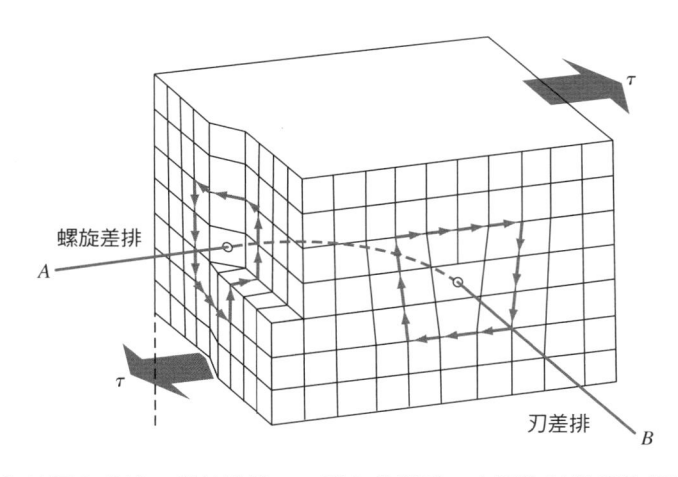

圖 4.16 晶體內的混合差排。當差排線 *AB* 進入晶體時，左邊為純的螺旋差排，當它離開晶體時，右邊為純的刃差排。

（資料來源：*John Wulff et al., "Structure and Properties of Materials, Vol. III", H. W. Hayden, L. G. Moffatt, and J. Wulff, "Mechanical Properties," Wiley, 1965, p. 65.*）

差（stacking fault）。任何材料的外表面是最常見的面缺陷。外表面被認為是缺陷的原因是表面原子只有一邊能和其他原子鍵結，所以鄰近原子較少，也因此和內部原子相較之下，能量較高，使得表面較易受到腐蝕或與環境中的元素反應。這一點更凸顯出缺陷對材料行為的重要。

分隔不同指向晶粒（結晶）的晶界是多晶材料的面缺陷。金屬的晶界是在固化過程中，同時由不同核所生長出的晶粒相遇所形成（見圖 4.2）。晶界的形狀會受限於鄰近晶粒的生長。約略等軸晶粒結構的晶界表面如圖 4.17 所示，實際形狀可見圖 4.3。

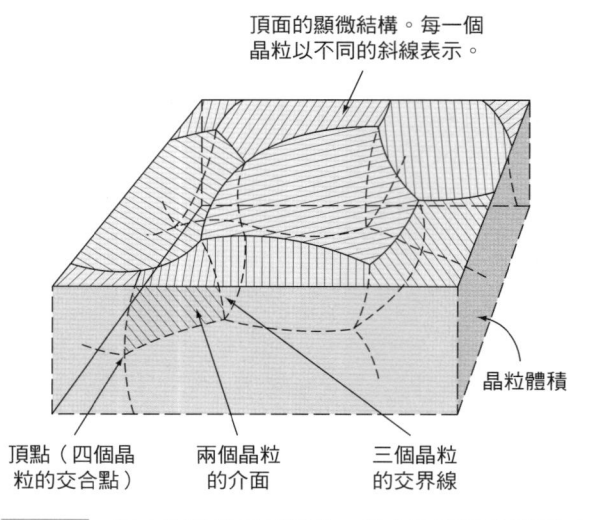

圖 4.17 圖中顯示結晶材料的二維空間顯微結構與下方三維空間網絡的關係。任一晶粒只有總體積與總面積的一部分被顯示出來。

(資料來源：A. G.. Guy, 'Essentials of Materials Science," McGraw-Hill, 1976.)

圖 4.18 黃銅晶粒結構中的雙晶界。

(資料來源：A. G. Guy, Essentials of Materials Science, McGraw-Hill, 1976.)

晶界本身是在兩晶粒之間的狹窄區域，寬約 2 至 5 個原子直徑，與周圍晶粒的晶格方位並不匹配，也因此在晶界中的原子堆積密度會比晶粒低。晶界也有一些原子是處於高應力位置，會提高晶界區域的能量。

晶界的高能量以及鬆散結構使晶界成為成核與析出較易發生之處。晶界較低的原子堆積也讓原子得以在晶界區域擴散得更快。在一般溫度下，晶界也會限制塑性流動，因為差排在晶界區域很難移動。

雙晶或雙晶界（twin boundary）是另一種二維缺陷的範例。雙晶的定義是一個區域的結構在一個平面或邊界兩邊存在鏡相。當材料為永久或塑性變形時，會產生雙晶界（形變雙晶，deformation twin）。雙晶界也會在再結晶的過程中出現，在其中，原子會在變形的晶體（退火雙晶，annealing twin）中調整位置，但這種情況只會在一些 FCC 結構的合金中發生。黃銅的退火雙晶顯微結構顯示於圖 4.18。雙晶邊界會成對出現。類似於差排，雙晶可提昇材料的強度。

當一列刃差排在晶體中的排列看似會造成晶體變異或是傾斜兩個晶界（見圖 4.19a）時，會產生一個二維缺陷，稱為小角度傾斜晶界（small-angle tilt boundary）。當螺旋差排產生一個小角度扭轉晶界（small-angle twist boundary）時，如圖 4.19a 所示，也會發生類似的現象。小角度晶界的相差角 θ 通常不會超過 10 度，但會隨著小角度晶界（傾斜或扭轉）的差排密度增加而變大。若 θ 超過 20 度，邊界就不再稱為小角度晶界，而是一般晶界。類似於差排與雙晶，小角度晶界是局部晶格扭曲產生的高能量區域，可強化金屬。

前面章節已討論過由原子平面堆積所形成的 FCC 和 HCP 晶體結構，其中堆疊順序 $ABABAB$……為 HCP 晶體結構，而堆疊順序 $ABCABCABC$……為 FCC

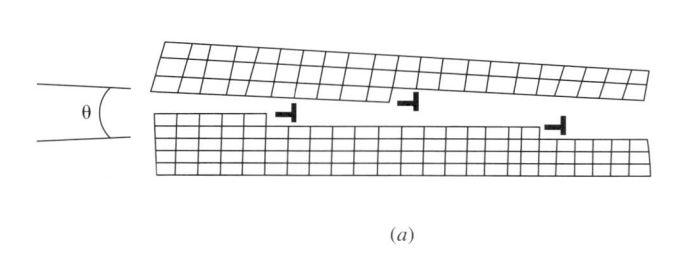

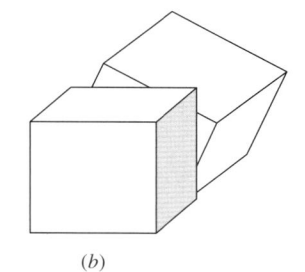

圖 4.19 (a) 一列刃差排形成小角度傾斜晶界；(b) 小角度扭轉晶界。

晶體結構。當結晶質材料在生長時，空位團簇有時會崩解，差排有時會交互作用，導致一個或多個堆疊平面消失，產生另一種二維平面的缺陷，稱為疊差（stacking fault）或堆疊錯誤（piling-up fault）。ABCAB**A**ACBABC 和 ABA**AB**BAB（粗體字平面代表缺陷）類型的疊差分別常見於 FCC 及 HCP 結構。疊差缺陷通常也能強化材料。

一般來說，在目前所討論的二維缺陷中，晶界最能有效強化材料，但是疊差、雙晶、小角度晶界也可達到此目的。

4.4.4　體缺陷

當點缺陷結合而產生三維空孔（void）或洞（pore）時，即形成了體缺陷（volume defect）或三維缺陷（three-dimensional defect）。反之，一群雜質原子也可能結合而形成三維析出。體缺陷可能小至幾奈米，大至幾公分，甚至更大。這些缺陷對材料的行為和性質有極大的影響。最後，三維缺陷或體缺陷的觀念可再延伸至多晶材料中的非晶區域。這些材料已在第 3 章稍作介紹，也會在後面的章節中作更廣泛地探討。

4.5　識別微結構及缺陷的實驗技巧
Experimental Techniques for Identification of Microstructure and Defects

材料科學家和工程師會基於材料的微結構、缺陷、微量成分以及其他內部結構來研究及了解它們的行為。儀器分析的量度範圍由微米到奈米都有。本章將討論光學金相學、掃描式電子顯微鏡、穿透式電子顯微鏡、高解析穿透式電子顯微鏡以及掃描探針顯微鏡等技術，以了解材料的內部與表面特性。

4.5.1　光學金相學、ASTM 晶粒尺寸與晶粒直徑測定法

光學金相學技術（optical metallography technique）被用來研究材料在微米級的形貌與內部結構（放大倍數約 2000 倍）。關於晶粒尺寸、晶界、各種相的存在、內部損壞、一些缺陷等定性與定量的資訊皆可用光學金相學技術取得。

首先，待觀測材料（例如金屬或陶瓷）的表面要透過詳細且冗長的過程先作準備。準備過程包括多次表面研磨階段（通常是四次），以便去除樣本表面較大刮痕及塑性變形薄層。接下來為拋光階段（通常是四次），以去除剩餘的微小刮痕。表面的品質對結果非常重要；一般來說，最後的成品必須為光滑如鏡面般的表面。這些步驟對於減少表面形貌的對比十分必要。然後，拋光後的表面會暴露於化學蝕刻劑。蝕刻劑的選擇和蝕刻時間（樣本與蝕刻劑接觸的時間）非常關鍵，會依材料而定。位於晶界的原子蝕刻速率會比晶粒內部的要更快，因為晶界的原子能階較高（缺乏緊密堆積）。蝕刻劑會沿著晶界處產生極小凹槽。然後，準備好的樣本會放在金相顯微鏡（倒置顯微鏡）下，用可見入射光觀察，如圖 4.20 所示。當入射光在光學顯微鏡中照射到樣本時，凹槽反射的光強度比由晶粒所反射的弱（圖 4.21），因此看起來像是深色線條，也顯示出晶界（圖 4.22）。此外，雜質、其他存在的相及內部缺陷對蝕刻劑的反應都不同，也都可在顯微照相下觀察到。總而言之，此技術

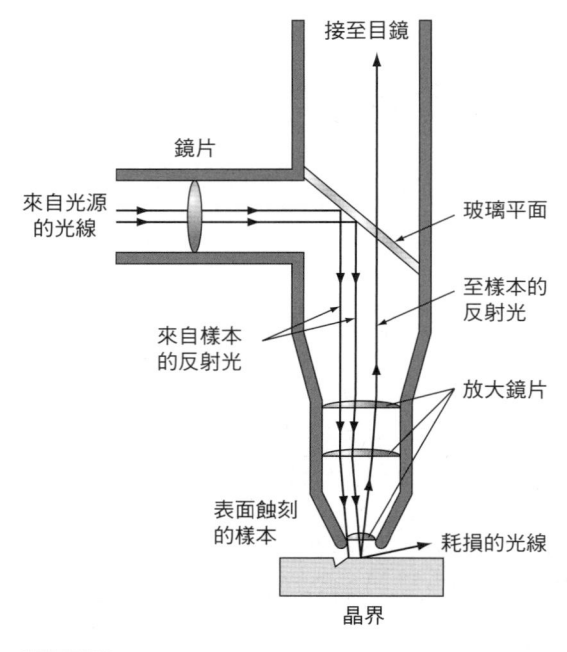

圖 4.20 圖中顯示光如何自經拋光及蝕刻的金屬樣本表面反射出去。蝕刻後的晶界表面無法反射光線。

（資料來源：M. Eisenstadt, 'Mechanical Properties of Materials,' Macmillan, 1971, p. 126.）

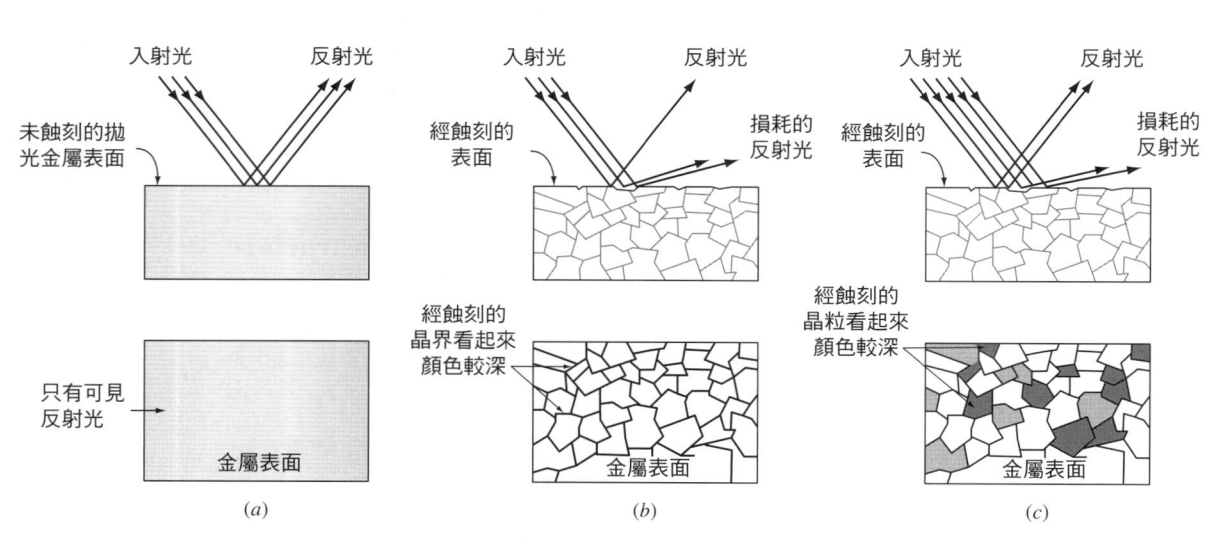

圖 4.21 將拋光的鋼金屬樣本表面進行蝕刻，對用光學顯微鏡觀察顯微結構所造成的影響。(a) 剛拋光好時，觀察不到任何顯微結構特徵；(b) 蝕刻很低碳的鋼後，只有晶界會被化學劑嚴重侵蝕，因此晶界在光學顯微結構下看起來像是深色線條；(c) 蝕刻一拋光的中碳鋼樣本後，較暗（波來鐵）和較亮（肥粒鐵）的區域皆可在顯微結構下觀察到。較暗的波來鐵區域因為被蝕刻劑侵蝕得比較嚴重，所以無法反射太多光線。

（資料來源：Eisenstadt, M., Introduction to Mechanical Properties of Materials: An Ecological Approach, 1st ed., ©1971. Reprinted by permission of Pearson Education, Inc., Upper Saddle River, NJ）

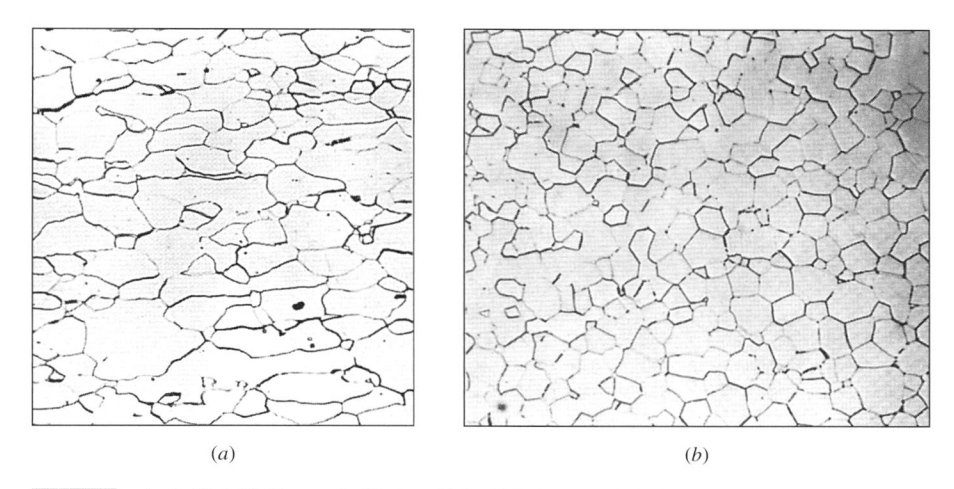

圖 4.22　在光學顯微鏡下，經拋光及蝕刻的樣本呈現出的表面晶界。(a) 低碳鋼（放大倍率 100×）。
（資料來源：*"Metals Handbook," vol. 7, 8th ed., American Society for Metals, 1972, p. 4*）
(b) 氧化鎂（放大倍率 225×）。
（資料來源：*R. E. Gardner and G. W. Robinson, J. Am, Ceram. Soc.*, **45**:46 (1962).）

可提供許多有關材料的定性資訊。

還有一些定量資訊也可能被觀察到。從用這項技術所取得的顯微照相中，可以得到樣本材料的晶粒尺寸及平均粒徑。

多晶金屬的晶粒大小很重要，因為晶界表面的數量會顯著影響金屬的許多特性，特別是強度。溫度較低時（低於熔點的一半），晶界會限制差排移動而強化金屬。溫度較高時，可能會發生晶界滑動，而晶界可能變成多晶金屬中的脆弱區域。

4.5.2　掃描式電子顯微鏡

掃描式電子顯微鏡（scanning electron microscope, SEM）是材料科學與材料工程的重要工具，能用來量測材料的微觀特徵、分析斷裂、研究微結構、評估薄膜、檢測表面汙染和分析失效。不同於光學顯微鏡會用可見入射光來觀察樣本表面，SEM 是將電子束直接轟擊至樣本表面的特定點，並收集與顯示由樣品釋放出的電子訊號。圖 4.23 顯示掃描式電子顯微鏡的原理與操作。基本上，電子槍會在真空中產生電子束，然後瞄準轟擊樣本表面的一小點。掃描線圈使得電子束可在試片表面小範圍地掃描，低角度背像散射電子與表面的起伏交互作用後產生二次[3]背像電子，然後產生一電子訊號，進而產生一影像，其景深可達光學顯微鏡的 300 倍（10,000 倍直徑放大倍率時約 10 μm）。許多 SEM 儀器的解析度大約為 5 nm，而放大倍率範圍從 15 倍到 100,000 倍不等。

---

[3] 二次電子指的是電子束中的原始電子在擊中靶材金屬後，自金屬中所散射出來的電子。

圖 4.23 掃描式電子顯微鏡的基本構造圖。

（資料來源：*V. A. Phillips, "Modern Metallographic Techniques and Their Applications," Wiley, 1971, p.425*）

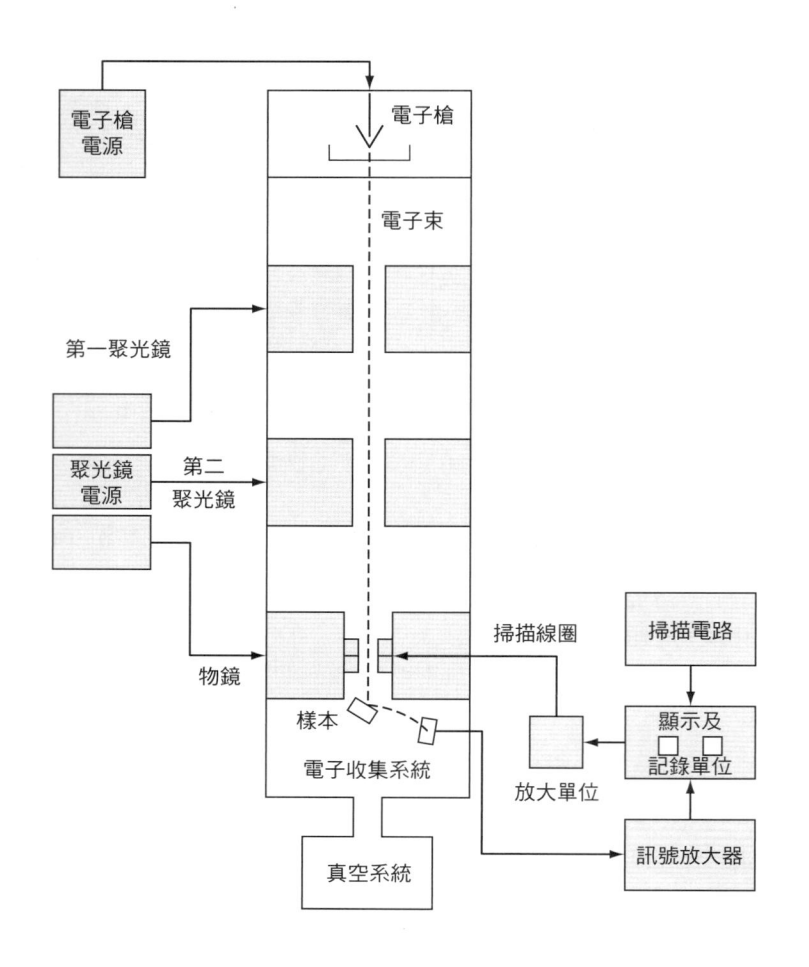

圖 4.24 304 不鏽鋼厚壁管臨近圓周焊接處粒間腐蝕斷裂面的掃描式電子斷口顯像（放大倍率為 180×）。

（資料來源："Metals Handbook," vol. 9: 'Fractography and Atlas of Fractographs," 8th ed., American Society for Metals, 1974, p. 77. ASM International.）

SEM 對檢視金屬斷裂表面時的材料分析特別有用。圖 4.24 顯示一張晶粒間腐蝕斷裂面的 SEM 斷口顯像。SEM 斷口顯像可用來判定破裂面是沿晶（沿著晶界）、穿晶（穿越晶粒），或者兩者混合。使用標準 SEM 進行樣品分析時，樣本表面通常會鍍上一層金或是其他重金屬材料以便獲得更好的解析度及訊號品質，這對於非導電材料的樣本而言尤其重要。當 SEM 另配有 X 光光譜儀時，也可獲得有關樣本成分的定性及定量資料。

4.5.3　穿透式電子顯微鏡

穿透式電子顯微鏡（transmission electron microscope, TEM）（見圖 4.25）是可以分析材料缺陷與析出物（二次相）的重要技術。若沒有使用解析度是在奈米尺度的 TEM 證實，很多對缺陷的認知就只能根據理論推測。

類似差排的缺陷可以在 TEM 的螢幕上看到。不同於光學顯微鏡和 SEM 的簡單樣本備製過程，TEM 的樣本備製過程不僅複雜，還需要高度專業化的設備。用 TEM 分析的樣品厚度必須為數百奈米以下，依設備操作電壓而定。樣本不僅要薄，表面也需平行平整。因此，一塊 3 至 0.5 毫米厚的樣本會用放電加工及旋轉鋼絲鋸等方式從塊材材料上切下來。接著，切下來的樣本再透過機械研磨（有研磨劑輔助）至 50 微米，同時使用細磨拋光保持表面平行。要將樣本處理製成更薄可採用其他更高階的技術，像是電解拋光或離子束減薄。

在 TEM 中，位於真空管頂部的鎢絲被加熱，所產生電子束被高電壓（通常是從 100 到 300 kV）加速通過真空管，然後被電磁線圈集中，並且穿透置於樣本區的薄樣本。當電子穿透樣本時，有些會被吸收，有些會被散射而改變方向。此處的樣本厚度是關鍵：太厚會因過度吸收和散射而使電子無法穿透。晶體中原子排列的差異會造成電子散射。當電子束穿透樣本後，會用物鏡線圈（磁透鏡）聚焦，然後被放大投射於螢光幕（圖 4.26）。將一個插入物鏡背後對焦平面的光圈可用來收集直接電子或散射電子，進而形成圖像。如果穿過的是直接電子，所產生的影像稱為明視野影像；如果是散射電子，則所產生的影像稱為暗視野影像。

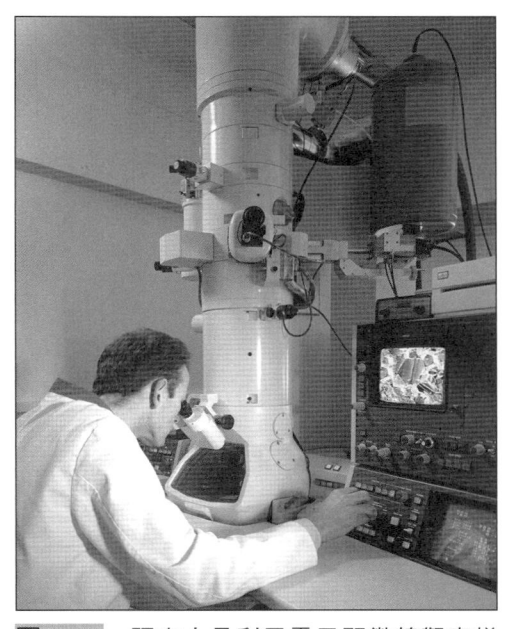

圖 4.25 研究人員利用電子顯微鏡觀察樣本。
（資料來源：© Getty Images/RF.）

在明視野模式中，金屬樣本中電子散射角度更大的區域在螢幕上會顯現深色。因此，線性原子排列不規則的差排在電子顯微鏡螢幕上會看似深色線條。在 $-195°C$ 變形 14% 的薄鐵片差排結構 TEM 照片如圖 4.27 所示。

4.5.4　高解析穿透式電子顯微鏡

高解析穿透式電子顯微鏡（high-resolution transmission electron microscope, HRTEM）是另一種分析晶體缺陷和結構的重要工具。它的解析度約為 0.1 nm，可觀察到原子級的晶體結構和缺陷。我們用矽來說明這種等級的解析度可觀察到的晶體結構：矽單位晶格的晶格常數約為 0.543 nm，比 HRTEM 所能提供的解析度大 5 倍。HRTEM 的基本原理和 TEM 很像，只是樣本厚度必須更薄，大約 10 到 15 nm。在某些情況下，有可能觀察到帶有缺陷晶體的二維投影。若要如此，薄片樣本需要傾斜，使得平面的低指數方向和電子束的方向（原子位於彼此的正上方）相互垂直。散射模式常見於二維電子的週期位勢。所有來自散射光束及主光束的干擾被物鏡聚集後，提供了週期位勢的加大影像。圖 4.28 顯示氮化鋁薄膜裡的數個差排（以「d」標示）和疊差（以箭頭標示）的 HRTEM 影像。圖中不受干擾區域（左下）中原子的週期排列清晰可見。差排造成了波浪般的原子結構。像是差排和疊差等缺陷對原子結構所造成的擾動可以被清楚觀察。要注意的是，由於 HRTEM 物鏡的本身限制，定量分析不容易準確，且必須謹慎處理。

4.5.5 掃描探針顯微鏡與原子解析度

掃描穿隧顯微鏡（scanning tunneling microscope, STM）和原子力顯微鏡（atom force microscope, AFM）近年開發出讓科學家得以在原子級程度分析及攝像的工具。所有這些有類似功能的儀器通稱為**掃描探針顯微鏡（scanning probe microscope, SPM）**，能將表面次奈米尺度的特徵放大，產生原子尺度的表面形貌圖形。這些儀器除了對重視原子排列與鍵結的科學領域很重要外，還有很多其他用途，像是需要分析材料表面粗糙度的測量學、可控制單一原子或分子位置並研究奈米尺度現象的奈米科技等。

掃描穿隧顯微鏡 IBM 的研究人員 G. Binnig 和 H. Rohrer 在 1980 年代初開發了掃描穿隧顯微鏡（STM）的技術，並因此於 1986 年獲得諾貝爾物理學獎。此技術使用非常尖銳的探針來探測樣品的表面（見圖 4.29）；探針傳統上為金屬（例如鎢、鎳、鉑－銠、金），而最近也開始採用碳奈米管。

探針會先放在離樣本表面約一個原子直徑長度（約 0.1 nm 至 0.2 nm）的距離。由於距離近，探針尖端原子的電子雲會和樣本表面的電子雲相互作用。此時，若在尖端與樣本表面施加小幅電壓，電子會突破兩者間的空隙，產生可被監測到的小電流。樣本通常會在超高真空下分析，以免表面受到汙染和氧化。

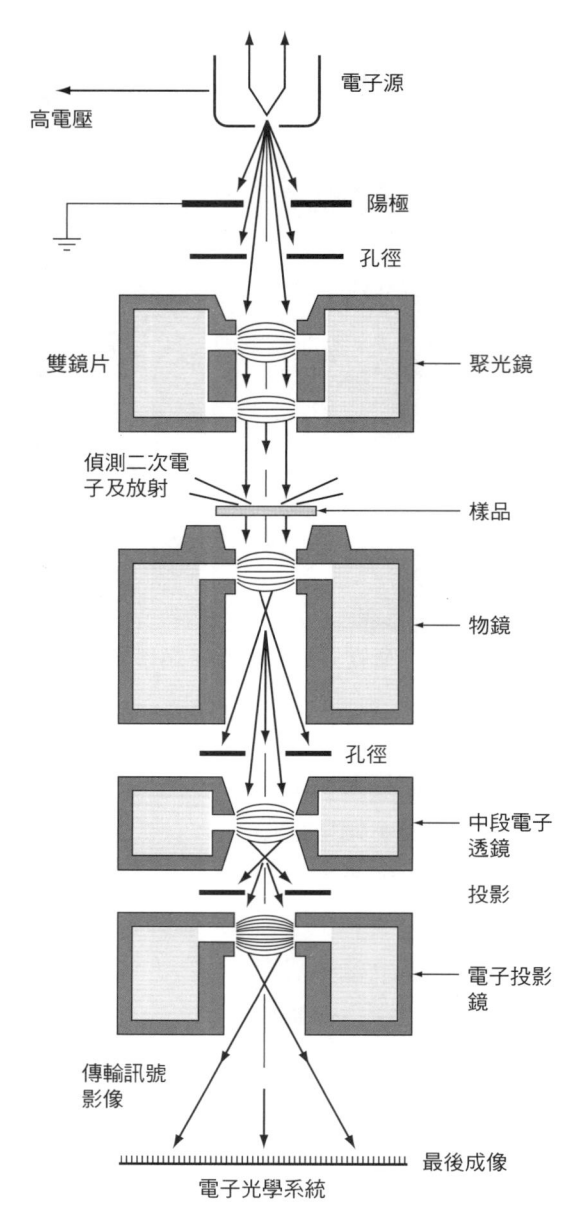

圖 4.26 圖示穿透式電子顯微鏡的電子成像系統。所有鏡片皆封閉在一圓柱體內，圓柱體在操作其間為真空環境。箭頭表示從電子源產生電子束到最後形成投影穿透影像的路徑。一薄樣品置於聚光鏡及物鏡之間，樣本薄到足以讓電子束穿透。

（資料來源：L. E. Murr, "Electron and Ion Microscopy and Microanalysis," Marcel Decker, 1982, p. 105.）

產生出來的電流對表面和尖端間的間隙大小相當敏感，任何微小的變化都會使電流指數性的增加。因此，尖端對表面的位置再小的改變（小於 0.1 nm）都會被檢測到。當探針位在原子的正上方（電子雲上）時可量測電流大小。探

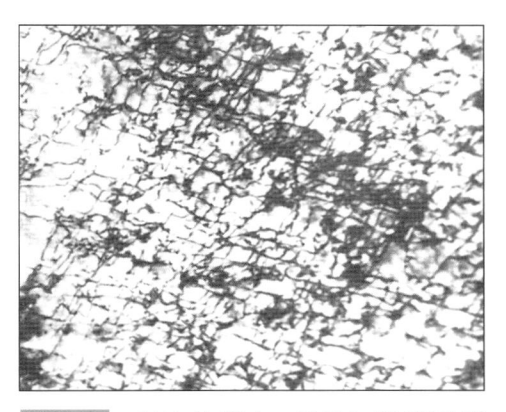

圖 4.27 14% 的鐵在 –195°C 環境下變形的差排結構。差排看起來像深色線條，這是因為電子會沿著差排的不規則原子排列散射所致（薄金屬樣本；放大倍率 40,000×）。
（資料來源：*Electron and Ion Microscopy and Microanalysis: Princilpes and Applications by Murr, Lawrence Eugene. Copyright 1982 by CRC Press LLC (J) in the format Textbook via Copyright Clearance Center.*）

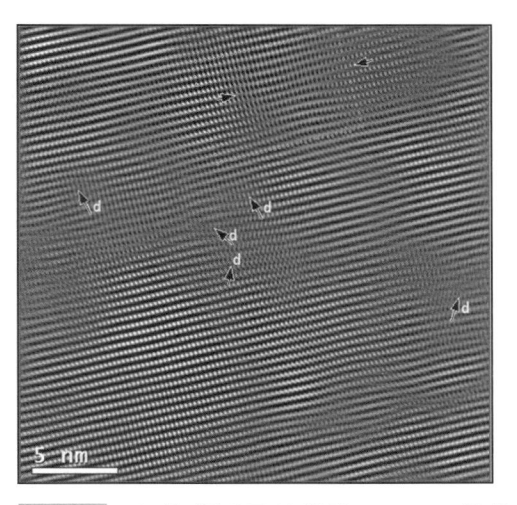

圖 4.28 氮化鋁原子結構的 HRTEM 影像圖。此影像顯示了兩種缺陷：(a) 差排，以箭頭和字母 d 表示；(b) 疊差，以兩個方向相反的箭頭所指之處（在此影像的最上方）。
（資料來源：*Dr. Jharna Chavdhuri, Department of Mechanical Engineering, Texas Tech University.*）

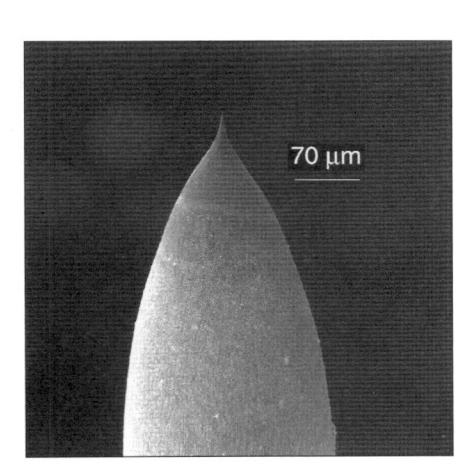

圖 4.29 由鉑－鐵合金製成的 STM 探針；探針尖端是運用化學蝕刻技術塑形。
（資料來源：*Molecular Corp.*）

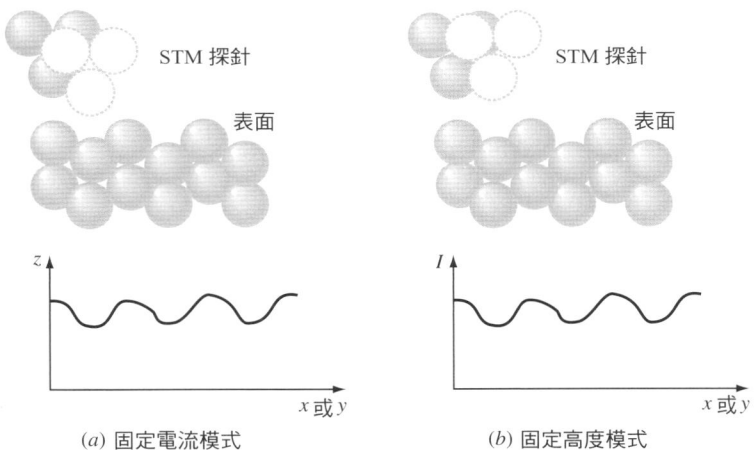

圖 4.30 圖示 STM 的操作模式。(a) 調整尖端的 Z 座標以維持固定電流（記錄下 Z 的調整）；(b) 調整尖端的電流以維持固定高度（記錄下 I 的調整）。

(a) 固定電流模式　　(b) 固定高度模式

針在原子上方及原子間槽穴移動時，電流維持固定不變，也就是固定電流模式（見圖 4.30a）。此時，尖端位置會被調整，而所需要的位移過程可用來描繪出表面。表面也可以使用固定高度模式來描繪，也就是固定尖端和表面間的距離，而監測電流的變化（見圖 4.30b）。使用 STM 所能觀察到的影像品質非常高，可由白金表面的 STM 影像得知（見圖 4.31）。

很明顯地，尖端直徑必須為一個原子的範圍才能保持原子級的解析度。一般使用的金屬尖端在掃描的過程中很容易就會磨損和損壞，使得影像品質降低。

圖 4.31 白金表面的 STM 影像顯示品質相當高的原子解析度。
（資料來源：*IBM Research, Almaden Research Center.*）

最近，STM 和 AFM 開始使用直徑約為一至數十奈米的碳奈米管，因為它的結構和強度纖細。STM 主要用來量測表面形貌，不會提供材料鍵結和性質等量化資訊。因為儀器的功能是基於產生和監測微量電流，所以只能描繪到能導電的材料，包括金屬和半導體。然而，科學界希望作進一步研究的材料有許多並不導電，像是生物材料或聚合物，因此無法使用這種方法分析。此時可以應用 AFM。

原子力顯微鏡　原子力顯微鏡（AFM）和 STM 很像，都是利用探針尖端探測表面。不過，AFM 的探針是接在小型懸臂上。當尖端與樣本表面交互作用時，作用於探針的力（凡德瓦爾力）會使懸臂偏向。這種相互作用有可能是一種短距離排斥力（接觸型 AFM）或是長距離吸引力（非接觸型 AFM）。雷射和光偵測器會用來監測懸臂的偏向，如圖 4.32 所示。偏向可用來計算施加於探針上的力。在掃描過程中，力量會保持固定（如 STM 中的固定電流模式），探針的位移會被監測，而這些小位移則會被用來獲得表面形貌。不同於 STM，AFM 不需靠通過探針的穿隧電流，因此適用於所有材料，甚至是絕緣體。這是 AFM 的主要優勢。目前有許多其他以 AFM 為基礎的技術，提供了多種成像模式應用於不同領域，像是 DNA 研究、原位材料腐蝕監測、原位聚合物退火和聚合物塗層技術等。由於這種技術的應用，使得上述提及的領域及其問題得到了大幅的加強及改善。這些技術大幅提升了我們對這些領域的基本了解。

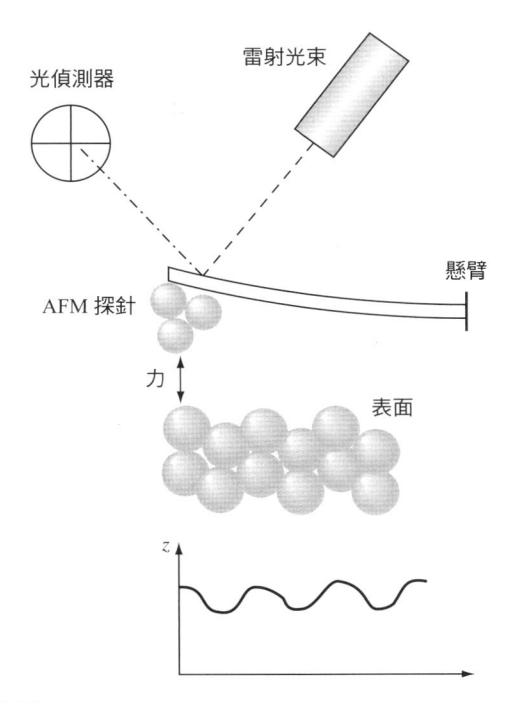

圖 4.32 圖示基本的原子力顯微鏡（AFM）技術。

4.6 名詞解釋 *Definitions*

4.1 節

核（nucleus）：因相變化（例如固化）所形成的新相小顆粒，可持續成長直到相變化完成為止。

均質成核（homogeneous nucleation）（於金屬固化）：純金屬內新生成的微小固相區域（稱為核），可持續成長至固化完成。純均質金屬能提供核生成所需的原子。

胚（embryo）：因相變化（例如固化）所形成的新相小顆粒，比臨界半徑還小，也可能再熔解。

核的臨界半徑 r^*（critical radius r^* of nucleus）：核作用所形成的新相顆粒得以成為穩定核所需要的最小半徑。

異質成核（heterogeneous nucleation）（於金屬固化）：在固體雜質介面所形成的新固相微小區域（稱為核）。在特定溫度下，此雜質會降低某些穩定核的臨界半徑。

晶粒（grain）：多晶體內之單晶。

等軸晶粒（equiaxed grain）：具有任意結晶方向，且在所有方向都相同的的晶粒。

柱狀晶粒（columnar grain）：固化多晶結構中的細長晶粒。在固化過程中，當熱流動緩慢且方向一致時，這些晶粒會在固化金屬鑄錠內形成。

4.2 節

多晶體結構（polycrystalline structure）：包含有許多晶粒的結晶結構。

4.3 節

合金（alloy）：兩種（含）以上的金屬或是金屬與非金屬的混合物。

固溶體（solid solution）：單相原子混合物的合金。

置換型固溶體（substitutional solid solution）：某溶質元素原子可取代某溶劑元素原子的固溶體。例如，在 Cu–Ni 固溶體中，銅原子可在固溶體晶格內取代鎳原子。

間隙型固溶體（interstitial solid solution）：溶質原子可進入溶劑原子晶格間隙或空洞的固溶體。

4.4 節

空位（vacancy）：晶格內的點缺陷，其中原子位置無原子占據。

自我間隙（self-interstitial; interstitialcy）：晶格內的點缺陷，當其中與基材晶格相同的原子會位於基材原子間的間隙位置。

蕭特基缺陷（Schottky imperfection）：離子晶體的點缺陷，其中一個陽離子空位與一個陰離子空位有關聯。

法蘭克缺陷（Frenkel imperfection）：離子晶體的點缺陷，其中一個陽離子空位與一個間隙型陽離子有關聯。

差排（dislocation）：結晶固體中沿著一條直線產生晶格扭曲的缺陷。圍繞差排的原子位移的距離稱為滑動向量或布格向量 b。對刃差排而言，滑動向量與差排線相互垂直；對螺旋差排而言，滑動向量與差排線相互平行；同時包含刃差排與螺旋差排的差排稱為混合差排。

晶界（grain boundary）：多晶體內把不同方位晶體（晶粒）分開的一種表面缺陷。

雙晶界（twin boundary）：具有鏡相錯位的晶體結構，被視為一種表面缺陷。

低角度晶界（low-angle boundary）：因差排陣列而在晶體中形成小角度的不匹配。

扭轉晶界（twist boundary）：因螺旋差排陣列而造成的晶體不匹配。

疊差（stacking fault）：不當原子平面堆積所造成的表面缺陷。

4.5 節

掃描式電子顯微鏡（scanning electron microscope, SEM）：一種透過撞擊電子以及高倍率來觀察材料表面的儀器。

穿透式電子顯微鏡（transmission electron microscope, TEM）：一種透過電子穿越材料薄膜以研究內部結構缺陷的儀器。

高解析穿透式電子顯微鏡（high-resolution transmission electron microscope, HRTEM）：建立在穿透式電子顯微鏡上的一種技術，但使用更薄的樣本因而可取得更高的解析度。

掃描探針顯微鏡術（scanning probe microscopy, SPM）：像是 STM 和 AFM 的顯微鏡技術，能在原子級程度描繪出材料的表面形貌。

4.7 習題 *Problems*

知識及理解性問題

4.1　在純金屬的固化過程中，會牽涉到哪兩種能量轉換？寫出液體以均質成核產生無應變的固體核所涉及的總自由能改變之方程式。並且畫圖說明在固化過程中與形成核有關的能量改變。

4.2　金屬固化時產生的胚與核有何差異？何謂固化顆粒的臨界半徑？

4.3　在固化過程中，過冷度的溫度度數如何對臨界核的尺寸造成影響？假定是均質成核。

4.4　區別純金屬在固化時的均質與異質成核。

4.5　製造單晶必須用到的特殊技術為何？

4.6　何謂金屬合金？何謂固溶體？

4.7　哪些條件有益於提高某個元素在另一個元素中的固溶度（休姆－若塞瑞法則）？

4.8　敘述並舉例說明刃差排與螺旋差排。這兩種差排周圍的應力場分布為何種形式？

應用及分析問題

4.9　假定圖 4.9 所示為鎳（深色球體）銅（淺色球體）合金置換型固溶體的整體原子組成，計算 (a) 每一個元素在整個晶體的 a/o；(b) 在 a/o 的缺陷密度；(c) 每一種金屬的 wt/o。

綜合及評價問題

4.10　氧化鐵（FeO）是一種離子化合物，由 Fe^{2+} 陽離子和 O^{2-} 陰離子組合而成。然而，若是可以取得的話，少量的 Fe^{3+} 陽離子會取代 Fe^{2+} 陽離子。這樣的取代會對此化合物的原子結構產生什麼影響（可參考 2.5.1 節與離子化合物有關的內容）？

4.11　在化合物 FeO 中每個元素的理論原子百分率為何？每一個元素相對應的重量百分率又為何？你的結論是什麼？

4.12　蕭特基和法蘭克缺陷對離子材料的特性與行為有何重要性或影響？

固體中的熱活化過程和擴散

Thermally Activated Processes and Diffusion in Solids

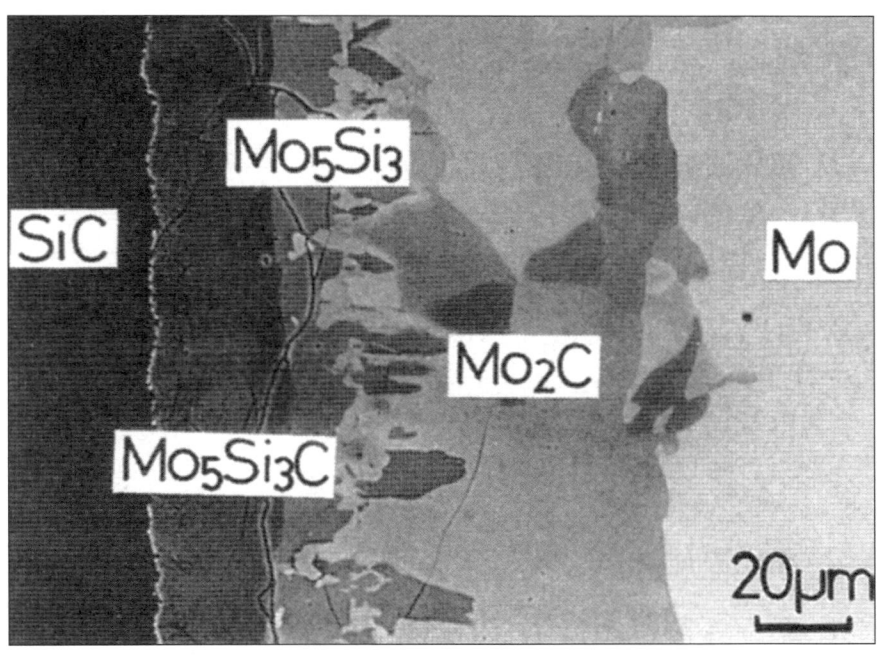

（資料來源："Engineered Materials Handbook vol. 4: Ceramics and Glasses," American Society for Metals, p. 525. ISBN 0-87170-282-7.）

汽車引擎組件大多是使用金屬及陶瓷材料來製造。金屬可提供高強度及高延展性，而陶瓷則可提供高溫強度、化學穩定性及低磨耗。很多應用都需要結合金屬組件與陶瓷薄膜材料。陶瓷層能防止內部金屬組件在高溫下受到腐蝕性環境的影響。一種結合金屬及陶瓷組件的方法是固態結合（solid-state bonding），製程中需要同時施加壓力及高溫。外在的施加壓力可確保接觸表面的結合，而高溫可促進接觸表面間的擴散。上圖顯示當金屬鉬（Mo）跟碳化矽（SiC）薄膜在溫度為 1700°C 與壓力為 100 MPa 下鍵結一小時後的結合界面顯微結構。注意到在接面處有一層大部分為 Mo_2C（碳化物）及 Mo_5Si_3（矽化物）的過渡區。這些因擴散而形成的化合物鏈結很強。

5.1 材料動力學
Rate Processes in Solids

許多與生產及利用工程材料相關的製程都會考慮原子在固態時的移動速率。在許多此類製程中，反應是在固態下發生，其中原子會自發性地重新排成全新且穩定的原子排列。要能使這些反應順利地由未反應狀態到反應狀態，反應的原子必須要有足夠能量來克服活化能。所需能量超過原子本身平均能量的部分稱為**活化能（activation energy）** ΔE^*，常以焦耳／莫耳或卡／莫耳等單位表示。圖 5.1 即顯示出熱活化固態反應所需的活化能。擁有 E_r 能階（反應物的能量）$+\Delta E^*$（活化能）的原子就有足夠的能量以產生自發性反應，達到反應狀態 E_p（產物的能量）。圖 5.1 中的反應會釋出能量，因此為放熱反應。

不論溫度為何，系統中只有少數原子或分子擁有足夠能量可以達到活化能階 E^*。隨著溫度上升，有愈來愈多的分子或原子會到達至活化能階。波茲曼（Boltzmann）研究了溫度對增加氣體分子能量的影響。根據統計分析，波茲曼的結果顯示，在特定溫度 T（凱氏溫度）之下，要在系統中找到有大於平均能量 E 之能階 E^* 的分子與原子的機率為

$$\text{機率} \propto e^{-(E^*-E)/kT} \qquad (5.1)$$

其中 $k =$ 波茲曼常數 $= 1.38 \times 10^{-23}$ J/(atm・K)。

系統中能量大於 E^*（E^* 遠大於平均能量）的原子或分子的比率可以寫成

$$\frac{n}{N_{\text{total}}} = Ce^{-E^*/kT} \qquad (5.2)$$

其中 $n =$ 能量大於 E^* 的原子或分子數量

$N_{\text{total}} =$ 系統內原子或分子的總數

$k =$ 波茲曼常數 $= 8.62 \times 10^{-5}$ eV/K

$T =$ 溫度，K

$C =$ 常數

在特定溫度下，金屬晶格內的平衡空位數量可以下式表示：

$$\frac{n_v}{N} = Ce^{-E_v/kT} \qquad (5.3)$$

其中 $n_v =$ 每立方公尺金屬中的空位數量

$N =$ 每立方公尺金屬中的總原子位置數

$E_v =$ 形成一個空位所需的活化能，eV

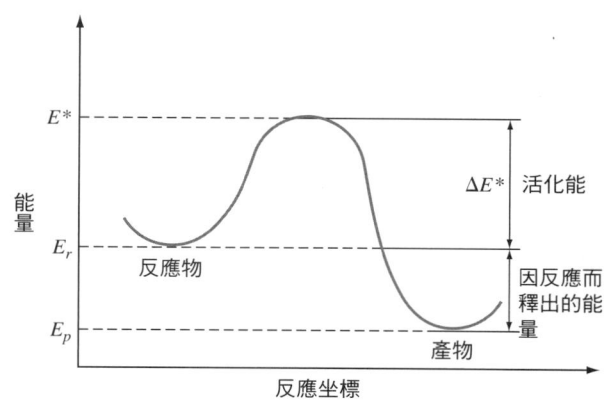

圖 5.1 圖中顯示從未反應狀態到反應狀態的反應過程中，能量變動的情形。

T = 絕對溫度，K

k = 波茲曼常數 = 8.62×10^{-5} eV/K

C = 常數

在例題 5.1 中，當溫度為 500°C 時，純銅的空位平衡濃度可用式（5.3）求得，假設 $C = 1$。根據這個計算，大約要每 100 萬個原子才會有一個空位！

例題 5.1

計算 (a) 500°C 時，每立方公尺純銅內的平衡空位數量；(b) 500°C 時，純銅內的空位比率。假設純銅內形成一個空位所需的能量是 0.90 eV。利用式（5.3），假設 $C = 1$（波茲曼常數 $k = 8.62 \times 10^{-5}$ eV/K）。

解

a. 500°C 時，每立方公尺純銅內的平衡空位數量是

$$n_v = Ne^{-E_v/kT} \quad (\text{假設 } C = 1) \tag{5.3a}$$

其中 n_v = 空位數量／立方公尺

N = 原子位置數／立方公尺

E_v = 500°C 時純銅形成一個空位所需的能量，eV

k = 波茲曼常數

T = 溫度，K

首先，我們可利用下式來求 N 的值：

$$N = \frac{N_0 \rho_{Cu}}{\text{Cu 原子量}} \tag{5.4}$$

其中 N_0 = 亞佛加厥數，ρ_{Cu} = 銅密度 = 8.96 Mg/m³。因此：

$$N = \frac{6.02 \times 10^{23} \text{ atoms}}{\text{原子量}} \times \frac{1}{63.54 \text{ g/原子量}} \times \frac{8.96 \times 10^6 \text{ g}}{\text{m}^3}$$

$$= 8.49 \times 10^{28} \text{ atoms/m}^3$$

將 N、E_v、k 及 T 代入式（5.3a）後可得：

$$n_v = Ne^{-E_v/kT}$$

$$= (8.49 \times 10^{28}) \left\{ \exp\left[-\frac{0.90 \text{ eV}}{(8.62 \times 10^{-5} \text{ eV/K})(773 \text{ K})} \right] \right\}$$

$$= (8.49 \times 10^{28})(e^{-13.5}) = (8.49 \times 10^{28})(1.37 \times 10^{-6})$$

$$= 1.2 \times 10^{23} \text{ 空位/m}^3 \blacktriangleleft$$

b. 500°C 時純銅內的空位比率可由式（5.3a）求得：

$$\frac{n_v}{N} = \exp\left[-\frac{0.90 \text{ eV}}{(8.62 \times 10^{-5} \text{ eV/K})(773 \text{ K})} \right]$$

$$= e^{-13.5} = 1.4 \times 10^{-6} \blacktriangleleft$$

因此，每 10^6 個原子才會有一個空位！

氣體的分子能量還可以用另一個類似於波茲曼關係式的表示法。阿瑞尼斯（Svante August Arrhenius）進行了溫度對化學反應速率影響的實驗，發現很多化學反應的速率為溫度的函數，可以表示如下：

阿瑞尼斯速率方程式（**Arrhenius rate equation**）：反應速率 $= Ce^{-Q/RT}$ （5.5）

其中 $Q =$ 活化能，J/mol 或 cal/mol

$R =$ 莫耳氣體常數 $= 8.314$ J/(mol・K) 或 1.987 cal/(mol・K)

$T =$ 溫度，K

$C =$ 速率常數，與溫度無關

處理液體及固體時，活化能一般會以一莫耳來表示（或是 6.02×10^{23} 個原子或分子），其符號為 Q，單位則是 J/mol 或 cal/mol。

波茲曼方程式〔式（5.2）〕和阿瑞尼斯方程式〔式（5.5）〕都指出，原子或分子的反應速率常常是依活化能等於或大於 E^* 的分子或原子的數量而定。令許多材料科學家與工程師感興趣的固態反應速率會遵守阿瑞尼斯速率定律，因此阿瑞尼斯方程式常被用來分析固態速率的實驗數據。

阿瑞尼斯方程式〔式（5.5）〕常表示成自然對數形式：

$$\ln 反應速率 = \ln C - \frac{Q}{RT} \quad (5.6)$$

上式描述的是以下型態直線：

$$y = b + mx \quad (5.7)$$

其中 b 為 y 軸的截距，m 為此直線的斜率。式（5.6）的 ln 反應速率項就相當於式（5.7）中的 y 項。式（5.6）的 ln C 項則相當於式（5.7）中的 b 項。而式（5.6）的 $-Q/R$ 數量則相當於式（5.7）中的斜率 m。因此，以 ln C 和 $1/T$ 為兩軸，$-Q/R$ 為所繪出直線的斜率。

阿瑞尼斯方程式〔式（5.5）〕亦可寫成一般對數形式：

$$\log_{10} 反應速率 = \log_{10} C - \frac{Q}{2.303\,RT} \quad (5.8)$$

2.303 是從自然對數改成一般對數的轉換值。此式也是一條直線，如圖5.2所示。

因此，如果 ln C 和 $1/T$ 的實驗數據為一直線，則製程的活化能為該直線的斜率。

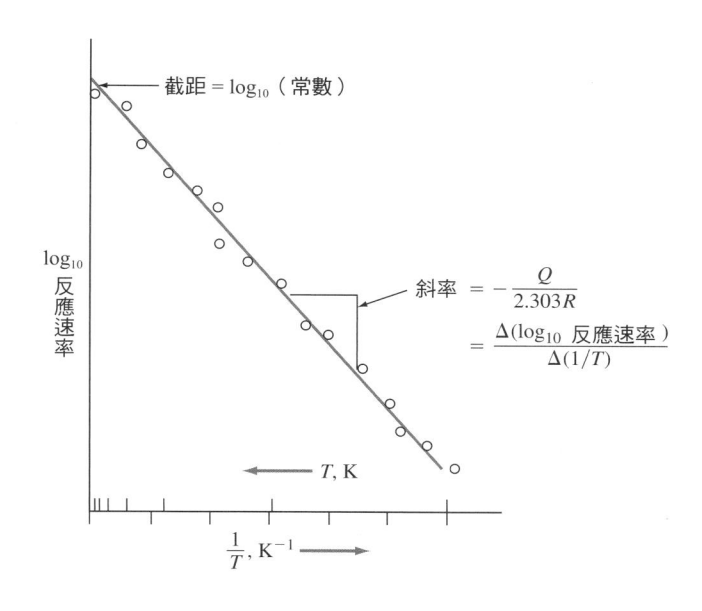

圖 5.2 圖為反應速率實驗數據的典型阿瑞尼斯圖形。

（資料來源：*Wulff et al., Structure and Properties of Materials, Vol. II, J. H. Brophy, R. M. Rose, and J. Wulff*, 'Thermodynamics of Structure,' Wiley, 1966, p. 64.）

截距 = $\log_{10}$（常數）

斜率 $= -\dfrac{Q}{2.303R} = \dfrac{\Delta(\log_{10} \text{反應速率})}{\Delta(1/T)}$

5.2 固體中的原子擴散
Atomic Diffusion in Solids

5.2.1 一般固體擴散

擴散可定義為物質在物質中傳輸的機制。氣體、液體及固體中的原子永遠處於不斷運動狀態，並會在一段時間內遷移。氣體中的原子運動快速，像是烹飪時快速移動的氣味與油煙。液體中的原子運動一般會比氣體中的原子慢，像是顏料在水中的移動。受到平衡位置鍵結的牽制，固體中的原子運動受限，但是熱擾動現象仍可使部分原子在固體中移動。金屬及合金中的原子擴散特別重要，因為大多數的固態反應都會涉及原子運動，像是固溶體中第二相的沉澱，以及在冷加工金屬中再結晶時所新生晶粒的成核與成長。

5.2.2 擴散機制

晶格中的原子擴散機制主要有以下兩種：(1) 空缺或置換機制；(2) 間隙擴散機制。

空缺或置換擴散機制 只要原子的熱擾動能提供足夠的活化能，而且晶格中也有空缺或其他晶體缺陷可允許原子移入，原子就能在晶格中從一個原子位置移動到另一個原子位置。金屬和合金內的空缺是平衡缺陷，因此總是會存在，使得原子**置換擴散**（**substitutional diffusion**）的機制得以發生。金屬溫度增加時，空缺及熱能也會增加，導致擴散速率也會愈大。

圖 5.3 顯示銅晶格中銅原子 (111) 面上的空缺擴散。如果在空位旁邊的原子有足夠的活化能，該原子就可以移動到這個空位，形成**自我擴散**（**self-**

表 5.1 某些純金屬的自我擴散活化能

金屬	熔點（°C）	晶體結構	所研究的溫度範圍（°C）	活化能 kJ/mol	活化能 kcal/mol
鋅	419	HCP	240-418	91.6	21.9
鋁	660	FCC	400-610	165	39.5
銅	1083	FCC	700-990	196	46.9
鎳	1452	FCC	900-1200	293	70.1
α 鐵	1530	BCC	808-884	240	57.5
鉬	2600	BCC	2155-2540	460	110

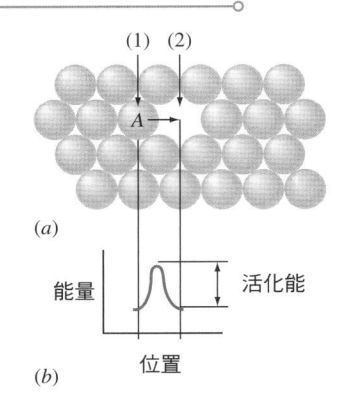

圖 5.3 活化能與原子在金屬中的移動有關。(a) 銅原子 A 從銅晶格中 (111) 面上的位置 1 擴散到了位置 2（一個空位），如果如 (b) 所示有提供足夠活化能的話。

diffusion）。自我擴散所需的活化能，是形成空缺所需的活化能加上移動空缺所需的活化能的總和。表 5.1 列出一些純金屬的自我擴散活化能。要注意的是，一般來說，金屬的熔點愈高，則所需的活化能也愈高，因為高熔點金屬的原子鍵結較強。

在自我擴散或置換型固態擴散時，原子必須切斷原有的原子鍵，建立新的鍵。此過程需要空缺的幫忙，以便可以發生在比較低的活化能（見圖 5.3）。此過程要在合金中發生，一種原子一定要在另一種原子中有固溶度。因此，這個過程會受到固溶度法則（見 4.3 節）的影響。由於化學鍵結與固溶度的差異以及其他因素，置換擴散的數據一定得透過實驗取得。隨著時間演進，量測數據會日益精準，所以這些數據可能會隨著時間而有所改變。

在 1940 年代間，隨著 Kirkendall 效應的發現，擴散量測有了重大的突破。此效應顯示，擴散介面的標示物會朝二元擴散偶（binary diffusion couple）中較快分子移動方向的反方向做微量的移動（見圖 5.4a）。科學家們的結論是，空缺的存在使得此現象得以發生。

固溶體中的空缺機制也可以讓擴散發生。原子大小和原子鍵能量的差異會影響擴散速率。

間隙擴散機制 間隙擴散（interstitial diffusion）是指原子在不永久替換基材晶格任何原子的條件下，從一個間隙位置移動到另一個鄰近的間隙位置（見圖 5.5）。此機制的要件是擴散原子必須要比基材原子小。像是氫、氧、氮、碳等小原子都能夠在某些金屬晶格中進行間隙擴散。例如，碳可以在 BCC α 鐵與 FCC γ 鐵間進行間隙擴散（見圖 4.10）。鐵中的碳在進行間隙擴散時，碳原子

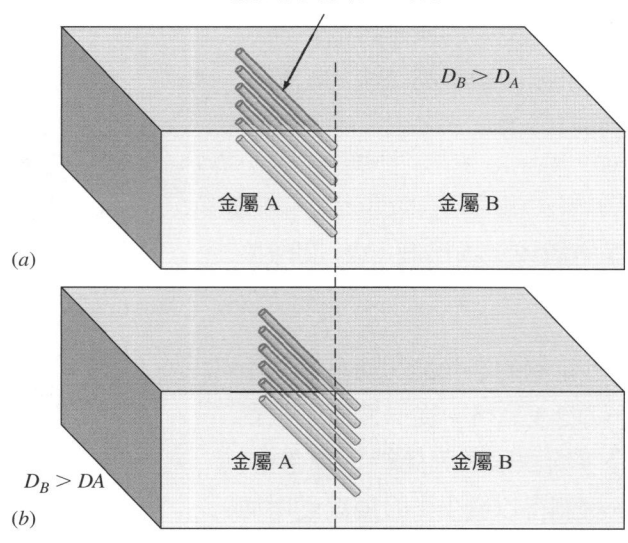

圖 5.4 闡釋 Kirkendall 效應的實驗。(a) 擴散實驗剛開始時（$t = 0$）；(b) 經過時間 t 後，標示物朝擴散速率最快種類 B 相反的方向移動。

必須擠入鐵基材原子間。

5.3 擴散製程在工業上的應用
Industrial Applications of Diffusion Processes

許多工業製程都會應用到固態擴散，本節介紹以下兩種擴散製程：(1) 以氣體滲碳法進行鋼表面硬化；(2) 積體電路用的矽晶圓雜質擴散。

5.3.1 以氣體滲碳法進行鋼表面硬化

許多旋轉或滑動的鋼元件，像是齒輪與軸，都需要耐磨的堅硬表面以及強韌的內心，才能夠防止斷裂。製造滲碳鋼件時，較軟的鋼元件會先加工，然後表面會再用像是氣體滲碳法做硬化處理。滲碳鋼為低碳鋼，含碳量只有 0.10% 至 0.25%。然而，滲碳鋼的合金部分則可依用途而差異頗大。圖 5.6 顯示一些典型的氣體滲碳元件。

在氣體滲碳製程中，首先會將鋼件置入約為 927°C（1700°F）的爐中，使其與包含甲烷（CH_4）或其他碳氫化合物的氣體接觸。空氣中的碳原子會擴散進入齒輪表面，使其在經過熱處理後，成為碳含量高的堅硬表面，如圖 5.7 中齒輪剖面的黑色表面區域。

圖 5.8 顯示在溫度 918°C（1685°F）下，AISI 1022（0.22% 碳）普通碳鋼測試棒受到含 20% 一氧化碳氣體滲碳的典型碳梯度。要注意的是，滲碳時間會嚴重影響到碳含量及表面厚度。

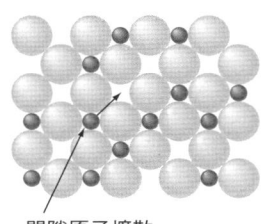

間隙原子擴散進入間隙空位

圖 5.5 圖示間隙型固溶體。大圓圈代表 FCC 晶格 (100) 面上的原子。深色小圓圈則代表占據間隙位置的間隙原子。間隙原子可移動至鄰近的間隙空位。擴散過程也會需要活化能。

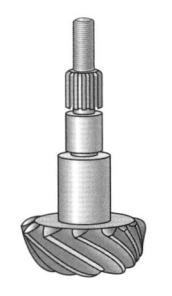

元件 1
3.0 英吋長

元件 2
直徑 2.6 英吋

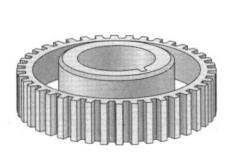

元件 3
直徑 4.5 英吋

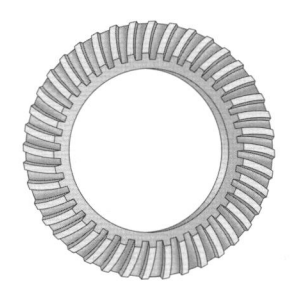

元件 4
直徑 7.75 英吋

圖 5.6 典型的氣體滲碳元件。

（資料來源：*Metals Handbook. vol.2, "Heat Treating." 8th ed., American Society for Metals, 1964, p.108.*）

圖 5.7 經過氮－甲烷－滲碳後的 SAE 8620 齒輪的顯微剖面。

(資料來源：*B. J. Sheehy, Met. Prog., September 1981, p. 120. Reprinted with permission from ASM International. All rights reserved.www.asminternational.org.*)

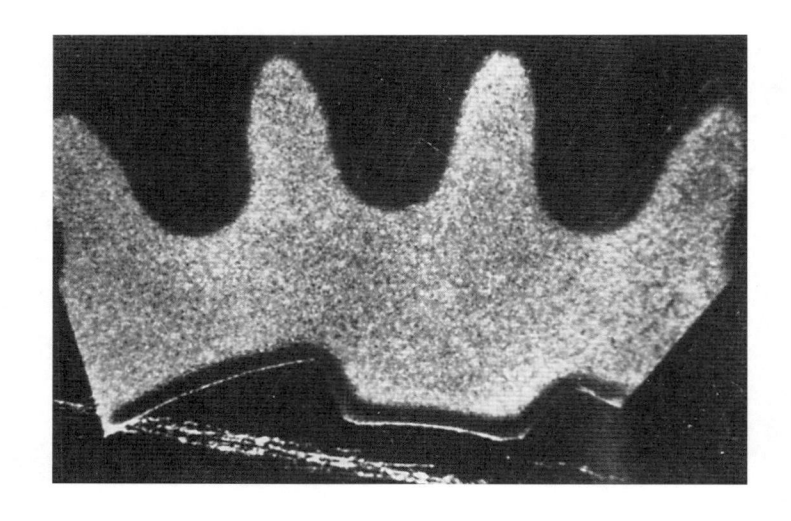

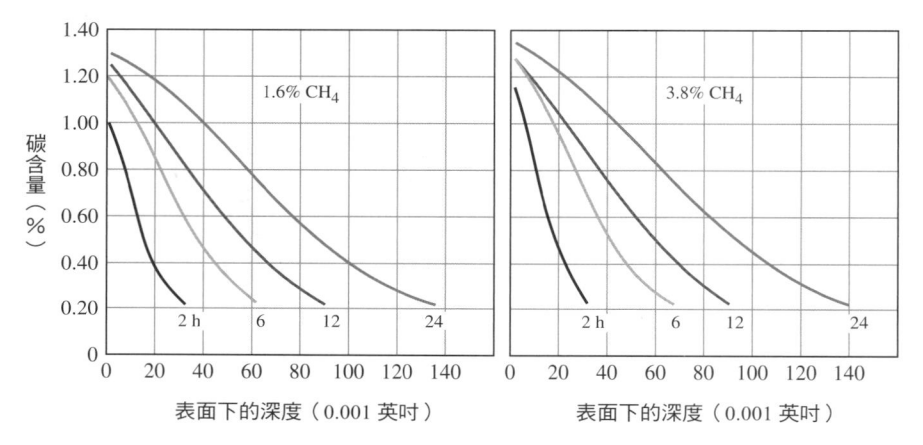

圖 5.8 AISI 1022 鋼測試棒在 918°C（1685°F）下，受到含 20% CO–40% H_2 並分別加上 1.6% 和 3.8% 甲烷的氣體滲碳後的碳梯度。

(資料來源：*Metals Handbook, vol .2, "Heat Treating," 8th ed., American Society for Metals, 1964, p. 100. Used by permission of ASM International.*)

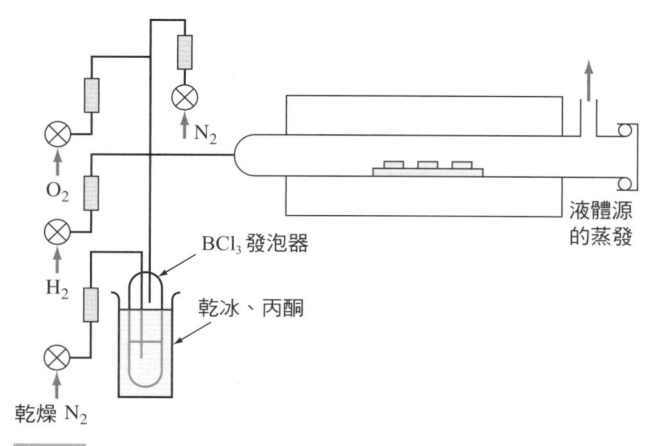

圖 5.9 將硼擴散進入矽晶圓的擴散方法。

(資料來源：*W. R. Runyan, "Silicon Semiconductor Technology," McGraw-Hill, 1965.*)

5.3.2 積體電路用的矽晶圓雜質擴散

將雜質滲入矽晶圓中以改良其導電性質是積體電路製程中的重要步驟。一種方法是讓矽晶圓表面處在溫度環境高於 1100°C 的石英管爐中，使其暴露在適當雜質的蒸氣，如圖 5.9 所示。不欲暴露於雜質的矽晶圓表面部分則必須加以遮蔽，如此才能使雜質只進入設計工程師所選出導電性須改變的區域。圖 5.10 為一名技術人員正在將一組矽晶圓置入爐中，準備要進行雜質擴散。

與鋼表面氣體滲碳類似，滲入矽晶圓的雜質原子濃度會隨著雜質穿透深度的增加而降低，如圖 5.11 所示。擴散時間也會影響雜質濃度和穿透深度的分布。例題 5.4 將說明如何運用式（5.9）定量估算某未知變數，像是擴散時間或穿透深度。

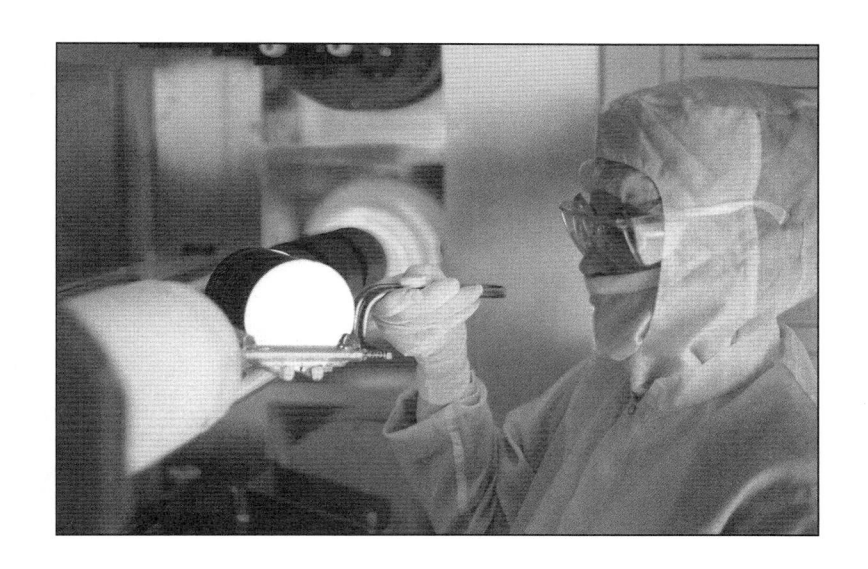

圖 5.10　裝填一組矽晶圓送入管爐中以進行雜質擴散。
（資料來源：*Getty/RF.*）

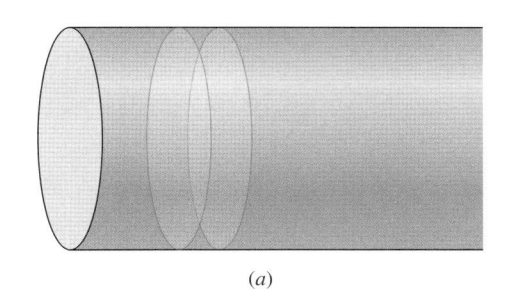

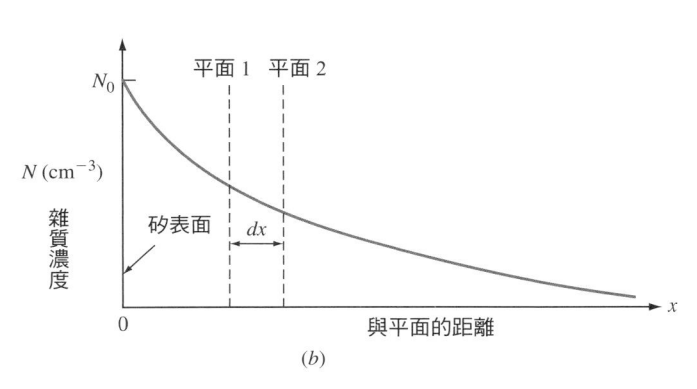

圖 5.11　從某一表面將雜質擴散進入矽晶圓。(a) 一個將厚度誇張放大的矽晶圓，其雜質濃度從左面朝內部逐漸減少；(b) 以圖呈現同一雜質的濃度分布。
（資料來源：*R. M. Warner, "Integrated Circuits," McGraw-Hill, 1965, p70.*）

例題 5.2

假設將鎵雜質擴散進入矽晶圓中。鎵在溫度 1100°C 擴散 3 小時的條件下擴散進入先前沒有任何鎵的矽晶圓，若表面濃度為 10^{24} atoms/m^3，則要在表面下多少距離處，其濃度才會是 10^{22} atoms/m^3？

解

$$D_{1100°C} = 7.0 \times 10^{-17} \text{ m}^2/\text{s}$$

$$\frac{C_s - C_x}{C_s - C_0} = \text{erf}\left(\frac{x}{2\sqrt{Dt}}\right) \tag{5.9}$$

$C_s = 10^{24}$ atoms/m^3　　　$x = ?$ m　(depth at which $C_x = 10^{22}$ atoms/m^3)
$C_x = 10^{22}$ atoms/m^3　　　$D_{1100°C} = 7.0 \times 10^{-17}$ m^2/s
$C_0 = 0$ atoms/m^3　　　　　$t = 3$ h $= 3$ h $\times 3600$ s/h $= 1.08 \times 10^4$ s

將上述數值代入（5.9）式，可得

$$\frac{10^{24} - 10^{22}}{10^{24} - 0} = \text{erf}\left[\frac{x \text{ m}}{2\sqrt{(7.0 \times 10^{-17} \text{ m}^2/\text{s})(1.08 \times 10^4 \text{ s})}}\right]$$

$$1 - 0.01 = \text{erf}\left(\frac{x \text{ m}}{1.74 \times 10^{-6} \text{ m}}\right) = 0.99$$

令

$$Z = \frac{x}{1.74 \times 10^{-6} \text{ m}}$$

因此　　　　　　　erf $Z = 0.99$　及　$Z = 1.82$

（利用內插法。）所以

$$x = (Z)(1.74 \times 10^{-6} \text{ m}) = (1.82)(1.74 \times 10^{-6} \text{ m})$$
$$= 3.17 \times 10^{-6} \text{ m}$$

注意：矽晶圓的擴散深度一般是在數個微米左右（約 10^{-6} m），而晶圓的厚度則通常為數百個微米。

5.4 名詞解釋 *Definitions*

5.1 節

活化能（activation energy）：熱活化反應所需超出平均能量的額外能量。

阿瑞尼斯速率方程式（Arrhenius rate equation）：將反應速率描述為溫度與活化能障函數的經驗方程式。

5.2 節

置換擴散（substitutional diffusion）：大小與溶劑原子類似的溶質原子在晶格上的移動。空缺的存在使擴散得以發生。

自我擴散（self-diffusion）：在純物質中的原子移動。

間隙擴散（interstitial diffusion）：間隙原子在基材晶格內的移動。

5.5 習題 *Problems*

知識及理解性問題

5.1 何謂熱活化過程？何謂熱活化過程的活化能？

5.2 繪出 $\log_{10}$ 反應速率對 $1/T$ 典型的阿瑞尼斯圖形，並指出此圖的斜率。

5.3 描述固體金屬的置換機制與間隙擴散機制。

應用及分析問題

5.4 (a) 計算在 850°C 下，每立方公尺純銅內的空位平衡濃度。假設在純銅中要得到一個空位所需的能量是 1.0 eV；(b) 在 800°C 下的空位所占比率為何？

5.5 若在 1100°C 將硼雜質擴散進入原本不含硼的矽晶圓，擴散時間為 5 小時，若表面濃度為 10^{18} atoms/cm^3，則在表面下多少 mm 處的濃度會是 10^{17} atoms/cm^3？在 1100°C 下，硼於矽內之 $D = 4 \times 10^{-3}$ cm^2/s。

CHAPTER 6

金屬的機械性質
Mechanical Properties of Metals

（資料來源：*Getty/RF.*）

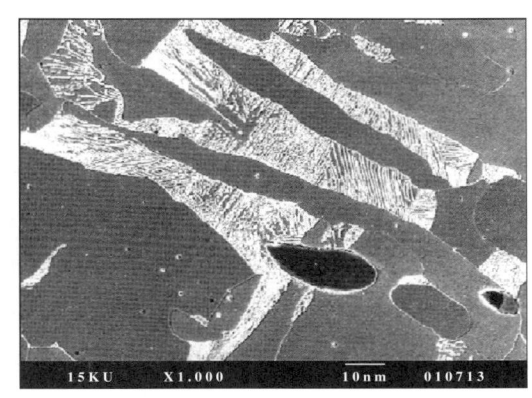

（資料來源：©*The Minerals, Metals & Materials Society, 1998.*）

  金屬能夠透過各種處理及冷加工或熱加工製程，被製成機能性的形狀。金屬成形的最重要範例之一，應該就是汽車零件的製造了（包括車體和引擎）。汽車引擎缸體通常是由鑄鐵或鋁合金來製備；汽缸和其他汽缸上的孔洞則是透過鑽、鑿以及敲打的方式完成。汽缸蓋的材質也是鑄鋁合金；連接桿、曲軸和凸輪則是經由鍛造而成，最後再打磨。車身面板（包括車頂、行李箱蓋、門以及側板）是先由鋼板沖壓而成，然後再點焊在一起（見左圖）。

  在 1912 年 4 月 12 日的晚上，鐵達尼號在其處女航時撞上冰山。船艙外殼完全損壞造成內部不斷進水，而當時的海水溫度是 –2°C，結果導致了一場超過一千五百人死亡的重大悲劇。在 1985 年 9 月 1 日，Robert Ballard 於海面下 3.7 公里處發現了鐵達尼號。針對鐵達尼號的鋼材冶金與機械所進行的測試來看，船艙殼體縱向樣品的延脆轉變溫度是 32°C，而橫向樣品的延脆轉變溫度是 56°C。此結果顯示建造鐵達尼號所用的鋼材在其撞到冰山時呈現出高脆性。右圖為鐵達尼號鋼材的顯微結構，灰色部分顯示肥粒鐵（ferrite）的晶粒、淺色的層狀構造則為波來鐵（pearlite）的群聚體，黑色部分則是硫化錳的粒子。[1]

---

[1] www.tms.org/pubs/journals/JOM/9801/Felkins-9801.html#ToC6。

本章先定義金屬的應力與應變,且利用拉伸試驗求得這些特性,接著會介紹金屬硬度試驗及單晶與多晶金屬的塑性變形,也會探討金屬的固溶體強化處理及其對冷加工金屬的影響,還有金屬超塑性行為和奈米結晶金屬。本章後半則會介紹金屬的破裂、疲勞、疲勞裂紋金屬的潛變(時間因素變形)以及應力斷裂情形,最後會針對合成奈米金屬及其特性進行探討。

6.1 金屬的應力與應變
Stress and Strain in Metals

本節探討如何評估金屬的強度和延展性等機械性質,以符合工程應用所需。

6.1.1 彈性和塑性變形

金屬承受單軸拉伸外力時就會發生變形。外力除去後,若金屬可以恢復原本的尺寸,此金屬就被稱為經歷**彈性變形**(elastic deformation)。金屬可以有的彈性變形量是很小的。在發生彈性變形時,金屬原子會離開原本的位置,但是因為位移量不夠而無法占據新位置。此時,當此外力移除後,原子會回到原本的位置,而金屬也會恢復其原有的形狀。然而,當金屬變形到無法完全回復原本的尺寸時,金屬就被稱為發生塑性變形(plastic deformation);金屬原子將會永久地離開原來的所在位置,並且移至新位置。可以承受大量的塑性變形而不會斷裂的工程特性是某些金屬的最大優勢。例如,用於汽車保險桿、引擎蓋及車門等鋼材可以承受大量的塑性變形而不會斷裂。

6.1.2 工程應力和工程應變

工程應力 假設一根圓棒的長度為 l_0,截面積為 A_0,承受單軸拉伸外力為 F,如圖 6.1 所示。根據定義,棒上的**工程應力**(engineering stress)σ 等於棒上的平均單軸拉伸外力 F 除以原截面積 A_0。因此,

$$\sigma = \frac{F}{A_0} \tag{6.1}$$

工程應力 σ 的單位如下:

美國習慣用法:磅力/每平方英吋($lb_f/in.^2$ 或 psi);

lb_f = 磅力

國際標準制(SI 制):牛頓/每平方公尺(N/m^2)或帕斯卡(Pa),其中 $1\ N/m^2 = 1\ Pa$

英制 psi 與國際標準制帕斯卡(Pa)之間的轉換因子為:

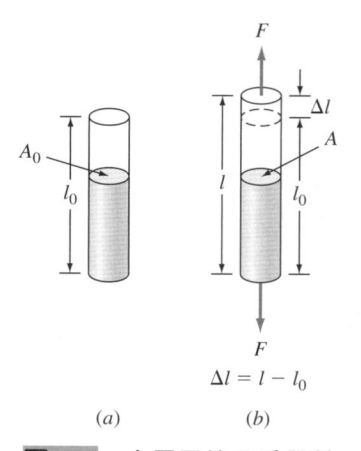

圖 6.1 金屬圓棒承受單軸拉伸外力 F 而伸長。(a) 無外力作用時;(b) 承受單軸拉伸外力 F 作用時,此圓棒的長度從 l_0 伸長至 l。

1 psi = 6.89 × 10^3 Pa

10^6 Pa = 1 百萬帕斯卡 = 1 MPa

1000 psi = 1 ksi = 6.89 MPa

例題 6.1

一直徑為 0.500 英吋的鋁棒承受 2500 lb_f 的外力，計算此鋁棒所承受的工程應力為多少 psi。

解

$$\sigma = \frac{外力}{原截面積} = \frac{F}{A_0}$$

$$= \frac{2500 \; lb_f}{(\pi/4)(0.500 \; in)^2} = 12{,}700 \; lb_f/in.^2 \blacktriangleleft$$

例題 6.2

一直徑為 1.25 cm 的棒材承受 2500 kg 的負載，計算此棒材所承受的工程應力為多少 MPa。

解

此棒材所受的負載質量為 2500 kg。在 SI 制中，此棒上的力等於負載的質量乘以重力加速度（9.81 m/s²），或者：

$$F = ma = (2500 \; kg)(9.81 \; m/s^2) = 24{,}500 \; N$$

此棒材的直徑 d = 1.25 cm = 0.0125 m，因此棒材上的工程應力為：

$$\sigma = \frac{F}{A_0} = \frac{F}{(\pi/4)(d^2)} = \frac{24{,}500 \; N}{(\pi/4)(0.0125 \; m)^2}$$

$$= (2.00 \times 10^8 \; Pa)\left(\frac{1 \; MPa}{10^6 \; Pa}\right) = 200 \; MPa \blacktriangleleft$$

工程應變 如圖 6.1 所示，當一圓棒被施加一個單軸拉伸外力時，圓棒會沿著此外力的方向伸長，而此伸長量即稱為應變（strain）。根據定義，單軸拉伸外力作用於金屬樣品所產生的**工程應變**（engineering strain），是樣品在受力方向的長度變化量與原長度之間的比值。因此，圖 6.1 所示的金屬圓棒（或類似型狀的金屬樣品）之工程應變為：

$$工程應變 \; \epsilon = \frac{l - l_0}{l_0} = \frac{\Delta l}{l_0} \tag{6.2}$$

其中 l_0 是樣品的原長度，l 是樣品承受外力拉伸後的長度。在多數情況下，計算工程應變會在較長（例如 20.3 公分）的樣品上，採用稱為標距長度（gage length）的小長度，一般是 5.1 公分。

工程應變 ϵ 的單位如下：
美國習慣用法：英吋 / 每英吋（in./in.）
國際標準制（SI 制）：公尺 / 每公尺（m/m）

因此，工程應變是一個無維度（dimensionless）的量值。在實際應用時，常將工程應變轉換成應變百分比（percent strain）或伸長量百分比（percent elongation）：

$$工程應變\% = 工程應變 \times 100\% = 伸長量\%$$

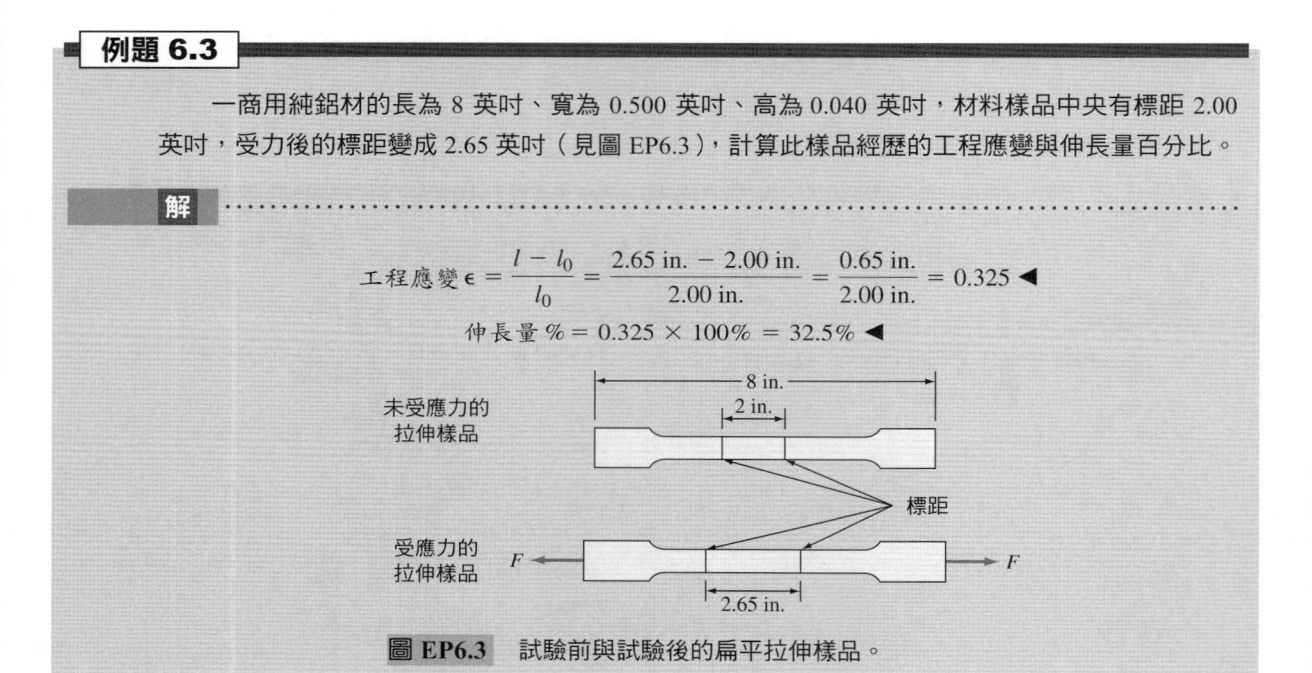

例題 6.3

一商用純鋁材的長為 8 英吋、寬為 0.500 英吋、高為 0.040 英吋，材料樣品中央有標距 2.00 英吋，受力後的標距變成 2.65 英吋（見圖 EP6.3），計算此樣品經歷的工程應變與伸長量百分比。

解

$$工程應變\ \epsilon = \frac{l - l_0}{l_0} = \frac{2.65\ \text{in.} - 2.00\ \text{in.}}{2.00\ \text{in.}} = \frac{0.65\ \text{in.}}{2.00\ \text{in.}} = 0.325 \blacktriangleleft$$

$$伸長量\% = 0.325 \times 100\% = 32.5\% \blacktriangleleft$$

圖 EP6.3 試驗前與試驗後的扁平拉伸樣品。

6.1.3 波松比

金屬在縱軸方向的彈性變形也會導致在橫軸方向產生伴隨的變形。如圖 6.2b 所示，一個拉伸應力 σ_z 產生一軸向應變 $+\epsilon_z$，以及 $-\epsilon_x$ 和 $-\epsilon_y$ 的側向放縮。對等向性（isotropic）[2] 行為而言，ϵ_x 等於 ϵ_y。以下比值稱為波松比（Poisson's ratio）：

$$v\ (剪應力) = -\frac{\epsilon\ (側向)}{\epsilon\ (軸向)} = -\frac{\epsilon_x}{\epsilon_z} = -\frac{\epsilon_y}{\epsilon_z} \quad (6.3)$$

理想材料的 $v = 0.5$；然而，實際材料的波松比範圍通常為 0.25 至 0.4，平均值

---
[2] 等向性：沿著所有方向的軸量測時，展現出的特性皆具有相同的數值。

約為 0.3。表 6.1 列出一些金屬與合金的 v 值。

6.1.4 剪應力和剪應變

我們到目前為止所討論的，都是金屬及合金在單軸拉伸應力作用時所發生的彈性和塑性變形。**剪應力**（**shear stress**）則是另一個讓金屬材料能夠發生變形的重要方法。單純剪應力對（剪應力皆成對作用）於一立方體的作用顯示於圖 6.2c，其中剪力 S 作用在區域 A。剪應力 τ 和剪力 S 的關係可寫為：

$$\tau（剪應力）= \frac{S（剪力）}{A（剪力作用的區域）} \tag{6.4}$$

剪應力的單位和單軸拉伸應力的單位相同：

美國習慣用法：磅力 / 每平方英吋（$lb_f/in.^2$ 或 psi）

國際標準制（SI 制）：牛頓 / 每平方公尺（N/m^2）或帕斯卡（Pa）

剪應變（**shear strain**）γ 定義為剪位移 a（shear displacement）除以剪力作用的距離 h，如圖 6.2c 所示：

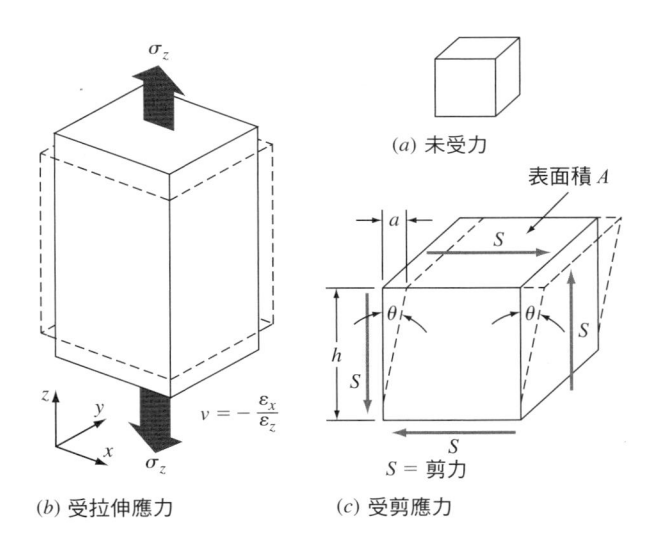

圖 6.2 (a) 未受力的立方體；(b) 立方體受拉伸應力，垂直受力方向的彈性收縮比值為波松比 v；(c) 立方體承受作用在表面積 A 的剪應力 S，作用在立方體的剪應力 τ 為 S/A。

表 6.1 等向性材料在室溫下一般的彈性常數值

材料	彈性模數 10^6 psi（Gpa）	剪模數 10^6 psi（Gpa）	波松比
鋁合金	10.5（72.4）	4.0（27.5）	0.31
銅	16.0（110）	6.0（41.4）	0.33
鋼（普通碳，低合金）	29.0（200）	11.0（75.8）	0.33
不鏽鋼（18-8）	28.0（193）	9.5（65.6）	0.28
鈦	17.0（117）	6.5（44.8）	0.31
鎢	58.0（400）	22.8（15.7）	0.27

資料來源：G. Dieter, "Mechanical Metallurgy," 3rd ed., McGraw-Hill, 1986.

$$\gamma = \frac{a}{h} = \tan\theta \tag{6.5}$$

純彈性剪力的剪應變和剪應力之比例關係為：

$$\tau = G\gamma \tag{6.6}$$

其中 G 為彈性模數。

6.2 拉伸試驗和工程應力－應變曲線
The Tensile Test and the Engineering Stress-Strain Diagram

拉伸試驗（tensile test）是用來估計金屬及合金的強度。在拉伸試驗中，金屬樣品會在短時間內被等速拉伸至破裂或斷裂。圖 6.3 為一台新式拉伸試驗機，圖 6.4 則是樣品受張力測試的示意圖。

施加於樣品上的力量是由測力計（load cell）所量測，而應變則是由連接在樣品上的伸長計（extensometer）來量測（見圖 6.5）。所得數據會蒐集於電腦控制軟體。

進行拉伸試驗所使用的樣品類型差異很大。截面積厚的金屬板材，通常會用直徑 1.27 公分的樣品來進行測試（見圖 6.6a）。截面積較薄的金屬片則會用

圖 6.3　新式拉伸試驗機。施加於樣品的力量（負載）是由測力計所量測，而應變則是利用伸長計測得。資料會透過電腦控制軟體加以蒐集與分析。

（資料來源：*Instron® Corporation.*）

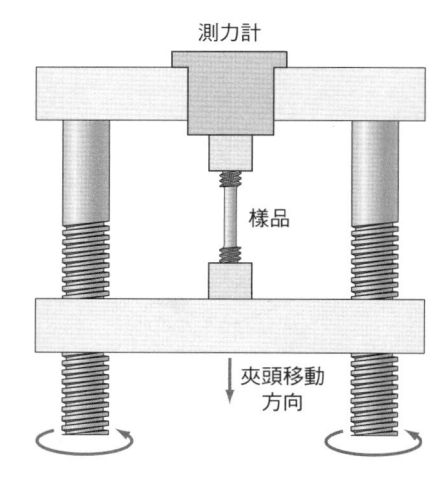

圖 6.4　此為圖 6.3 拉伸試驗機的運作示意圖。不過，注意到圖 6.3 中機器的夾頭是向上移動，與本圖所繪有所不同。

（資料來源：*H. W. Hayden, W. G. Moffatt, and J. Wulff, The Structure and Properties of Materials, vol. III, "Mechanical Behavior," Wiley, 1965, Fig. 1.1, p. 2.*）

圖 6.5 進行拉伸試驗量測應變用的伸長計之特寫。透過小型彈簧夾將伸長計接在樣品上。

（資料來源：*Instron Corporation.*）

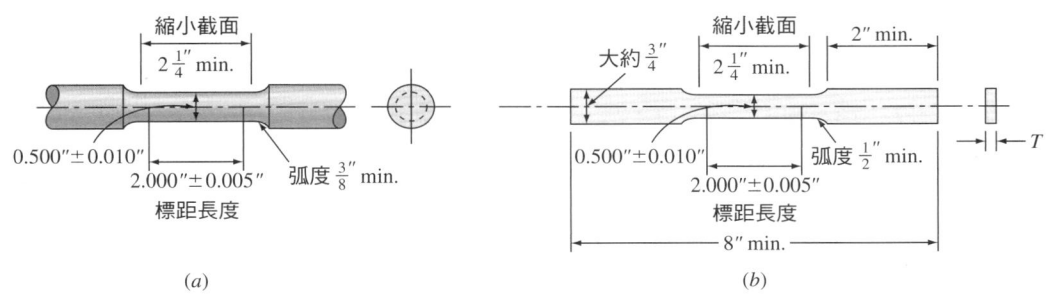

圖 6.6 常用拉伸試驗樣品之幾何形狀的例子。(a) 標距長度為 2 英吋（5.08 公分）的標準圓形拉伸試驗樣品；(b) 標距長度為 2 英吋的標準矩形拉伸試驗樣品。

（資料來源：*H. E. McGannon (ed.), "The Making, Shaping, and Treating of Steel," 9th ed., United States Steel, 1971, p. 1220.*）

扁平樣品（見圖 6.6b）。5.08 公分是拉伸試驗最常用的標距長度。

從拉伸試驗表所得的力量值可以轉換為工程應力值，進而可以畫出工程應力和工程應變的關係。圖 6.7 所示為高強度鋁合金的**工程應力－應變曲線圖**（**engineering stress-strain diagram**）。

6.2.1 由拉伸試驗與工程應力－應變曲線所獲得的機械特性

在對於結構設計非常重要的金屬和合金中，可以藉由拉伸試驗獲得的基本機械特性有下列幾項：

1. 彈性模數。
2. 0.2% 偏位的降伏強度。
3. 最大拉伸強度。
4. 斷裂時的伸長率。
5. 斷裂時的斷面收縮率。

彈性模數　拉伸試驗的第一步是先使金屬產生彈性變形。金屬的最大彈性變形量通常小於 0.5%。一般來說，金屬與合金在工程應力－應變曲線圖中的彈性區內，應力和應變為線性關係，可用虎克定律（Hooke's law，由 Robert Hooke 提出）表示：

$$\sigma(應力) = E\epsilon(應變) \tag{6.7}$$

或

$$E = \frac{\sigma(應力)}{\epsilon(應變)} \quad (\text{psi 或 Pa})$$

其中 E 為**彈性模數**（**modulus of elasticity**），或稱楊氏模數（Young's modulus，以 Thomas Young 命名）。

彈性模數和原子鍵結強度有關，表 6.1 所列為一些常見金屬的彈性模數。彈性模數較高的金屬比較堅硬且不易彎曲。例如，鋼材的彈性模數很高，約為 30×10^6 psi（207 Gpa）（SI 制字首的 G = giga = 10^9），而鋁合金的彈性模數則較低，只有約 10 到 11×10^6 psi（69 到 76 Gpa）。注意到在應力－應變曲線圖的彈性區域內，彈性模數並不會隨應力的增加而改變。

降伏強度　**降伏強度**（**yield strength**）是工程結構設計上一個相當重要的數值，因為金屬或合金會從此開始產生明顯的塑性變形。由於在應力－應變曲線上，彈性應變的節數點及塑性應變的開始點無法明確定義，因此降伏強度被選定為當某定量塑性變形發生時的強度。美國的工程結構設計標準所定義的降伏強度是發生了 0.2% 塑性應變時的應力，如圖 6.8 所示。

0.2% 的降伏強度也稱為 0.2% 偏位降伏強度（offset yield strength），來自工程應力－應變曲線圖，如圖 6.8 所示。首先，從 0.002 in./in.（m/m）應變處畫一平行於應力－應變曲線之彈性（線性）區的直線，如圖 6.8 所示。然後，從直線和曲線的交差點畫一條水平線至應力軸。該水平線和應力軸相交處的應力值即為 0.2% 偏位降伏強度。圖 6.8 中的降伏強度是 537 MPa（78,000 psi）。在此要指出，0.2% 偏位降伏強度是一種特意選擇，可以更多或更少。例如，英國即常用 0.1% 偏位降伏強度當作設計參考值。

最大拉伸強度　**最大拉伸強度**（**ultimate tensile strength, UTS**）為工程應力－應變曲線可達到的最大強度。如果樣品部分截面積區域開始出現縮小現象（稱為頸縮）（見圖 6.9），則工程應力便會隨更多的應變而下降，直到發生斷裂，因為工程應力是以樣品原截面積為分母來計算。金屬的延展性愈好，樣品斷裂前的頸縮現象就愈明顯，也會使應力－應變曲線在超過最大應力後的降低程度愈大。對於應力－應變曲線如圖 6.7 所示的高強度鋁合金來說，其超出最大應力

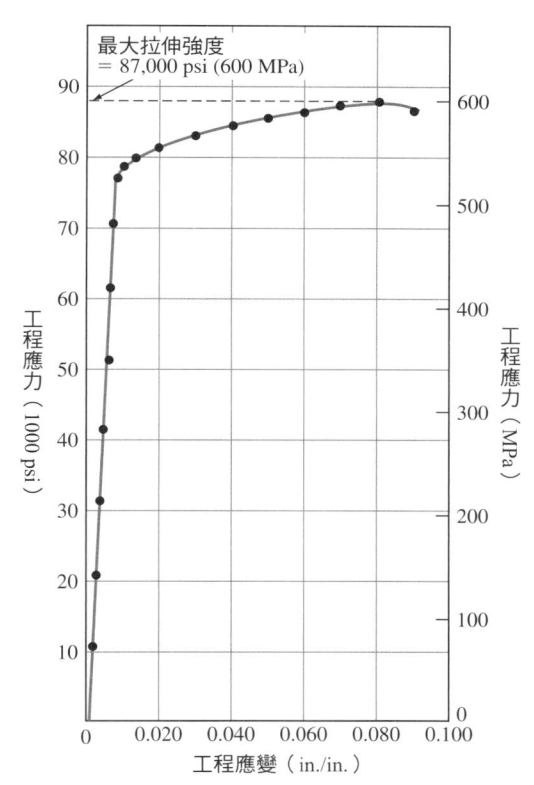

圖 6.7 高強度鋁合金（7075-T6）的工程應力－應變曲線圖。本試驗的樣品取自 $\frac{5}{8}$ 英吋的板材，樣品直徑為 0.50 英吋（1.27 公分），標距長度為 2 英吋。

（資料來源：*Aluminum Company of America.*）

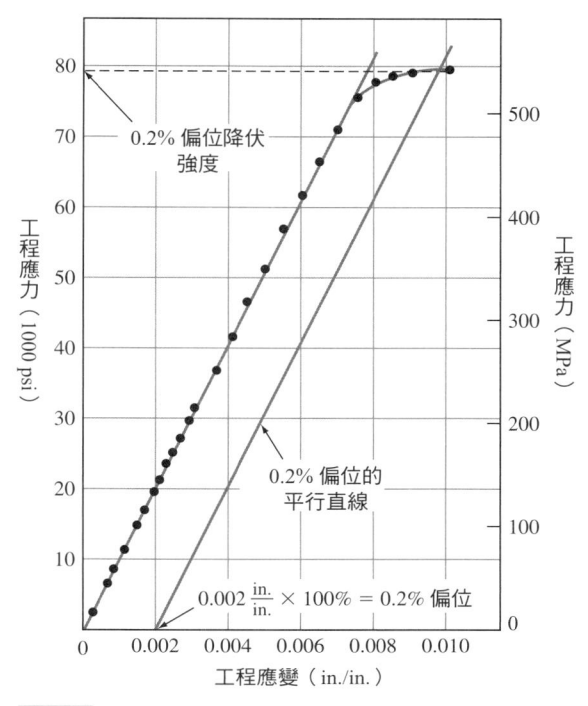

圖 6.8 圖 6.7 的工程應力－應變曲線圖的線性部分。局部放大應變軸，以便能更精確地確定 0.2% 偏位的降伏強度。

（資料來源：*Aluminum Company of America.*）

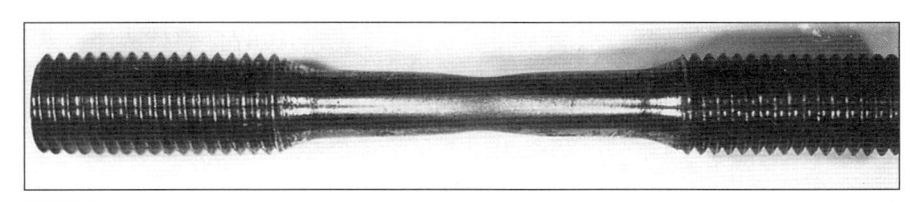

圖 6.9 圓形軟鋼樣品的頸縮現象。樣品原本是均勻的圓柱狀，在承受單軸拉伸力到將近要斷裂時，樣品中間部分的截面積減少，亦即發生「頸縮」現象。

後的應力只會少許下降，因為此材料的延展性相當低。

有關工程應力－應變曲線圖很重要的一點是，金屬或合金在斷裂前的應力會持續增加。工程應力在工程應力－應變曲線圖中的後面部分會下降的唯一原因是我們使用原始截面積來求得工程應力。

從金屬的應力－應變曲線上最高點畫一水平線至應力軸，交點即為金屬的最大拉伸強度，或簡稱拉伸強度（tensile strength）。圖 6.7 中的鋁合金最大拉伸強度為 600 MPa（87,000 psi）。

延展性合金的最大拉伸強度值並不常用在工程設計上，因為在達到此值之前已有許多塑性變形。但是，最大拉伸強度能指點缺陷的存在。若金屬含有孔隙或夾雜物，這些缺陷可能會使金屬的最大拉伸強度比正常值低。

伸長率 在拉伸試驗中，樣品在試驗中展現的伸長量可為金屬的延展性提供數值。金屬的延展性通常是以伸長率來表示，以標距長度 2 英吋（5.1 公分）為基準（見圖 6.6）。一般而言，金屬的延展性愈高（金屬愈容易變形），它的伸長率也愈大。例如，0.062 英吋（1.6 毫米）厚的商用純鋁（合金 1100-0）在軟化時的伸長率可達 35%，但相同厚度之高強度鋁合金 7075-T6 在完全硬化時的伸長率只有 11%。

如前所述，在進行拉伸試驗時，可以使用伸長計來連續量測樣品的應變。然而，樣品斷裂後的伸長率可以透過將斷裂樣品連接回原狀，然後用游標卡尺測量最終伸長量而得。計算伸長率的方程式如下：

$$伸長率\% = \frac{最後長度^* - 初始長度^*}{初始長度} \times 100\%$$

$$= \frac{l - l_0}{l_0} \times 100\% \tag{6.8}$$

金屬斷裂時的伸長率有很高的工程價值，因為它不僅是延展性的量測，也是金屬品質的依據。若金屬中含有孔隙或夾雜物，或金屬因加工時溫度過高以致內部結構被破壞，則受測樣品的伸長率可能會低於正常值。

斷面收縮率 斷面收縮率也可用來表示金屬或合金的延展性。此值通常是使用直徑 0.50 英吋（12.7 毫米）的拉伸試棒來進行拉伸試驗而得。拉伸試棒在試驗後縮小的截面積半徑會被量測。使用試棒在試驗前後的直徑代入下式，可求得斷面收縮率：

$$斷面縮率\% = \frac{初始面積^* - 最後面積^*}{初始面積} \times 100\%$$

$$= \frac{A_0 - A_f}{A_0} \times 100\% \tag{6.9}$$

與伸長率一樣，斷面收縮率也是量測金屬延展性的方法及品質的指標。如果金屬樣品中有孔隙或夾雜物的存在，則斷面收縮率可能會降低。

例題 6.4

一直徑為 0.500 英吋的 1030 碳鋼圓棒樣品，在拉伸試驗機中被拉伸至斷裂。此樣品斷裂表面的直徑為 0.343 英吋，計算此樣品的斷面收縮率。

解

$$\text{斷面收縮}\% = \frac{A_0 - A_f}{A_0} \times 100\% = \left(1 - \frac{A_f}{A_0}\right)(100\%)$$

$$= \left[1 - \frac{(\pi/4)(0.343 \text{ in.})^2}{(\pi/4)(0.500 \text{ in.})^2}\right](100\%)$$

$$= (1 - 0.47)(100\%) = 53\% \blacktriangleleft$$

6.3 硬度與硬度試驗

Hardness and Hardness Testing

硬度（**hardness**）是對金屬材料可抗拒永久（塑性）變形能力的量測，可透過將壓痕器（indenter）壓入金屬材料表面而測得。壓痕器的材料不外乎球形、角錐形或圓錐形，硬度會比受測材料要高得多，像是硬化鋼、碳化鎢或鑽石都是常見的壓痕器材料。在大多數標準的硬度試驗中，壓痕器會將一個已知的負荷以 90° 緩慢地壓入受測材料的表面（見圖 6.10b(2)）。當壓痕出現後，壓痕器會從材料表面移開（見圖 6.10b(3)），然後根據壓痕的截面積或是深度，可以計算出實驗的硬度值，或是直接由計量表（或數字顯示器）讀取。

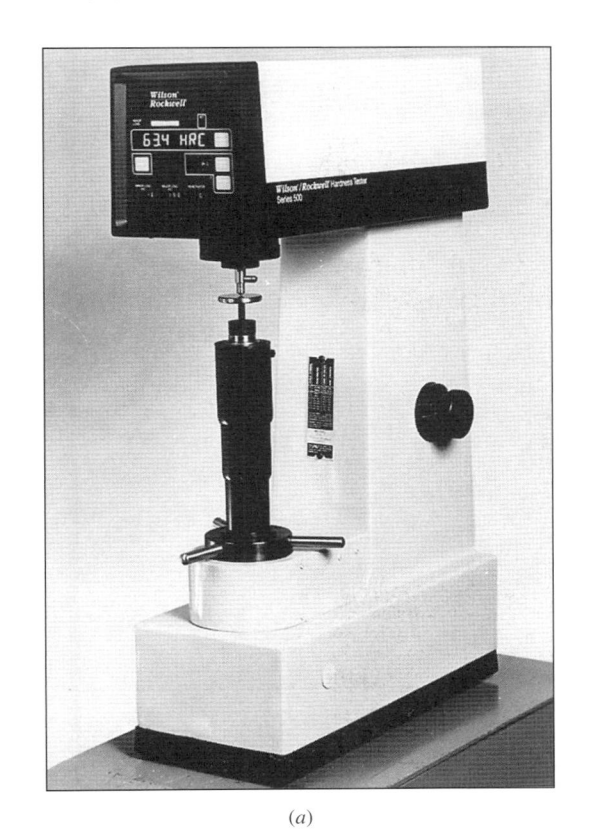

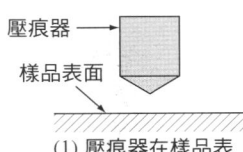

圖 6.10
(a) 洛氏硬度試驗機。
（資料來源：*the Page-Wilson Co.*）
(b) 使用圓錐型鑽石壓痕器進行硬度試驗的步驟。深度 *t* 決定材料的硬度，此 *t* 值愈小，材料的硬度愈高。

(1) 壓痕器在樣品表面的上方處

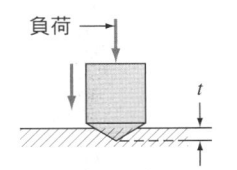

(2) 受力的壓痕器壓入樣品表面

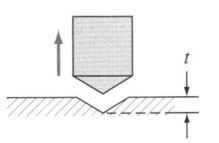

(3) 將壓痕器自樣品表面移除，留下壓痕

(a)　　　(b)

表 6.2 列出四種常見用來進行硬度試驗的壓痕器和壓痕種類：勃氏（Brinell）、維克氏（Vickers）、奴氏（Knoop）與洛氏（Rockwell）。每種試驗的硬度值會依壓痕形狀和所施負荷而有所不同。圖 6.10a 為一台配備了數字顯示器的新型洛氏硬度試驗機。

金屬的硬度會依其發生塑性變形的難易度而定。因此，某特定金屬之硬度與強度間的關係可以利用實驗來決定。硬度試驗比拉伸試驗簡單得多，而且可以是非破壞性的（也就是說，所留下的微小壓痕並不會危及該材料的使用）。因此，工業界經常使用硬度試驗作品管控制。

表 6.2 硬度試驗

試驗	壓痕器	壓痕形狀（側視圖 / 俯視圖）	負荷	硬度值公式
勃氏	10 mm 的鋼球或碳化鎢球體	直徑 D，壓痕直徑 d	P	$\mathrm{BHN} = \dfrac{2P}{\pi D(D - \sqrt{D^2 - d^2})}$
維克氏	角錐型鑽石	$136°$；d_1	P	$\mathrm{VHN} = \dfrac{1.72P}{d_1^2}$
奴氏顯微硬度	角錐型鑽石	$l/b = 7.11$，$b/t = 4.00$	P	$\mathrm{KHN} = \dfrac{14.2P}{l^2}$
洛氏 A, C, D	圓錐型鑽石	$120°$	60 kg R_A = 150 kg R_C = 100 kg R_D =	100–500f
洛氏 B, F, G	直徑 $\tfrac{1}{16}$ 英吋的鋼球		100 kg R_B = 60 kg R_F = 150 kg R_G = 100 kg R_E =	130–500f
洛氏 E	直徑 $\tfrac{1}{8}$ 吋的鋼球			

資料來源：*H. W. Hayden, W. G. Moffatt, and J. Wulff, "The Structure and Properties of Materials," vol. Ⅲ, Wiley, 1965, p. 12.*

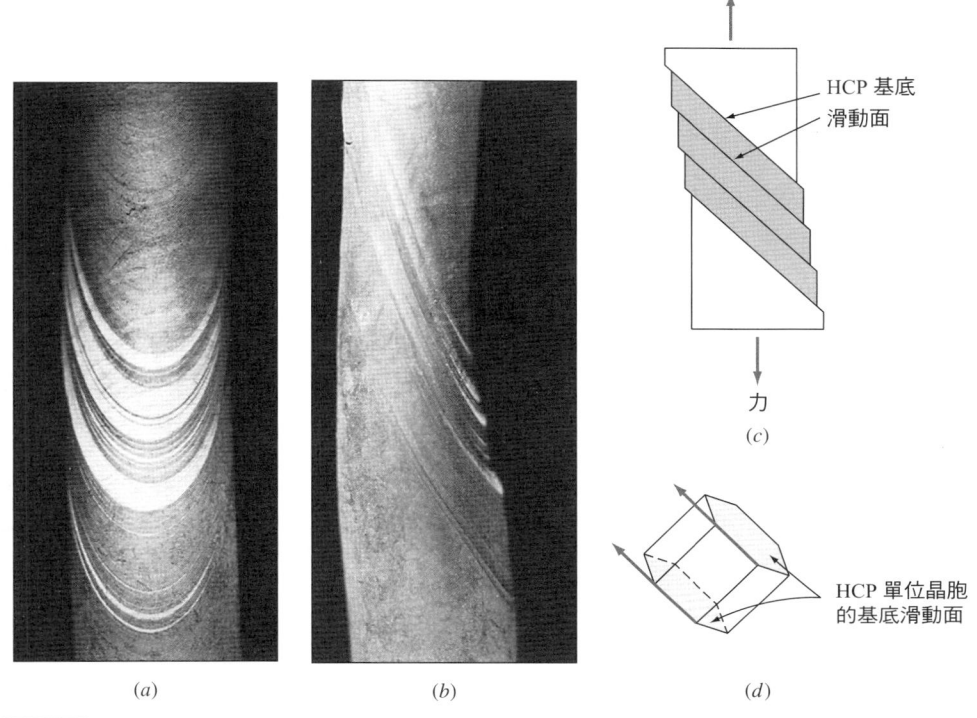

圖 6.11　塑性變形的鋅單晶顯示滑動帶：(a) 真實晶體前視圖；(b) 真實晶體側視圖；(c) 側視圖圖示指出晶體的 HCP 基底滑動面；(d) 顯示基底滑動面的 HCP 單位晶胞。

（資料來源：*Prof. Earl Parker of the University of California at Berkeley.*）

6.4　單晶金屬的塑性變形

Plastic Deformation of Metal Single Crystals

6.4.1　金屬晶體表面的滑動帶與滑動線

我們先來看鋅的單晶圓棒受到超過其彈性限度應力時所形成的永久變形。檢查變形的鋅單晶後可發現，材料表面有稱之為**滑動帶**（slipband）的階梯狀記號（見圖 6.11a 和圖 6.11b）。這些滑動帶是由在某些特定結晶面〔我們稱之為滑動面（slip plane）〕上的金屬原子發生滑動或剪力變形所造成。變形的鋅單晶表面清楚顯示滑動帶的形成，這是因為這些結晶的**滑動**（slip）主要被限制在 HCP 的基面（見圖 6.11c 和圖 6.11d）。

像是銅和鋁等有延展性的單晶 FCC 金屬，滑動會發生在數個滑動面上，使得金屬表面上的滑動帶非常均勻（見圖 6.12）。將金屬的滑動表面高度放大檢視後可發現，滑

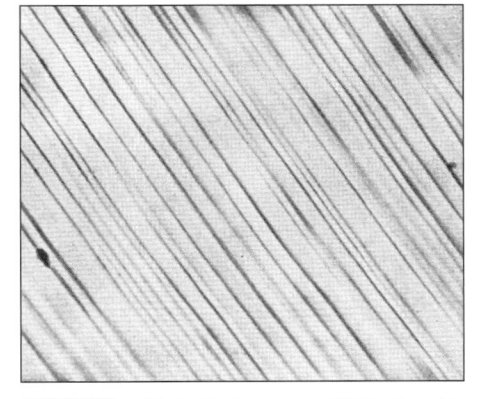

圖 6.12　單晶銅在 0.9% 變形後，於表面上造成的滑動帶型態（放大倍率 100×）。

（資料來源：*F. D. Rosi. Trans. AIME,* **200**:*1018 (1954).*）

145

動發生在滑動帶內的許多滑動面（見圖 6.13）。這些微細的階梯線稱作滑動線（slip line），通常間距為 50 至 500 個原子，而滑動帶的間距則通常為 10,000 個原子直徑。不幸的是，「滑動線」和「滑動帶」這兩個名詞經常被混用。

6.4.2　金屬晶體塑性變形的滑動機制

圖 6.14 是完美金屬晶體內，一群原子滑動越過另一群原子的一種可能原子模型。估算此模型後可得知，金屬晶體的強度應該比其可觀察到的剪應力強度高 1000 至 10,000 倍。因此，此原子滑動機制發生在實際上大的金屬晶體內一定不正確。

為了讓大金屬晶體能在所觀察到的低剪力強度時變形，材料內必須有所謂差排（dislocation）的高密度結晶缺陷。這些差排在金屬固化時會大量地（約 10^6 cm/cm^3）產生，而且當金屬晶體發生變形時，更會持續產生更多差排，使得高度變形的晶體可能包含高達 10^{12} cm/cm^3 的差排。圖 6.15 顯示刃差排（edge

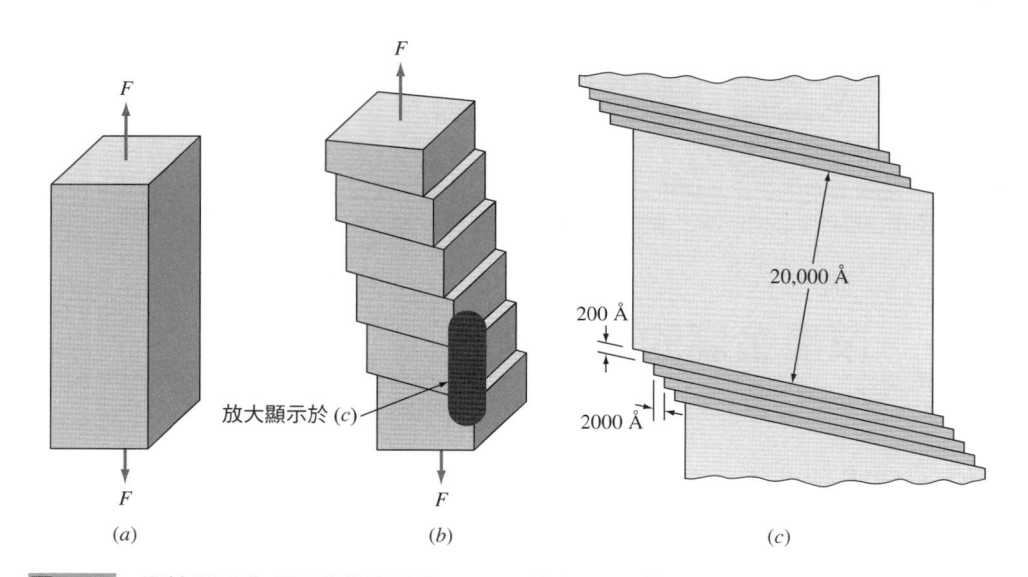

圖 6.13　塑性變形造成滑動帶的形成。(a) 單晶金屬承受拉伸應力；(b) 當外加應力超過降伏強度時便出現滑動帶，晶體塊擦過彼此滑移；(c) 將 (b) 中的陰影區放大，滑動發生在許多平行的最密堆積滑動面。陰影區被稱為滑動帶，在低放大倍率下，看似一條線。

（資料來源：M. Eisenstadt, "Introduction to Mechanical Properties of Materials: An Ecological Approach," 1st ed., 1971.）

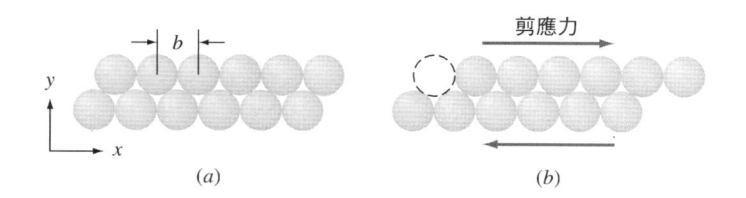

圖 6.14　大金屬晶體內的多數原子在承受塑性剪應力變形時，並不會如圖所示同時滑動越過其他原子，因為這樣的過程需要很大的能量。會發生的是涉及少數原子滑動的低能量過程。

dislocation）是如何在低剪力的狀態下產生一個單位的滑動。此過程只需要少量的應力就可造成滑動，因為不論任何瞬間，都只會有少量的原子群彼此相互滑動。

金屬晶體中的差排受剪應力作用而移動，可以比喻成帶有波紋的地毯在大面積的地板上移動。如果想藉由拉住地毯的一端來使它移動可能不太容易，因為地毯與地板之間有摩擦力。但是如果讓地毯中央形成一個波形（如同在金屬

(a) 額外的原子半平面所產生的刃差排

(b) 低應力造成原子鍵結移動，以釋出一新的插入原子面

(c) 重複此過程，造成差排滑移過晶體

(d)

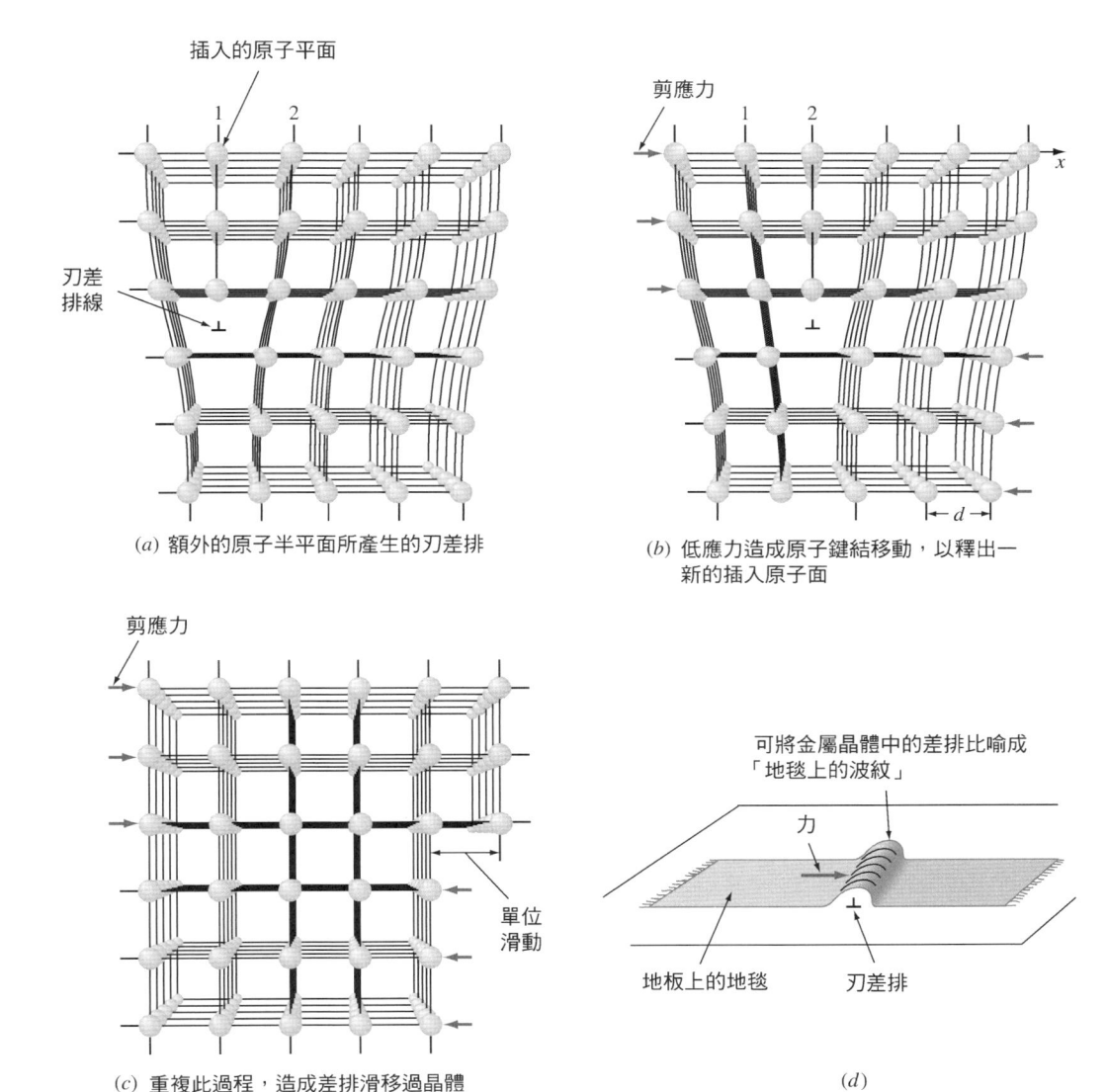

圖 6.15 圖示在低剪應力的作用下，刃差排的移動如何造成一個單位的滑動。(a) 刃差排，由額外的原子半平面所產生；(b) 低應力造成原子鍵結移動以釋出一新的插入原子面；(c) 重複此過程會造成差排滑移過晶體。此過程所需的能量比圖 6.13 所示的要低。

（資料來源：A. G. Guy, "Essentials of Materials Science," McGraw-Hill, 1976, p. 153.）。

(d)「地毯內的波紋」類比。當塑性變形發生時，差排穿過金屬晶體的方式，就類似波紋被地板上的地毯推著移動的情形。在這兩種情況下，差排或是波紋的移動會造成一小量的相對移動，因此只有相對少量的能量被消耗。

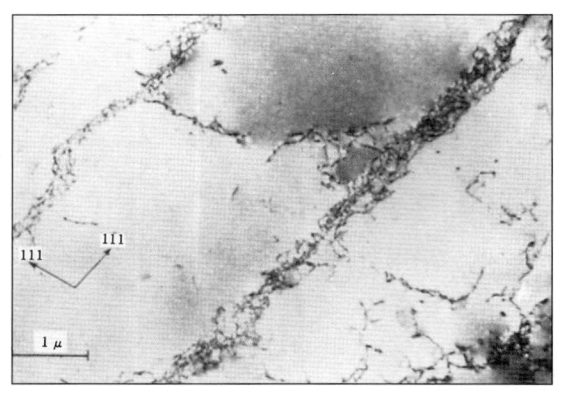

晶體中的差排），就可以逐步推動波形，而使地毯在地板上移動（見圖 6.15d）。

實際晶體內的差排，可以利用穿透式電子顯微鏡觀察金屬薄箔而看到。這些差排看似線條，因為差排處的原子不規則排列會對顯微鏡電子束的穿透路徑造成干擾。圖 6.16 顯示一個由輕微變形鋁樣品所產生的差排晶胞壁。晶胞內幾乎無差排存在，但是會被高差排密度的晶胞壁隔開。

差排會使原子在特定的結晶滑動面及特定的滑動方向產生位移。滑動面通常是最緊密堆積的面，也相隔最遠。由於原子位移所需要的剪應力在緊密堆積平面比在不緊密堆積平面要低，因此滑動經常發生在緊密堆積平面上（見圖 6.17）。然而，此時如果有局部高應力使得滑動受阻，則較低密度堆積的平面也會開始滑動。滑動也經常發生在緊密堆積方向，因為原子在緊密接觸時，位移所需的能量較低。所謂的**滑動系統（slip system）**指的是滑動面與滑動方向兩者的結合。金屬結構內的滑動會發生在多個滑動系統。每一種晶體結構的滑動系統特性也會不相同。

圖 6.16 穿透式電子顯微鏡呈現一輕微變形鋁樣品內的差排晶胞結構。晶胞內幾乎無差排，但是會被高差排密度的晶胞壁隔開。

（資料來源：*P. R. Swann, in G. Thomas and J. Washburn, [eds.], "Electron Microscopy and Strength of Crystals," Wiley, 1963, p. 133.*）

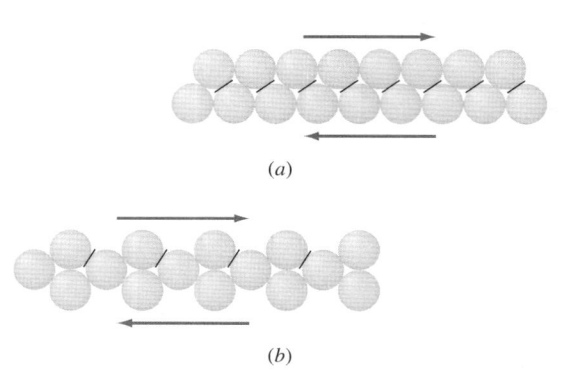

6.4.3 雙晶

雙晶（twinning）是第二重要的金屬塑性變形機制。在此過程中，部分的原子晶格會變形，成為相鄰未變形部分晶格的鏡面映像（見圖 6.18）。變形與未變形晶格的對稱結晶面稱為雙晶面（twinning plane）。就像滑動一樣，雙晶也會發生在特定方向，稱為雙晶方向（twinning direction）。然而在滑動時，所有在滑動面同一側的原子移動的距離都相同（見圖 6.15），但是在雙晶中，原子位移的距離與各原子距離雙晶面的遠近成正比（見圖 6.18）。圖 6.19 顯示金屬表面在變形後，滑動與雙晶的基本差異。滑動會留下一系列階梯（線）（見圖 6.19a），而雙晶則會留下一個很小但清晰的晶體變形區（見圖 6.19b）。圖 6.20 顯示鈦金屬表面的部分變形雙晶區。

圖 6.17 比較原子在以下各處的滑動：(a) 緊密堆積平面；(b) 不緊密堆積平面。滑動容易發生在緊密堆積平面，因為將原子移動到下一個緊鄰位置所需的能量較低，如圖中原子斜率標示線所示。要注意的是，差排一次移動一個原子的距離。

（資料來源：*A. H. Cottrell, The Nature of Metals, "Materials," Scientific American, September 1967, p.48. Illustration © Enid Kotschnig.*）

雙晶只關係到整體金屬體積中的一小部分，所以產生的整體變形量很小。然而，雙晶在變形機制中非常重要，因為它會改變晶格方位，產生有利於剪應

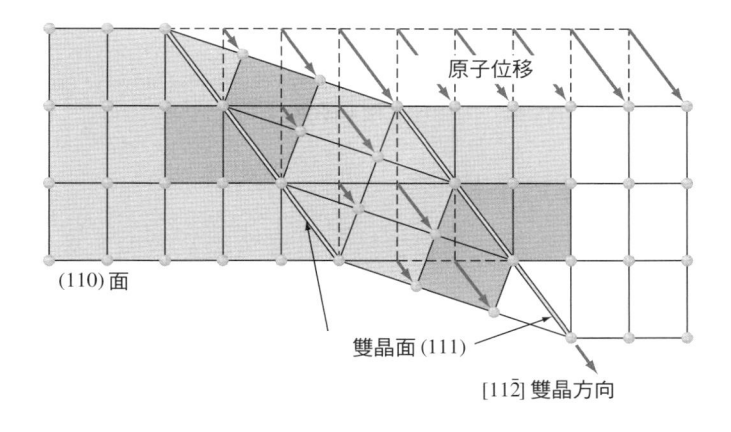

圖 6.18 圖示 FCC 晶格發生雙晶的過程。
（資料來源：*H. W. Hayden, W. G. Moffatt and J. Wulff, "The Structure and Properties of Materials," vol. III, Wiley, 1965, p. 111.*）

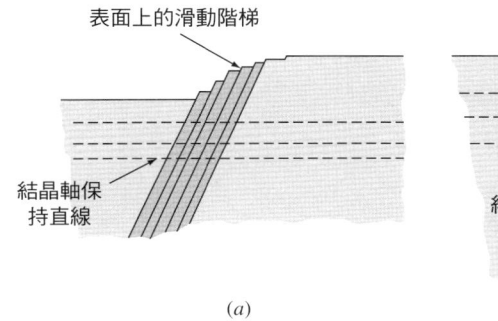

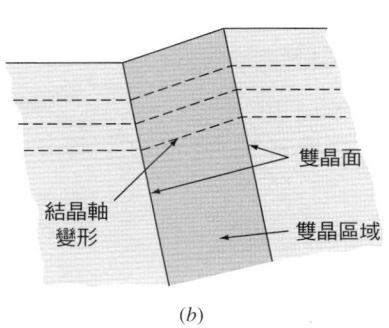

圖 6.19 圖示在經過 (a) 滑動和 (b) 雙晶後的金屬表面變形。

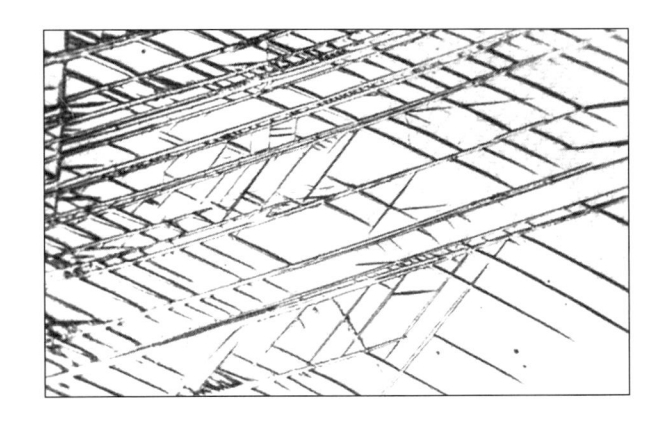

圖 6.20 純鈦（99.77%）金屬表面的變形雙晶現象（放大倍率 150×）。
（資料來源：*F. D. Rosi, C. A. Dube, and B. H. Alexander, Trans. AIME,* **197**:259 (1953).）

力作用的新滑動系統方向使更多滑動得以發生。在三種主要的金屬單位晶胞結構（BCC、FCC 及 HCP）中，雙晶對 HCP 結構最重要，因為 HCP 的滑動系統很少。但是即便有雙晶的協助，HCP 金屬（如鋅和鎂）的延展性仍比滑動系統較多的 BCC 及 FCC 金屬差。

6.5　多晶金屬的塑性變形
Plastic Deformation of Polycrystalline Metals

6.5.1　晶界對金屬強度的影響

幾乎所有的工程合金都是多晶結構。單晶金屬及合金主要是用於研究工作，很少會應用在工程上。晶界可以是差排移動的障礙，因此能強化金屬及合金，只是在高溫下除外，此時晶界反而會變成弱點。在金屬強度為重點的應用中，多會要求細小晶粒尺寸。一般來說，在室溫下的微小晶粒金屬較堅固、強韌，也更易受到應變硬化。然而，它們也比較不耐腐蝕及潛變（在高溫時受恆定負荷的變形）。細小的晶粒尺寸也會造成材料的表現更均勻及等向。對於兩個由相同合金所製造出的元件，平均粒徑較小的元件強度較高。強度和晶粒大小之間的關係對工程師來說相當重要。式（6.10）即知名的 **Hall-Petch 方程式**（**Hall-Petch equation**），這是一個經驗公式（由實驗獲得，非推導自理論），連結了降伏強度 σ_y 與平均晶粒直徑 d：

$$\sigma_y = \sigma_0 + \frac{k}{\sqrt{d}} \tag{6.10}$$

其中，σ_0 和 k 是該材料的相關常數。硬度（維克氏測試）和晶粒尺寸之間也存在類似關係。此方程式清楚顯示，當晶粒直徑減少時，材料的降伏強度會增加。由於傳統的晶粒直徑可以從幾百微米到幾微米，調整晶粒直徑可以大幅度強化晶粒。表 6.3 列出了不同材料的 σ_0 和 k 值。請注意，Hall-Petch 方程式不適用於：(1) 極粗糙或是極精細的晶粒尺寸；(2) 處於高溫下的金屬。

圖 6.21 比較單晶與多晶純銅在室溫下的應力－應變曲線。在所有應變下，多晶銅都比單晶銅要強韌，在 20 % 應變時，多晶銅的拉伸強度為 276 MPa（40 ksi），而單晶銅的則為 55 MPa（8 ksi）。

金屬發生塑性變形時，沿著某特定滑動面移動的差排無法直接以直線方式由一個晶粒進入到另一個晶粒。如圖 6.22 所示，滑動線會在晶界改變方向。因此，每個晶粒都會在偏好的滑動面上有自己的一組差排，且滑動方向與相鄰的晶粒不同。當晶粒數目增加，直徑會變小，每個晶粒中的差排在碰到晶界之前可移動的距離較小。它們的移動會在晶界被終止（差排累積）。這就是細小晶粒材料強度較高的原因。圖 6.23 清楚顯示一個身為障礙的高角度晶界，造成晶界處的差排堆積。

表 6.3　不同材料的 Hall-Petch 關係式常數值

	σ_0（Mpa）	k（Mpa · m$^{1/2}$）
銅	25	0.11
鈦	80	0.40
軟鋼	70	0.74
Ni$_3$Al	300	1.70

資料來源：www.tf.uni-kiel.de/matwis/matv/pdf/chap_3_3.pdf

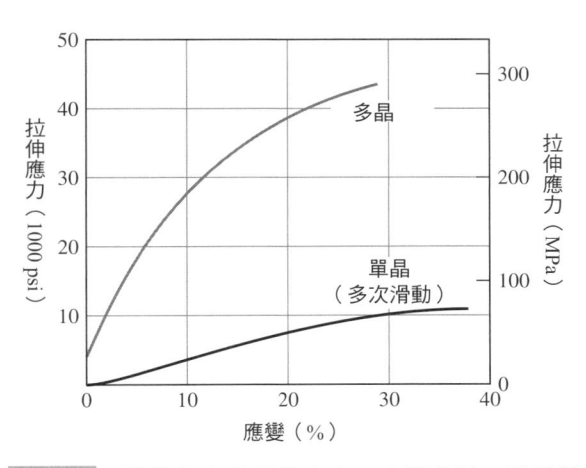

圖 6.21 單晶和多晶銅的應力－應變曲線。單晶被導向多次滑動。多晶在應變範圍內皆顯示較高的強度。

（資料來源：*M. Eisenstadt, "Introduction to Mechanical Properties of Materials," Macmillan, 1971, p. 258.*）

圖 6.22 經歷了塑性變形的多晶鋁。注意到晶粒內的滑動帶是平行的，不過跨越了晶界後，滑動帶便不再連續了（放大倍率 60×）。

（資料來源：*G. C. Smith, S. Charter, and S. Chiderley of Cambridge University.*）

6.5.2 塑性變形對晶粒形狀和差排排列之影響

晶粒形狀隨塑性變形改變 我們先看晶粒結構為等軸的純銅退火樣品塑性變形。此處所講的**退火**（**anneal**）即是以利用加熱處理金屬產生軟化現象的處理。當冷塑性變形發生時，由於差排的生成、移動和重組，使得晶粒在彼此間產生剪切力。圖 6.24 為冷軋後量減少 30% 和 50% 的純銅片樣品的顯微結構。隨著更多冷軋，晶粒在滾軋方向的伸長會因差排移動而更明顯。

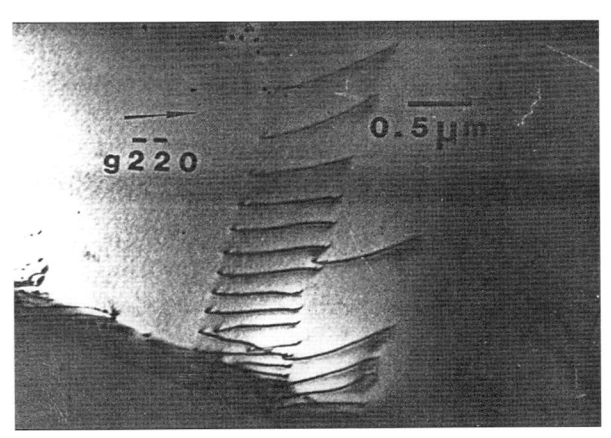

圖 6.23 穿透式電子顯微鏡觀察一不鏽鋼薄箔的差排在晶界上堆積（放大倍率 20,000×）。

（資料來源：*Z. Shen, R. H. Wagoner, and W. A. T. Clark, Scripta Met., 20: 926 (1986).*）

差排排列隨塑性變形改變 純銅樣品在

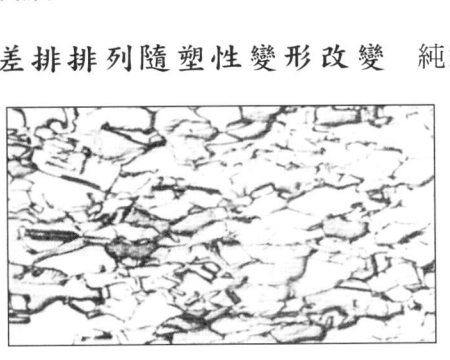

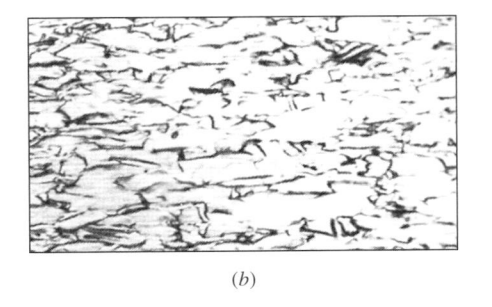

(a)　　　　　　　　　　　(b)

圖 6.24 經冷軋塑性變形後的純銅片的光學顯微相片，(a) 為冷軋量 30%，(b) 為冷軋量 50%（腐蝕液：重鉻酸鉀；放大倍率 300×）。

（資料來源：*J. E. Boyd in "Metals Handbook," vol. 8: "Metallography, Structures, and Phase Diagrams," 8th ed., American Society for Metals, 1973, p. 221. Reprinted with permission from ASM International.*）

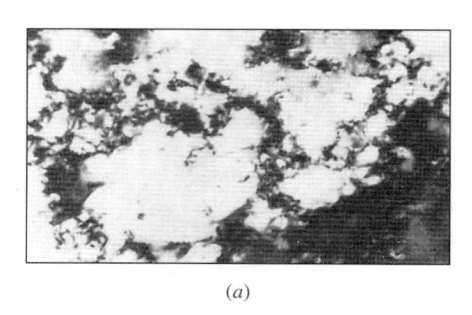

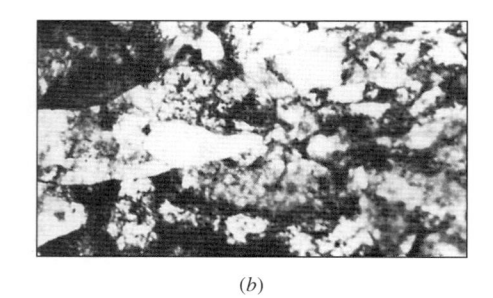

圖 6.25　經冷軋塑性變形後的純銅片穿透式電子顯微相片，(a) 為冷軋量 30%，(b) 為冷軋量 50%。注意到這些電子顯微照片和圖 6.24 的光學顯微照片相對應（薄箔樣品，放大倍率 30,000×）。
（資料來源：J. E. Boyd in "Metals Handbook," vol. 8: "Metallography, Structures, and Phase Diagrams," 8th ed., American Society for Metals, 1973, p. 221.）

30 % 塑性變形後，差排會形成像晶胞狀結構，其中晶胞中央處是空的（見圖 6.25a）。將冷塑性變形增加至 50 % 的減少量，此晶胞狀結構的密度會隨著增高，而且會沿著滾軋方向伸長（見圖 6.25b）。

6.5.3　冷塑性變形對增加金屬材料強度的影響

如圖 6.25 所示，差排密度會隨冷變形量的增加而增加，但是箇中機制目前仍無法全盤了解。冷變形會產生新差排，得與已存在的差排相互作用。當差排密度隨變形量不斷增加，就會變得愈來愈難移動穿過已存在的眾多差排。因此，冷變形的增加會使金屬加工硬化或是應變硬化。

經過退火處理的延性金屬材料（如銅、鋁及 α 鐵等）在室溫下進行過冷加工處理後，它們會因上述的差排作用而發生應變硬化。圖 6.26 顯示在室溫下進行冷加工處理時會如何增加純銅的拉伸強度；冷加工量達 30 % 時，純銅的拉伸強度會從 200 MPa（30 ksi）增加至 320 MPa（45 ksi）。但是在金屬拉伸強度增加的同時，伸長率（延展性）則會隨之降低（見圖 6.26）。冷加工量為 30 % 時，純銅的伸長率會從 52 % 下降至 10 %。

冷加工處理或稱**應變硬化（strain hardening）**是強化某些金屬的最重要方法，像是純銅和鋁就只能用此方法才能明顯強化。因此，經由冷抽（cold-drawn）處理的純銅電線可透過不同程度的應變硬化來製成不同強度（在特定範圍內）的電線成品。

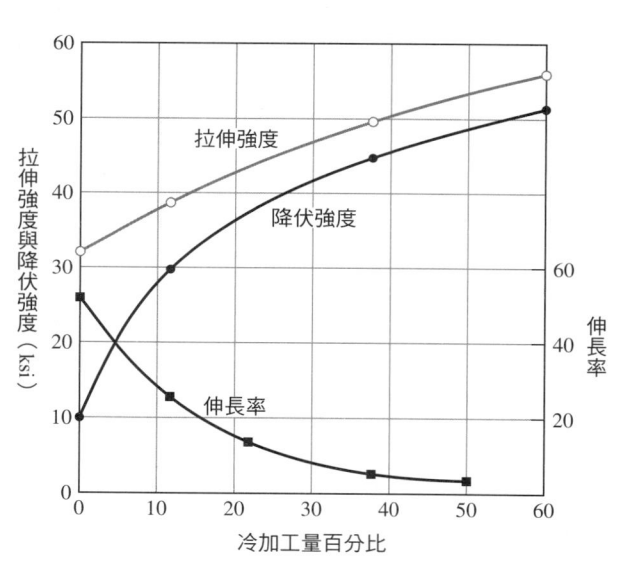

圖 6.26　圖為純無氧銅的冷加工量百分比對拉伸強度和伸長率之關係。冷加工量是以金屬截面積之百分比減少比率來表示。

6.6 金屬材料的固溶強化
Solid-Solution Strengthening of Metals

除了冷加工處理外，另一種可強化金屬材料的方法稱為**固溶強化**（**solid-solution strengthening**）。在金屬內添加一種或多種元素，即可形成固溶體而使金屬強化。前面章節已討論過置換型與間隙型固溶體的結構。當處於固態的置換型（溶質）原子與其他金屬（溶劑）混合時，溶質原子周圍會形成應力場（stress field）。此應力場會和差排作用使其移動困難，導致固溶體金屬的強度比純金屬還要高。

固溶強化的兩個重要因素如下：

1. **相對尺寸因素**：由於固溶會產生晶格扭曲，溶質與溶劑原子間的尺寸差異會影響固溶強化的程度。晶格扭曲使差排移動困難，也因而能強化金屬固溶體。
2. **短程規則排列**：固溶體的原子混合極少隨意排列，而是會產生某種短程規則排列，或是相似原子的團簇。因此，不同的鍵結結構會對差排移動造成阻礙。

除此之外，還有其他也能形成固溶強化效應的因素，但因不在本書範圍，因此不予贅述。

我們以 70 wt % 銅和 30 wt % 鋅（彈筒黃銅）的固溶合金作為固溶強化效應的範例。經過 30% 冷加工處理的純銅之拉伸強度約為 330 MPa（48 ksi）（見圖 6.26）。然而，經過 30 % 冷加工處理的 70 wt % 銅－30 wt % 鋅合金之拉伸強度為 500 MPa（72 ksi）（見圖 6.27）。因此，此範例中的固溶強化效應可以使銅的拉伸強度增加 165 MPa（24 ksi）。然而，在經過 30 % 冷加工處理後，添加 30 % 鋅的銅合金之延展性會從 65 % 降至 10%（見圖 6.27）。

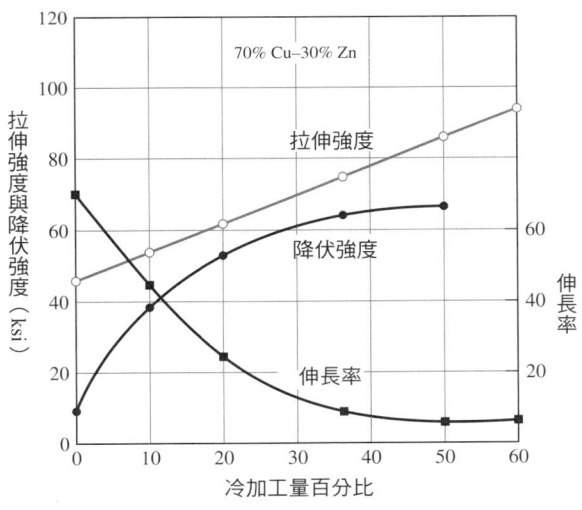

圖 6.27 圖為 70 wt % 銅－ 30 wt % 鋅合金的冷加工量百分比對應拉伸強度和伸長率之關係。冷加工量是以金屬截面積之百分比減少比率來表示。

6.7 金屬的超塑性
Superplasticity in Metals

包括所謂延性金屬在內的大部分金屬，在破壞斷裂前都多少會有某種程度的塑性變形。例如，在單軸拉伸試驗中，軟鋼在斷裂前有 22% 的伸長率。許多金屬成形都是在高溫下操作，藉此增加金屬的延展性，進而達到較高的塑性變形。**超塑性（superplasticity）**是指某些金屬合金在高溫和緩慢的負載率下，可達到變形 2000% 的能力，像是鋁和鈦合金。然而，這些合金在正常溫度之下給予負載時並不具超塑性。例如，經過退火的鈦合金（6Al-4V）在室溫下進行常規拉伸試驗時，在斷裂前的伸長率將近 12%，但是在高溫（840°C 至 870°C）和極低的負載率（1.3×10^{-4} s^{-1}）之下，伸長率可達 750% 至 1170%。為了達到超塑性，材料和負載過程必須滿足以下特定條件：

1. 材料必須擁有非常細的晶粒尺寸（5 μm 至 10 μm）及高度敏感的應變率。
2. 負載溫度必須高至超過金屬熔點溫度的 50 %。
3. 應變率要低，而且要控制在 0.01 到 0.0001 s^{-1} 的範圍。

並非所有材料都能符合這些條件，因此不是所有材料都能達到超塑性行為。在大部分的情況下，第一個條件很難實現，也就是超細的晶粒尺寸。

超塑性行為是非常有用的特質，可用來製造複雜的結構元件。問題是，這種驚人程度的塑性變形到底是根據哪種變形機制？我們之前曾討論過在室溫負載下，差排及差排的移動在材料塑性變形上所扮演的角色。差排移動穿越晶粒時，會造成塑性變形。但隨著晶粒尺寸的減小，差排移動也會更受限，而材料也因此更堅固。然而，對具有超塑性特性的材料進行金相分析後可以發現，晶粒中的差排移動其實很小。由此可見，超塑性材料會很容易受到其他變形機制的影響，像是晶界滑動或晶界擴散。在高溫下，個別晶粒或晶粒叢集之間的滑動和旋轉被視為可導致大量應變在晶粒內累積。還有一說是，當物質經由擴散而穿過晶界時，晶粒形狀的逐漸改變會造成晶界滑動。圖 6.28 為鉛－錫共晶合金在超塑性變形前（見圖 6.28a）和變形後（見圖 6.28b）的顯微結構。從圖中可明顯地看出，晶粒在變形前和變形後為等軸，晶粒的滑動與旋轉顯而易見。

材料的超塑性行為讓許多製造過程得以生產複雜元件。吹塑即是其中的一種。超塑性材料在氣體的壓力下被迫變形成為模具形狀。圖 6.29 中的汽車引擎蓋就是由超塑性鋁合金以吹塑法的成形法製造。而且超塑性行為還可以和擴散焊（一種金屬連接法）併用以生產組件，如此可減少材料的浪費。

圖 6.28　鉛－錫共晶合金的超塑性變形，(a) 為變形前，(b) 為變形後。

圖 6.29　汽車的引擎蓋是用超塑性鋁合金以吹塑法成形製造。
（資料來源：*Panoz Auto.*）

6.8 金屬斷裂
Fracture of Metals

　　在新元件的設計、開發和生產方面，材料選擇一個重要且實際的考量，就是在正常運作的情況下元件會發生失效的機率。失效可定義為材料或元件無法：(1) 執行必要功能；(2) 符合性能標準（儘管也許仍可運作）；(3) 即便惡化了仍可安全、可靠地運作。降伏、磨損、撓曲（彈性不穩定）、腐蝕、斷裂皆為元件會失效的範例。

工程師非常清楚負載元件的斷裂可能性，以及可能會對生產力、安全及其他經濟問題造成的不利影響。因此，所有的設計、製造和材料工程師都會在初步分析時使用安全因子來降低斷裂機率。許多領域（像是壓力容器的設計與製造）都有設計師和製造商必須遵循的規範與標準。然而不管再怎麼謹慎，仍不免失誤，造成財產甚至生命的損失。每一個工程師都必須：(1) 完全熟悉材料斷裂和失效的概念；(2) 能從失效的元件中找出造成失效的原因。在大部分的情況下，科學家和工程師都會仔細分析故障的元件以找出原因，進而將所獲得的資訊用來修正設計、製造過程及材料的合成與選擇，以便提高安全性能，降低失效的可能性。純粹由機械性能的角度來看，工程師所關心的是由金屬、陶瓷、複合材料、聚合物，乃至於電子材料所構成的設計元件之斷裂失效。

斷裂是指固體在應力作用下分成兩個或數個碎片的情形。一般而言，金屬斷裂可分成延性斷裂、脆性斷裂或兩者混合。金屬的**延性斷裂（ductile fracture）**是發生在大量塑性變形之後，具有緩慢裂痕傳播的特徵。圖 6.30 為一鋁合金試棒的延性斷裂範例。相對地，**脆性斷裂（brittle fracture）**通常會沿著特定的結晶面〔稱為解理面（cleaveage plane）〕行進，裂痕傳播快速。由於速度快，脆性斷裂通常會導致突如其來的災難性失效，而隨延性斷裂而來的塑性變形則可在實際斷裂前就被發現。

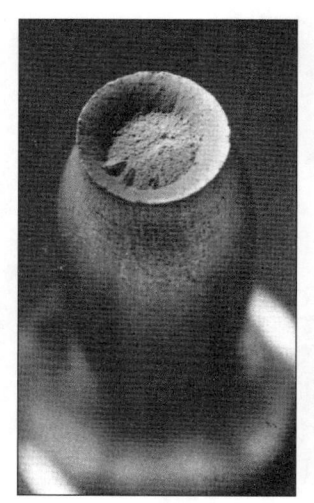

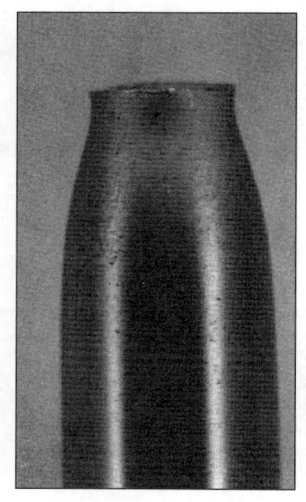

圖 6.30 鋁合金的延性（杯錐形）斷裂。
（資料來源：*ASM Handbook of Failure Analysis and Prevention, Vol. 11, 1992.*）

6.8.1 延性斷裂

金屬的延性斷裂是發生在大量塑性變形之後。我們先用圓柱型（直徑 0.5 英吋或 12.5 毫米）拉伸樣品的延性斷裂來簡單說明。若在樣品上所施加的應力超過樣品的最大拉伸強度，且施力時間夠長的話，樣品就會斷裂。延性斷裂可分為以下三個階段：(1) 樣品形成頸縮，並且在頸縮區域內形成微空穴（見圖 6.31a 和圖 6.31b）；(2) 頸縮區域內的微空穴在試棒中心聚結形成裂紋，而此裂紋會往樣品表面傳播延伸，方向與應力方向垂直（見圖 6.31c）；(3) 裂紋接近表面時，傳播會轉方向和應力軸呈 45°，造成杯錐形斷裂結果（見圖 6.31d 和圖 6.31e）。圖 6.32 是彈簧鋼片樣品之延性斷裂的掃描式電子顯微圖片。圖 6.33 顯示高純度銅變形樣品在頸縮區域內部的裂紋。

實際上，延性斷裂比脆性斷裂少見，主要發生的原因是元件超載。超載之所以發生的可能原因為：(1) 設計不當，包括材料選擇不當（設計不足）；(2) 製

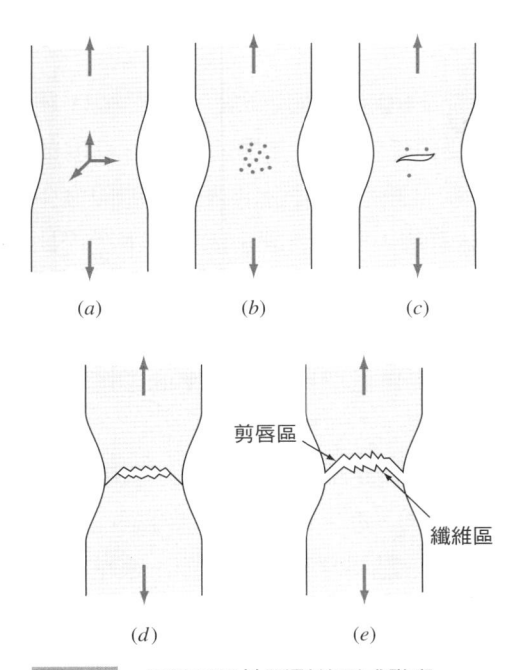

圖 6.31 杯錐形延性斷裂的形成階段。
（資料來源：*G. Dieter, "Mechanical Metallurgy," 2nd ed., McGraw-Hill, 1976, p.278.*）

圖 6.32 掃描式電子顯微圖片顯示彈簧鋼片樣品在斷裂時所產生的錐形等軸渦穴。這些於斷裂時的微空穴聚結過程中形成的渦穴，顯示這是一種延性斷裂。
（資料來源：*ASM Handbook Vol. 12–Fractography, p. 14, fig. 2a, 1987.*）

造不當；(3) 濫用（元件的使用超過了設計師允許的負載量）。圖 6.34 即為延性失效的例子。圖中的汽車後軸承由於被施加扭力而承受巨大的塑性扭轉（注意軸上的扭轉痕跡）。根據工程分析，失效的原因是選材不良。此元件使用的 AISI 型 S7 工具鋼的硬度僅為 22–27 HRC，並不適合此用途。此金屬所需的硬度為 50 HRC 以上，通常需要透過熱處理的過程才能達到。

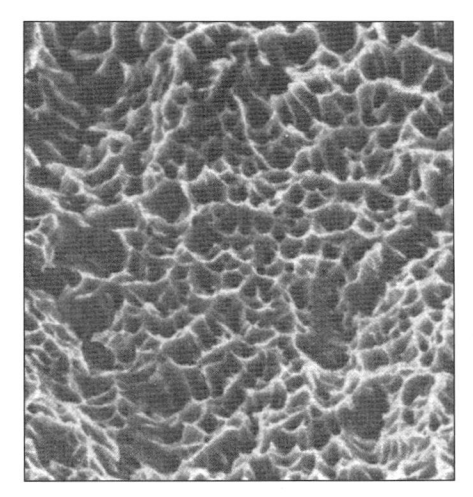

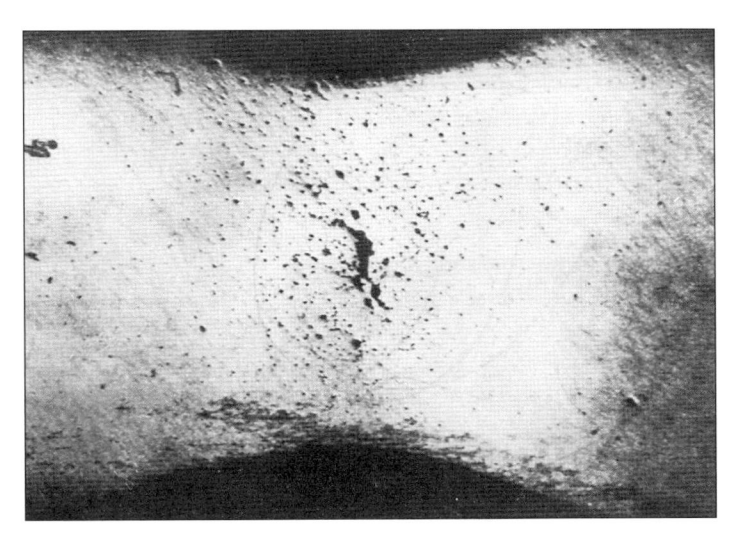

圖 6.33 高純度多晶銅樣品於頸縮區域內之裂紋（放大倍率 9×）。
（資料來源：*K. E. Puttnick, Philos. Mag. 4:964 (1959).*）

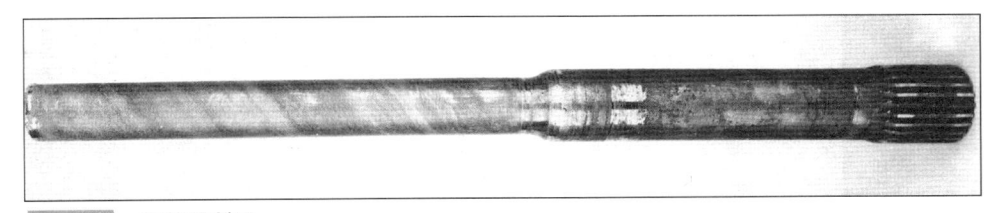

圖 6.34 失效的軸承。
（資料來源：*ASM Handbook of Failure Analysis and Prevention, Vol. 11. 1992.*）

6.8.2 脆性斷裂

許多金屬及合金是在極小的塑性變形狀況下以脆性方式斷裂，如圖 6.35 所示。與圖 6.30 相較，可明顯看出在脆性斷裂和延性斷裂發生前，變形程度的差異。當受到一個垂直於解理面的應力時，脆性斷裂通常會沿著此解理面發生（見圖 6.36）。許多具有 HCP 晶體結構的金屬常發生脆性斷裂，因為其滑動面比較少。例如，單晶鋅受到垂直於 (0001) 面的高應力會出現脆性斷裂。另外像是 α 鐵、鉬與鎢等 BCC 金屬在低溫與高應變率的環境下也會出現脆性斷裂。

大部分多晶金屬的脆性斷裂都為**穿晶**（**transgranular**），亦即裂紋會傳播穿過晶粒基底。然而，如果晶界含有脆性薄膜，或是晶界區域因有害元素偏析而脆化，則脆性斷裂也會以**粒間**（**intergranular**）的方式發生。

金屬的脆性斷裂一般可視為有三個階段：

1. 塑性變形將差排沿著滑動面集中於障礙處。
2. 剪應力會在差排被阻擋處累積，導致微裂紋成核。
3. 更多的應力可使微裂紋傳播，而儲存的彈性應變也會使裂紋傳播。

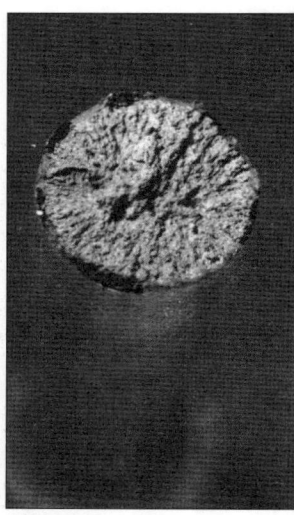

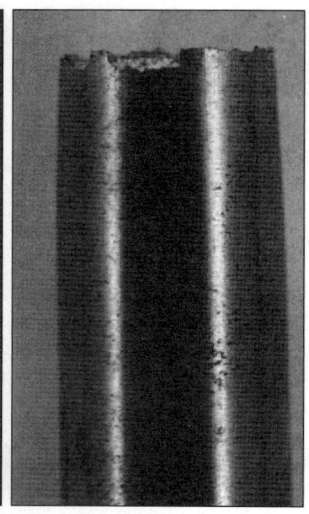

圖 6.35 金屬合金的脆性斷裂顯示從樣品中心放射開來的尖端。
（資料來源：*ASM Handbook of Failure Analysis and Prevention, Vol. 11. 1992.*）

脆性斷裂往往是因為金屬中存在有缺陷而發生。這些缺陷不是在製造階段時就存在，就是在產品運作時才出現。不良缺陷（例如折疊、大型雜質、不良晶粒流、劣質微結構、孔隙度、撕裂及裂紋）可能會在製造過程中形成。疲勞裂紋、氫原子所引起的脆化，還有腐蝕損害，常常會導致最後的脆性斷裂。不論原因為何，脆性斷裂都會從缺陷的位置（應力集中點）開始。某些特定缺陷、低運作溫度或高負載率也可導致某些中度延展性材料的脆性斷裂。從延展性轉變至脆性的行為稱為**延脆轉變**（**ductile to brittle transition, DBT**）。圖 6.37 顯示，扣環發生脆性斷裂是受到銳角這個缺陷的影響（見圖中箭頭所指之處）。

圖 6.36 具延性的肥粒鐵之脆性斷裂沿解理面發生。SEM 照片，放大倍率 1000×。
（資料來源：*W. L. Bradley, Texas A&M University, From ASM Handbook, Vol. 12, p. 237, fig. 97, 1987.*）

6.8.3 韌性與衝擊實驗

韌性（toughness）是對材料在發生斷裂前可吸收能量

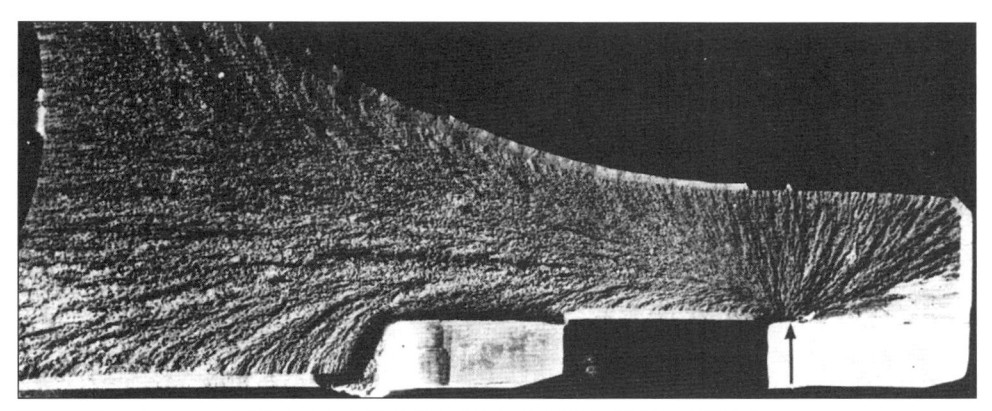

圖 6.37 以 4335 鋼製成的扣環因為受到銳角的影響而發生脆性斷裂。
（資料來源：*ASM Handbook of Failure Analysis and Prevention, Vol. 11. 1992.*）

的量測，對於了解材料是否能受衝擊力作用而不發生斷裂很重要。測量韌性最簡單的方法是使用衝擊試驗機（impact-testing apparatus），如圖 6.38 所示。衝擊試驗機的使用方法為，將恰比（Charpy）V 型凹口樣品（如圖 6.38 上半部所示）置於試驗機的平行墩座之間。測試時，沉重擺鎚從已知的某高度處落下打擊樣品至其斷裂。使用擺鎚質量落下前後位置的高度差，斷裂所吸收的能量即可被量測出來。圖 6.39 顯示溫度對不同材料衝擊能量的影響。

6.8.4 延脆轉變溫度

一般來說，延脆轉變的表示會以溫度為變數，而讓負載率和應力變化率保持不變。雖然有些金屬的延脆轉變溫度很明確，但多數金屬的轉換溫度是落在一個範圍內（見圖 6.39）。圖 6.39 也顯示 FCC 金屬不會有延脆轉變，因此適合低溫使用。影響延脆轉變溫度的因素包括合金成分、

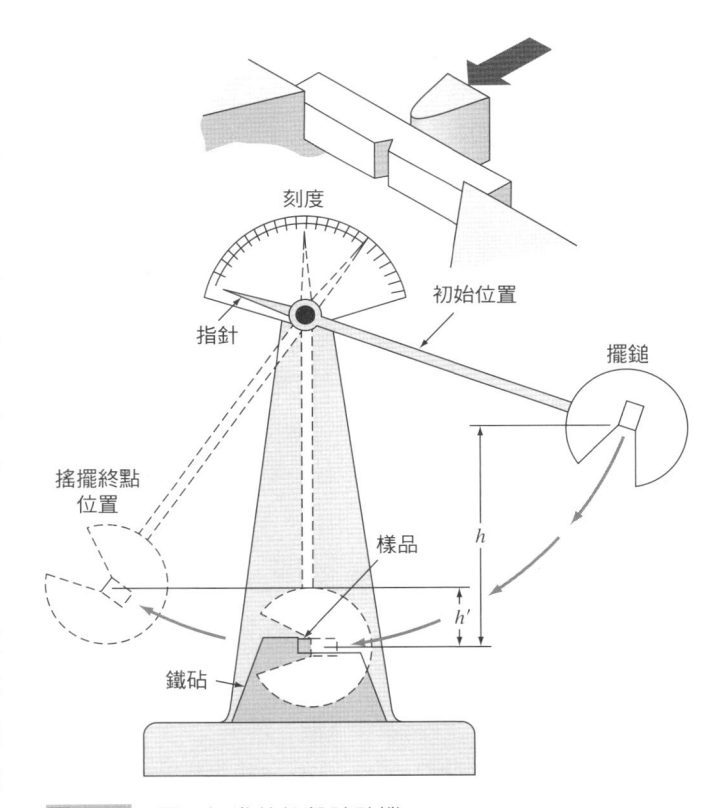

圖 6.38 圖示標準的衝擊試驗機。
（資料來源：*H. W. Hayden, W. G. Moffatt, and J. Wulff, "The Structure and Properties of Materials," vol. lll, Wiley, 1965, p.13.*）

熱處理及加工過程。例如，從圖 6.40 可看出，退火鋼的碳含量會影響延脆轉變的溫度範圍。低碳退火鋼的轉變溫度範圍比高碳鋼的要低且窄。此外，當退火鋼的碳含量增加，鋼材就會愈脆，衝擊斷裂時所能吸收的能量也愈低。

對於需要在低溫環境下運作的元件而言，延脆轉變是選擇材料的一項重要

圖 6.39 溫度對不同材料衝擊能量之影響。

（資料來源：*G. Dieter, "Mechanical Metallurgy," 2nd ed., McGraw-Hill, 1976, p.278.*）

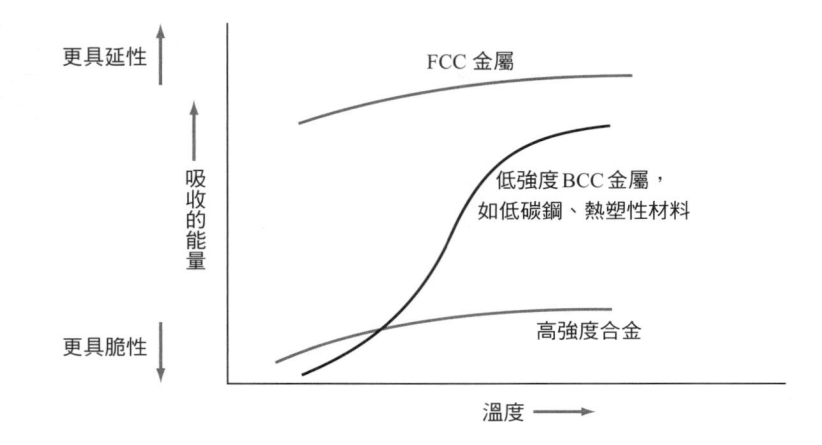

圖 6.40 退火鋼的碳含量對衝擊能量與溫度之關係的影響。

（資料來源：*J. A. Rinebolt and W. H. Harris, Trans. ASM.* **43**:1175 (1951).）

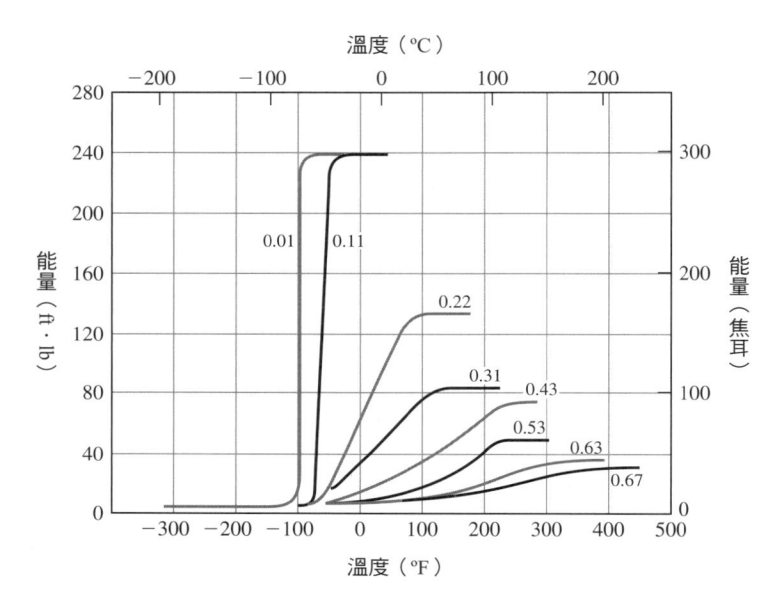

考量。例如，在寒冷水域航行的船隻（還記得鐵達尼號嗎？）或位於北極海域的鑽油平台，都特別容易受到延脆轉變的影響。此時，所選材料的延脆轉變溫度應該要大幅低於操作溫度。

6.9　金屬疲勞
Fatigue of Metals

在許多應用中，重覆或是循環性承受應力的金屬組件，比只受到單一靜態應力時，會在低許多的應力下就會產生斷裂，原因就是**疲勞（fatigue）**。這種發生在承受重覆或是循環應力作用的失效，稱為**疲勞失效（fatigue failure）**。常常會發生疲勞失效的機械組件大多是移動零件，像是軸承、連桿和齒輪等。調查指出，約有 80 % 的機械失效來自於疲勞失效。

圖 6.41 所示為一個鋼質鍵軸的典型疲勞失效。疲勞失效通常發生在應力聚集點，像是銳角、刻痕（見圖 6.41）或者是在冶金夾雜物或缺陷。一旦成核，裂紋會在重覆作用的應力下往他處延伸。貝殼或沙灘形的紋路會在此階段出現，如圖 6.41 所示。最後，未受裂紋作用的區域會因為縮得太小而無法負擔整體負載，導致完全斷裂。因此，表面通常可明顯看出有兩種：(1) 當裂紋傳遞至各處時，開放表面間的摩擦所形成的平滑區域；(2) 當負載過高時，因斷裂所形成的粗糙區域。圖 6.41 中的疲勞裂紋在斷裂發生前，幾乎已穿過整個截面。

材料的**疲勞壽命（fatigue life）**可用許多方法測試，最常用的小尺度疲勞試驗法是旋轉樑式試驗法（rotating-beam test），其中樣品會不斷旋轉，並反覆地承受等量的壓縮及拉伸應力（見圖 6.42 R. R. Moore 反覆彎曲疲勞試驗機）。圖 6.43 為使用樣品的示意圖。樣品表面仔細拋光並向中心傾斜。利用此試驗機進行樣品的疲勞測試時，由於重錘掛載在機器中央，樣品中心的下表面承受的是拉伸力，而上表面則是承受壓縮力（見圖 6.42），如圖 6.44 所示。使用上述試驗所得數據可繪出 SN 曲線圖，S 為破壞應力，N 為施加應力的次數。圖 6.45 為高碳鋼與高強度鋁合金的典型 SN 曲線。對鋁合金而言，施力次數增加時，導致材料失效所需的應力會下降。對高碳鋼而言，當施力次數增加時，疲勞強度會先下降，然後會保持水平，不會再隨循環次數增加而降低。上述的 SN 曲線水平部分稱為疲勞極限（fatigue limit）或耐

圖 6.41 1040 鋼質鍵軸的鍵槽的疲勞斷裂面（硬度：洛式 C 30）。疲勞裂紋從鍵軸左下方角落開始產生，且可看出在最後要斷裂前，裂紋幾乎已穿過整個截面（放大倍率 $1\frac{7}{8}\times$）。
（資料來源：*"Metals Handbook," vol. 9, 8th ed., American Society for Metals, 1974, p. 389.*）

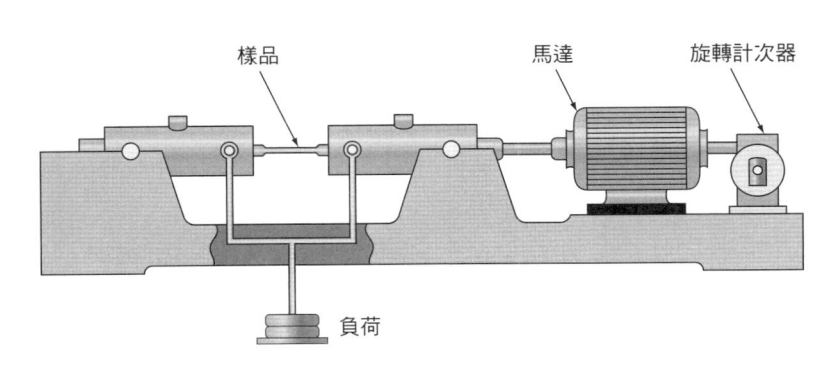

圖 6.42 圖示 R. R. Moore 反覆彎曲疲勞試驗機。
（資料來源：*H. W. Hayden, W. G. Moffatt, and J. Wulff, "The Structure and Properties of Materials," vol. III, Wiley, 1965, p. 15.*）

圖 6.43 圖示旋轉樑疲勞樣品（R. R. Moore 型）。
（資料來源：*Manual on Fatigue Testing*, " American Society for Testing and Materials, 1949.）

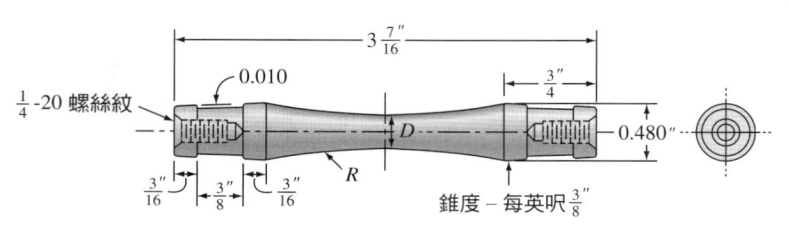

$D = 0.200$ 至 0.400 英吋，根據材料的最大拉伸強度來選擇
$R = 3.5$ 至 10 英吋

圖 6.44 放大的樣品彎曲圖，以呈現作用在樣品上的正拉伸力與負壓縮力。
（資料來源：*H. W. Hayden, W. G. Moffatt and J. Wulff, "The Structure and Properties of Materials,"* vol. III, Wiley, 1965, p. 13.）

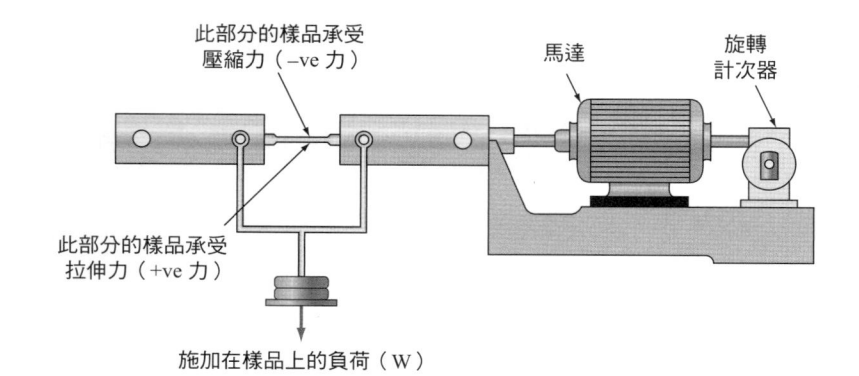

圖 6.45 2014-T6 鋁合金及 1047 中碳鋼的疲勞失效 SN 曲線圖。
（資料來源：*H. W. Hayden, W. G. Moffatt, and J. Wulff, "The Structure and Properties of Materials,"* vol. III, Wiley, 1965, p. 15.）

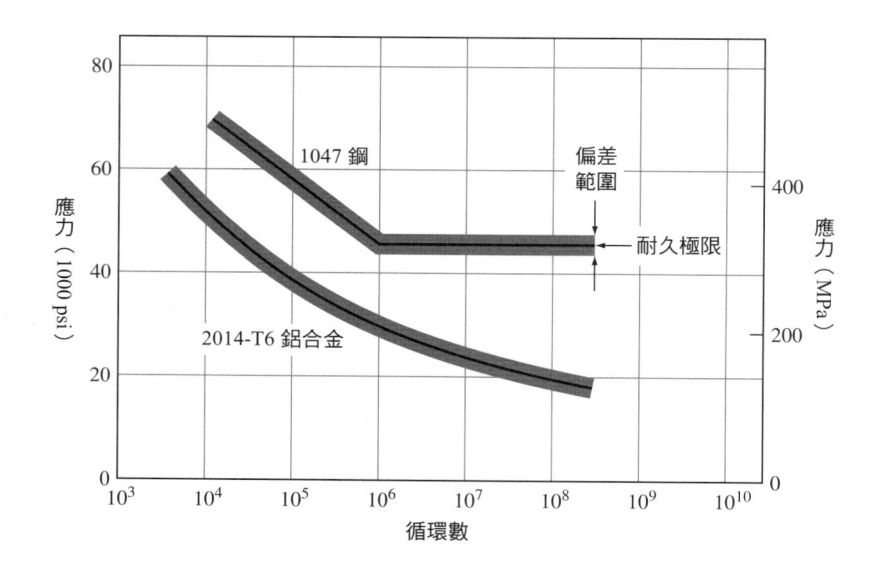

久極限（endurance limit），通常是在 10^6 至 10^{10} 循環次數這個範圍內。許多鐵系合金的耐久極限約為其拉伸強度的一半。而像是鋁合金等的非鐵系合金並沒有耐久極限，其疲勞強度可低到只有拉伸強度的三分之一。

除了本身的化學成分之外，金屬或合金材料的疲勞強度會受到幾個比較重要的因素影響，最重要的一些因素如下：

1. 應力密集度：在應力提升處，像是缺口、孔洞、扁形鑰匙孔或截面積驟變，疲勞強度會大幅下降。例如，圖 6.41 中的疲勞失效是從鋼柱的鍵槽開始。避免應力提升的小心設計可以讓疲勞失效最小化。
2. 表面粗糙度：一般來說，金屬樣品表面愈平滑，疲勞強度愈高。粗糙表面會產生應力提升處，加速疲勞裂紋的形成。
3. 表面處理：由於絕大多數的疲勞失效是來自金屬表面，表面條件的任何重大改變都會影響到金屬的疲勞強度。例如，鋼的表面硬化處理（如碳化與氮化）可使表面硬化，增加疲勞壽命。反之，會軟化熱處理鋼表面的脫碳處理可降低疲勞壽命。
4. 環境：如果金屬在腐蝕性環境受到循環應力，化學侵蝕會大幅增加疲勞裂紋的傳播速率。腐蝕侵蝕及循環應力的結合稱為腐蝕疲勞（corrosion fatigue）。

6.10 金屬的潛變與應力斷裂
Creep and Stress Rupture of Metals

金屬或合金在承受固定負載或應力時，可能會逐漸發生塑性變形。這種隨時間的演進而發生的應變（time-dependent strain）稱為**潛變**（**creep**）。金屬和合金的潛變性質對一些工程設計來說非常重要，特別是在高溫作業的環境下。例如，工程師在選擇氣渦輪機渦輪葉片的材料時，一定要選擇**潛變速率**（**creep rate**）低的合金，以便葉片在達到可容許的最大應變而必須被更換前，可用的時間夠長。許多與高溫作業環境相關的工程設計，可容忍的最高環境溫度取決於材料的潛變性質。

我們先來看純多晶金屬在其絕對熔點溫度的一半（$\frac{1}{2}T_M$）以上溫度時的潛變（高溫潛變），還有一個潛變實驗，在實驗中的退火拉伸樣品被施加可以產生潛變變形的固定負載。將樣品長度的變化與時間演進繪成圖，即可得到如圖 6.46 的潛變曲線（creep curve）。

在圖 6.46 的理想潛變曲線中，首先樣品 ϵ_0 會發生一段瞬間且快速的伸長。接著，樣品就開始進行第一階段的潛變，在其中，應變速率會隨時間的增加而降低。潛變曲線的斜率（$d\epsilon/dt$ 或 $\dot{\epsilon}$）稱為潛變速

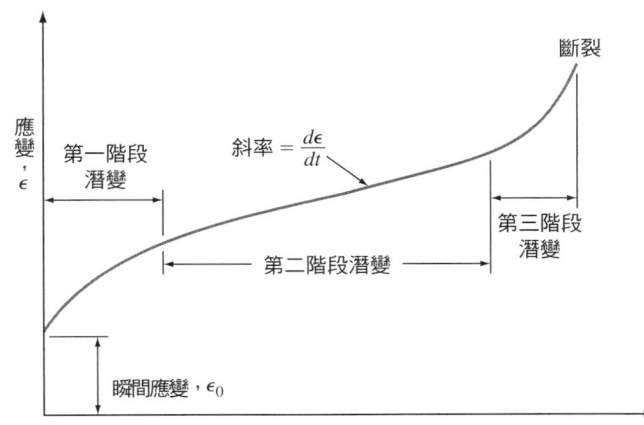

圖 6.46 金屬典型的潛變曲線。曲線代表金屬或合金在固定負載和固定溫度下的時間和應變行為。第二階段的潛變（線性潛變）是設計工程師最感興趣的，因為在此情況下會有大量潛變發生。

率（creep rate）。潛變在第一階段時，潛變速率會隨時間的增加而逐漸降低。之後在第二階段，潛變速率基本上會保持固定，因此此階段也稱為穩態潛變（steady-state creep）。最後在第三階段，潛變速率會隨時間而快速增加，直到斷裂應變為止。負載（應力）和溫度大幅影響潛變曲線的形狀。高的應力及溫度會使潛變速率增高。

在第一階段潛變時，金屬的應變硬化會支持施加負載，而隨著進一步的應變硬化逐漸困難，潛變速率會隨時間而下降。在較高溫度（約高於金屬的 $0.5T_M$）的第二階段潛變期間，高移動性差排的回復過程會抵銷應變硬化，使金屬能繼續以穩定速度伸長（潛變）（見圖 6.46）。第二階段的潛變曲線斜率（$d\epsilon/dt = \epsilon$）稱為最低潛變速率（minimum creep rate）。在這第二階段期間，金屬及合金的潛變阻抗（creep resistance）會達到最高。最後，在負載固定的情況下，樣品會出現頸縮並形成孔洞（特別是沿著晶界所形成的孔洞），使得第三階段的潛變速率增加。圖 6.47 顯示了經歷過潛變失效的 304L 不鏽鋼之晶粒間裂紋。

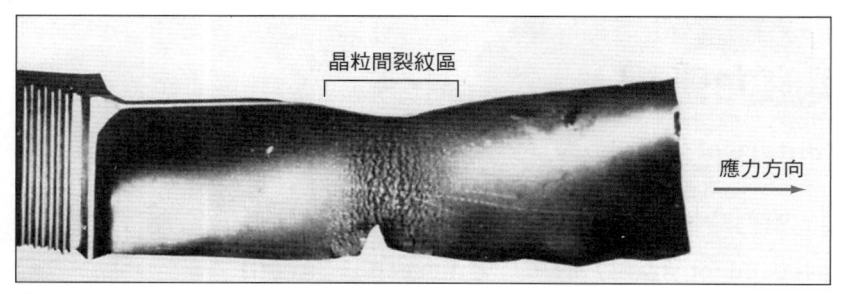

圖 6.47　噴射引擎渦輪葉片經歷了潛變變形，造成了局部變形和晶粒間裂紋增加。

（資料來源：J. Schijive in "Metals Handbook," vol. 10, 8th ed., American Society for Metals, 1975, p.23. ASM International.）

在低溫（低於 $0.4T_M$）及低應力下，由於溫度太低使擴散回復潛變無法發生，金屬潛變只會出現第一階段，而第二階段則很微小可以忽略不計。不過，若金屬承受的應力比最大拉伸強度高，金屬就會被延伸拉長（和一般拉伸試驗相同）。一般來說，當潛變中的金屬所承受的應力與溫度都提高，潛變速率也會跟著提高（見圖 6.48）。

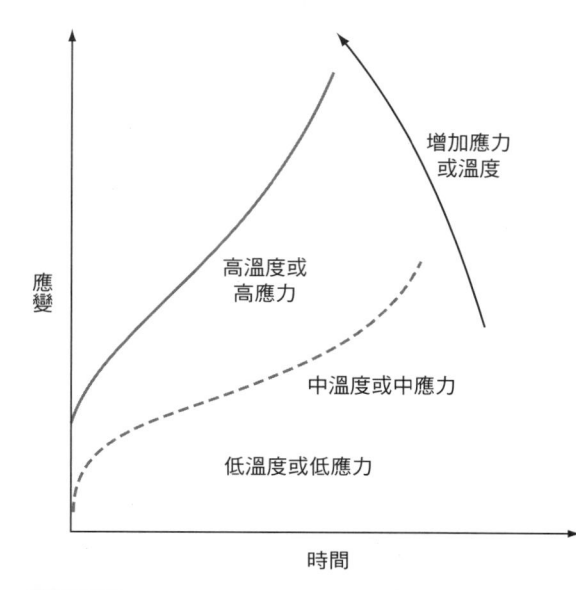

圖 6.48　應力的增加對金屬潛變曲線形狀之影響。注意到應力增加時，應變速率也會增加。

6.11 改善金屬機械性質的最新進展與未來方向
Recent Advances and Future Directions in Improving the Mechanical Performance of Metals

前面的章節已約略討論過奈米結晶材料的一些結構優點，像是高強度、更高硬度，以及更佳耐磨性。然而，如果這些材料的延展性、斷裂與損傷的容忍度不符合特定應用標準，那麼這些改良的科學價值就會相當有限。以下將討論與上述奈米結晶金屬性質相關的知識和進展。在此必須提及的是，目前對奈米結晶金屬的行為了解不多，要達到像對微晶金屬般的了解程度需要更多的研究。

6.11.1 同時改善延展性與強度

純銅在退火和粗晶粒狀態的拉伸延展性可高達 70%，但降伏強度非常低。晶粒尺寸小於 30 奈米的奈米晶粒純銅降伏強度則明顯高出許多，但拉伸延展性卻低於 5%。初步研究顯示，這是 FCC 結構純奈米結晶金屬（例如銅和鎳）的典型趨勢。類似趨勢在 BCC 和 HCP 奈米結晶金屬則尚未發現。不過，奈米結晶鈷（HCP）的拉伸伸長倒是可以媲美微結晶鈷。FCC 金屬比微結晶金屬更脆，如圖 6.49 所示。圖中的曲線 A 顯示退火微晶銅的應力－應變行為，可看出降伏強度約為 65 MPa，延展性約為 70%。曲線 B 顯示的奈米結晶銅其加強的降伏強度提高至約 400 MPa，延展性低於 5%。曲線下的面積代表每種金屬的韌性，因此奈米結晶銅的韌性明顯較低。延展性和韌性的減少是因為有局部應變帶的形成，稱為剪切帶（shear band）。在沒有差排活動的情況下（因為顆粒尺寸非常小），奈米晶粒不會以傳統的方式變形，而是局部性地變形成微小剪切帶，在晶粒其他部分沒有嚴重變形的情況下造成最終斷裂。因此，超高的降伏強度其實效果不彰，因為低延展性會降低韌性，使這些材料失去實用價值。

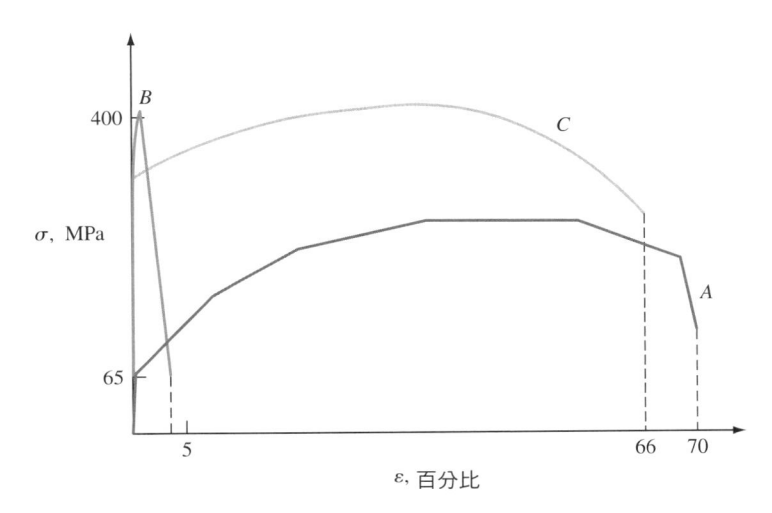

圖 6.49 微晶銅（曲線 A）、奈米結晶銅（曲線 B）和混合晶粒（曲線 C）的應力－應變圖。

好在科學家們已能生產出延展性可媲美微結晶的奈米結晶銅。此複雜熱機械製程包括一系列精密的冷軋和退火程序。所產生的材料為奈米結晶和超細晶粒的基材，其中約 25% 為微米尺寸晶粒（見圖 6.50）。

圖 6.50 TEM 顯微照片顯示純銅微晶粒、超細和奈米尺寸晶粒的混合。

（資料來源：*Y. M. Wang, M. W. Chen, F. Zhou, E. Ma, Nature, vol. 419, Oct. 2002: Figure 3b*）

在液氮溫度下執行的冷軋製程容許高密度的差排產生。低溫讓差排無法回復，因此會使差排密度增加至超出在室溫下可達到的程度。此時，嚴重變形的樣品有奈米結晶及超細晶粒的混合結構，然後會在高度控制的環境下退火。退火製程允許再結晶，讓晶粒成長至 1 至 3 μm（稱為不正常的晶粒成長或稱二次再結晶）。大晶粒的存在允許較高程度的差排與雙晶活動，進而造成材料整體的變形，但多已奈米化的超細晶粒仍保持高降伏強度。這種銅有高降伏強度和高延展性，因此也有高韌性，如圖 6.49 的曲線 C 所示。除了這種新的熱機械製程能增加奈米結晶材料的韌性，也有研究顯示雙相奈米結晶材料的合成可以改善延展性及韌性。此類科技發展對於促進奈米材料在各領域的應用相當重要。

6.11.2 奈米結晶金屬的疲勞行為

針對奈米結晶（4 至 20 nm）、超細結晶（300 nm）及微晶純鎳的基本疲勞實驗（負載率 R 為零、周期頻率為 1Hz）顯示了它對 SN 疲勞反應的影響很大。和鎳微晶相較之下，奈米結晶鎳和超細鎳在達到疲勞極限（定義為二百萬次循環）時，兩者的拉伸應力範圍（$\sigma_{max} - \sigma_{min}$）都有增加，且奈米結晶鎳的增加幅度稍高。但是，用相同晶粒大小的鎳樣品所進行的疲勞裂紋成長實驗的結果卻完全不同。實驗顯示，晶粒尺寸愈小，疲勞裂紋在中段的成長會增加。此外，奈米結晶金屬的疲勞裂紋成長臨界值 K_{th} 也會較低。總體看來，結果顯示奈米晶粒尺寸對材料疲勞性質造成的影響好壞參半。

因此，我們顯然需要更多的研究才能開始真正了解這些材料的行為，以期將它們應用在各種工業所需。

6.12　名詞解釋　*Definitions*

6.1 節

彈性變形（elastic deformation）：若受力產生變形的金屬，在將此外力除去後即可恢復到原本的形狀，則此金屬被稱為彈性變形。

工程應力（engineering stress, σ）：平均軸向力除以原始截面積（$\sigma = F/A_0$）。

工程應變（engineering strain, ϵ）：樣品長度變化量除以樣品原長度（$\epsilon = \Delta l/l_0$）。

剪應力（shear stress, τ）：剪力 S 除以剪力作用的面積 A（$\tau = S/A$）。

剪應變（**shear strain, γ**）：剪位移 a 除以剪力作用的距離 h（$\gamma = a/h$）。

6.2 節

工程應力－應變曲線圖（**engineering stress-strain diagram**）：工程應力與工程應變之試驗值關係圖。y 軸通常為應力 σ；x 軸則為應變 ϵ。

彈性模數（**modulus of elasticity**）：在金屬的工程應力－應變曲線圖的彈性範圍內，應力除以應變（σ/ϵ）（$E = \sigma/\epsilon$）。

降伏強度（**yield strength**）：在拉伸試驗中，使某特定應變量產生的應力。在美國，降伏強度取的是 0.2% 應變的應力。

最大拉伸強度（**ultimate tensile strength, UTS**）：在工程應力－應變曲線圖中之最大應力值。

6.3 節

硬度（**hardness**）：對材料可抗拒永久變形能力的量測。

6.4 節

滑動帶（**slipband**）：由於永久變形造成的滑動而在金屬表面形成的線條記號。

滑動（**slip**）：在金屬產生永久變形時，原子滑移越過彼此的過程。

滑動系統（**slip system**）：滑動面與滑動方向兩者的結合。

變形雙晶（**deformation twinning**）：發生在某些金屬及某些特定狀況下的塑性變形過程。在此過程中，一大群原子會產生位移以形成金屬晶格，是沿著雙晶面類似區域的鏡面映像。

6.5 節

Hall-Petch 方程式（**Hall-Petch equation**）：為一經驗方程式，連結金屬的強度和其晶粒尺寸。

退火（**annealing**）：用以軟化金屬的一種熱處理法。

應變硬化（強化）（**strain hardening (strengthening)**）：透過冷加工處理來使金屬與合金硬化。進行冷加工時，會產生新的差排並與已存在的差排相互作用，因而使材料的強度增加。

6.6 節

固溶強化（硬化）（**solid-solution strengthening (hardening)**）：藉由添加合金產生固溶體以強化材料。若原子的尺寸和電性不同，則差排要移動過金屬晶格會非常困難。

6.7 節

超塑性（**superplasticity**）：有些金屬在高溫及低負載速率時具有塑性變形 1000% 至 2000% 的能力。

6.8 節

延性斷裂（**ductile fracture**）：以緩慢裂紋傳播為特徵的斷裂模式。金屬的延性斷裂表面通常呈無光澤的纖維狀外觀。

脆性斷裂（**brittle fracture**）：以快速裂紋傳播為特徵的斷裂模式。金屬的脆性斷裂表面通常呈光亮且有粒狀區的外觀。

穿晶斷裂（**transgranular fracture**）：一種脆性斷裂，裂紋會穿過晶粒傳播。

粒間斷裂（**intergranular fracture**）：一種脆性斷裂，裂紋會沿著晶界傳播。

延脆轉變（**ductile to brittle transition, DBT**）：低溫時可觀察到材料的延性與抗破壞性降低。

6.9 節

疲勞（fatigue）：循環應力作用致使破壞的現象，最大疲勞應力值低於材料的最大拉伸強度。

疲勞失效（fatigue failure）：樣品因疲勞破壞分為二半或讓剛性大幅降低而發生的失效。

疲勞壽命（fatigue life）：樣品在尚未發生失效前的應力或應變循環。

6.10 節

潛變（creep）：材料在承受固定負載或應力的情形下會隨時間而發生的變形。

潛變速率（creep rate）：在特定時間的潛變－時間曲線斜率。

6.13 習題　Problems

知識及理解性問題

6.1　區別彈性變形和塑性變形的差異（請用圖示說明）。

6.2　(a) FCC 金屬主要的滑動面與滑動方向為何？(b) BCC 金屬主要的滑動面與滑動方向為何？(c) HCP 金屬主要的滑動面與滑動方向為何？

6.3　金屬塑性變形的滑動機制和雙晶機制有何差別？

6.4　(a) 何謂固溶強化？描述兩種主要形式；(b) 影響固溶強化的兩個重要因素為何？

6.5　討論造成超塑性變形中大範圍塑性變形的主要變形機制。

6.6　敘述金屬延性斷裂的三個階段。

6.7　敘述金屬脆性斷裂的三個階段。

6.8　為什麼實際上延性斷裂比脆性斷裂少見？

6.9　普通碳鋼的碳含量如何影響延脆轉變溫度的範圍？

6.10　在疲勞失效表面通常可明顯看出有哪兩種區域？

6.11　碳鋼和高強度鋁合金的 SN 曲線有何不同？

6.12　繪出金屬在固定負載及相對高溫下之典型潛變曲線，並在圖中指出潛變的三個階段。

應用及分析問題

6.13　下表為一 0.2% C 普通碳鋼的工程應力－應變數據。(a) 繪出工程應力－應變曲線；(b) 算出此合金之最大拉伸強度；(c) 算出此合金斷裂時之伸長率。

工程應力 （ksi）	工程應變 （in./in.）	工程應力 （ksi）	工程應變 （in./in.）
0	0	76	0.08
30	0.001	75	0.10
55	0.002	73	0.12
60	0.005	69	0.14
68	0.01	65	0.16
72	0.02	56	0.18
74	0.04	51	（斷裂）0.19
75	0.06		

6.14 運用 Hall-Petch 方程式，比較平均晶粒直徑為 0.8 μm 的銅樣品與平均晶粒直徑為 80 nm 的銅樣品之強度。

6.15 一鋁合金的平均晶粒直徑為 14 μm，強度為 185 MPa。有一相同鋁合金，其平均晶粒直徑為 50 μm，強度為 140 MPa。(a) 計算此合金 Hall-Petch 方程式的常數；(b) 如果所希望的強度為 220 MPa，則晶粒尺寸應該減少多少？

6.16 一 70% 銅 － 30% 鋅的黃銅線經 20% 冷抽處理後，直徑變成 2.80mm，接著再繼續冷抽到直徑為 2.45mm。(a) 計算此黃銅線經歷的總冷加工量百分比；(b) 根據圖 6.27 計算此黃銅線的拉伸強度、降伏強度及伸長率。

綜合及評價問題

6.17 (a) 運用波松比的定義，證明等向性材料絕對不可能有負的波松比；(b) 若一材料有負的波松比，那代表什麼意思？

6.18 為什麼要同時提高強度和延性會有困難？

6.19 檢查橋樑（和其他結構）時，若發現鋼鐵有裂紋，工程師通常會在裂紋尖端前方鑽一個小孔，這麼做會有什麼幫助？

6.20 在製造連接桿時，可能會使用可熱處理至 260 ksi 的 4340 合金鋼材。元件的製造有兩種選擇：(i) 將元件進行熱處理後直接用；(ii) 將元件進行熱處理並磨光表面。你會採用哪一種方法？為什麼？

6.21 檢視斷裂鋼管的斷裂表面。你會把此斷裂歸成哪一類？你看得出斷裂從哪裡開始嗎？怎麼看？

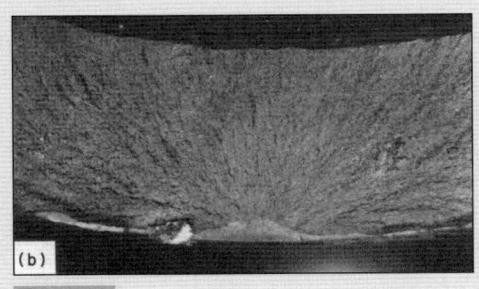

圖 P6.21
（資料來源："*ASM Handbook of Failure Analysis and Prevention,*" vol. 11, p. 21, Fig. 3b.）

6.22 檢視以下斷裂表面，並討論在表面特徵上的差異。你看得出這些斷裂的類型和本質嗎？

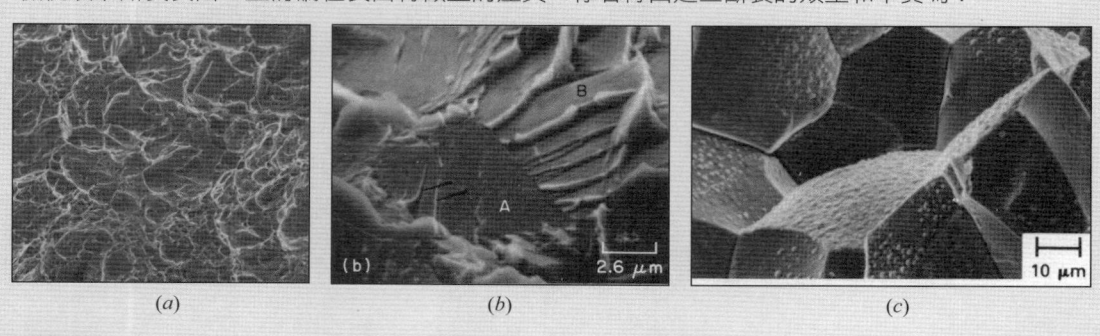

(a)   (b)   (c)

圖 P6.22
（資料來源：*"ASM Handbook of Failure Analysis and Prevention,"* vol. 11.）

CHAPTER 7

相圖
Phase Diagrams

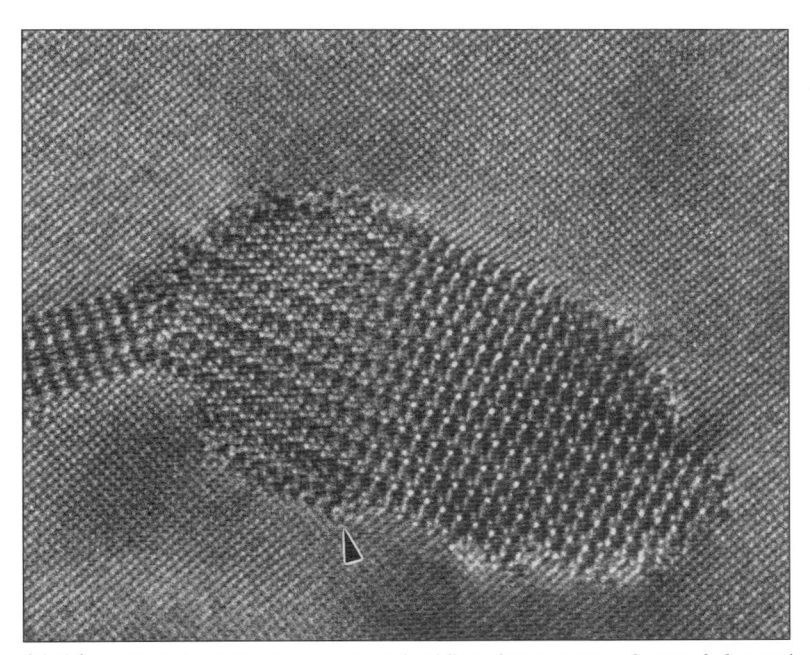

（資料來源：W. M. Rainforth, 'Opportunities and pitfalls in characterization of nanoscale features,' Materials Science and Technology, vol. 16 (2000) 1349–1355.）

析出硬化或時效硬化是一種要在柔軟基材內產生分布均勻堅硬相混合物的熱處理程序。析出相會干擾差排運動，因此能夠強化合金。上圖是在鋁基材中 Al_2CuMg 相分布的高解析電子顯微鏡影像。[1]

材料的**相**（**phase**）是不同於其微結構和／或其成分的區域。相圖（phase diagram）是材料系統在各種不同的溫度、壓力及成分下，會有哪些相存在的圖解表示法。大部分相圖都是在平衡條件[2]下建構，工程師及科學家會用相圖來多方面了解及預測材料行為。

---

[1] http://www.shef.ac.uk/uni/academic/D-H/em/research/centres/sorbcent.html.

[2] **平衡相圖**（equilibrium phase diagram）是藉由採用緩慢冷卻的條件所決定，大部分的情況都是接近但不會完全達到平衡。

7.1 純物質的相圖

Phase Diagrams of Pure Substances

純物質（如水）可因所處溫度及壓力條件的不同而以固相、液相或氣相存在。一杯含有冰塊的水是大家熟知的純物質兩相**平衡（equilibrium）**的範例。冰塊表面為相界（phase boundary），將固態和液態水分隔為兩個獨立不同的相。水在滾沸時，液相水和氣相水是處於平衡的兩個相。圖 7.1 為水在不同溫度和壓力條件下的相圖。

在水的壓力－溫度（pressure-temperature, PT）相圖中，在低壓力（4.579 torr）及低溫度（0.0098°C）處有一個三相點（triple point），為水的固、液、氣三相共存處。液相與氣相沿著氣化線（vaporization line）存在，液相和固相則沿著凝固線（freezing line）存在，如圖 7.1 所示。這兩條線是兩相平衡線。

壓力－溫度平衡相圖也可為其他純物質建構。例如，圖 7.2 為純鐵的平衡 PT 相圖。此圖最大的差異是有三個獨立且不同的固相：α 鐵、γ 鐵及 δ 鐵。α 鐵和 δ 鐵屬於 BCC 結晶結構，而 γ 鐵則屬於 FCC 結構。固態時的相界與液相及固相相界有著相同性質。例如，在平衡條件下，α 鐵與 γ 鐵可存在於溫度 910°C 及壓力 1 atm 下。超過 910°C 時只有 γ 單相存在，而低於 910°C 時則只有 α 相存在（見圖 7.2）。鐵的 PT 圖上也有三個共存的三相點：(1) 液相、氣相及 δ 鐵；(2) 氣相、δ 鐵及 γ 鐵；(3) 氣相、γ 鐵及 α 鐵。

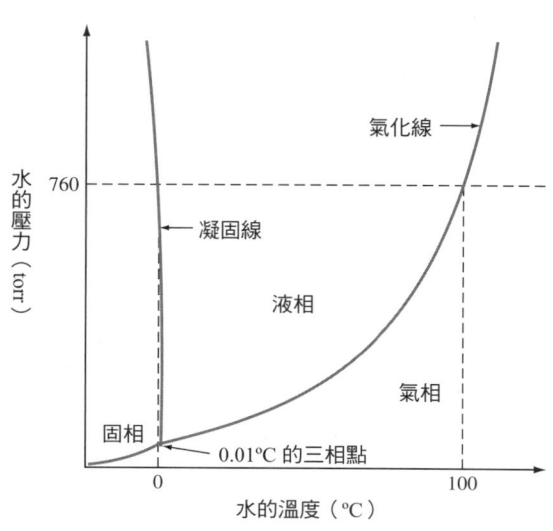

圖 7.1 純水的 PT 近似平衡相圖（此相圖的軸有些許失真）。

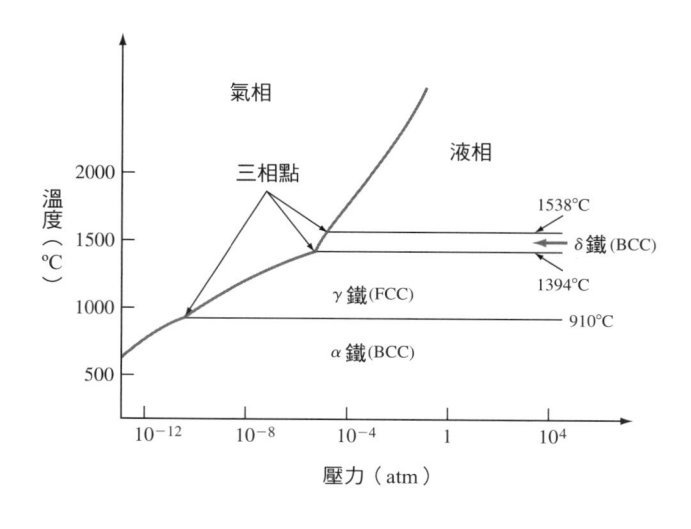

圖 7.2 純鐵的 PT 近似平衡相圖。

（資料來源：W. G. Moffatt, G. W. Pearsall, and J. Wulff, "The Structure and Properties of Materials," vol. 1: "Structure," Wiley, 1964, p. 151.）

7.2 吉布斯相定律
Gibbs Phase Rule

吉布斯（J. W. Gibbs，全名為 Josiah Willard Gibbs）從熱力學的角度推導出一個可計算所選擇的系統中平衡共存相數量的方程式，稱為**吉布斯相定律**（**Gibbs phase rule**）：

$$P + F = C + 2 \tag{7.1}$$

其中 P = 所選擇系統中共存相的數量

C = 系統內的**成分數量**（**number of components**）

F = 自由度（degrees of freedom）

C 一般是指系統裡的元素、化合物或溶液。F 是指**自由度**（**degrees of freedom**），是變數（壓力、溫度和成分）的數量，是那些可獨立改變而不會影響系統內平衡相數量的變數數量。

我們來看吉布斯相定律在純水 PT 相圖的應用（見圖 7.1）。三相在三相點處平衡共存。由於**系統**（**system**）（水）內只有一種成分，自由度為：

$$P + F = C + 2$$
$$3 + F = 1 + 2$$

或

$$F = 0 \text{（自由度為零）}$$

由於沒有任何變數（溫度或壓力）可在被改變後持續保持三相平衡，因此三相點被稱為無變度點（invariant point）。

接著來看圖 7.1 中的液－固凝固曲線。此線上的任一點為兩相共存。從相定律可得：

$$2 + F = 1 + 2$$

或

$$F = 1 \text{（自由度為 1）}$$

結果顯示自由度為一，代表系統可獨立改變一個變數（溫度及壓力）後，仍繼續保持兩相共存。換句話說，假設壓力固定，則只有一個溫度可以使液相、固相共存。第三種狀況是考率水的 PT 相圖中某一單相區內的一點。此時 $P = 1$，代入相定律方程式可得：

$$1 + F = 1 + 2$$

或

$$F = 2\text{（自由度為 2）}$$

結果顯示系統可獨立改變兩個變數（溫度及壓力），而仍然維持單一相。

材料科學所使用大部分的二元相圖都是溫度－成分圖，其中壓力保持固定，通常是一大氣壓（1 atm）。此時則為凝聚相定律：

$$P + F = C + 1 \tag{7.1a}$$

式（7.1a）適用於接下來本章所有有關二元相圖的討論。

7.3 冷卻曲線
Cooling Curves

冷卻曲線可用來找出純金屬和合金的相變溫度。材料從熔化狀態固化至室溫的過程中，隨時間變化的溫度記錄下來繪成圖，即為**冷卻曲線**（**cooling curve**）。圖 7.3 是純金屬的冷卻曲線。若金屬是在平衡條件下冷卻（緩慢冷卻），則其溫度會沿著曲線 AB 持續下降，並在熔點（凝固溫度）開始固化。冷卻曲線自此開始變平〔水平段 BC 稱為平坦區（plateau）或**熱阻抗區**（**region of thermal arrest**）〕。在 BC 區域的金屬為固相與液相混合形式。當此混合物逐漸朝 C 點靠近，固體的重量比重會慢慢增加，直至達到完全固化。由於金屬經過模具流失的熱與固化金屬提供的潛熱間會彼此平衡，因此溫度不變。簡單來說，潛熱會將混合物保持在凝固溫度直到完全固化，也就是 C 點，之後冷卻曲線會再次下降（曲線的 CD 段）。

要形成固態核必須有某種程度的過冷（在凝固點以下冷卻）。在冷卻曲線上，過冷會表示為溫度降到凝固溫度以下，如圖 7.3 所示。

冷卻曲線也可以提供金屬固態相變的相關資訊，像是純鐵。在一大氣壓時，純鐵在凝固溫度 1538°C 時會形成結構為 BCC 之 δ 鐵（見圖 7.4）。當溫度持續下降到 1394°C 時，冷卻曲線會再度拉平，而 BCC δ 鐵會進行固－固相變成為 FCC γ 鐵。持續冷卻下去，在 912°C 時會發生第二次固－固相變。此時，FCC γ 鐵會回復成 BCC 鐵結構，稱為 α 鐵。

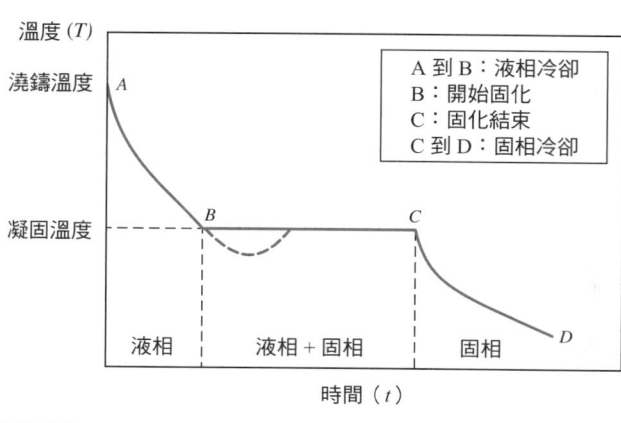

圖 7.3 純金屬的冷卻曲線。

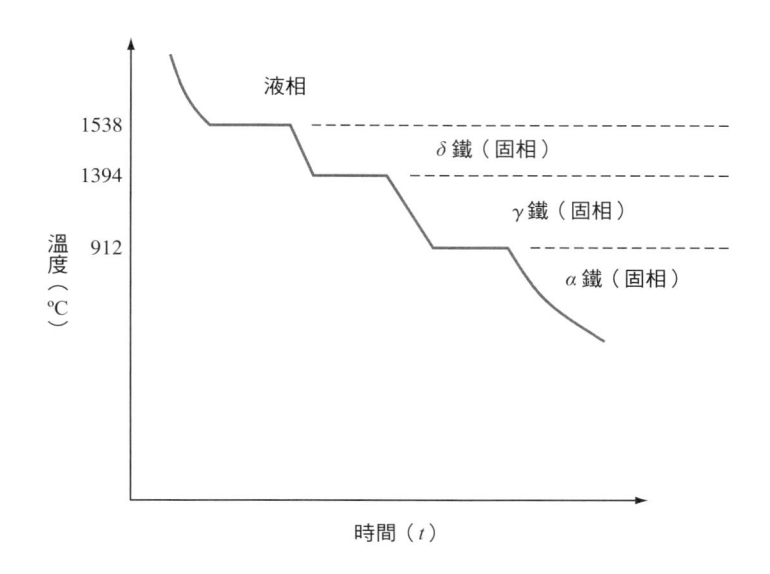

圖 7.4　純鐵在一大氣壓時的冷卻曲線。

7.4　二元類質同型合金系統
Binary Isomorphous Alloy Systems

　　我們現在來討論兩種金屬的混合物或合金。兩種金屬的混合物稱為二元合金（binary alloy），是一種二成分系統（two-component system），這是因為合金中的每一個金屬元素都被視為一個獨立的成分。因此，純銅是一成分系統，而銅鎳合金則為二成分系統。有時候，合金內的化合物也會被認為是獨立成分，像是主要含有鐵及碳化鐵的普通碳鋼即是二成分系統。

　　有些二元金屬系統中的兩種元素可於液態與固態時完全互溶。不論成分組成，此時系統內只存在單一結晶結構，稱為**類質同型系統（isomorphous system）**。為了使兩種元素能在彼此間有完全的固溶度，往往需要滿足至少一項休姆－若塞瑞（William Hume-Rothery）固溶度法則：

1. 兩個元素之原子大小的差異必須小於 15%。
2. 兩個元素不可形成化合物，換句話說，雙方的負電性差異不大。
3. 固溶體中每一種元素的結晶結構必須相同。
4. 元素價數必須相同。

休姆－若塞瑞法則並不適用於所有能形成完全固溶度的每一元素配對。

　　銅－鎳合金是類質同型二元合金系統的重要範例。圖 7.5 為此系統的相圖，溫度為縱坐標，化學成分的重量百分率為橫坐標。此相圖顯示的是大氣壓力下的緩慢冷卻或是平衡條件情況，所以不適用於在凝固溫度範圍快速冷卻的合金。**液相線（liquidus line）**以上的區域是液相安定區，而**固相線（solidus** line）以下的區域則為固相安定區。在液相線與固相線之間的區域則為液相與固相共存的兩相區。

根據吉布斯相定律（$F = C - P + 1$），純成分在熔點時，成分數目 C 為 1（銅或鎳），有效相數目 P 為 2（液體或固體），所產生的自由度為 0（$F = 1 - 2 + 1 = 0$）。這些點被稱為無變度點（$F = 0$），代表任何的溫度變化都會改變微結構，成為固體或液體。同樣地，在單相區（液體或固體）中，成分數目 C 為 2，有效相數目 P 為 1，所產生的自由度為 2（$F = 2 - 1 + 1 = 2$），代表無論是單獨改變溫度或成分，系統的微結構仍可維持不變。在兩相區中，成分數目 C 是 2，有效相數目 P 是 2，自由度為 1（$F = 2 - 2 + 1 = 1$）。也就是說，要維持兩相結構系統，只能單獨改變一個變數（無論是溫度或成分）。如果溫度被改變，相成分也會跟著改變。

在固溶體 α 單相區中，必須訂定合金溫度與成分才能定位相圖上某點的位置。例如，溫度 1050°C 和 20% 的鎳訂定了銅－鎳相圖上的 a 點，如圖 7.5 所示。在此溫度與成分的固溶體 α 顯示出的微結構與純金屬一樣，也就是在光學顯微鏡下唯一可觀察到的特徵為晶界。然而，由於此合金為 20% 鎳在銅的固溶體，它的強度和電阻比純銅更高。

在液相線與固相線之間的區域，液相與固相共存，而各個相存在所占的比例也會依合金溫度和成分占比而有所不同。圖 7.5 為溫度 1300°C，53 wt % Ni–47 wt % Cu 的合金。由於此合金在 1300°C 時同時含有液相及固相，因此兩者各自的平均成分都不可能是 53 wt % Ni-47 wt % Cu。要求液相與固相在 1300°C 的比例，可在溫度 1300°C 處，從液相線畫一水平連接線（tie line）到固相線，再從所得到的兩個交點畫垂直線使其至橫的成分軸。從圖中可看出，垂直虛線與成分軸的交點分別為 45% 及 58%，也就是在 1300°C 時，53 wt % Ni–47 wt % Cu 合金液相成分（w_l）為 45 wt % Ni，固相成分（w_s）為 58 wt % Ni。

圖 7.5 銅－鎳相圖。銅和鎳於液相與固相皆可完全互溶。銅鎳固溶體是隨著一個範圍的溫度而非一固定溫度熔化，和純金屬的情況一樣。

（資料來源：*"Metals Handbook,"* vol. 8, 8th ed., American Society for Metals, 1973, p. 294.）

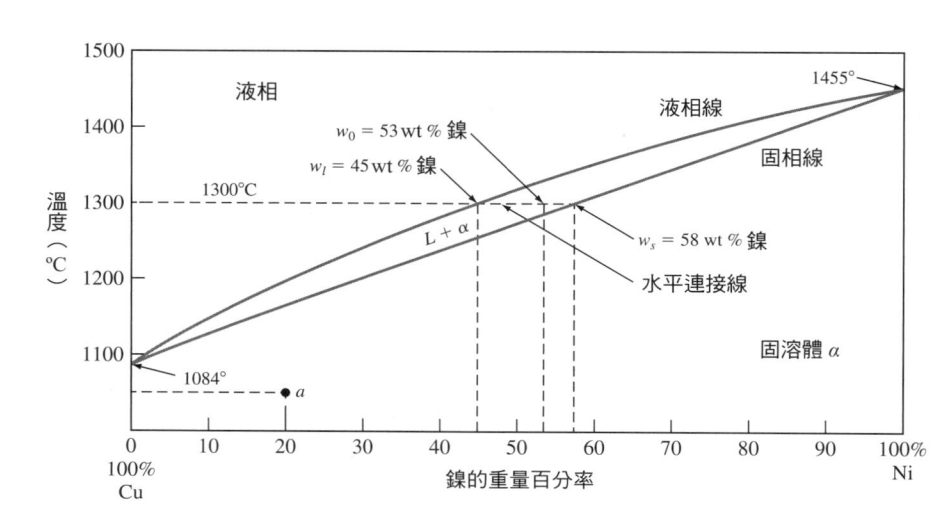

7.5 二元共晶合金系統
Binary Eutectic Alloy Systems

許多二元合金系統的組成元素在彼此間的固溶度有限,像是圖 7.6 中的鉛－錫系統。在鉛－錫相圖兩端的受限固溶度區域被指定為 α 及 β 相,並稱為末端固溶體(terminal solid solution),因為兩者都出現在相圖末端。α 相為富鉛固溶體,在溫度 183°C 時最多可溶解 19.2 wt % 的錫於固溶體內,而 β 相則是富錫固溶體,在溫度 183°C 時最多可溶解 2.5 wt % 的鉛於固溶體內。一旦溫度降至低於 183°C,溶質元素的最大固溶度便會沿著鉛－錫相圖中的**固溶線**(**solvus line**)逐漸減少。

簡單的二元共晶系統(像是鉛－錫系統)有特定的合金成分,稱為**共晶成分**(**eutectic composition**),會比其他成分的凝固溫度更低。這個低溫度是在緩慢冷卻時,液相能存在的最低溫度,稱為**共晶溫度**(**eutectic temperature**)。在鉛－錫系統中,共晶成分(61.9% Sn 和 38.1% Pb)及共晶溫度(183°C)出現在相圖上的那個點稱為**共晶點**(**eutectic point**)。當共晶成分的液相緩慢地冷卻至共晶溫度時,此單一液相會同時相變成兩個固相(固溶體 α 及 β)。此相變稱為**共晶反應**(**eutectic reaction**),可以寫成:

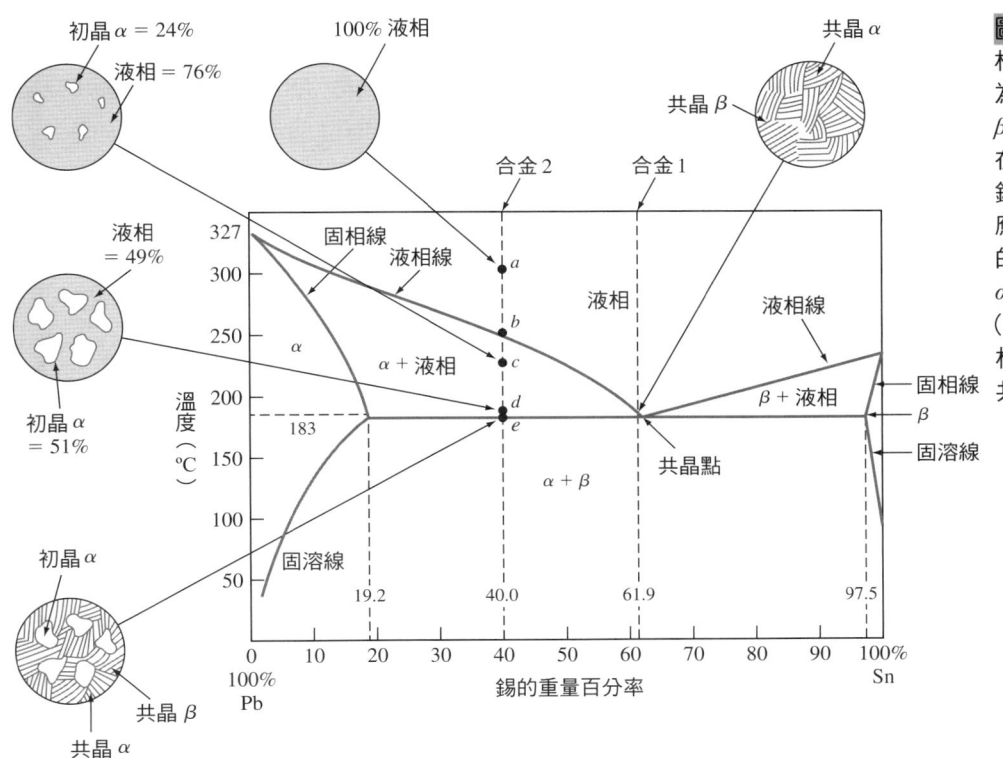

圖 7.6 鉛－錫平衡相圖。此圖的特徵為各個末端相(α 與 β)的有限固溶度。在 183°C 和 61.9% 錫的共晶無變度反應是此系統最重要的特點。在共晶點,α(19.2% Sn)、β(97.5% Sn)以及液相(61.9% Sn)可以共存。

$$\text{液相} \xrightarrow[\text{冷卻}]{\text{共晶溫度}} \alpha \text{ 固溶體} + \beta \text{ 固溶體} \tag{7.2}$$

由於共晶反應必須在平衡條件下發生，特定溫度和合金成分都不能改變（根據吉布斯定律，$F = 0$），因此稱為無變度反應。在共晶反應的過程中，液相與兩固溶體 α 及 β 保持平衡狀態，維持三相平衡共存。由於二元相圖中的三相只能在一個特定溫度下保持平衡，因此共晶成分合金的冷卻曲線會在共晶溫度時出現一水平熱阻抗。

共晶成分鉛－錫合金的緩慢冷卻　有共晶成分（61.9% Sn）的鉛－錫合金（見圖 7.6 的合金 1）要從 200°C 緩慢冷卻至室溫。從 200°C 降至 183°C 的冷卻期間，合金保持在液相。在 183°C，亦即共晶溫度時，共晶反應使所有的液體金屬固化，形成固溶體 α（19.2% Sn）與 β（97.5% Sn）的共晶混合物。此共晶反應可以寫成：

$$\text{液相（61.9\% Sn）} \xrightarrow[\text{冷卻}]{183°C} \alpha(19.2\% \text{ Sn}) + \beta(97.5\% \text{ Sn}) \tag{7.3}$$

共晶反應完成後，合金從 183°C 降至室溫期間，α 及 β 固溶體的溶質固溶度會沿著固溶線減少。不過，由於擴散速度在低溫時相當緩慢，使得這個過程通常無法達到平衡，導致在室溫下的 α 及 β 固溶體仍可清楚辨識，如圖 7.7a 顯示的微結構。

在共晶點左側的成分稱為**亞共晶**（hypoeutectic）（見圖 7.7b），而在共晶點右側的成分則稱為**過共晶**（hypereutectic）（見圖 7.7d）。

60% Pb－40% Sn 合金的緩慢冷卻　接著來看 40% Sn–60% Pb 合金（見圖 7.6 的合金 2）從 300°C 緩慢冷卻降至室溫。當溫度從 300°C（點 a）下降，合

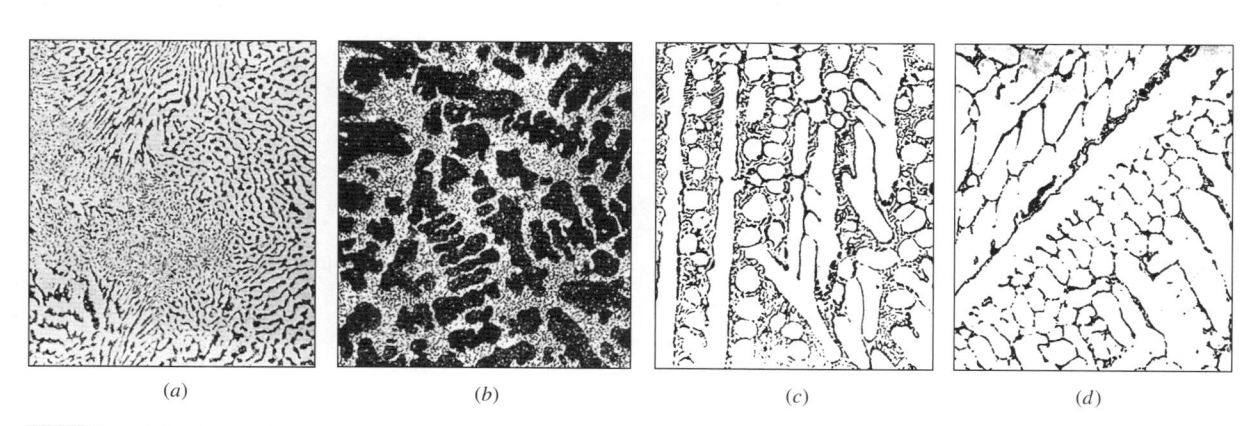

(a)　　　　*(b)*　　　　*(c)*　　　　*(d)*

圖 7.7　緩慢冷卻的鉛－錫合金微結構：(a) 共晶成分（63% Sn–37% Pb）；(b) 40% Sn–60% Pb；(c) 70% Sn–30% Pb；(d) 90% Sn–10% Pb（放大倍率 75×）。

（資料來源：*J. Nutting and R. G. Baker, "Microstructure of Metals," Institute of Metals, London, 1965, p. 19.*）

金將保持液相直到與液相線相交於約 245°C（點 b）。於此溫度時，含有 12% Sn 的 α 固溶體開始從液體中析出。而這種合金形成的第一個固體就稱為**初晶（primary）α** 或**共晶前（proeutectic）α**。

當液體從 245°C 經過相圖（點 b 至點 d）的兩相（液相 + α）區冷卻至接近 183°C 時，固相（α）成分會沿著固相線改變，從溫度 245°C 的 12% Sn 增加至 183°C 的 19.2% Sn，而液相成分會從 40% Sn 增加至 61.9% Sn。這些成分改變得以發生，是因為合金的冷卻速度相當緩慢，容許原子擴散平衡濃度梯度。所有剩餘的液體在共晶溫度（183°C）時因共晶反應〔式（7.3）〕而固化。共晶反應完成後，合金會包含初晶 α 以及 α（19.2% Sn）和 β（97.5% Sn）的共晶混合物。從 183°C 繼續冷卻至室溫，會使 α 相的錫含量及 β 相的鉛含量降低。不過，在較低溫度時的擴散速率更慢許多，並無法達到平衡狀態。圖 7.7b 顯示經緩慢冷卻的 40% Sn–60% Pb 合金的微結構。注意到被共晶組織所圍繞的富鉛 α 相深色樹枝狀組織。圖 7.8 顯示 60% Pb–40% Sn 合金的冷卻曲線。注意到液相線斜率在 245°C 會改變，而在共晶凝固期間會出現水平熱阻抗。

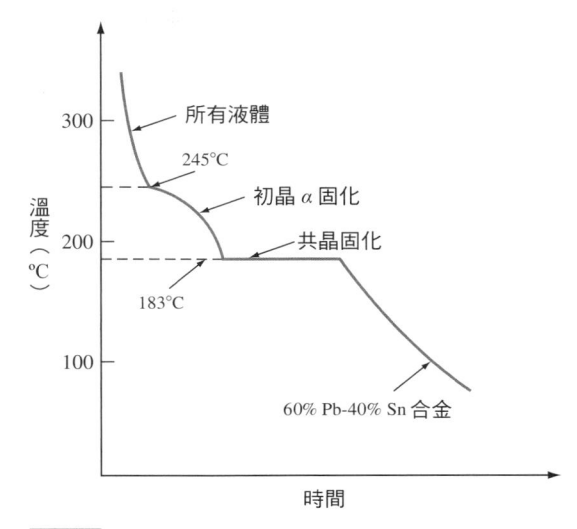

圖 7.8 60% Pb–40% Sn 合金的溫度－時間冷卻曲線圖。

在二元共晶反應中，兩個固相（α + β）可以有不同型態，圖 7.9 顯示了數種共晶結構。會影響外形的因素很多，其中最重要的就是 α − β 介面自由能的最小化。兩相（α 和 β）凝核與成長的方式是決定共晶形狀的重要因素。例如，當兩相都不需要反覆在某方向凝核時，就會形成桿狀和平板狀共晶物。圖 7.10 顯示鉛－錫共晶反應形成的層狀共晶結構（lamellar eutectic structure）。層狀共晶結構很普遍。圖 7.7a 所示為在鉛－錫系統中所發現一種混合不規則的共晶結構。

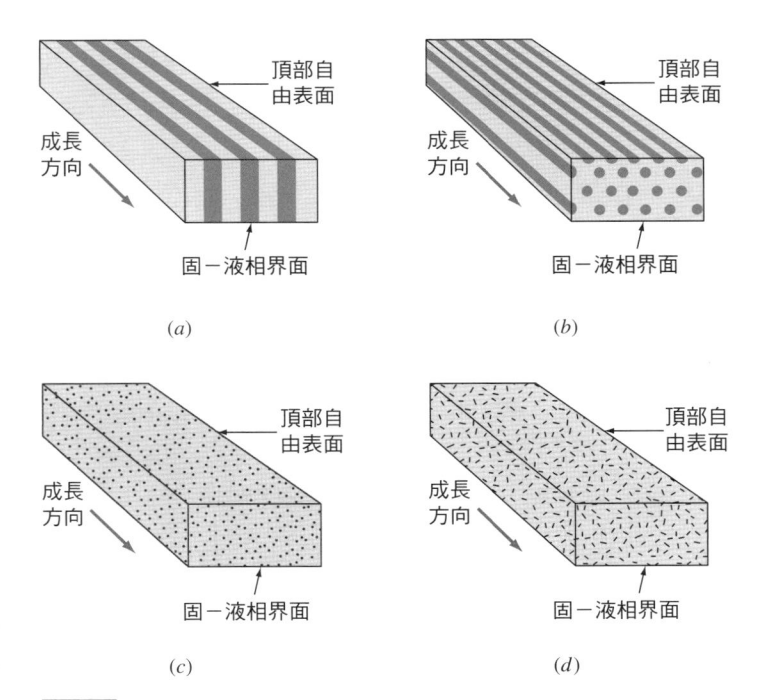

圖 7.9 圖示各種共晶結構：(a) 層狀結構；(b) 桿狀結構；(c) 球狀結構；(d) 針狀結構。

（資料來源：*W. C. Winegard. "An Introduction to the Solidification of Metals," Institute of Metals, London, 1964.*）

圖 7.10 由鉛－錫共晶反應所形成的層狀共晶結構（放大倍率 500×）。
（資料來源：*W. G. Moffatt et al. "Structure and Properties of Materials," vol. I, Wiley, 1964.*）

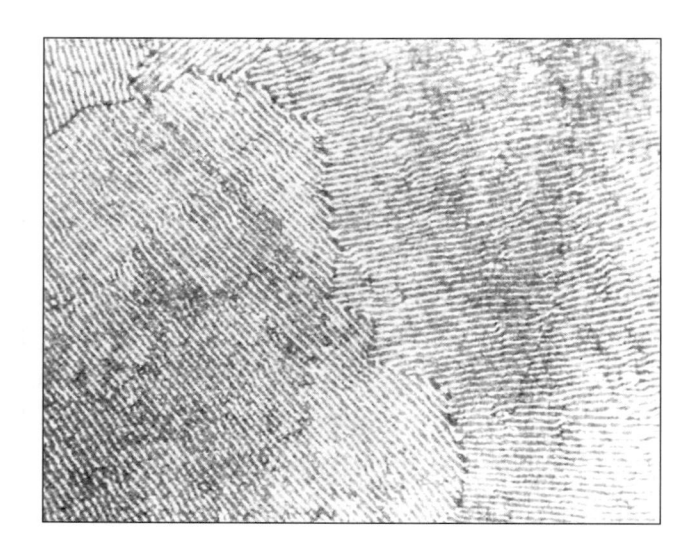

7.6　二元包晶系統
Binary Peritectic Alloy Systems

在二元平衡相圖中，另一種常見的反應型態為**包晶反應**（peritectic reaction）。此反應常出現在較複雜的二元平衡相圖中，尤其是當兩個組成物的熔點差異頗大時。在包晶反應中，液相與固相產生反應，生成新的不同固相，一般可以表示為：

$$\text{液相} + \alpha \xrightarrow{\text{冷卻}} \beta \tag{7.4}$$

圖 7.11 為鐵－鎳相圖的包晶區域，其中有固相（δ 和 γ）與一個液相。δ 相是鎳於 BCC 鐵的固溶體，而 γ 相則是鎳於 FCC 鐵的固溶體。包晶溫度 1517°C 與鐵中 4.3 wt % 鎳的包晶成分定義了圖 7.11 中的包晶點 c。此點是無變度的（invariant），δ 相、γ 相與液相在該點三相平衡共存。當緩慢冷卻的 Fe–4.3 wt % Ni 合金通過包晶溫度 1517°C 時，會發生包晶反應，可以寫成：

$$\text{液相 (5.4 wt \% Ni)} + \delta\,(4.0\text{ wt \% Ni}) \xrightarrow[\text{冷卻}]{1517°C} \gamma\,(4.3\text{ wt \% Ni}) \tag{7.5}$$

為了更了解包晶反應，我們來看由 1550°C 高溫緩慢降到略低於 1517°C（圖 7.11 內的 a 點到 c 點）的 Fe–4.3 wt % Ni（包晶成分）合金。由 1550°C 到大約 1525°C（圖 7.11 內的 a 點至 b 點）間，合金會以均質 Fe–4.3 wt% Ni 液體冷卻。當液相線與大約 1525°C（b 點）交叉時，δ 固相會開始形成。繼續降溫到 c 點時，系統會產生更多的 δ 固相。達到包晶溫度 1517°C（c 點）時，含 4.0% Ni δ 固相與 5.4% Ni 液相會達成平衡，而且在此溫度，所有液相和所有 δ 固相發生反應，產生含有 4.3% Ni 的不同新固相 γ。合金會保持單相 γ 固溶體狀態，

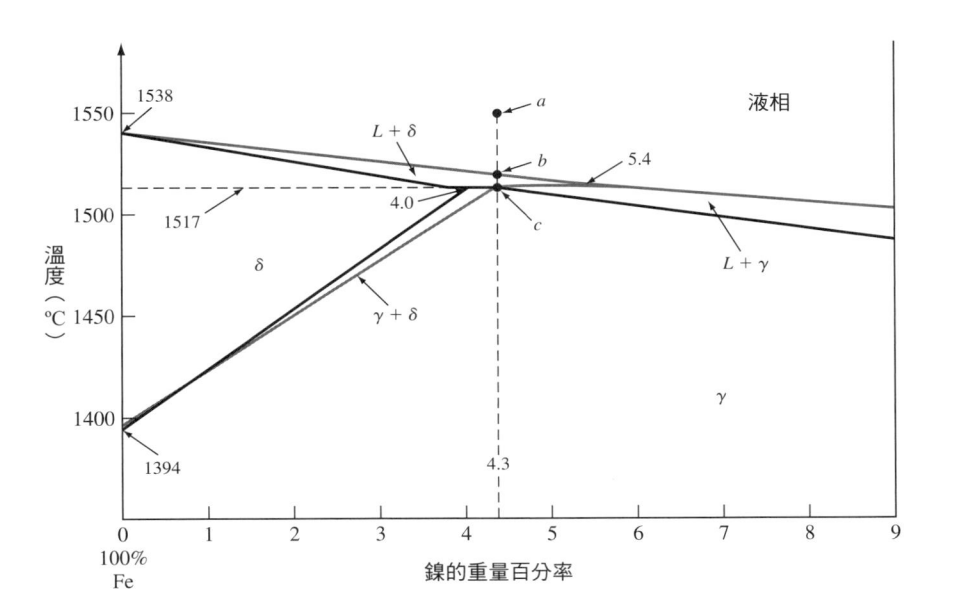

圖 7.11 鐵－鎳相圖的包晶區域。包晶點位在 4.3% Ni 及 1517°C 處，亦即 c 點。

一直到低溫時發生另一相變（不在討論範圍）。

假設在鐵－鎳系統中，某合金的含鎳量少於 4.3%，而且從液態通過相圖中的液相 +δ 區域緩慢冷卻，在完成包晶反應後，會有剩餘的 δ 相存在。同樣地，假設含鎳量介於 4.3% 與 5.4% 之間的鐵－鎳合金從液態通過 δ+ 液相區域緩慢冷卻時，在完成包晶反應後，將會有剩餘的液相。

鉑－銀二元平衡相圖是單一無變度包晶反應系統一個相當好的範例（見圖 7.12）。在此系統中，包晶反應 $L + \alpha \rightarrow \beta$ 是發生在成分 42.4% Ag 和溫度 1186°C 之處。圖 7.13 以圖說明包晶反應如何在鉑－銀系統中恆溫進行。

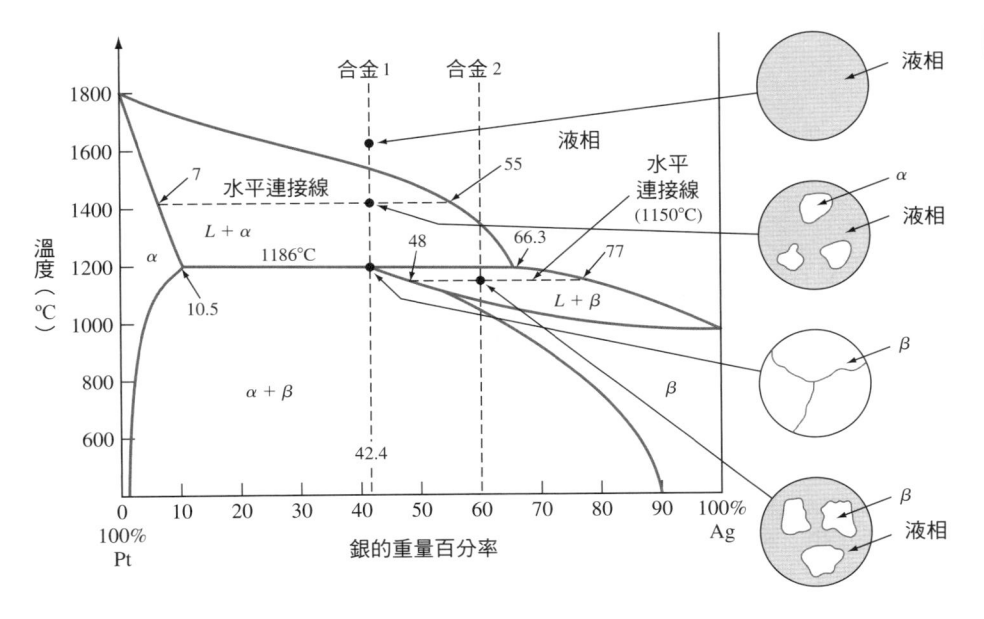

圖 7.12 鉑－銀相圖。此圖最重要的特徵在於 42.4% Ag 和 1186°C 的包晶無變度反應。在此包晶點，液相（66.3% Ag）、α（10.5% Ag）以及 β（42.4% Ag）三相可以共存。

181

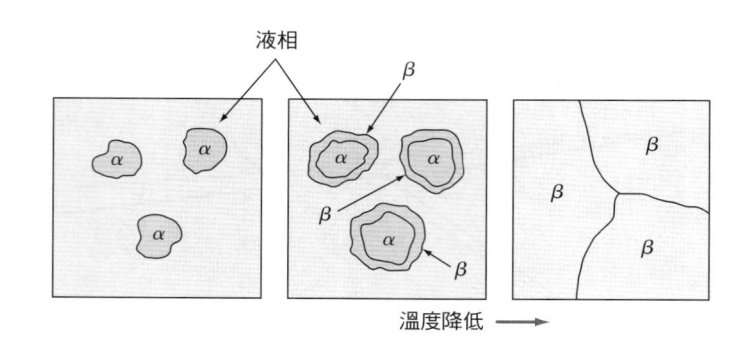

圖 7.13 圖示液相 + α → β 包晶反應如何發展。

具包晶成分的合金在通過包晶溫度的平衡或是非常緩慢冷卻的期間，所有的 α 固相會與所有的液相反應，產生新的 β 固相，如圖 7.13 所示。不過，在鑄造合金通過包晶溫度快速固化的階段，會發生一種稱為環繞（surrounding）或圍繞（encasement）的非平衡現象。在進行包晶反應 $L + α → β$ 的期間，透過包晶反應所析出的 β 相產物會環繞或圍繞初晶 α，如圖 7.14 所示。由於 β 相形成的是固相，而且固相擴散又相對緩慢，因此圍繞 α 相的 β 成為擴散障礙，造成包晶反應的進行速率持續下降。因此當包晶型合金進行快速鑄造時，在形成初晶 α 期間（見圖 7.15 中沿 $α_1$ 到 $α'_4$）會發生核偏析，而且在包晶反應期間，核 α 會被 β 圍繞。圖 7.16 顯示這種非平衡組織組合。圖 7.17 為快速鑄造的 60% Ag–40% Pt 合金微結構。此結構顯示核偏析 α 以及其被 β 相圍繞的情形。

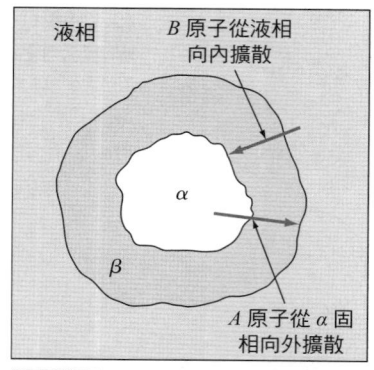

圖 7.14 包晶反應期間的環繞現象。原子從液相擴散到 α 相的速率緩慢，致使 β 相環繞 α 相。

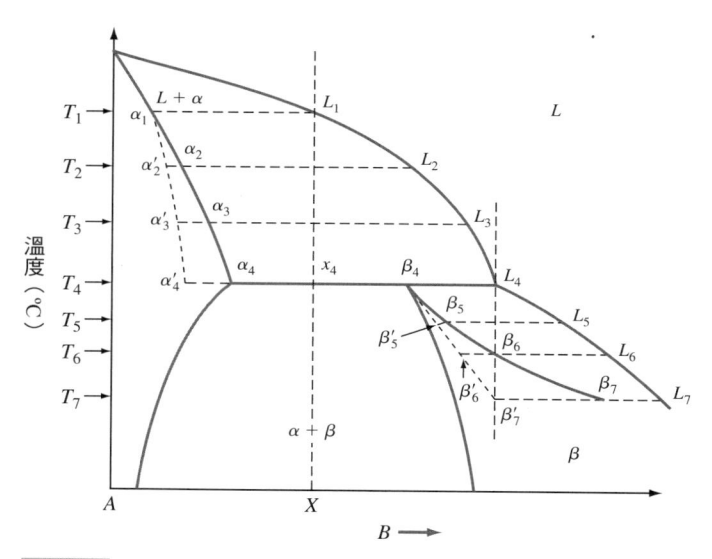

圖 7.15 假設的二元包晶相圖，用以說明核偏析如何在自然冷卻時發生。快速冷卻造成了固相線 $α_1$ 到 $α'_4$ 以及 $β_4$ 到 $β'_7$ 的非平衡改變，造成核偏析 α 相與核偏析 β 相。此環繞現象也會在包晶型合金快速固化期間發生。

（資料來源：F. Rhines, "Phase Diagrams in Metallurgy," McGraw-Hill, 1956, p. 86.）

圖 7.16 圖示鑄造包晶型合金的環繞與圍繞現象。殘留的核偏析初晶 α 以實心圓與較小的虛線圓同心表示，環繞核偏析 α 的是一層具包晶成分的 β。其餘的空間充滿著核偏析 β，以虛線的曲線表示。

（資料來源：F. Rhines, "Phase Diagrams in Metallurgy," McGraw-Hill, 1956, p. 86.）

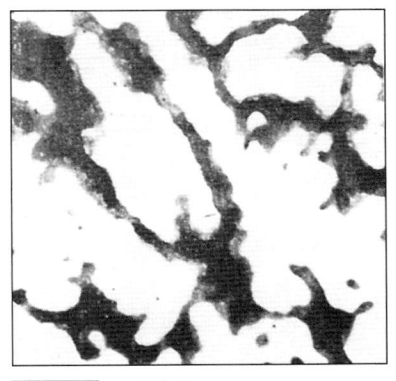

圖 7.17 鑄造的 60% Ag–40% Pt 過包晶合金。白色與淺灰色的區域是殘留的核偏析 α，深色的兩色調區域是 β，外層是包晶成分，而顏色最深的中心區域是在溫度低於包晶反應溫度時所形成的核偏析 β（放大倍率 1000×）。

（資料來源：F. Rhines, "Phase Diagrams in Metallurgy," McGraw-Hill, 1956, p. 87.）

7.7 二元偏晶系統
Binary Monotectic Systems

另一種發生在某些二元相圖中的三相無變度反應為**偏晶反應（monotectic reaction）**，其中一個液相會轉變為一個固相與另一個液相：

$$L_1 \xrightarrow{冷卻} \alpha + L_2 \tag{7.6}$$

此兩液體於某成分範圍內相互不溶（例如油在水），所以可視為獨立相。此種反應發生在溫度 955°C、Pb 含量 36% 的銅－鉛系統，如圖 7.18 所示。銅－鉛相圖的共晶點在 326°C 及 99.94% Pb 處，所以在室溫下會形成的最終固溶體幾乎會是純鉛（0.007% Cu）和純銅（0.005% Pb）。圖 7.19 所示為 Cu–36% Pb 鑄造偏晶合金的微結構。注意，富鉛相（深色）和銅基材（淺色）之間有顯著的區隔。

許多合金（例如 Cu-Zn 黃銅）會少量（不超過 0.5%）添加鉛以降低合金的延展性，好幫助合金更容易切削，而合金強度只會略微降低。添加了鉛的合金也被用來作為軸承材料，因為在軸承與軸心的磨耗表面塗抹微量的鉛可減少摩擦。

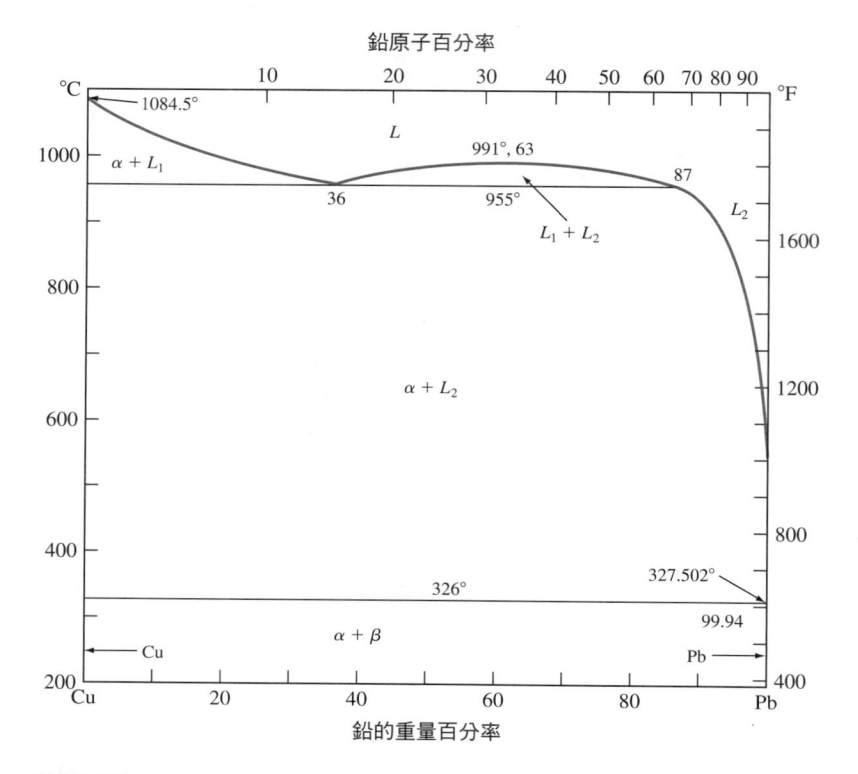

圖 7.18 銅－鉛相圖。此圖最重要的特徵為 955°C 與 36% Pb 處的偏晶無變度反應。在偏晶點上，α（100% Cu）、L_1（36% Pb）以及 L_2（87% Pb）可以共存。注意到基本上銅和鉛不互溶。

（資料來源：*"Metals Handbook," vol. 8: "Metallography, Structures, and Phase Diagrams," 8th ed., American Society for Metals, 1973, p. 296.*）

圖 7.19 Cu–36%Pb 偏晶合金的鑄造微結構。淺色區為偏晶組成的富銅基材；深色區則是富鉛區域，在偏晶溫度時是以 L_2 存在（放大倍率 100×）。

（資料來源：*F. Rhines, "Phase Diagrams in Metallurgy," McGraw-Hill, 1956, p. 87.*）

7.8 無變度反應
Invariant Reactions

　　目前所討論過常見於二元相圖的**無變度反應（invariant reaction）**有三種：共晶、包晶及偏晶。表 7.1 摘要這些反應，並且顯示各反應點的相圖特徵。另外兩種二元系統重要的無變度反應為共析（eutectoid）及包析（peritectoid）反應。共晶和共析反應類似，因為都是在冷卻期間由單相轉變成二固相。然而，共析反應中的分解相是固相，而在共晶反應的分解相則為液相。在包析反應中，兩個固相會反應形成一個新固相，而在包晶反應中，新的固相則是由一個固相與一個液相反應產生。有趣的是，包晶和包析反應分別是共晶和共析的逆反應。對於所有這些無變度反應，反應相的溫度和成分都是固定的，也就是說，根據吉布斯相定律，在反應點的自由度為零。

表 7.1　在二元相圖中發生的三相無變度反應類別

反應名稱	方程式	相圖特徵
共晶	$L \xrightarrow{冷卻} \alpha + \beta$	$\alpha \diagdown L \diagup \beta$
共析	$\alpha \xrightarrow{冷卻} \beta + \gamma$	$\beta \diagdown \alpha \diagup \gamma$
包晶	$\alpha + L \xrightarrow{冷卻} \beta$	$\alpha \diagup \beta \diagdown L$
包析	$\alpha + \beta \xrightarrow{冷卻} \gamma$	$\alpha \diagup \gamma \diagdown \beta$
偏晶	$L_1 \xrightarrow{冷卻} \alpha + L_2$	$\alpha \diagdown L_1 \diagup L_2$

7.9　名詞解釋　*Definitions*

相（phase）：材料系統中一個物理上均質且可區別出來的部分。

平衡相圖（equilibrium phase diagram）：呈現不同壓力、溫度與成分下，各種相存在某種平衡穩定的圖形。在材料科學中，最常見的相圖是為溫度－成分圖。

7.1 節

平衡（equilibrium）：系統若不會隨時間演進發生很大的變化，稱為居於平衡狀態。

7.2 節

吉布斯相定律（Gibbs phase rule）：在平衡狀態，相的數量加上自由度等於成分的數量加 2，可寫成 $P + F = C + 2$。若壓力等於 1 atm，則可寫成 $P + F = C + 1$。

相圖的成分數（number of components of a phase diagram）：組成相圖系統的元素或化合物的數目。例如，Fe-Fe$_3$C 系統是一種二成分系統，Fe-Ni 系統也是一種二成分系統。

自由度（degrees of freedom, F）：在不影響系統的相下，可獨立改變的變數（溫度、壓力及成分）數量。

系統（system）：從整體中獨立出來，其性質可以單獨研究的部分。

7.3 節

冷卻曲線（cooling curve）：金屬固化過程中的時間－溫度關係曲線。溫度下降時，此曲線圖可提供相變資訊。

熱阻抗（thermal arrest）：純金屬冷卻曲線的區域，此處溫度不會隨著時間改變（plateau，平坦區），代表凝固溫度。

7.4 節

類質同型系統（isomorphous system）：只有一個固相的相圖，亦即只有一種固態結構。

液相線（liquidus line）：在平衡條件下，液體開始固化的溫度。

固相線（solidus line）：在合金固化的期間，最後一個液相開始固化的溫度。

7.5 節

固溶線（solvus line）：位於等溫液體＋初晶固相邊界下方的相邊界，在二元共晶相圖內,則是介於最終固溶體和二相區域間。

共晶成分（eutectic composition）：在共晶溫度時，發生共晶反應的液體成分。

共晶溫度（eutectic temperature）：發生共晶反應的溫度。

共晶點（eutectic point）：共晶溫度與成分所定義的點。

共晶反應（在二元相圖中）〔eutectic reaction（in a binary phase diagram）〕：所有液相在冷卻過程中等溫轉變成兩種固相的相變。

亞共晶成分（hypoeutectic composition）：在共晶點左側的成分。

過共晶成分（hypereutectic composition）：在共晶點右側的成分。

初晶相（primary phase）：在無變度反應溫度以上所形成且保持到無變度反應完成的固相。

共晶前相（proeutectic phase）：在共晶溫度以上所形成的相。

7.6 節

包晶反應（在二元相圖中）〔peritectic reaction（in a binary phase diagram）〕：在冷卻期間，一液相與一固相產生反應，生成新的不同固相的相變。

7.7 節

偏晶反應（在二元相圖中）〔monotectic reaction（in a binary phase diagram）〕：在冷卻時，一個液相會轉變成一個固相與另一個新液相（成分與原液相不同）的相變。

7.8 節

無變度反應（invariant reaction）：反應相的溫度和成分均為固定的反應。在這些反應點的自由度為零。

7.10 習題

知識及理解性問題

7.1 在圖 7.2 的純鐵之壓力－溫度平衡相圖中有幾個三相點？各點又存在哪些平衡相？

7.2 寫出吉布斯相定律方程式並說明之。

7.3 (a) 何謂冷卻曲線？ (b) 可以從冷卻曲線得知哪一類的訊息？ (c) 繪製一種純金屬以及一種合金的冷卻曲線，並討論兩者的差異。

7.4 說明休姆－若塞瑞的四項固溶度法則為何。

7.5 說明通過包晶反應快速固化的包晶合金產生環繞現象的機制為何。

7.6 在快速固化的包晶型合金中，是否會發生核偏析與環繞的現象？說明原因。

7.7 何謂偏晶無變度反應？為什麼銅－鉛系統的偏晶反應在工業應用上很重要？

7.8 寫出以下無變度反應的方程式：共晶、共析、包晶與包析。在二元相圖中，各無變度反應點的自由度為何？

應用及分析問題

7.9 根據圖 P7.9 的二元共晶銅－銀相圖，針對以下溫度下的 88 wt % Ag – 12 wt % Cu 合金進行相分析：(a) 1000°C；(b) 800°C；(c) 780°C + ΔT；(d) 780 − ΔT。相分析須包含：

(i) 相的種類

(ii) 各相的化學成分

(iii) 各相的量

(iv) 利用直徑 2 公分的圓畫出微結構。

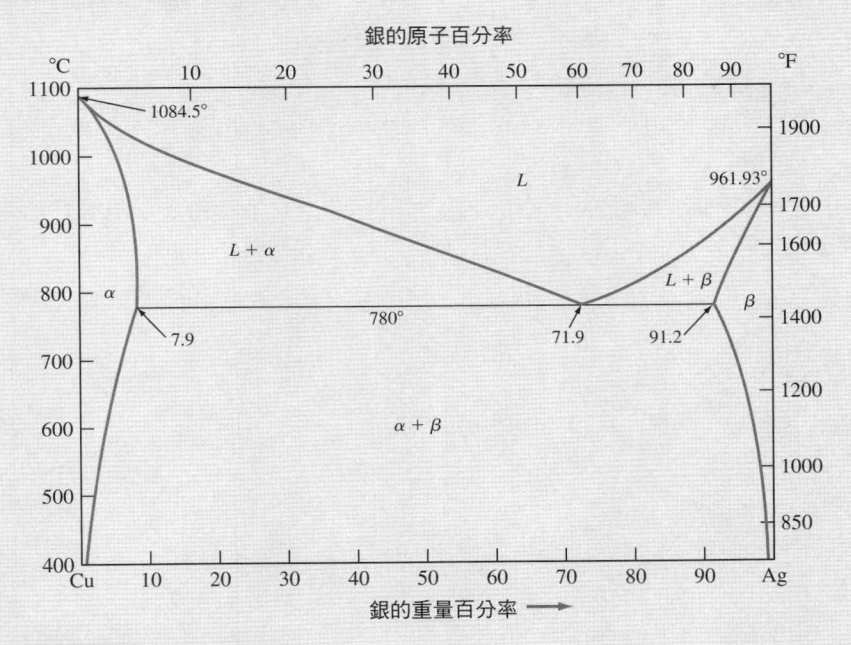

圖 P7.9 銅－銀相圖。

（資料來源："*Metals Handbook*," vol. 8, 8th ed., *American Society for Metals*, 1973, p. 253.）

7.10 有 500 g 的 40 wt % Ag – 60 wt % Cu 合金從 1000°C 緩慢冷卻至略低於 780°C，如圖 P7.11 所示：

(a) 在 850°C 時，有多少液體和初晶 β（克）？

(b) 在 780°C + ΔT 時，有多少液體和初晶 α（克）？

(c) 在 780°C – ΔT 時呢？共晶組織內有多少 α（克）？

(d) 在 780°C – ΔT 時呢？共晶組織內有多少 β（克）？

7.11 利用圖 P7.11 的二元包晶銥－鋨相圖，針對以下溫度下的 70 wt % Ir – 30 wt % Os 進行相分析：(a) 2600°C；(b) 2665°C + ΔT；(c) 2665°C – ΔT。相分析須包含：

(i) 相的種類

(ii) 各相的化學成分

(iii) 各相的量

(iv) 利用直徑 2 公分的圓畫出微結構。

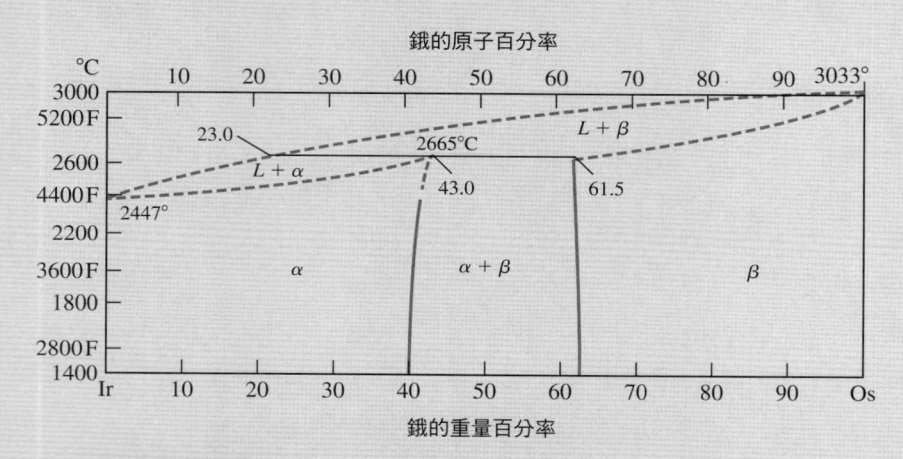

圖 P7.11 銥－鋨相圖。

（資料來源："*Metals Handbook,*" vol. 8, 8th ed., American Society for Metals, 1973, p. 425.）

7.12 用圖 P7.11 的二元包晶銥－鋨相圖，針對以下溫度下的 40 wt % Ir–60 wt % Os 進行相分析，相分析須包括的項目和上題相同：

(a) 2600°C；

(b) 2665°C + ΔT；

(c) 2665°C − ΔT；

(d) 2800°C。

綜合及評價問題

7.13 在圖 7.12 中,根據吉布斯相定律求出以下幾點的自由度(F):

(a) 在純錫的熔點。

(b) 在 α 區內。

(c) 在 α + 液相區內。

(d) 在 $\alpha + \beta$ 區內。

(e) 在共晶點。

CHAPTER 8

聚合物材料
Polymer Materials

（資料來源：©Shaun Botterill/Getty.）

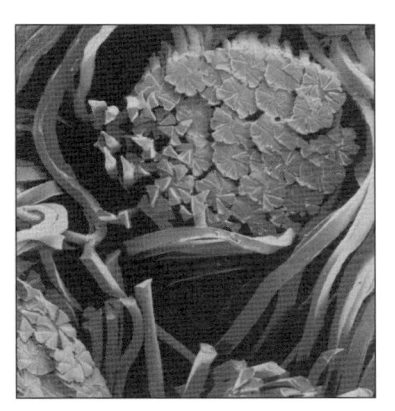

（資料來源：©Science Photo Library/Photo Researchers, Inc.）

（資料來源：©Eye of Science/Photo Researchers, Inc.）

微纖維（microfiber）是人造纖維，明顯小於人髮（比絲纖維更細），並多次分裂成 v 形（見中間的圖）。傳統纖維要粗許多，截面是圓實心。微纖維可以由不同的聚合物製成，包括聚酯纖維、尼龍和壓克力。由微纖維所製造的布料表面積很高，因為它們纖維小，且液體和垢物會聚集在 v 形凹槽，而不是像傳統實心圓形纖維般會被排斥出去。因此，微纖維的觸感如絲綢般柔軟（對成衣業很重要），而且可以高度吸水和汙垢（對清潔服務業很重要）。上述特性讓微纖維布料在運動服飾及清潔服務業中大受歡迎。兩個主要的微纖維材料是聚酯纖維材料（擦洗材料）與聚醯胺（吸收材料）。

8.1 簡介
Introduction

聚合物（polymer）的字面意思是「許多部分」。聚合物固體材料可被視為是許多部分或單元透過鍵結而連接在一起所組成的固體。本章將探討塑膠與彈性體——兩種在工業上很重要的聚合物材料之結構、性質、製程及應用。塑膠（plastic）是透過塑造或模造成形的巨大且多樣化的合成材料，種類很多，像是聚乙烯和尼龍。根據化學鍵結的不同結構，塑膠可以分為**熱塑性塑膠**（**thermoplastic**）及**熱固性塑膠**（**thermosetting plastic**）兩種。彈性體（elastomer）或稱橡膠，在受到外力作用時可以產生很大的彈性變形；外力一旦移除，材料又可以（或幾乎可以）回復到原本形狀。

8.1.1 熱塑性塑膠

熱塑性塑膠需要加熱才能塑形，而冷卻後可以保持所塑形狀。這種材料可以多次重新加熱及重新塑形，不會改變其性質太多。大多數熱塑性塑膠包含以碳原子共價鍵結在一起的極長主鏈。有時，主鏈中也會出現以共價鍵結的氮、氧或硫原子。側基的原子或原子群會以共價鍵結連接到主鏈。熱塑性塑膠中的長鏈分子鏈彼此是以次級鍵互相鍵結。

8.1.2 熱固性塑膠

以化學反應被永久塑形後的熱固性塑膠無法重新熔化及重新塑形，而是會在過度加熱後裂化或分解。因此，熱固性塑膠無法被回收利用。然而，有許多所謂的熱固性塑膠可在室溫下只透過化學反應即可定形。大多數的熱固性塑膠為共價鍵鍵結的網狀碳原子所形成的堅硬固體。有時，氮、氧或是其他的硫原子也會共價鍵鍵結成熱固性網狀結構。

塑膠之所以是重要工程材料的理由很多。它們的特性廣泛，有些甚至是其他材料無法做到的，而且它們也多半相對便宜。塑膠用於機械工程設計上有幾個優點，像是減少非必要零件或表面加工製程、簡化組裝步驟、減少重量、降低噪音，有時更可以節省潤滑零件的需要。由於塑膠材料的絕緣性極佳，對於許多電機工程的設計來說也相當重要。塑膠在電機電子方面的應用包括連接器、開關、繼電器、電視調頻器元件、線圈外殼、積體電路板及電腦元件等。圖 8.1 所示為在工程設計上使用塑膠材料的一些實例。

工業使用塑膠的數量明顯增加，像是汽車製造業就是最好的例子。1959 年，設計工程師對於要在凱迪拉克轎車上使用 11 公斤的塑膠感到不可思議。到了 1980 年，平均每輛車上使用了 91 公斤的塑膠材料。而 1990 年時，平均每輛車的塑膠材料使用量已達 136 公斤。當然，不同工業對塑膠的依賴度不同，但是就整體來看，過去幾十年來，工業的塑膠材料使用量有增無減。現在我們就開始詳細研究有關塑膠與彈性體材料的構造、性質與應用。

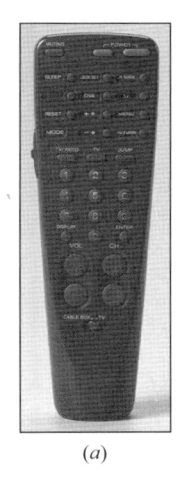

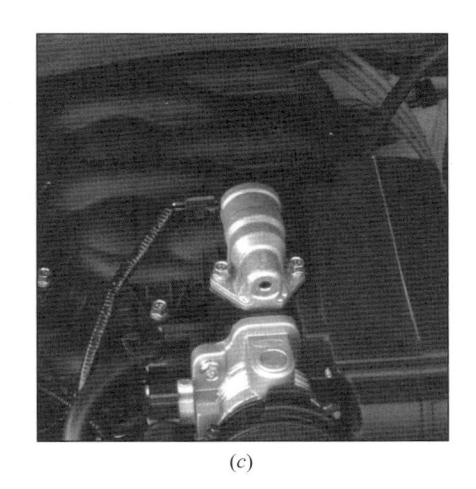

圖 8.1 工程塑膠的應用實例：(a) 電視遙控器外殼，使用苯乙烯樹脂以符合光澤、韌性及抗裂痕的要求；(b) 半導體晶圓棒，使用 Vitrex PEEK（polyetheretherketone，聚二醚酮）熱塑性塑膠材料製成；(c) 尼龍熱塑性塑膠，透過添加 30% 的玻璃纖維來加以強化，以取代福特汽車 Ford Transit 車款用於柴油渦輪引擎空氣進氣流道的鋁材。

（資料來源：(a)©CORBIS/RF. (b)©CORBIS/RF. (c)©Tom Pantages.）

8.2 聚合反應
Polymerization Reactions

大多數熱塑性塑膠的合成是利用鏈狀成長聚合化（chain-growth polymerization）。在這個過程中，可能有數千個小分子共價鍵結成非常長的分子鏈。以共價鍵結形成長鏈的簡單分子稱為**單體**（**monomer**）（希臘字 mono 代表「單一」之意）；而由單體所形成的長鏈分子就是**聚合物**（**polymer**）（希臘字 polys 代表「很多」之意）。

8.2.1 乙烯分子的共價鍵結構

乙烯（ethylene）分子（C_2H_4）中，碳分子間為雙共價鍵，而碳原子與氫原子間則為單共價鍵（見圖 8.2）。含有碳的分子中，如果有碳－碳間的雙共價鍵，即稱為未飽和分子（unsaturated molecule），因此乙烯是一個未飽和的含碳分子。

8.2.2 活化的乙烯分子的共價鍵結構

乙烯分子活化時，兩個碳原子之間的雙共價鍵會「打開」，由一個單共價鍵取代（見圖 8.3），使得原乙烯分子中的每個碳原子會有一個自由電子，可和另一個分子的自由電子形成共價鍵結。此過程就是所謂的**鏈狀聚合化**（**chain polymerization**）過程。乙烯經聚合化所生成的聚合物稱為聚乙烯（polyethylene）。

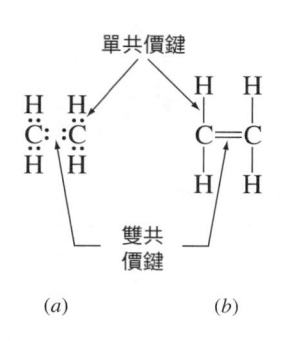

圖 8.2 乙烯分子的共價鍵結：(a) 電子點（點代表價電子）以及 (b) 直線法。乙烯分子中有一組碳—碳間的雙共價鍵以及 4 個碳—氫間的單共價鍵；雙鍵的化學活性比單鍵強。

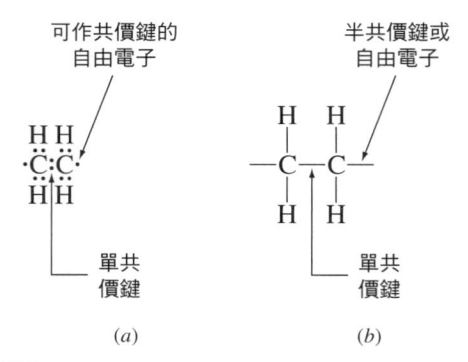

圖 8.3 活化的乙烯分子的共價鍵結構：(a) 電子點法（其中點代表價電子）；分子兩端有可以和其他分子的自由電子形成共價鍵結的自由電子，注意到碳—碳間的雙共價鍵已降成單共價鍵；(b) 直線法，分子兩端形成的自由電子以只連接到一個碳原子的半鍵表示。

8.2.3 聚乙烯的一般聚合反應及聚合度

乙烯單體透過鏈狀聚合化反應成為聚乙烯的一般反應式可以寫成：

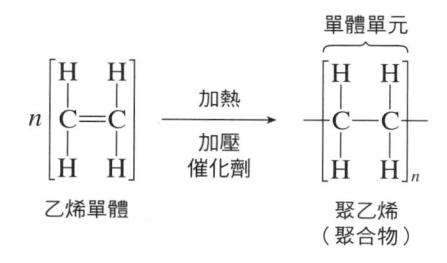

在聚合物長鏈中重複的次單元稱為**單體單元（mer）**。聚乙烯的單體單元是 $-CH_2-CH_2-$，在以上方程式中已標明。方程式中的 n 為聚合物長鏈的**聚合度（degree of polymerization, DP）**，等於聚合物分子鏈中次單元或單體單元的數量。聚乙烯的平均 DP 範圍是從約 3500 至 25,000，所對應的平均分子質量範圍則從約 100,000 至 700,000 g/mol 之間。

例題 8.1

假設某種聚乙烯的分子質量是 150,000 g/mol，它的聚合度（DP）是多少？

解

聚乙烯的單體單元是 $-CH_2-CH_2-$，此單體單元的質量是 4 個氫原子 ×1 克 = 4 克，加上 2 個碳原子 ×12 克 = 24 克，因此每一個聚乙烯單體單元的總質量是 28 克。

$$DP = \frac{\text{聚合物分子量 (g/mol)}}{\text{單體單元質量 (g/mer)}}$$

$$= \frac{150,000 \text{ g/mol}}{28 \text{ g/mer}} = 5357 \text{ mers/mol} \blacktriangleleft$$

(8.1)

8.2.4 鏈狀聚合反應的步驟

單體的鏈狀聚合反應,像是乙烯聚合成線性聚合物聚乙烯的過程,可以分成以下幾個步驟:(1) 起始反應;(2) 傳播反應;(3) 終止反應。

起始反應　乙烯的鏈狀聚合反應可以從許多種類的催化劑中選一種來用。在此,我們考慮使用為自由基生成元素的有機性過氧化物。自由基(free radical)可以被定義成一群原子中,一個擁有未配對電子(自由電子)的原子,能與其他分子或原子之未配對電子形成共價鍵結。

我們先討論過氧化氫分子(H_2O_2)如何能以下式所呈現的方式分解成兩個自由基。我們用點來表示共價鍵中的電子:

$$H:\ddot{O}:\ddot{O}:H \xrightarrow{加熱} H:\ddot{O}\cdot + \cdot\ddot{O}:H$$
　　過氧化氫　　　　　　　　　自由基

用直線來表示共價鍵,則:

$$H-O-O-H \xrightarrow{加熱} 2H-O\cdot \text{（自由電子）}$$
　　過氧化氫　　　　　　　　自由基

在乙烯的自由基鏈狀聚合化過程中,有機過氧化物也能像過氧化氫一樣的分解。若 R—O—O—R 代表有機過氧化物,其中 R 為化學基團,那麼在加熱後,此過氧化物即可以類似過氧化氫分解的方式分解為兩個自由基:

$$R-O-O-R \longrightarrow 2R-O\cdot \text{（自由電子）}$$
　有機的過氧化物　　　　　自由基

過氧化苯是一種有機過氧化物,用於起始某些鏈狀聚合反應。它分解為自由基的過程如下:

$$\text{(過氧化苯)} \longrightarrow 2\text{（自由基）}\text{（自由電子）}$$

有機過氧化物分解出來的一個自由基跟乙烯分子反應,形成一個全新而且較長的長鏈自由基如下:

$$R-O\cdot + \underset{乙烯}{CH_2=CH_2} \longrightarrow R-O-CH_2-CH_2\cdot \text{（自由電子）}$$
自由基　　　　　　　　　　　　　　自由基

此有機自由基可視為乙烯聚合化過程的起始催化劑。

傳播反應　藉由不斷加入單體單元，使聚合物長鏈持續延長的過程稱為傳播（propagation）反應。持續自由基可以打開乙烯單體單元末端的雙鍵，並與其產生共價鍵結。因此，聚合物長鏈就會因此而不斷延長：

$$R-CH_2-CH_2^{\cdot} + CH_2=CH_2 \longrightarrow R-CH_2-CH_2-CH_2-CH_2^{\cdot}$$

聚合物長鏈在鏈狀聚合化的過程中會自動地持續成長，因為此過程會降低整個化學系統的能量，意思是，反應生成的聚合物總能量會比用來製造聚合物的所有單體的總能量更低。鏈狀聚合反應所生成聚合物的聚合度不僅在材料內部就不盡相同，平均聚合度值也會隨著材料而異。工業用聚乙烯的聚合度平均值範圍通常在 3,500 至 25,000 之間。

終止反應　加入自由基終止劑，或當兩條長鏈結合時，就會發生終止（termination）。還有一個可能是，加入少許微量雜質也能使聚合物長鏈反應停止。兩條長鏈結合所造成的終止可表示為：

$$R(CH_2-CH_2)_m^{\cdot} + R'(CH_2-CH_2)_n^{\cdot} \longrightarrow R(CH_2-CH_2)_m-(CH_2-CH_2)_nR'$$

8.2.5　熱塑性塑膠之平均分子重量

熱塑性塑膠包含許多不同長度的聚合物分子鏈，各自都有其分子量與聚合度。因此，一般說到熱塑性塑膠材料的分子量時，指的一定是它的平均分子量。

熱塑性塑膠的平均分子重量可用特殊的物理－化學技術求得。一種方法是先求各種分子量範圍內的重量比率，然後將各分子重量範圍內的平均分子量乘上其重量比率，全部加總後再除以重量比率總和，即可求出熱塑性塑膠的平均分子量。因此：

$$\bar{M}_m = \frac{\sum f_i M_i}{\sum f_i} \qquad (8.2)$$

其中 $\bar{M}_m$ = 熱塑性塑膠的平均分子量

M_i = 在特定分子量範圍內的平均分子量

f_i = 材料在特定分子量範圍內的重量比率

例題 8.2

熱塑性塑膠材料各分子重量範圍及分子重量比率 f_i 如下表所列，計算此材料的平均分子量 $\overline{M}_m$：

分子重量範圍，g/mol	M_i	f_i	$f_i M_i$
5000–10,000	7500	0.11	825
10,000–15,000	12,500	0.17	2125
15,000–20,000	17,500	0.26	4550
20,000–25,000	22,500	0.22	4950
25,000–30,000	27,500	0.14	3850
30,000–35,000	32,500	0.10	3250
		$\sum = 1.00$	$\sum = 19{,}550$

解

首先，求出各分子於重量範圍內的分子重量平均值，然後列出這些數值，如上表的 M_i 欄，再將 f_i 乘以 M_i 得到 $f_i M_i$ 值。此熱塑性塑膠的平均分子量為：

$$\overline{M}_m = \frac{\sum f_i M_i}{\sum f_i} = \frac{19{,}550}{1.00} = 19{,}550 \text{ g/mol} \blacktriangleleft$$

8.2.6 單體之官能度

單體要能進行聚合反應，必須至少要有兩個活性化學鍵。有兩個活性鍵（active bond）的單體能夠與另外兩個單體反應，不斷重複反應後，其他的同類單體可以形成長鏈或線性聚合物。若一個單體有兩個以上的活性鍵，聚合反應就可以在兩個以上的方向進行，因此得以形成三度空間的網狀分子。

單體具有的活性鍵數量稱為該單體的**官能度（functionality）**。使用兩個活性鍵進行長鏈聚合化的單體稱為雙官能度（bifunctional）單體，像是乙烯。當單體使用三個活性鍵來形成網狀聚合物材料，就被稱為三官能度（trifunctional）單體，像是酚（phenol, C_6H_5OH），主要是用在酚及甲醛（formaldehyde）的聚合反應。

8.2.7 非晶線性聚合物的結構

我們若用顯微鏡觀察一小段聚乙烯鏈，就可以發現它呈鋸齒排列（見圖 8.4），因為在碳－碳單共價鍵之間的鍵結角度大約是 109°。但若以較大尺度去看，非晶聚乙烯聚合物鏈就像是隨意丟在碗內的義大利麵條。圖 8.5 即

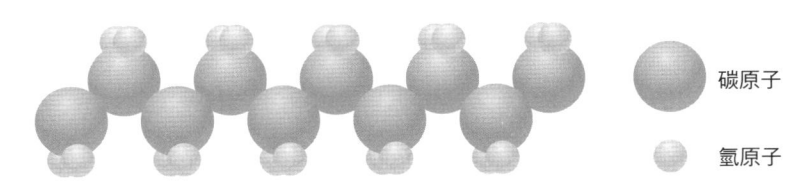

○ 碳原子
○ 氫原子

圖 8.4 一小段聚乙烯長鏈的分子構造，碳原子呈鋸齒排列，因為所有的碳－碳共價鍵之間的鍵結角度大約呈 109°。

（資料來源：W. G. Moffatt, G. W. Pearsall, and J. Wulff, "The Structure and Properties of Materials," vol. 1: "Structure," Wiley, 1965, p. 65.）

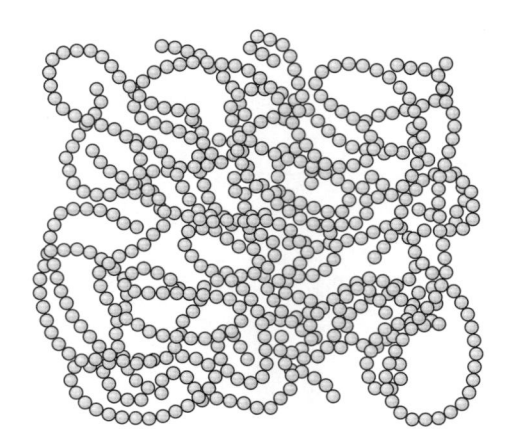

圖 8.5 圖示聚合物材料，球體代表的是聚合物鏈的重複單元，而非特定的原子。

（資料來源：*W. G. Moffatt, G. W. Pearsall, and J. Wulff, "The Structure and Properties of Materials," vol. 1: "Structure," Wiley, 1965, p. 104.*）

顯示了線性聚合物的糾結。包括聚乙烯在內的一些聚合物材料，其內部結構可能同時存在結晶和非結晶區域。

聚乙烯長分子鏈之間的鍵結為微弱地永久性電偶極次要鍵結。不過，長分子鏈實體上的盤根錯雜會增強聚合物材料的強度。側向分支鏈也可能形成，使得分子鏈鬆散堆疊，而傾向於形成非晶結構。線性聚合物的側向分支鏈會因此減弱長鏈間的次要鍵結，並降低整體聚合物材料的拉伸強度。

8.2.8 乙烯基及亞乙烯基聚合物

將一個或多個乙烯的氫原子置換為其他型態的原子或原子團，就能合成出許多具有像是乙烯的碳主鏈結構的添加（長鏈）聚合物材料。若乙烯單體中只有一個氫原子被置換為另一原子或原子群，所產生的聚合物就稱為乙烯基聚合物（vinyl polymer），像是聚氯乙烯、聚丙烯、聚苯乙烯、丙烯與聚醋酸乙烯等。一般乙烯基聚合物聚合反應如下：

$$n\begin{bmatrix} H & H \\ C=C \\ H & R_1 \end{bmatrix} \longrightarrow \begin{bmatrix} H & H \\ -C-C- \\ H & R_1 \end{bmatrix}_n$$

其中，R_1 是其他原子或原子群。圖 8.6 顯示一些乙烯基聚合物的鍵結結構。

若乙烯單體中，某一個碳原子上的兩個氫原子都被其他原子或是原子群所取代，所產生的聚合物就稱為亞乙烯基聚合物（vinylidene polymer）。亞乙烯基聚合物聚合反應如下：

$$n\begin{bmatrix} H & R_2 \\ C=C \\ H & R_3 \end{bmatrix} \longrightarrow \begin{bmatrix} H & R_2 \\ -C-C- \\ H & R_3 \end{bmatrix}_n$$

其中，R_2 及 R_3 是其他種類的原子或是原子群。圖 8.7 顯示兩種亞乙烯基聚合物的鍵結結構。

8.2.9 同質聚合物與共聚合物

同質聚合物（homopolymer）是由相同單位重複聚合鏈結所組成的聚合物

聚乙烯
熔點：110–137°C
(230–278°F)

聚氯乙烯
熔點：~204°C
(~400°F)

聚丙烯
熔點：165–177°C
(330–350°F)

聚氯亞乙烯
熔點：177°C (350°F)

聚甲基丙烯酸甲酯
熔點：160°C (320°F)

圖 8.7 某些亞乙烯聚合物的結構式。

聚苯乙烯
熔點：150–243°C
(330–470°F)

聚丙烯腈
（不會熔解）

聚醋酸乙烯
熔點：177°C (350°F)

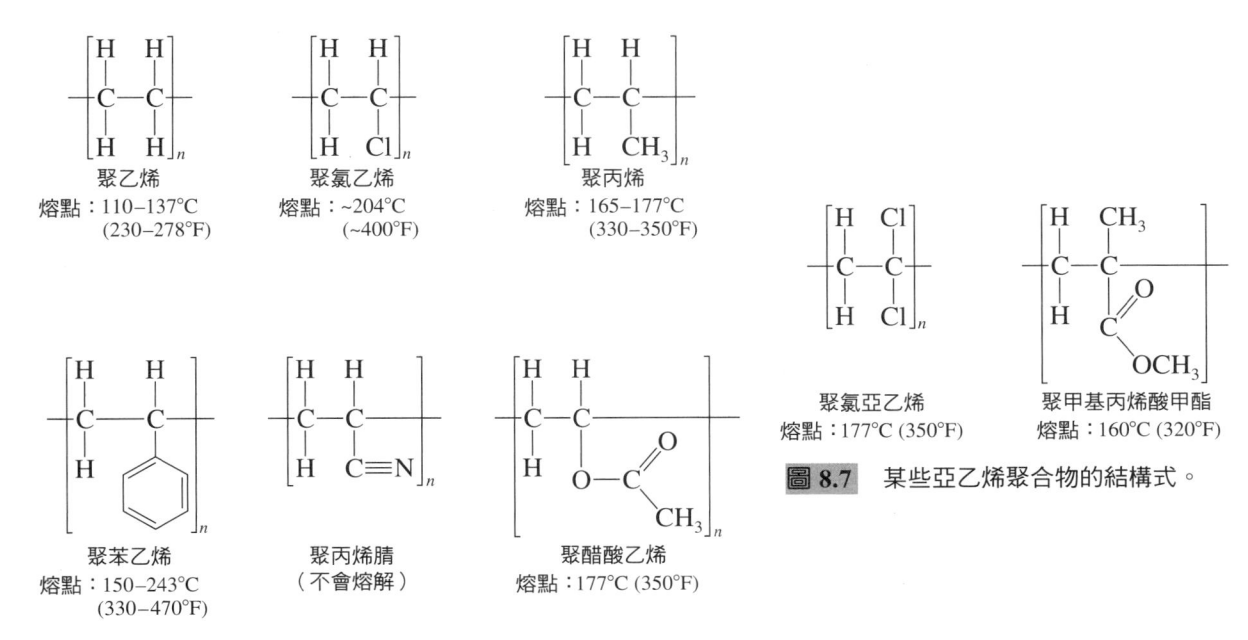

圖 8.6 某些乙烯基聚合物的結構式。

材料。也就是說，假設 A 是一個重複單元，則同質聚合物中的聚合物分子鏈結構會是 AAAAAAA…。相對地，**共聚合物**（**copolymer**）包含兩種（含）以上化學性質不同的重複單元所組成的聚合物長鏈，且排列順序可以不同。

雖然大多數共聚合物材料的單體為任意排列，已可歸類出 4 種不同的形式：隨機、交錯、區段及接枝（見圖 8.8）。

1. **隨機共聚合物**（random copolymer）：不同單體在聚合物分子鏈中隨機分布，如以下範例（見圖 8.8a）：

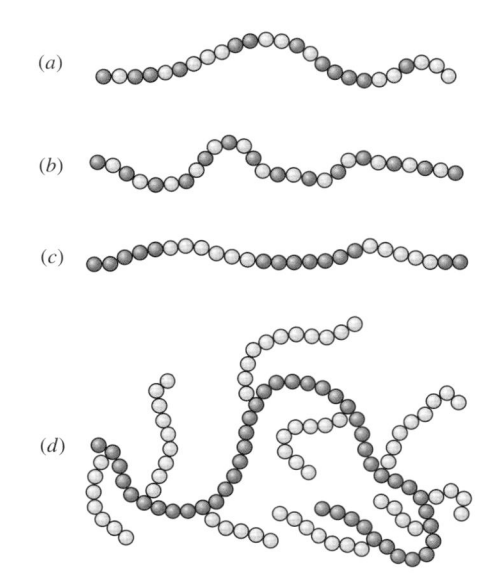

圖 8.8 共聚合物的排列方式：(a) 不同單元沿著分子長鏈隨機分布的共聚合物；(b) 不同單元規則交錯排列的共聚合物；(c) 區段共聚合物；(d) 接枝共聚合物。

（資料來源：*W. G. Moffatt, G. W. Pearsall, and J. Wulff, "The Structure and Properties of Materials," vol. 1: "Structure," Wiley, 1965, p. 108.*）

AABABBBBAABABABAAB…

2. **交替共聚合物**（alternating copolymer）：不同單體以特定規律交錯排列，如以下範例（見圖 8.8b）：

ABABABABABAB…

3. **區段共聚合物**（block copolymer）：不同單體以長區段在鏈中分布，如以下範例（見圖 8.8c）：

AAAAA—BBBBB—…

4. **接枝共聚合物**（graft copolymer）：某單體的長鏈側邊與其他單體接枝，如以下範例（見圖 8.8d）：

```
AAAAAAAAAAAAAAAAAAAAA
    B         B
    B         B
    B         B
```

兩種（含）以上不同單體之間可以發生鏈狀反應聚合化（chain-reaction polymerization），只要這些單體能以相同的相對能階及速率加入成長中的分子長鏈。例如，聚氯乙烯及聚醋酸乙烯酯所組成的共聚合物是工業上重要的共聚合物，經常作為電纜、水池、鐵罐的塗層材料。此共聚合物製程的一般聚合反應顯示於圖 8.9。

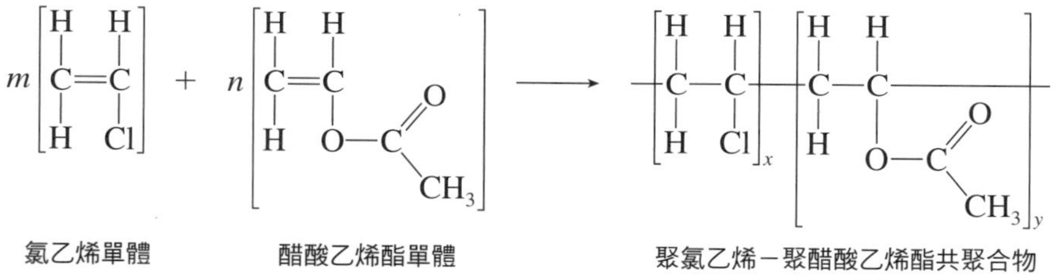

圖 8.9 氯乙烯及醋酸乙烯酯單體製造聚氯乙烯－聚醋酸乙烯酯共聚合物之一般聚合反應。

氯乙烯單體　　醋酸乙烯酯單體　　　　聚氯乙烯－聚醋酸乙烯酯共聚合物

例題 8.3

一共聚合物材料由 15 wt % 的聚醋酸乙烯酯（PVA）和 85 wt % 的聚氯乙烯（PVC）組成，求兩種成分各別的莫耳分率。

解

以 100 克的共聚合物材料為基準，因此有 15 克的 PVA 和 85 克的 PVC。先求各別成分的莫耳數，再求各自的莫耳分率。

聚醋酸乙烯酯的莫耳數：PVA 單體單元的分子量可由 PVA 單體單元結構式中各原子的原子量相加求得（見圖 EP8.3a）：

4 C atoms × 12 g/mol + 6 H atoms × 1 g/mol + 2 O atoms × 16 g/mol = 86 g/mol

$$100 \text{ 克共聚合物材料的 PVA 莫耳數} = \frac{15 \text{ g}}{86 \text{ g/mol}} = 0.174$$

聚氯乙烯的莫耳數：PVC 單體單元的分子量可自圖 EP8.3b 得到：

$$2 \text{ C atoms} \times 12 \text{ g/mol} + 3 \text{ H atoms} \times 1 \text{ g/mol} + 1 \text{ Cl atom} \times 35.5 \text{ g/mol} = 62.5 \text{ g/mol}$$

$$100 \text{ 克共聚合物材料的 PVC 莫耳數} = \frac{85 \text{ g}}{62.5 \text{ g/mol}} = 1.36$$

$$\text{PVA 莫耳分率} = \frac{0.174}{0.174 + 1.36} = 0.113$$

$$\text{PVC 莫耳分率} = \frac{1.36}{0.174 + 1.36} = 0.887$$

圖 EP8.3 以下兩種單體單元的結構式：(a) 聚醋酸乙烯酯；(b) 聚氯乙烯。

例題 8.4

求一分子量 10,520 g/mol 且聚合度（DP）為 160 的共聚合物材料中，氯乙烯和醋酸乙烯酯的莫耳分率。

解

由上題已知 PVC 單體單元的分子量為 62.5 g/mol，PVA 單體單元的分子量為 86 g/mol。

由於聚氯乙烯的莫耳分率 f_{vc} 和聚醋酸乙烯酯的莫耳分率 f_{va} 加起來的和是 1，可寫成關係式 $f_{va} = 1 - f_{vc}$，因此此共聚合物單體單元的平均分子量可寫成：

$$\text{MW}_{av}(\text{mer}) = f_{vc}\text{MW}_{vc} + f_{va}\text{MW}_{va} = f_{vc}\text{MW}_{vc} + (1 - f_{vc})\text{MW}_{va}$$

此共聚合物單體單元的平均分子重量也是：

$$\text{MW}_{av}(\text{mer}) = \frac{\text{MW}_{av}(\text{polymer})}{\text{DP}} = \frac{10{,}520 \text{ g/mol}}{160 \text{ mers}} = 65.75 \text{ g/(mol} \cdot \text{mer)}$$

將以上兩個有關 MW_{av}（單體單元）的方程式聯立起來，可求出 f_{vc}：

$$f_{vc}(62.5) + (1 - f_{vc})(86) = 65.75 \quad \text{或} \quad f_{vc} = 0.86$$
$$f_{va} = (1 - f_{vc}) = 1 - 0.86 = 0.14$$

例題 8.5

假設有一氯乙烯－醋酸乙烯酯的共聚合物，其分子量 16,000 g/mol，材料內的氯乙烯單體單元和醋酸乙烯酯單體單元的數量比為 10：1，求此共聚合物的聚合度（DP）。

解

$$MW_{av}(mer) = \frac{10}{11}MW_{vc} + \frac{1}{11}MW_{va} = \frac{10}{11}(62.5) + \frac{1}{11}(86) = 64.6 \text{ g/(mol·mer)}$$

$$DP = \frac{16{,}000 \text{ g/mol (polymer)}}{64.6 \text{ g/(mol·mer)}} = 248 \text{ mers}$$

8.2.10 其他聚合法

逐步聚合化 在**逐步聚合化**（stepwise polymerization）法中，單體與彼此產生化學反應而形成線性聚合物。進行逐步聚合化的單體兩端之官能基（functional group）反應性（reactivity）一般會假設大約相同，不論聚合物的尺寸為何。因此，單體可以和彼此或是和任何尺寸的生成聚合物產生反應。許多逐步聚合反應會產生某些小分子副產物，因此這類反應也稱為縮合聚合反應（condensation polymerization reaction）。六亞甲基二胺（hexamethylene diamine）和己二酸（adipic acid）反應生成尼龍 6,6 為逐步聚合反應的範例，而水是其副產物。圖 8.10 顯示一個六亞甲基二胺分子和另一個己二酸分子的反應過程。

網路聚合化 某些包含具有兩個以上反應點的化學反應物的聚合反應會產生三維空間網狀結構的塑膠材料，像酚醛樹脂（phenolic）、環氧樹脂（epoxy）和某些聚酯（polyester）。兩個酚分子和一個甲醛（formaldehyde）分子的聚合反應顯示於圖 8.11。水分子是此反應的副產物。由於酚分子有三個官能基，在足夠的熱和壓力環境下，並加上適當的催化劑（catalyst），便可以和甲醛聚合生成網狀的熱固性酚醛塑膠材料，一般商品名為電木（Bakelite）。

圖 8.10 六亞甲基二胺和己二酸生成一單位尼龍 6,6 的聚合反應。

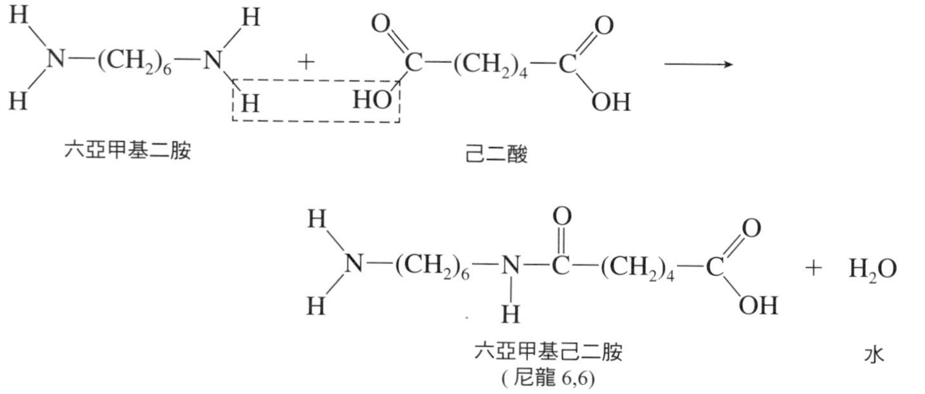

圖 8.11 酚（星號代表反應點）和甲醛生成酚樹脂單元鍵結的聚合反應。

8.3 熱塑性塑膠之結晶度與立體異構性
Crystallinity and Stereoisomerism in Some Thermoplastics

熱塑性塑膠從液態冷卻固化時，會形成非晶或是部分結晶的固體。以下我們就針對此類材料的固化與結構特性進行討論。

8.3.1 非結晶性熱塑性塑膠之固化

我們先來看非晶熱塑性塑膠固化及緩慢冷卻到低溫的情形。非結晶性熱塑性塑膠在固化時，比容（specific volume）（單位質量的體積）不會因溫度下降而突然降低（見圖 8.12）。液體固化後會轉變成一種在固體狀態下的過冷（supercooled）液體，而比容也會隨著溫度降低而逐漸降低，如圖 8.12 中的 ABC 線所示。

當此材料冷卻至低溫時，比容對溫度的曲線斜率會改變，如圖 8.12 中的 ABCD 曲線上的 C 和 D 所示。斜率改變的狹小溫度範圍內的平均溫度稱為**玻璃轉換溫度**（**glass transition temperature**）T_g。非晶熱塑性塑膠在溫度 T_g 以上時

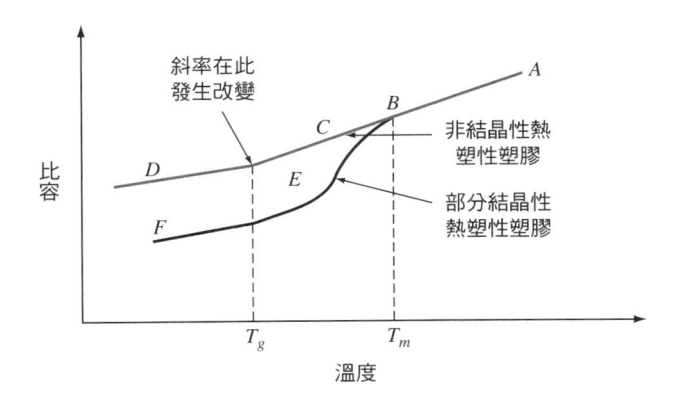

圖 8.12 此圖顯示非結晶與部分結晶熱塑性塑膠於固化與冷卻的過程中，比容對溫度的改變。T_g 表示玻璃轉換溫度，T_m 則為熔點溫度。非結晶熱塑性塑膠沿著 ABCD 線冷卻，其中 A = 液體，B = 高黏稠性液體，C = 過冷液體（橡膠質），D = 玻璃性固體（硬且脆）；部分結晶熱塑性塑膠沿著 ABEF 線冷卻，其中 E = 過冷液體基材內的固態結晶區域，F = 玻璃基材內的固態結晶區域。

呈現黏稠性，但在溫度 T_g 以下時則呈現玻璃脆性。T_g 可視為是延性－脆性間的轉換溫度。在 T_g 以下，材料內部分子鏈的移動受到極大限制，因此呈現玻璃脆性。圖 8.13 顯示了非晶聚丙烯樹脂的比容對溫度的實驗曲線，其斜率在 T_g 溫度 –12°C 時出現變化。表 8.1 列出某些熱塑性塑膠的 T_g 值。

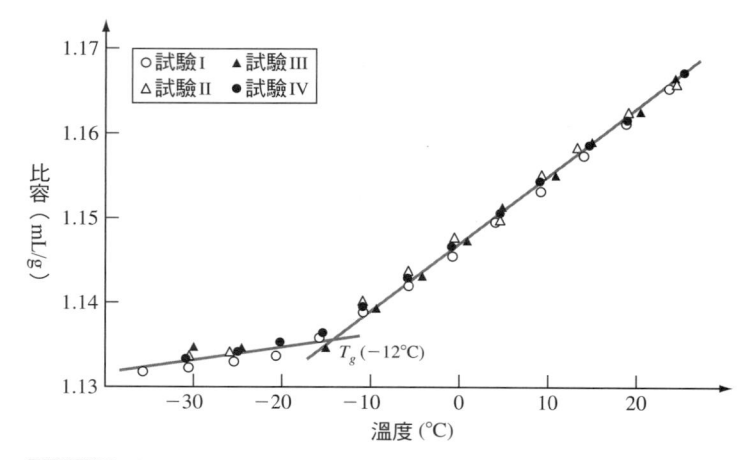

圖 8.13 雜排聚丙烯的比容對溫度的實驗數據，以求出其玻璃轉換溫度，T_g 為 –12°C。
（資料來源：D. L. Beck, A. A. Hiltz, and J. R. Knox, Soc. Plast. Eng. Trans, **3**:279(1963).）

表 8.1 某些熱塑性塑膠的玻璃轉換溫度 T_g* (°C)

聚乙烯	–110 （公稱）
聚丙烯	–18 （公稱）
聚醋酸乙烯酯	29
聚氯乙烯	82
聚苯乙烯	75–100
聚甲基丙烯酸甲酯	72

* 注意到熱塑性塑膠的 T_g 並不像結晶體的熔點一樣為一物理常數，而是會受到結晶度、聚合物分子鏈的平均分子量，以及熱塑性塑膠冷卻速率等變數某種程度的影響。

8.3.2　部分結晶性熱塑性塑膠的固化

我們接著來討論部分結晶性熱塑性塑膠固化及緩慢冷卻到低溫的情形。此類材料開始冷卻並發生固化時，比容會急速下降（見圖 8.12 的 BE 線段），這是因為聚合物分子鏈能更有效率地堆疊成結晶區域。E 點部分結晶熱塑性塑膠的結構將會如同在過冷液體（黏稠性固體）非晶基材中的結晶區域。隨著冷卻繼續，就會發生玻璃轉換，如圖 8.12 中比容對溫度的曲線斜率之改變（E 與 F 之間）所示。過冷液相基材在經過玻璃轉換後會轉變成玻璃態，因此 F 點上的熱塑性塑膠結構就會變成在玻璃態非結晶基材的結晶區域。聚乙烯就是此類熱塑性塑膠的一個例子。

8.3.3　部分結晶熱塑性材料的結構

在結晶結構中，聚合物分子的確實排列方式目前並無法確定，仍需更多研究。通常多晶聚合物材料結晶區域或微晶的最長邊大約是 5 至 50 nm，相較於只是一般聚合物分子完全伸直後的尺寸（約為 5000 nm）是非常微小的。穗狀微束模型（fringed-micelle model）是早期描述聚合物分子的模型，顯示許多長約 5000 nm 的聚合物分子鏈沿著聚合物分子長度方向上一連串不規則及規則區域的連續穿梭（見圖 8.14a）。折疊鏈模型（folded-chain model）是較新的模型，顯示分子鏈分段自我折疊，使得從結晶區至非結晶區之間的轉變得以發生（見圖 8.14b）。

過去幾年對部分結晶熱塑性塑膠的研究很多，尤其是聚乙烯材料。一般認為聚乙烯是以折疊鏈結構形成斜方晶格，如圖 8.15 所示。每層折疊間的分子鏈長度大約是 100 個碳原子，而折疊鏈結構中的每一層稱為**薄片層**（lamella）。在實驗室條件下，低密度的聚乙烯結晶成球晶狀結構（spherulitic-type structure），如圖 8.16 所示。圖中深色的球晶狀區域是由結晶薄片層所組成，而中間的白色區域則是非結晶部分。如圖 8.16 所示的球晶狀結構只能在實驗室中嚴密控制的無應力條件下才能夠生成。

部分結晶線性聚合物材料的**結晶度**（crystallinity）大約是其總體積的 5% 至 95%。由於分子鏈的糾結交錯，即使結晶能力強的聚合物材料也不太可能完全結晶。熱塑性材料內的結晶材料會影響其拉伸強度。一般來說，結晶度愈高，材料強度也會愈高。

8.3.4 熱塑性塑膠的立體異構現象

立體異構體（stereoisomer）為化學組成相同，但是結構排列卻不同的分子化合物。有些熱塑性塑膠（像是聚丙烯）可以三種不同的立體異構體型態存在：

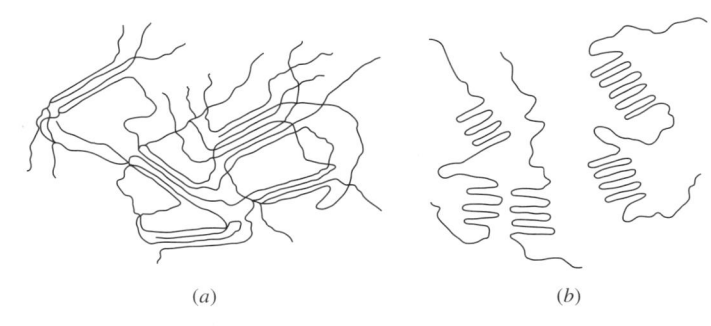

圖 8.14 部分結晶熱塑性材料的兩種結晶排列模型：(a) 穗狀微束模型與 (b) 折疊鏈模型。

（資料來源：*F. Rodriguez, "Principles of Polymer Systems," 2d ed., Routledge/Tayler & Francis Groups, LLC. 1982, p. 42.*）

≈100 個碳原子

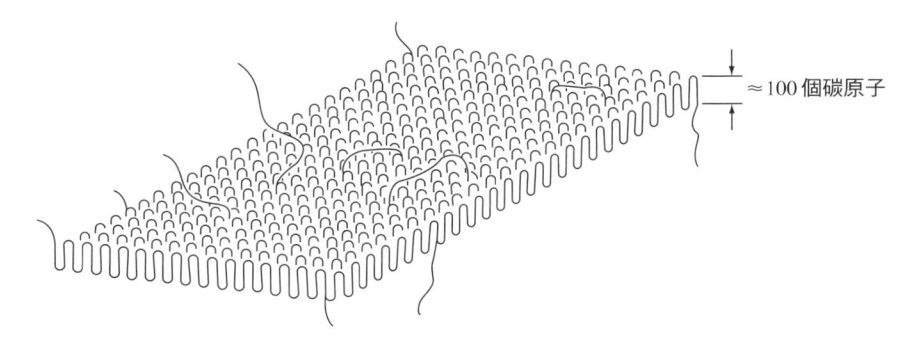

圖 8.15 圖示一低密度聚乙烯薄片層的折疊鏈結構。

（資料來源：*R. L. Boysen, "Olefin Polymers (High-Pressure Polyethylene)," in "Kirk-Othmer, Encyclopedia of Chemical Technology," vol. 16, Wiley, 1981, p. 405.*）

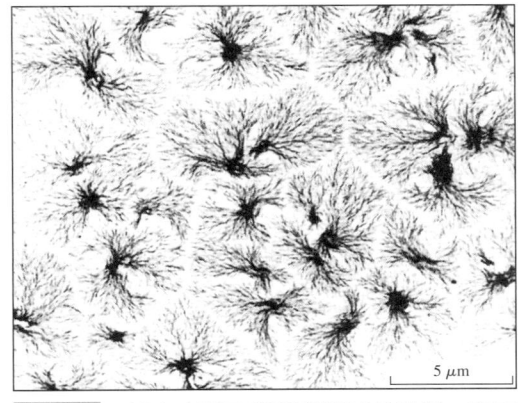

圖 8.16 低密度聚乙烯的薄膜球晶結構，密度為 0.92 g/cm^3。

（資料來源：*R. L. Boysen, "Olefin Polymers (High-Pressure Polyethylene)," in "Kirk-Othmer, Encyclopedia of Chemical Technology," vol. 16, Wiley, 1981, p. 406.*）

1. **雜排立體異構體**（atactic stereoisomer）：聚丙烯中的甲基隨意排列在碳原子主鏈的兩邊（見圖 8.17a）。
2. **順排立體異構體**（isotactic stereoisomer）：聚丙烯中的甲基總是排列在碳原子主鏈的同一邊（見圖 8.17b）。
3. **對排立體異構體**（syndiotactic stereoisomer）：聚丙烯中的甲基規則地交錯排列在碳原子主鏈的兩邊（見圖 8.17c）。

塑膠工業的一項重大進展是**立體特異性催化劑**（**stereospecific catalyst**）的發現，使順排線性聚合物的工業級聚合反應得以商業化規模生產。順排聚丙烯是一種高度結晶的聚合物材料，熔點介於 165°C 至 175°C 之間，結晶度高，因此強度及耐熱變形溫度都比雜排聚丙烯更高。

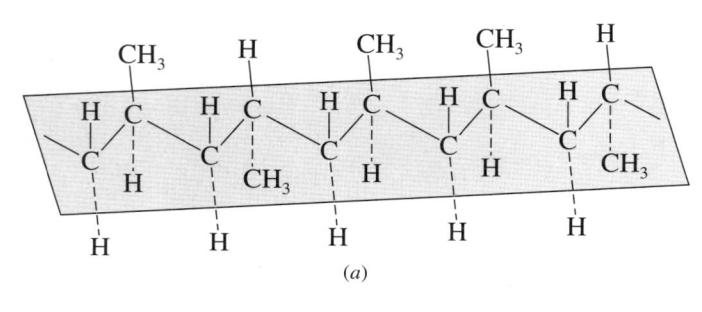

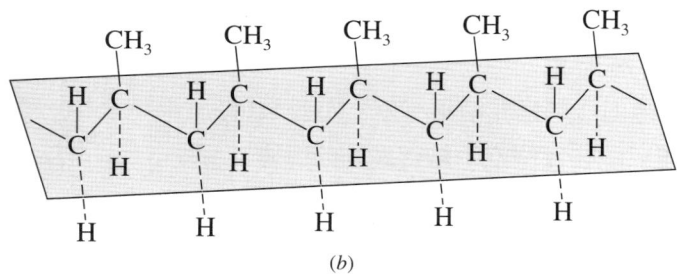

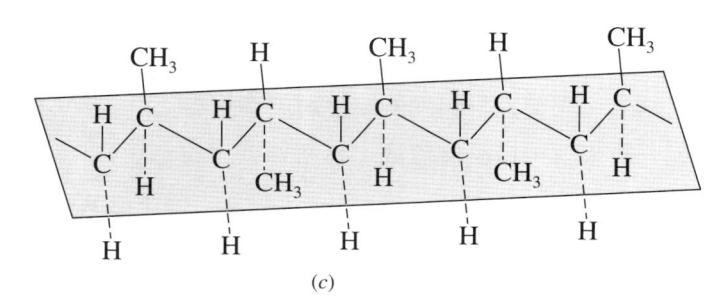

圖 8.17 聚丙烯立體異構體：(a) 雜排立體異構體，甲基任意排列在碳原子主鏈的兩側；(b) 順排立體異構體，甲基全部排列在碳原子主鏈的同一側；(c) 對排立體異構體，甲基規則交錯排列在碳原子主鏈的兩側。

（資料來源：G. Crespi and L. Luciani, "Olefin Polymers (Polyethylene)," in "Kirk-Othmer, Encyclopedia of Chemical Technology," vol. 16, Wiley, 1982, p. 454.）

8.4 一般用途之熱塑性塑膠
General-Purpose Thermoplastics

本節將討論以下熱塑性塑膠材料的基本結構、化學製程、特性和應用：聚乙烯、聚氯乙烯、聚丙烯、聚苯乙烯、ABS、聚甲基丙烯酸甲酯、醋酸纖維素及相關材料，以及聚四氟乙烯等。

不過，我們要先檢視這些材料的銷量、售價和其他重要特性。

一般用途熱塑性塑膠的全球銷量和原料價格　根據1998年某些熱塑性塑膠材料在全球的銷量及它們在2000年的原料價格，聚乙烯、聚氯乙烯、聚丙烯與聚苯乙烯占了塑膠材料大部分的總銷量。它們價格便宜，每公斤約110美分（2000年的價格），或許也是造成這些材料在工業和許多工程應用上被大量使用的部分原因。不過，如果這些便宜的熱塑性塑膠無法提供應用領域所需要的特殊性質時，就會用到一些較昂貴的塑膠材料。例如，擁有高溫特性與潤滑性質的聚四氟乙烯（鐵氟龍）在2000年時的售價大約每磅5至9美元。

一般用途熱塑性塑膠的基本性質　表8.2列出某些一般用途熱塑性塑膠的密度、拉伸強度、衝擊強度、介電強度及最高使用溫度等特性。許多塑膠材料在工程應用上的最大優點之一就是較低的密度。相較於鐵的密度 7.8 g/cm^3，這些材料的密度大約只有 1 g/cm^3。

熱塑性塑膠材料的拉伸強度相對低，對某些工程設計可能會是缺點。大部分塑膠材料的拉伸強度都低於 69 MPa（10,000 psi）（見表8.2）。塑膠材料拉伸強度的測試設備與金屬相同（見圖6.5）。

表 8.2　某些一般用途熱塑性塑膠的一些特性

材料	密度 (g/cm^3)	拉伸強度 (×1000 psi)*	衝擊強度 (ft·lb/in.)†	介電強度 (V/mil)‡	最高使用溫度（無負載下）°F	°C
聚乙烯：						
低密度	0.92-0.93	0.9-2.5		480	180-212	82-100
高密度	0.95-0.96	2.9-5.4	0.4-14	480	175-250	80-120
經氯處理的堅實 PVC	1.49-1.58	7.5-9	1.0-5.6		230	110
聚丙烯，一般用途	0.90-0.91	4.8-5.5	0.4-2.2	650	225-300	107-150
聚乙烯－丙烯腈（SAN）	1.08	10-12	0.4-0.5	1775	140-220	60-104
ABS，一般用途	1.05-1.07	5.9	6	385	160-220	71-93
壓克力，一般用途	1.11-1.19	11.0	2.3	450-500	130-230	54-110
纖維素系樹脂，醋酸型	1.2-1.3	3-8	1.1-6.8	250-600	140-220	60-104
聚四氟乙烯	2.1-2.3	1-4	2.5-4.0	400-500	550	288

* 1000 psi = 6.9 Mpa。
† 缺口 Izod 測試：1ft·lb/in. = 53.38 J/m。
‡ 1 V/mil = 39.4 V/mm。

資料來源：*Materials Engineering*, May 1972.

塑膠材料的衝擊試驗通常是缺口式 Izod 測試法。測試時，尺寸為 $\frac{1}{8} \times \frac{1}{2} \times 2\frac{1}{2}$ 英吋的樣品（見圖 8.18）被固定在擺錘試驗機的底座上。擺錘衝擊樣品時，樣品沿著缺口方向單位長度所吸收的能量，即稱為此材料的缺口衝擊強度（notched impact strength），一般是以每米多少焦耳（J/m）或每英吋多少英呎磅（ft‧lb/in.）為單位。表 8.2 列出的一般用途塑膠材料衝擊強度範圍大約是介在 0.4 到 14 ft‧lb/in. 之間。

塑膠材料通常是很好的電絕緣材料。塑膠材料的電絕緣強度是以介電強度（dielectric strength）來衡量。而介電強度的定義為材料內產生電崩潰時的電壓梯度，一般是以伏特 / 毫英寸（mil）或伏特 / 毫米（mm）為單位。表 8.2 所列之塑膠材料的介電強度範圍在 385 到 1775 伏特 / 毫英寸（V/mil）之間。

大部分熱塑性塑膠材料可以使用的最高溫度都相對低，範圍從 54°C 至 149°C 不等。但是某些熱塑性塑膠為例外，像是聚四氟乙烯就可抵抗最多 288°C 的高溫。

8.4.1　聚乙烯

聚乙烯（polyethylene, PE）是一種介於透明和白色半透明的熱塑性塑膠材料，常被用來製成透明薄膜。較厚處為半透明，看起來像蠟。聚乙烯可使用染料呈現各種顏色。

重複化學結構單元

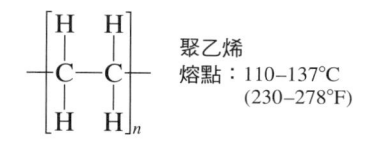

聚乙烯
熔點：110–137°C
(230–278°F)

圖 8.18　(a) Izod 衝擊試驗；(b) 塑膠材料進行 Izod 衝擊測試所使用的樣品。
（資料來源：*W. E. Driver, "Plastics Chemistry and Technology," Van Nostrand Reinhold, 1979, pp. 196-197.*）

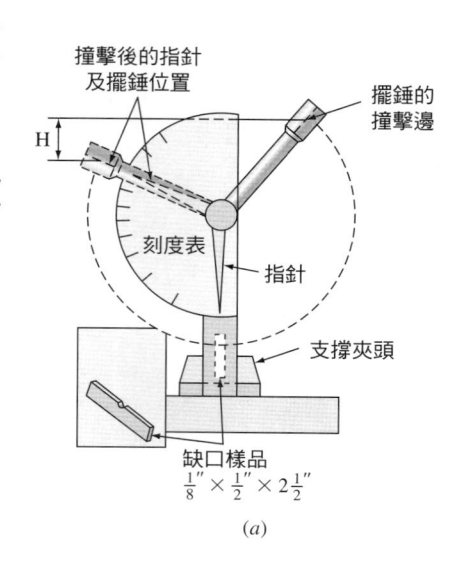

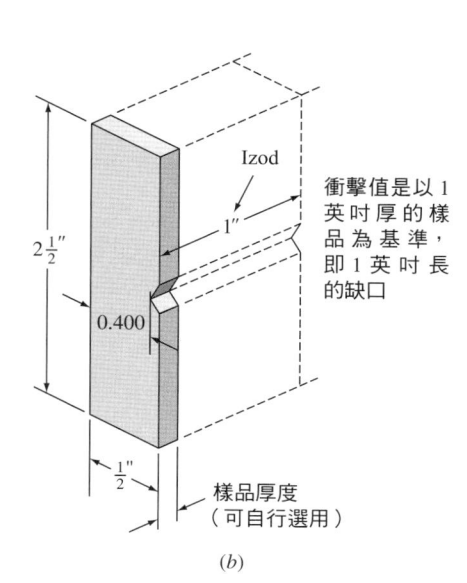

聚乙烯種類　聚乙烯一般可分為兩種：低密度聚乙烯（low-density polyethylene, LDPE）和高密度聚乙烯（high-density polyethylene, HDPE）。低密度聚乙烯是分支鏈狀結構（見圖 8.19b），而高密度聚乙烯則是直鏈狀結構（見圖 8.19a）。

低密度聚乙烯早在 1939 年即於英國開始商業化生產，所使用的熱壓釜（autoclave）壓力超過 14,500 psi（100 MPa），溫度大約是 300°C。高密度聚乙烯則是於 1956 到 1957 年之間才出現，使用菲利浦（Phillips）和齊格勒（Ziegler）製程方法及特殊催化劑來達到商業化生產。乙烯轉變成聚乙烯所需要的壓力和溫度在此製程中都降低了許多。例如，100°C 至 150°C 之間的溫度和 290 psi 至 580 psi（2 MPa 至 4 MPa）之間的壓力是菲利浦製程的運作範圍。

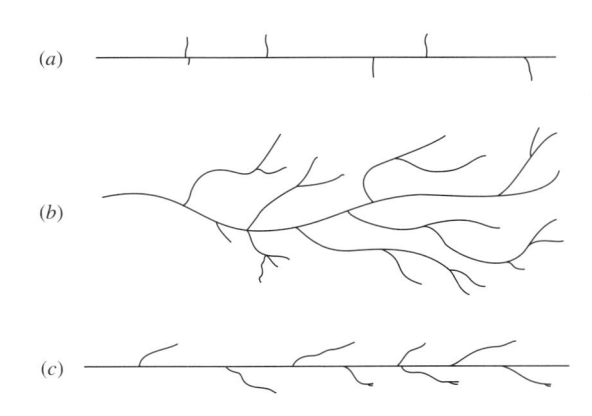

圖 8.19　不同種類之聚乙烯的鏈狀結構：(a) 高密度；(b) 低密度；(c) 線性低密度。

大約在 1976 年，市面上出現了一種新的生產聚乙烯的低壓簡化製程，壓力只需 0.7 MPa 至 2 MPa（100 psi 至 300 psi），而溫度只需 100°C。所生產的聚乙烯為線性低密度聚乙烯（linear-low-density polyethylene, LLDPE），是擁有較短斜向邊枝的線性鏈狀結構（見圖 8.19c）。

結構與性質　低密度和高密度聚乙烯的鏈狀結構如圖 8.19 所示。低密度聚乙烯為分支鏈狀結構，會使其結晶度和密度降低（見表 8.2），也會減低分子鏈間的鍵結力，因此也會降低低密度聚乙烯的強度。相反地，由於高密度聚乙烯在主分子鏈上的分支非常少，各個分子鏈可以緊密堆疊，因此具有較強的結晶度和強度（見表 8.3）。

聚乙烯是使用最多的塑膠材料。主要的原因除了它的價格低廉外，還具有許多重要的工業應用特性，像是室溫下的韌性、低溫時的強度、大幅溫度範圍（甚至低至零下 73°C）的可撓度、極佳的抗腐蝕性與絕緣性、無臭、無味，及低水氣穿透性等優點。

應用　聚乙烯的應用包括容器、電絕緣材料、化學管件、家庭用品及吹模成形瓶罐等。聚乙烯薄膜的應用則包括包裝用薄膜及水池防水層等（見圖 8.20）。

表 8.3　低密度與高密度聚乙烯的一些材料特性

性質	低密度聚乙烯	線性低密度聚乙烯	高密度聚乙烯
密度（g/cm^3）	0.92-0.93	0.922-0.926	0.95-0.96
拉伸性質（×1000 psi）	0.9-2.5	1.8-2.9	2.9-5.4
伸長率（%）	550-600	600-800	20-120
結晶度（%）	65	...	95

8.4.2 聚氯乙烯與共聚合物

聚氯乙烯（polyvinyl chloride, PVC）是一種使用廣泛的合成塑膠，全球銷量排名第二。它的普及主要是因為其高化學防蝕性，以及可與添加劑混合製成許多擁有不同物理及化學性質的化合物。

重複化學結構單元

$$\begin{bmatrix} H & H \\ -C-C- \\ H & Cl \end{bmatrix}_n$$

聚氯乙烯
熔點：~204°C (~400°F)

結構與性質 PVC 主分子長鏈的每兩個碳原子就有一個大的氯原子，會產生一種幾近非晶相的聚合物材料，不會再結晶。氯原子之間的強偶極矩會造成 PVC 的分子鏈之間的強凝聚力。不過，這個既龐大又帶負電的氯原子也會造成位阻與靜電排斥，導致聚合物分子鏈的可撓性降低。分子運動困難會增加處理同質聚合物的困難度。因此，除了少數應用外，一般使用 PVC 一定要加一些添加劑才能將其加工為成品。

PVC 同質聚合物的強度很高（51 至 62 MPa），但也很脆。PVC 的熱變形溫度屬中等（在 0.5MPa 時為 57°C 至 82°C）、電性佳（介電強度為 16745 至 51220 V/mm），溶劑抵抗力也高。PVC 的高氯含量使其具抗燃和抗化學特性。

聚氯乙烯化合處理 聚氯乙烯只有在少數應用時才不需要添加化合物。常添加至 PVC 中的化合物包含塑化劑、熱安定劑、潤滑劑、填充劑和著色劑等。

1. **塑化劑**（plasticizer）可提升聚合物材料的可撓度。它通常為高分子量化合物，必須可和基本原料完全互溶與共容才行。苯二甲酸酯（phthalate ester）

圖 8.20 相較於巨大水池而顯得渺小的工人正在鋪設高密度聚乙烯防水布。一張防水布可有半英畝大、5 公噸重。
（資料來源：*Schlegel Lining Technology, Inc.*）

是常用於 PVC 的塑化劑，圖 8.21 顯示某些塑化劑對 PVC 材料拉伸強度的影響。

2. **熱安定劑**（heat stabilizer）可防止 PVC 在製程中發生熱劣化反應，並可延長成品的使用年限。典型的熱安定劑可以是完全有機或無機，不過通常是以錫、鉛、鋇－鎘、鈣及鋅等為基礎的有機金屬化合物。

3. **潤滑劑**（lubricant）可幫助 PVC 化合物在製程中的流動，防止其沾黏金屬表面。常用的潤滑劑包括蠟、脂肪酯和金屬皂等。

4. **填充劑**（filler）主要用來降低 PVC 化合物的成本，像是碳酸鈣。

5. **著色劑**（pigment）可分為有機和無機，可改變 PVC 化合物的顏色、透明度及抗氣候性。

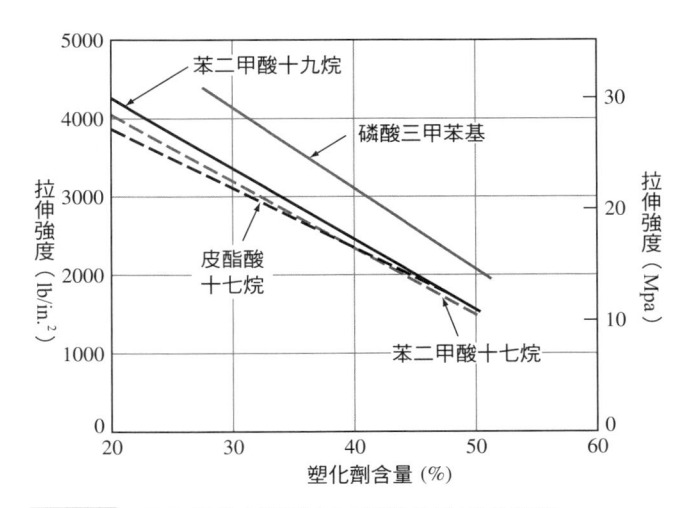

圖 8.21 不同塑化劑對聚氯乙烯拉伸強度的影響。
（資料來源：C. A. Brighton, "Vinyl Chloride Polymers (Compounding)," in "Encyclopedia of Polymer Science and Technology," vol. 14, Interscience, 1971, p. 398.）

剛性聚氯乙烯 聚氯乙烯可單獨使用於某些特別應用中，但很難處理，衝擊強度也低。添加橡膠性樹脂可在堅硬的 PVC 基材中形成小且柔軟的顆粒，藉以改善製程中的融熔流動性。橡膠性材料可有效吸收並分散衝擊能量，提高材料的耐衝擊性。改良過的硬 PVC 材料用途廣泛。在建築工程上，硬 PVC 可用於配管、角材、窗框、集水管和內部裝潢修飾。PVC 也可作成電導管。

塑化聚氯乙烯 加入塑化劑後的 PVC 柔軟、可撓且可拉伸。調整塑化劑和聚合物的比例可大幅改變上述特性。塑化聚氯乙烯在許多用途方面的表現比橡膠、紡織品和紙更優秀，像是家具、汽車座椅布、內牆表皮、雨衣、鞋、行李箱及浴簾等。在交通運輸方面，聚氯乙烯可用於汽車頂覆皮、電線絕緣材料、地毯及室內和室外飾條。其他應用還包含庭院水管、冰箱墊圈、家電零組件以及一般家用品。

8.4.3 聚丙烯

以銷量來看，聚丙烯（polypropylene）是第三重要的塑膠材料，成本也最低，因為它可以直接從廉價的石化原料中使用齊格勒（Ziegler）催化劑合成。

重複化學結構單元

$$\left[\begin{array}{cc} H & H \\ | & | \\ -C-C- \\ | & | \\ H & CH_3 \end{array}\right]_n$$

聚丙烯
熔點：165–177°C
(330–350°F)

結構與性質 從聚乙烯到聚丙烯，聚合物主分子鏈中每兩個碳原子上的氫被甲基群取代，造成分子鏈的轉動受到限制，讓材料的強度增加，但可撓度降低。甲基群也會使玻璃轉換溫度升高，因此聚丙烯的熔點和熱變形溫度會比聚乙烯高。添加立體特異性催化劑可合成出順排聚丙烯，其熔點範圍在 165°C 至 177°C 間。此材料在約 120°C 下使用不會產生熱變形。

聚丙烯有許多優良特質使其適合用來製造產品。這些特質包含良好的抗化學、水分和熱的能力，密度低（0.900 至 0.910 g/cm^3）、表面硬度適中以及尺寸穩定。聚丙烯的彎曲壽命極佳，適用於有鉸鏈的產品。加上聚丙烯單體材料價格低廉，因此聚丙烯是很有競爭力的熱塑性塑膠材料。

應用 聚丙烯主要應用於家庭用品、家電零件、包裝材料、實驗室用具及各種瓶罐。在交通運輸方面，抗衝擊性高的聚丙烯共聚合物已經取代硬橡膠，成為電瓶外殼材料。類似的樹脂也用於保險桿襯裡及灑水器罩。摻入填充劑後的聚丙烯的抗熱變形性更高，可用於汽車風扇罩和暖氣導管。另外，聚丙烯同質聚合物材料廣泛使用在地毯的底層材料；作成織物時，它是許多工業產品包裝袋的材料。在薄膜方面，由於聚丙烯具光澤、亮滑且剛性適中，常用在柔軟產品的包裝袋和密封膜。在包裝方面，聚丙烯被用於螺絲蓋頭、外盒與容器。

8.4.4 聚苯乙烯

聚苯乙烯（polystyrene）是使用量排名第四的熱塑性塑膠。聚苯乙烯同質聚合物是一種透明、無臭、無味的塑膠材料，而且除非經過改良，否則脆性非常高。除了結晶性聚苯乙烯外，橡膠改良型、抗衝擊型和可膨脹型聚苯乙烯也是重要的類型。苯乙烯也常被用來製作許多重要的共聚合物。

重複化學結構單元

$$\left[\begin{array}{cc} H & H \\ | & | \\ -C-C- \\ | & | \\ H & C_6H_5 \end{array}\right]_n$$

聚苯乙烯
熔點：150–243°C
(330–470°F)

結構與性質 聚苯乙烯主分子鏈每隔一個碳原子就存在的苯環結構導致體積

堅硬龐大，所造成的位阻足以使得聚苯乙烯在室溫不易撓曲。聚苯乙烯同質聚合物的特性是堅硬、透明與容易加工，但也易脆。添加聚丁二烯彈性體產生**共聚合化（copolymerization）**可以改善聚苯乙烯的衝擊特性。聚丁二烯的化學結構如下：

$$\left[\begin{array}{cccc} H & H & H & H \\ | & | & | & | \\ -C & -C & =C & -C- \\ | & & & | \\ H & & & H \end{array}\right]_n \text{聚丁二烯}$$

抗衝擊苯乙烯共聚合物通常含 3% 至 12% 的橡膠。在聚苯乙烯中添加橡膠會減弱其剛性和熱變形溫度。

一般來說，聚苯乙烯尺寸穩定性佳，且模鑄收縮性低，因此處理成本很低。不過，聚苯乙烯的抗天候能力較差，而且容易受到有機溶劑和油脂的侵蝕。聚苯乙烯在操作溫度範圍內的電絕緣特性佳，機械特性也適中。

應用 典型應用包括汽車內裝零件、家電用品外殼、旋鈕和把手、家庭用品。

8.4.5 聚丙烯腈

此丙烯酸聚合材料（acrylic-type polymeric material）通常都被作成纖維來用。由於其強度和化學穩定性均高，也常作為工程熱塑性塑膠的共聚單體。

重複化學結構單元

$$\left[\begin{array}{cc} H & H \\ | & | \\ -C & -C- \\ | & | \\ H & C\equiv N \end{array}\right]_n \text{聚丙烯腈（不會熔化）}$$

結構與性質 聚丙烯主分子鏈中每隔一個碳原子就存在的腈基團（nitrile group）會互相排斥，使得分子鏈形成延展堅硬的桿狀結構。桿狀結構的規則性讓分子鏈間可產生氫鍵結，形成高強度纖維。因此，丙烯纖維強度高，對水氣和溶劑的阻抗也佳。

應用 丙烯腈會作成纖維狀當成羊毛使用，像是運動衫與毛毯。丙烯腈也作為共聚單體，用來製造苯乙烯－丙烯腈共聚合物（styrene-acrylonitrile copolymer）（SAN 樹脂）和丙烯腈－丁二烷－苯乙烯三聚合物（acrylonitrile-butadiene-styrene terpolymer）（ABS 樹脂）。

8.4.6 苯乙烯－丙烯腈

苯乙烯－丙烯腈（styrene-acrylonitrile, SAN）熱塑性塑膠是苯乙烯家族中性能好的成員。

結構與性質 SAN 樹脂是苯乙烯和丙烯腈隨機排列非晶質的共聚合物。共聚合反應會造成聚合物分子鏈間的極化和氫鍵吸引力。因此，SAN 樹脂的化學抵抗性、熱變形溫度、韌性和荷重承受特性都比純聚苯乙烯更好。SAN 熱塑性塑膠剛性與硬度均佳，易於加工，而且也和聚苯乙烯一樣有光澤和透明度。

應用 SAN 樹脂的主要應用包含汽車儀器鏡片、儀表板零件和內裝玻璃支撐板、電器按鈕、攪拌機容器、醫學用針筒和抽血器、建築用安全玻璃，以及家用安全杯與馬克杯等。

8.4.7 ABS

ABS 是三種單體名稱的縮寫——丙烯腈（acrylonitrile）、丁二烯（butadiene）和苯乙烯（styrene）——屬於一個熱塑性塑膠家族。ABS 材料以工程性質著稱，像是優良抗衝擊性和機械強度，而且易於加工。

化學結構單元 ABS 包括以下三種化學結構單元：

A：聚丙烯腈　　B：聚丁二烯　　S：聚苯乙烯

結構與性質 ABS 材料的廣泛工程性質來自各個成分。丙烯腈提供了抗熱性、抗化學性和韌性。丁二烯提供了衝擊強度與保存了低溫時的性質。苯乙烯則提供了材料表面光澤、剛度和易加工處理性。當橡膠含量增加，ABS 塑膠材料的衝擊強度也會增加，但是拉伸特性和變形溫度則會降低（見圖 8.22）。表 8.4 列出高、中、低衝擊性 ABS 塑膠的一些工程特性。

圖 8.22 ABS 材料的特性和橡膠含量的關係。

（資料來源：G. E. Teer, "ABS and Related Multipolymers," in "Modern Plastics Encyclopedia," McGraw-Hill, 1981-1982.）

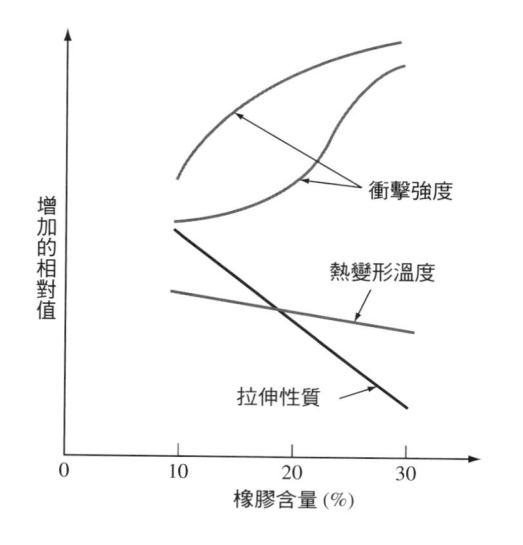

表 8.4　ABS 塑膠一些典型的工程特性（23°C）

	高衝擊	中衝擊	低衝擊
衝擊強度（Izod）：			
ft · lb/in.	7-12	4-7	2-4
J/m	375-640	215-375	105-320
拉伸強度：			
× 1000 psi	4.8-6.0	6.0-7.0	6.0-7.5
MPa	33-41	41-48	41-52
伸長率（%）	15-70	10-50	5-30

ABS 的分子結構並非雜亂無序的三共聚合物，而可被視為是玻璃性共聚合物（苯乙烯－丙烯腈）和橡膠體（主要是丁二烯聚合物和共聚合物）的混合材料。不過，僅僅簡單地將橡膠和玻璃性共聚合物混合並無法產生最佳衝擊特性。苯乙烯－丙烯腈共聚合物基材必須要用接枝方式連接到橡膠產生兩相結構（見圖 8.23），才能獲得最佳衝擊強度。

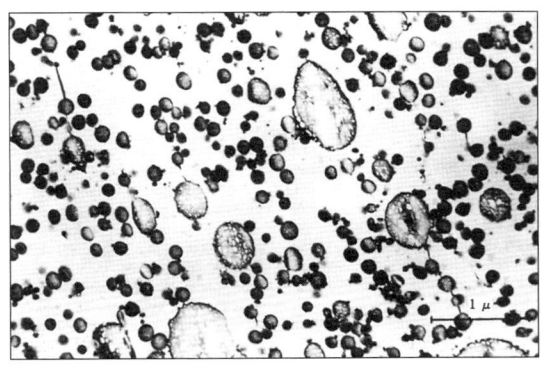

圖 8.23　一種 G 型 ABS 樹脂之超薄斷面的電子顯微鏡照片，顯示苯乙烯－丙烯腈共聚合物中的橡膠顆粒。

（資料來源：*M. Matsuo, Polym. Eng. Sci.,* **9:**206(1969).）

應用　ABS 最主要是用於管線配件，尤其是建築物內的廢水和通風管路。其他應用還有汽車零件、冰箱門內層與內部層、事務機、電腦外殼、電話外殼、電導管和電磁干擾－無線電頻率遮蔽防護。

8.4.8　聚甲基丙烯酸甲酯

聚甲基丙烯酸甲酯（polymethyl methacrylate, PMMA）是一種剛硬透明的熱塑性塑膠，室外抗氣候性佳，抗衝擊性也比玻璃高。此材料為人熟知的商業名稱為 Plexiglas 或 Lucite，也是一般稱為壓克力（acrylics）的熱塑性塑膠族群中最重要的一種材料。

重複化學結構單元

聚甲基丙烯酸甲酯
熔點：160°C (320°F)

結構與性質　PMMA 的主分子鏈中，每隔一個碳原子就會存在的甲基與甲基丙烯酸群提供了很大的位阻，使得 PMMA 剛硬且強度頗高。碳原子非對稱的紊亂排列造成完全無結晶的構造，使材料對可見光的穿透性高。PMMA 對室外環境的抗化學性也很好。

應用 PMMA 材料用於飛機和船舶的玻璃、天窗、室外照明設備和廣告看板。其他應用還有汽車尾燈鏡片、安全防護罩、護目鏡、旋鈕以及把手。

8.4.9 氟素塑膠

此材料是塑膠或包含一個或多個氟原子單體聚合而成的聚合物。氟素塑膠（fluoroplastics）擁有數種工程應用所需特性的組合。所有此類材料對化學環境的抵抗力和優電絕緣特性都很高。氟含量高的氟素塑膠有低摩擦係數，使材料得以自體潤滑與不黏不沾。

氟素塑膠生產了很多種，以下討論最常用的兩種：聚四氟乙烯（polytetrafluoroethylene, PTFE）（見圖 8.24）與聚三氟氯乙烯（polychlorotrifluoroethylene, PCTFE）。

聚四氟乙烯

重複化學鍵結構單元

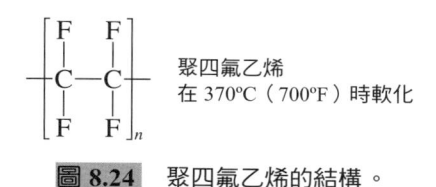

$$\left[\begin{array}{cc} F & F \\ | & | \\ -C-C- \\ | & | \\ F & F \end{array} \right]_n$$

聚四氟乙烯
在 370°C（700°F）時軟化

圖 8.24 聚四氟乙烯的結構。

化學製程 PTFE 藉由自由基鏈聚合反應，將四氟乙烯氣體聚合反應生成以—CF_2—為單位的線性鏈狀聚合物，是一種完全氟化的聚合物。R. J. Plunkett 在 1938 年於杜邦公司的實驗室發現了這個將四氟乙烯氣體聚合成聚四氟乙烯〔鐵弗龍（Teflon）〕的方法。

結構與性質 PTFE 是一種熔點為 327°C 的結晶性聚合物。小尺寸的氟原子和氟化碳原子鏈聚合物的規律性使得 PTFE 是一種高密度的結晶性聚合物材料。PTFE 的密度對於塑膠材料來說相當高，範圍在 2.13 到 2.19 g/cm³ 之間。

PTFE 對化學品的抵抗性極佳，而且除了少數氟化物溶劑外，PTFE 也不溶於所有有機溶劑。PTFE 的機械特性從超低溫（約 –200°C）至約 260°C 的範圍都很不錯。它的衝擊強度高，不過相較於其他塑膠，其拉伸強度、抗磨耗和潛變抵抗性就比較低。玻璃纖維可以是 PTFE 的填充劑以提升其強度。PTFE 的觸感滑溜如蠟，摩擦係數很低。

加工製程 由於 PTFE 的熔體黏度高，傳統的擠壓和射出成形方式並不適用。零件都是於室溫及 14 至 69 MPa（2000 至 10,000 psi）的壓力下，將顆粒原料壓模成形，再以 360°C 至 380°C（680°F 至 716°F）的溫度範圍加熱鍛燒。

應用　PTFE 用於抗化學管路與幫浦零件、高溫纜線絕緣、壓模電器元件、膠帶和不沾黏塗層等。添加填充劑的 PTFE 化合物可用於軸襯套、墊片、油封、O 型環和軸承等。

聚氯三氟乙烯

重複化學結構單元

$$\begin{bmatrix} & F & F \\ -&C-C&- \\ & F & Cl \end{bmatrix}_n$$

聚氯三氟乙烯
熔點：218°C (420°F)

結構與性質　PTFE 分子鏈內每第四氟原子會被氯原子取代，使得此聚合物鏈狀結構不算規則，導致材料結晶性較低，更利於模造。PCTFE 的熔點為 218°C，比 PTFE 低，可用傳統的擠壓和壓模製程加工製造。

應用　PCTFE 聚合材料經過擠壓、壓模和切削後的產品被用在化學製程設備和電器。其他應用包含墊片、O 型環、油封及電器零件等。

8.5　工程熱塑性塑膠
Engineering Thermoplastics

本節要討論一些工程熱塑性塑膠的結構、特性與應用。由於任何塑料都可視為某種形式的工程塑料，因此工程塑料並無固定定義。本書將任何有均衡特性使其適用於工程應用的熱塑性塑膠均視為工程熱塑性塑料，包含以下的工程熱塑性塑膠家族：聚醯胺（尼龍）、聚碳酸酯、苯醚基樹脂、縮醛、熱塑性聚酯、聚碸、聚苯硫醚與聚醚亞胺等。工程用熱塑性塑膠的銷量比一般塑膠少很多，除了尼龍以外，因為尼龍有一些相當特殊的性質。

一些工程熱塑性塑膠的基本性質　表 8.5 列出一些常用工程熱塑性塑膠的密度、拉伸強度、衝擊強度、介電強度及最高使用溫度。表中所列塑膠的密度相對較低，範圍從 1.06 至 1.42 g/cm³。低密度特性是工程設計上的重要優點。幾乎所有塑膠材料的拉伸強度都相對較低；表 8.5 列出的拉伸強度範圍為從 55 至 83 MPa（8000 至 12,000 psi）。低拉伸強度通常是工程設計上的缺點。另外，表中聚碳酸酯的抗衝擊強度最高，衝擊值約在 640 至 854 J/m.（12 至 16 ft‧lb/in.）。表中所列聚縮醛與尼龍 6,6 的低衝擊值（分別為 75 和 107 J/m，即 1.4 和 2.0 ft‧lb/in.）可能有些誤導。因為這兩種材料其實韌性都很高，只是缺口相當敏感（經缺口 Izod 衝擊試驗證明）。

表 8.5 所列的工程熱塑性塑膠的電絕緣強度很高，範圍分布從 320 至 700 V/mil，也符合大多數塑膠的特性。表中的最高使用溫度範圍是在 82°C 至 260°C （180°F 至 500°F）之間，其中又以聚苯硫醚的 260°C 最高。

工程熱塑性塑膠還有其他重要的工業特質。它們可以輕易地製作成近成品或成品的形狀，而且製程多半都可自動化。工程熱塑性塑膠的抗腐蝕性在許多環境下都很好。有時候，工程塑膠對化學侵蝕的阻抗性極佳。例如，聚苯硫醚在 204°C（400°F）的溫度以下目前仍無溶劑可用。

8.5.1 聚醯胺（尼龍）

聚醯胺（polyamide）或尼龍（nylon）是可融熔成型的熱塑性塑膠，其主分子鏈有重複醯胺群。尼龍屬於工程塑膠家族，在高溫下的承重能力優越、韌性良好、摩擦性低且抗化學侵蝕性高。

重複化學鏈 尼龍的種類很多，每一種的重複單元都不同。不過，它們都有相同的醯胺鏈結：

$$-\overset{O}{\underset{}{C}}-\overset{H}{\underset{}{N}}- \quad \text{醯胺鏈結}$$

化學製程與聚合化反應 有些尼龍是由二元有機酸與二元胺以逐步聚化反應產生。尼龍類塑膠最重要的尼龍 6,6 是從六亞甲基二胺（hexamethylene diamine）和己二酸（adipic acid）之間的聚合反應而產生的聚六亞甲基二胺（見圖 8.10）。尼龍 6,6 的重複化學結構單元是：

表 8.5 一些工程熱塑性塑膠的基本性質

材料	密度（g/cm³）	拉伸強度（×1000 psi）*	衝擊強度（ft·lb/in.）†	介電強度（V/mil）‡	最高使用溫度（無負載下）°F	°C
尼龍 6,6	1.13-1.15	9-12	2.0	385	180-300	82-150
聚縮醛，同聚合物	1.42	10	1.4	320	195	90
聚碳酸酯	1.2	9	12-16	380	250	120
聚酯：						
PET	1.37	10.4	0.8	…	175	80
PBT	1.31	8.0-8.2	1.2-1.3	590-700	250	120
聚苯醚	1.06-1.10	7.8-9.6	5.0	400-500	175-220	80-105
聚碸	1.24	10.2	1.2	425	300	150
聚苯硫醚	1.34	10	0.3	595	500	260

* 1000 psi = 6.9 MPa。
† 缺口 Izod 測試：1ft·lb/in. = 53.38 J/m。
‡ 1 V/mil = 39.4 V/mm。

$$\left[-\underset{\underset{H}{|}}{\overset{\overset{H}{|}}{N}}-(CH_2)_6-\underset{\underset{H}{|}}{\overset{\overset{H}{|}}{N}}-\overset{\overset{O}{\parallel}}{C}-(CH_2)_4-\overset{\overset{O}{\parallel}}{C}- \right]_n$$

尼龍 6,6
熔點：250–266°C
(482–510°F)

此反應所產生的其他商業用尼龍包括尼龍 6,9、6,10 和 6,12，分別是從六亞甲基二胺和壬二酸（azelaic acid）（9 個碳原子）、癸二酸（sebacic acid）（10 個碳原子），或十二烷二酸（dodecanedioic acid）（12 個碳原子）反應而成。

同時含有有機酸與胺群的環狀化合物利用鏈狀聚合反應也可以產生尼龍。例如，尼龍 6 可藉由 ϵ- 己內醯胺（ϵ-caprolactam）（6 個碳原子）聚合而成，如下圖所示：

ϵ- 己內醯胺 →(加熱) 尼龍 6
熔點：216–225°C (420–435°F)

結構與性質　尼龍主聚合物長鏈對稱結構很規律，因此尼龍是一種高度結晶的聚合物材料。在控制良好的固化條件下，尼龍內部會產生球晶結構，由此可見尼龍的結晶性高。圖 8.25 顯示尼龍 9,6 的複雜球晶結構在溫度 210°C 時的成長，是最好的範例。

尼龍的高強度有部分是歸因於分子鏈之間的氫鍵（見圖 8.26）。醯胺鍵結的存在讓分子鏈間得以產生 NHO 式的氫鍵。因此，尼龍聚醯胺的強度、熱變形溫度和化學抵抗特性都很高。主碳原子鏈的可撓曲性會影響整個分子的可撓曲性，導致尼龍材料的熔體黏度低，易於加工處理。碳分子鏈的可撓性帶來高潤滑性、低表面摩擦和良好的抗磨損性。但是，醯胺基團的極性與氫鍵使材料的吸水性大幅提高，造成吸水愈多，尺寸改變愈大。尼龍 11 及 12 的醯胺基團間碳原子鏈較長，因此對水分吸收較不敏感。

加工　大部分的尼龍都是用傳統的射出成形法與擠壓法加工處理。

應用　幾乎所有的工業都有使用尼龍。典型

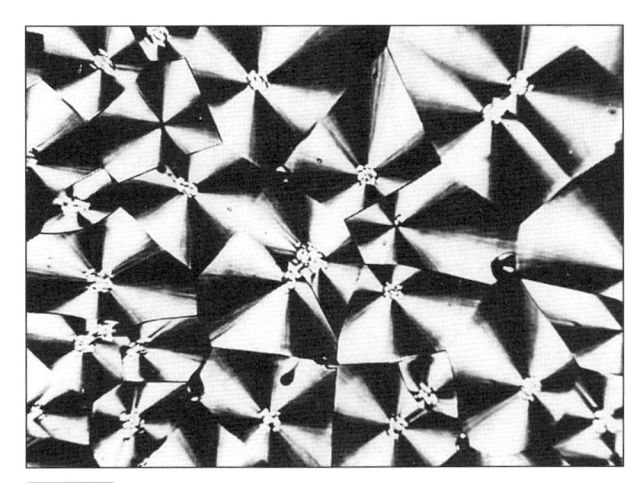

圖 8.25　尼龍 9,6 在 210°C 時複雜球晶結構的成長。尼龍材料的球晶結構成長強調了尼龍材料的結晶能力。

（資料來源：J. H. Magill, University of Pittsburgh.）

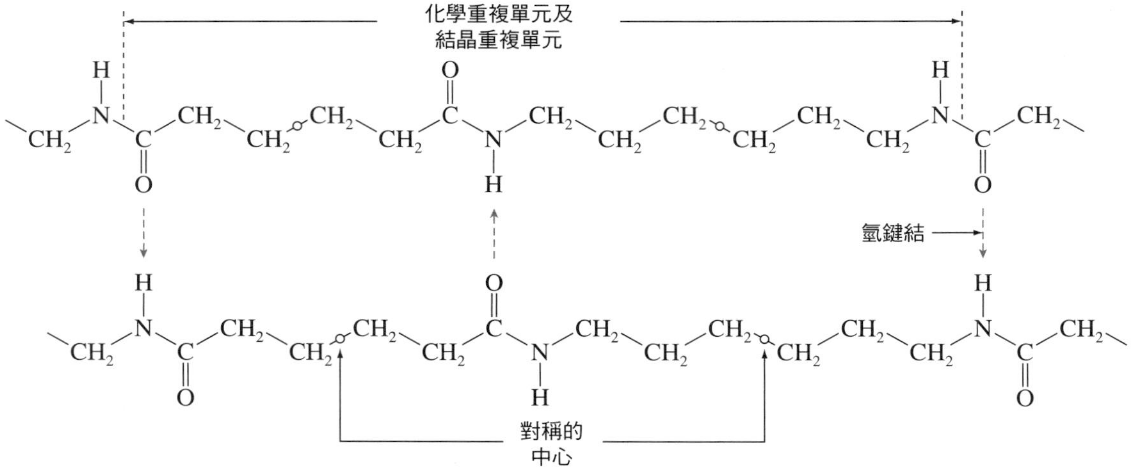

圖 8.26 圖示兩分子鏈之間的氫鍵。
（資料來源：M. I. Kohan (ed.), "Nylon Plastics," Wiley, 1973, p. 274.）

的用途包含不需潤滑的齒輪、軸承、抗磨零件、耐高溫且抗碳氫化合物與溶劑的機械元件、高溫中使用的電氣零件、具強度及剛性的耐高衝擊零件。汽車工業的應用包含了計速器和雨刷齒輪以及修邊夾等。以玻璃纖維強化的尼龍可用於引擎風扇葉片、煞車油與動力方向盤油箱、閥罩和轉向柱外殼。電氣與電子方面的應用包括了連接器、插頭、接線絕緣、天線座和配線端子等。尼龍還可用於包裝與許多一般用途。

由於價格低廉、特性佳及易加工處理等綜合因素，尼龍 6,6 及 6 在美國的銷量領先其他尼龍材料。尼龍 6,10、6,12、尼龍 11 和 12 以及其他尼龍的性質特殊，售價會高出許多。

8.5.2 聚碳酸酯

聚碳酸酯（polycarbonate）是有著特殊高績效特質的另一類工程熱塑性塑膠，像是高強度、韌性及尺寸穩定性，能夠滿足某些工程設計上的需求。在美國，奇異公司用 Lexan 之名，Mobay 公司用 Merlon 之名，分別生產聚碳酸酯樹脂。

基本重複化學結構單元

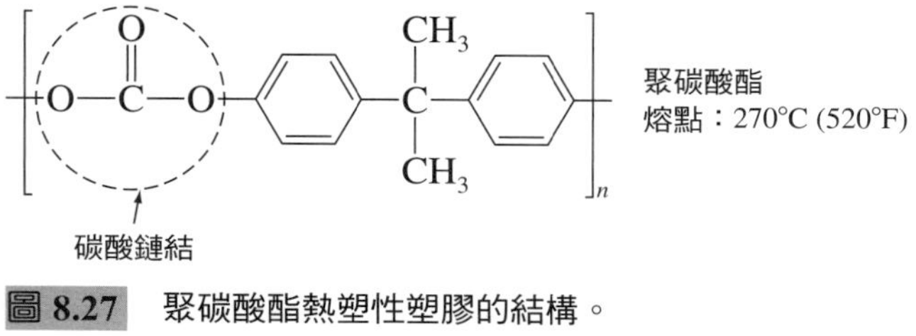

聚碳酸酯
熔點：270°C (520°F)

圖 8.27 聚碳酸酯熱塑性塑膠的結構。

結構與性質　重複結構單元內同一碳原子連接的兩個苯基和兩個甲基團（見圖 8.27）造成位阻，使分子結構非常僵硬。不過，碳酸鏈結中的碳－氧單鍵可以為整體分子結構提供些許分子可撓曲性，產生高衝擊能。聚碳酸酯在室溫下的拉伸強度相當高，大約是 62 MPa（9 ksi），而經 Izod 實驗測試而得的衝擊強度也非常高，大約在 640 至 854 J/m 之間。聚碳酸酯其他重要的工程性質還包含高熱變形溫度、良好的電絕緣性質及透明性，潛變抵抗性也好。聚碳酸酯可以抵抗各種化學藥品的腐蝕，不過還是會受到溶劑的侵蝕。它的尺寸穩定性極佳，可用於精密工程零件。

應用　聚碳酸酯的應用包含安全防護殼、齒輪、安全帽、繼電器外殼、飛機零件、船推進器、交通號誌外殼與透鏡，窗戶或太陽能板玻璃、手持電動工具外殼、小型家電，以及電腦主機。

8.5.3　苯醚基樹脂

苯醚基樹脂（phenylene oxide-based resin）也是工程熱塑性塑膠材料的一種。

基本重複化學結構單元

$$\left[\begin{array}{c}\text{CH}_3\\ \\ \text{CH}_3\end{array}\right.\!\!\!\!\!\!\!\!\!\bigcirc\!\!\!\!\!\!\!\!-\text{O}-\left]_n \right.\quad \text{聚苯氧}$$

化學製程　用酚單體的氧化耦合來製造苯醚基熱塑性樹脂的一個製程已有專利，所產生的商品名為 Noryl（美國奇異公司）。

結構與性質　重複的苯環造成聚合物分子轉動的位阻，也因鄰近分子苯環內的電子共振引起電子吸引力，致使此聚合物材料具有高剛性、強度、抗環境化學性、尺寸穩定性及高熱變形溫度。

這些材料可分成很多等級，以符合各式工程設計應用的需求。聚苯醚基樹脂最主要的設計優點為在 –40°C 至 150°C（–40°F 至 302°F）的溫度範圍之機械性質優良、尺寸穩定性高，具有低潛變及低水分吸收性、介電性佳、抗衝擊性與抗水或化學環境性均優異。

應用　聚苯醚基樹脂的典型應用有電連接器、電視調頻器及偏向軛元件、小家電和事務機外殼、汽車儀錶板、柵板及外部車身零件等。

8.5.4 縮醛

縮醛（acetal）是一種性能高的工程熱塑性塑膠，拉伸強度（約 68.9 MPa）與撓曲指數（約 2820 MPa）均屬最高，而且疲勞壽命與尺寸穩定性都非常好。其他重要特性包含低摩擦係數、良好的易加工特性、良好的溶劑抵抗性，以及在無負載狀況下具有高抗熱性到 90°C（195°F）。

重複化學結構單元

$$\left[\begin{array}{c} H \\ -C-O- \\ H \end{array} \right]_n \quad \text{聚氧化次甲基} \atop \text{熔點：175°C (347°F)}$$

縮醛種類 目前有兩種基本的縮醛：一種是同質聚合物（杜邦公司的 Delrin），另一種是共聚合物（Celanese 公司的 Celcon）。

結構與性質 聚縮醛分子本身具有高規則性、對稱性及可撓性，產生的聚合物材料會擁有高規則性、強度與熱變形溫度。由於縮醛的長期承載特性及尺寸穩定性極佳，因此可用於像是齒輪、軸承和凸輪等精密零件的製造。同質聚合物的硬度和剛性都比共聚合物還高，而且拉伸強度和撓曲強度也較高。在長期高溫下，使用共聚合物會更穩定，且其伸長率也較大。

未經改良的縮醛同質聚合物溼氣吸收性低，所以尺寸穩定性也較好。縮醛的低磨耗與低摩擦特性使其可應用於運動零件。縮醛的抵抗疲勞性極佳，這是所有運動零件的必備性質。但是由於縮醛可燃，因而限制了它在電氣與電子方面的應用。

應用 由於成本低廉，縮醛已取代了許多使用鋅、黃銅及鋁金屬鑄件與鋼材的金屬沖壓件。當應用上並不需要達到金屬材料的強度時，藉由使用縮醛可減低、甚至免除掉精細加工及組裝的成本。

在汽車工業方面，縮醛可用於燃料系統零件，以及安全帶和窗戶把手零件。在機械方面的應用，則包括了幫浦翼輪、齒輪、凸輪與外殼等。縮醛也大量應用於拉鍊、釣魚捲線器和筆等消費產品。

8.5.5 熱塑性聚酯

聚對苯二甲酸丁二酯和聚對苯二甲酸乙二酯

聚對苯二甲酸丁二酯（polybutylene terephthalate, PBT）和聚對苯二甲酸乙二酯（polyethylene terephthalate, PET）是兩種非常重要的工程熱塑性聚酯材料。PET 廣泛用於食品包裝薄膜以及布料、地毯和輪胎簾布纖維。自 1977 年起，PET 也成為容器用樹脂。PBT 的聚合物分子鏈重複單元分子量較高，首先在 1969 年成為傳統熱固性塑膠與金屬在某些應用上的替代品。由於特性良好且成本低廉，PBT 的用途不斷擴大。

重複化學結構單元

聚對苯二甲酸乙二酯（PET）　　　聚對苯二甲酸丁二酯（PBT）

結構與性質　PBT 聚合物分子鏈中的苯環及羰基（carbonyl）（C＝O）形成龐大平坦的單元。儘管龐大，此規則結構還是能結晶。苯環結構提供材料所需的剛性，而丁二酯單元則提供了加工處理中熔融狀態所需的分子移動性。PBT 強度佳（未強化材料是 52 MPa，加入 40% 玻璃纖維強化材料是 131 MPa）。熱塑性聚酯樹脂也有低溼氣吸收的特性。PBT 的結晶構造使其足以抵抗大部分化學藥品的侵蝕。在一般溫度下，大部分的有機化合物對 PBT 不會有太大的影響。PBT 的絕緣特性佳，幾乎不受溫度與溼度的影響。

應用　PBT 在電氣與電子方面的應用包括連接器、開關、繼電器、電視調頻器元件、高壓元件、端子板、積體電路板、馬達電刷固定器、鐘形罩和外殼。工業方面的應用包括了幫浦翼輪、外殼與支架、灌溉水閥與本體，以及水流量計本體與元件。PBT 也會被用於家電外殼和把手。汽車方面的應用則包括車身外殼元件、高能量點火線圈蓋子、線圈軸心、噴油控制器，以及計速器框體和齒輪。

聚碸塑膠

重複化學結構單元

聚碸塑膠
熔點：315°C (600°F)

結構與性質　聚碸塑膠（polysulfone）重複單元中的苯環限制了聚合物分子鏈的轉動，並且造成分子間強大的吸引力，使得此材料具有高強度和高剛性的特性。在苯環中相對於碸基之對位（para position）[1]上的氧原子提供碸聚合物材料的高氧化穩定性因。位於苯環之間的氧原子（醚鏈結）則提供分子鏈可撓性和衝擊強度。

對於設計工程師而言，聚碸塑膠最重要的特性是其在 1.68 MPa 力下的高熱變形溫度 174°C，及其在 150°C 至 174°C 的溫度範圍內可長時間使用的性能。以熱塑性塑膠而言，聚碸塑膠的拉伸強度高（70 MPa），而不易潛變。聚碸塑膠可抵抗在水溶性酸液與鹼性環境中的水解作用，因為苯環間的氧鏈結有水解穩定性。

應用　電氣與電子方面的應用包括連接器、線圈軸心、電視元件、電容器薄膜，以及線路板結構。聚碸塑膠可抵抗殺菌的高溫高壓環境，因此也常用於醫學儀器和器皿。而在化學處理與控制汙染設備應用方面，聚碸塑膠可以用於抗蝕配管、幫浦、搭墊片，以及過濾器模組和支持板。

8.6　熱固性塑膠
Thermosetting Plastics（Thermosets）

熱固性塑膠（thermosetting plastic 或 thermoset）是由以主要共價鍵鍵結的網路狀分子結構所形成。有些熱固性塑膠是經由加熱或加熱結合加壓方式而產生**交聯**（**cross-linking**）作用而成。其他可能是在室溫下，透過化學反應產生交聯作用而成（冷固性塑膠）。雖然熱固性塑膠硬化所製成的元件遇熱還是會軟化，但材料內的共價鍵結交聯鍵結，使材料無法回到硬化前的可流動性。因此，熱固性塑膠並無法像熱塑性塑膠一樣重新加熱熔解。此為熱固性塑膠的最大缺點，因為硬化加工製程產生的餘料與碎片無法回收再利用。

一般來說，熱固性塑膠在工程設計上有以下優點：

1. 熱穩定性高。
2. 剛度高。
3. 尺寸穩定性佳。
4. 承載負荷下對潛變與變形的抵抗佳。
5. 重量輕。
6. 電與熱的絕緣性質高。

熱固性塑膠通常是用壓送成形或**壓模成形**（**compression molding**）的方式生產。不過，有些時候則會使用新發展出的熱固性塑膠**射出成形**（**injection**

---

[1] 對位是在苯環兩側對應相反端的位置。

molding）技術，使製程成本得以大幅降低。

很多使用的熱固性塑膠屬於鑄模塑料化合物的型態，其中包含兩種主要成分：(1) 含結合劑、硬化劑與塑化劑的樹脂；(2) 有機或無機的填充劑或（與）強化材料。常見的填充材料有木屑、石英、玻璃和纖維素。

我們先來看一些熱固性塑膠在美國的原料價格，並比較它們的一些重要性質。

熱固性塑膠的原料價格　常用的熱固性塑膠原料價格範圍在 0.55 至 1.26 美元（2000 年價格）之間，對塑膠材料而言屬中低價位。在表中所列出的熱固性塑膠中，酚醛樹脂的價格最低，銷量也最大。未飽和聚酯的價格也很低，相對銷量也不少。環氧樹脂有工業應用獨特性，因此價格可以很高。

一些熱固性塑膠的基本特性　表 8.6 列出一些熱固性塑膠的密度、拉伸強度、衝擊強度、介電強度，以及最高使用溫度。熱固性塑膠的密度通常比大部分塑膠材料的密度高；表 8.6 所列的範圍介於 1.34 至 2.3 g/cm^3 之間。大部分熱固性塑膠的拉伸強度偏低，一般介於 28 至 103 MPa（4000 至 15,000 psi）之間。但是若加入大量的玻璃填充劑，一些熱固性塑膠的拉伸強度可增加至 207 MPa（30,000 psi）。添加玻璃的熱固性塑膠，其衝擊強度也高許多，如表 8.6 所列。熱固性塑膠的介電強度也很優異，範圍在 0.5 到 2.6×10^4 V/mm（140 至 650 V/mil）之間。然而，就像所有的塑膠材料一樣，熱固性塑膠的最高使用溫度仍然會受限。表 8.6 中的熱固性塑膠最高使用溫度的範圍是從 77°C 至 288°C（170°F 至 550°F）。

我們接著來討論酚醛樹脂、環氧樹脂和未飽和聚酯這三種熱固性塑膠的結構、特性與應用。

8.6.1　酚醛樹脂

酚醛熱固性塑膠（phenolic thermosetting）是工業界最早使用的主要塑膠材料。用酚與甲醛反應來製造出酚醛塑膠 Bakelite 的原始專利是在 1909 年由 L. H. Baekeland 取得。由於價格低廉、電與熱絕緣性以及機械性均佳，酚醛塑膠目前仍廣泛應用於工業。酚醛塑膠還很容易模造，但是顏色受限（通常為黑色或棕色）。

化學性質　酚醛樹脂最常見的生產方式是縮合聚合酚與甲醛，而水是此反應的副產物。不過，幾乎任何其他可以產生反應的酚或醛類都行。為了方便壓模製造，一般會生產二階段酚醛樹脂。第一階段會先製造一種脆性熱塑性樹脂，可以熔解但本身不會交聯為固體。製程會在催化酸劑的幫助下，用不到 1 莫耳的甲醛與 1 莫耳的酚反應產生此材料。圖 8.11 顯示此聚合反應。

表 8.6　某些熱固性塑膠的一些特性

材料	密度 (g/cm³)	拉伸強度 (×1000 psi) *	衝擊強度 Izod (ft · lb/in.) †	介電強度 (V/mil) ‡	最高使用溫度（無負載下）°F	°C
酚醛樹脂：						
填充木屑	1.34-1.45	5-9	0.2-0.6	260-400	300-350	150-177
填充石英	1.65-1.92	5.5-7	0.3-0.4	350-400	250-300	120-150
填充玻璃	1.69-1.95	5-18	0.3-18	140-400	350-550	177-288
聚酯：						
填充玻璃 SMC	1.7-2.1	8-20	8-22	320-400	300-350	150-177
填充玻璃 BMC	1.7-2.3	4-10	15-16	300-420	300-350	150-177
三聚氰胺：						
填充纖維素	1.45-1.52	5-9	0.2-0.4	350-400	250	120
填充毛絮	1.50-1.55	7-9	0.4-0.5	300-330	250	120
填充玻璃	1.8-2.0	5-10	0.6-18	170-300	300-400	150-200
尿素，填充纖維素	1.47-1.52	5.5-13	0.2-0.4	300-400	170	77
醇酸樹脂：						
填充玻璃	2.12-2.15	4-9.5	0.6-10	350-450	450	230
填充礦物	1.60-2.30	3-9	0.3-0.5	350-450	300-450	150-230
環氧樹脂：						
未添加填充劑	1.06-1.40	4-13	0.2-10	400-650	250-500	120-260
填充礦物	1.6-2.0	5-15	0.3-0.4	300-400	300-500	150-260
填充玻璃	1.7-2.0	10-30	…	300-400	300-500	150-260

* 1000 psi = 6.9 MPa。
† 缺口式 Izod 測試：1ft · lb/in. = 53.38 J/m。
‡ 1 V/mil = 39.4 V/mm。
資料來源：*Materials Engineering*, May 1972.

　　第一階段製程中加入的催化劑是環六亞甲基四胺（hexamethylenetetramine），可以產生甲基交聯（methylene cross-linkage）而形成一種熱固性材料。含有環六亞甲基四胺的酚醛樹脂經熱與加壓處理時，環六亞甲基四胺將會分解而釋出氨，提供甲基交聯形成網狀結構。

　　酚醛樹脂交聯（或硬化）所需要的溫度範圍大約是在 120°C 至 177°C。樹脂加入不同填充劑可作為一般模造化合物，有時可能占整個模造化合物總重量的 50% 至 80%。填充劑可以減少模造時的收縮現象、降低成本並改善強度，也可以增加電氣與熱絕緣性。

結構與性質　芳香族結構（見圖 8.28）的高度交聯性使其硬度、剛性、強度皆高，同時也具有良好的熱與電氣絕緣性和化學抗性。

　　以下為一些不同型態的酚醛模造化合物：

1. 一般用化合物：此材料通常用木屑填充，以增加強度並降低成本。
2. 高衝擊強度化合物：此化合物用纖維素（棉絮與碎布）、礦物及玻璃纖維填充，以提供高達 961 J/m（18 ft · lb/in.）的衝擊強度。

3. 高電氣絕緣性化合物：此材料用礦物（如石英）填充，以增加電阻。
4. 抗熱性化合物：此材料用礦物（如石棉）填充，以能抵抗 150°C 至 180°C 的溫度。

應用 酚醛化合物廣泛應用於配線裝置、電氣開關、連接器與電話繼電器系統。汽車工程師則將酚醛模造化合物用於動力輔助煞車零件及傳動零件。酚醛樹脂廣泛用於小家電把手、旋鈕和端板。由於酚醛樹脂是抗高溫與抗溼性極佳的黏著劑，會被用來黏著一些夾板與木屑板。鑄造廠也大量使用酚醛樹脂作為鑄模砂的結合劑材料。

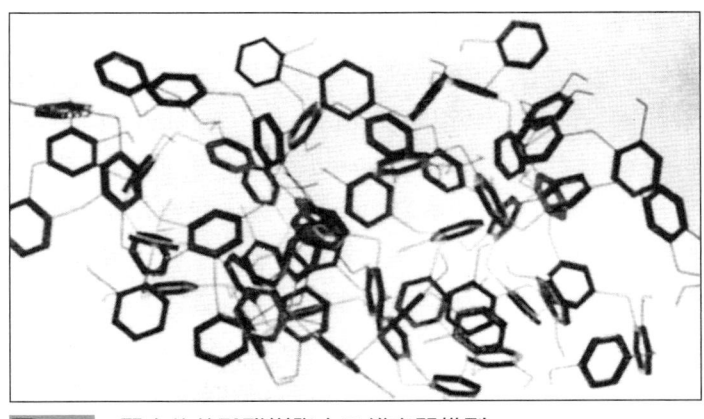

圖 8.28 聚合後的酚醛樹脂之三維空間模型。
（資料來源：E. G. K. Pritchett, in "Encyclopedia of Polymer Science and Technology," vol. 10, Wiley, 1969, p. 30.）

8.6.2 環氧樹脂

環氧樹脂（epoxy resin）是一種熱固性聚合物材料家族，在交聯（硬化）時不會產生反應生成物，因此硬化收縮性極低。環氧樹脂對其他材料的黏著性佳、有好的抗化學與環境性、良好的機械性以及好的電氣絕緣性。

化學性質 環氧樹脂的特點是每個分子上都有兩個或多個環氧基群。環氧基群的化學結構如下：

$$CH_2 \underset{\underset{H}{|}}{\overset{O}{\diagup \diagdown}} C \quad \leftarrow \text{有效鍵結的共價半鍵}$$

大部分的商業用環氧樹脂塑膠有以下的一般化學結構：

$$CH_2\overset{O}{\diagup\diagdown}CH-CH_2-\left[-O-Be-\underset{\underset{CH_3}{|}}{\overset{\overset{CH_3}{|}}{C}}-Be-O-CH_2-\underset{\underset{OH}{|}}{\overset{}{C}}H-CH_2-\right]_n-O-Be-\underset{\underset{CH_3}{|}}{\overset{\overset{CH_3}{|}}{C}}-Be-O-CH_2-CH\overset{O}{\diagup\diagdown}CH_2$$

其中的 Be 表示苯環。液態樹脂結構中的 n 通常小於 1；固態樹脂中的 n 則為 2 或是更大。還有很多其他種類的環氧樹脂，其化學結構都和以上所列的不同。

要形成固態熱固性塑膠材料，環氧樹脂必須透過交聯反應劑及／或催化劑硬化，才能產生所要的特性。交聯反應發生在環氧基與氫氧基群（—OH）。交聯反應劑包括胺、酐及乙醛縮合生成物。

當硬化（curing）生成環氧樹脂固態材料所需的熱能較低（大約 100°C 以下），並可以在室溫下進行時，像是二乙烯三胺（diethylene triamine）或是三乙烯四胺（triethylene tetramine）等胺即可作為硬化劑。有些環氧樹脂是藉由固化試劑（curing reagent）而產生交聯反應，而另外一些環氧樹脂則可以在自身反應處發生化學反應，只要存在有適當的催化劑。在環氧樹脂反應中，環氧基環會打開，其中的氧原子會和可能來自胺基或氫氧基的氫原子產生鏈結。圖 8.29 顯示二個線性環氧樹脂分子末端的環氧基群和乙烯二胺的反應。

在圖 8.29 的反應中，環氧基環打開後，與二胺中的氫原子發生反應形成了—OH 群；這些位置都是接下來交聯反應的發生處。此反應有一個重要特點，就是沒有任何副產物。環氧樹脂的交聯反應可以使用許多不同種類的胺。

結構與性質　未硬化的液態環氧樹脂分子量低，因此在製程中分子流動性特別高。這種特性使得液態環氧樹脂能夠很快地完全濕潤表面，這對補強材料與黏著劑來說很重要。另外，能輕易澆鑄為最終形狀對電子灌注封裝而言很重要。含環氧樹脂和胺等硬化劑間有高度反應性，能提供高的交聯度產生好的硬度、強度與抗化學特性。由於硬化反應不會產生任何副產物，因此環氧樹脂在硬化時的收縮量低。

應用　環氧樹脂廣泛用於各種保護或裝飾塗層材料，因為它們的黏著性、機械性與抗化學性都很優秀。典型的應用為罐頭或鼓的內層、汽車和家電產品底漆以及電線表層。電氣與電子工業使用環氧樹脂是因為其介電強度特性佳、硬化時的收縮量低、黏著性好，且在不同環境下（像是潮溼及高溼度）仍可保持原有特性。典型的應用包括了高電壓絕緣體、開關齒輪與電晶體封裝。環氧樹脂也可用於層板和纖維強化基材等材料。環氧樹脂為以高模數纖維（例如石墨碳纖維）所製之高效能零件中最主要的基材。

圖 8.29　二個線性環氧樹脂分子末端的環氧基群和乙烯二胺的反應所生成的分子交聯，注意到反應過程中沒有任何副產物。

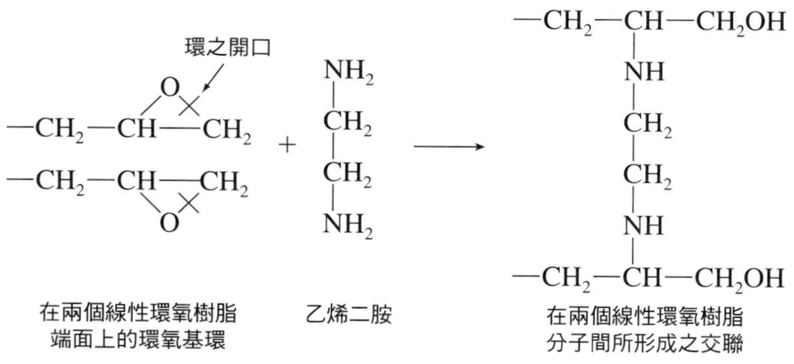

在兩個線性環氧樹脂端面上的環氧基環　　乙烯二胺　　在兩個線性環氧樹脂分子間所形成之交聯

8.6.3　未飽和聚酯

未飽和聚酯（unsaturated polyester）有活性的碳－碳共價雙鍵，可以產生交聯作用形成熱固性塑膠。與玻璃纖維結合的話，未飽和聚酯就可因交聯作用形成高強度的強化複合材料。

化學性質 酒精與有機酸反應可產生酯鏈結，如下所示：

$$R-\overset{O}{\underset{}{C}}-O[H]+R'[OH] \xrightarrow{加熱} R-\overset{O}{\underset{}{C}}-O-R' + H_2O$$

有機酸　　酒精　　　　　　　酯　　　水

R 和 R' = CH_3-, C_2H_5-, ...

一個二元醇（diol）（酒精有兩個—OH 群）與一個含有活性碳—碳雙鍵的二元酸（diacid）（酸有兩個—COOH 群）反應，可產生基本的未飽和聚酯樹脂。商業用樹脂可能混合不同的二元醇及二元酸以獲得某種特性，例如可以將乙二醇（ethylene glycol）和順丁烯二酸（maleic acid）反應以生成線性聚酯：

乙二醇（酒精） + 順丁烯二酸（有機酸） ⟶ 線性聚酯 + H_2O

線性未飽和聚酯通常會在自由基結合劑的幫助下，和苯乙烯這種乙烯型分子進行交聯。最常用的結合劑是過氧化物，而其中的甲基乙基酮（methyl ethyl ketone, MEK）常用於室溫進行聚酯的固化。少量的奈酸鈷（cobalt naphthanate）常用來活化反應。

線性聚酯 + 苯乙烯 $\xrightarrow[活化劑]{過氧化物催化劑}$ 交聯後聚酯

結構與性質 　未飽和聚酯樹脂的黏滯性低，可以大量混合填充劑與強化材料。例如，未飽和聚酯中可含重量比高達 80% 的玻璃纖維強化材料，在固化作用後將有 172 至 344 MPa（25 至 50 ksi）的高強度特性，抗衝擊能力和抗化學性也不錯。

製程處理 　未飽和聚酯樹脂的處理方式很多，不過多半是與模造處理有關。開放模堆疊或是噴灑堆疊的技術多用於小量零件製造。量大的話，像是汽車面板等，一般會使用壓模成形法。近年來出現了結合樹脂、強化材料和其他添加劑的板片模造化合物（sheet-molding compound, SMC），可幫助壓模製造加速材料的進料速度並縮短製程。

應用 　經玻璃強化的未飽和聚酯會用於汽車面板及車身零件，還有小船船殼、建築業所用的結構板及浴室元件。未飽和聚酯亦可用於需抵抗腐蝕侵蝕之處，像是管路、水槽和導管。

8.7　彈性體（橡膠）
Elastomers（Rubbers）

　　彈性體（elastomer），或稱橡膠（rubber），是一種受外力作用時，尺寸會大幅改變的聚合物材料，而當此外力移去時，材料可以完全（或是幾乎）回復到原本的尺寸。彈性體材料的種類很多，本書只討論以下幾種：天然橡膠、合成聚異戊二烯、苯乙烯－丁二烯橡膠、丁腈橡膠、聚氯丁二烯橡膠及矽氧樹脂（矽利康）。

8.7.1　天然橡膠

生產 　天然橡膠是從 Hevea brasiliensis 樹的橡膠乳汁經由商業生產程序所製造出來的，這種樹木主要是栽種在東南亞熱帶區域，尤其是在馬來西亞和印尼。天然橡膠來自一種含有細小橡膠懸浮顆粒的乳汁狀液體，稱為膠乳（latex）。液態膠乳從樹上採集後會被送至處理中心，先稀釋到大約 15% 的橡膠含量，然後用蟻酸（一種有機酸）凝結。凝結後的材料經過滾壓處理除去水分形成片狀，然後以熱氣烘乾，或是利用火燒成的煙燻乾（燻烤橡膠片）。經過滾壓處理後的片材或利用其他方法所製成的生橡膠一般都會用滾輪重壓，以便用機械剪應力來切斷一些長聚合物鏈，以降低平均分子量。在 1980 年，天然橡膠的產量約占全世界總橡膠市場的 30%。

結構 　天然橡膠主要是順-1,4 聚異戊二烯（cis-1,4 polyisoprene）和少量蛋白質、脂類、無機鹽及其他成分混合而成。順-1,4聚異戊二烯是一種長鏈狀聚合物（平均分子量約為 5×10^5 g/mol），其結構式如下：

順-1,4 聚異戊二烯
天然橡膠之重複結構單元

「順」（英文字首為 cis-）起頭的分子名稱代表結構內的甲基群和氫原子位於碳－碳雙鍵的同側，如上圖中虛線所圍成的部分所示。至於數字 1,4 則表示聚合物分子鏈上的重複結構單元共價鍵位於第一與第四個碳原子上。天然橡膠的聚合物鏈既長而且糾纏捲曲，在室溫下處於持續騷動狀態。天然橡膠聚合物鏈之所以會彎扭與捲曲的主要原因是甲基群與氫原子在碳－碳雙鍵同側形成了空間結構的阻礙所造成。天然橡膠聚合物分子鏈的共價鍵排列如下：

一段天然橡膠的聚合物分子鏈

另外有一種不屬於彈性體的聚異戊二烯的同素異構物[2]：**反-1,4 聚異戊二烯（trans-1,4 polyisoprene）**，又稱為馬來橡樹膠（gutta-percha）。在此材料結構中，甲基群與氫原子分布在聚異戊二烯上重複結構單元雙鍵的兩側，與碳－碳雙鍵形成共價鍵結，如下圖中虛線所圍成的部分所示：

反-1,4 聚異戊二烯
馬來橡樹膠的重複結構單元

在此結構中，分別鍵結到雙鍵兩側的甲基群與氫原子不會互相干擾，因此反-1,4 聚異戊二烯分子較對稱，能夠結晶成堅硬的材料。

一段馬來橡樹膠的聚合物分子鏈

---

[2] 同素異構物是指具有相同分子式，但原子有不同結構排列的分子。

硫化　硫化（vulcanization）是指一種聚合物分子經交聯而形成更大分子使得分子移動性受限的化學過程。在 1839 年，固特異（Charles Goodyear）發現了用硫與碳酸鉛處理橡膠的硫化製程。他發現當天然橡膠、硫和碳酸鉛的混合物受熱時，橡膠會由熱塑性變為彈性體材料。雖然硫與橡膠之間的複雜反應至今仍未完全釐清，但最後的結果是，聚異戊二烯分子中的部分雙鍵會打開與硫原子交聯，如圖 8.30 所示。

圖 8.31 顯示硫原子交聯如何能增進橡膠分子的剛性。圖 8.32 則顯示硫化作用如何能增加天然橡膠的拉伸強度。即使在高溫下，橡膠與硫的反應速度仍然非常緩慢，因此若想縮短高溫下硬化所需的時間，通常會在添加填充劑、塑化劑和抗氧化劑之外，再加入化學催速劑。

一般來說，硫化後的軟橡膠的含硫重量大約 3%，硫化或硬化的加熱溫度大約是在 100°C 至 200°C 的範圍。假如增加含硫量，交聯反應也會增加，產生較硬也較不易撓曲的材料。45% 的含硫量會形成結構完全堅硬的硬橡膠。

氧與臭氧也會與橡膠中的碳－碳雙鍵發生與硫化類似的反應，使橡膠脆化。在橡膠合成時，加入一些抗氧化劑可多少減緩此氧化反應。

使用填充劑可以降低橡膠產品的成本並使其強化。碳黑（carbon black）是常見的橡膠填充劑，而且一般來說，顆粒愈細小，橡膠的拉伸強度就會愈大。碳黑也可增加橡膠的抗磨損與抗撕裂性質。矽土（例如矽酸鈣）和修正化學成分的黏土也會用來作為強化橡膠的填充劑。

特性　表 8.7 比較了硫化天然橡膠與其他彈性體的拉伸強度、伸長率和密度等特性。如同所料，這些材料的拉伸強度都偏低，但是伸長率極高。

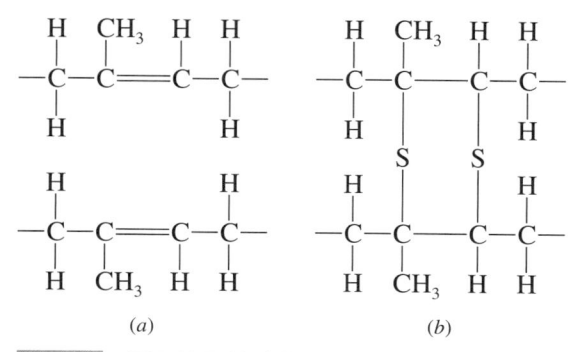

圖 8.30　圖示橡膠的硫化。在此過程中，硫原子與 1,4 聚異戊二烯鏈之間形成交聯。(a) 順 -1,4 聚異戊二烯在硫原子交聯前的鍵結；(b) 順 -1,4 聚異戊二烯在和活性雙鍵處與硫產生交聯後的鍵結。

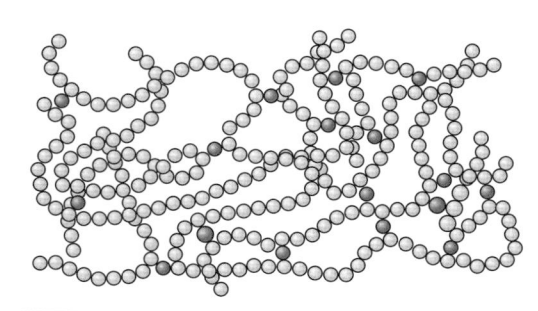

圖 8.31　由硫原子（深色部分）所產生在順 -1,4 聚異戊二烯鏈上的交聯模型。

（資料來源：W. G. Moffatt, G. W. Pearsall, and J. Wulff, "The Structure and Properties of Materials," vol. 1: "Structure," Wiley, 1965, p. 109.）

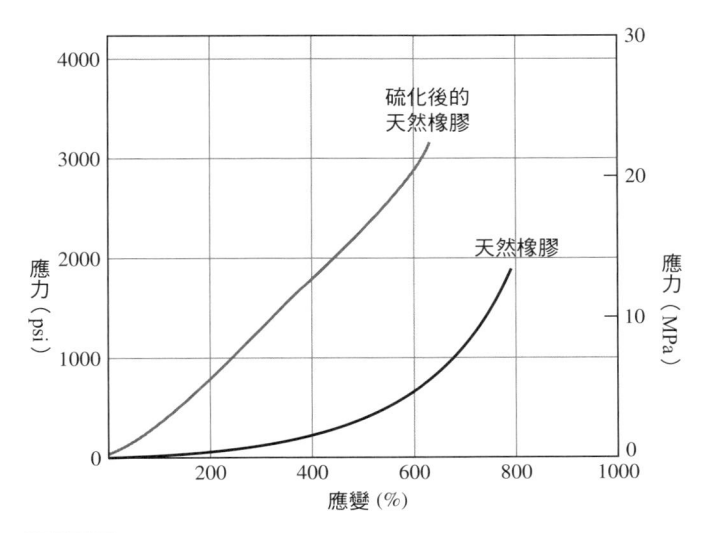

圖 8.32 經硫化處理與未經硫化處理的天然橡膠之應力－應變圖。在順-1,4 聚異戊二烯聚合物分子鏈間因硫化所產生的硫原子交聯增加了硫化處理後橡膠的強度。

（資料來源：M. Eisenstadt, "*Introduction to Mechanical Properties of Materials: An Ecological Approach,*" 1st ed., Pearson Education, Inc., 1971.）

表 8.7 某些彈性體的一些性質

彈性體	拉伸強度（ksi）†	伸長率（%）	密度（g/cm^3）	建議的使用溫度 °F	建議的使用溫度 °C
天然橡膠 *（順-聚異戊二烯）	2.5-3.5	750-850	0.93	-60 至 180	-50 至 82
SBR 或布納 S*（丁二烯－苯乙烯）	0.2-3.5	400-600	0.94	-60 至 180	-50 至 82
腈橡膠或布納 N*（丁二烯－丙烯腈）	0.5-0.9	450-700	1.0	-60 至 250	-50 至 120
尼奧普林橡膠 *（聚氯平）	3.0-4.0	800-900	1.25	-40 至 240	-40 至 115
矽樹脂（聚矽氧烷）	0.6-1.3	100-500	1.1-1.6	-178 至 600	-115 至 315

* 純硫化膠的特性。
† 1000 psi = 6.89 Mpa。

8.7.2 合成橡膠

1980 年時，合成橡膠占了全世界橡膠材料 70% 的供應量。一些重要的合成橡膠包括苯乙烯－丁二烯、丁腈橡膠和聚氯丁二烯橡膠。

苯乙烯－丁二烯橡膠 最重要、也最常用的合成橡膠是丁二烯－苯乙烯共聚合物，稱為苯乙烯－丁二烯橡膠（styrene-butadiene rubber, SBR）。在聚合反應後，此材料會含 20% 至 23% 的苯乙烯。SBR 的基本構造如圖 8.33 所示。

由於丁二烯單體包含雙鍵，此共聚合物可以透過交聯而被硫化。當與立體

圖 8.33 苯乙烯－丁二烯合成橡膠共聚合物的化學結構。

特異性催化劑合成形成順式異構物時，丁二烯本身的彈性比天然橡膠大，因為丁二烯單體中缺乏天然橡膠中雙鍵所鏈接的甲基群。共聚合物中的苯乙烯會使橡膠更強且更韌。苯乙烯中沿著共聚合物主鏈任意散布的苯環使聚合物在高應力下較不易結晶化。SBR 橡膠的成本比天然橡膠低，因此常見於許多應用中。例如，作為輪胎面材料，SBR 的抗磨損性較好，不過較易生熱。SBR 和天然橡膠的缺點是兩者都會吸收像是汽油與機油類的有機溶液，並因此而膨脹。

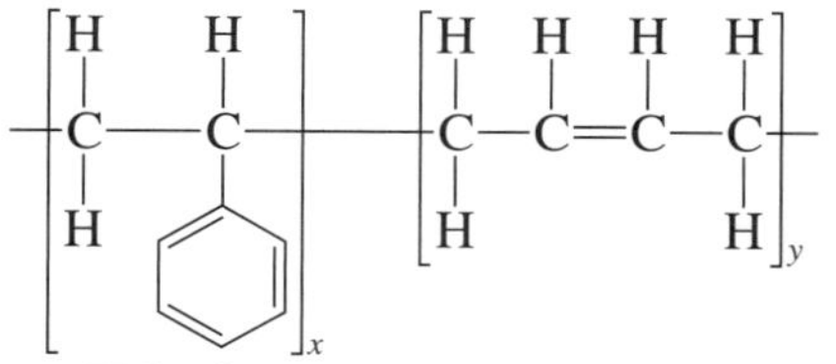

丁腈橡膠 丁腈橡膠（nitrile rubber）是丁二烯（含量約在 55% 至 82% 之間）和丙烯腈（含量約在 45% 至 18% 之間）的共聚合物。丁腈基團增加了主分子鏈的極性與鄰近分子鏈間的氫鍵強度。丁腈基團可以增加橡膠對於油和溶劑的抗性，並且改善磨耗性與耐熱性，不過會使分子鏈的可撓曲度降低。丁腈橡膠比普通橡膠貴，因此這類共聚合物只會用在特定領域，像是油管、墊片等需要對油和溶劑有高抵抗力的零件。

聚氯丁二烯（氯丁橡膠） 聚氯丁二烯又稱為氯丁橡膠。除了以氯原子取代和碳－碳雙鍵所接的甲基外，其他結構和異戊二烯（isoprene）類似：

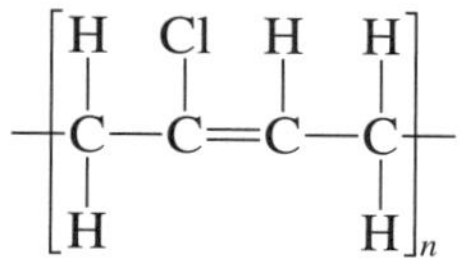

聚氯丁二烯（氯丁橡膠）結構單元

氯原子會增加未飽和雙鍵對氧、臭氧、熱、光線及氣候的抗性。此外，氯丁橡膠對燃料和油脂的抗性也不錯，強度也超越普通橡膠。然而，它在低溫下的撓曲性較差，成本也偏高。因此，氯丁橡膠會用於特殊用途，像是電線電纜表皮、工業用管、皮帶和汽車用油封與隔膜。

氯丁橡膠是以未加工合成橡膠形式賣給製造商，在被處理成有用的產品之前，必須要加入特定的化學製品、填充劑和加工助劑。所形成的化合混合物接著會進行成形或模造處理，然後硫化。最終產品的性質會依其成分而定。表 8.8 列出不同形態的聚氯丁二烯的一些特性。

表 8.8　聚氯丁二烯的主要物理特性

性質	生聚合物	硫化 橡膠	硫化 碳黑
密度（g/cm³）	1.23	1.32	1.42
體積係數		610	
$\beta = 1/v \cdot \delta v/\delta T, \kappa^{-1}$	600×10^{-6}	720×10^{-6}	
熱性質			
玻璃轉換溫度，K（°C）	228（-45）	228（-45）	230（-43）
熱容量，Cp [kJ/(kg·K)]^b	2.2	2.2	1.7-1.8
熱傳導係數 [W/(m·K)]	0.192	0.192	0.210
電子			
介電常數（1 kHz）		6.5-8.1	
消散係數（1 kHz）		0.031-0.086	
導電性（pS/m）		3-1400	
機械			
最終伸長率（%）		800-1000	500-600
拉伸強度, MPa（ksi）		25-38（3.6-5.5）	21-30（3.0-4.3）
楊氏係數, MPa（psi）		1.6（232）	3-5（435-725）
彈性回復（%）		60-65	40-50

資料來源：*"Neoprene Synthetic Elastomers," Ency. Chen. & Tech., 3rd ed., Vol. 8 (1979), Wiley, p. 516.*

8.8　塑膠材料的變形與強化
Deformation and Strengthening of Plastic Materials

8.8.1　熱塑性塑膠的變形機制

熱塑性材料的變形可為彈性的、塑性的（永久的）或是兩者兼具。當溫度低於玻璃轉換溫度時，熱塑性塑膠的變形主要是彈性變形，如圖 8.34 中的聚甲基丙烯酸甲脂（polymethyl methacrylate; PMMA）在 -40°C 與 68°C 時的拉伸應力－應變曲線圖。當溫度高於玻璃轉換溫度時，熱塑性塑膠的變形則以塑性變形為主，如圖 8.34 中 PMMA 在 122°C 和 140°C 時的拉伸應力－應變曲線圖。因此，熱塑性塑膠從低溫加熱超過玻璃轉換溫度時，材料會經歷延脆轉換過程。PMMA 的玻璃轉換溫度（T_g）在 86°C 至 104°C 之間，所以會在此溫度區間內經歷延脆轉換。

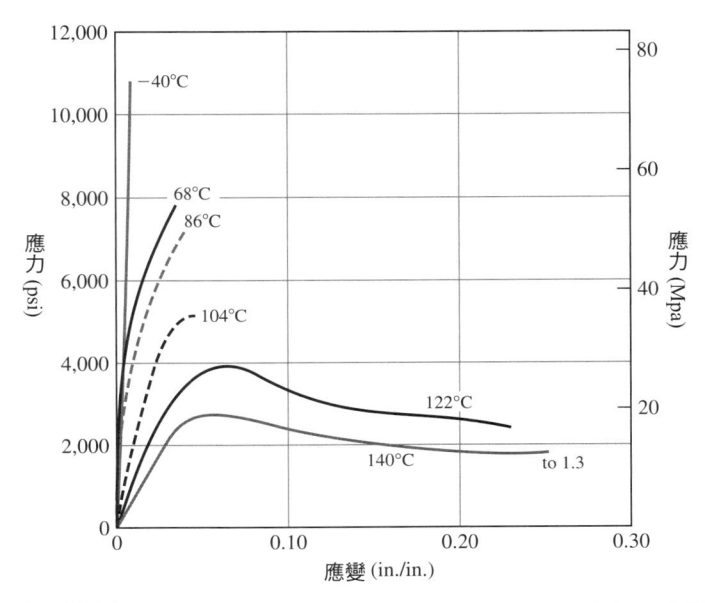

圖 8.34　在不同溫度時，聚甲基丙烯酸甲酯之拉伸應力－應變曲線圖。在 86°C 至 104°C 之間，材料會發生延脆轉換。

（資料來源：*T. Alfrey, "Mechanical Behavior of High Polymers," Wiley-Interscience, 1967.*）

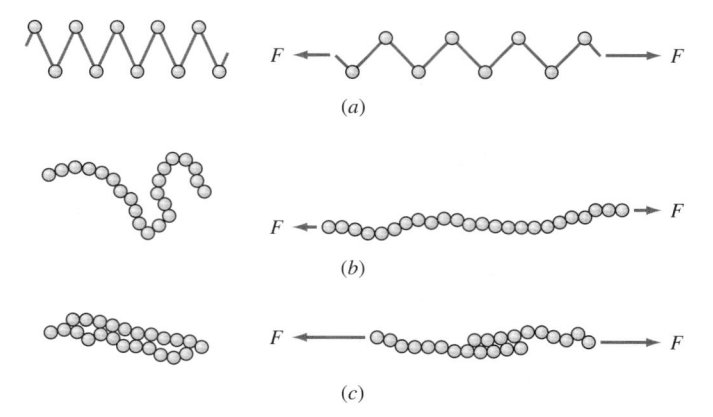

圖 8.35 聚合物材料的變形機制：(a) 拉伸主分子鏈的碳－碳共價鍵所產生的彈性變形；(b) 主分子鏈由拉直捲曲狀態所造成的彈性或塑性變形；(c) 分子鏈間的滑動所造成的塑性變形。

（資料來源：*M. Eisenstadt, "Introduction to Mechanical Properties of Materials: An Ecological Approach," 1st ed., Pearson Educatiion, Inc., 1971.*）

圖 8.35 說明了當熱塑性塑膠材料發生變形時，其長分子鏈中主要的原子和分子的變形機制。圖 8.35a 中的彈性變形是以拉直主分子鏈中的共價鍵來表示。圖 8.35b 中的彈性或塑性變形是以拉直捲曲狀態的線性高分子來表示。最後，圖 8.35c 中的塑性變形則是以打斷及重建次電偶極鍵結力使得分子鏈滑動來表示。

8.8.2　強化熱塑性塑膠

以下是會影響熱塑性塑膠強度的各種因素：(1) 聚合物分子鏈的平均分子質量；(2) 結晶度；(3) 主分子鏈上龐大側邊原子基團的影響；(4) 主分子鏈上高極性原子的影響；(5) 主碳分子鏈上氧、氮及硫原子的影響；(6) 主分子鏈上苯環的影響；(7) 玻璃纖維強化材料的添加。

聚合物分子鏈的平均分子質量所產生的強化　熱塑性塑膠材料的強度與其平均分子量成正相關，因為聚合反應必須達到一定的分子質量範圍才能產生穩定固體。然而，這並非一般會用來控制材料強度的方法，因為一旦熱塑性塑膠分子質量到達某臨界範圍後，即使繼續增加分子質量，往往也無法大幅提升強度。表 8.9 列出某些熱塑性塑膠的分子質量範圍和聚合度。

增加熱塑性材料結晶度所產生的強化　熱塑性塑膠的結晶量可大幅影響其拉伸強度。一般來說，只要熱塑性材料的結晶度增加，其拉伸強度、拉伸彈性係數以及密度也都會增加。

可在固化過程中形成結晶的熱塑性塑膠，其主分子鏈的結構簡單且對稱。例如，聚乙烯和尼龍就是兩種可以在固化時產生大量結晶的熱塑性塑膠。圖 8.36 為低密度和高密度聚乙烯的工程應力－應變圖之比較。低密度聚乙烯結晶

表 8.9　某些熱塑性塑膠的分子質量和聚合度

熱塑性塑膠	分子質量（g/mol）	聚合度
聚乙烯	28,000-40,000	1000-1500
聚氯乙烯	67,000（平均）	1080
聚苯乙烯	60,000-500,000	600-6000
聚六亞甲基二胺（尼龍 6,6）	16,000-32,000	150-300

度較少，因此強度和拉伸模數都比高密度聚乙烯低。由於低密度聚乙烯中分子鏈的分支情況較明顯，彼此間距離也較遠，因此分子鏈間的鍵結力較弱，導致較低的材料強度。應力－應變曲線上的降伏峰來自拉伸試驗中樣品截面產生的頸縮現象。

熱塑性材料結晶度增加對材料拉伸（降伏）強度影響的另一個範例就是圖 8.37 所示的尼龍 6,6。高結晶度材料強度增加的原因是聚合物分子鏈的緊密堆積，使得分子鏈間的鍵結更強。

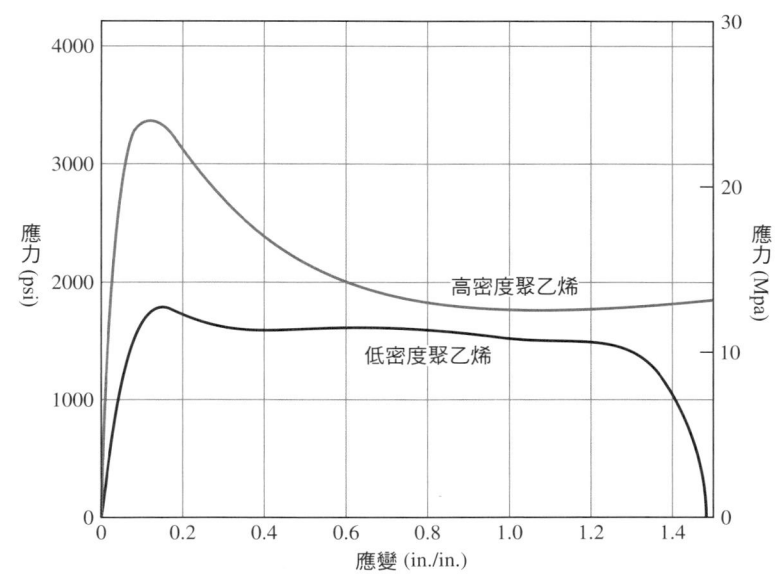

圖 8.36 低密度和高密度聚乙烯的拉伸應力－應變曲線。由於高密度聚乙烯有較高的結晶度，因此剛性較強、強度較大。
（資料來源：*J. A. Sauer and K. D. Pae, "Mechanical Properties of High Polymers," in H. S. Kaufman and J. J. Falcetta (eds.), "Introduction to Polymer Science and Technology," Wiley, 1977, p. 397.*）

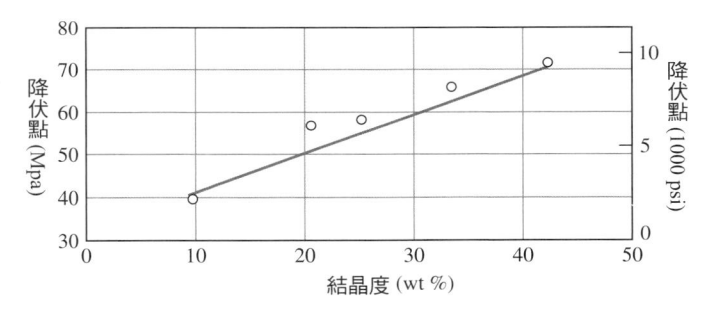

圖 8.37 乾聚醯胺（尼龍 6,6）的降伏點和結晶度的函數關係。
（資料來源：*"Kirk/Encyclopedia of Chemical Technology," vol. 18, Wiley, 1982, p. 331.*）

在主碳鏈上加入懸吊原子基團以強化熱塑性塑膠 在主碳分子鏈的側邊加入龐大的原子基團能防止熱塑性材料因分子鏈滑動而造成的永久變形。例如，這種強化熱塑性材料的方法可用於聚丙烯與聚苯乙烯。高密度聚乙烯的拉伸係數可從 0.4×10^3 至 1.0×10^3 MPa（0.6×10^5 至 1.5×10^5 psi）的範圍，提升到聚丙烯（在主碳分子鏈側邊接有甲基團）的 1.0×10^3 至 1.5×10^3 MPa（1.5×10^5 至 2.2×10^5 psi）的範圍。若接上更巨大的苯環（即聚苯乙烯）成為聚苯乙烯，拉伸彈性模數更可以增加至 2.8×10^3 至 3.54×10^3 MPa（4×10^5 至 5×10^5 psi）的範圍。不過，斷裂時的伸長率也會從高密度聚乙烯的 100% 至 600% 大幅降低至聚苯乙烯的 1% 至 2.5%。因此，在熱塑性塑膠主碳分子鏈添加龐大的基團可以提升材料的剛性和強度，但會減少其延展性。

在主碳鏈上鏈結高極性原子以強化熱塑性塑膠 在主碳鏈上，每隔 1 個碳原子即置入 1 個氯原子於側邊形成聚氯乙烯，可大幅提升聚乙烯的強度。龐大且極性高的氯原子可顯著增加聚合物分子鏈之間的鍵結力。堅硬的聚氯乙烯拉伸強度範圍大約為 41 至 76 MPa，遠高於聚乙烯原先的 17 至 35 MPa。圖 8.38

顯示一聚氯乙烯樣品的拉伸應力－應變圖，最大降伏強度約為 55 MPa。此曲線的降伏峰是來自拉伸試驗中，樣品的中央部位所產生的頸縮現象。

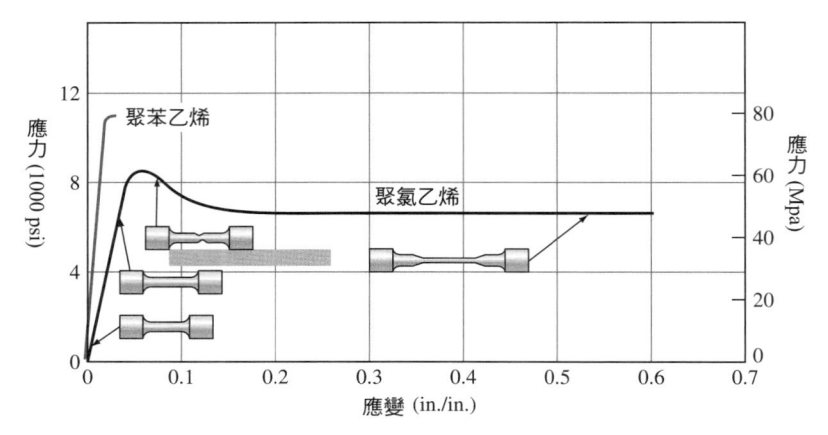

在主碳鏈上加入氧及氮原子以強化熱塑性塑膠　在主碳長鏈上引入 $-\!\overset{|}{\underset{|}{C}}\!-\!O\!-\!\overset{|}{\underset{|}{C}}\!-$ 醚鏈結可增加熱塑性塑膠的剛性。如聚氧化亞甲基（縮醛）擁有 $\left[-\!\overset{H}{\underset{H}{C}}\!-\!O\!-\right]_n$ 重複化學單元。

圖 8.38　非結晶性聚氯乙烯（PVC）及聚苯乙烯（PS）熱塑性塑膠的拉伸應力－應變資料，圖中顯示在應力－應變曲線上不同點時樣品的變形模型。

（資料來源：J. A. Sauer and K. D. Pae, "Mechanical Properties of High Polymers," in H. S. Kaufman and J. J. Falcetta (eds.), "Introduction to Polymer Science and Technology," Wiley, 1977, p. 331.）

此材料的拉伸強度大約在 63 至 70 MPa 之間，比高密度聚乙烯的 17 至 38 MPa 範圍要高很多。主碳原子鏈的氧原子也會提升聚合物長鏈間的永久偶極鍵結。

在熱塑性塑膠的主分子鏈中引入氮，像在醯胺的鍵連結 $\left(-\!\overset{\overset{O}{\|}}{C}\!-\!N\!-\right)$，分子間的永久偶極力會因為氫鍵而大幅提升（見圖 8.26）。尼龍 6,6 的拉伸強度高達 63 至 84 MPa，就是因為聚合物長鏈上醯胺鍵之間的氫鍵之故。

在主聚合物長鏈中同時引入苯環與其他像 O、N 及 S 等元素以強化熱塑性塑膠　強化熱塑性塑膠最重要的方法之一就是在主碳分子鏈中引入苯環，常用於高強度工程塑膠。苯環會使聚合物分子鏈無法旋轉，且遏阻鄰近分子之共振電子間的電子吸引力。含有苯環的聚合物材料包括拉伸強度於 54 至 66.5 MPa 之間的聚苯醚基材料、拉伸強度約 70 MPa 的熱塑性聚酯和拉伸強度約 63 MPa 的聚碳酸酯材料。

加入玻璃纖維以強化熱塑性塑膠　有些熱塑性塑膠是用玻璃纖維強化。大部分填充玻璃纖維的熱塑性塑膠，其含玻璃重量比率大約在 20% 至 40% 之間。在材料所需強度、整體成本和加工處理難易度之間取得平衡，才可得所謂的最佳玻璃含量。常用玻璃纖維來強化的熱塑性塑膠包括尼龍、聚碳酸酯、聚苯醚、聚苯硫醚、聚丙烯、ABS 及聚縮醛。例如，尼龍 6,6 加入 40% 的玻璃纖維後，其拉伸強度可從 84 MPa 提升至 210 MPa，但是伸長率卻也由 60% 減至 2.5%。

8.8.3 強化熱固性塑膠

未使用強化材料的熱固性塑膠會在材料結構內形成共價鍵網狀結構來達成強化效果。在鑄模後，或在加熱和加壓的模壓製程中，熱固性塑膠內會因化學反應而產生共價鍵網路狀結構，像是酚醛樹脂、環氧樹脂及聚酯（未飽和）都是範例。由於有這些共價鍵結網路狀結構的存在，這些材料的強度、彈性模數和剛性對塑膠而言都很高。例如，鑄模酚醛樹脂的拉伸強度大約是 63 MPa（9 ksi），鑄造聚酯的大約是 70 MPa（10 ksi），鑄造環氧樹脂的則可高達 84 MPa（12 ksi）。但也是因此之故，這些材料的延展性都很低。

加入強化材料可使熱固性塑膠的強度明顯提升。例如，填充了玻璃纖維的酚醛樹脂，其拉伸強度可達 126 MPa（18 ksi）。填充了玻璃纖維的聚酯基板片模造化合物的拉伸強度更可高達 140 MPa（20 ksi）。添加碳纖強化的環氧樹脂單向積層板材料在某個方向上更可達到 1750 MPa（250 ksi）的超高拉伸強度。

8.8.4 溫度對塑膠材料強度的影響

熱塑性塑膠有一個特徵，就是材料會隨著溫度升高而逐漸軟化，如圖 8.39 所示。當溫度升高時，分子鏈之間的次鍵結力便開始轉弱，致使熱塑性塑膠的強度降低。當熱塑性塑膠材料的溫度超過其玻璃轉換溫度 T_g 時，其強度就會因次鍵結力大量減弱而急遽降低。圖 8.34 顯示聚甲基丙烯酸甲酯（PMMA）的溫度與材料強度的關係，其 T_g 大約是 100°C。PMMA 在 86°C 時的拉伸強度大約是 48.3 MPa（7 ksi），此溫度低於 T_g。一旦溫度升高至高於 T_g 的 122°C，材料的拉伸強度就會降到 27.6 MPa（4 ksi）。表 8.2 及表 8.5 列出一些熱塑性塑膠的最高使用溫度。

熱固性塑膠在受熱後也會變得較弱，但是由於其原子主要藉由網狀結構內

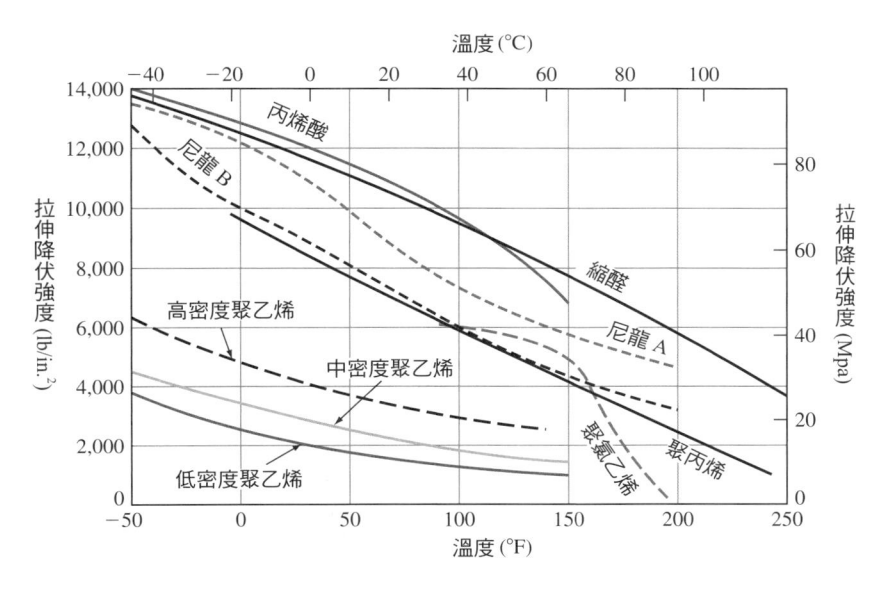

圖 8.39 溫度對某些熱塑性塑膠的拉伸降伏強度之影響。

（資料來源：*H. E. Barker and A. E. Javitz, "Plastic Molding Materials for Structural and Mechanical Applications," Electr. Manuf., May 1960.*）

很強的共價鍵所鏈結，因此即使處於高溫也不會變成黏稠，只是會劣化，而且在超過最高使用溫度時會碳化。一般來說，熱固性塑膠在高溫時比起塑性塑膠穩定，但是也有些熱塑性塑膠的高溫穩定性極佳。表 8.6 所列為一些熱固性塑膠的最高使用溫度範圍。

8.9 聚合物材料的潛變與斷裂
Creep and Fracture of Polymeric Materials

8.9.1 聚合物材料的潛變

聚合物材料在承受負載時會產生潛變。也就是說，在恆定溫度與固定負載下，材料的變形會隨著時間而持續增加。而應變的增量也會隨著所承受的應力與溫度的增加而增加。圖 8.40 顯示在溫度 25°C，且拉伸應力在 12.1 至 30 MPa（1760 至 4060 psi）範圍內時，聚苯乙烯潛變應變的變化。

聚合物材料發生潛變時的溫度也是影響潛變速率的一大因素。當溫度低於玻璃轉換溫度時，由於熱塑性塑膠的分子鏈運動受限，因此潛變率相對低。當溫度超過玻璃轉換溫度時，熱塑性材料就會因為同時產生塑性和彈性變形而變得較易變形；這種現象稱為黏彈性行為（viscoelastic behavior）。當高於玻璃轉換溫度時，分子鏈間很容易產生互相滑動；這種容易變形的行為則稱為黏性流動（viscous flow）。

在工業界，聚合物材料的潛變是以潛變模數來量測，也就是於某一恆定測試溫度下經過一段特定時間後，初始應力 σ_0 和潛變應變 $\epsilon(t)$ 之間的比值。因此，材料的潛變模數愈高，表示其潛變率愈低。表 8.10 列出不同塑膠在 7 至 35 MPa（1000 至 5000 psi）應力範圍內的潛變模數。從表中可看出龐大側邊基團與強分子鏈結力對降低聚合物材料潛變率的影響。例如，在 23°C（73°F）時，聚乙烯在 10 小時的 7 MPa（1000 psi）的應力作用下，潛變模數為 434 MPa（62 ksi），而在同樣的條件下，PMMA 的潛變模數可高達 2800 MPa（410 ksi）。

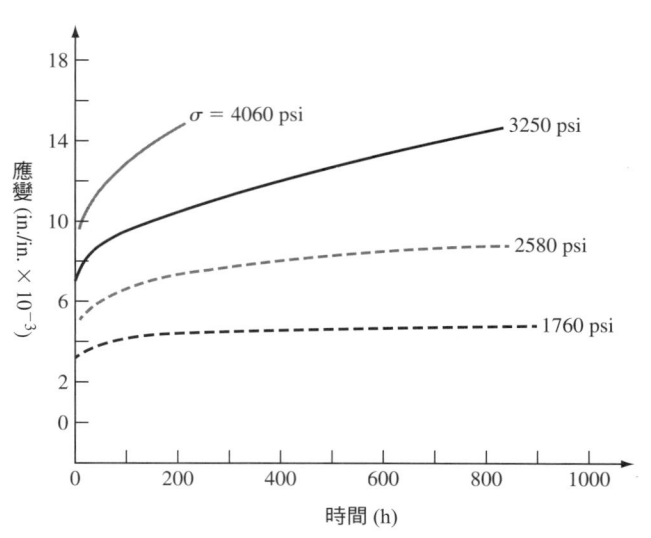

圖 8.40 聚苯乙烯在溫度 25°C 時，在各種拉伸應力下的潛變曲線。

（資料來源：*J. A. Sauer, J. Marin, and C. C. Hsiao, J. Appl. Phys.*, **20**:507(1949).）

填充了玻璃纖維的強化塑膠潛變

表 8.10 聚合物材料在 23°C（73°F）時的潛變模數

	測試時間（h）			
	10	100	1000	
	潛變模數（ksi）			應力值（psi）
未強化材料：				
聚乙烯，Amoco 31-360B1	62	36		1000
聚丙烯，Profax 6323	77	58	46	1500
聚苯乙烯，FyRid KSI	310	290	210	修正的衝擊式
聚甲基丙烯酸甲酯，Plexiglas G	410	375	342	1000
聚氯乙烯，Bakelite CMDA 2201	...	250	183	1500
聚碳酸酯，Lexan 141-111	335	320	310	3000
尼龍 6, 6，Zytel 101	123	101	83	1000，在 50% RH 達到平衡
縮醛，Delrin 500	360	280	240	1500
ABS，Cycolac DFA-R	340	330	300	1000
強化材料：				
縮醛，Thermocomp KF-1008，30% 玻璃纖維	1320	...	1150	5000，75°F（24°C）
尼龍 6, 6，Zytel 70G-332，33% 玻璃纖維	700	640	585	4000，在 50% RH 達到平衡
聚酯，熱固性模造化合物，Cyglas 303	1310	1100	930	2000
聚苯乙烯，CF-1007	1800	1710	1660	5000，75°F（24°C）

資料來源：*"Modern Plastics Encyclopedia," 1984-85, McGraw-Hill.*

模數大幅提升，潛變率也較低。例如，未強化的尼龍 6,6 在經過 10 小時 7 MPa（1000 psi）應力作用後的潛變模數為 860 MPa（123 ksi），但若加入 33% 的玻璃纖維強化後，在 10 小時 28 MPa（4000 psi）應力作用後的潛變模數可升高到 4900 MPa（700 ksi）。在塑膠材料中添加玻璃纖維是可以增加潛變抗性與強度的重要方法。

8.9.2　聚合物材料的應力鬆弛

持續承受固定應變作用的聚合物材料，會因應力鬆弛而致使所承受的應力隨著時間降低。應力會鬆弛是因為聚合物內部結構產生的黏性流動之故。分子鏈間次鍵結的斷裂及重建，還有分子鍵機械式的鬆開及再繞，都會造成分子鏈間滑動，形成黏性流動。只要能有足夠的活化能，應力鬆弛可讓材料自發性地達到低能量的狀態。因此，聚合物材料的應力鬆弛與溫度和活化能有關。

應力鬆弛發生的速率和材料本身的鬆弛時間（relaxation time）τ 有關。鬆弛時間 τ 的定義是應力（σ）減低到起始應力 σ_0 的 0.37（1/e）倍所需的時間。應力隨著時間 t 而降低的變化關係可寫成下式：

$$\sigma = \sigma_0 e^{-t/\tau} \tag{8.3}$$

其中 σ = 經過時間 t 後的應力，σ_0 = 起始應力，τ = 鬆弛時間。

例題 8.6

在恆定應變下，一彈性體材料被施以 1100 psi（7.6 MPa）的應力。在溫度 20°C 下經過 40 天，應力降至 700 psi（4.8 MPa）。(a) 此材料的鬆弛時間常數為多少？(b) 在溫度 20°C 下經過 60 天，應力會是多少？

解

a. 由於 $\sigma = \sigma_0 e^{-t/\tau}$〔式（8.3）〕或 $\ln(\sigma/\sigma_0) = -t/\tau$，其中 $\sigma = 700$ psi，$\sigma_0 = 1000$ psi，$t = 40$ 天：

$$\ln\left(\frac{700 \text{ psi}}{1100 \text{ psi}}\right) = -\frac{40 \text{ 天}}{\tau} \qquad \tau = \frac{-40 \text{ 天}}{-0.452} = 88.5 \text{ 天} \blacktriangleleft$$

b.
$$\ln\left(\frac{\sigma}{1100 \text{ psi}}\right) = -\frac{60 \text{ 天}}{88.5 \text{ 天}} = -0.678$$

$$\frac{\sigma}{1100 \text{ psi}} = 0.508 \quad \text{或} \quad \sigma = 559 \text{ psi} \blacktriangleleft$$

由於鬆弛時間 τ 是速率的倒數，我們可用阿瑞尼斯（Arrhenius-type）速率方程式將它與絕對溫度的關係寫成下式：

$$\frac{1}{\tau} = Ce^{-Q/RT} \tag{8.4}$$

其中 C = 速率常數（與溫度無關），Q = 過程活化能，T = 絕對溫度 K，R = 莫耳氣體常數 = 8.314 J/（mol·K）。

例題 8.7

一彈性體材料在 25°C 下的鬆弛時間是 40 天，在 35°C 下是 30 天，計算此應力鬆弛過程的活化能。

解

使用式（8.4）$1/\tau = Ce^{-Q/RT}$。當 $\tau = 40$ 天：

$$T_{25°C} = 25 + 273 = 298 \text{ K} \qquad T_{35°C} = 35 + 273 = 308 \text{ K}$$

$$\frac{1}{40} = Ce^{-Q/RT_{298}} \tag{8.5}$$

且

$$\frac{1}{30} = Ce^{-Q/RT_{308}} \tag{8.6}$$

將式（8.5）除以式（8.6）可得：

$$\frac{30}{40} = \exp\left[-\frac{Q}{R}\left(\frac{1}{298} - \frac{1}{308}\right)\right] \quad \text{或} \quad \ln\left(\frac{30}{40}\right) = -\frac{Q}{R}(0.003356 - 0.003247)$$

$$-0.288 = -\frac{Q}{8.314}(0.000109) \quad \text{或} \quad Q = 22{,}000 \text{ J/mol} = 22.0 \text{ kJ/mol} \blacktriangleleft$$

8.9.3 聚合物材料的斷裂

和金屬類似，聚合物材料的斷裂（fracture）也可分為脆性、延性和介於兩者之間。一般來說，未經強化處理的熱固性塑膠主要會在脆性模式下斷裂。相對地，熱塑性塑膠斷裂主要可以是脆性或延性。若熱塑性塑膠斷裂是發生在玻璃轉換溫度以下，則主要是脆性；若是發生在玻璃轉換溫度以上，則主要是延性。因此，溫度對熱塑性塑膠的斷裂模式有很大的影響。熱固性塑膠加熱到室溫以上時會變得較弱，因此會在較低的應力下斷裂，但是其斷裂模式仍主要為脆性，因為它在高溫下仍保有共價鍵結的網路狀結構。應變率也是影響熱塑性塑膠斷裂模式的重要因素。應變率較低時，斷裂模式多為延性，因為分子鏈可以重新排列。

聚合物材料的脆性斷裂　類似聚苯乙烯或聚甲基丙烯酸甲酯的無結晶脆性玻璃質（glassy）聚合物材料斷裂，所需要的表面能比斷裂面含簡單碳–碳鍵結的材料所需要的能量高約 1000 倍。因此，像是 PMMA 的玻璃質聚合物材料要比無機玻璃韌許多。玻璃質熱塑性塑膠斷裂所需要的額外能量很高，因為在斷裂前，所謂裂痕（craze）的局部扭曲區會形成在材料內的高應力區，內含排列整齊的分子鏈與高密度的分散孔洞（void）。

圖 8.41 顯示在玻璃質熱塑性塑膠（如 PMMA）中，於裂痕附近的分子結構變化。若材料所承受的應力夠高，斷裂就會發生在裂痕處，如圖 8.42 及圖 8.43 所示。裂縫尖端所出現的應力會延著裂痕長度的方向延伸。在裂痕區中將聚合物分子鏈排列所花的功是玻璃質聚合物材料斷裂需要許多能量的原因。這也說明了聚苯乙烯和 PMMA 的斷裂能是介於 300 至 1700 J/m^2 之間，而不是只有 0.1 J/m^2；那是只考慮打斷共價鍵所需的斷裂能。

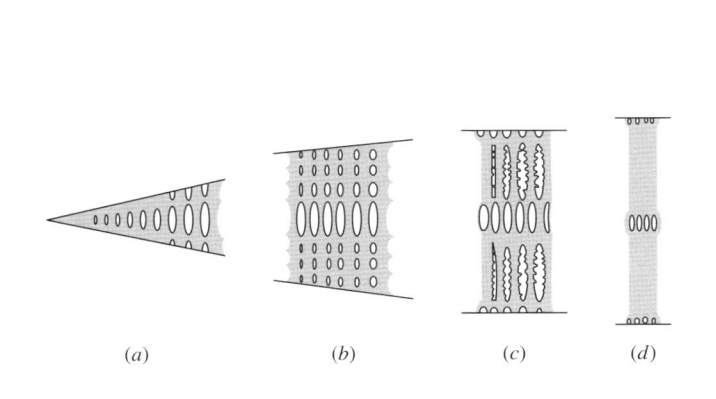

圖 8.41　圖示玻璃質熱塑性塑膠發生裂痕厚化時裂痕微結構的改變。

（資料來源：P. Beahan, M. Bevis, D. Hull, and J. Mater. Sci., **8**:162 (1972).）

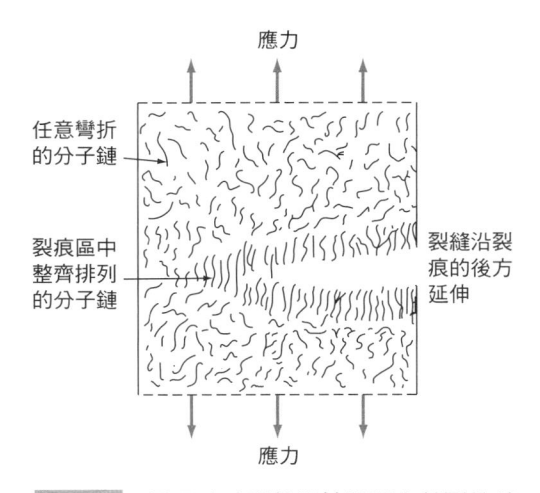

圖 8.42　圖示玻璃質熱塑性塑膠內於裂縫端點附近的裂痕結構。

聚合物材料的延性斷裂　熱塑性塑膠在超過玻璃轉換溫度時，會在斷裂前出現塑性降伏的現象。線性分子鏈會從捲曲拉直，然後滑過彼此，逐漸於外加應力的方向上開始緊密排列（見圖 8.44）。最後，當分子鏈承受的應力過高時，主分子鏈上的共價鍵結會斷開，導致材料斷裂。彈性體的變形機制也是如此，只是它的分子鏈拉伸現象（彈性變形）更明顯。當材料所承受的應力過高，且分子鏈被過度拉伸時，主分子鏈上的共價鍵會斷開，導致材料斷裂。

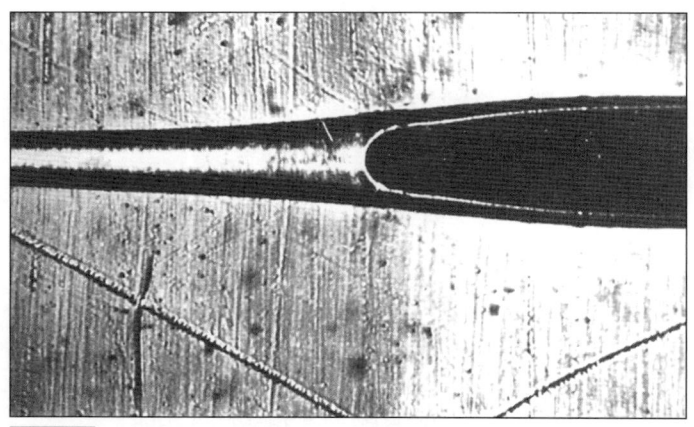

圖 8.43　玻璃質熱塑性塑膠內貫穿裂痕中心的裂縫照片。
（資料來源：D. Hull, "Polymeric Materials," American Society of Metals, 1975, p.511.）

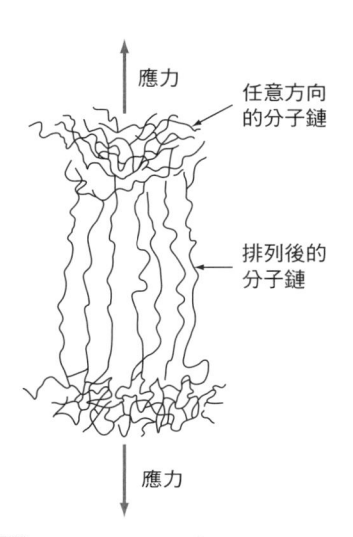

圖 8.44　一熱塑性塑膠聚合物材料在應力作用下的塑性降伏現象。原本捲曲的分子鏈被拉直，然後滑過彼此，讓分子鏈本身沿著應力的方向排列。若應力過高，分子鏈就會斷裂，導致材料斷裂。

8.10 名詞解釋 *Definitions*

8.1 節

熱塑性塑膠（thermoplastic）（名詞）：需要熱才能變形（塑性）、冷卻時保持原有形狀的塑膠材料。熱塑性塑膠是由偶矩次鍵結力結合的鏈狀聚合物材料所組成，可以重複加熱使軟化，或冷卻使硬化。聚乙烯、乙烯、壓克力、纖維素塑膠和尼龍等都屬於此類型塑膠。

熱固性塑膠〔thermosetting plastic（thermoset）〕：利用熱、催化劑作用等產生化學反應以造成交聯網狀結構的塑膠材料。由於此材料再加熱時會產生劣化或分解，因此無法重新熔解與再利用。典型熱固性塑膠包括酚醛樹脂、未飽和聚酯與環氧樹脂等。

8.2 節

單體（monomer）：以共價鍵結形成長分子鏈（聚合物）的簡單分子化合物，例如乙烯。

鏈狀聚合物（chain polymer）：一種高分子量化合物，其結構由大量重複小單元（單體單元）組成。碳原子構成大多數聚合物主分子鏈上的原子。

鏈狀聚合化（chain polymerization）：一種聚合反應機制，其中聚合物分子一旦開始成長，每一個分子會快速增大。此類反應有三個步驟：(1) 分子鏈起始反應；(2) 分子鏈傳播反應；(3) 分子鏈終止反應。此反應名稱隱含連鎖反應的意思，而且通常是由外力所起始。例如，乙烯產生聚乙烯的鏈狀聚合反應。

單體單元（mer）：鏈狀聚合物分子中的重複單元。

聚合度（degree of polymerization, DP）：聚合物分子鏈的分子質量和單體單元分子質量的比值。

官能度（functionality）：單體具有的活性鍵數量。假如單體有兩個活性鍵，該單體就稱為雙官能度單體。

同質聚合物（homopolymer）：只有一種單體單元所組成的聚合物。

共聚合物（copolymer）：具有兩種（含）以上的單體單元之聚合物分子鏈。

逐步聚合化（stepwise polymerization）：一種聚合反應機制，其中聚合物分子成長來自於分子間的逐步反應。只有一種反應會發生。單體單元可以彼此或和任何尺寸的生成聚合物產生反應。不論聚合物長度，單體端的活性群的反應性均視為相同。許多逐步聚合反應會產生某些像是水的小分子副產物，例如，由己二酸與六甲亞甲基二胺生成尼龍 6,6 的聚合反應。

8.3 節

玻璃轉換溫度（glass transition temperature）：熱塑性塑膠加熱後在冷卻時，會從橡膠狀、皮革狀的狀態變成脆性玻璃狀態的溫度範圍內的中間溫度。

結晶度（聚合物中）〔crystallinity（in polymers）〕：分子鏈立體規則的高密度排列。聚合物材料的結晶度永遠無法達到 100%，而聚合物分子鏈對稱的聚合物比較容易形成結晶，例如高密度聚乙烯的結晶度可為 95%。

立體異構體（stereoisomer）：為化學組成相同，但結構排列卻不同的分子。

雜排立體異構體（atactic stereoisomer）：此異構體的邊群原子基團是沿著乙烯基聚合物長鏈任意排列，例如雜排聚丙烯。

順排立體異構體（isotactic stereoisomer）：此異構體的邊群原子基團都在乙烯基聚合物長鏈的同一側，例如順排聚丙烯。

對排立體異構體（syndiotactic stereoisomer）：此異構體的邊群原子規則地交錯排列在乙烯基聚合物主分子鏈的兩邊，例如對排聚丙烯。

立體特異性催化劑（stereospecific catalyst）：在聚合過程可產生某特定立體異構體的催化劑，例如齊格勒（Ziegler）催化劑即用來聚合化丙烯以成為主要的順排聚丙烯同素異構體。

吹模成形（blow molding）：一中空的塑膠原料藉由內部氣壓致使其成形為模穴形狀的一種塑膠成形法。

8.4 節

塑化劑（plasticizer）：為改善塑膠化合物的流動性與便於加工並且降低脆性而添加的化學劑，例如塑化聚氯乙烯。

熱安定劑（heat stabilizer）：可防止化學物質間發生反應的一種化學物質。

填充劑（filler）：為使塑膠成本降低而添加的一種低成本惰性物質。填充劑也可改善某些物理特性，像是拉伸強度、衝擊強度、硬度、抗磨耗性等。

著色劑（pigment）：添加到材料中以開發色彩的粒子。

共聚合化（copolymerization）：兩種（含）以上的單體產生高分子質量分子的化學反應。

8.6 節

交聯（cross-linking）：聚合物主分子鏈間之價電子主鍵結。當大量交聯鍵結形成，像是熱固性樹脂，此鍵結便會使聚合物所有的原子結合成一大分子。

壓模成形（compression molding）：一種熱固性塑膠的成形法，先將模造化合物（通常為加熱過）放到模穴內，然後將其閉合，同時加熱與加壓，一直到材料硬化成形。

射出成形（injection molding）：利用螺旋桿將加熱軟化後的塑膠材料推入一相對較冷的模穴，使其達成想要的形狀的一種成形法。

8.7 節

彈性體（elastomer）：在室溫下受到低應力作用後尺寸可拉伸至少兩倍長，並在此應力移去時可迅速回復到幾乎是原本長度的材料。

順-1,4 聚異戊二烯（cis-1,4 polyisoprene）：單體單元中央雙鍵的同側包含甲基群和氫原子的 1,4 聚異戊二烯同素異構體，天然橡膠主要就是由此異構體組成。

反-1,4 聚異戊二烯（trans-1,4 polyisoprene）：單體單元中央雙鍵的兩側有甲基群和氫原子分布的 1,4 聚異戊二烯同素異構體。

硫化（vulcanization）：使聚合物分子鏈交聯的一種化學反應。硫化通常是指橡膠分子鏈和硫的交聯反應，但也可用於聚合物的交聯反應，像是矽橡膠。

8.11 習題 *Problems*

知識及理解性問題

8.1 (a) 熱塑性塑膠分子鏈中存在哪一種鍵結？(b) 熱塑性塑膠分子鏈之間存在哪一種鍵結？

8.2 (a) 定義熱固性塑膠；(b) 說明熱固性塑膠的原子結構排列。

8.3 何謂自由基？使用以下方式，寫下由過氧化氫分子形成兩個自由基的化學方程式：(a) 電子點符號；(b) 直線符號來表示鍵結電子。

8.4 (a) 定義熱塑性塑膠的玻璃轉換溫度 T_g；(b) 針對以下所量測到的 T_g 值為何：(i) 聚乙烯；(ii) 聚氯乙烯；(iii) 聚甲基丙烯酸甲酯？這些 T_g 值為常數嗎？

8.5 (a) 熱固性塑膠所使用的主要製程為何？(b) 熱固性鑄模塑料化合物中最主要的兩種成分為何？

8.6 天然橡膠聚合物分子鏈之所以會捲曲是因為何種結構排列所致？空間結構的阻礙為何？

8.7 天然橡膠的硫化製程為何？此製程是由何人於何時所發明？說明順-1,4 聚異戊二烯與二價硫原子的交聯反應。

8.8 熱塑性塑膠的彈性變形與塑性變形之變形機制為何？

8.9 說明熱塑性塑膠發生延性斷裂時分子結構的改變。

應用及分析問題

8.10 計算熱塑性塑膠的平均分子重量 M_m，其分子量範圍的重量比 f_i 如下所列：

分子重量範圍（g/mol）	f_i	分子重量範圍（g/mol）	f_i
0-5000	0.01	20,000-25,000	0.19
5000-10,000	0.04	25,000-30,000	0.21
10,000-15,000	0.16	30,000-35,000	0.15
15,000-20,000	0.17	35,000-40,000	0.07

8.11 90g 的聚異戊二烯橡膠要添加多少硫，才能達成 10% 的交聯反應？

8.12 在溫度 20°C 與應變恆定的情況下，一彈性體材料承受 9.0 MPa 的應力，經過 25 天後，應力減至 6.0 MPa：(a) 此材料的鬆弛時間 τ 是多少？(b) 經過 50 天後，應力會是多少？

8.13 以直線符號表示鍵結電子，寫出從過氧化苯分子形成兩個自由基的方程式。

8.14 分子鏈的分支如何影響聚乙烯的以下性質：(a) 結晶度；(b) 強度；(c) 伸長率？

8.15 熱塑性聚酯結構內的哪個部分提供了材料所需要的剛性？哪個部分又提供了分子的移動性？

8.16 說明主碳分子鏈共價鍵結苯環為何能夠強化熱塑性塑膠，請舉例說明。

8.17 (a) 塑化劑是什麼？(b) 為什麼在某些聚合物材料添中要添加塑化劑？(c) 塑化劑通常會對聚合物材料的強度和撓曲度造成什麼影響？(d) PVC 最常用的塑化劑是什麼？

8.18 (a) ABS 熱塑性塑膠名稱中的英文字母 A、B、S 各代表什麼？(b) 為何 ABS 有時可視為三共聚物？(c) ABS 內的每一個成分提供什麼重要的優點？(d) 說明 ABS 的結構；(e) 如何改善 ABS 的衝擊特性？(f) ABS 塑膠有哪些應用？

陶瓷材料
Ceramics

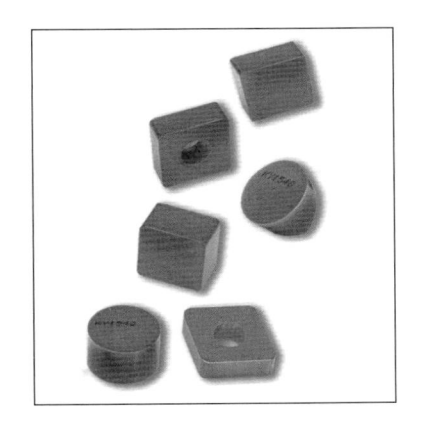

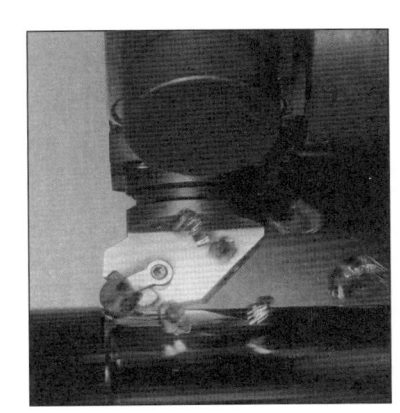

CHAPTER 9

（資料來源：*Kennametal.*）

由於先進陶瓷材料的硬度、抗磨損能力及化學穩定性高，在高溫下有良好的強度、低熱膨脹係數等優良特性，先進陶瓷材料是許多應用的首選，像是礦物加工、密封零件、閥門、熱交換器、金屬成形模具、絕熱柴油引擎、蒸氣渦輪機、醫療產品和切割工具等。

陶瓷切割工具比傳統的金屬製品的優點還多，包括化學穩定性、高抗磨損能力、高熱硬度，以及在晶片切除過程中的熱傳導性更佳。用陶瓷材料做成切割工具的範例有金屬氧化物複合材料（70% Al_2O_3 － 30% TiC）、矽－鋁－氮氧化物，以及立方氮化硼等。這些工具是用粉末冶金法製造，將緊壓過的陶瓷粉末顆粒燒結與壓鑄形成最終形狀。上圖顯示利用先進陶瓷製造出的不同金屬切割工具。[1]

---

[1] 資料來源："Ceramics Engineered Materials Handbook," vol. 1, ASM International.

9.1 簡介
Introduction

陶瓷材料（ceramic material）是無機的非金屬材料，由以離子鍵和／或共價鍵鍵結的金屬和非金屬元素組成。陶瓷材料的化學組成多樣，從簡單化合物到許多複雜相的鍵結組成都有。

陶瓷材料的特性也會因為其鍵結差異而差別甚大。一般而言，陶瓷材料都硬且脆，韌性和延性也低。由於缺少傳導電子，陶瓷材料通常是不錯的電和熱的絕緣體。也由於鍵結強且穩健，陶瓷材料的熔點也相對高，並在許多惡劣的環境下都還能保有良好的化學穩定性。正因為有這種種特性，讓陶瓷材料成為工程設計應用上不可或缺的材料。圖 9.1 顯示兩個陶瓷材料在高科技技術中重要應用地位的範例。

一般而言，工程應用的陶瓷材料有兩種：傳統陶瓷材料與工程陶瓷材

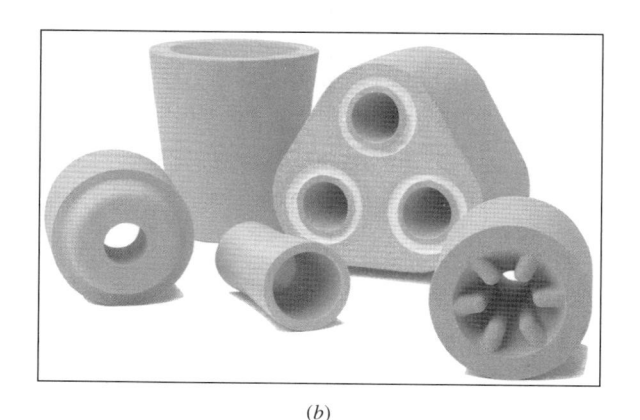

圖 9.1 (a) 熔解超合金所使用的氧化鋯坩鍋；(b) 包含噴嘴、坩鍋、燃燒磚塊、托架板以及盤的初晶鋯系列產品。
（資料來源：(a) 和 (b)：*American Ceramic Bulletin*, Sept., 2001. Photo Courtesy of Zircoa, Inc.）
(c) 以鈦金屬和氮化碳原料透過粉末冶金法所製造的高性能雪瑞特（Ceratec）滾珠軸承及座圈。
（資料來源 (c)：© David A. Tietz/Editorial Lmage, LLC.）

料。傳統陶瓷材料通常有黏土（clay）、矽石（silica）〔燧石（flint）〕及長石（feldspar）這三種基本成分，常用於建築用的玻璃、磚和瓦，以及電氣工業用的電子陶瓷產品。相對地，工程陶瓷一般都是純的或是接近純的化合物，像是氧化鋁（Al_2O_3）、碳化矽（SiC）及氮化矽（Si_3N_4），都常用在高科技，像是使用於汽車燃氣渦輪引擎 AGT-100 內高溫區零件的碳化矽，還有使用於積體電路晶片組基板熱傳導模組的氧化鋁。

本章會先介紹一些較簡單的陶瓷晶體結構，然後會探討一些較複雜的矽酸鹽（silicate）陶瓷結構。接著，我們會介紹玻璃、陶瓷表層的一些機械和熱特性與表面工程。最後則會探討奈米科技與陶瓷。

9.2 簡單陶瓷晶體結構
Simple Ceramic Crystal Structures

9.2.1 簡單陶瓷化合物的離子鍵與共價鍵

我們先來看一些簡單的陶瓷晶體結構。表 9.1 列出一些具簡單晶體結構的陶瓷化合物及其熔點。

表中列出的陶瓷化合物原子鍵結同時包含離子鍵和共價鍵。用鮑林方程式〔式（2.12）〕計算離子特性比值與考慮化合物中原子間的電負度差異，可大約估算離子鍵和共價鍵的比例。表 9.2 顯示，在簡單陶瓷化合物中，離子鍵和共價鍵特色占比差距很大。這些化合物原子間的離子鍵和共價鍵的量很重要，因

表 9.1 一些簡單陶瓷化合物及其熔點

陶瓷化合物	化學式	熔點（°C）	陶瓷化合物	化學式	熔點（°C）
碳化鉿	HfC	4150	碳化硼	B_4C_3	2450
碳化鈦	TiC	3120	氧化鋁	Al_2O_3	2050
碳化鎢	WC	2850	氧化矽†	SiO_2	1715
氧化鎂	MgO	2798	氮化矽	Si_3N_4	1700
氧化鋯	ZrO_2*	2750	二氧化鈦	TiO_2	1605
碳化矽	SiC	2500			

* 一般認為其在熔解時會呈單斜面螢石（無序）的晶體結構。
† 方英石（白矽石）。

表 9.2 一些陶瓷化合物的離子鍵和共價鍵的百分比關係

陶瓷化合物	鍵結原子	陰電性差值	離子鍵 %	共價鍵 %
氧化鋯，ZrO_2	Zr−O	2.3	73	27
氧化鎂，MgO	Mg−O	2.2	69	31
氧化鋁，Al_2O_3	Al−O	2.0	63	37
氧化矽，SiO_2	Si−O	1.7	51	49
氮化矽，Si_3N_4	Si−N	1.3	34.5	65.5
碳化矽，SiC	Si−C	0.7	11	89

為可以決定化合物塊材中的晶體結構。

9.2.2 離子鍵結固體中的簡單離子排列

在離子（陶瓷）固體中，離子的堆積方式主要由以下因素決定：

1. 離子在離子固體中的相對大小（假設離子為半徑不變的硬球）。
2. 離子固體中的靜電荷需平衡以維持電中性（electrical neutrality）。

當固體中的原子間開始形成離子鍵結，原子的能量便會因離子的形成及透過離子鍵結成為固體而降低。離子固體會傾向盡量讓離子緊密排列，好讓此固體的總能量盡可能降至最低。緊密堆積的方式會受到離子的相對尺寸以及維持電中性需要的限制。

離子固體中緊密堆積離子的尺寸限制　離子固體包含了陽離子和陰離子。在離子鍵結中，有些原子會失去最外層的電子而成為陽離子（cation），其他的則會獲得外層電子而成為陰離子（anion）。因此，陽離子通常比與它鍵結的陰離子小。在離子固體中，環繞中心陽離子的陰離子數目稱為**配位數**（**coordination number, CN**），亦代表了最接近中心陽離子的陰離子數目。包圍中心陽離子的陰離子愈多，其結構也就愈安定。不過，這些陰離子必須與中心陽離子接觸，同時必須保持電荷中性。

圖 9.2 顯示離子固體中，圍繞中心陽離子的兩種配位陰離子安定組態。若這些陰離子並未接觸中心陽離子，結構即會不安定，因為中心陽離子會在陰離子圍成的範圍內中任意「晃動」（見圖 9.2 的第三個圖）。中心陽離子的半徑與其周圍陰離子的半徑比值稱為**半徑比**（**radius ratio**），寫成 $r_{陽離子}/r_{陰離子}$。當陰離子彼此剛剛碰觸，又剛與陽離子接觸時的半徑比，稱為**臨界（最小）半徑比**〔**critical（minimum）radius ratio**〕。圖 9.3 所列是配位數為 3、4、6、8 的離子固體可容許的半徑比範圍，並圖示說明配位關係。

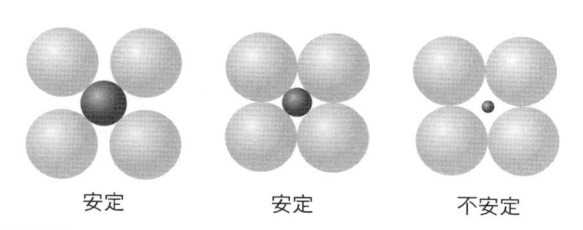

安定　　安定　　不安定

圖 9.2　離子固體的安定和不安定配位組態。
（資料來源：W. D. Kingery, H. K. Bowen, and D. R. Uhlmann, "Introduction to Ceramics," 2d ed., Wiley, 1976.）

中心離子周圍的離子位置	CN	陽離子和陰離子半徑比的範圍
立方體的角隅	8	≥0.732
八面體的角隅	6	≥0.414
四面體的角隅	4	≥0.225
三面體的角隅	3	≥0.155

CN＝配位數

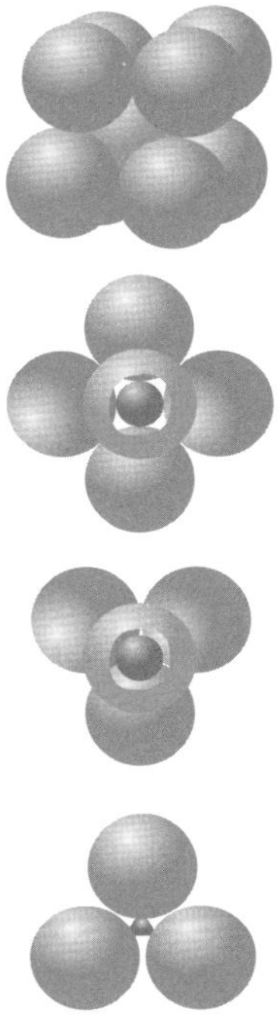

圖 9.3 離子固體中,圍繞中心陽離子且配位數為 8、6、4、3 的陰離子其陽離子／陰離子半徑比。

(資料來源:*W. D. Kingery, H. K. Bowen, and D. R. Uhlmann, "Introduction to Ceramics," 2d ed., Wiley, 1976.*)

例題 9.1

計算在一離子固體中,三個半徑為 R 的陰離子圍繞一半徑為 r 的中心陽離子的三角形配位(CN＝3)之臨界(最小)半徑比 r/R。

解

圖 EP9.1a 顯示三個半徑為 R 的大尺寸陰離子圍繞且剛接觸到半徑為 r 的中心陽離子。$\triangle ABC$ 是正三角形(每個角＝60°),且 AD 平分 $\angle CAB$,故 $\angle DAE = 30°$。為找出 R 與 r 的關係,畫出 $\triangle ADE$,如圖 EP9.1b 所示)。

$$AD = R + r$$

$$\cos 30° = \frac{AE}{AD} = \frac{R}{R+r} = 0.866$$

$$R = 0.866(R+r) = 0.866R + 0.866r$$

$$0.866r = R - 0.866R = R(0.134)$$

$$\frac{r}{R} = 0.155 \blacktriangleleft$$

圖 9.1 圖示三角形配位關係。

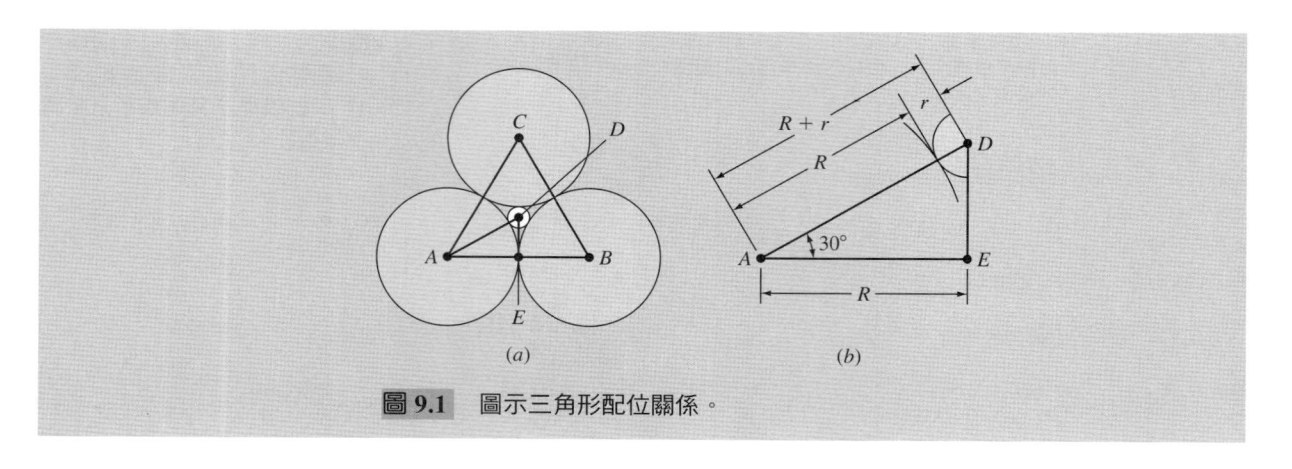

例題 9.2

估算離子固體 CsCl 和 NaCl 的配位數。用以下離子半徑來估算：

$$Cs^+ = 0.170 \text{ nm} \quad Na^+ = 0.102 \text{ nm} \quad Cl^- = 0.181 \text{ nm}$$

解

CsCl 的半徑比為：

$$\frac{r(Cs^+)}{R(Cl^-)} = \frac{0.170 \text{ nm}}{0.181 \text{ nm}} = 0.94$$

由於此半徑比 0.94 大於 0.732，因此 CsCl 應為立方體配位（CN = 8）。

NaCl 的半徑比為：

$$\frac{r(Na^+)}{R(Cl^-)} = \frac{0.102 \text{ nm}}{0.181 \text{ nm}} = 0.56$$

由於此半徑比 0.56 大於 0.414，但小於 0.732，故 NaCl 應為八面體配位（CN = 6）。

9.2.3 氯化銫（CsCl）型晶體結構

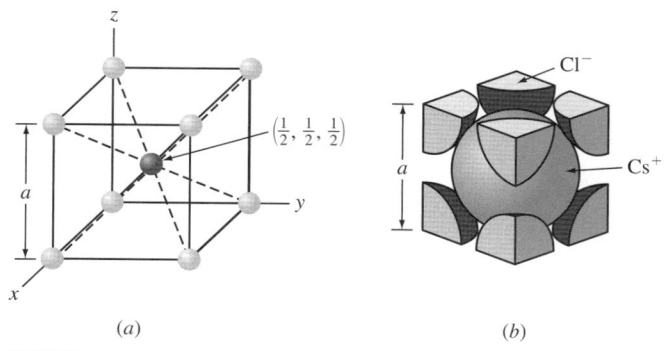

圖 9.4 氯化銫（CsCl）晶體結構單位晶胞。(a) 單位晶胞的離子位置模型；(b) 單位晶胞的硬球模型。在此晶體結構中，8 個氯離子圍繞著 1 個立方體配位（CN = 8）的陽離子。在此單位晶胞中有 1 個 Cs^+ 和 1 個 Cl^- 離子。

固態氯化銫的化學式為 CsCl。由於其結構主要為離子鍵結，Cs^+ 和 Cl^- 離子的數量相等。CsCl 的半徑比是 0.94，因此表示氯化銫為立方體配位（CN = 8），如圖 9.4 所示。也就是說，在 CsCl 單位晶胞中，有 8 個氯離子圍繞著位於 ($\frac{1}{2}$, $\frac{1}{2}$, $\frac{1}{2}$) 座標位置的銫離子中心。晶體結構和 CsCl 相同的離子化合物還有 CsBr、TlCl 與 TlBr。另外像是 AgMg、LiMg、AlNi 和 β-Cu-Zn 等介金屬化合物也有這種結構。CsCl 型結構對陶瓷材料並不重要，但是由它可以看出，離子晶體結構的半徑比較高時，配位數也會較高。

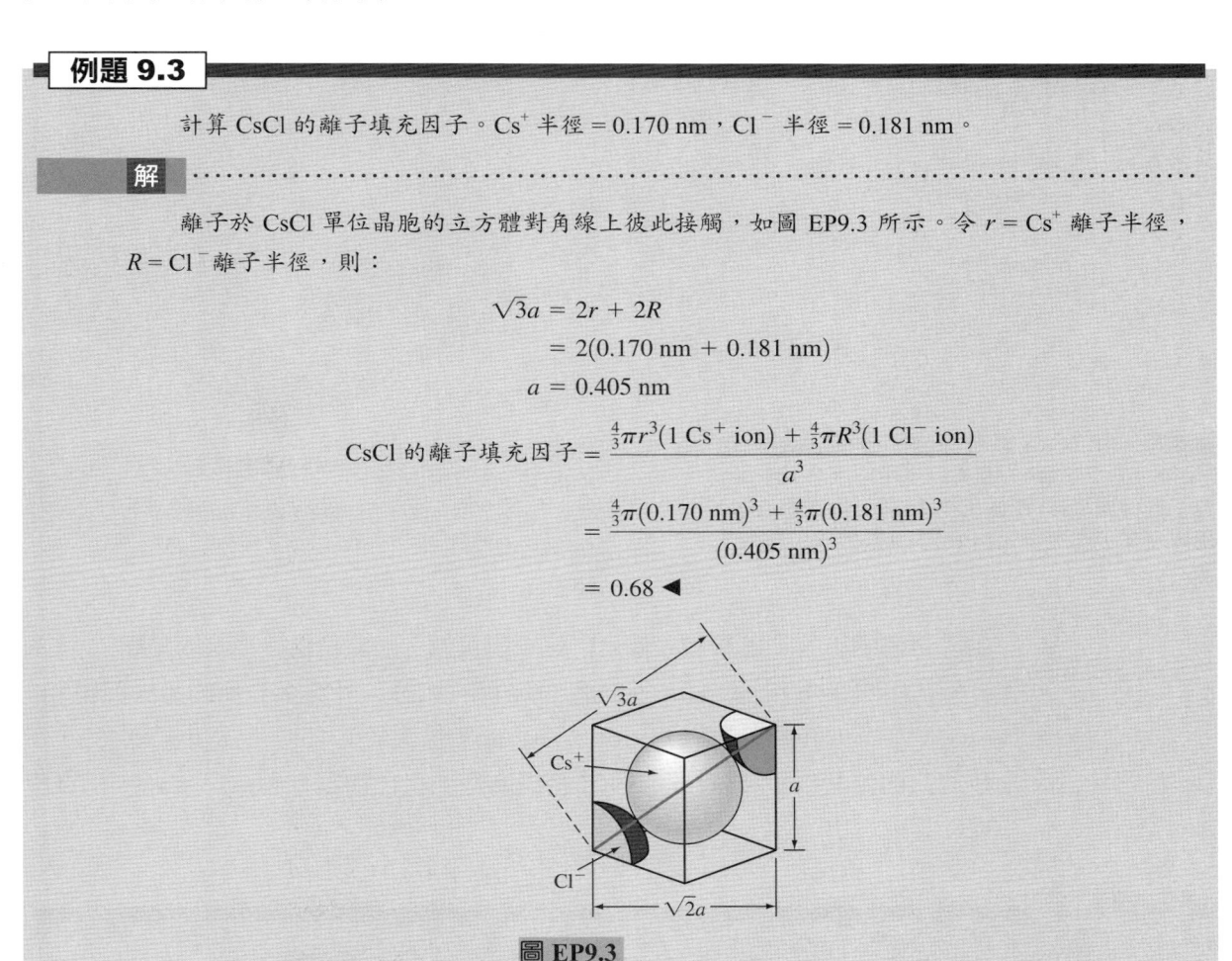

例題 9.3

計算 CsCl 的離子填充因子。Cs^+ 半徑 = 0.170 nm，Cl^- 半徑 = 0.181 nm。

解

離子於 CsCl 單位晶胞的立方體對角線上彼此接觸，如圖 EP9.3 所示。令 $r = Cs^+$ 離子半徑，$R = Cl^-$ 離子半徑，則：

$$\sqrt{3}a = 2r + 2R$$
$$= 2(0.170 \text{ nm} + 0.181 \text{ nm})$$
$$a = 0.405 \text{ nm}$$

$$\text{CsCl 的離子填充因子} = \frac{\frac{4}{3}\pi r^3 (1 \text{ Cs}^+ \text{ ion}) + \frac{4}{3}\pi R^3 (1 \text{ Cl}^- \text{ ion})}{a^3}$$

$$= \frac{\frac{4}{3}\pi (0.170 \text{ nm})^3 + \frac{4}{3}\pi (0.181 \text{ nm})^3}{(0.405 \text{ nm})^3}$$

$$= 0.68 \blacktriangleleft$$

圖 EP9.3

9.2.4 氯化鈉（NaCl）型晶體結構

氯化鈉或岩鹽的晶體結構為高離子鍵結，化學式是 NaCl。亦即氯化鈉的 Na^+ 和 Cl^- 離子數量相同，才能保持電荷中性。圖 9.5a 顯示 NaCl 單位晶胞的晶格格位（lattice-site），而圖 2.18b 則顯示 NaCl 單位晶胞的硬球模型。圖 9.5a 中的陰離子 Cl^- 占據了面心立方體中晶格的格位，而陽離子 Na^+ 則占據了面心立方體中原子和原子間的間隙位置。圖 9.5a 中的 Na^+ 和 Cl^- 離子占據了下列晶格位置：

Na^+：$(\frac{1}{2}, 0, 0)$ $(0, \frac{1}{2}, 0)$ $(0, 0, \frac{1}{2})$ $(\frac{1}{2}, \frac{1}{2}, \frac{1}{2})$

Cl^-：$(0, 0, 0)$ $(\frac{1}{2}, \frac{1}{2}, 0)$ $(\frac{1}{2}, 0, \frac{1}{2})$ $(0, \frac{1}{2}, \frac{1}{2})$

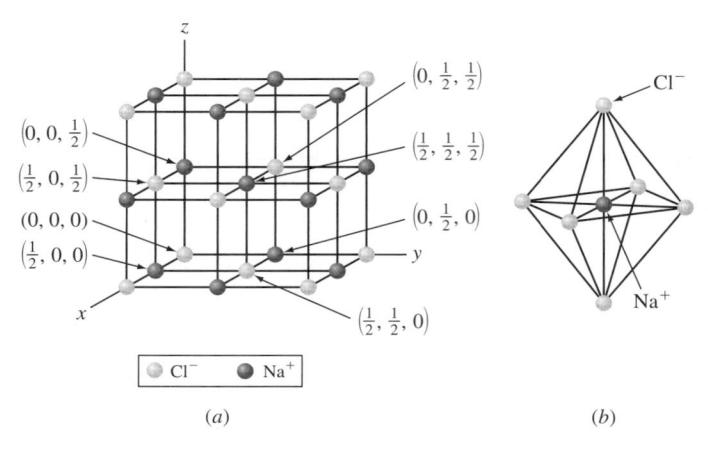

圖 9.5 (a) NaCl 單位晶胞的晶格點顯示 Na⁺（半徑 = 0.102 nm）和 Cl⁻（半徑 = 0.181 nm）離子的位置；(b) 6 個 Cl⁻ 陰離子包圍中心 Na⁺ 陽離子的八面體配位；(c) NaCl 的單位晶胞截面。

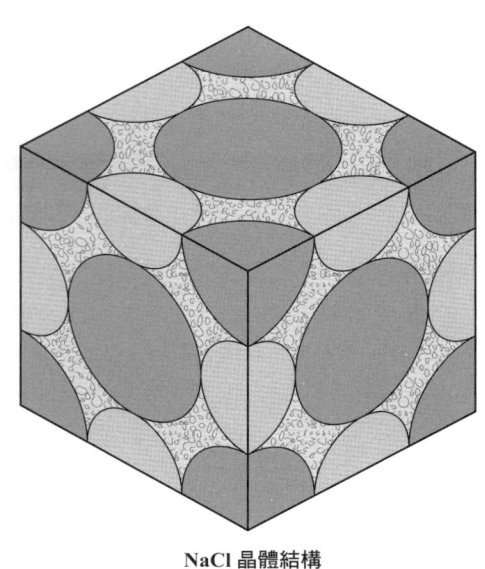

NaCl 晶體結構

（淺色部分）鈉離子：半徑 0.102 nm
（深色部分）氯離子：半徑 0.181 nm
$\dfrac{r_{Na^+}}{R_{Cl^-}} = 0.56$

(c)

由於每個中心 Na⁺ 離子被 6 個 Cl⁻ 離子所包圍，因此結構呈現八面體配位（CN = 6），如圖 9.5b 所示。這一種的配位結構可以透過計算半徑比的方式而得知：$r_{Na^+}/R_{Cl^-} = 0.102$ nm/0.181 nm = 0.56，此數值大於 0.414，但是小於 0.732，所以為八面體配位。具有相同 NaCl 結構的陶瓷化合物還有 MgO、CaO、NiO 與 FeO 等。

例題 9.4

由以下所知計算 NaCl 的密度：晶體結構（見圖 9.5a）、Na⁺ 和 Cl⁻ 的半徑（Na⁺ 半徑 = 0.102 nm，Cl⁻ 半徑 = 0.181nm），以及 Na 和 Cl 的原子質量（Na 原子質量 = 22.99 g/mol，Cl 原子質量 = 35.5 g/mol）。

解

如同圖 9.5a 所示，Cl⁻ 離子於 NaCl 單位晶胞內為面心立方體結構，Na⁺ 離子占據了 Cl⁻ 離子間的間隙位置。NaCl 單位晶胞的八個角隅 Cl⁻ 離子等於一完整 Cl⁻ 離子，因為 8 個角隅 × 1/8 個離子 = 1 個離子。NaCl 單位晶胞的 6 個平面 Cl⁻ 離子也等於 3 個 Cl⁻ 離子，因為 6 個平面 × 1/2 個離子 = 3 個離子。所以 NaCl 單位晶胞內有 4 個 Cl⁻ 離子。為了要保持 NaCl 的電荷中性，必須要有 4 個 Na⁺ 離子。因此在 NaCl 單位晶胞中有 4 對 Na⁺Cl⁻ 離子。

計算 NaCl 單位晶胞的密度時，必須先求出一單位晶胞的質量，然後再求體積，知道此二數值後就可以計算密度（即質量／體積）了。

NaCl 的單位晶胞質量

$$= \frac{(4\text{Na}^+ \times 22.99 \text{ g/mol}) + (4\text{Cl}^- \times 35.45 \text{ g/mol})}{6.02 \times 10^{23} \text{ atoms (ions)/mol}} = 3.88 \times 10^{-22} \text{ g}$$

NaCl 單位晶胞的體積等於 a^3，其中 a 為單位晶胞的晶格常數。Cl^- 離子和 Na^+ 離子沿著單位晶胞立方體邊緣彼此接觸，如圖 EP9.4 所示，因此：

$$a = 2(r_{\text{Na}^+} + R_{\text{Cl}^-}) = 2(0.102 \text{ nm} + 0.181 \text{ nm}) = 0.566 \text{ nm}$$
$$= 0.566 \text{ nm} \times 10^{-7} \text{ cm/nm} = 5.66 \times 10^{-8} \text{ cm}$$
$$V = a^3 = 1.81 \times 10^{-22} \text{ cm}^3$$

NaCl 的密度如下：

$$\rho = \frac{m}{V} = \frac{3.88 \times 10^{-22} \text{ g}}{1.81 \times 10^{-22} \text{ cm}^3} = 2.14 \frac{\text{g}}{\text{cm}^3} \blacktriangleleft$$

標準規範中所載的 NaCl 密度值是 2.16 g/cm³。

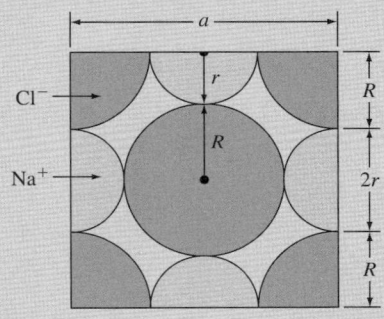

圖 EP9.4 NaCl 單位晶胞立方晶面的一面。離子沿著立方格邊邊接觸，因此 $a = 2r + 2R = 2(r + R)$。

例題 9.5

計算具有 NaCl 結構的 CaO 於 [110] 方向上的 Ca^{2+} 與 O^{2-} 離子的線密度，單位為個／nm。Ca^{2+} 離子半徑 = 0.106 nm，O^{2-} 離子半徑 = 0.132 nm。

解

如圖 9.5 和圖 EP9.5 所示，(0, 0, 0) 點至 (1, 1, 0) 點的 [110] 方向通過 2 個 O^{2-} 離子直徑。單位晶胞中 [110] 方向的長度為 $\sqrt{2}a$，a 是晶胞邊長或稱晶格常數。由圖 EP9.4，NaCl 單位晶胞的 $a = 2r + 2R$。所以對 CaO 來說：

$$a = 2(r_{\text{Ca}^{2+}} + R_{\text{O}^{2-}})$$
$$= 2(0.106 \text{ nm} + 0.132 \text{ nm}) = 0.476 \text{ nm}$$

O^{2-} 離子在 [110] 方向上的線密度如下：

$$\rho_L = \frac{2\text{O}^{2-}}{\sqrt{2}a} = \frac{2\text{O}^{2-}}{\sqrt{2}(0.476 \text{ nm})} = 2.97 \text{O}^{2-}/\text{nm} \blacktriangleleft$$

若將此方向原點從上述 (0, 0, 0) 點移到 $(0, \frac{1}{2}, 0)$ 點，即可得 Ca^{2+} 離子在 [110] 方向上的線密度

2.97 Ca^{2+}/nm。故此題答案為 2.97（Ca^{2+} 或 O^{2-}）/nm。

圖 EP9.5

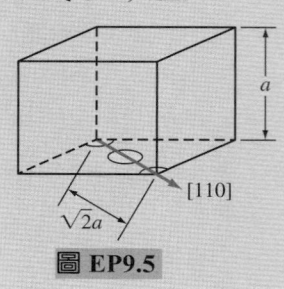

例題 9.6

計算具有 NaCl 結構的 CaO 於 (111) 平面上 Ca^{2+} 與 O^{2-} 離子的面密度，單位為：個/nm^2）。Ca^{2+} 離子半徑 = 0.106 nm，O^{2-} 離子半徑 = 0.132 nm。

解

陰離子如圖 9.5 和 EP9.6 的離子所示，位在立方體單位晶胞的面心立方位置，(111) 平面的離子等於 2 個完整的離子〔如圖 EP9.6 所示，角隅離子 = 3 × 60° = 180° = $\frac{1}{2}$ 個離子，(111) 平面三角形各邊中點的離子 = 3 × $\frac{1}{2}$ 個離子，因此共有 2 個完整的離子位在一 (111) 三角形〕。單位晶胞的晶格常數 $a = 2(r + R) = 2(0.106 \text{ nm} + 0.132 \text{ nm}) = 0.476$ nm。三角形面積 $A = \frac{1}{2}bh$，$h = \frac{\sqrt{3}}{2}a^2$，因此：

$$A = \left(\frac{1}{2}\sqrt{2}a\right)\left(\sqrt{\frac{3}{2}}a\right) = \frac{\sqrt{3}}{2}a^2 = \frac{\sqrt{3}}{2}(0.476 \text{ nm})^2 = 0.196 \text{ nm}^2$$

故 O^{2-} 離子的面密度如下：

$$\frac{2(\text{O}^{2-} \text{ ions})}{0.196 \text{ nm}^2} = 10.2 \text{O}^{2-} \text{ ions/nm}^2 \blacktriangleleft$$

假設 Ca^{2+} 也是位於立方體單位晶胞的面心立方格子點，則 Ca^{2+} 陽離子的面密度也一樣，因此：

$$\rho_{\text{planar}}(\text{CaO}) = 10.2(\text{Ca}^{2+} \text{ 或 } \text{O}^{2-})/\text{nm}^2 \blacktriangleleft$$

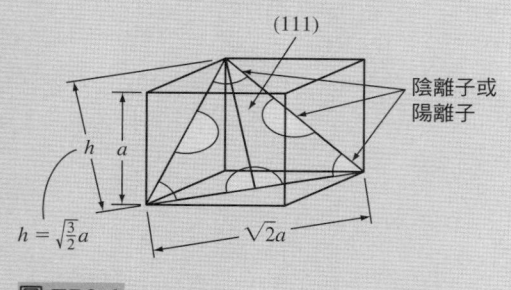

圖 EP9.6

9.2.5 面心立方（FCC）和六方最密堆積（HCP）晶格中的間隙位置

原子或離子堆積成的晶體結構中有一些空位或是空孔，稱為間隙位置（interstitial site），可容許其他非原本晶格的原子或是離子填入。面心立方與六方最密堆積均屬緊密堆積的晶體結構，其中會存在兩種間隙位置：**八面體**（octahedral）與**四面體**（tetrahedral）。在八面體間隙位置中，6 個最相鄰原子或離子等距離圍繞著一個中心空孔，如圖 9.6a 所示。會被稱為八面體是因為圍繞著中心空孔的原子或離子會形成一個八邊的八面體外形。而在四面體間隙位置中，4 個最相鄰原子或離子等距離圍繞在一個中心空孔，如圖 9.6b 所示。當將環繞中心空隙的這 4 個原子中心相連接，即形成一個四面體結構。

在 FCC 晶體結構中，八面體間隙位置位於單位晶胞的中心及各立方體邊緣，如圖 9.7 所示。每個 FCC 單位晶胞都有 4 個等效的八面體間隙位置。由於每個 FCC 單位晶胞中有 4 個原子，所以在 FCC 晶格中的每個原子會有 1 個八面體間隙位置。圖 9.8a 顯示出 FCC 單位晶胞中的八面體間隙位置的晶格位置。

FCC 晶格中的四面體間隙位置在 $(\frac{1}{4}, \frac{1}{4}, \frac{1}{4})$ 形式的座標上，如圖 9.7 與圖 9.8b 所示。在 FCC 單位晶胞中，每單位晶胞有 8 個四面體間隙，或是 FCC 母體單位晶胞中的每個原子有 2 個。而在六方最密堆積晶體結構中，由於原子堆積方式和 FCC 類似，因此八面體間隙的數量與 HCP 單位晶胞中的原子數量相同，四面體間隙的數量則為原子數量的 2 倍。

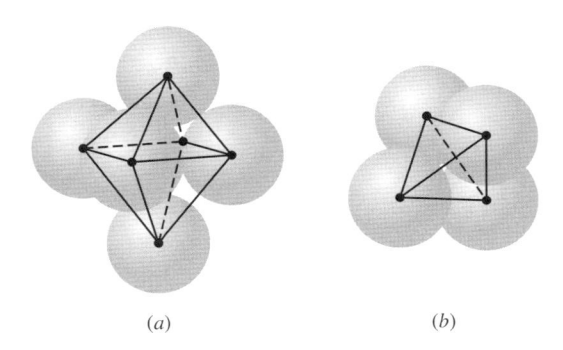

圖 9.6 面心立方（FCC）和六方最密堆積（HCP）晶體結構晶格的間隙位置。(a) 在中心形成的八面體間隙位置，當中的 6 個原子彼此接觸；(b) 在中心形成的四面體間隙位置，當中的 4 個原子彼此接觸。

（資料來源：*W. D. Kingery, H. K. Bowen, and D. R. Uhlmann, "Introduction to Ceramics," 2d ed., Wiley, 1976.*）

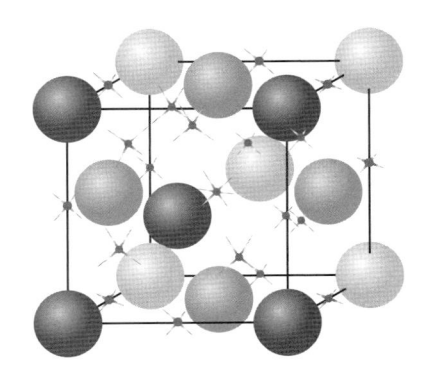

圖 9.7 面心立方離子晶體結構單位晶胞中八面體和四面體間隙位置的所在。八面體間隙位置座落在單位晶胞的中心與立方體邊緣的中心位置。由於共有 12 個立方體邊緣，故在立方體的每一個邊緣上會有 $\frac{1}{4}$ 的間隙存在。因此在面心立方單位晶胞中的立方體邊緣共有 $12 \times \frac{1}{4} = 3$ 個空孔存在。所以每 FCC 單位晶胞會有 4 個等效的八面體空孔（1 個在中心，3 個等效在立方體邊緣）。四面體空孔在 $(\frac{1}{4}, \frac{1}{4}, \frac{1}{4})$ 形式的位置。因此，總共有 8 個四面體空孔位在面心立方單位晶胞內。

（資料來源：*W. D. Kingery, "Introduction to Ceramics," Wiley, 1960, p.104.*）

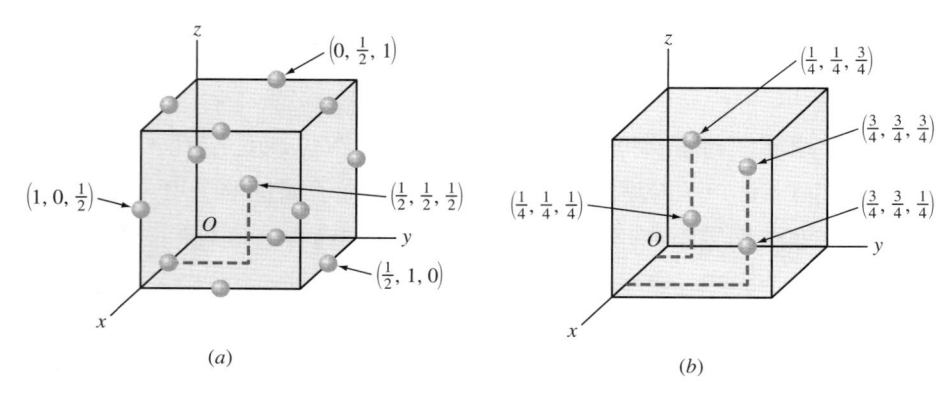

圖 9.8 面心立方原子單位晶胞的間隙位置之所在。(a) 面心立方單位晶胞中的八面體間隙位置位於單位晶胞的中心和各立方體邊緣的中間點；(b) 面心立方單位晶胞中的四面體間隙位置位在所標示的單位晶胞位置。圖中只標示出具代表性的位置。

9.2.6 閃鋅礦（ZnS）型晶體結構

閃鋅礦（zinc blende）結構的化學式為 ZnS，單位晶胞結構如圖 9.9 所示，有 4 個等效鋅原子和硫原子。一種原子（硫或鋅）會占據 FCC 單位晶胞中的晶格點，而另一種原子（鋅或硫）則會占據 FCC 單位晶胞的 4 個四面體間隙位置的一半。在圖 9.9 顯示的硫化鋅晶體結構中，硫原子（淺色圓點）占據了 FCC 單位晶胞的晶格點，而鋅原子（深色圓點）則占據了 4 個四面體間隙位置的一半。閃鋅礦晶體結構中的硫和鋅原子位置座標如下所示：

硫原子：$(0, 0, 0)$　$(\frac{1}{2}, \frac{1}{2}, 0)$　$(\frac{1}{2}, 0, \frac{1}{2})$　$(0, \frac{1}{2}, \frac{1}{2})$

鋅原子：$(\frac{3}{4}, \frac{1}{4}, \frac{1}{4})$　$(\frac{1}{4}, \frac{1}{4}, \frac{3}{4})$　$(\frac{1}{4}, \frac{3}{4}, \frac{1}{4})$　$(\frac{3}{4}, \frac{3}{4}, \frac{3}{4})$

根據鮑林方程式〔式（2.12）〕，鋅－硫鍵（Zn-S bond）有 87% 的共價特性，故硫化鋅晶體結構基本上一定是共價鍵結。因此，閃鋅礦晶體結構為四面體共價鍵結，而鋅和硫原子的配位數為 4。許多半導體化合物如 CdS、InAs、InSb 及 ZnSe 皆為閃鋅礦晶體結構。

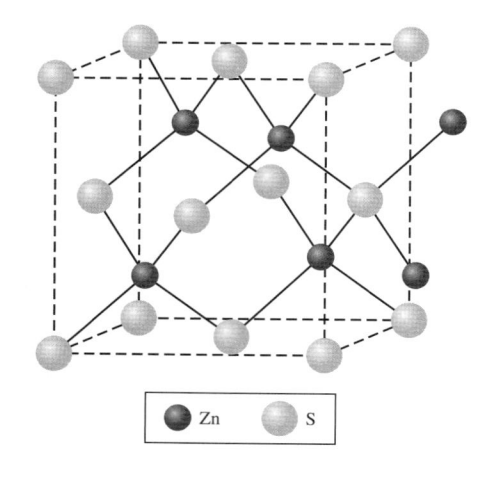

圖 9.9 閃鋅礦晶體結構。在此單位晶胞中，硫原子占據了 FCC 原子單位晶胞的晶格點（4 個等效原子）。鋅原子占據了 4 個四面體間隙位置的一半。每個鋅和硫原子的配位數為 4，而且是以四面體共價鍵結。

（資料來源：W. D. Kingery, H. K. Bowen, and D. R. Uhlmann, "Introduction to Ceramics," 2d ed., Wiley, 1976.）

例題 9.7

計算硫化鋅（ZnS）的密度。假設其結構由離子組成，並假設 Zn^{2+} 離子半徑 = 0.060nm，S^{2-} 離子半徑 = 0.174 nm。

解

$$密度 = \frac{單位晶胞的質量}{單位晶胞的體積}$$

每一個單位晶胞有 4 個鋅離子和 4 個硫離子。因此：

$$單位晶胞的質量 = \frac{(4Zn^{2+} \times 65.37 \text{ g/mol}) + (4S^{2-} \times 32.06 \text{ g/mol})}{6.02 \times 10^{23} \text{ atoms/mol}}$$

$$= 6.47 \times 10^{-22} \text{ g}$$

單位晶胞的體積 = a^3

從圖 EP9.7 可知：

$$\frac{\sqrt{3}}{4}a = r_{Zn^{2+}} + R_{S^{2-}} = 0.060 \text{ nm} + 0.174 \text{ nm} = 0.234 \text{ nm}$$

$$a = 5.40 \times 10^{-8} \text{ cm}$$
$$a^3 = 1.57 \times 10^{-22} \text{ cm}^3$$

因此：

$$密度 = \frac{質量}{體積} = \frac{6.47 \times 10^{-22} \text{ g}}{1.57 \times 10^{-22} \text{ cm}^3} = 4.12 \text{ g/cm}^3 \blacktriangleleft$$

標準規範手冊中的 ZnS（立方體）密度值為 4.10 g/cm^3。

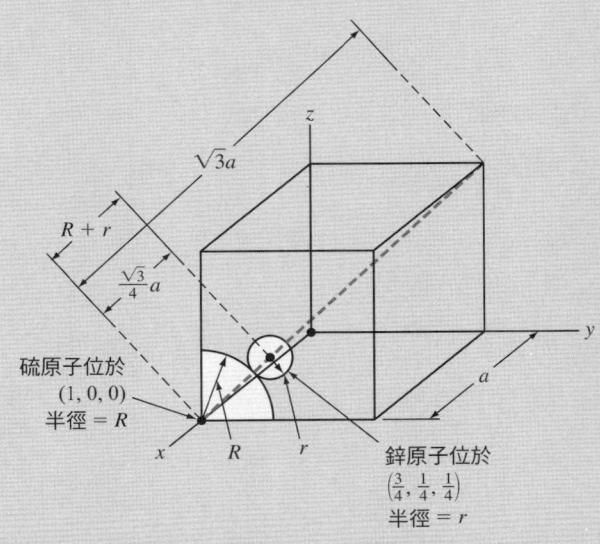

圖 EP9.7 閃鋅礦結構顯示此單位晶胞的晶格常數 a 和硫與鋅原子（離子）半徑的關係：

$$\frac{\sqrt{3}}{4}a = r_{Zn^{2+}} + R_{S^{2-}} \quad 或 \quad a = \frac{4}{\sqrt{3}}(r + R)$$

9.2.7 氟化鈣（CaF_2）型晶體結構

氟化鈣（calcium fluoride）結構的化學式為 CaF_2，單位晶胞如圖 9.10 所示。在此單位晶胞中，Ca^{2+} 離子占據了 FCC 晶格位置，而 F^- 離子則占據了 8 個四面體位置。FCC 晶格其餘的 4 個八面體位置則是保持空位。因此，每個單位晶胞中有 4 個 Ca^{2+} 離子以及 8 個 F^- 離子。有此種結構的化合物例子有 UO_2、BaF_2、$AuAl_2$ 及 $PbMg_2$。ZrO_2 具有扭曲的（單斜）氟化鈣結構。UO_2 中大量空的八面體間隙位置使此材料可作為核燃料之用，因為這些空孔位置可以容納核分解後的產物。

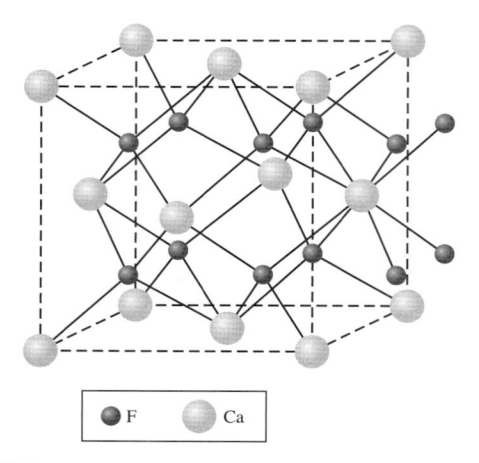

圖 9.10 氟化鈣（CaF2）晶體結構（也稱為螢石結構）。在此單位晶胞中，Ca^{2+} 離子位於 FCC 單位晶胞點（4 個離子），8 個氟離子占據了所有的四面體間隙位置。

（資料來源：W. D. Kingery, H. K. Bowen, and D. R. Uhlmann, "Introduction to Ceramics," 2d ed., Wiley, 1976.）

例題 9.8

計算具有氟化鈣（CaF_2）結構的氧化鈾（UO_2）密度。（離子半徑：U^{4+} = 0.105 nm，O^{2-} = 0.132 nm。）

解

$$密度 = \frac{質量/單位晶胞}{體積/單位晶胞}$$

每一單位晶胞（CaF_2 類型）有 4 個鈾離子和 8 個氧離子，所以：

$$單位晶胞的質量 = \frac{(4U^{4+} \times 238 \text{ g/mol}) + (8O^{2-} \times 16 \text{ g/mol})}{6.02 \times 10^{23} \text{ ions/mol}}$$

$$= 1.794 \times 10^{-21} \text{ g}$$

$$單位晶胞的體積 = a^3$$

從圖 EP9.7 可知：

$$\frac{\sqrt{3}}{4}a = r_{U^{4+}} + R_{O^{2-}}$$

$$a = \frac{4}{\sqrt{3}}(0.105 \text{ nm} + 0.132 \text{ nm}) = 0.5473 \text{ nm} = 0.5473 \times 10^{-7} \text{ cm}$$

$$a^3 = (0.5473 \times 10^{-7} \text{ cm})^3 = 0.164 \times 10^{-21} \text{ cm}^3$$

$$密度 = \frac{質量}{體積} = \frac{1.79 \times 10^{-21} \text{ g}}{0.164 \times 10^{-21} \text{ cm}^3} = 10.9 \text{ g/cm}^3 \blacktriangleleft$$

標準規範手冊中的 UO_2 密度值為 10.96 g/cm^3。

9.2.8 反螢石晶體結構

反螢石（antifluorite）結構為一 FCC 單位晶胞，其中陰離子（例如 O^{2-} 離子）占據了 FCC 晶格點，而陽離子（例如 Li^+）則占據了 FCC 晶格中的 8 個四面體位置。Li_2O、Na_2O、K_2O 及 Mg_2Si 等化合物都為這種結構。

9.2.9 剛玉（Al_2O_3）型晶體結構

在剛玉（corundum，Al_2O_3）結構中，氧離子位於 HCP 單位晶胞中的晶格點，如圖 9.11 所示。如同 FCC 結構，在 HCP 結構中，八面體間隙位置的數量和單位晶胞內的原子數量相等。然而，由於鋁的價數為 +3 而氧的價數為 –2，所以每 3 個 O^{2-} 離子只能有 2 個 Al^{3+} 離子才可維持電中性。因此在 Al_2O_3 的 HCP 晶格中，鋁離子只能占據八面體位置的 $\frac{2}{3}$，造成了結構的部分扭曲。

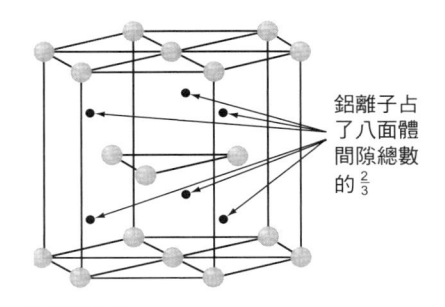

圖 9.11 剛玉（Al_2O_3）型晶體結構。氧離子（O^{2-}）占據了 HCP 單位晶胞的晶格點。鋁離子（Al^{3+}）則只占據八面體間隙位置的三分之二，以維持電中性。

（鋁離子占了八面體間隙總數的 $\frac{2}{3}$）

9.2.10 尖晶石（$MgAl_2O_4$）晶體結構

為 $MgAl_2O_4$ 或尖晶石（spinel）結構的氧化物有共同化學式 AB_2O_4，其中 A 為 +2 價金屬離子，B 為 +3 價金屬離子。在尖晶石結構中，氧離子形成 FCC 晶格，A 與 B 離子則會根據特定尖晶石類型占據四面體和八面體的間隙位置。電子應用所需的非金屬磁性材料廣泛使用尖晶石結構化合物。

9.2.11 鈣鈦礦（$CaTiO_3$）晶體結構

在鈣鈦礦（perovskite, $CaTiO_3$）結構中，Ca^{2+} 和 O^{2-} 離子會形成 FCC 單位晶胞，其中 Ca^{2+} 離子位在單位晶胞的各角落，而 O^{2-} 離子則是位在單位晶胞各平面的中心（見圖 9.12）。位在單位晶胞中心八面體間隙位置的高電荷 Ti^{4+} 離子和 6 個 O^{2-} 離子形成配位。$BaTiO_3$ 在 120°C 以上時為鈣鈦礦結構，但一旦溫度降至 120°C 以下，結構就會稍微改變。其他有類似結構的化合物包括 $SrTiO_3$、$CaZrO_3$、$SrZrO_3$ 及 $LaAlO_3$ 等。這種結構對壓電材料來說很重要。

9.3 傳統陶瓷與工程陶瓷
Traditional and Engineering Ceramics

9.3.1 傳統陶瓷

傳統陶瓷有三種基本成分：黏土、矽石（燧石）及長石。黏土主要為水化鋁矽酸鹽（$Al_2O_3 \cdot SiO_2 \cdot H_2O$）與其他少量氧化物，如 TiO_2、Fe_2O_3、MgO、CaO、Na_2O 和 K_2O。表 9.3 列出數種工業用黏土的化學組成。

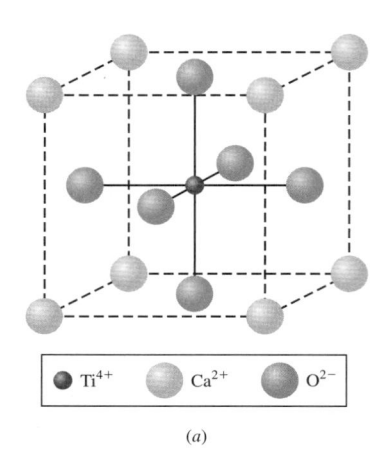

圖 9.12 鈣鈦礦（CaTiC₃）晶體結構。(a) 鈣離子占據了 FCC 單位晶胞的各角落，而氧離子則占據了單位晶胞各平面的中心位置。鈦離子則是占據了此立方體中心的八面體間隙位置。
（資料來源：*W. D. Kingery, H. K. Bowen, and D. R. Uhlmann, "Introduction to Ceramics," 2d ed., Wiley, 1976.*）
(b) 鈣鈦礦（CaTiO₃）晶體結構的中間部分（局部區域圖）。

傳統陶瓷使用的黏土提供材料在燒結硬化前的可加工性（workability），為陶瓷製品的主體。矽石（SiO₂）又稱為燧石或是石英，其熔點很高，為傳統陶瓷的耐火成分。鉀長石的基本組成是 K₂O·Al₂O₃·6SiO₂，其熔點低，將陶瓷混合物加熱後會成為玻璃。它會把材料中的耐火成分鍵結在一起。

建築磚塊、汙水涵管、排水瓦管、屋瓦及地板瓷磚等結構用黏土製品都是用天然黏土製成，含有上述三種基本成分。電子瓷器、餐用瓷器和衛浴瓷器產品等白陶瓷品是由黏土、矽石、長石所組成，而成分比例是受到控制的。表 9.4 列出一些三軸白陶瓷品的化學成分。所謂的三軸（triaxial）是指組成中有三種主要材料。

圖 9.13 為矽石－白榴石－莫來石的三元相圖。圖中顯示不同白陶瓷品的典型組成範圍，有些並特別用環形區域標示。

在燒結過程中，三軸陶瓷結構發生的變化相當複雜，至今仍無法說明。表 9.5 約略列出白陶瓷品在燒結過程中所可能發生的結構變化。

表 9.3 某些黏土的化學成分

黏土種類	主要氧化物的重量百分率									燒失
	Al₂O₃	SiO₂	Fe₂O₃	TiO₂	CaO	MgO	Na₂O	K₂O	H₂O	
高嶺土	37.4	45.5	1.68	1.30	0.004	0.03	0.011	0.005	13.9	
田納西球黏土	30.9	54.0	0.74	1.50	0.14	0.20	0.45	0.72	…	11.4
肯塔基球黏土	32.0	51.7	0.90	1.52	0.21	0.19	0.38	0.89	…	12.3

資料來源：*P. W. Lee, Ceramics, Reinhold, 1961.*

表 9.4　某些三軸白陶瓷品的化學成分

陶瓷體種類	瓷土	球黏土	長石	燧石
硬瓷	40	10	25	25
電絕緣瓷	27	14	26	33
玻璃化衛生瓷器	30	20	34	18
電絕緣體	23	25	34	18
玻璃化磁磚	26	30	32	12
半玻璃化白陶瓷品	23	30	25	21
骨灰瓷	25	…	15	22
餐具瓷	31	10	22	35
牙用瓷器	5	…	95	

資料來源：*W. D. Kingery, H. K. Bowen, and D. R. Uhlmann, "Introduction to Ceramics," 2d ed., Wiley, 1976, p. 532.*

圖 9.13　三軸白陶瓷品組成區域標示在矽石－白榴石－莫來石的三元相圖。

（資料來源：*W. D. Kingery, H. K. Bowen, and D. R. Uhlmann, "Introduction to Ceramics," 2d ed., Wiley, 1976, p. 533.*）

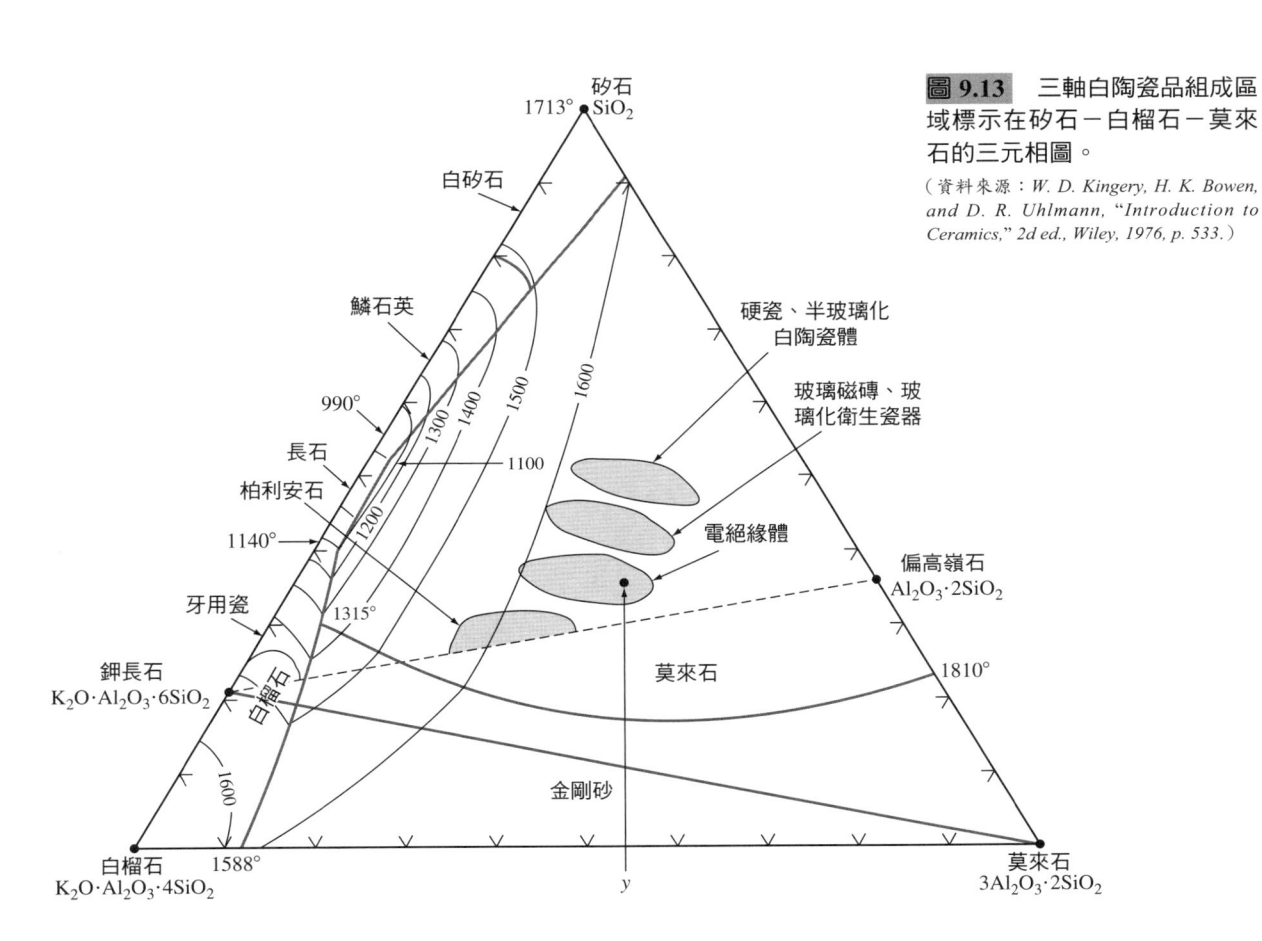

　　圖 9.14 為電子顯微鏡下的電氣絕緣瓷器顯微結構，看得出來此結構相當不均勻。大的石英晶粒會被高矽石玻璃熔環包圍，還有參雜在殘餘長石間的針狀莫來石與細緻的莫來石－玻璃混合物。

　　用三軸陶瓷作為絕緣體在頻率 60 次／秒時可行，但是在高頻時，介電耗損（dielectric loss）會太高。作為助溶劑（flux）的長石會釋出大量鹼性液來，增加三軸陶瓷的導電性與介電耗損。

265

表 9.5　三軸白瓷體在燒結過程中所發生的結構變化

溫度（°C）	反應
100以下	濕度流失
100-200	去掉吸附的水分
450	脫水
500	有機物質氧化
573	石英轉換成高溫形式，整體體積沒有多少減損
980	由黏土石形成尖晶石，開始收縮
1000	莫來石初步形成
1050-1100	由長石中形成玻璃相，莫來石成長，繼續收縮
1200	更多玻璃相，莫來石成長，孔隙關閉，部分石英熔融
1250	60% 的玻璃相，21% 的莫來石，19% 的石英，最少的孔隙

資料來源：*F. Norton, "Elements of Ceramics," 2d ed., Addison-Wesley, 1974, p. 140.*

圖 9.14　電氣絕緣瓷器的電子顯微鏡照片。（腐蝕 10 秒，0°C，40% HF，矽石，碳複印模）。
(資料來源：*S. T. Lundin as shown in W. D. Kingery, H. K. Bowen, and D. R. Uhlmann, "Introduction to Ceramics," 2d ed., Wiley, 1976, p. 539.*)

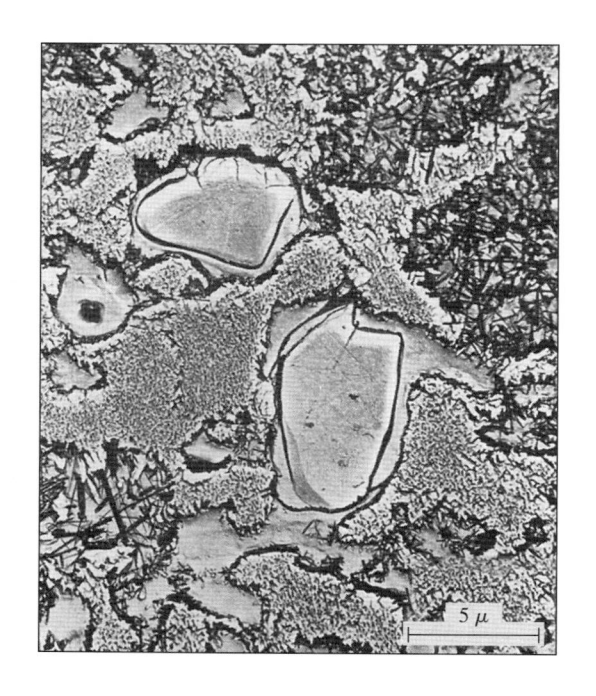

9.3.2　工程陶瓷

　　相對於主要成分為黏土的傳統陶瓷，工程陶瓷的成分主要是純化合物或是接近純化合物的氧化物、碳化物或氮化物，像是氧化鋁（Al_2O_3）、氮化矽（Si_3N_4）、碳化矽（SiC）或氧化鋯（ZrO_2），另外再結合一些其他的耐火氧化物。表 9.1 列出某些工程陶瓷的熔點，而其中一些材料的機械特性則列於表 9.6 中。

氧化鋁（Al_2O_3）　氧化鋁最初是為耐火管以及在高溫使用的高純度坩鍋所發展而出，而現在的使用範圍更廣，像是火星塞絕緣材料。氧化鋁常摻雜氧化鎂，經冷壓與燒結後，形成圖 9.15 中的顯微結構。注意，相較於圖 9.14 中電陶

表 9.6　某些工程陶瓷材料的機械性質

材料	密度（g/cm³）	壓縮強度 MPa	ksi	拉伸強度 MPa	ksi	彎曲強度 MPa	ksi	破壞韌性 MPa √m	ksi √m
Al₂O₃（99%）	3.85	2585	375	207	30	345	50	4	3.63
Si₃N₄（熱壓）	3.19	3450	500	…	…	690	100	6.6	5.99
Si₃N₄（反應鍵結）	2.8	770	112	…	…	255	37	3.6	3.27
SiC（燒結）	3.1	3860	560	170	25	550	80	4	3.63
ZrO₂, 9% MgO（部分安定）	5.5	1860	270	…	…	690	100	8+	7.26+

瓷的顯微結構，氧化鋁晶粒結構較為均勻。氧化鋁常用於需要低介電損耗和高電阻率的高階電子產品。

氮化矽（Si₃N₄）　在所有的工程陶瓷中，氮化矽的工程特性組合應該是最有用的。由於 Si₃N₄ 在高於 1800°C 時會明顯解離，因此無法直接燒結，而是得用反應鍵結法（reaction bonding）製作。先將矽粉的粉壓坯置於氮氣中使其氮化（nitrided），以獲得有微孔洞及中等強度的氮化矽 Si₃N₄（見表 9.6）。添加 1% 至 5% 氧化鎂後所製造出的 Si₃N₄ 強度更高且無孔洞。目前業界正在探索如何將 Si₃N₄ 應用在先進引擎的零件上。

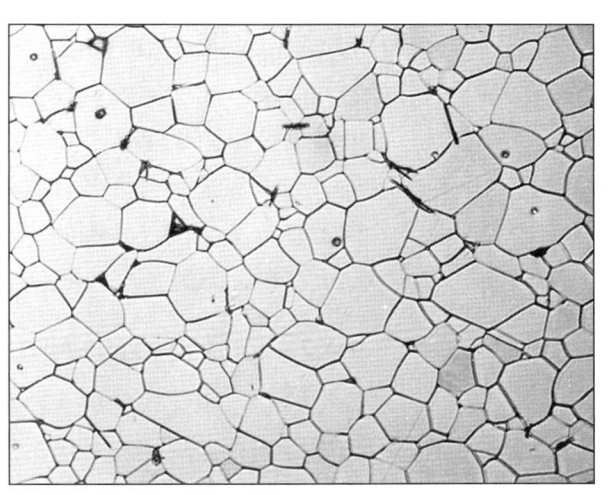

圖 9.15　粉末氧化鋁在摻雜了氧化鎂經燒結後的顯微結構。燒結溫度為 1700°C，其顯微結構幾乎是無孔洞，除了有少數在晶粒內的心孔以外（放大倍率 500×）。
（資料來源：*C. Greskovich and K. W. Lay.*）

碳化矽（SiC）　碳化矽是一種既堅硬又耐火的碳化物，高溫下的抗氧化性極佳。僅管並不屬於氧化物，但是在高溫時，碳化矽的表面會生成一層保護材料主體的 SiO₂ 薄膜。添加 0.5% 至 1% 的硼作為燒結促進劑後，SiC 可在 2100°C 燒結。碳化矽常會用於金屬基（metal-matrix）和陶瓷基（ceramic-matrix）複合材料作為增強纖維。

氧化鋯（ZrO₂）　純氧化鋯為多形體，在約 1170°C 時會由正方晶結構轉變為單斜晶結構，同時體積會跟著膨脹導致產生破裂。然而藉由將 ZrO₂ 和其他如 CaO、MgO、Y₂O₃ 等耐火氧化物材料結合後，立方晶結構即可在室溫下穩定存在與被應用。在氧化鋯中添加 9% MgO 並經過特殊的熱處理後，可以製造出部分安定氧化鋯（partially stabilized zirconia, PSZ），其破壞韌性極高，可提供新的陶瓷用途。

9.4 陶瓷的機械性質
Mechanical Properties of Ceramics

9.4.1 概論

整體而言，陶瓷材料是相對易脆的。陶瓷材料的拉伸強度差別很大，小至 100 psi（0.69 MPa），大至在嚴格控制條件下製作的 Al_2O_3 陶瓷鬚晶（whisker）的 10^6 psi（7×10^3 MPa）。不過整體來看，很少陶瓷材料的拉伸強度會大於 25,000 psi（172 MPa）。陶瓷材料的拉伸強度與壓縮強度也差異甚大，壓縮強度通常較拉伸強度強 5 到 10 倍，如表 9.6 中所顯示的 99% Al_2O_3 陶瓷材料。此外，許多陶瓷材料既硬且耐衝擊性低，因為它們有離子－共價鍵結。不過，其實還是有不少例外。例如，塑性黏土是陶瓷材料，但是既柔軟也可變形，因為黏土材料強力離子－共價鍵層間的次級鍵結力很弱。

9.4.2 陶瓷材料的變形機制

結晶性陶瓷缺乏可塑性是因為其化學鍵結是離子鍵與共價鍵。在金屬中，晶體結構的線缺陷（差排）沿著特定晶體滑動面移動，產生塑性流動。金屬中的差排能夠在無方向性之金屬鍵所產生的相對較低應力下移動，而且所有參與鍵結的原子表面都有平均分布的負電荷。也就是說，金屬鍵鍵結的過程中並沒有牽涉到帶正電荷或負電荷的離子。

在共價結晶和共價鍵結陶瓷中，原子間的鍵結不僅獨特而且具方向性，牽涉到電子對的電荷交換。因此，當共價結晶受到足夠大的應力作用時，就會因為電子對分離後無法復合鍵結而出現脆性斷裂。所以不論是單晶或多晶共價鍵結的陶瓷都很脆。

主要鍵結為離子鍵的陶瓷有不同的變形。像是氧化鎂及氯化鈉的單晶離子鍵固體在室溫下承受壓縮應力時會出現明顯的塑性變形。但是多晶離子鍵結的陶瓷在承受壓縮應力時，則會展現脆性，會在晶界處出現裂縫。

我們簡單檢視一下離子晶體的可變形條件，如圖 9.16 的圖示。一個離子平面在另一個平面上滑移時，會使帶不同電性的離子相互接觸，進而產生吸引力或排斥力。大部分具有 NaCl 結構的離子鍵結結晶會在 $\{110\}\langle 1\bar{1}0\rangle$ 系統滑移，由於 $\{110\}$ 平面族只牽涉電性相異的離子，因此在滑移的過程中會因為庫侖力而相互吸引。圖 9.16 中的 AA' 線即顯示這種 $\{110\}$ 型的滑移。然而在另一方面，$\{100\}$ 平面族很少發生滑移，因為彼此接近的離子具有相同電性，所產生的排斥力會使滑移面分離，圖 9.16 中的 BB' 線即顯示了 $\{100\}$ 型的滑移。許多單晶陶瓷材料有明顯的可塑性。但是當多晶陶瓷發生變形時，相鄰近的晶粒必須改變其外形。由於離子鍵結固體內可滑移的系統有限，很容易在晶界發生裂縫進而出現脆性斷裂。由於重要的工業用陶瓷大多為多晶結構，因此都很脆。

9.4.3 影響陶瓷材料強度的因素

陶瓷材料會發生機械性破壞的主因是其結構缺陷。造成多晶陶瓷材料出現破裂的主要原因包括在表面處理的過程中所產生的表面裂紋、空孔（孔洞）、內含物，以及在製程中產出的大晶粒。[2]

脆性陶瓷材料中的孔洞是應力集中的區域。當孔洞上的應力到達某臨界值，裂縫便會在孔洞處產生並傳播，因為這些材料並不像延性金屬那樣有大型的能量吸收（energy-absorbing）機制。因此，一旦裂縫產生，就會持續延伸一直到完全斷裂。孔洞對陶瓷材料的強度很不利，因為它會減少材料本身的有效截面積，使材料能支撐的應力值變小。因此，陶瓷材料中的孔洞尺寸和所佔體積分率都是影響材料強度的重要因素。圖 9.17 顯示氧化鋁橫斷面的拉伸強度如何因孔洞體積分率的增加而降低。

加工陶瓷的內部缺陷也是決定陶瓷材料破裂強度的一個重要因素。大型缺陷可以是影響陶瓷強度的主因。在結構緻密且無大孔洞的陶瓷材料中，缺陷尺寸通常與晶粒的大小有關。至於無孔洞的陶瓷，純陶瓷材料的強度會是其晶粒尺寸的函數；陶瓷晶粒愈小，出現在晶界處的裂縫也就愈小，因此強度會大於大晶粒陶瓷。

也因此，多晶陶瓷材料的強度是由許多因素所決定，主要包括化學組成、顯微結構以及表面環境。而溫度及環境，還有應力的型態與施加方式等也都很重要。然而，大部分在室溫下的陶瓷材料破

圖 9.16 NaCl 晶體結構的俯視圖，顯示：(a) 在 (110) 平面和 [1$\bar{1}$0] 方向滑移（AA' 線）；(b) 在 (100) 平面 [010] 方向滑移（BB' 線）。

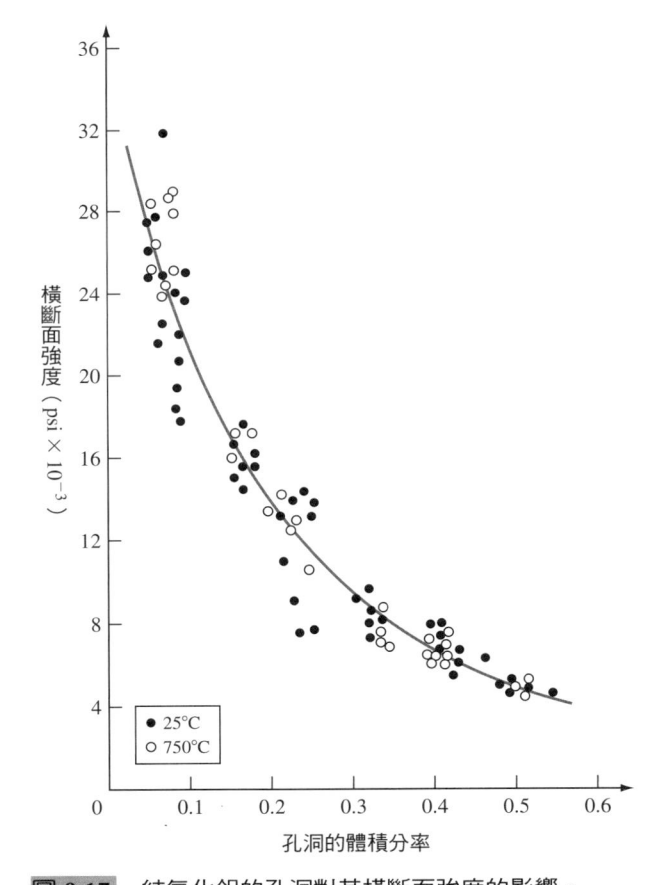

圖 9.17 純氧化鋁的孔洞對其橫斷面強度的影響。
（資料來源：R. L. Coble and W. D. Kingery, J Am. Ceram. Soc., **39**:377(1956).）

---

[2] 資料來源：A. G. Evans, J. Am. Ceram. Soc., 65:127(1982).

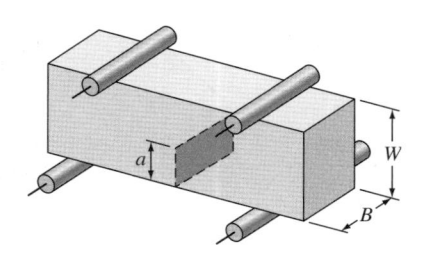

圖 9.18 針對陶瓷材料進行單邊刻痕四點橫樑破裂韌性測試做準備。

裂通常都是原本就存在的最大裂縫所造成的。

9.4.4 陶瓷材料的韌性

由於陶瓷材料同時有共價鍵與離子鍵，韌性天生就低。多年來，許多研究都致力於如何增進陶瓷材料的韌性。使用如熱壓法或反應鍵結法來改善陶瓷的韌性，科學家們已可製造出韌性大為改善的工程陶瓷（見表 9.6）。

類似於金屬破裂韌性的測試，陶瓷破裂韌性 K_{IC} 也可測試找出。常用的方式為利用單邊刻痕（single-edge notch）或人字紋刻痕（chevron-notched）的樣品進行四點彎曲測試（four-point bend test）（見圖 9.18）。

9.4.5 陶瓷的疲勞失效

重複的循環應力會造成金屬疲勞失效的導因是裂痕會在樣品加工硬化區域內成核及成長。然而，由於陶瓷材料原子間的離子－共價鍵結，當承受循環應力時，陶瓷沒有塑性，使得陶瓷很難出現疲勞斷裂。有研究顯示，多晶氧化鋁在經過 79,000 次的壓縮循環後出現了直線疲勞裂紋（見圖 9.19a），微裂縫會沿著晶界傳遞，最後會導致疲勞失效（見如圖 9.19b）。有許多正在進行的研究希望能夠製造出韌性更高的陶瓷材料，以對抗循環應力的影響。

9.4.6 陶瓷研磨材料

有些高硬度的陶瓷材料可當作研磨材料，可以對其他硬度較低的材料進行切割、研磨與拋光處理。剛玉（氧化鋁）和碳化矽是最常見的兩種。像是片狀或輪狀的研磨產品通常是將個別陶瓷顆粒結合而製成。結合材料包括燒製陶瓷、有機樹脂，還有橡膠。陶瓷顆粒的硬度要高，還要稜角銳利。而且研磨產品必須有一定的孔隙率，才可提供讓空氣或是液體流過的通道。氧化鋁顆粒的韌性比碳化矽高，但是硬度較低，因此一般還是會選用碳化矽來研磨質地較硬的材料。

圖 9.19 多晶氧化鋁在循環壓縮下出現的疲勞裂紋：(a) 光學顯微鏡照片顯示疲勞裂紋（壓縮軸為垂直的）；(b) 相同樣品疲勞區域的掃描式電子顯微鏡照片顯示明顯的粒間失效模式。

（資料來源：S. Suresh and J. R. Brockenbrough, *Acta Metall.* **36**:1455 (1988).）

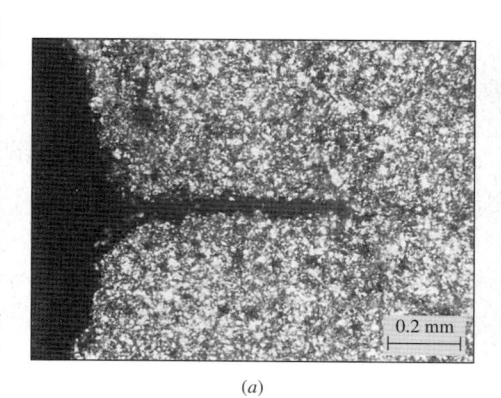

結合氧化鋁與氧化鋯可以改善強度、硬度及銳利度，效果比單獨使用氧化鋁更好。這種陶瓷合金之一是 25% 氧化鋯和 75% 氧化鋁，另一種為 40% 氧化鋯及 60% 氧化鋁。還有一個重要的陶瓷磨料是立方氮化硼，商品名為 Borazon。此材料幾乎硬如鑽石，但熱穩定性又比鑽石更佳。

9.5 陶瓷的熱性質
Thermal Properties of Ceramics

一般來說，本身由於離子－共價鍵結的強度高，大部分陶瓷材料的熱傳導性很低，是好的熱絕緣材料。圖 9.20 比較了大部分陶瓷材料熱傳導性對溫度的函數關係。由於陶瓷材料的耐熱性高，因此常用於**耐火材料（refractory）**，能阻絕液態或氣態的熾熱環境。金屬、化學、陶瓷和玻璃工業都會大量使用耐火材料。

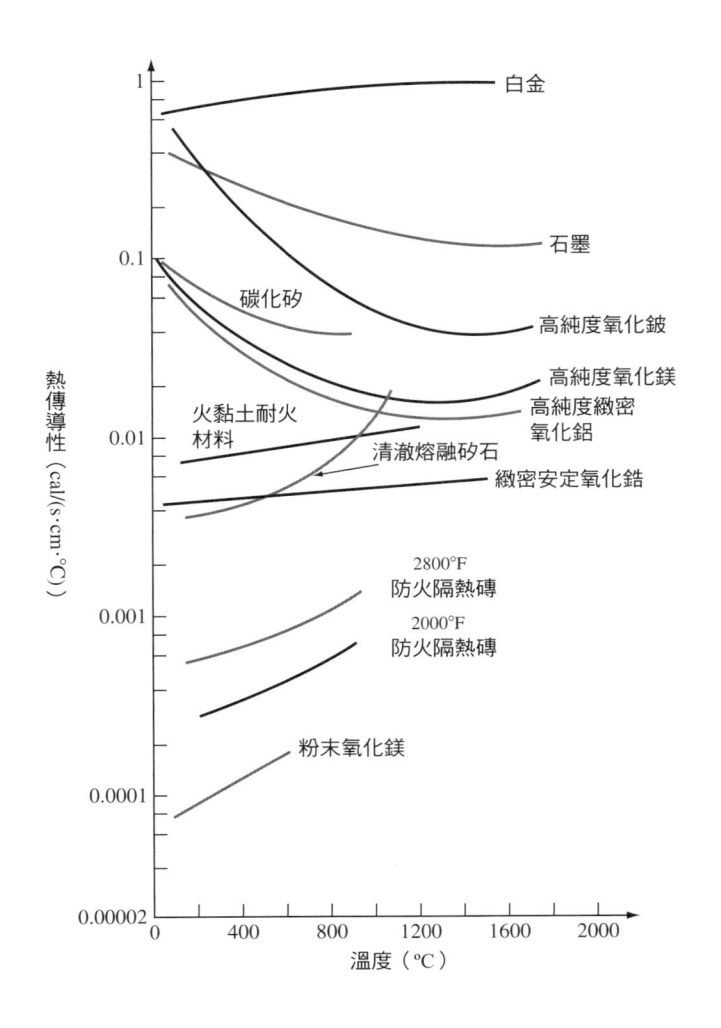

圖 9.20 陶瓷材料在各種溫度範圍內的熱傳導度。
（資料來源：NASA.）

9.5.1 陶瓷耐火材料

許多高熔點的純陶瓷化合物,如氧化鋁和氧化鎂,可以作為工業用耐火材料,但是它們價格高昂,而且很難加工成形。因此,大部分工業用的耐火材料都是陶瓷化合物的混合物。表 9.7 所列是一些耐火磚的組成及某些應用。

高低溫強度、體密度與孔洞度等都是陶瓷耐火材料的重要特性。大部分陶瓷耐火材料的體密度是在 2.1 到 3.3 g/cm³ 之間。孔洞度低的緻密耐火材料抗腐蝕性、抗沖蝕性以及抗液體和氣體的滲透力較高。不過隔熱耐火材料的孔洞度最好要高。隔熱耐火材料最常用於較高密度與耐火性的耐火磚或是耐火材料內襯。

工業用陶瓷耐火材料常分為酸性與鹼性兩種。酸性耐火材料的主要基本成分為二氧化矽和氧化鋁,而鹼性耐火材料的主要基本成分則是氧化鎂、氧化鈣及氧化鉻。表 9.7 列出許多工業用耐火材料的成分及其一些應用。

9.5.2 酸性耐火材料

矽石耐火材料(silica refractory)有高耐火、高機械強度,以及接近自身熔點溫度時還能保持剛性等特性。

耐火黏土(fireclay)是由塑性火黏土、燧石黏土及大顆粒黏土燒料(grog)混合而成。在生胚(綠色)時,這些耐火材料所組成的混合物顆粒尺寸從極粗

表 9.7 某些耐火磚材料的成分與應用

	組成(重量百分率)			
	SiO₂	Al₂O₃	MgO	其他
酸性型:				
矽石磚	95-99			
超級火黏土磚	53	42		
高級火黏土磚	51-54	37-41		
高氧化鋁磚	0-50	45-99+		
鹼性型:				
菱鎂礦	0.5-5		91-98	0.6-4 CaO
菱鎂礦-鉻	2-7	6-13	50-82	18-24 Cr₂O₃
白雲石(燒結)			38-50	38-58 CaO
特殊型:				
鋯石	32			66 ZrO₂
碳化矽	6	2		91 SiC
耐火材料應用:				

超級火黏土磚:熔鋁爐、旋轉窯及鼓風爐內襯
高級火黏土磚:水泥與石灰窯、鼓風爐及焚化爐內襯
高氧化鋁磚:鍋爐、磷酸礦爐、廢酸液再生爐及連續鑄造鋼桶內襯
矽石磚:化學反應器內襯、陶瓷窯、煉焦窯
菱鎂礦磚:煉鋼爐內襯
鋯石磚:玻璃容器底磚、連續鑄造機出口

資料來源:*Harbison-Walker Handbook of Refractory Practice, Harbison-Walker Refractories, Pittsburgh, 1980.*

到極細大小不一。經過燒結後，其中的細微顆粒就會在大顆粒間形成陶瓷鍵結。

高氧化鋁耐火材料（high-alumina refractory）中含有 50% 至 99% 的氧化鋁，且熔點比耐火黏土磚高，因此可用於條件更嚴峻的高溫熔爐或是比耐火黏土磚熔點更高的溫度，但是價格非常昂貴。

9.5.3　鹼性耐火材料

鹼性耐火材料主要為氧化鎂（MgO）、石灰石（CaO）、鉻礦，或是這些材料中的兩種或是更多種的混合。這些鹼性耐火材料的體密度與熔點高，對爐渣及氧化物的化學腐蝕抵抗力也佳，不過卻比較昂貴。鹼性－氧氣煉鋼爐的內襯即大量使用含高比例氧化鎂（92% 至 95%）的鹼性耐火材料。

9.5.4　太空梭隔熱陶瓷磚

太空梭隔熱系統的開發是現代材料科技用於工程設計的絕佳範例。為了使太空梭至少能進行 100 次的飛行任務，新的陶瓷隔熱材料得以問世。

太空梭大約有 70% 的表面被 24,000 片二氧化矽纖維化合物陶瓷板覆蓋以隔絕高熱。圖 9.21 所示為一個可再使用表面絕熱高溫（high-temperature reusable-surface insulation, HRSI）瓷磚的顯微結構圖，而圖 9.22 所示則為其連接於太空梭體表面的區域。此材料的密度只有 141 kg/m³，並可承受高達 1260°C 的高溫。將此材

圖 9.21　LI900 可再使用表面絕熱高溫材料（為太空梭使用的瓷磚材料）的顯微結構，含有 99.7% 的純二氧化矽纖維（放大倍率 1200×）。

（資料來源：*Lockheed Martin Missiles and Space Co.*）

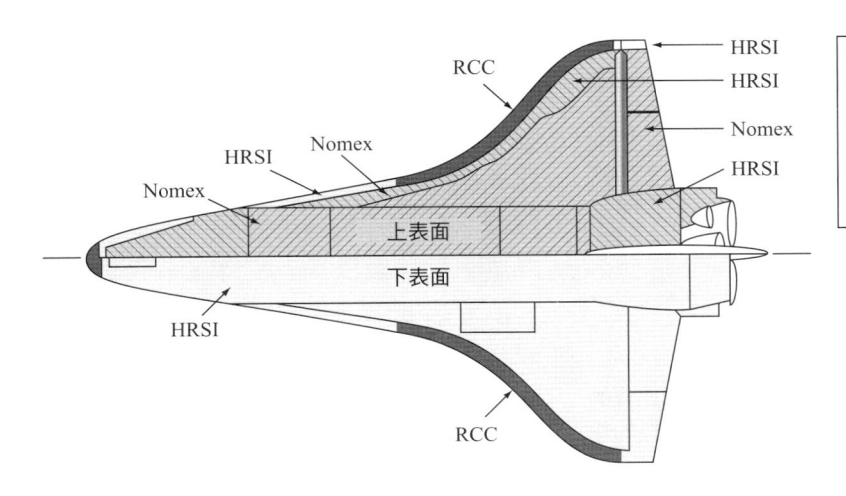

圖 9.22　太空梭隔熱系統。
（資料來源：*Corning Incorporated.*）

料從溫度高達 1260°C 的爐具取出僅約 10 秒後,技術員即可用雙手握住此瓷磚;可見其絕熱效果相當好。

9.6 玻璃
Glasses

玻璃具有其他工程材料所沒有的特性。它在室溫下有透光度和硬度,在一般環境下強度適中且抗腐蝕性極佳。這些性質讓玻璃成為工程應用上不可或缺的材料,像是建築和汽車車窗。玻璃也是各式燈具的必備材料,因為它是絕緣體,而且可以提供真空封裝。電子管也需要玻璃的真空封裝特性,以及其絕緣性以作連接器引入線之用。玻璃的高化學抵抗力使其適合用來作成實驗室器具與化學工業反應槽及管件的抗腐蝕襯墊。

9.6.1 玻璃的定義

玻璃是在高溫下由無機物質所製成的陶瓷材料。與其他陶瓷材料不同的是,玻璃的成分受熱熔融後冷卻到固態時並不會結晶。因此,**玻璃(glass)**可定義為冷卻到固態時不會結晶的無機熔融物。玻璃的特色之一就是它的結構為非晶質或不規則。不同於一般結晶固體,玻璃裡的分子並非以規律重複的長程規律排列,而是以隨機方式改變排列方位。

9.6.2 玻璃轉換溫度

玻璃的固化行為和結晶固體不同;圖 9.23 顯示這兩種材料的比容(與密度成反比)對溫度的關係。在固化時會產生結晶固體的液體通常會在熔點結晶化,而且體積會明顯縮小,如圖 9.23 的 ABC 路徑所示。相對地,冷卻後形成玻璃的液體並不會結晶化,而是會跟隨圖 9.23 所示的 AD 路徑。這類液體在降溫時黏性會提升,並會在一個非常小的溫度範圍內由橡膠狀、柔軟的塑性狀態轉變成為剛硬、脆性的玻璃質狀態,而比容-溫度曲線的斜率也會顯著減少。此曲線上兩個斜率的交點就是轉變點,稱為**玻璃轉換溫度(glass transition**

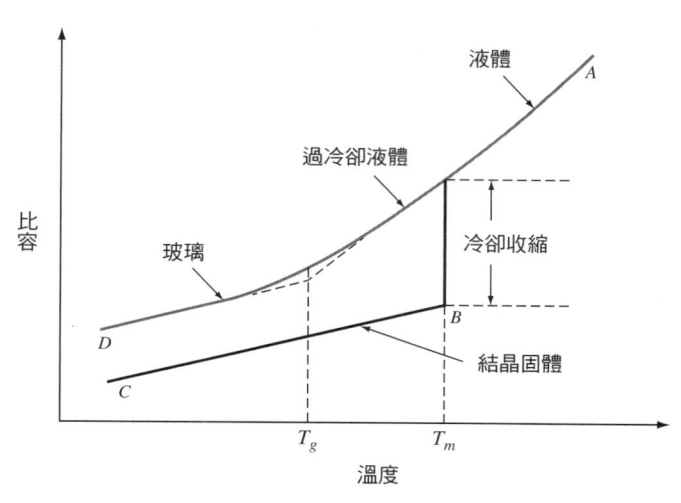

圖 9.23 結晶質與玻璃(非晶)材料的固化過程顯示比容的變化。T_g 是玻璃材料的玻璃轉換溫度;T_m 是結晶質材料的熔點。

(資料來源:*O. H. Wyatt and D. Dew-Hughes, "Metals, Ceramics, and Polymers," Cambridge University Press, 1974, p. 263.*)

temperature, T_g）。這個點對結構敏感；愈快的冷卻速率會產生愈高的溫度 T_g。

9.6.3 玻璃的結構

玻璃形成氧化物　大部分無機玻璃都是用**玻璃形成氧化物**（glass-forming oxide）矽石（SiO_2）為基材。矽石基玻璃的基本次單位是 SiO_4^{4-} 四面體，而四面體中矽（Si^{4+}）原子（離子）以共價離子鍵和四個氧原子（離子）相互鍵結，如圖 9.24a 所示。在結晶矽石（如白矽石）中，Si-O 四面體會角對角相連規則排列，形成如圖 9.24b 顯示的理想長程規律（long-range order）結構。在簡單矽石玻璃中，角角相連的四面體形成的是鬆散網路（loose network），並非長程規律排列（見圖 9.24c）。

氧化硼（B_2O_3）也是一種玻璃形成氧化物。它自身的次單位為平面三角形，其中硼原子略偏離氧原子平面。不過，在添加了鹼或是鹼土氧化物的硼矽酸鹽玻璃內，BO_3^{3-} 三角形可以變成 BO_4^{4-} 四面體，其中鹼或鹼土陽離子提供了必要的電中性。氧化硼是許多商用玻璃的重要添加劑，像是硼矽酸鹽玻璃與鋁硼矽玻璃。

玻璃改良氧化物　能夠打斷玻璃鍵結網路的氧化物稱為**網路改良劑**（network modifier）。玻璃中會添加鹼金屬氧化物（如 Na_2O、K_2O）和鹼土金屬氧化物（如 CaO、MgO）以降低其黏滯性，使其更容易加工成形。這些氧化物的氧原子會從四面體結合點進入矽石網路，進而破壞網路，產生擁有未共用電子的氧原子（圖 9.25a）。Na_2O 和 K_2O 的 Na^+ 和 K^+ 離子並不會進入網路，而是會維持金屬離子形式，在網路間隙中進行離子鍵結。這些離子填滿了一些間隙後，會提升玻璃結晶化。

玻璃的中間氧化物　有些氧化物自己無法構成玻璃網路，但可加入現有的玻璃網路，這些氧化物稱為**中間氧化物**（intermediate oxide）。例如，氧化鋁（Al_2O_3）可以 AlO_4^{4-} 四面體的型態進入矽石網路，取代一些原有的 SiO_4^{4-}（見圖 9.25b）。不過，由於 Al 價數為 +3，而非四面體需要的 +4，因此鹼金屬陽

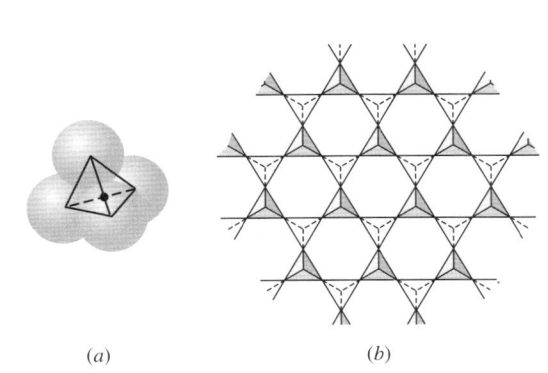

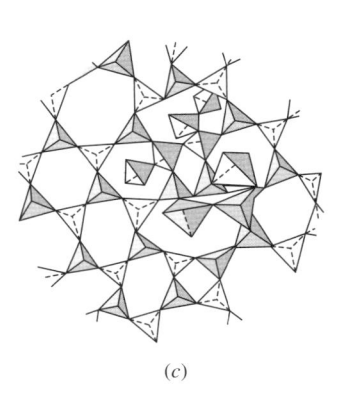

圖 9.24　(a) 矽－氧四面體；(b) 理想結晶矽石（白矽石），其中四面體為長程規律結構；(c) 簡單矽石玻璃，其中四面體不具長程規律結構。
（資料來源：*O. H. Wyatt and D. Dew-Hughes, "Metals, Ceramics, and Polymers," Cambridge University Press, 1974, p. 259.*）

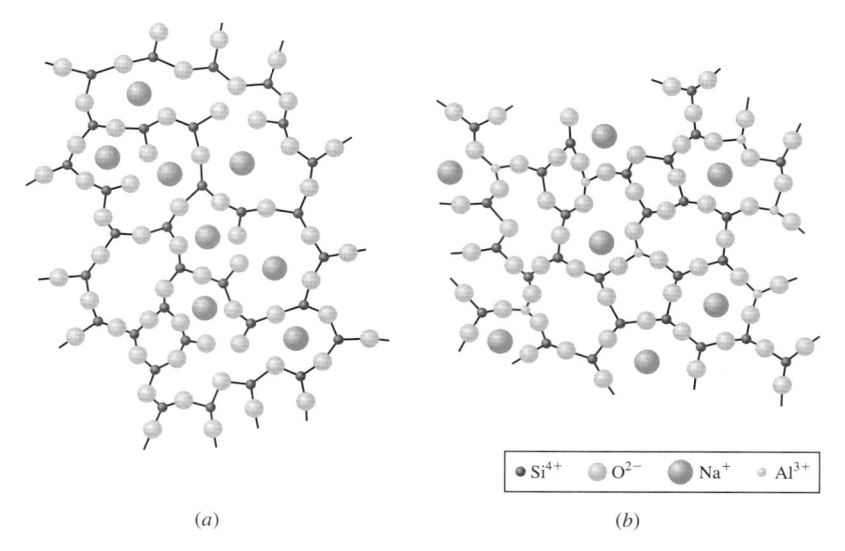

圖 9.25 (a) 網路改良玻璃（鈉鈣玻璃）；注意，金屬離子（Na⁺）並不屬於網路；(b) 中間氧化物玻璃（鋁矽酸鹽玻璃）；注意：小金屬離子（Al³⁺）屬於網路。

（資料來源：O. H. Wyatt and D. Dew-Hughes, "Metals, Ceramics, and Polymers," Cambridge, 1974, p.263.）

離子必須提供其他電子以達到電中性。之所以要在矽石玻璃中加入中間氧化物是為了獲得某些特性，例如鋁矽酸鹽玻璃的耐熱溫度就比一般玻璃高。鉛氧化物是另一種矽石玻璃常用的中間氧化物。依玻璃的不同組成，中間氧化物可作為網路改良劑，或是可成為玻璃網路的一部分。

9.6.4 玻璃的組成

表 9.8 列出一些重要玻璃種類的組成，以及其部分特性與應用的說明。熔矽石玻璃是最重要的單一成分玻璃。它的光穿透率高且不易受輻射傷害（輻射會造成其他玻璃的褐變），因此是使用在太空載具玻璃窗、風洞玻璃窗與分光光度計內光學系統元件之最理想玻璃。不過，矽石玻璃不易製作，而且價格昂貴。

鈉鈣玻璃 最常製作的玻璃為鈉鈣玻璃，大概占所有玻璃量的 90%。其基本組成為 71% 至 73% 的 SiO_2、12% 至 14% 的 Na_2O，和 10% 至 12% 的 CaO。Na_2O 和 CaO 可將玻璃的軟化溫度從 1600°C 降到 730°C，使鈉鈣玻璃容易加工。添加 1% 至 4% 的 MgO 能防止玻璃失去透明，而添加 0.5% 至 1.5% 的 Al_2O_3 則可提升耐久性。鈉鈣玻璃主要用在製成平板玻璃、容器、壓製與吹製器皿，還有一些不需要高化學耐久性與熱抵抗性的燈具。

硼矽玻璃 將矽石玻璃網路中的鹼金屬氧化物用氧化硼替代，便能製作成低膨脹玻璃。矽石網路中加入 B_2O_3 後結構會減弱，玻璃軟化溫度也會明顯降低。會造成這種弱化的主要原因是平面三配位硼原子的存在。硼矽玻璃（耐火玻璃）會用於實驗室器材、管件、烤箱器皿和密封式頭燈等處。

鉛玻璃 氧化鉛通常在矽石網路內是作為改良劑，但也能是網路形成劑。鉛含量高的鉛玻璃熔點較低，適合用於焊接密封玻璃。此外，高鉛玻璃可作為高能量輻射屏障，常見於輻射玻璃、螢光燈外罩以及電視螢幕。由於折射率高，因此鉛玻璃也能當作光學玻璃和裝飾用玻璃。

表 9.8　某些玻璃的化學組成

玻璃	SiO$_2$	Na$_2$O	K$_2$O	CaO	B$_2$O$_3$	Al$_2$O$_3$	其他	特點
1. (熔) 矽石	99.5+							不易熔解及製造，但是至1000°C 仍可使用；極低膨脹係數與高耐熱震性。
2. 96%矽石	96.3	<0.2	<0.2		2.9	0.4		由相對較軟的硼矽玻璃製成；加熱可分離 SiO$_2$ 及 B$_2$O$_3$ 相；酸可溶解 B$_2$O$_3$ 相；加熱可使氣孔消失。
3. 鈉鈣玻璃：平面玻璃	71-73	12-14		10-12		0.5-1.5	MgO, 1-4	易於製造；廣泛用於各種等級略微不同的玻璃窗戶、容器和電燈泡。
4. 鉛矽酸鹽：電子	63	7.6	6	0.3	0.2	0.6	PbO, 21 MgO, 0.2	易於熔解及製造，具有良好的電性質。
5. 高鉛	35		7.2				PbO, 58	高鉛含量可吸收 X 光；高折射率可用於無色鏡片；可用於裝飾用結晶玻璃。
6. 硼矽酸鹽：低膨脹係數	80.5	3.8	0.4		12.9	2.2		低膨脹係數、耐熱震性良好、化學穩定性高。廣泛使用於化學工業。
7. 低電損	70.0		0.5		28.0	1.1	PbO, 1.2 B$_2$O, 2.2	低介電損失。
8. 鋁矽酸鹽：標準組織	74.7	6.4	0.5	0.9	9.6	5.6		增加氧化鋁含量，降低氧化硼含量，改善化學耐久性。
9. 低鹼金屬 (E-玻璃)	54.5	0.5		22	8.5	14.5		廣泛用作玻璃樹脂複合材料的纖維。
10. 鋁矽酸鹽	57	1.0		5.5	4	20.5	MgO, 12	高溫強度，低膨脹係數。
11. 玻璃—陶瓷	40-70					10-35	MgO, 10-30 TiO$_2$, 7-15	以晶質化玻璃製成的結晶陶瓷；易於製造（如同玻璃），具有良好的性質；可製成各種玻璃與觸媒。

資料來源：O. H. Wyatt and D. Dew-Hughes, Metals, Ceramics, and Polymers, Cambridge, 1974, p.261.

9.6.5　強化玻璃

強化玻璃（**tempered glass**），或稱回火玻璃，是把加熱到接近軟化點的玻璃用快速流動的空氣來冷卻玻璃表面以達到強化目的。玻璃表面會先冷卻收縮，而溫度仍高的內部則會隨尺寸變化進行相關調整（見圖 9.26a），當內部也冷卻收縮時，表面已非常剛硬，使得內部會產生拉應力，而表面會產生壓應力（見圖 9.26b 及圖 9.27）。這種「回火」處理可提升玻璃強度，因為是施加的拉應力必須先超越表面的壓應力才會導致破壞產生。強化玻璃的耐衝擊性比退

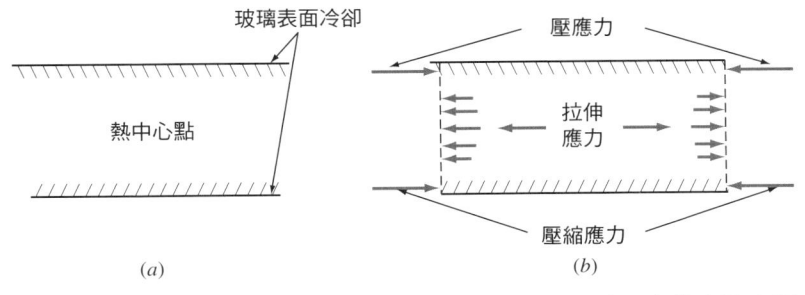

圖 9.26　回火玻璃的剖面：(a) 玻璃表面從接近軟化點溫度的高溫冷卻後；(b) 玻璃內部冷卻後。

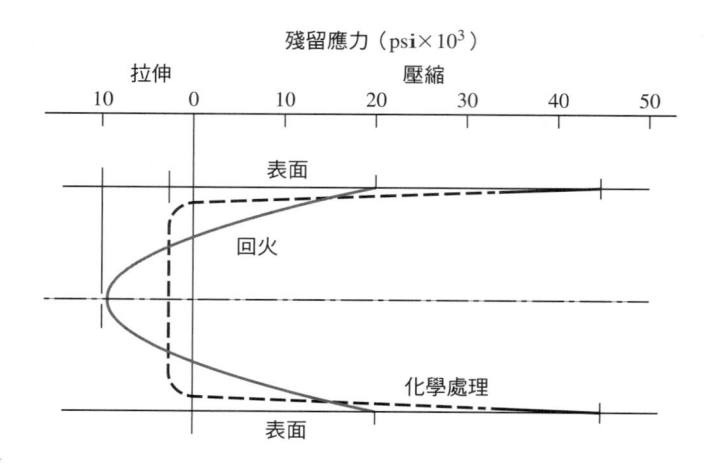

圖 9.27 經過回火熱處理的玻璃（thermally tempered glass）和經過化學強化處理的玻璃（chemically strengthened glass）的殘留應力分布。
（資料來源：E. B. Shand, "Engineering Glass," vol. 6: "Modern Materials," Academic, 1968, p. 270.）

火玻璃（annealed glass）高，強度也更強 4 倍。汽車的側邊玻璃和門的安全玻璃都是經過回火熱處理的玻璃。

9.6.6 化學強化玻璃

特別化學處理可以有效提升玻璃強度。例如，假如把鈉鋁矽玻璃浸入溫度在應力點（約 500°C）以下約 50°C 的硝酸鉀浴中為時 6 至 10 小時，靠近表面的鈉離子會被較大的鉀離子代替，玻璃表面加入這些較大的鉀離子後，會產生表面壓應力和內部拉應力。這種化學「回火」製程可以代替熱回火用在截面積較薄的工件，如圖 9.27 所示。**化學強化玻璃（chemically strengthened glass）**可用於超音速飛機用玻璃，以及眼科鏡片。

9.7 奈米科技及陶瓷
Nanotechnology and Ceramics

陶瓷材料的種類與應用即使再多，仍無法突破一個最大的缺點，就是其脆性所導致的低韌性。奈米結晶陶瓷可以改善這個天生的致命傷。以下就簡單說明目前最先進的塊狀奈米結晶陶瓷製程。

塊狀奈米結晶陶瓷是利用標準粉末冶金法來製作，差別是此處所使用的起始粉末尺寸小於 100 奈米。然而，奈米結晶陶瓷粉體很容易相互化學或物理鍵結形成大顆粒，一般稱之為結塊（agglomerate）或聚集（aggregate）。即使大小只有奈米尺寸或接近奈米尺寸，結塊的粉末也不會和非結塊的粉末堆積得一樣好。非結塊的粉末在壓實後，孔隙度約為奈米晶粒的 20% 至 50%。這種小尺寸使得燒結階段和緻密化能在較低的溫度快速進行。例如，無結塊的 TiO_2（粉體尺寸小於 40 奈米）必須在 700°C 燒結 120 分鐘，緊密度才能達到理論密度的 98%。而對由 10 至 20 nm 小結晶所組成，平均尺寸為 80 nm 的結塊 TiO_2 粉末團塊來說，則必須在 900°C 燒結 30 分鐘，緊密度才能達到理論值的 98%。燒結溫度的差異主要是因為結塊材料中有大孔隙。由於所需的燒結溫度較高，壓實的奈米結晶最終會成長為不受歡迎的微晶。燒結溫度對晶粒成長的影響極大，而燒結時間的影響則還好。因此，要成功地生產塊狀奈米結晶陶瓷就必須從非聚集的奈米粉體開始，並優化燒結製程。但這非常困難。

為了克服這種困難，工程師使用壓力輔助燒結法，這是一種類似熱均壓（hot isostaic pressing, HIP）、熱擠壓和燒結鍛造的額外施加外壓力的燒結製程。在過程中，陶瓷粉壓坯會同時變形與緻密化。燒結鍛造生產奈米結晶陶瓷的主要優點是其收縮孔隙的機制。傳統微晶陶瓷中的孔隙收縮是基於原子擴散。而在燒結鍛造中，奈米結晶壓坯的孔隙收縮並非以擴散方式，而是基於晶體的塑形變形。在高溫時（約熔點的一半），奈米結晶陶瓷的延性比微晶好，一般認為是因為奈米陶瓷的超塑性變形之故。我們已經討論過，晶粒在高溫及大的負載下發生滑動或旋轉會造成超塑性。由於孔隙可以塑性變形，它們可以藉由塑性流動壓縮關閉，而不是透過擴散的方式（見圖 9.28）。

因為有關閉大孔隙的能力，所以即使結塊的粉末也可以緻密到接近其理論值。而且，施加外部壓力也能防止晶粒的成長超出奈米尺度。例如，讓成塊的奈米級 TiO_2 粉末在 610°C、60 MPa 下燒結鍛造 6 小時，可以產生真應變值 0.27（這對陶瓷材料而言極高），密度可達理論值的 91%，而平均的晶粒大小則為 87 奈米。相同的粉體在未加壓力燒結時需要到 800°C 的燒結溫度才能達到相同的密度，產生平均大小為 380 奈米的晶粒（非奈米結晶）。值得注意的是，奈米結晶陶瓷的超塑性變形是發生在特定的壓力及溫度範圍。一旦超出此範圍，孔隙收縮可能會變成擴散型機制，使得產品變成低密度微晶。因此了解這個範圍很重要。

總而言之，日益精進的奈米科技未來可能使奈米結晶陶瓷的強度和延性都達到極優的水準，進而改善韌性。改善後的延性尤其能在鍍膜科技中，讓陶瓷在金屬表面有更好的鍵結。韌性增加也能增加抗磨損性。這些科技進展可以讓陶瓷在多種領域的應用產生革命性的改變。

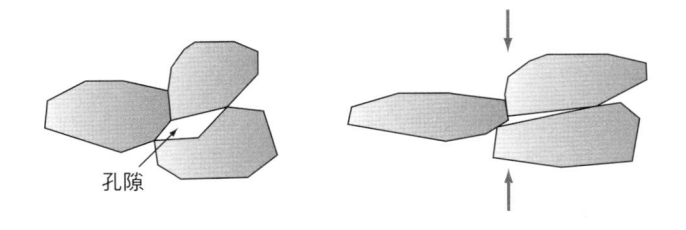

圖 9.8 圖示奈米結晶陶瓷中藉由塑性流動（晶界滑動）來達到孔隙收縮。

9.8 名詞解釋 *Definitions*

9.1 節

陶瓷材料（ceramic material）：是無機的非金屬材料，是由以離子和／或共價鍵鍵結的金屬和非金屬元素組成。

9.2 節

配位數（coordination number, CN）：等距離而且是最接近晶體結構中單位晶胞的原子或離子相鄰者的數目。例如，在 NaCl 中，CN = 6，因為 6 個等距離 Cl^- 陰離子圍繞一中心 Na^+ 陽離子。

半徑比（適用於離子固體）〔radius ratio (for an ionic solid)〕：中心陽離子的半徑與其周圍陰離子的半徑比。

臨界（最小）半徑比〔critical (minimum) radius ratio〕：當圍繞中心陽離子的陰離子彼此剛剛接觸，又剛與陽離子接觸時的半徑比。

八面體間隙位置（octahedral interstitial site）：六個圍繞中心空孔的原子（離子）形成八面體時所圍出的空間。

四面體間隙位置（tetrahedral interstitial site）：四個圍繞中心空孔的原子（離子）形成四面體時所圍出的空間。

9.3 節

燒結（適用於陶瓷材料）〔sintering (of a ceramic material)〕：在溫度夠高的情形下，使陶瓷粉末發生原子擴散，以形成化學鍵結的過程。

9.5 節

耐火（陶瓷）材料〔refractory (ceramic) material〕：一種能承受熾熱環境的材料。

9.6 節

玻璃（glass）：在高溫下由無機物質製成的陶瓷材料，與其他材料的不同在於，它受熱熔融後冷卻至固態時並不會結晶。

玻璃轉換溫度（glass transition temperature, T_g）：某溫度範圍的中間溫度，在此溫度範圍內非結晶固體由像玻璃的脆性轉變成具黏滯性。

玻璃形成氧化物（glass-forming oxide）：很容易形成玻璃的氧化物，也是有助於矽石玻璃網路結構的氧化物，例如 B_2O_3。

網路改良劑（network modifier）：能夠打斷矽石玻璃網路結構的氧化物，可用來降低矽石的黏滯性並促使結晶化，如 Na_2O、K_2O、CaO 及 MgO。

中間氧化物（intermediate oxide）：依玻璃的不同組成，可作為網路改良劑或是作為玻璃網路的一部分，例子有 Al_2O_3。

熱強化玻璃（thermally tempered glass）：將玻璃加熱至接近其軟化點的溫度後，在空氣中急速冷卻，以使接近表面處產生壓應力。

化學強化玻璃（chemically strengthened glass）：將玻璃作化學處理，好在表面處引入較大的離子以產生表面壓應力。

9.9 習題 *Problems*

知識及理解性問題

9.1 在 CaF_2 結構內,八面體間隙位置被占據的比率為多少?

9.2 為什麼要使用「三軸」一詞來描述某些白陶瓷品?

9.3 何謂回火玻璃?這種玻璃如何製造?為什麼回火玻璃的拉伸強度比退火玻璃強許多?回火玻璃可做哪些應用?

9.4 何謂化學強化玻璃?為什麼化學強化玻璃的拉伸強度比退火玻璃還要好?

應用及分析問題

9.5 計算具有 CsCl 結構的 CsI 密度,單位為 g/cm^3。離子半徑為 $Cs^+ = 0.165$ nm,$I^- = 0.220$ nm。

9.6 計算 (a) NiO;(b) CdO 於 [110] 與 [111] 方向的線密度,單位為:個/nm。離子半徑為 $Ni^{2+} = 0.078$ nm,$Cd^{2+} = 0.103$ nm,$O^{2-} = 0.132$ nm。

9.7 計算具閃鋅礦結構的 ZnTe 密度。離子半徑為 $Zn^{2+} = 0.083$ nm,$Te^{2-} = 0.211$ nm。

9.8 計算具螢石結構的 ThO_2 於 (111) 和 (110) 的平面密度,單位為:個/nm^2。離子半徑為 $Th^{4+} = 0.110$ nm,$O^{2-} = 0.132$ nm。

9.9 為什麼在 Al_2O_3 中,當氧離子占據了 HCP 晶格位置時,在八面體間隙位置中卻只有 $\frac{2}{3}$ 被 Al^{3+} 離子所占據?

9.10 何種型態的離子可以提升電子陶瓷的導電率?

9.11 玻璃網路改良劑有哪些?它們對矽石玻璃網路會有什麼影響?它們為什麼會被添加到矽石玻璃中?

9.12 討論鑽石的機械、電和熱的性質。解釋每種性質下的原子結構行為特性。

綜合評量及評價問題

9.13 (a) 討論在內燃機引擎結構中使用先進陶瓷有哪些優缺點;(b) 針對此應用提出可以克服這些陶瓷材料缺點的一些方法。

9.14 (a) 陶瓷磚如何應用在連接於太空梭骨架的隔熱系統?(b) 為什麼太空梭的隔熱系統是利用較小的陶瓷材料(寬度為 15 到 20 公分)所製作,而不是用較大或是與骨架外形相吻合的陶瓷來製作呢?

複合材料
Composite Materials

（資料來源：*Corbis/RF.*）

碳－碳複合材料結合了許多特性，讓它們即便在高達 2800°C 的溫度下仍能表現出色。例如，經表面處理的單軸高模數碳－碳複合材料（纖維體積比 55%）的拉伸模數在室溫時為 180 GPa，而在 2000°C 時則為 175 GPa。它的拉伸強度也非常穩定，在室溫時為 950 MPa，而在 2000°C 時則為 1100 MPa。此外，其他如高熱傳導係數、低熱膨脹係數以及高強度與模數等特性，均顯示此材料可抵擋熱衝擊。這些特性的組合使此材料適合應用在重返大氣層、火箭馬達和飛機煞車上。此材料較常見的商業用途是用於賽車的煞車片。[1]

---

[1] "*ASM Engineered Materials Handbook*", Composite, Volume 1, ASM International, 1991.

10.1 簡介
Introduction

複合材料目前並沒有一個被廣為接受的定義。字典將複合材料定義為由不同單元（或成分）組合成的物質。從原子面來看，有些合金或高分子材料是由明顯不同的原子群組成，因此可稱為複合材料。從顯微結構面（約 10^{-4} 到 10^{-2} cm）來看，像是含有肥粒鐵和波來鐵的普通碳鋼即可稱為複合材料，因為在光學顯微鏡下，可明顯看到它的這兩種組合物。從巨觀結構面（約 10^{-2} cm 以上）來看，玻璃纖維強化塑膠也可視為複合材料，因為用肉眼就可看到玻璃纖維。由此可見，用組成物的尺寸大小來定義複合材料確實有困難。在工程設計上，複合材料通常是指含有在微觀到巨觀尺寸範圍內的組合物，而且甚至更偏向巨觀。本書將複合材料定義如下：

複合材料（**composite material**）是一個材料系統，包含配置得宜的混合物或兩種或更多的微觀或巨觀組成物，不同成分的形態及化學成分不同，基本上互不相溶，而且彼此間以介面相隔。

複合材料對工程之所以重要，是因為它們比單一組成物擁有更優良的特性。由於符合此類型的材料很多，本章只能選擇對工程設計最重要的一些複合材料進行討論。圖 10.1 所示為複合材料用在工程設計上的實例。

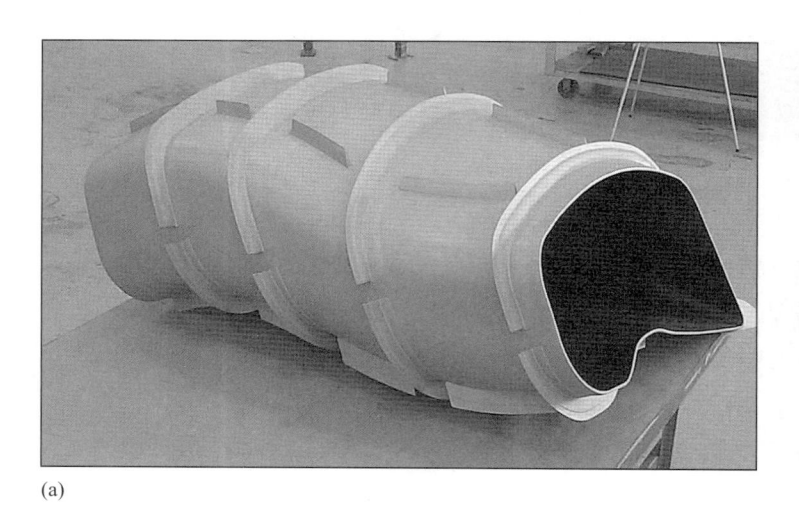

圖 10.1 (a) 一完成的輸送管測試元件，附有折曲凸緣。
（資料來源：(a) *High-Performance Composites Magazine, Jan. 2002* 第 37 頁步驟 7）
(b) 碳纖維的使用在洛克希德馬丁公司（Lockheed-Martin）X-35 型的攻擊戰鬥機上扮演很重要的角色。使用碳纖維的進氣管其製造速度要比傳統的零件快 4 倍，所需的扣件也明顯少了許多。
（資料來源：(b) *cover of High-Performance Composites Magazine, Jan. 2002.*）

10.2 強化塑膠複合材料用纖維
Fibers for Reinforced-Plastic Composite Materials

在美國用來強化塑膠材料的合成纖維主要有三種：玻璃纖維、醯胺纖維[2]以及碳纖維。玻璃纖維的用途最廣，成本也最低；醯胺纖維和碳纖維的強度高、密度低，因此即使價格較高，仍常被使用在許多用途，尤其是航太工業。

10.2.1 用於強化塑膠樹脂之玻璃纖維

玻璃纖維通常被用來強化塑膠基材，以形成結構用複合材料與製模化合物。玻璃纖維塑膠複合材料具有以下優點：高強度－重量比；尺寸安定性佳；對冷、熱、水分、腐蝕的抵抗力佳；電絕緣性佳；容易製造；成本較低。

用來製造複合材料用玻璃纖維最重要的兩種玻璃分別是 E 型玻璃（電玻璃）與 S 型玻璃（高強度玻璃）。

E 型玻璃（E glass）是最常被使用在連續長玻璃纖維的一種玻璃。基本上，E 型玻璃是石灰－鋁－矽酸硼玻璃，完全不含或僅含少量的鈉與鉀。E 型玻璃的基本成分為 52% 至 56% 的 SiO_2、12% 至 16% 的 Al_2O_3、16% 至 25% 的 CaO，以及 8% 至 13% 的 B_2O_3。未經處理的 E 型玻璃之拉伸強度約為 3.44 GPa，彈性模數則約為 72.3 GPa。

S 型玻璃（S glass）的強度－重量比較高，成本也比 E 型玻璃高，主要用於軍事與航太方面。S 型玻璃的拉伸強度超過 4.48 GPa，彈性模數強度約為 85.4 GPa。典型的 S 型玻璃組成大約是 65% 的 SiO_2、25% 的 Al_2O_3 和 10% 的 MgO。

玻璃纖維的生產與玻璃纖維強化材料的種類　玻璃纖維是將熔融於熱爐中的玻璃抽拉成纖維絲，並聚集大量的這些纖維絲以形成玻璃纖維絲束（見圖 10.2）。這些玻璃纖維絲束（strand）再被用來製成玻璃纖維紗線（yarn）或**紗束**（**roving**），由成束的連續束狀纖維所組成。紗束可以是連續纖維絲束，也可以是織成編紗束。玻璃纖維強化墊（見圖 10.3）是由連續纖維絲束（見圖 10.3a）或切碎的纖維絲束所組成的（見圖 10.3c）。這些纖維絲束通常是以樹脂黏著劑黏在一起。混紡墊則是由化學鍵結在一起的編紗束與切割成束的墊子所組成的（見圖 10.3d）。

玻璃纖維的性質　表 10.1 將 E 型玻璃纖維就其拉伸性質與密度和碳纖維及醯胺纖維進行比較。從表中可以發現玻璃纖維的拉伸強度和彈性模數都比碳纖維

---

[2]　醯胺纖維是一種芳香族聚醯胺聚合物纖維，有很高的剛性分子結構。

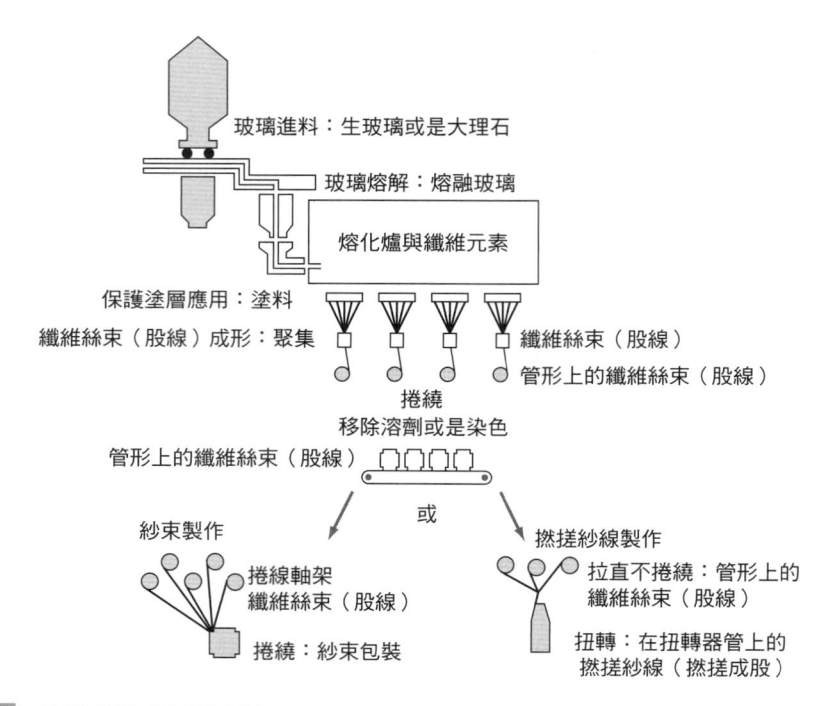

圖 10.2 玻璃纖維的製造流程。

（資料來源：M. M. Schwartz, "Composite Materials Handbook," McGRAW-Hill, 1984, pp. 2-24.）

表 10.1　強化塑膠的纖維所使用的紗線性質之比較

性質	玻璃纖維（E 型）	碳纖維型（HT 型）	醯胺纖維（克維拉 49）
拉伸強度，ksi（MPa）	450（3100）	500（3450）	525（3600）
拉伸模數，Msi（GPa）	11.0（76）	33（228）	19（131）
斷裂前的伸長率（%）	4.5	1.6	2.8
密度（g/cm³）	2.54	1.8	1.44

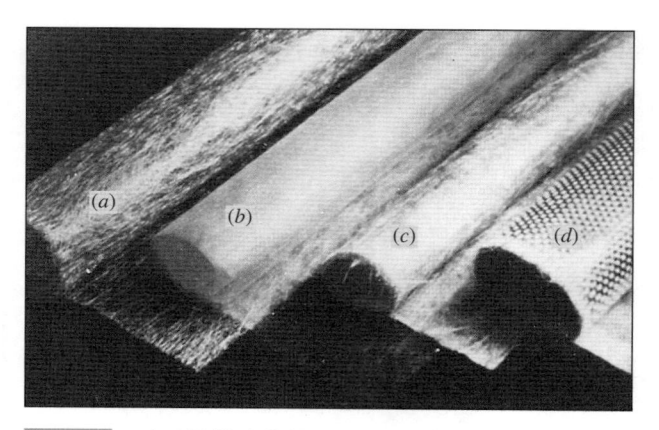

圖 10.3　玻璃纖維強化墊：(a) 連續纖維絲束墊；(b) 表面墊；(c) 切割成束的短墊子；(d) 結合編紗束和切割成束的的墊子。

（資料來源：Owens/Corning Fiberglass Co.）

及醯胺纖維低，但是伸長率與密度則較高。不過，由於價格低廉且用途多元，E 型玻璃纖維是目前最常被用來作為強化塑膠的纖維。

10.2.2　用於強化塑膠之碳纖維

用碳纖維強化塑膠樹脂基材（例如環氧樹脂）所製成的複合材料重量輕，強度及剛性（彈性模數）也高。這些特性使得碳纖維塑膠複合材料特別適合用在航太業。可惜的是，由於價格高，使得碳纖維塑膠複合材料在許多產業上的應用都受限，例如汽車工業。這些複合材料的**碳纖維（carbon fiber）**主要來自於聚丙烯（polyacrylonitrile, PAN）和瀝青這兩種前驅物（precursor）。

一般來說，由 PAN 前驅物纖維製成碳纖維需經過三段製程：(1) 穩定化；(2) 碳化；(3) 石墨化（見圖 10.4）。在穩定化階段，PAN 纖維首先要經過拉直處理，以利排直纖維網狀結構，使其中每一根纖維皆和纖維軸平行，然後在拉緊的同時，在溫度約為 200°C 至 220°C 的空氣中氧化。

高強度碳纖維製程的第二階段是碳化（carbonization）處理。此時，經過穩定化處理的纖維經加熱後，會失去前驅物纖維中的氧、氫及氮，而轉變成碳纖維。碳化熱處理通常是在 1000°C 至 1500°C 的惰性氣體環境中進行。在碳化的過程中，每一根纖維內都會形成層狀的類石墨細纖維或帶狀物，大幅提升材料的拉伸強度。

若需要犧牲高拉伸強度以便換取更高的彈性模數，則須用到第三個階段，稱為石墨化處理（graphitization treatment）。石墨化處理要在溫度 1800°C 以上進行，而各纖維內類石墨結晶的優選方向會被增強。

由 PAN 前驅物所製成的碳纖維材料之拉伸強度範圍約在 3.10 至 4.45 MPa 間，而彈性模數則約在 193 至 241 GPa 間。一般來說，高模數纖維的拉伸強度較低，反之亦然。通常經過碳化和石墨化處理的 PAN 纖維密度大約為 1.7 到 2.1 g/cm³，而最終直徑則約為 7 到 10 μm。圖 10.5 所示為由約 6000 根碳纖維所組成的**纖維束（tow）**。

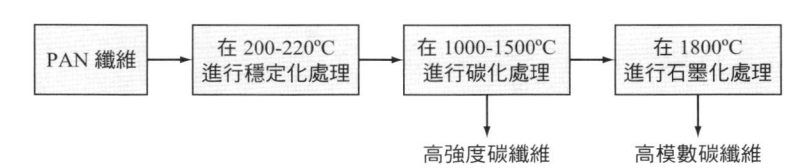

圖 10.4 用聚丙烯前驅物材料生產高強度、高模數碳纖維之製程。

10.2.3 用於強化塑膠樹脂之醯胺纖維

醯胺纖維（aramid fiber）是芳香族聚醯胺纖維（aromatic polyamide fiber）的通稱。杜邦公司在 1972 年以克維拉（Kevlar）的商品名將其商業化，目前有克維拉 29 和克維拉 49 兩種商用類型。克維拉 29 為低密度、高強度的醯胺纖維，應用於彈道保護、繩索及電纜線等用途。克維拉 49 為低密度、高強度及高模數的醯胺纖維，適合用於強化塑膠複合材料，可應用於航太、造船、汽車以及其他工業。

克維拉高分子長鏈的化學重複單元是芳香族醯胺分子的化學重複單元，如圖 10.6 所示。氫鍵橫向鏈結高分子長鏈，因此克維拉纖維在縱向方向強度高，但在橫

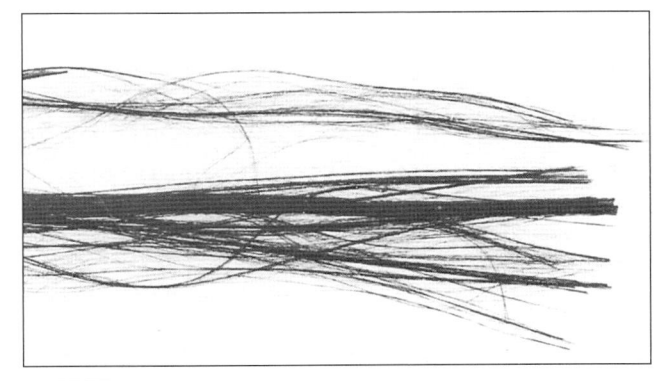

圖 10.5 約 6000 根碳纖維所組成的纖維束。
（資料來源：*Fiberite Co.*）

圖 10.6 克維拉纖維的重複化學結構單元。

向方向則強度弱。芳香族環狀結構為高分子長鏈帶來高剛性，使其具類似桿狀結構。

克維拉纖維被用於高性能的複合材料，所要求的特性有輕重量、高強度、高剛性、高抗損傷力，以及對疲勞和應力破壞有高耐力等。克維拉－環氧樹脂複合材料尤其適合用於太空梭的各式零件。

10.2.4 比較用於強化塑膠複合材料之碳纖維、醯胺纖維與玻璃纖維的機械性質

圖 10.7 比較碳纖維、醯胺纖維和玻璃纖維的典型應力－應變圖。從圖中可看出，三種纖維的強度約在 1720 至 3440 Mpa 間，斷裂應變範圍在 0.4% 至 4% 間，拉伸彈性模數則在 68.9 至 413 GPa 間。碳纖維提供了理想的高強度、高剛性（高模數）及低密度綜合特性，只是伸長率較低。醯胺纖維克維拉 49 具高強度、高模數（但不及碳纖維）、低密度和高伸長率（抗衝擊）。玻璃纖維的強度與彈性模數較低，而密度則較高（見表 10.1）。玻璃纖維中，S 型玻璃纖維的強度和伸長率皆比 E 型玻璃纖維高。由於價格低廉，玻璃纖維的使用最廣。

圖 10.7 各種強化纖維之應力－應變行為。
（資料來源："Kevlar 49 Data Manual," E. I. du Pontde Nemours & Co., 1974.）

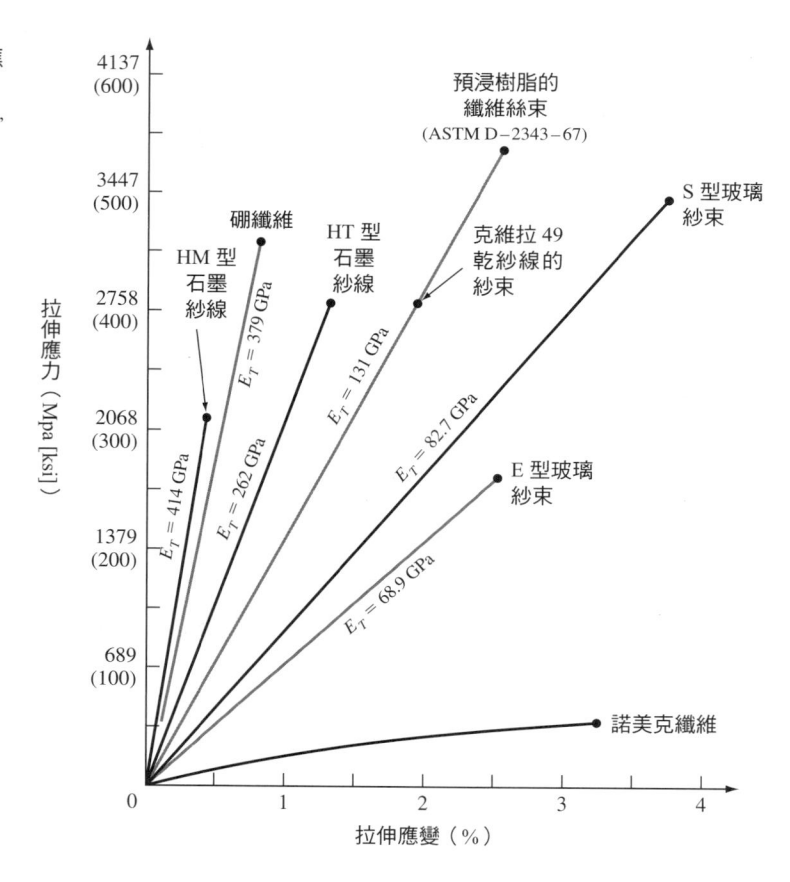

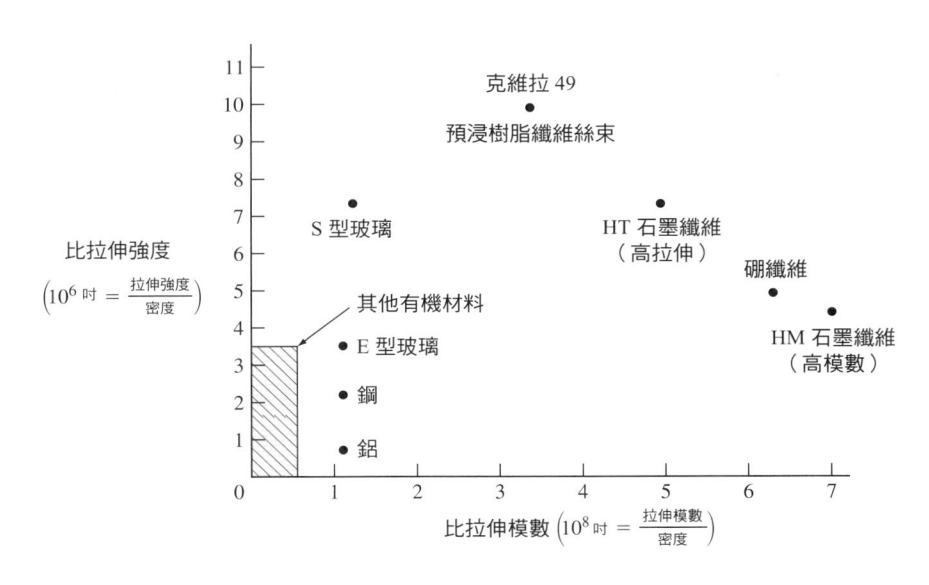

圖 10.8 各種強化纖維的**比拉伸強度**（specific tensile strength，拉伸強度與密度比）及**比拉伸模數**（specific tensile modulus，拉伸模數與密度比）。
（資料來源：*E. I. du Pont de Nemours & Co.*）

圖 10.8 比較各種強化纖維的強度與密度比，以及剛性（拉伸模數）與密度比。從圖中可看出，相較於鋼和鋁，碳纖維和醯胺纖維（克維拉 49）的強度與重量比和剛性與重量比極佳，也因此使得碳纖維和醯胺纖維強化複合材料取代了金屬在許多航太上的應用。

10.3 纖維強化塑膠複合材料
Fiber-Reinforced-Plastic Composite Materials

10.3.1 纖維強化塑膠複合材料之基材

未飽和聚酯與環氧樹脂是**纖維強化塑膠**（fiber-reinforced plastic）最重要基材中的兩種。未加填充料的剛性聚酯和環氧樹脂的一些材料特性列於表 10.2。聚酯樹脂較便宜，但強度比環氧樹脂低。未飽和聚酯常被用來做為強化塑膠纖維的基材。這些材料的應用包括船殼、建材板，以及汽車、飛機和家電的外殼結構。相較於聚酯樹脂，環氧樹脂雖然較貴，但強度佳，而且硬化後的收縮較低，常被用來做為碳纖維與醯胺纖維複合材料的基材。

表 10.2 未加填充料的聚酯與環氧樹脂的一些特性

	聚酯	環氧樹脂
拉伸強度，ksi（MPa）	6-13（40-90）	8-19（55-130）
拉伸彈性模數，Msi（GPa）	0.30-0.64（2.0-4.4）	0.41-0.61（2.8-4.2）
彎曲降伏強度，ksi（MPa）	8.5-23（60-160）	18.1（125）
衝擊強度（Izod 衝擊測試），ft·lb/in.（J/m）	0.2-0.4（10.6-21.2）	0.1-1.0（5.3-53）
密度（g/cm^3）	1.10-1.46	1.2-1.3

10.3.2 纖維強化塑膠複合材料

玻璃纖維強化聚酯樹脂　玻璃纖維強化聚酯塑膠的強度主要是由玻璃纖維的成分和排列而定；一般來說，強化塑膠中的玻璃百分比愈高，強度就愈高。當玻璃纖維像繞線般為平行排列時，玻璃纖維的含量可重達 80%，使得複合材料的強度很高。圖 10.9 顯示有單向排列玻璃纖維之聚酯樹脂複合材料的截面顯微照片。

在材料中，玻璃纖維的平行排列若出現任何變化，都會降低該複合材料的機械強度。例如，若編織玻璃纖維布的纖維是交錯排列而非平行排列，則所製出的複合材料強度就會較低（見表 10.3）。若紗束被切短，使得纖維任意排列，在特定方向的強度就會降低，但在全部方向的強度則會一致（見表 10.3）。

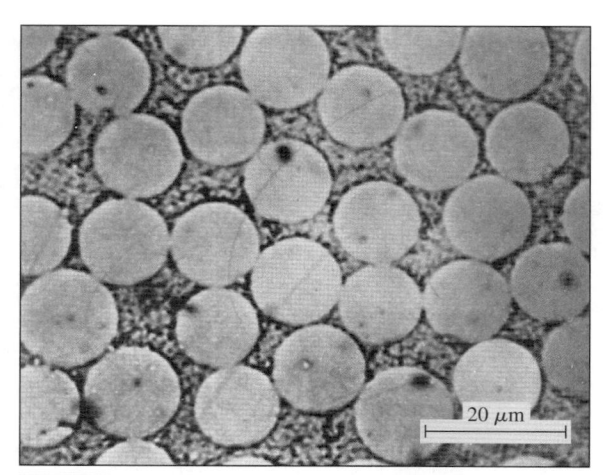

圖 10.9 有單向排列玻璃纖維之聚酯複合材料的截面顯微照片。

（資料來源：*D. Hull, "An Introduction Composite Materials," Cambridge, 1981, p.63.*）

碳纖維強化之環氧樹脂　碳纖維複合材料中的纖維提供高拉伸剛性與強度，而基材則使纖維得以排列，並提供部分衝擊強度。碳纖維最常用的基材是環氧樹脂，其他如聚醯胺（polyimide）、聚苯硫（polyphenylene sulfide）或聚碸（polysulfone）也可提供特定應用。

碳纖維的主要優點是具高強度與高彈性模數（見表 10.1），再加上低密度。也因此，碳纖維複合材料在某些需要減輕重量的航太應用上已逐漸取代了金屬（見圖 10.1）。表 10.4 列出含有體積比為 62% 碳纖維的碳纖－環氧樹脂複合材料一些典型的機械特性。圖 10.10 顯示單向排列纖維－環氧樹脂複合材料相較於 2024-T3 鋁合金的優異抗勞性。

在工程設計結構方面，碳纖－環氧樹脂為層層堆疊，以便滿足不同的強度要求（見圖 10.11）。圖 10.12 為經硬化處理過的五層雙向碳纖－環氧樹脂複合材料的顯微照片。

表 10.3 玻璃纖維－聚酯複合材料的一些機械性質

	編織布	短纖粗紗	片模製化合物
拉伸強度，ksi（MPa）	30-50（206-344）	15-30（103-206）	8-20（55-138）
拉伸彈性模數，Msi（GPa）	1.5-4.5（103-310）	0.80-2.0（55-138）	
衝擊強度（Izod 衝擊測試），ft·lb/in.（J/m）	5.0-30（267-1600）	2.0-20.0（107-1070）	7.0-22.0（374-1175）
密度（g/cm^3）	1.5-2.1	1.35-2.30	1.65-2.0

表 10.4 含有體積比為 62% 碳纖維的碳纖－環氧樹脂商用單向複合材料積層板的一些典型機械特性

性質	軸向（0º）	軸向（90º）
拉伸強度，ksi（MPa）	270（1860）	9.4（65）
拉伸彈性模數，Msi（GPa）	21（145）	1.36（9.4）
極限拉伸應變（%）	1.2	0.70

資料來源：*Hercules, Inc.*

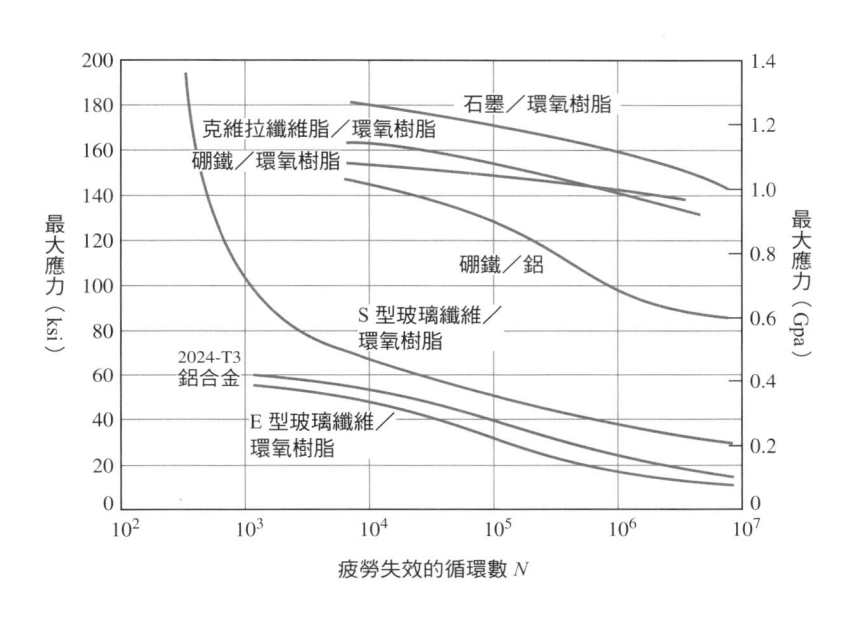

圖 10.10 碳纖－環氧樹脂的單向複合材料和一些其他複合材料及 2024-T3 鋁合金的疲勞特性（最大應力－疲勞失效循環數）之比較。在室溫下，應力比值 R（拉伸對拉伸循環測試的最小應力與最大應力之比值）為 0.1。

（資料來源：*Hercules, Inc.*）

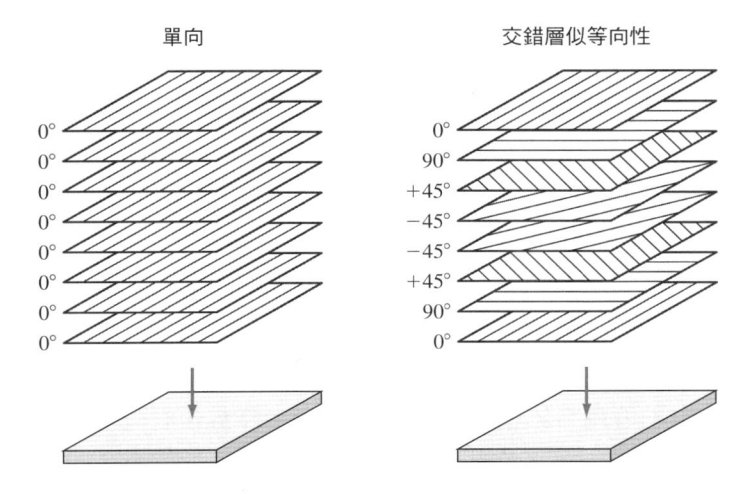

圖 10.11 一複合積層板中的單向積層板（**unidirectional laminate**）和多方向積層板（**multidirectional laminate**）。

（資料來源：*Hercules Inc.*）

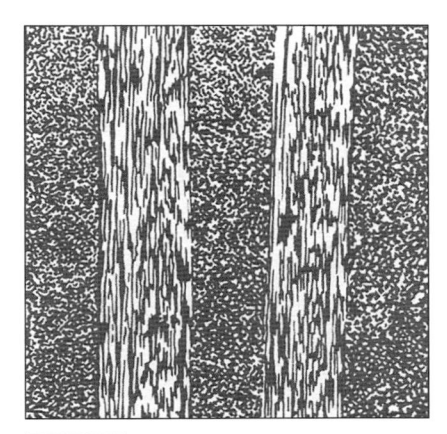

圖 10.12 五層雙向碳纖－環氧樹脂複合材料的顯微照片。

（資料來源：*J. J. Dwyer, Composites, Am. Mach., July 13, 1979, pp. 87-96.*）

例題 10.1

單向克維拉 49 纖維－環氧樹脂複合材料含有體積比為 60% 克維拉 49 纖維和 40% 環氧樹脂。克維拉 49 纖維的密度為 1.48 Mg/m^3，環氧樹脂的密度為 1.20 Mg/m^3。(a) 此複合材料內克維拉 49 和環氧樹脂的重量百分率為多少？(b) 此複合材料的平均密度為多少？

解

基層是 1 m^3 的複合材料。因此，其中有 0.60 m^3 的克維拉 49 以及 0.40 m^3 的環氧樹脂。密度＝質量／體積，或

$$\rho = \frac{m}{V} \quad \text{和} \quad m = \rho V$$

a. 克維拉 49 的質量 $= \rho V =$ (1.48 Mg/m^3)(0.60 m^3) $=$ 0.888 Mg
   環氧樹脂的質量 $= \rho V =$ (1.20 Mg/m^3)(0.40 m^3) $=$ 0.480 Mg

   總質量 $=$ 1.368 Mg

   克維拉 49 重量百分率 $= \dfrac{0.888 \text{ Mg}}{1.368 \text{ Mg}} \times 100\% = 64.9\%$

   環氧樹脂重量百分率 $= \dfrac{0.480 \text{ Mg}}{1.368 \text{ Mg}} \times 100\% = 35.1\%$

b. 此複合材料的平均密度為 $\rho_c = \dfrac{m}{V} = \dfrac{1.368 \text{ Mg}}{1 \text{ m}^3} = 1.37$ Mg/m^3 ◀

10.4 三明治結構
Sandwich Structures

將核心材料（core material）夾貼於兩層較薄的外皮所形成的三明治結構複合材料常出現於工程設計中。這類複合材料有兩種：(1) 蜂巢狀（honeycomb）三明治結構；(2) 覆層式（cladded）三明治結構。

10.4.1 蜂巢狀三明治結構

航太業使用蜂巢三明治結構作為基本結構材料的歷史已超過 30 年。目前仍在運行的飛機內部大多都含此種結構材料。目前最常使用的蜂巢狀結構是由鋁合金（如 5052 與 2024）、玻璃纖維強化酚醛樹脂、玻璃纖維強化聚酯，以及醯胺纖維強化材料所製成。

鋁製蜂巢結構板是使用黏著劑將鋁合金表皮貼在鋁合金蜂巢核心外，如圖 10.13 所示。這種結構提供了具高剛性、高強度與輕重量的三明治外板。

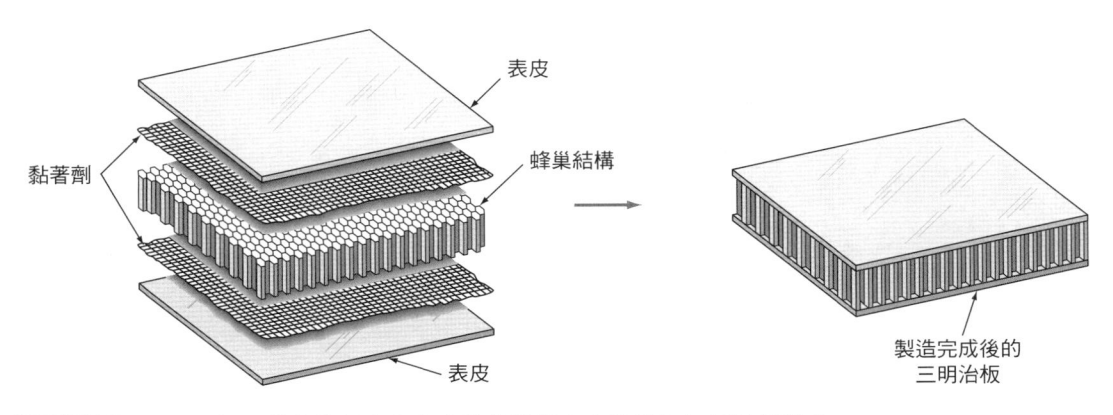

圖 10.13 三明治板是藉由將鋁合金表皮黏著於鋁合金蜂巢核心材料所製成。
（資料來源：*Hexcel Corporation.*）

10.4.2 覆層式金屬結構

覆層式結構是用來製作金屬核心材外皮為其他薄層金屬（單一或多種）的複合材料（見圖 10.14）。薄金屬層通常會用熱滾軋的方式黏到內部核心材金屬上，以在外層與內部核心材的介面形成冶金（原子擴散）鍵結。這種複合材料在工業上的應用很多。例如，高強度鋁合金（像是 2024 與 7075）的抗腐蝕能力差，因此可在其外皮被覆一層柔軟並具高抗腐蝕性的鋁覆層以增保護。覆層式金屬也可用在以較貴金屬材料保護較便宜金屬核心材方面。例如，美國的 10 美分與 25 美分硬幣就是用 75% 銅–25% 鎳合金外層保護較便宜的銅金屬核心材。

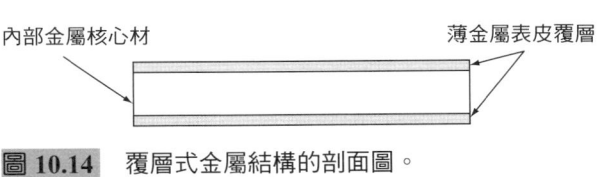

圖 10.14 覆層式金屬結構的剖面圖。

10.5 金屬基與陶瓷基複合材料
Metal-Matrix and Ceramic-Matrix Composites

10.5.1 金屬基複合材料

在過去幾年中，金屬基複合材料（metal-matrix composite, MMC）是許多研究的重心，因此也產出了許多高強度重量比的新材料。這些新材料大多是為航太工業而開發，不過有些也能用在其他領域，例如汽車引擎。一般來說，按照強化種類，金屬基複合材料主要可分連續纖維、不連續纖維及粒子強化三種。

連續纖維強化金屬基複合材料 添加連續纖維長絲在改善金屬基複合材料的剛性（拉伸模數）和強度方面效果最卓著。最早發展的一種連續纖維金屬基複合材料是硼纖維強化鋁合金。此材料中的硼纖維是將硼以化學氣相沈積的方式鍍於鎢絲底材（見圖 10.15a）。鋁薄片間放置層層排列的硼纖維，然後藉由熱

圖 10.15 (a) 直徑為 100 μm 的硼纖維長絲包覆著直徑為 12.5 μm 的鎢絲線核心；(b) 鋁合金－硼纖維複合材料的剖面顯微照片（放大倍率 40×）。

（資料來源：*"Engineered Materials Handbook,"* vol. 1, ASM International, 1987, p. 852.）

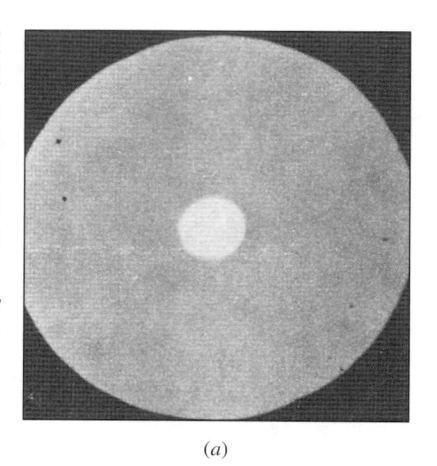

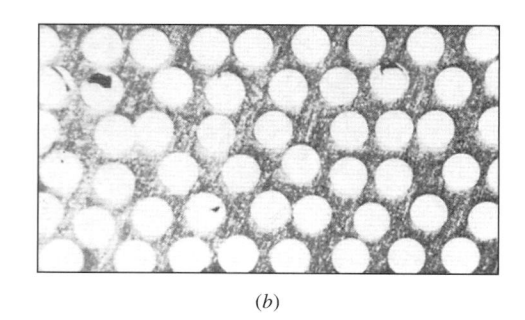

(a)　　　　(b)

壓使鋁薄片變形包覆住纖維來形成鋁硼複合材料。圖 10.15b 為連續硼纖維鋁合金基材的剖面圖。表 10.5 列出硼纖維強化鋁合金複合材料的一些機械特性。當 6061 鋁合金增加了體積比是 51% 的硼纖維後，其軸向拉伸強度可從 310 MPa 增加到 1417 MPa，而拉伸模數則會由 69 GPa 增加到 231 GPa。鋁硼複合材料可用於像是太空梭機身中段的部分結構。

其他已經用於金屬基複合材料的連續纖維強化材料包括碳化矽、石墨、氧化鋁及鎢纖維。將使用連續碳化矽纖維強化的 6061 鋁複合材料用在先進戰鬥機垂直尾翼的可行性目前正在進行評估中。最特別的是，預期可能會將用連續碳化矽纖維強化的鈦鋁合金基材用在國家太空飛行器這種超音速飛機上。

不連續纖維強化與顆粒強化的金屬基複合材料　市面上已經有多種不連

表 10.5 金屬基複合材料的機械性質

	拉伸強度 MPa	ksi	彈性模數 GPa	Msi	破斷應變 (%)
連續纖維強化 MMCs：					
Al 2024-T6（45% B）（軸向）	1458	211	220	32	0.810
Al 6061-T6（51% B）（軸向）	1417	205	231	33.6	0.735
Al 6061-T6（47% Sic）（軸向）	1462	212	204	29.6	0.89
不連續纖維強化 MMCs：					
Al 2124-T6（20% Sic）	650	94	127	18.4	2.4
Al 6061-T6（20% Sic）	480	70	115	17.7	5
顆粒強化 MMCs：					
Al 2124（20% Sic）	552	80	103	15	7.0
Al 6061（20% Sic）	496	72	103	15	5.5
非強化基材：					
Al 2124-F	455	66	71	10.3	9
Al 6061-F	310	45	68.9	10	12

續和顆粒強化的金屬基複合材料。相較於未經強化的金屬合金，這些材料有強度、剛性、尺寸穩定性都更好的工程特性優勢。以下討論會集中在鋁合金基複合材料上。

顆粒強化金屬基複合材料（particulate-reinforced MMC）是低成本鋁合金基複合材料，以直徑約 3 至 200 μm 的不規則形狀氧化鋁和碳化矽顆粒構成。這些顆粒有時會覆上專屬塗層，可和熔化的鋁合金混合，並倒入鑄模以成為可供再次熔化的鑄錠（ingot）或擠伸之用的鑄胚（billet）。表 10.5 顯示，在添加了 20% 的碳化矽後，6061 鋁合金的拉伸強度極限可自 310 MPa 增加到 496 MPa，而拉伸模數則可從 69 GPa 增加到 103 GPa。這種材料的應用包括運動器材與汽車引擎零件。

不連續纖維強化金屬基複合材料（discontinuous-fiber-reinforced MMC）主要是透過粉末冶金與溶體滲透過程製造。在粉末冶金的過程中，直徑約 1 至 3 μm 且長度 50 至 200 μm 的針狀碳化矽晶鬚（whisker）（見圖 10.16）會和金屬粉末混合，以熱壓機固結後，再用擠壓或鍛造的方式製成所需形狀。表 10.5 顯示，在加入 20% 的碳化矽晶鬚後，6061 鋁合金的拉伸強度極限可從 310 MPa 增加到 480 MPa，而拉伸模數則可從 69 GPa 增至 115 GPa。雖然加入晶鬚比加入顆粒材料可得到的強度與剛性更高，但粉末冶金和溶體滲透過程的成本也較高。不連續纖維強化鋁合金基複合材料的應用包括導彈導引元件及高性能汽車活塞。

(a) (b)

圖 10.16 用來強化金屬基複合材料的單晶碳化矽晶鬚的顯微照片。晶鬚直徑為 1 至 3 μm，長度為 50 至 200 μm。

（資料來源：*American Matrix Corp.*）

例題 10.2

一金屬基複合材料的組成是 80% 的體積為 2124-T6 鋁合金，20% 的體積為碳化矽晶鬚。2124-T6 鋁合金的密度為 2.77 g/cm³，碳化矽晶鬚的密度為 3.10 g/cm³，計算此複合材料的平均密度。

解

以材料 1 m³ 為基準，可知在 1 m³ 的材料中有 0.80 m³ 的 2124 鋁合金和 0.20 m³ 的碳化矽纖維。

$$1 \text{ m}^3 \text{ 中的 2124 鋁合金質量} = (0.80 \text{ m}^3)(2.77 \text{ Mg/m}^3) = 2.22 \text{ Mg}$$
$$1 \text{ m}^3 \text{ 中的碳化矽晶鬚質量} = (0.20 \text{ m}^3)(3.10 \text{ Mg/m}^3) = \underline{0.62 \text{ Mg}}$$
$$\text{複合材料 1 m}^3 \text{ 的總質量} = 2.84 \text{ Mg}$$

$$\text{平均密度} = \frac{\text{質量}}{\text{單位體積}} = \frac{1 m^3 \text{ 材料之總質量}}{1 m^3} = 2.84 \text{ Mg}/m3 \blacktriangleleft$$

10.5.2 陶瓷基複合材料

最近開發出來的陶瓷基複合材料（ceramic-matrix composite, CMC）其機械特性（如強度與韌性）比未強化陶瓷基材更好。陶瓷基複合材料也同樣是按照強化形式分類，分成連續纖維、不連續纖維與顆粒強化三種。

連續纖維強化陶瓷基複合材料 此複合材料使用的兩種連續纖維為碳化矽及氧化鋁。在製造陶瓷基複合材料的一個製程中，碳化矽纖維會被編織成墊，然後再利用化學氣相沈積使碳化矽滲入纖維墊中。在另一個製程中，碳化矽纖維會被包在玻璃陶瓷材料內。此類材料的應用包括熱交換器管件、熱防護系統與防腐蝕或浸蝕材料等。

不連續纖維（晶鬚）與顆粒強化陶瓷基複合材料 陶瓷晶鬚（見圖 10.16）可明顯增加整塊陶瓷的破裂韌性（見表 10.6）。添加了體積比 20% 的碳化矽晶鬚後，氧化鋁陶瓷的破裂韌性可從 4.5 MPa 增加至 8.5 MPa $\sqrt{\text{m}}$。短纖

表 10.6 經碳化矽晶鬚強化的陶瓷基複合材料在室溫下的機械特性

基材	碳化矽晶鬚含量（體積百分比%）	撓曲強度 MPa	ksi	破裂韌性 MPa√m	ksi√in.
Si₃N₄	0	400-650	60-95	5-7	4.6-6.4
	10	400-500	60-75	6.5-9.5	5.9-8.6
	30	350-450	50-65	7.5-10	6.8-9.1
Al₂O₃	0	...	...	4.5	4.1
	10	400-510	57-73	7.1	6.5
	20	520-790	75-115	7.5-9.0	6.8-8.2

資料來源：*"Engineered Materials Handbook," vol. 1, Composites, ASM International, 1987, p. 942.*

維與顆粒強化陶瓷複合材料的好處是可以用像熱均壓法（hot isostatic pressing, *HIP*ing）等普通陶瓷材料的製程來生產製造。

陶瓷基複合材料韌性據認可透過三種主要機制提升，而這三種機制都是因為強化纖維阻擾陶瓷裂縫傳遞所致。它們分別為：

1. 裂縫偏向（crack deflection）：裂縫一旦碰到強化材，擴展方向便偏折，使得擴展路徑變得更加彎曲。因此會需要更高的應力才能擴展裂縫。
2. 裂縫架橋（crack bridging）：纖維或晶鬚可連接裂縫兩邊，使材料結合，進而增加裂縫成長所需要的應力（見圖 10.17）。
3. 纖維拔出（fiber pullout）：由破裂基材中拔出纖維或晶鬚所造成的摩擦力會吸收能量，所以需要施加更高的應力才能產生更多裂縫。因此，纖維與基材間的介面要鍵結得夠好，強度才可更高。若材料要在高溫下使用，則基材與纖維之間的膨脹係數也應該匹配得宜。

10.5.3　陶瓷複合材料與奈米技術

近年來，奈米科技學家在奈米碳管的顯微結構中加入氧化鋁，已研發出機械、化工、電氣特性都更優良的陶瓷基複合材料，使得奈米技術在材料科學方面的應用更形重要。研究人員已可創造出由氧化鋁、5% 至 10% 奈米碳管以及 5% 精細研磨鈮所製成的陶瓷複合材料。粉壓坯經燒結和緻密化後，所得的固體硬度比純氧化鋁更高出 5 倍。此種新材料也能以比氧化鋁高 10 兆倍以上的速度導電。最後，若奈米碳管的排列與熱流方向平行，則此材料可以導熱；若奈米管的排列與熱流方向垂直，則此材料可作為熱保護屏障。上述原因使得這個新陶瓷成為熱保護塗層應用的絕佳選擇。

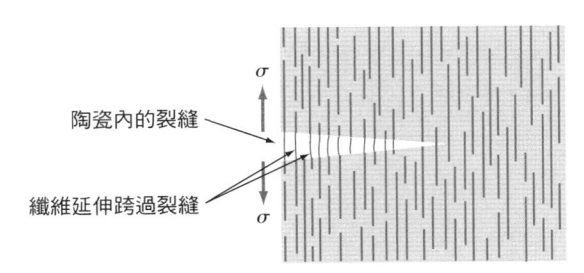

圖 10.17　圖示陶瓷基複合材料的強化纖維如何利用裂縫架橋和纖維拔出能量吸收來抑制裂縫擴展。

10.6 名詞解釋 *Definitions*

10.1 節

複合材料（composite material）：含有由兩種或更多互不相溶，而且型態與化學成分都不同的微觀或巨觀尺度組成物的材料系統。

10.2 節

E 型玻璃纖維（E-glass fiber）：由 E 型（electric，電的）玻璃製成的纖維，材質為矽酸硼玻璃，為玻璃纖維強化塑膠中最常使用的玻璃纖維。

S 型玻璃纖維（S-glass fiber）：由 S 型玻璃製成的纖維，材質為氧化鎂─氧化鋁─矽酸玻璃，用於需要極高強度玻璃纖維強化塑膠材料。

紗束（roving）：纏繞或未纏繞連續纖維束的集合物。

碳纖維（複合材料）〔carbon fiber（for a composite material）〕：主要是由聚丙烯或瀝青製成的碳纖維，利用抽拉使每一碳纖維中的細纖維網路結構同向排列，接著經加熱處理將前驅纖維中的氧、氮及氫去除而成。

纖維束〔tow（of fibers）〕：由為數眾多的纖維以直列排列而成的組合物，以所含有的纖維數量來表示，例如：6000 纖維／纖維束。

醯胺纖維（aramid fiber）：用於纖維強化塑膠材料的化學合成纖維，具有芳香族（苯環形式）聚醯胺的線性構造。杜邦公司生產的醯胺纖維以克維拉（Kevlar）商品名銷售。

比拉伸強度（specific tensile strength）：材料的拉伸強度除以密度。

比拉伸模數（specific tensile modulus）：材料的拉伸模數除以密度。

10.3 節

纖維強化塑膠（fiber-reinforced plastic）：由像是玻璃、碳纖維或醯胺纖維等高強度纖維強化材與聚酯或環氧樹脂等塑膠基材組成的複合材料。纖維提供了高強度與剛性，而塑膠基材則結合了纖維並給予支撐。

單向積層板（unidirectional laminate）：一種纖維強化塑膠基層板，以黏合多層纖維強化薄板的方式製造，而且纖維強化板中所有連續纖維都有相同的排列方向。

多向積層板（multidirectional laminate）：一種纖維強化塑膠基層板，以黏合多層纖維強化薄板的方式製造，不過纖維強化板中的某些連續纖維是以不同的角度排列。

10.7 習題　*Problems*

知識及理解性問題

10.1 玻璃纖維強化塑膠有哪些優點？

10.2 什麼特性使得碳纖維成為重要的強化塑膠材料？

應用及分析問題

10.3 比較玻璃纖維、碳纖維以及醯胺纖維的拉伸強度、拉伸彈性模數、伸長率和密度（見表10.1與圖10.8）。

10.4 在玻璃纖維強化塑膠中，玻璃纖維的含量與排列方式會對強度造成什麼影響？

10.5 單向碳纖－環氧樹脂複合材料的體積含 68% 的碳纖維與 32% 的環氧樹脂，碳纖維的密度為 1.79 g/cm^3，環氧樹脂的密度為 1.20 g/cm^3。(a) 在此複合材料中，碳纖維與環氧樹脂的重量百分率為多少？(b) 此複合材料的平均密度為多少？

10.6 請找出單向纖維構成層狀複合材料與在等應變狀態下受力的塑膠基材之間的彈性模數相關公式。

10.7 計算含 64% 纖維體積比的單向碳纖維強化塑膠複合材料在等應變狀態下受力的拉伸彈性模數，碳纖維拉伸彈性模數為 54.0×10^6 psi，環氧樹脂基材的拉伸彈性模數為 0.530×10^6 psi。

10.8 一金屬基複合材料（MMC）是由 6061 鋁合金基材以及連續硼纖維構成，而此硼纖維又是由直徑為 12.5 μm 的鎢絲線心被覆硼構成，使其直徑為 107 μm。一單向複合材料則是利用 2024 鋁合金基材添加體積比為 51% 硼纖維而成。假設混合物法可適用於等應變，計算在纖維方向上此材料的拉伸模數。E_B = 370 GPa、E_W = 410 GPa，及 E_{Al} = 70.4 GPa。

10.9 一金屬基複合材料是由 6061 鋁合金基材和體積比 47% 的單向 Al$_2$O$_3$ 連續纖維組成。假設等應變狀態可適用，則複合材料於纖維方向的拉伸模數為何？$E_{Al_2O_3}$ = 395 GPa 及 $E_{Al_{6061}}$ = 68.9 GPa。

10.10 某 MMC 是由 2024 鋁合金基材和體積比為 20% 的 SiC 晶鬚組成。假設此複合材料的密度為 2.90 g/cm^3，SiC 纖維的密度為 3.10 g/m^3，那麼 2024 鋁合金的密度必須為多少？

材料的電性質
Electrical Properties of Materials

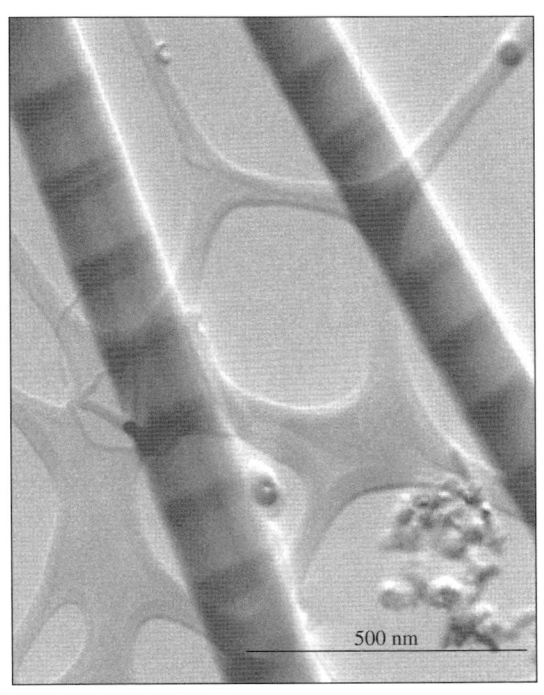

CHAPTER 11

（資料來源：©*Peidong Yang/UC Berkeley.*）

科學家們不斷在尋找方法，看看如何才能製作出可容納更多元件、但尺寸更小的電腦晶片。上圖為異質奈米線的電子顯微鏡影像，顯示出交替的暗層（矽／鍺）與亮層（矽）區域。[1]

　　本章先討論金屬的導電特性，包含雜質與合金添加對金屬導電性會造成的影響。接著會討論電傳導能帶模型（energy-band model），然後再探討雜質對半導體材料導電性的影響。最後，基本半導體元件操作原理會被提出檢視，也會介紹一些用來製作現代微電子電路的製程。圖 11.1 顯示了新型微電子積體電路的複雜度。

---

[1] http://www.berkeley.edu/news/media/releases/2002/02/05_wires.html.

圖 11.1 (a) 放大約 6 倍的電腦微處理器，或稱為「晶片上的電腦」，在每一邊長約為 17.2 mm 的矽單晶片上含有約 310 萬個電晶體。圖中顯示的是 Intel 採用了 BICMOS 技術的 Pentium 處理器，其最小設計尺寸為 0.8 μm。(b) 僅有一半實際尺寸的微處理器。此處理器被鑲嵌在已有連接線的封裝模組中。

（資料來源：*Intel Corporation.*）

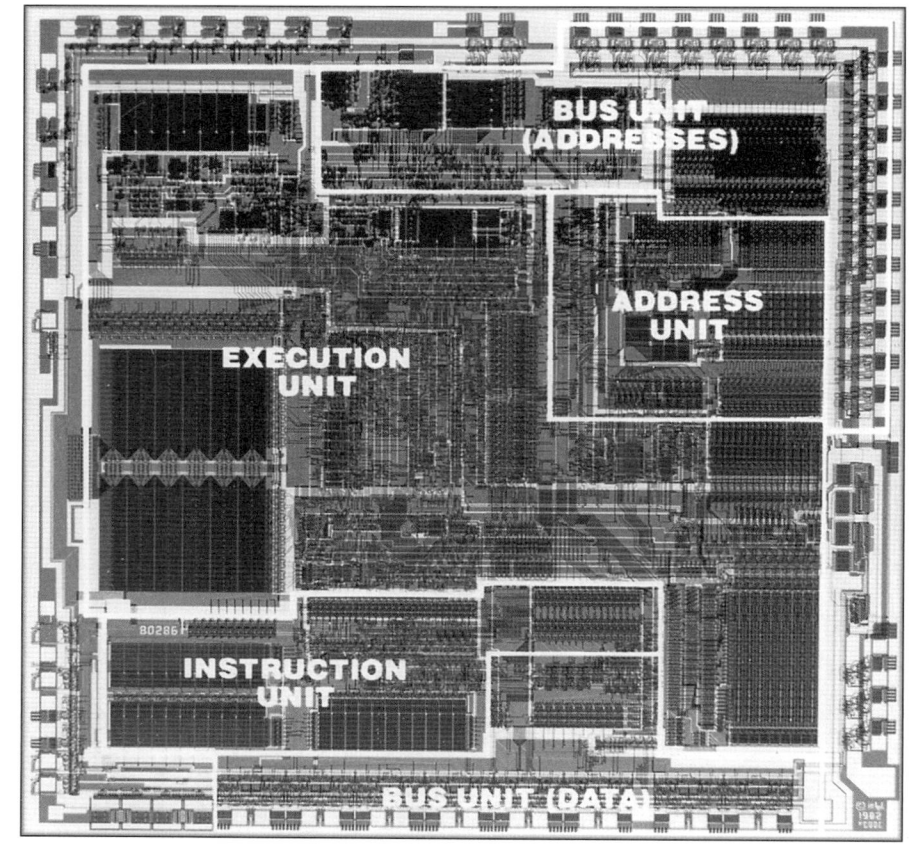

(a)

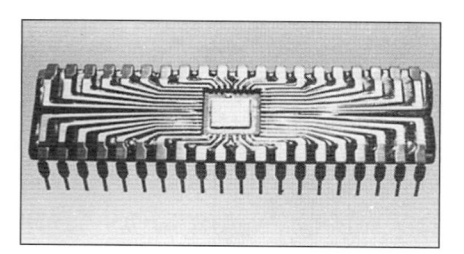

(b)

11.1 金屬的電傳導性質

Electrical Conduction in Metals

11.1.1 金屬電傳導的古典模型

在金屬固體中，原子排列成晶體結構（例如 FCC、BCC、HCP），並因外層價電子（valence electron）的金屬鍵結而連結。價電子可在金屬固體內的金屬鍵自由移動，因為它們為許多原子所共用，並不受特定原子拘束。有時候這些價電子可被視為一個帶電荷的電子雲，如圖 11.2a 所示。而有時候它們也可被視為與任何原子都不相干的獨立自由電子，如圖 11.2b 所示。

在典型的金屬固體導電模型中，外層價電子被假設為能自由移動於金屬晶格的正離子核（沒有價電子的原子）之間。在常溫下，正離子核有動能，會在晶格位置震動。溫度上升時，離子震動的幅度也會變大，而離子核與其價電子間會進行連續能量交換。未施加電位時，價電子的行動隨意但受侷限，使得在任何方向都不會出現淨電子流，亦即沒有電流。一旦外加電位，電子就會得到有方向性的漂移速度（drift velocity）；此速度和外加電場成正比，但是方向相反。

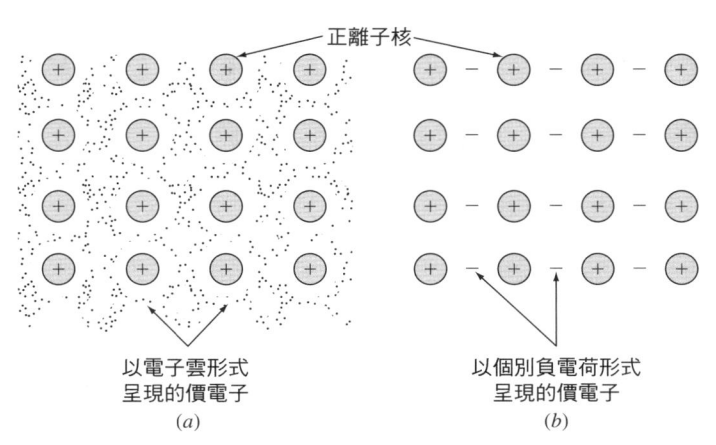

圖 11.2 圖示原子在一單價金屬（例如銅、銀、鈉）平面的原子排列。在 (a) 中，價電子被視為「電子雲」；而在 (b) 中，價電子則被視為單位電荷的自由電子。

11.1.2 歐姆定律

一段銅線的兩端接上電池，如圖 11.3 所示。假如在銅線上施加電位差 V，則會產生與電線電阻 R 成反比的電流 i。根據歐姆定律（Ohm's law），**電流（electric current）** i 與外加電壓 V 成正比，而與電線電阻成反比，或：

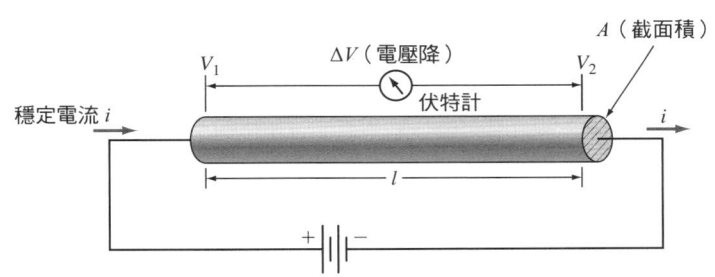

圖 11.3 施加電位差 ΔV 於截面積 A 的金屬線樣品上。

$$i = \frac{V}{R} \tag{11.1}$$

其中 i = 電流，A（安培）
V = 電位差，V（伏特）
R = 電線電阻，Ω（歐姆）

如圖 11.3 顯示的金屬線樣品，導體**電阻（electrical resistance）** R 跟其長度 l 成正比，而跟其截面積 A 成反比。這些數值的共同關聯為一材料常數，稱為**電阻率（electrical resistivity）** ρ：

$$R = \rho \frac{l}{A} \quad \text{或} \quad \rho = R \frac{A}{l} \tag{11.2}$$

材料的電阻率在特定的溫度下為常數，單位為：

$$\rho = R\frac{A}{l} = \Omega\frac{m^2}{m} = 歐姆-米 = \Omega \cdot m$$

電流通常比電阻更容易理解，因此**導電係數**（electrical conductivity）σ*被定義為電阻率的倒數：

$$\sigma = \frac{1}{\rho} \qquad (11.3)$$

導電係數的單位是（歐姆－米）$^{-1}$ = $(\Omega \cdot m)^{-1}$。SI 制的歐姆倒數稱為西門子（siemens, S），不過此單位很少使用，本書也不會用。

表 11.1 列出一些金屬與非金屬的導電係數。從表中可以看到，像銀、銅或金等純金屬**導體**（electrical conductor）的導電係數最高，約為 10^7 $(\Omega \cdot m)^{-1}$。相對地，像聚乙烯和聚苯乙烯等**電絕緣體**（electrical insulator）的導電係數很低，約只有 10^{-14} $(\Omega \cdot m)^{-1}$，比高導電性金屬低約 10^{20} 倍。矽和鍺的導電係數位居金屬和絕緣體之間，因此被歸類為**半導體**（semiconductor）。

表 11.1　一些金屬與非金屬在室溫下的導電係數

金屬與合金	$\sigma\,(\Omega \cdot m)^{-1}$	非金屬	$\sigma\,(\Omega \cdot m)^{-1}$
銀	6.3×10^7	石墨	10^5（平均）
銅，商用純度	5.8×10^7	鍺	2.2
金	4.2×10^7	矽	4.3×10^{-4}
鋁，商用純度	3.4×10^7	聚乙烯	10^{-14}
		聚苯乙烯	10^{-14}
		鑽石	10^{-14}

例題 11.1

一直徑為 0.20 cm 的電線必須承載 20 A 的電流。沿此電線的最大功率損失為 4 W/m（瓦特每米）。計算此應用中，電線所能允許的導電係數最小值為多少 $(\Omega \cdot m)^{-1}$。

解

功率 $P = iV = i^2R$　　其中 i = 電流，A　　R = 電阻，Ω
　　　　　　　　　　　　　　V = 電壓，V　　P = 功率，W（瓦特）

$R = \rho\dfrac{l}{A}$　　其中 ρ = 電阻率，$\Omega \cdot m$
　　　　　　　　l = 長度，m
　　　　　　　　A = 電線的截面積，m^2

結合以上兩個方程式可得：

---

*σ = 希臘文字 sigma。

$$P = i^2\rho\frac{l}{A} = \frac{i^2 l}{\sigma A} \quad \text{因為 } \rho = \frac{1}{\sigma}$$

重新組合後可得：

$$\sigma = \frac{i^2 l}{PA}$$

由於 $\quad P = 4\,\text{W}（在 1\,\text{m}）\quad i = 20\,\text{A}\quad l = 1\,\text{m}$

且 $\quad A = \frac{\pi}{4}(0.0020\,\text{m})^2 = 3.14 \times 10^{-6}\,\text{m}^2$

因此 $\quad \sigma = \frac{i^2 l}{PA} = \frac{(20\,\text{A})^2(1\,\text{m})}{(4\,\text{W})(3.14 \times 10^{-6}\,\text{m}^2)} = 3.18 \times 10^7\,(\Omega\cdot\text{m})^{-1}$ ◀

故就此應用而言，電線的導電係數 σ 必須等於或大於 $3.18 \times 10^7\,(\Omega\cdot\text{m})^{-1}$。

例題 11.2

一商用純度的銅線其最大電位降是 0.4 V/m，若想承載 10 A 的電流，則銅線的直徑最小為多少〔導電係數 σ（商用純度銅）= $5.85 \times 10^7\,(\Omega\cdot\text{m})^{-1}$〕？

解

由歐姆定律： $\quad V = iR \quad$ 且 $\quad R = \rho\frac{l}{A}$

結合以上兩個方程式可得：

$$V = i\rho\frac{l}{A}$$

重新組合後可得：

$$A = i\rho\frac{l}{V}$$

將 $(\pi/4)d^2 = A$ 及 $\rho = 1/\sigma$ 代入上式，可以得到：

$$\frac{\pi}{4}d^2 = \frac{il}{\sigma V}$$

則可得：

$$d = \sqrt{\frac{4il}{\pi\sigma V}}$$

由於 1m 電線的 $i = 10\,\text{A}$，$V = 0.4\,\text{V}$，$l = 1.0\,\text{m}$（選取的電線長度），且銅線的導電係數 $\sigma = 5.85 \times 10^7\,(\Omega\cdot\text{m})^{-1}$，所以：

$$d = \sqrt{\frac{4il}{\pi\sigma V}} = \sqrt{\frac{4(10\,\text{A})(1.0\,\text{m})}{\pi[5.85 \times 10^7\,(\Omega\cdot\text{m})^{-1}](0.4\,\text{V})}} = 7.37 \times 10^{-4}\,\text{m}$$ ◀

因此就此應用而言，銅線的直徑必須等於或大於 $7.37 \times 10^{-4}\,\text{m}$。

式（11.1）稱為巨觀形式（macroscopic form）的歐姆定律，因為 i、V、R 的值和特定導電體的幾何形狀有關。歐姆定律也可以用微觀形式（microscopic form）表示，不受導電體幾何形狀的影響，如：

$$\mathbf{J} = \frac{\mathbf{E}}{\rho} \quad \text{或} \quad \mathbf{J} = \sigma \mathbf{E} \tag{11.4}$$

其中 $\mathbf{J}$ = 電流密度，A/m^2
$\mathbf{E}$ = 電場，V/m
ρ = 電阻率，$\Omega \cdot m$
σ = 導電係數，$(\Omega \cdot M)^{-1}$

電流密度（electric current density）$\mathbf{J}$ 與電場 $\mathbf{E}$ 為向量。表 11.2 針對巨觀與微觀形式的歐姆定律進行比較。

表 11.2 巨觀與微觀形式歐姆定律之比較

巨觀形式	微觀形式
$i = \dfrac{V}{R}$	$\mathbf{J} = \dfrac{\mathbf{E}}{\rho}$
其中 i = 電流，A	其中 $\mathbf{J}$ = 電流密度，A/m^2
V = 電壓，V	$\mathbf{E}$ = 電場，V/m
R = 電阻，Ω	ρ = 電阻率，$\Omega \cdot m$

11.1.3　電子在導體金屬中的漂移速度

在室溫下，金屬導體晶格上的正離子核在平衡點位置震動，因此有動能。自由電子不斷與晶格離子彈性或非彈性碰撞而交換能量。由於並無外加電場，因此電子隨意運動；也由於不論在任何方向都沒有淨電子運動，因此並沒有淨電流流通。

假如將強度均勻的電場 $\mathbf{E}$ 施加於導體，電子會以一定的速度向電場的反方向加速。電子與晶格中的離子核週期地碰撞後會失去動能。經碰撞後，電子可再度自由地於電場中加速，使得電子速度會隨著時間有鋸齒狀的改變，如圖 11.4 所示。電子碰撞間的平均時間為 2τ，其中 τ 稱為鬆弛時間（relaxation time）。

因此，電子獲得跟外加電場 $\mathbf{E}$ 成正比的平均漂移速度 $\mathbf{v}_d$，兩者的關係式可寫成：

$$\mathbf{v}_d = \mu \mathbf{E} \tag{11.5}$$

其中 μ（唸作 mu）為電子移動率，單位為 $m^2/(V \cdot s)$，為一比例常數。

圖 11.5 顯示銅線上有一個電流密度 $\mathbf{J}$ 朝著圖示方向流動。電流密度的定義

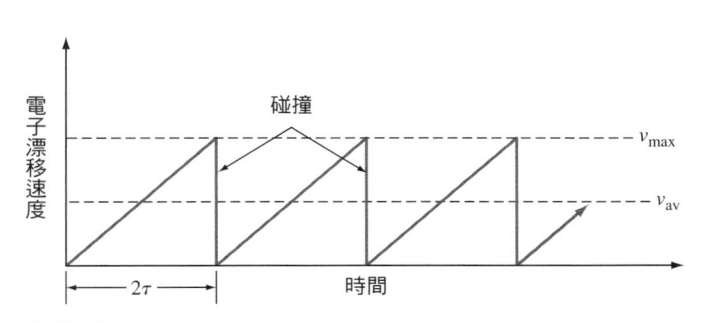

圖 11.4 古典模型中，金屬內一自由電子導電性之電子漂移速度與時間的關係圖。

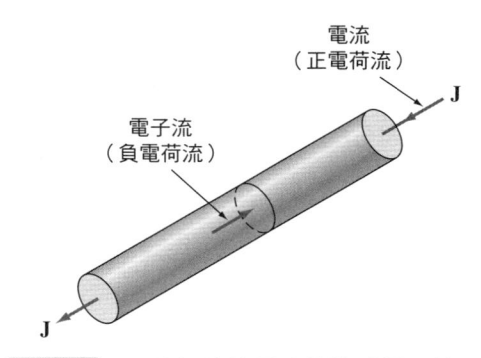

圖 11.5 沿著銅線的電位差造成電子流，如圖所示。由於電子帶負電，電子流的方向會與假定為正電荷流的傳統電流方向相反。

為電荷流過與 J 垂直的任何平面的速率，例如每平方公尺的安培數，或是每秒流過每平方公尺平面的庫倫數。

在金屬導線上，因電位差所產生的電子流和單位體積內的電子數 n、電荷 $-e$（-1.6×10^{-19}C）及電子的漂移速度 $\mathbf{v}_d$ 有關。每單位面積上的電荷速率等於 $-ne\mathbf{v}_d$。不過，由於電流習慣上會被視為正電荷流，因此電流密度 $\mathbf{J}$ 符號為正值，可寫成：

$$\mathbf{J} = ne\mathbf{v}_d \tag{11.6}$$

11.1.4 金屬的電阻率

純金屬的電阻率約為下列兩項之和：熱成分 ρ_T 與殘留成分 ρ_r：

$$\rho_{\text{total}} = \rho_T + \rho_r \tag{11.7}$$

熱成分來自於正離子核在金屬晶格平衡位置的振動。溫度升高時，離子核的振動會更劇烈，造成大量的熱激發彈性波〔稱為聲子（phonon）〕打散傳導電子，使得平均自由路徑和每次碰撞間的鬆弛時間都會降低。因此，溫度升高時，純金屬的電阻率也會升高，如圖 11.6 所示。純金屬電阻率的殘留成分很小，來自於結構缺陷，像是差排、晶界，以及會打散電子的雜質原子。殘留成分幾乎不受溫度影響，而且只在低溫時才變得重要（見圖 11.7）。

溫度超過 −200°C 時，大部分金屬的電阻率跟溫度幾乎呈線性變化，如圖 11.6 所示。因此，許多金屬的電阻率或許可用下列方程式近似：

$$\rho_T = \rho_{0°C}(1 + \alpha_T T) \tag{11.8}$$

其中 $\rho_{0°C}$ = 0°C 時的電阻率
α_T = 電阻率的溫度係數，°C^{-1}
T = 金屬溫度，°C

圖 11.6 某些金屬中溫度對電阻率的影響。請注意溫度（°C）和電阻率之間幾乎呈線性關係。

（資料來源：Zwikker, *"Physical Properties of Solid Materials,"* Pergamon, 1954, pp. 247, 249.）

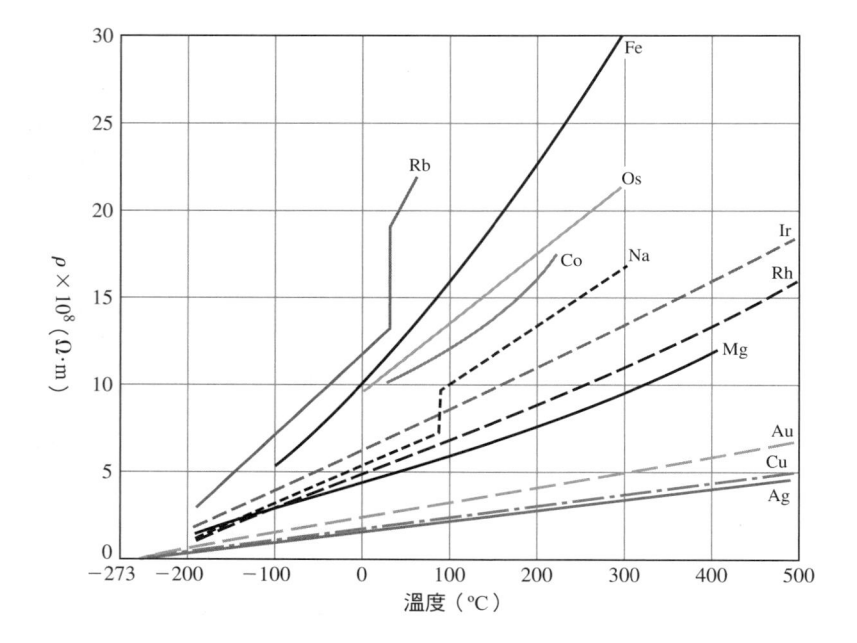

圖 11.7 圖示金屬的電阻率隨絕對溫度所發生的變化。請注意在溫度較高時，電阻率是殘留成分 ρ_r 與熱成分 ρ_T 之和。

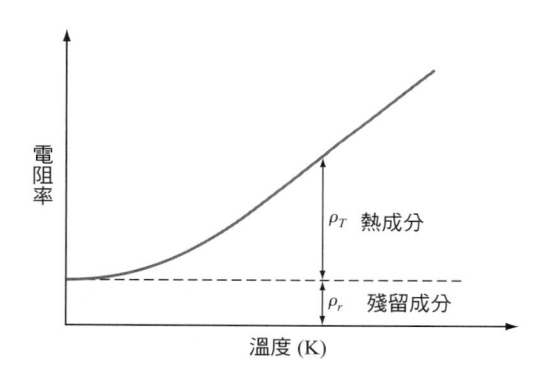

表 11.3 列出一些金屬的電阻率溫度係數 α_T，範圍在 0.0034 至 0.0045（°C^{-1}）之間。

表 11.3 電阻率溫度係數

金屬	0°C 時的電阻率 ($\mu\Omega \cdot cm$)	電阻率溫度係數 α_T (°C^{-1})
鋁	2.7	0.0039
銅	1.6	0.0039
金	2.3	0.0034
鐵	9	0.0045
銀	1.47	0.0038

例題 11.3

計算出純銅在 132°C 時的電阻率，請使用表 11.3 中銅的電阻率溫度係數。

解

$$\rho_T = \rho_{0°C}(1 + \alpha_T T)$$
$$= 1.6 \times 10^{-6}\,\Omega \cdot cm \left(1 + \frac{0.0039}{°C} \times 132°C\right)$$
$$= 2.42 \times 10^{-6}\,\Omega \cdot cm$$
$$= 2.42 \times 10^{-8}\,\Omega \cdot m \blacktriangleleft \qquad (11.8)$$

在純金屬中添加合金元素會更加打散傳導電子，使得電阻率升高。加入微量元素對純銅在室溫下電阻的影響顯示於圖 11.8。每個元素對於電阻率的影響差異很大。就圖中所顯示的元素而言，若添加量相同，銀所增加的電阻率最小，而磷則最大。加入大量合金元素，像是添加 5% 至 35% 的鋅到銅中而製成了銅－鋅合金，可增高其電阻率，也因而讓純銅的導電係數大幅下降，如圖 11.9 所示。

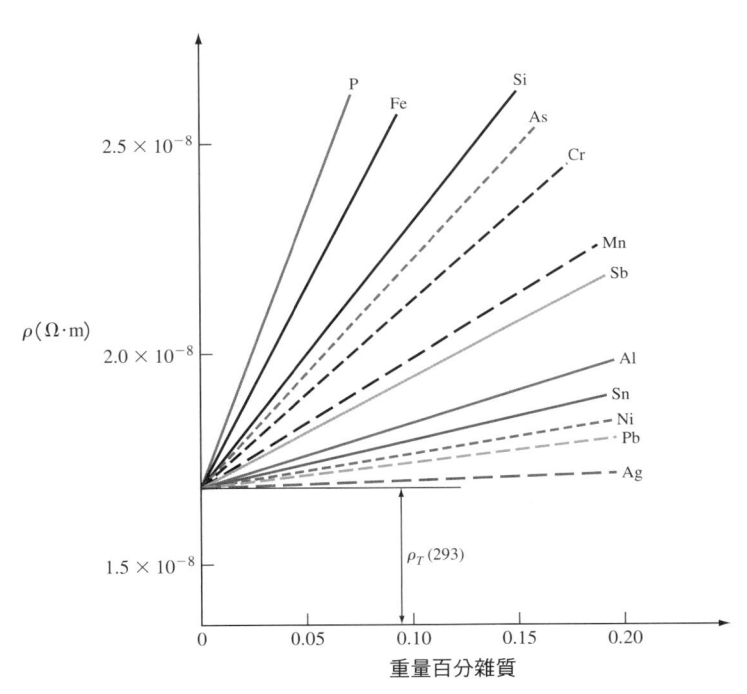

圖 11.8 添加少量各種元素對銅在室溫下之電阻率的影響。
（資料來源：F. Pawlek and K. Reichel, *Z. Metallked*, **47**:347 (1956).）

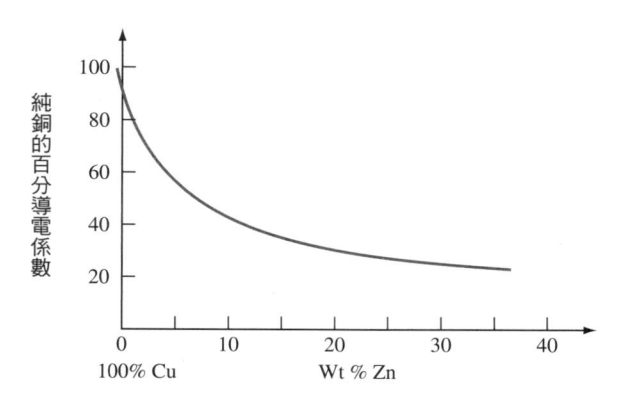

圖 11.9 添加鋅到純銅對降低銅導電係數的影響。
（資料來源：*ASM data.*）

11.2　電傳導的能帶模型
Energy-Band Model for Electrical Conduction

11.2.1　金屬的能帶模型

我們現在來看固體金屬中電子的**能帶模型**（energy-band model），以便了解金屬中電子的傳導機制。由於鈉原子的電子結構單純，我們就以鈉金屬來說明固體金屬的能帶模型。

孤立原子的電子受到原子核的束縛，只能擁有定義明確的能階，例如 $1s^1$、$1s^2$、$2s^1$、$2s^2$……等合乎鮑立不相容原理的能態。否則，原子中所有的電子都有可能降到最低的能態 $1s^1$！因此，中性鈉原子的 11 個電子共占了 2 個 $1s$ 態、2 個 $2s$ 態、6 個 $2p$ 態和 1 個 $3s$ 態，如圖 11.10a 所示。處於較低能階（$1s^2$、$2s^2$、$2p^6$）的電子會緊緊地結合，形成鈉原子的核層電子（core electron）（見圖 11.10b）。而外層的 $3s^1$ 電子則可以和別的原子產生鍵結，稱為價電子（valence electron）。

在固體的金屬塊中，原子彼此碰觸、非常靠近。能離開軌域的價電子會互相反應與穿越（見圖 11.11a），使得原本壁壘分明的原子能階變寬，成為寬闊的能帶（energy band）（見圖 11.11b）。由於與價電子隔離，內層的電子（核層電子）不會形成能帶。

例如，按照鮑立不相容原理，一塊鈉金屬中的每個價電子能階一定都會有些許不同。因此若一塊鈉金屬有 N 個鈉原子，N 值非常大，則在 $3s$ 能帶中就會有 N 個稍微不同的 $3s^1$ 能階。每一個能階稱為狀態（state）。在價能帶中，能階接近到可形成一個連續能帶。

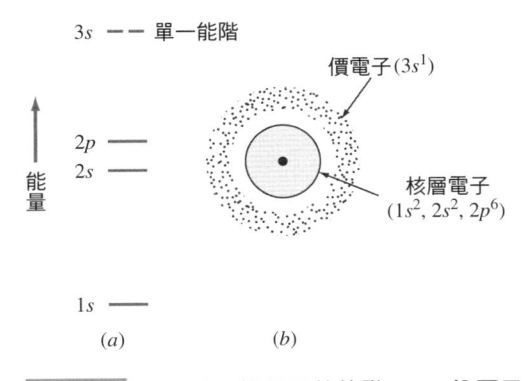

圖 11.10 (a) 單一鈉原子的能階；(b) 鈉原子中的電子排列狀態。外層 $3s^1$ 價電子的束縛鬆散，因此能自由地移動參與金屬鍵結。

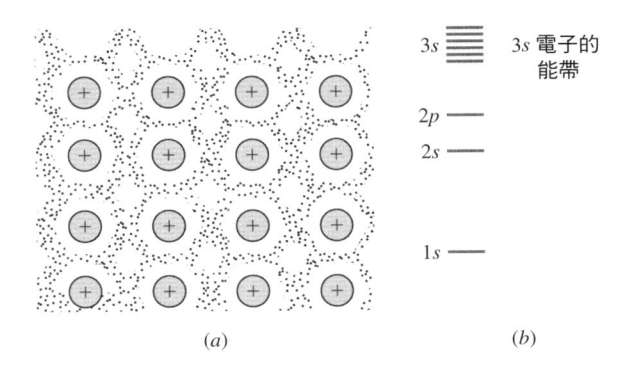

圖 11.11 (a) 金屬鈉塊中無定域化的價電子；(b) 金屬鈉塊中的能階；注意到 $3s$ 能階膨脹成能帶，而且顯示 $3s$ 能帶更接近 $2p$ 能階，因為鍵結已造成孤立鈉原子的 $3s$ 能階降低。

圖 11.12 顯示鈉金屬部分的能帶與原子間距離的變化圖。在實心鈉金屬中，$3s$ 及 $3p$ 能帶有重疊（見圖 11.12）。不過由於鈉原子只有一個 $3s$ 電子，因此 $3s$ 能帶只是半填滿（half-filled）而已（見圖 11.13a）。因此，要將鈉電子從最高的填滿狀態（filled state）激發到最低的空狀態（empty state）所需的能量極少。也因為如此，鈉金屬是極好的導體，因為只要少量的能量就可以在它內部產生電流。銅、銀及金外層 s 能帶也都只有半填滿而已。

鎂金屬的兩個 $3s$ 能帶狀態均為填滿。不過，由於 $3s$ 跟 $3p$ 能帶重疊，使一些電子得以進入，因此會造成部分填滿的 $3sp$ 混合能帶（見圖 11.13b）。因此，儘管 $3s$ 能帶為填滿，鎂仍是好的導體。同樣地，具有兩個填滿狀態 $3s$ 和一個填滿狀態 $3p$ 的鋁也是好導體，因為部分填滿的 $3p$ 能帶與完全填滿的 $3s$ 能帶重疊（見圖 11.13c）。

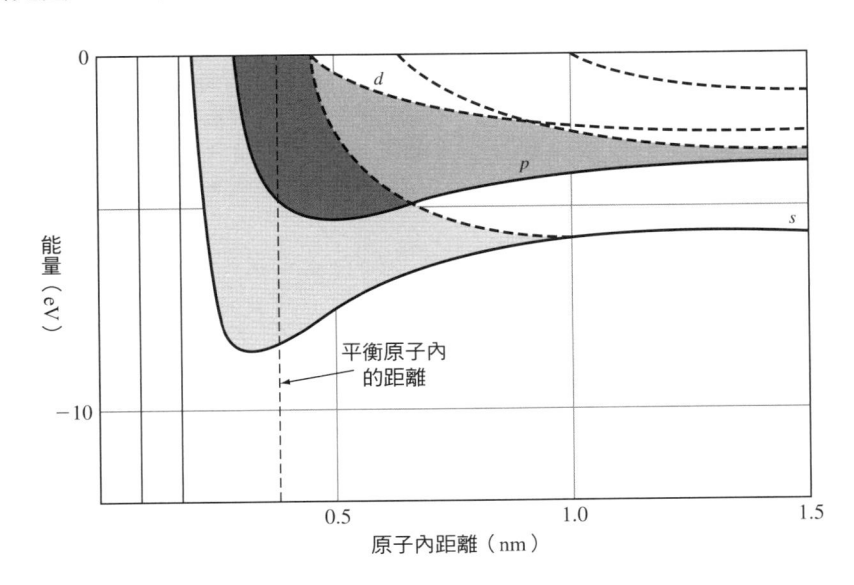

圖 11.12 鈉金屬的價電子能帶圖。注意到 s、p 及 d 能階的分裂情形。
（資料來源：J. C. Slater, Phys. Rev., **45**:794 (1934).）

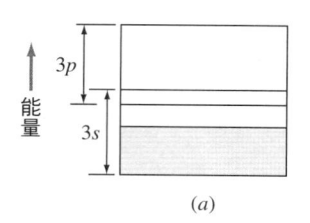

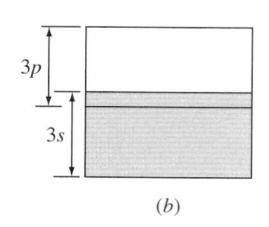

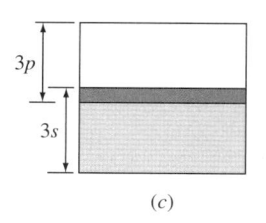

圖 11.13 數種金屬導體的能帶圖：(a) 鈉，$3s^1$：$3s$ 能帶為半填滿，因為只有一個 $3s^1$ 電子；(b) 鎂，$3s^2$：$3s$ 能帶為填滿，而且和空 $3p$ 能帶重疊；(c) 鋁，$3s^2 3p^1$：$3s$ 能帶為填滿，而且和部分填滿的 $3p$ 能帶重疊。

11.2.2 絕緣體的能帶模型

在絕緣體中，電子受離子或共價鍵束縛，緊緊綁在其鍵結原子上。除非獲得高能量，否則電子無法「自由」導電。絕緣體的能帶模型包括填滿的低能量**價電帶（valence band）**與空的高能量**傳導帶（conduction band）**，兩者間相隔頗大的能隙 E_g（見圖 11.14）。電子需得到足夠的能量越過能隙才能自由導電。純鑽石的能隙大約是 6 至 7 eV。鑽石中的電子被 sp^3 四面體的共價鍵緊緊地束縛住（見圖 11.15）。

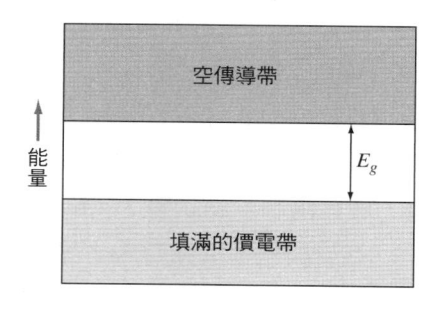

圖 11.14 絕緣體的能帶圖。價電帶被完全填滿，而且被大能隙 E_g 與空傳導帶隔開。

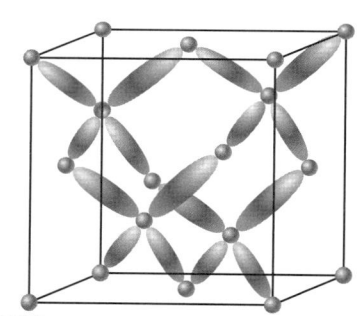

圖 11.15 鑽石立方晶體結構。結構中的原子是藉由 sp^3 共價鍵結在一起。鑽石（碳）、矽、鍺及灰錫（錫的同質異形體在 13°C 以下是穩定的）都是此種結構。每個單位晶胞含有 8 個原子：角落有 $\frac{1}{8} \times 8$ 個；面有 $\frac{1}{2} \times 6$ 個；單位立方體內部則有 4 個。

11.3 本質半導體

Intrinsic Semiconductors

11.3.1 本質半導體的導電機制

半導體是導電性介於高導電性金屬和低導電性絕緣體之間的材料，而**本質半導體（intrinsic semiconductor）**則為導電性是由材料本身的導電特性來決定的純半導體,如純矽和鍺這些在週期表上屬於 IVA 族的元素有著具高度方向性共價鍵的鑽石立方結構(見圖 11.15)。含電子對的四面體 sp^3 混成鍵結軌域將原子在晶格中結合在一起。在此四面體結構中,每一個矽或鍺原子都會提供四個價電子。

類似 Si 和 Ge 等純半導體的導電性可用鑽石立方晶格的二維平面圖示(見圖 11.16)來說明。圖中的圓圈代表 Si 和 Ge 原子的正離子核,而平行直線則代表鍵結的共價電子。鍵結電子並無法在晶格間自由遊走導電,除非施加足夠的能量,才能將電子從鍵結位置激發出來。當價電子獲得臨界能量,能將其從鍵結位置激發離開時,它即變成自由傳導電子,會在晶格內留下帶正電荷的「電洞」(見圖 11.16)。

11.3.2 純矽晶格中的電荷遷移

像是純矽或鍺這種半導體在導電的過程中,電子和電洞都是電荷載子,會在外加電場中移動。傳導**電子**(electron)帶負電荷,在電路中會受到正電端吸引(見圖 11.17)。相對地,**電洞**(hole)是帶正電荷,在電路中則會受到負電端吸引(圖 11.17)。電洞的正電荷電量大小與電子負電荷的電量大小相同。

圖 11.18 顯示了電場中的電洞運動。假設 A 原子有一個電洞,而少了一個價電子,如圖 11.18a 所示。若施加電場在圖 11.18a 中所示的方向,則 B 原子的共價電子就會受到一個電場力的作用,使得與 B 原子連結的一個電子會脫離本身的鍵結軌域,移到 A 原子的電洞。此時,電洞會出現在 B 原子,等於是從 A 原子移動到 B 原子(見圖 11.18b)。以此類推,電洞從 B 原子移到 C 原子時,也等於電子從 C 原子移到 B 原子(見圖 11.18c)。全部過程的最終結果是電子

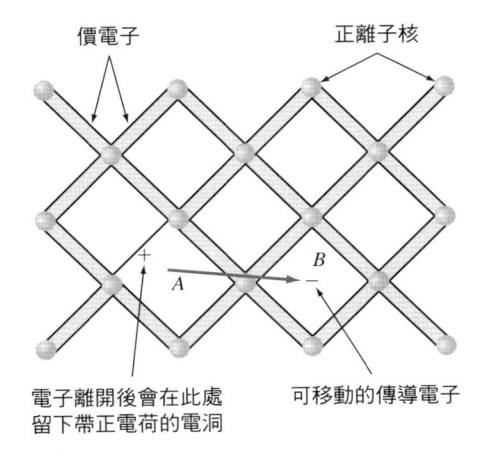

圖 11.16 矽或鍺的鑽石立方晶格二維平面圖,圖中顯示出正離子核及價電子。電子已經被從 A 點的鍵結位置激發出來,並且移動至 B 點。

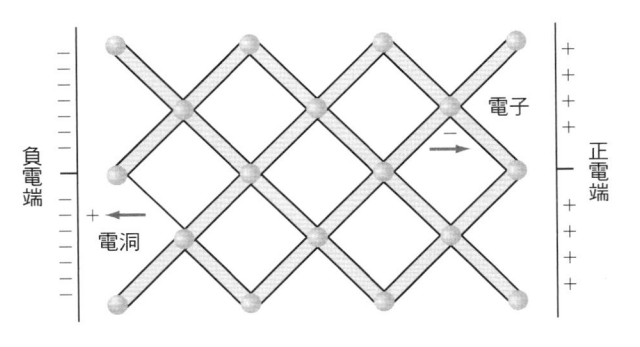

圖 11.17 像是矽的半導體之導電過程,圖中顯示電子和電洞在外加電場中的移動情形。

從 C 原子傳送到 A 原子（和原來所施電場同方向），而電洞會從 A 原子傳到 C 原子（和原來所施電場反方向）。因此，當純半導體（例如矽）導電時，負電荷的電子移動方向會朝向正電端，與外加的電場方向相反（傳統的電流方向），而有正電荷的電洞移動方向會移向負電端，與外加電場方向相同。

圖 11.18 圖示純矽半導體導電時，電洞和電子在受到外加電場作用時的移動情形。

（資料來源：S. N. Levine, "Principles of Solid State Microelectronics," Holt, 1963.）

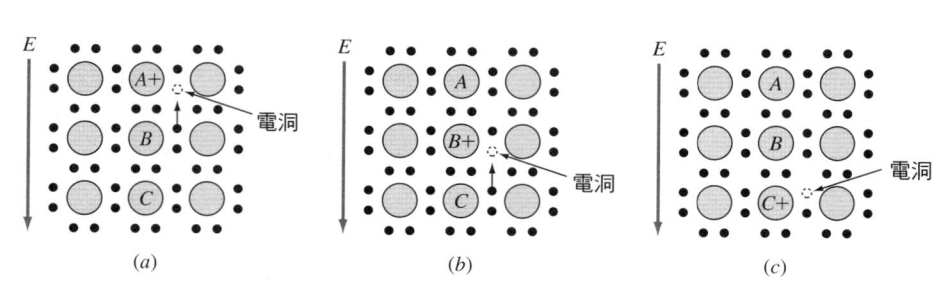

11.3.3 本質元素半導體的能帶圖

能帶圖也能用來描述半導體中的價電子如何被激發成為傳導電子。能帶圖只須用到過程所需要的能量，不須提供電子在晶格中移動的圖示。在本質元素半導體（例如 Si 或 Ge）的能帶圖中，在溫度 20°C 時，共價鍵結晶體的束縛價電子幾乎占滿了較低能量的價電帶（見圖 11.19）。

在價電帶的上方有一個不允許任何能態存在的禁止能隙（forbidden energy gap）；對矽來說，在 20°C 的禁止能隙為 1.1 eV。此能隙上方為幾乎是空的（在 20°C）傳導帶。室溫熱能已足夠將少數價電子從價電帶激發到傳導帶，在價電帶留下空位或是電洞。因此，當電子受到激發而跨越能隙進入傳導帶時，便會產生兩個電荷載子（charge carrier），分別是負電荷電子和正電荷電洞，兩者都可以輸送電流。

11.3.4 元素本質半導體的電子傳導定量關係

當本質半導體在導電時，電流密度 J 會等於電子與電洞傳導的總和。使用式（11.6）：

$$\mathbf{J} = nq\mathbf{v}_n^* + pq\mathbf{v}_p^*$$

(11.9)

圖 11.19 像純矽的本質半導體之能帶圖。當一電子受到激發而跨越了能隙時，便會產生一電子–電洞對。因此，每一個跨越過能隙的電子，都會產生兩個電荷載子，亦即一個電子和一個電洞。

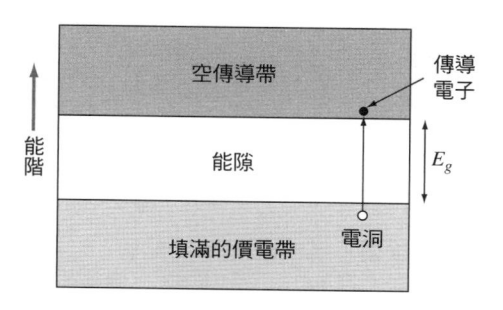

*下標 n（負）代表電子，p（正）代表電洞。

其中 n = 單位體積內的傳導電子數

p = 單位體積內的傳導電洞數

q = 電子或電洞電荷的絕對值，1.60×10^{-19}C

v_n，v_p = 分別為電子與電洞的漂移速度

將式（11.9）的兩邊一同除以電場 **E**，並利用式（11.4）：**J** = σ**E**，

$$\sigma = \frac{\mathbf{J}}{\mathbf{E}} = \frac{nq\mathbf{v}_n}{\mathbf{E}} + \frac{pq\mathbf{v}_p}{\mathbf{E}} \tag{11.10}$$

$v_n/\mathbf{E}$ 和 $v_p/\mathbf{E}$ 分別稱為電子移動率（electron mobility）和電洞移動率（hole mobility），因為它們量測半導體中的電子和電洞在外加電場下，漂移的速率有多快。符號 μ_n 和 μ_p 則分別表示電子和電洞的移動率。將 $v_n/\mathbf{E}$ 和 $v_p/\mathbf{E}$ 代入式（11.10）中，則半導體的導電係數可表示為：

$$\sigma = nq\mu_n + pq\mu_p \tag{11.11}$$

移動率 μ 的單位是

$$\frac{\mathbf{v}}{\mathbf{E}} = \frac{\text{m/s}}{\text{V/m}} = \frac{\text{m}^2}{\text{V} \cdot \text{s}}$$

在本質元素半導體中，電子和電洞是成對存在的，因此傳導的電子數和產生的電洞數相同：

$$n = p = n_i \tag{11.12}$$

其中 n = 本質載子的濃度，載子數／單位體積。

式（11.11）可改寫為

$$\sigma = n_i q(\mu_n + \mu_p) \tag{11.13}$$

表 11.4 列出本質矽和鍺在 300 K 時的一些重要性質。

電子的移動率永遠比電洞的移動率大。在 300 K 時，本質矽的電子移動率 0.135 m²/(V · s) 比電洞移動率 0.048 m²/(V · s) 大 2.81 倍（見表 11.4），而本質鍺電子／電洞移動率的比值則是 2.05。

表 11.4 矽和鍺在 300 K 時的某些物理性質

	矽	鍺
能隙，eV	1.1	0.67
電子移動率 μ_n，m²/(V · s)	0.135	0.39
電洞移動率 μ_p，m²/(V · s)	0.048	0.19
本質載子密度 n_i，載子數 /m³	1.5×10^{16}	2.4×10^{19}
本質電阻率 ρ，$\Omega \cdot$ m	2300	0.46
密度，g/m³	2.33×10^{16}	5.32×10^6

資料來源：*E. M. Conwell, "Properties of Silicon and Germanium II," Proc. IRE, June 1958, p. 1281.*

例題 11.4

計算每立方米有多少矽原子。矽的密度是 2.33 Mg/m³（2.33 g/cm³），其原子質量是 28.08 g/mol。

解

$$\frac{\text{Si atoms}}{\text{m}^3} = \left(\frac{6.023 \times 10^{23} \text{ atoms}}{\text{mol}}\right)\left(\frac{1}{28.08 \text{ g/mol}}\right)\left(\frac{2.33 \times 10^6 \text{ g}}{\text{m}^3}\right)$$

$$= 5.00 \times 10^{28} \text{ atoms/m}^3 \blacktriangleleft$$

例題 11.5

計算本質矽在 300 K 時的電阻率。矽在 300 K 時，$n_i = 1.5 \times 10^{16}$ 載子數 $/\text{m}^3$，$q = 1.60 \times 10^{-19}$ C，$\mu_n = 0.135$ m²/(V·s)，$\mu_p = 0.048$ m²/(V·s)。

解

$$\rho = \frac{1}{\sigma} = \frac{1}{n_i q(\mu_n + \mu_p)} \quad \text{〔式（14.13）的倒式〕}$$

$$= \frac{1}{\left(\frac{1.5 \times 10^{16}}{\text{m}^3}\right)(1.60 \times 10^{-19} \text{ C})\left(\frac{0.135 \text{ m}^2}{\text{V} \cdot \text{s}} + \frac{0.048 \text{ m}^2}{\text{V} \cdot \text{s}}\right)}$$

$$= 2.28 \times 10^3 \ \Omega \cdot \text{m} \blacktriangleleft$$

式（11.13）倒式的單位為歐姆─米，如以下單位換算所示：

$$\rho = \frac{1}{n_i q(\mu_n + \mu_p)} = \frac{1}{\left(\frac{1}{\text{m}^3}\right)(\text{C})\left(\frac{1 \text{ A} \cdot \text{s}}{1 \text{ C}}\right)\left(\frac{\text{m}^2}{\text{V} \cdot \text{s}}\right)\left(\frac{1 \text{ V}}{1 \text{ A} \cdot \Omega}\right)} = \Omega \cdot \text{m}$$

11.4 外質半導體

Extrinsic Semiconductors

外質半導體是非常稀釋的置換型固溶體，其中溶質（雜質）原子的共價特性與溶劑原子晶格不同。這些半導體中添加的雜質原子濃度通常介於 100 至 1000 ppm（parts per million 縮寫為 ppm，定義為百萬分之一）之間。

11.4.1 n 型（負型）外質半導體

圖 11.20a 顯示矽晶格的二維共價鍵結模型。假使一個 VA（5A）族元素（例如磷）的雜質原子取代了一個為 IVA（4A）族元素的矽原子，則除了矽晶格四面體共價鍵所需要的四個電子外，還會多一個電子。此多餘電子與帶正電

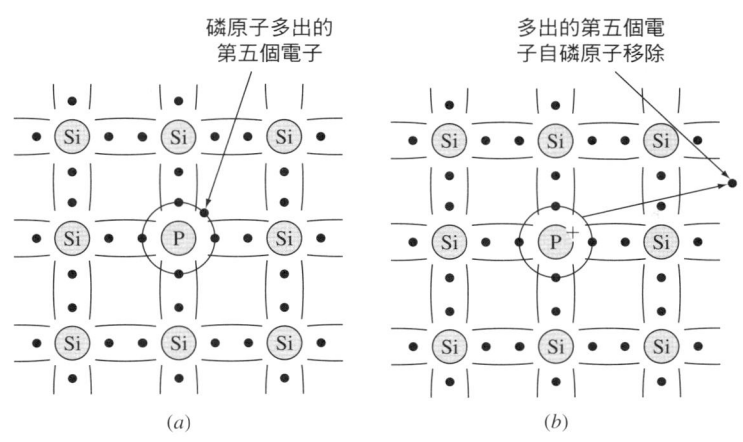

圖 11.20 (a) 將五價磷雜質原子加入四價矽晶格後會提供第五個電子，該電子微弱地依附在母磷原子上。只要很少的能量 (0.044 eV) 就能讓此電子移動並導電；(b) 在外加電場下，此多出的電子變成可傳導，並會受到電路的正電端吸引。隨著失去此多餘電子，磷原子會被離子化，並且獲得一個正電荷。

的磷核心鬆散地鍵結，在 27°C 時的鍵結能為 0.044 eV，大約只有純矽傳導電子欲跳出 1.1 eV 能隙所需能量的 5%。也就是說，要從母核移除此多餘電子，使它可以參與電傳導只需要 0.044 eV 的能量。在電場的作用下，此多餘電子會成為自由電子而導電，而剩下的磷原子會獲得一個正電荷而因此離子化（見圖 11.20b）。

像是磷（P）、砷（As）、銻（Sb）等 VA（5A）族的雜質原子加入矽或是鍺之後，可提供易於游離的電子進行電傳導。由於這些 VA 族雜質原子在矽或鍺晶體中提供傳導電子，因此稱為施體雜質原子（donor impurity atom）。含有 VA 族雜質原子的矽或鍺半導體則稱為 **n 型（負型）外質半導體〔n-type (negative-type) extrinsic semiconductor〕**，因為主要的電荷載子是電子。

從矽的能帶圖來看，VA 族雜質原子的多餘電子占據了在禁止能隙中位於空傳導帶略下方的能階，如圖 11.21 所示。該能階稱為**施體能階（donor level）**，因為它來自施體雜質原子。施體 VA 族的雜質原子在失去多餘電子時，會獲得一個正電荷而被離子化。VA 族雜質施體原子 Sb、P 及 As 在矽中的能階如圖 11.22 所示。

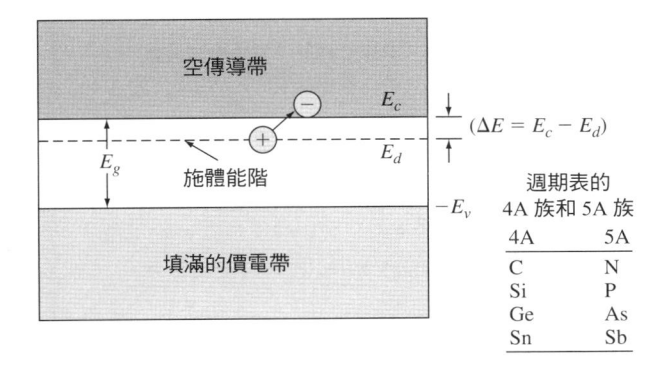

圖 11.21 n 型外質半導體能帶圖，顯示出矽晶格中 VA 族元素（像是磷、砷、銻）多餘電子的施體能階位置。施體能階的電子只需要少量的能量（$\Delta E = E_c - E_d$）就可被激發到傳導帶。當在施體能階的電子跳到傳導帶時，會留下一個無法移動的正離子。

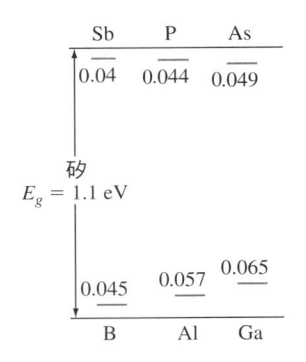

圖 11.22 矽中各種雜質原子的離子化能量（單位為電子伏特）。

11.4.2　p 型（正型）外質半導體

當三價的 IIIA 族元素（例如硼）被加入矽的四面體鍵結晶以做替換時，會少掉一個鍵結軌域，造成矽的鍵結結構中會存在一個電洞（見圖 11.23a）。若此時在矽晶體外加一個電場，鄰近四面體鍵結中的一個電子就可在獲得足夠的能量後，離開其鍵結而移到硼原子的空缺鍵（電洞）上（見圖 11.23b）。一旦硼原子的電洞被填滿，硼原子即會離子化，會得到負電荷 –1。此時，從矽原子中移除一個電子然後產生一個電洞，所需要的相關鍵結能只有 0.045 eV。與從價電帶中傳送一個電子到傳導帶中所需的 1.1 eV 相比，此能量非常小。在外加電場的作用下，硼原子游離化所產生的電洞就如正電荷載子一般，會在矽晶格中朝負電端移動，如圖 11.17 所示。

從能帶圖來看，硼原子提供了一個稱作**受體能階（acceptor level）**的能階，比填滿的矽的價電帶最上層略高一點（≈ 0.045 eV）（見圖 11.24）。當靠近硼原子的矽原子的價電子將硼–矽共價鍵結中的電洞填滿時（見圖 11.23b），該電子會被提升到受體能階，產生一個負硼離子。在這個過程中，矽晶格中會產生一個電洞，如同正電荷載子。如 B、Al 及 Ga 等 III A（3A）族元素的原子在矽半導體中提供受體能階，被稱為受體原子（acceptor atom）。由於這些外質半導體中的多數載子是共價鍵結構裡的電洞，因此被稱為 **p 型（正載子型）外質半導體〔p-type（positive-carrier-type）extrinsic semiconductor〕**。

11.4.3　外質矽半導體材料的摻雜

將少量置換型雜質原子添加至矽以產生外質矽半導體材料的過程稱為摻雜（doping），而被加入的雜質原子則稱為摻雜物（dopant）。摻雜矽半導體最常見的方式為平面製程（planar process）。在此製程中，摻雜原子會被導入在矽中所選定的區域以形成 p 型或是 n 型材料。晶圓（wafer）的直徑通常為 4 英吋（10

圖 11.23　(a) 添加一個三價的硼雜質原子至四價晶格後，會因為少了一個電子，而在硼–矽鍵結中產生一個電洞。(b) 在外加電場的作用下，只需很少的能量（0.045 eV）即可自鄰近的矽原子吸引一電子來填滿此電洞，產生一個得到負電荷 –1 的固定硼離子。矽晶格中產生的新電洞就如同正電荷載子一樣，會被吸引到電路的負電端。

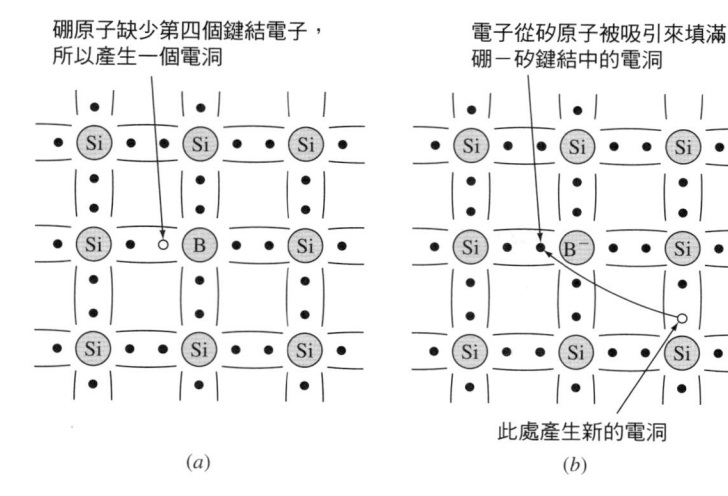

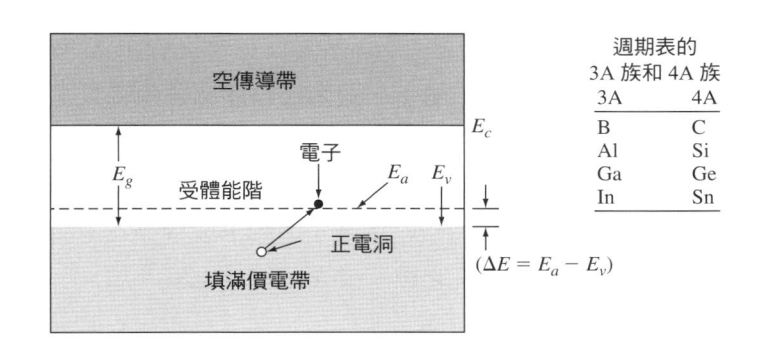

圖 11.24 p 型外質半導體的能帶圖，顯示加入如 Al、B 或 Ga 等 IIIA 族元素以取代矽晶格中的矽原子，所產生的受體能階位置（見圖 11.23）。只要很少的能量（$\Delta E = E_a - E_v$）就可以將電子從價電帶激發到受體能階，因此會在價電帶中產生一個電洞（電荷載子）。

公分），厚度約為幾百微米（1 微米（μm）$= 10^{-4}$ cm $= 10^4$ Å）。

在矽晶圓摻雜的擴散製程中，摻雜原子一般會透過氣相沉積步驟沉積在晶圓表面或附近，接著再透過驅動擴散（drive-in diffusion）將摻雜原子朝晶圓內部推進。此擴散過程需要約 1100°C 的高溫才能進行。

11.4.4　摻雜對外質半導體中載子濃度的影響

質量作用定律　在像是矽和鍺的半導體中，移動電子和電洞不斷地產生及再結合。在平衡以及衡溫的狀態下，負自由電子濃度與正電洞濃度的乘積為定值，可表示為：

$$np = n_i^2 \tag{11.14}$$

其中 n_i 為半導體內的本質載子濃度，在已知溫度下為定值。此關係對本質和外質半導體都適用。在外質半導體中，某型載子（n 或 p）的增加會透過再結合使另一型載子的濃度降低，造成在特定溫度下，兩種（n 和 p）載子的乘積為常數。

外質半導體內濃度較高的載子稱為**多數載子（majority carrier）**，而濃度較低的則稱為**少數載子（minority carrier）**（見表 11.5）。n 型半導體內的電子濃度表示為 n_n，電洞濃度表示為 p_n。同樣地，p 型半導體內的電洞濃度表示為 p_p，電子濃度表示為 n_p。

外質半導體中的電荷密度　外質半導體的第二個基本關係來自於全部晶體一定得保持電中性。這代表每個體積元素內的電荷密度必須為零。外質半導體（例如矽和鍺）內有兩種帶電荷粒子：固定離子與移動電荷載子。固定離子源自

表 11.5　外質半導體載子摘要說明

半導體	多數載子濃度	少數載子濃度
n 型	n_n（n 型材料中的電子濃度）	p_n（n 型材料中的電洞濃度）
p 型	p_p（p 型材料中的電洞濃度）	n_p（p 型材料中的電子濃度）

於矽或鍺中施體或受體雜質原子的離子化。正施體離子的濃度表示為 N_d，而負受體離子的濃度則表示為 N_a。移動電荷載子主要來自於矽或鍺中雜質原子的離子化，其負電荷電子濃度以 n 表示，而正電荷電洞濃度則以 p 表示。

由於半導體必須為電中性，因此所有的負電荷密度與正電荷密度大小必須相等。所有的負電荷密度等於負受體離子 N_a 與電子之和，或 $N_a + n$。而所有的正電荷密度則等於正施體離子 N_d 與電洞之和，或 $N_d + p$。因此：

$$N_a + n = N_d + p \tag{11.15}$$

在本質矽半導體內添加施體雜質原子所產生的 n 型半導體中，$N_a = 0$。由於 n 型半導體中的電子數遠大於電洞數（亦即 $n \gg p$），因此式（11.15）可簡化為：

$$n_n \approx N_d \tag{11.16}$$

在 n 型半導體內，自由電子濃度大約等於施體原子濃度，n 型半導體中的電洞濃度可由式（11.14）獲得：

$$p_n = \frac{n_i^2}{n_n} \approx \frac{n_i^2}{N_d} \tag{14.17}$$

對矽和鍺的 p 型半導體之相對應公式為：

$$p_p \approx N_a \tag{11.18}$$

和

$$n_p = \frac{n_i^2}{p_p} \approx \frac{n_i^2}{N_a} \tag{11.19}$$

本質和外質半導體中典型的載子濃度　矽在 300 K 時的本質載子濃度 n_i 等於 1.5×10^{16} 載子 /m³。對於摻雜砷的外質矽，其典型雜質濃度為 10^{21} 雜質原子 /m³，

$$\text{多數載子濃度 } n_n = 10^{21} \text{ 電子 /m}^3$$
$$\text{少數載子濃度 } p_n = 2.25 \times 10^{11} \text{ 電洞 /m}^3$$

因此，外質半導體的多數載子濃度通常遠大於少數載子濃度。

例題 11.6

一矽晶圓摻雜了 10^{21} 磷原子 $/m^3$。計算 (a) 多數載子濃度；(b) 少數載子濃度；(c) 在室溫（300 K）下摻雜了磷原子的矽之電阻率。假定摻雜原子完全離子化；$n_i(Si) = 1.5 \times 10^{16} m^{-3}$，$\mu_n = 0.135$ $m^2/(V \cdot s)$，$\mu_p = 0.048$ $m^2/(V \cdot s)$。

解

由於矽摻雜的是 V 族的元素磷，因此摻雜後的矽是 n 型半導體。

a.
$$n_n = N_d = 10^{21} \text{ electrons/m}^3 \blacktriangleleft$$

b.
$$p_n = \frac{n_i^2}{N_d} = \frac{(1.5 \times 10^{16} \text{ m}^{-3})^2}{10^{21} \text{ m}^{-3}} = 2.25 \times 10^{11} \text{ holes/m}^3 \blacktriangleleft$$

c.
$$\rho = \frac{1}{q\mu_n n_n} = \frac{1}{(1.60 \times 10^{-19} \text{ C})\left(0.135 \dfrac{m^2}{V \cdot s}\right)\left(\dfrac{10^{21}}{m^3}\right)}$$

$$= 0.0463 \ \Omega \cdot m^* \blacktriangleleft$$

---
* 單位轉換請見例題 11.5。

例題 11.7

一摻雜了磷的矽晶圓，在 27°C 時的電阻率為 8.33×10^{-5} $\Omega \cdot m$。假設電荷載子的移動率是常數，電子為 0.135 $m^2/(V \cdot s)$，電洞為 0.048 $m^2/(V \cdot s)$。

a. 若完全離子化，則多數載子的濃度為何（每立方米的載子數）？
b. 此材料中的磷／矽原子比值為何？

解

a. 摻雜了磷原子可形成 n 型矽半導體。因此，電荷載子的移動率可被假定為等於 300K 時矽中的電子移動率，亦即 0.135 $m^2/(V \cdot s)$，所以

$$\rho = \frac{1}{n_n q \mu_n}$$

或
$$n_n = \frac{1}{\rho q \mu_n} = \frac{1}{(8.33 \times 10^{-5} \ \Omega \cdot m)(1.60 \times 10^{-19} \text{ C})[0.1350 \ m^2/(V \cdot s)]}$$

$$= 5.56 \times 10^{23} \text{ electrons/m}^3 \blacktriangleleft$$

b. 假設每一個磷原子可提供一個電子電荷載子，此材料中將含有 5.56×10^{23} 磷原子 $/m^3$。純矽含有 5.00×10^{28} 原子 $/m^3$（見例題 11.4）。因此磷／矽原子的比值為：

$$\frac{5.56 \times 10^{23} \text{ P atoms/m}^3}{5.00 \times 10^{28} \text{ Si atoms/m}^3} = 1.11 \times 10^{-5} \text{ 磷對矽原子比} \blacktriangleleft$$

11.5 半導體元件
Semiconductor Devices

半導體在電子工業的使用日益重要。半導體廠商能夠將高度複雜的電路放在不超過 1 cm² 大小、厚度僅約 200 μm 的單一矽晶片上，使得無數產品的設計與製造完全改觀。圖 11.1 所示即為在矽晶片上置放複雜電路做成高階微處理器或「晶片計算機」的範例。對使用最先進縮小化矽基半導體技術的許多新產品而言，微處理器是最基本的構件。

本節將先討論在 pn 接面的電子－電洞交互作用，然後檢視 pn 接面二極體的運作。接著我們會探討一些 pn 接面二極體的應用。最後，我們會簡單地檢視雙極接面電晶體（bipolar junction transistor）如何運作。

11.5.1　pn 接面

大多數常見的半導體元件取決於 p 型和 n 型材料間的邊界特性，因此我們要先了解此邊界的一些特徵。在長成後的本質矽單晶內先後摻雜 n 型與 p 型材料，即可製造出 pn 接面二極體（見圖 11.25a）。不過，更常見的是利用固態擴散同一類型的雜質（例如 p 型）進入已經存在的 n 型材料（見圖 11.25b）。

平衡狀態的 pn 接面二極體　我們先來看結合了 p 型與 n 型矽半導體的理想二極體。尚未結合前，兩者都是電中性。p 型材料中的多數載子是電洞，少數載子是電子。n 型材料則相反。

p 型與 n 型材料接合後〔亦即實際形成 **pn 接面（pn junction）**後〕，鄰近或是在接面上的多數載子會擴散跨越接面而再結合（見圖 11.26a）。由於留在接面附近或在接面上的離子比電子和電洞都要大且重，它們會停留在矽晶格的位置上（見圖 11.26b）。多數載子在接面上經過再結合後，這個過程就會停止，因為跨越接面進到 p 型材料的電子會被大的負離子排斥。同樣地，跨越接面進入 n 型材料的電洞會受到大的正離子排斥。接面處的固定離子會形成一個缺乏多數載子的區域，稱為空乏區（depletion region）。在平衡條件下（亦即開路狀態），多數載子流會面對一個電位差或障礙。因此在開路情況下，沒有淨電流。

圖 11.25　(a) pn 接面二極體以單晶棒的形式成長；(b) 藉由選擇性地擴散一 p 型雜質原子進入一 n 型半導體結晶，形成了平面型 pn 接面。

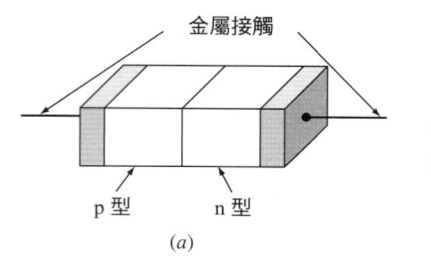

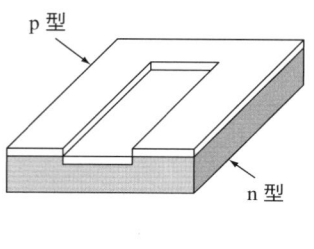

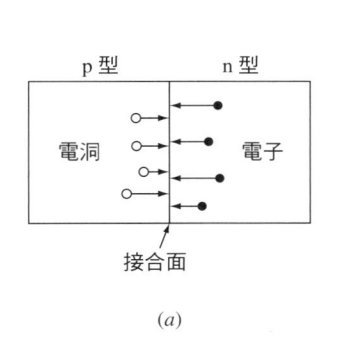

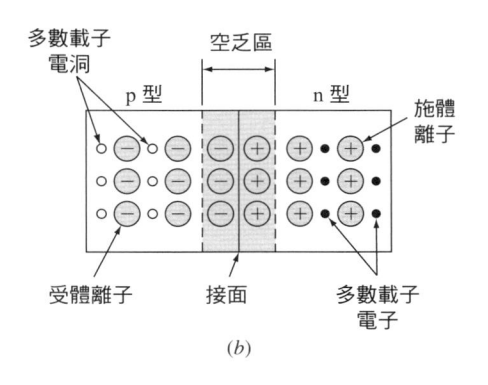

圖 11.26 (a) pn 接面二極體顯示多數載子（p 型材料中的電洞與 n 型材料中的電子）朝接面擴散；(b) 空乏區在 pn 接面附近或接面上形成，因為此區域中的多數載子因再結合而喪失。只有離子會留在此區在其晶體結構中的位置。

pn 接面二極體的反向偏壓 施予外加電壓至 pn 接面稱為施加**偏壓**（**bias**）。如果 pn 接面的 n 型材料連接至電池的正電端，而接面的 p 型材料連接至負電端，則此 pn 接面即被稱為受到**反向偏壓**（**reverse biased**）（見圖 11.27）。此時，位在 n 型材料內的電子（多數載子）會受到電池正電端的吸引而遠離接面，在 p 型材料的電洞（多數載子）也會被吸引至電池的負電端而遠離接面（見圖 11.27）。由於多數載子都遠離接面，障寬會增加，導致沒有多數載子所產生的電流。不過，因熱能所產生的少數載子（n 型材料中的電洞與 p 型材料中的電子）會被推向接面，所以它們能夠結合並產生微量電流。此少數或漏電流（leakage current）通常只會有幾個微安培（μA）（見圖 11.28）。

pn 接面二極體的順向偏壓 如果 pn 接面二極體的 n 型材料連接至電池（或其他電源）的負電端，p 型材料連接至正電端，則此 pn 接面二極體即被稱為受到**順向偏壓**（**forward biased**）（見圖 11.29）。此時，多數載子受到排斥而向接面靠近並結合。亦即電子受到電池負電端的排斥而靠近接面，而電洞受到電池正電端的排斥而靠近接面。

在順向偏壓時（亦即對多數載子而言的

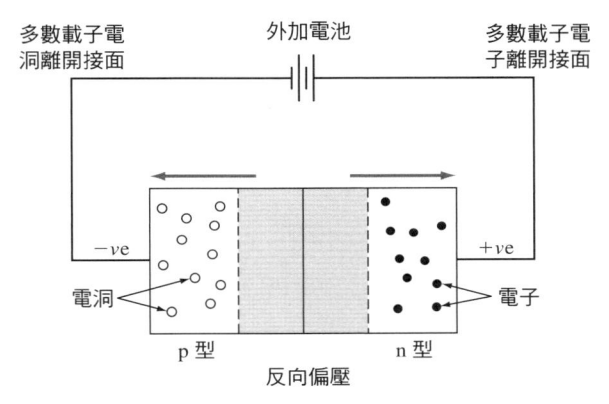

圖 11.27 反向偏壓 pn 接面二極體。多數載子被吸引而遠離接面，使得空乏區的寬度大於平衡時的寬度。由於多數載子的關係，電流會降到接近零。不過，少數載子為順向偏壓，因此可出現一微量的漏電流，如圖 11.28 所示。

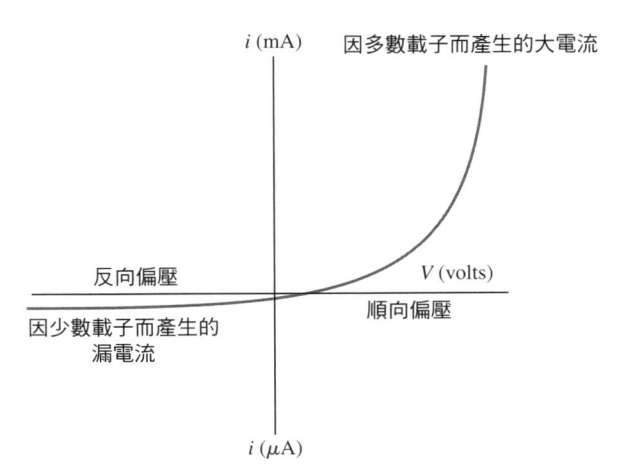

圖 11.28 圖示 pn 接面二極體的電流－電壓特徵。當 pn 接面二極體受反向偏壓時，只有因少數載子結合而產生的漏電流存在；當 pn 接面二極體受到順向偏壓時，因多數載子的再結合會產生大電流。

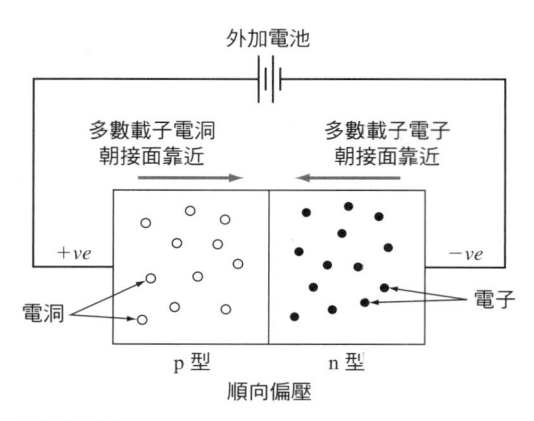

圖 11.29 順向偏壓的 pn 接面二極體。多數載子被排斥而朝向接面，再跨過接面以結合，因此會有大電流流動。

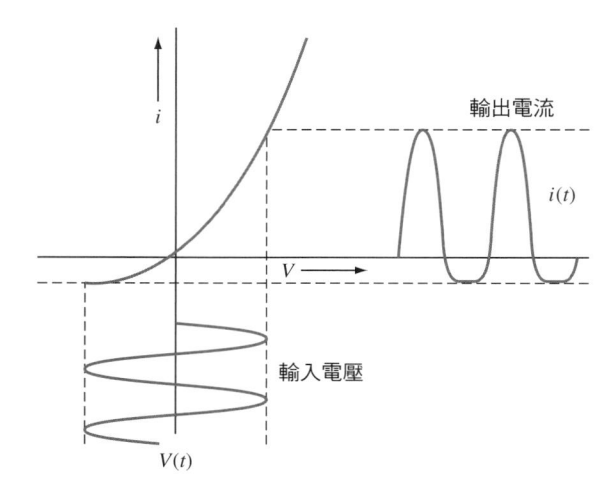

圖 11.30 此電壓－電流圖說明 pn 接面二極體將交流電轉成直流電的整流過程。輸出電流並非全是直流電，不過多為正值。藉由使用其他的電子元件，直流訊號即可平順輸出。

順向偏壓下），接面上的能障會降低，使得一些電子和電洞能夠越過接面再結合。當 pn 接面為順向偏壓時，來自電池的電子會進入二極體的負材料（見圖 11.29）。越過接面並與電洞結合的每個電子都會促使電池釋出另一個電子；電洞也是同理。由於 pn 接面為順向偏壓時的電子流能障降低，電流會明顯流動，如圖 11.28 所示。只要 pn 接面為順向偏壓且電池提供電子源，電子流（因此電流）就能連續不斷。

11.5.2　pn 接面二極體的一些應用

整流二極體　pn 接面二極體最重要的一項用途，就是將交流電壓轉成直流電壓，稱為整流（rectification），而所使用的二極體稱為**整流二極體**（**rectifier diode**）。當 AC 訊號施加在 pn 接面二極體上時，只有當 p 型區域受到相對於 n 型區域為正的正電壓作用之時，二極體才會導電，產生的結果是半波整流，如圖 11.30 所示。此輸出訊號可透過其他電子元件和穩壓電路的組合產生穩定的直流訊號。固態矽整流器的應用範圍相當廣泛，從幾十分之一到幾百安培，甚至更高都有。電壓也可高達 1000 V，甚至更高。

崩潰二極體　崩潰二極體（breakdown diode）有時也被稱為齊納二極體（zener diode），是一種反向電流（漏電流）極小的矽質整流器。只要稍微增加反向電壓，二極體就會達到崩潰電壓，使得反向電流急速增加（見圖 11.31）。在這個所謂的齊納崩潰（zener breakdown）中，二極體內的電場強度變得大到足以從共價鍵晶格中直接將電子吸出，而所產生的電子－電洞對會形成很高的反向電流。一旦反向電壓超過齊納崩潰電壓，就會出現雪崩效應（avalanche effect），而反向電流會變得相當大。雪崩效應的一種解釋是，電子在撞擊時所得的能量能從共價鍵中撞擊出更多的電子，使其獲得足夠能量開始導電。崩潰二極體的崩潰電壓範圍從數伏特至數百伏特不等，可應用在電流變化大的狀況時之電壓極限裝置和穩壓裝置。

11.5.3 雙載子接面電晶體

雙載子接面電晶體（bipolar junction transistor, BJT）是一種可作為電流放大器的電子元件。BJT 是由單晶的半導體材料（如矽）連續兩個 pn 接面組合而成。圖 11.32 是一個 npn 型雙載子接面電晶體，包含了三個主要部分：射極（emitter）、基極（base）和集極（collector）。電晶體的射極會放射載子。由於 npn 型電晶體的射極是 n 型，因此會放射電子。電晶體的基極控制電荷載子的流量，在 npn 電晶體中為 p 型。基極很薄（約 10^{-3}cm 厚），而且只有少量的摻雜，使得只有少量來自射極的電荷載子得以與基極中相反電荷的多數載子再結合。BJT 的集極接收主要來自於射極的電荷載子。由於 npn 型電晶體的集極是 n 型，它收集主要來自射極的電子。

在正常操作模式下，npn 電晶體的射極－基極接面是順向偏壓，而集極－基極接面為反向偏壓（見圖 11.32）。在射極－基極接面的順向偏壓使得電子從射極注入基極（見圖 11.33）。一些注入基極的電子會因為與 p 型基極的電洞再結合而消失。不過，大多數射極電子會穿過薄的基極進入集極，受到集極的正電端吸引。高電子摻雜的射極、少量電洞摻雜的基極，和一個薄的基極，都是讓多數射極電子（95% 至 99%）可逕自穿越到集極的原因。只有非常少數的電洞會從基極流向射極。從基極端流向基極區的電流大多都是電洞流，用以補充因與電子再結合而失去的電洞。流入基

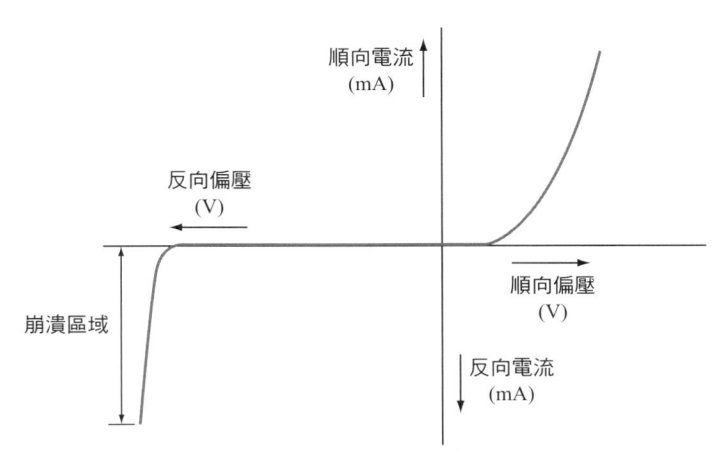

圖 11.31 齊納（雪崩）二極體的特性曲線。一強大的反向電流在崩潰電壓區產生。

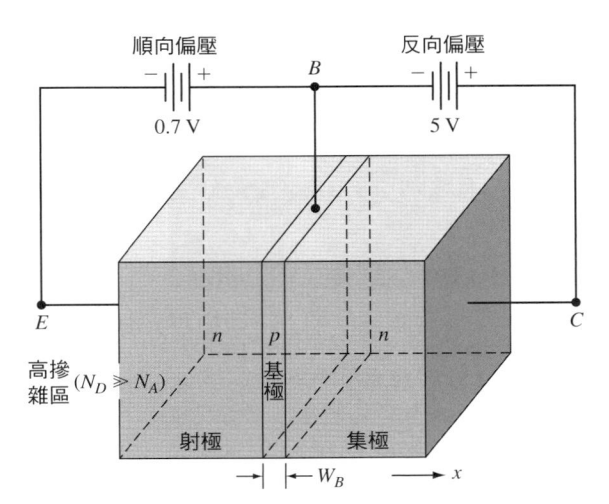

圖 11.32 圖示 npn 型雙載子接面電晶體。左邊的 n 型區為射極，中間薄 p 型區為基極，右邊的 n 型區為集極。在正常運作下，射極－基極接面為順向偏壓，集極－基極接面為反向偏壓。

（資料來源：C. A. Holt, "Electronic Circuits," Willey, 1978, p. 49.）

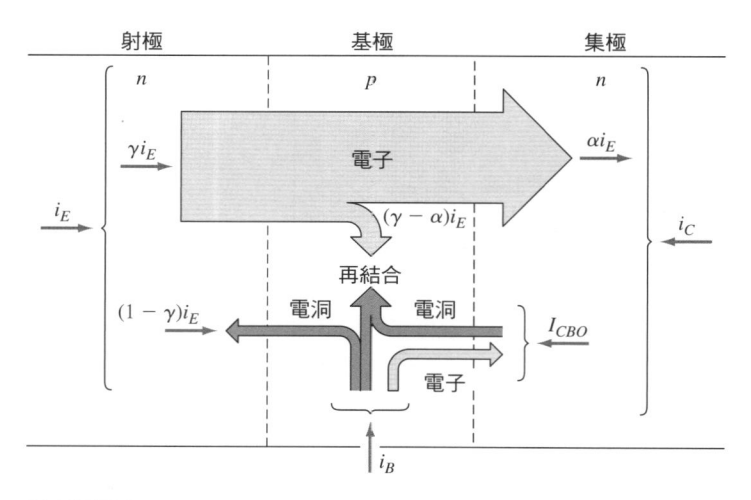

圖 11.33 npn 型電晶體在正常運作下的電荷載子移動。大部分的電流是由來自射極的電子組成，直接穿越基極到集極，其中約有 1% 至 5% 的電子會跟來自基極電流的電洞再結合。因為熱而產生的載子所引起的微量反向電流也存在，如圖所示。
（資料來源：R. J. Smith, "Circuits, Devices and Systems," 3rd ed., Wiley, 1976, p. 343.）

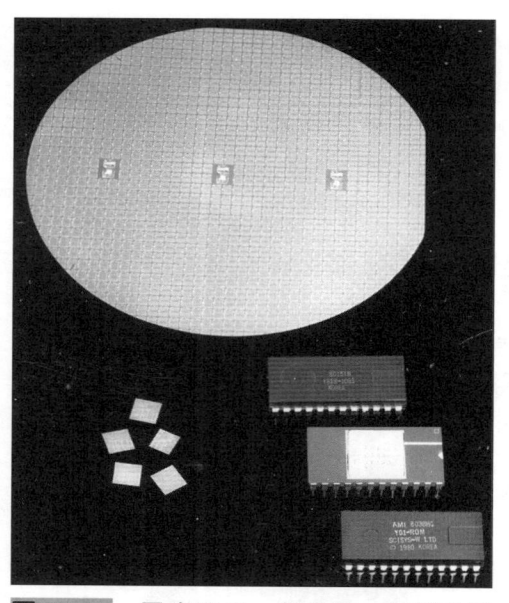

圖 11.34 圖中顯示一個晶圓、個別的積體電路，以及三個晶片模組（中間的晶片為陶瓷封裝，其餘兩個為塑膠封裝）。沿著晶圓中央三個較大的元件為製程控制監視器（process control monitor, PCM），用以監控晶圓切片的技術品質。
（資料來源：ON semiconductor.）

的電流很小，約為射極到集極電流的 1% 至 5%。有時，進入基極的電流可被視為某種控制閥，因為這個很小的基極電流可以左右大得多的集極電流。雙載子電晶體的名稱就是來自於其運作包括兩種類型的電荷載子（電子與電洞）。

11.6 微電子
Microelectronics

現代的半導體科技已可將上千個電晶體放在很小的矽晶片上，大幅提升電子元件系統的功能（見圖 11.1）。

大型積體（large-scale integrated, LSI）微電子電路的製造，是由矽晶圓（n 型或 p 型）的表面精密拋光開始，直徑約 100 至 125mm，厚度約 0.2mm。由於半導體元件是製造在拋光的表面上，晶圓的一面必須要高度拋光且完全沒有缺陷才行。圖 11.34 顯示已有微電子電路製作於其上的矽晶圓。每片晶圓上大約可放置 100 至 1000 個（依大小而定）晶片。

首先，我們會檢視製造於矽晶圓表面的平面型雙載子電晶體結構，然後再簡單介紹另一種結構更緊密的電晶體，稱為金氧半導體場效電晶體（metal oxide semiconductor field-effect transistor，MOSFET），可用於許多現代半導體元件系統中。

11.6.1 微電子平面型雙載子電晶體

微電子平面型雙載子電晶體是直接製造在矽單晶圓的表面，只需用到矽晶圓的一面。圖 11.35 為一個 npn 雙載子電晶體的截面圖示。在其製造過程中，一個相當大的 n 型矽島會先在 p 型矽基質上形成，然後，較小的 p 型及 n 型矽島會製造在較大的 n 型島上（見圖 11.35）。透過這種方式，npn 型雙載子電晶體的三個基本部位（射極、基極和集極）即可在平面配置形成。因此，如上一節所描述的 npn 雙載子電晶體（見

圖 11.32），射極－基極接面為順向偏壓，而基極－集極接面則為反向偏壓。當射極向基極注入電子時，大部分的電子會進入基極，只有少數（約 1% 至 5%）會和來自基極端的電洞進行再結合。因此，微電子平面型雙載子電晶體也可應用在電流放大器，就像個別巨觀的雙載子電晶體一樣。

11.6.2 微電子平面型場效電晶體

現今有許多微電子系統也大量使用稱為場效電晶體（field-effect transistor，FET）的另一種電晶體，因為其成本低且密集度高。美國最常用的場效電晶體是 n 型金氧半導體場效電晶體（n-type metal oxide semiconductor field-effect transistor）。n 型 MOSFET 簡稱 NMOS，是在 p 型矽基層上製造出兩塊 n 型矽島，如圖 11.36 所示。在 NMOS 元件中，電子進入點稱

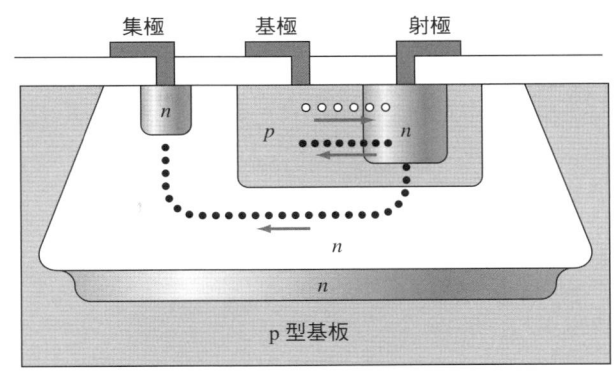

圖 11.35 微電子平面型雙載子電晶體是製造在矽單晶圓的表面，只需用到矽晶圓的一面。整塊晶片摻雜 p 型雜質，然後形成 n 型矽島。然後較小的 p 型及 n 型矽島會在這些島內被製造出來，以界定此電晶體的三個部分：射極、基極與集極。在此微電子雙載子電晶體中，射極－基極接面為順向偏壓，而基極－集極接面則為反向偏壓，就像在圖 11.32 的獨立 npn 電晶體例子一樣。此元件展現增益功能，因為對基極施加一個小訊號即可控制集極的一個大訊號。

（資料來源：J. D. Meindl, "Microelectronic Circuit Element," *Scientific American*, September 1977, p. 75.）

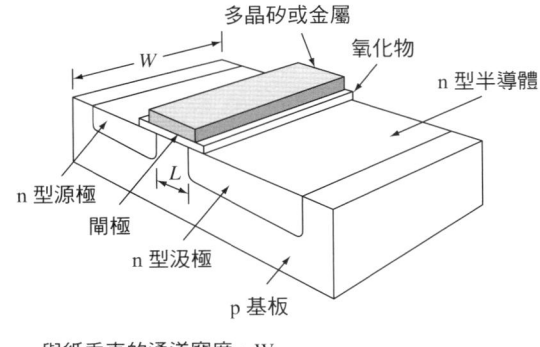

圖 11.36 圖示 NMOS 場效電晶體：(a) 為整體結構，(b) 為截面圖。

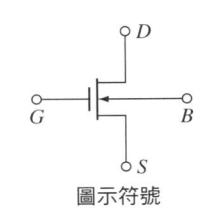

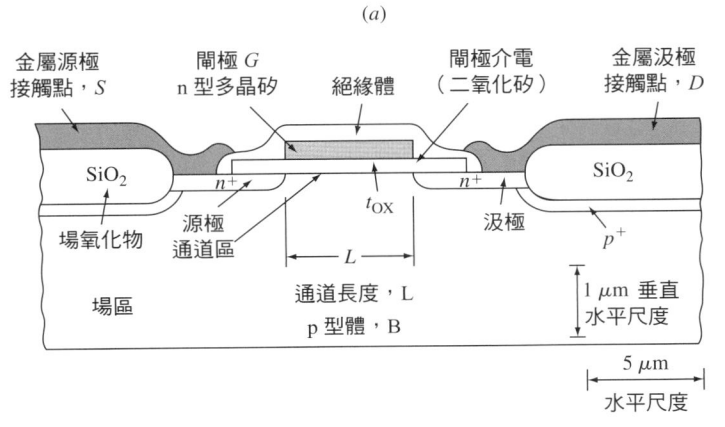

（資料來源：D. A. Hodges and H. G. Jackson, "*Analysis and Design of Digital Integrated Circuits*," McGraw-Hill, 1983, p. 40.）

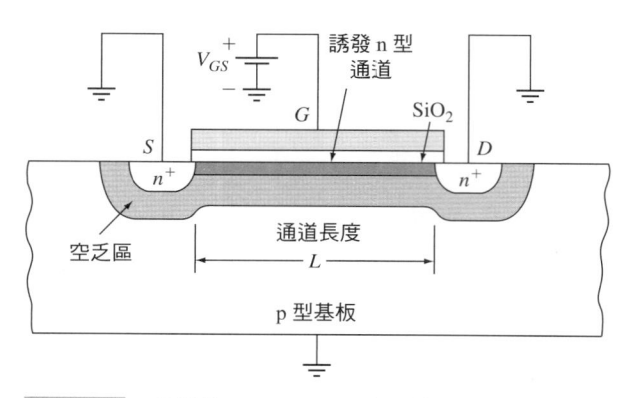

圖 11.37 理想的 NMOS 元件截面被施以正閘極－源極電壓（V_{GS}），圖中顯示出空乏區與誘發通道。
（資料來源：*D. A. Hodges and H. G. Jackson, "Analysis and Design of Digital Integrated Circuits," McGraw-Hill, 1983, p. 43.*）

為源極（source），離開點稱為汲極（drain）。在 n 型矽的源極和汲極之間為一 p 型區域，其上表面上有一層薄的二氧化矽絕緣體。二氧化矽上還沉積一層複晶矽（或金屬）作為電晶體的第三個接點，稱為閘極（gate）。由於二氧化矽為極佳的絕緣體，因此閘極連接處並不會和氧化物下方的 p 型矽直接有電接觸。

簡單型的 NMOS 在閘極並無施加電壓的情況下，位於閘極下方的 p 型材料多數載子為電洞，只有極少數電子會被汲極吸引。不過，一旦對閘極施加正電壓，其電場會從附近的 n^+ 源極和汲極區域吸引電子到二氧化矽底下的薄層，正好在閘極下，因此使得此區域變成 n 型矽，而且電子是主要載子（見圖 11.37）。當電子存在於此通道上時，源極與汲極間即出現導通路徑，只要源極與汲極間有正電壓差，電子就會在它們之間流動。

MOSFET 和雙載子電晶體一樣，也能放大電流。MOSFET 元件的增益通常是以電壓比值來表示，而不像雙載子電晶體是用電流比值來表示。主要載子為電洞的 p 型 MOSFET 可用類似的方式製造，在 n 型矽基層上分別製造出 p 型區的源極與汲極。由於 NMOS 元件的電流載子是電子，PMOS 元件內的電流載子為電洞，它們被稱為多數載子元件（majority carrier device）。

MOSFET 技術是大多數大型積體（LSI）數位記憶電路的基礎，主要是因為單一 MOSFET 在矽晶片上所占的面積比雙載子電晶體小，所以能夠製造出密度較高的電晶體。而且，MOSFET LSI 的製造成本比雙載子電晶體低。不過，有些用途還是需要用到雙載子電晶體。

11.6.3 微電子積體電路的製造

微電子積體電路的設計必須從大尺度開始，通常會利用電腦輔助設計（CAD）以找出最節省空間的設計（見圖 11.38）。在最常見的製程中，布局圖（layout）會被用來準備光罩（photomask）組，每一組都包含完成的多層

圖 11.38 工程師正在布局積體電路網路。
（資料來源：*Harris Corporation.*）

積體電路中單一層的電路圖案（見圖 11.39）。

光刻法 將微積體電路圖案從光罩轉印到積體電路矽晶圓表面的製程稱為光刻法（photolithography）。圖 11.40 列出在矽表面上形成包含裸露矽基層圖案的二氧化矽絕緣層所需的步驟。在圖 11.40 步驟 2 所示的一種光刻法過程中，晶圓的氧化表面上先塗上一層光阻劑（photoresist），這是一種光敏感的高分子材料。光阻劑的重要特性是，它在某些特定溶劑中的溶解度會受紫外線（UV）曝射程度而有明顯

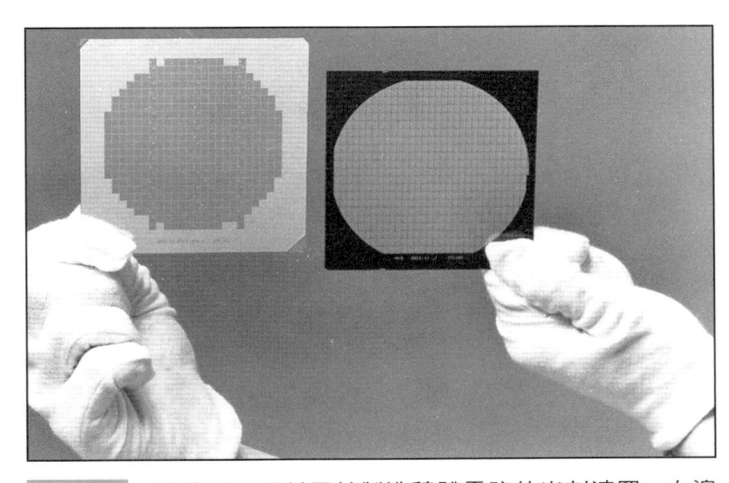

圖 11.39 照片顯示兩種用於製造積體電路的光刻遮罩。左邊的是較耐久的鉻質光罩，可用於生產時間較長，並可用以生產如右邊的乳膠質光罩。乳膠質光罩較為便宜且通常用於生產時間較短，如原型的製造上。

（資料來源：*ON semiconductor.*）

的影響。經過 UV 曝射（見圖 11.40 的步驟 3）及後續流程後，在光罩不透明處會殘留 UV 輻射沒照到的光阻劑形成的圖案（見圖 11.40 的步驟 4）。接著，矽晶圓會浸入氫氟酸溶液，而氫氟酸只會攻擊裸露的二氧化矽，而不會影響光阻劑（見圖 11.40 的步驟 5）。最後，晶圓上的光阻劑會利用化學處理去除（見圖 11.40 的步驟 6）。現在的光刻法技術已進步到能複製表面尺寸至約 0.5 μm。

矽晶圓表面摻雜物的擴散與離子植入 想在積體電路中形成雙載子（bipolar）或是 MOS 電晶體主動電路元件，就必須在矽基層上選擇性地加入雜質以產生局部的 n 型或 p 型區域。主要有兩種技術：(1) 擴散（diffusion）；(2) 離子植入（ion implantation）。

擴散法 雜質原子會在高溫的情況下擴散進入矽晶圓，約 1000°C 至 1100°C。重要的摻雜物，像是硼和磷，擴散進入二氧化矽的速率比進入矽晶格慢許多。薄二氧化矽圖案可以阻擋摻雜原子進入其下方的矽基層（見圖 11.41a）。因此，舉例來說，整疊矽晶圓可被置入溫度高達 1000°C 至 1100°C、空氣中含磷（或硼）氣體的擴散爐。磷原子會進入裸露的矽表面，緩緩地擴散到晶圓內部，如圖 11.41a 所示。

控制擴散濃度和穿透深度的重要變數是溫度和時間。為了達到對濃度的最大控制，大部分的擴散作業會分兩個步驟進行。第一步會先將濃度相當高的摻雜原子在晶圓表面附近沉積，稱為預先沉積（predeposit）。接著，晶圓會被移到另一個爐，通常溫度會更高，使摻雜原子在矽晶圓表面下特定深度可達到所需要的濃度；此步驟稱為驅入擴散（drive-in diffusion）。

材料科學精要

離子植入技術 另一種選擇性摻雜積體電路矽晶圓的方式為離子植入技術（見圖 11.41b），其優點是可在室溫下進行。在此過程中，摻雜原子會離子化（即原子被移去電子形成離子），然後離子會受到 50 至 100 kV 的電壓差而加速至高能量。當離子撞擊矽晶圓表面時，會依其本身的質量、能量以及矽表面的保護類型而嵌入不同深度。光阻劑或二氧化矽圖案均可遮蔽表面不需要植入離子的區域。加速的離子會破壞矽晶格，但多半都可以藉由在適當溫度下的退火處理而還原。當摻雜的濃度需精準控制時，離子植入製程很有用。另外，離子植入還可以使摻雜雜質穿過氧化薄層，使得 MOS 電晶體的臨限電壓（threshold voltage）得以被調整。離子植入法可容許 NMOS 及 PMOS 電晶體在同一晶圓上製造。

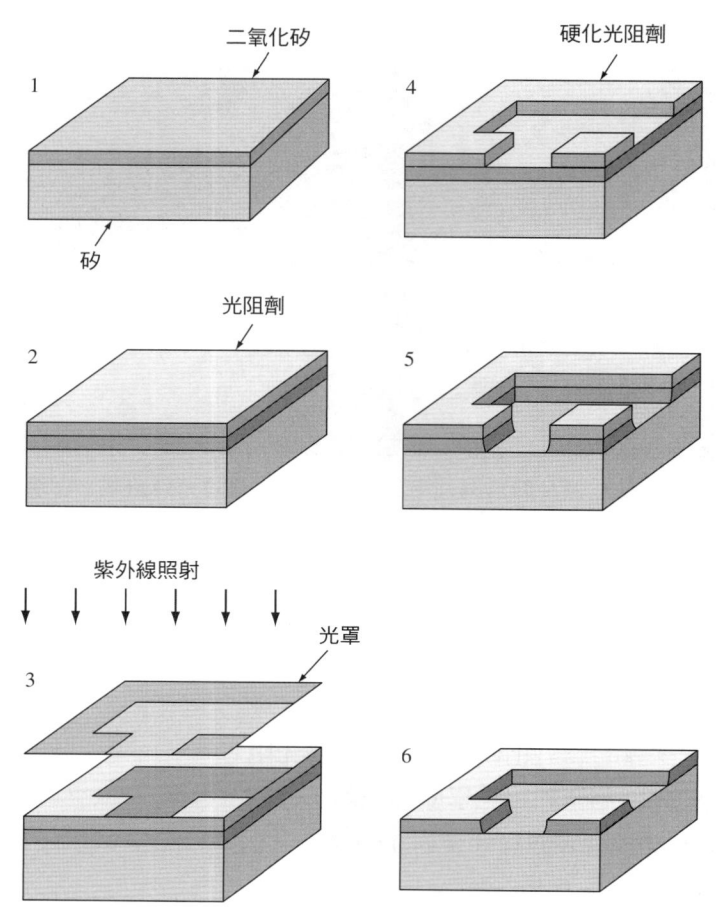

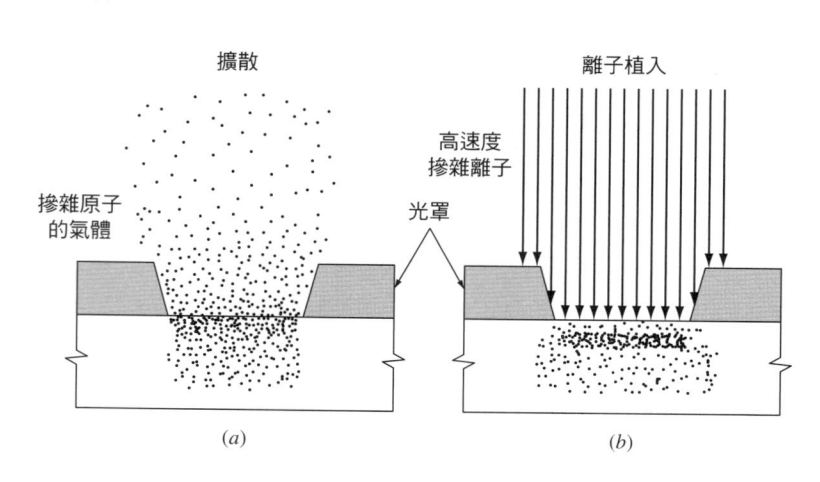

圖 11.40 光刻法製程步驟。在此製程中，可將微機體電路圖案從光罩轉印到真正電路的材料層。本圖顯示一圖案被蝕刻到一矽晶圓表面上的二氧化矽層。(1) 首先將氧化的晶圓塗上一層稱為光阻劑的光敏感材料；(2) 然後透過光罩曝射於紫外線下；(3) 曝射後在光罩的不透明處會殘留沒照到紫外線輻射的光阻劑所形成的圖案；(4) 接著將晶圓浸入氫氟酸溶液，只會攻擊裸露的二氧化矽；(5) 留下光阻劑的圖案和不受影響的矽基層；(6) 最後，透過化學處理將光阻劑的圖案去除。

（資料來源：© George V. Kelvin.）

圖 11.41 裸露的矽表面進行選擇性的摻雜製程：(a) 雜質原子的高溫擴散法；(b) 離子植入技術。

（資料來源：S. Triebwasser, "Today and Tomorrow in Microelectronics," from the Proceedings of an NSF Workshop held at Arlie, VA., Nov. 19-22, 1978.）

11.7 化合物半導體
Compound Semiconductors

許多由不同元素組成的化合物都是半導體。MX 型是一種半導體化合物，其中的 M 為偏向正電性的元素，X 為偏向負電性的元素。MX 型半導體化合物中最重要的兩族為 III-V 族與 II-VI 族化合物，分別由週期表中鄰近 IVA（4A）族的元素所組成（見圖 11.42）。III-V 族半導體化合物是由 M 型的第 III 族元素（如 Al、Ga、In）和 X 型的第 V 族元素（如 P、As、Sb）所組成。II-VI 族化合物則是由 M 型的第 II 族元素（如 Zn、Cd、Hg）和 X 型的第 VI 族元素（如 S、Se、Te）所組成。

表 11.6 列出一些化合物半導體的部分電性，可由此看出：

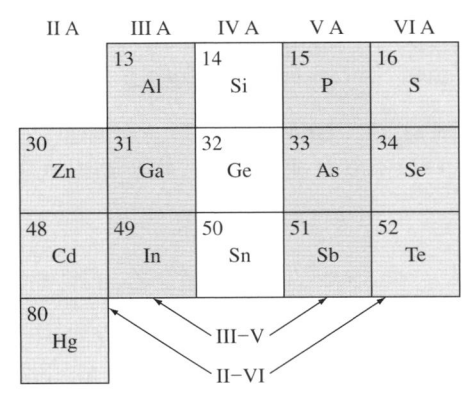

圖 11.42 含有用以組成 MX 型 III-V 族和 II-VI 族半導體化合物的元素的週期表部分。

1. 同族化合物愈往週期表下方移動，分子量愈大，能隙愈低，電子移動率也就愈高（GaAs 與 GaSb 例外），晶格常數也愈高。一般來說，較大且重的原子之電子更容易自由移動，較不受原子核束縛，因此能隙較小，電子移動率也較高。

2. 在週期表上，從 IVA（4A）族元素橫移到 III-V 族和 II-VI 族的材料時，愈見明顯的離子鍵特徵，使得能隙增加而電子移動率降低。更強的離子鍵會使電子更加受到正離子電荷的束縛，因此 II-VI 族化合物的能隙比類似的 III-V 族化合物更大。

表 11.6 本質半導體化合物在室溫（300K）下的電性

族	材料	E_g eV	μ_n m²/(V·s)	μ_p m²/(V·s)	晶格常數	n_i 載子/m³
IVA	Si	1.10	0.135	0.048	5.4307	1.50×10^{16}
	Ge	0.67	0.390	0.190	5.257	2.4×10^{19}
III-VA	GaP	2.25	0.030	0.015	5.450	
	GaAs	1.47	0.720	0.020	5.653	1.4×10^{12}
	GaSb	0.68	0.500	0.100	6.096	
	InP	1.27	0.460	0.010	5.869	
	InAs	0.36	3.300	0.045	6.058	
	InSb	0.17	8.000	0.045	6.479	1.35×10^{22}
IIA-VIA	ZnSe	2.67	0.053	0.002	5.669	
	ZnTe	2.26	0.053	0.090	6.104	
	CdSe	2.59	0.034	0.002	5.820	
	CdTe	1.50	0.070	0.007	6.481	

資料來源：*W. R. Runyun and S. B. Watelski, in C. A. Harper (ed.), Handbook of Materials and Processes for Electronics, McGraw-Hill, New York, 1970.*

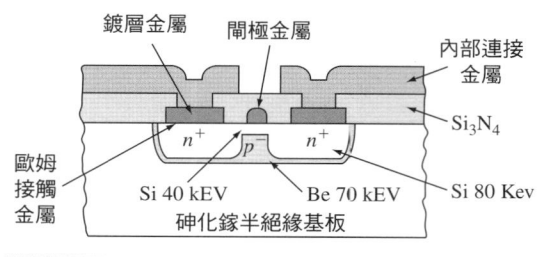

圖 11.43 GaAs MESFET 之截面圖。
（資料來源：*A. N. Sato et al., IEEE Electron. Devices Lett.,* **9**(5):238 (1988).）

砷化鎵（GaAs）是最重要的化合物半導體，廣用於許多的電子元件中，像是微波電路的離散組件。現今有很多數位積體電路都有用到 GaAs。GaAs 金屬半導體場效電晶體（metal-semiconductor field-effect transistor, MESFET）是最被廣為使用的 GaAs 電晶體（見圖 11.43）。

作為高速數位積體電路使用的元件，GaAs MESFET 提供了許多矽電晶體所沒有的優點，像是：

1. 電子在 n 型 GaAs 中行進的速度較快，從電子在 GaAs 比在 Si 中有更快的移動率即可看出（GaAs 的 $\mu_n = 0.720 \ m^2/(V \cdot s)$，Si 的 $\mu_n = 0.135 \ m^2/(V \cdot s)$）。
2. 由於 GaAs 的能隙較大（約為 1.47 eV），而且又沒有臨界閘極氧化物，它的抗輻射能力被視為較好，這對於太空和軍事方面的應用很重要。

可惜的是，GaAs 技術有一個很大的限制，就是用它製造的複雜 IC 電路的良率比用矽來得低很多，因為 GaAs 基材的缺陷比矽多。製造 GaAs 基材的成本也比矽高。不過，GaAs 的使用仍在日益擴大中。

11.8 陶瓷的電子性質
Electrical Properties of Ceramics

很多電子和電機的應用都會用到陶瓷材料。有許多種陶瓷會被用來作為高壓及低壓電流的絕緣體。陶瓷材料也常見於各種電容，尤其是微型電容。另外有種稱為壓電陶瓷（piezo-electrics）的陶瓷材料能將微弱的壓力訊號轉為電子訊號，反之亦可。

在探討不同種類陶瓷材料的電性前，讓我們先來看絕緣體（又稱介電質）的一些基本特性。

11.8.1 介電質的基本特性

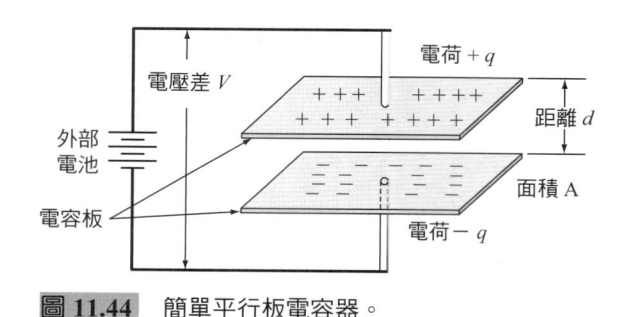

所有絕緣體或**介電質**（**dielectric**）都有三個重要的共同特性：(1) 介電常數（dielectric constant）；(2) 介電崩潰強度（dielectric breakdown strength）；(3) 損失因子（loss factor）。

介電常數 圖 11.44 顯示一面積 A 且相距 d 的簡單平行金屬板**電容器**（**capacitor**）。假設兩板間為真空。若在平板上施加電壓 V，一平板即會

圖 11.44 簡單平行板電容器。

帶正電荷 $+q$，另一平板則會帶負電荷 $-q$。電荷 q 和電壓 V 成正比，可以寫成：

$$q = CV \quad \text{或} \quad C = \frac{q}{V} \qquad (11.20)$$

其中 C 是比率常數，為該電容器的**電容值**（capacitance），SI 制單位是庫倫／伏特（C/V）或法拉（farad, F），因此：

$$1 \text{ 法拉} = \frac{1 \text{ 庫倫}}{\text{伏特}}$$

由於法拉是很大的電容單位，比一般電路的單位大許多，因此常用的電容單位是皮法拉（picofarad, 1 pF = 10^{-12} F）或微法拉（microfarad, 1 μF = 10^{-6} F）。

電容器的電容值衡量其儲存電荷的能力。電容器上、下板上儲存的電荷愈多，電容值就愈高。

平行板面積比二平板間的距離大上許多的電容器，其電容值 C 可以寫成：

$$C = \epsilon_0 \frac{A}{d} \qquad (11.21)$$

其中 $\epsilon_0 =$ 自由空間電容率（permittivity of free space）= 8.854×10^{-12} F/m。

當兩平行板間的空間填滿介電質（電絕緣體）時（見圖 14.45），電容器的電容值會增加一個因子 κ，稱為介電質的**介電常數**（dielectric constant）。對電容板之間充滿介電質的平行板電容器而言：

$$C = \kappa \epsilon_0 \frac{A}{d} \qquad (11.22)$$

表 11.7 列出了一些陶瓷絕緣材料的介電常數。

在給定電壓及給定體積下，只要存在介電質，儲存於電容器的能量會按介電常數因子增加。如果材料的介電常數很高，即便體積很小的電容器也能有很高的電容值。

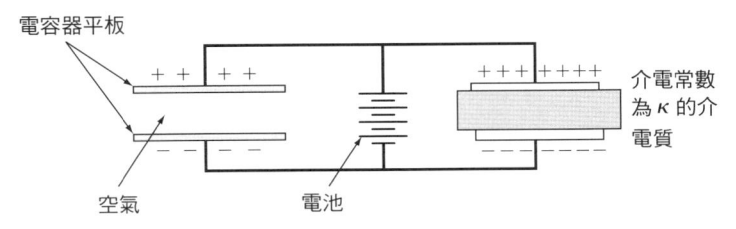

圖 11.45 施加相同電壓下的兩個平行板電容器。右邊的電容器有一個介電質（安插至兩平板間的絕緣體），結果使得在平板上的電荷增加一個因子 κ，比沒有介電質的電容器平板上的電荷來得高。

介電強度　除了介電常數外，**介電強度**（dielectric strength）是衡量介電質的另一個重要參數，量測材料在高電壓下儲存能量的能力。介電強度被定義為在失效發生時，每單位長度的電壓值（電場或是電壓梯度），亦即在材料電崩潰前的最大電場值。

介電強度最常使用的單位是 V/mil（1 mil = 0.001 in.）或 kV/mm。如果施加於介電質的電位差過大，企圖通過介電質的電子或離子所受到的應力可能超過介電強度，導致介電質崩潰，進而形成電流（電子）通道。表 11.7 列出了一些陶瓷絕緣體材料的介電強度。

介電損失因子　若維持電容器電荷所使用的電壓為正弦波交流電，當電容平板之間為無損耗介電質時，電流相位會領先電壓 90°。然而如果電容器使用真正的介電質，則電流相位會領先電壓 90° $-\delta$，而角 δ 稱為介電損失角（dielectric loss angle）。$\kappa \tan \delta$ 的乘積稱為損失因子（loss factor），量測在交流電路中電容器損失的電能（熱能形式）。表 11.7 中列出了一些陶瓷絕緣材料的介電損失因子。

表 11.7　一些陶瓷絕緣體材料的電性質

材料	容積電阻率 ($\Omega \cdot m$)	介電強度 V/mil	介電強度 kV/mm	介電常數 κ 60 Hz	介電常數 κ 10^6 Hz	損失因子 60 Hz	損失因子 10^6 Hz
電絕緣瓷	10^{11}-10^{13}	55-300	2-12	6	...	0.06	
凍石絕緣體	>10^{12}	145-280	6-11	6	6	0.008-0.090	0.007-0.025
鎂橄欖石瓷絕緣體	>10^{12}	250	9.8	...	6	...	0.001-0.002
氧化鋁瓷絕緣體	>10^{12}	250	9.8	...	9	...	0.0008-0.009
玻璃	...	...	...	...	7.2	...	0.009
熔矽石	...	8	...	...	3.8	...	0.00004

資料來源：*Materials Selector, Mater. Eng.*, December 1982.

例題 11.8

一簡單平行板電容器被設計為在 8000 伏特的電壓下可儲存 5×10^{-6} 庫侖的電量，而兩板的間距是 0.30 mm。計算兩板間的介電質為以下情況時，平行板的面積必須為多少：(a) 真空時（$\kappa = 1$）；(b) 含氧化鋁時質（$\kappa = 9$）（$\epsilon_0 = 8.85 \times 10^{-12}$ F/m）。

解

$$C = \frac{q}{V} = \frac{5.0 \times 10^{-6} \text{ C}}{8000 \text{ V}} = 6.25 \times 10^{-10} \text{ F}$$

$$A = \frac{Cd}{\epsilon_0 \kappa} = \frac{(6.25 \times 10^{-10} \text{ F})(0.30 \times 10^{-3} \text{ m})}{(8.85 \times 10^{-12} \text{ F/m})(\kappa)}$$

a. 真空時，$\kappa = 1$：$A = 0.021 \text{ m}^2$
b. 含氧化鋁時，$\kappa = 9$：$A = 2.35 \times 10^{-3} \text{ m}^2$

由本題可知，插入具高介電常數的材料可明顯減少所需的平行板面積。

11.8.2　陶瓷絕緣材料

陶瓷材料的一些電與機械性質使其尤其適合電子工業的絕緣體應用。陶瓷材料的離子與共價鍵結限制了電子與離子的移動，使得陶瓷材料成為很好的絕緣體。這些鍵結使得大多數陶瓷材料的強度佳，但也很脆。電子等級陶瓷材料的化學組成與顯微結構比結構用陶瓷（如磚與瓦）需要更精密地控制。以下將討論幾種絕緣陶瓷材料的一些結構和性質。

電絕緣瓷（electric porcelain）　典型的電絕緣瓷包含大約 50% 的黏土（$Al_2O_3 \cdot 2SiO_2 \cdot 2H_2O$）、25% 的矽石（$SiO_2$）以及 25% 的長石（$K_2O \cdot Al_2O_3 \cdot 6SiO_2$）。這種材料組合的生坯塑性佳、燒結溫度範圍大，而且成本低。但是因高移動性鹼金屬離子之故，它們的缺點是其電能損失因子比其他電絕緣材料高（見表 11.7）。

塊滑石（steatite）　塊滑石瓷是良好的電絕緣體，因為其電能損失因子與水分吸收性低，衝擊性也佳，因此廣泛應用於電子和電器用品工業。工業塊滑石的成分是 90% 的滑石（$3MgO \cdot 4SiO_2 \cdot 2H_2O$）和 10% 的黏土。燒過後的塊滑石微結構是由玻璃基質結合的頑火輝石（$MgSiO_3$）晶體所組成。

鎂橄欖石（fosterite）　鎂橄欖石的化學式是 Mg_2SiO_4，玻化時不含鹼金屬離子，因此當溫度升高時，相較於塊滑石絕緣體，鎂橄欖石的電阻會較高，電能損失會較低。在高頻時，鎂橄欖石的介電損失也較低（見表 11.7）。

氧化鋁（alumina）　氧化鋁陶瓷是由玻璃相基質結合氧化鋁（Al_2O_3）結晶相所組成。無鹼金屬的玻璃相是由黏土、滑石和鹼土金屬的混合產物化合而成，且通常也沒有鹼金屬離子。氧化鋁陶瓷的介電強度高、介電損失低，而強度也相對高。燒結氧化鋁（99% 的 Al_2O_3）常用來當作電子元件的基質，因為其介電損失低且表面光滑。氧化鋁也應用在超低損失零件，當有必要讓大量的能量穿過陶瓷窗時，例如雷達罩。

11.8.3　電容器的陶瓷材料

陶瓷材料常用來作為電容器的介電材料。最常見的陶瓷電容器是盤形陶瓷電容器（見圖 11.46）。這些體積很小的盤形陶瓷電容器主要是鈦酸鋇（$BaTiO_3$）和其他添加物（見表 11.8），因為 $BaTiO_3$ 的介電常數高達 1200 至 1500，而在加入添加物後，其介電常數值更可增加至數千。圖 11.46b 顯示製造盤形陶瓷電容器的一種流程。這種電容器的圓盤上下部都有一層銀為電容器提供了金屬「板」。為了要用最小尺寸得到最高電容量，目前已經開發出小型多層式的陶瓷電容。

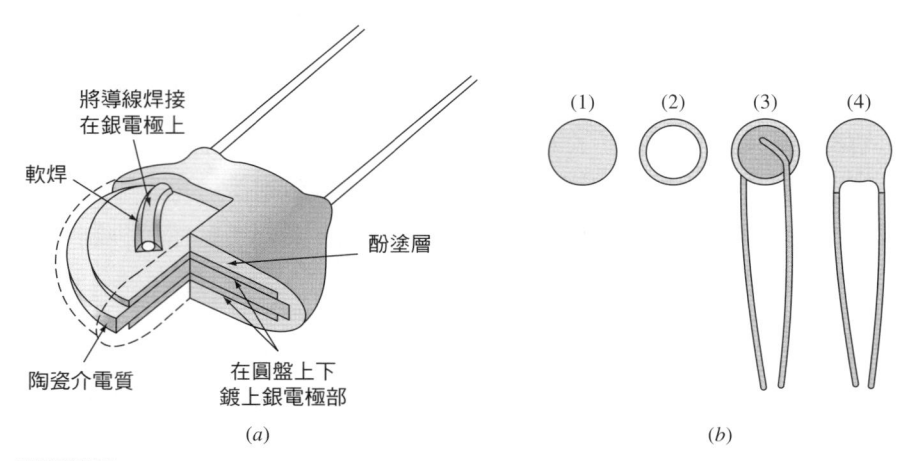

圖 11.46 陶瓷電容器。(a) 顯示構造的剖面圖。

(資料來源 (a)：*Courtesy of Sprague Products Co.*;)

(b) 製造步驟：(1) 燒結後的陶瓷圓盤；(2) 塗上銀電極後；(3) 焊接鉛線後；(4) 塗上加酚塗層後。

(資料來源 (b)：*Used by permission of Radio Materials Corporation.*)

表 14.8 電容器中一些陶瓷介電材料的成分組成

介電常數 κ	公式
325	$BaTiO_3 + CaTiO_3$ + 低百分比 $Bi_2Sn_3O_9$
2100	$BaTiO_3$ + 低百分比 $CaZrO_3$ 和 Nb_2O_5
6500	$BaTiO_3$ + 低百分比 $CaZrO_3$ 或 $CaTiO_3 + BaZrO_3$

資料來源：C. A. Harper (ed.), *Handbook of Materials and Processes for Electronics*, McGraw-Hill, 1970, pp. 6-61.

11.9 奈米電子學
Nanoelectronics

自從有了掃描探針顯微鏡（scanning probe microscope, SPM）技術後，研究奈米材料和元件的能力已大幅提升。只要改變在掃描穿隧顯微鏡（scanning tunneling microscope, STM）尖頭和表面間施加的電壓，科學家即可拿起原子（或原子簇）並控制它在表面的位置。例如，科學家已使用 STM 在矽表面的特定位置創造懸空（不完全）鍵結。接著，樣品表面被暴露在特定氣體分子中後，這些懸鍵便可成為分子吸附處。在控制懸鍵與吸附分子的表面位置後，即可進行奈米級的分子電子設計。另一個在 STM 使用奈米技術的例子是形成量子圍欄。STM 被用來將金屬原子在表面定位成圓形或橢圓形。由於電子受限於金屬原子路徑，量子圍欄會因此而形成，代表電子波的「熱區」，像是盤形天線的熱區電磁波。圍欄大小約數十奈米。若將一個磁性原子（像是鈷原子）放置在橢圓形區域的其中一個焦點的話，它的一些特性便會出現在另一個焦點（見圖 11.47）。然而從另一方面來看，倘若此原子並非放在焦點位置，則其屬性將不會在圍欄內的其他任何地方出現。

圖 11.47 圖中顯示單一鈷原子被放置在 36 個鈷原子圍成的橢圓量子圍欄其中的一個焦點上（左峰）。之後它的某些特性會出現在沒有原子存在的另一個焦點上（右峰）。

（資料來源：*IBM Research.*）

11.10 名詞解釋　*Definitions*

11.1 節

電流（electric current）：每秒鐘通過的電荷量，以 i 為代表。SI 制中的電流單位是安培（1 A = 1 C/s）。

電阻（electrical resistance, R）：電流通過體積材料的困難度。電阻與通過路徑的長度成正比，與電流通過的截面積成反比。SI 制單位：歐姆（Ω）。

電阻率（electrical resistivity, ρ_e）：電流通過單位體積材料的困難度。$\rho_e = RA/l$，其中 $R =$ 材料的電阻，Ω；$l =$ 材料的長度，m；$A =$ 材料的截面積，m^2。SI 制單位：$\rho_e =$ 歐姆－米（$\Omega \cdot m$）。

導電係數（electrical conductivity, σ_e）：電流通過單位體積材料的容易度。單位：$(\Omega \cdot m)^{-1}$。σ_e 是 ρ_e 的倒數。

導電體（electrical conductor）：具高導電係數的材料。銀就是好的導電體，其 $\sigma_e = 6.3 \times 10^7 (\Omega \cdot m)^{-1}$。

電絕緣體（electrical insulator）：具低導電係數的材料。聚乙烯就是差的導電體，其 $\sigma_e = 10^{-15}$ 至 $10^{-17} (\Omega \cdot m)^{-1}$。

半導體（semiconductor）：導電係數大約介於好的導電體與絕緣體之間的材料。例如純矽就是半導體元素，其在 300 K 時，$\sigma_e = 4.3 \times 10^{-4} (\Omega \cdot m)^{-1}$。

電流密度（electric current density, J）：每單位面積通過的電流量。SI 制單位：安培／平方公尺（A/m^2）。

11.2 節

能帶模型（energy-band model）：在此模型中，固體原子的價電子能量成帶狀能量分布。例如，鈉的

3s 價電子形成 3s 能帶；由於鈉只有一個 3s 電子（3s 軌域可以容納兩個電子），因此鈉金屬的 3s 能帶為半填滿。

價電帶（valence band）：包含價電子的能帶。導電體的價電帶也是傳導帶。金屬導體的價電帶並未填滿，所以一些電子可以被激發至價電帶中的能階，成為傳導電子。

傳導帶（conduction band）：未填滿的能階，可接受被激發成為傳導電子的電子。在半導體和絕緣體中，填滿的低能量價電帶和空的高能量傳導帶之間存有能隙。

11.3 節

本質半導體（intrinsic semiconductor）：可視為純的半導體材料，其能隙小到（約 1 eV）只要熱激發即可跨過；傳導帶內的電荷載子是電子，價電帶內的是電洞。

電子（electron）：負電荷載子，電荷量為 1.60×10^{-19} C。

電洞（hole）：正電荷載子，電荷量為 1.60×10^{-19} C。

11.4 節

n 型（負型）外質半導體〔n-type extrinsic semiconductor〕：摻雜了 n 型元素的半導體（如矽內摻雜了磷）。n 型雜質原子提供能量接近傳導帶的電子。

施體能階（donor level）：在能帶理論中，接近傳導帶的能階。

受體能階（acceptor level）：在能帶理論中，接近價電帶的能階。

p 型（正型）外質半導體〔p-type extrinsic semiconductor〕：摻雜了 p 型元素的半導體（如矽摻雜了鋁）。p 型雜質原子提供能量略高於價電帶最高層能階的電洞。

多數載子（majority carrier）：半導體內濃度最多的電荷載子；n 型半導體的多數載子為傳導電子，p 型半導體的多數載子為傳導電洞。

少數載子（minority carrier）：半導體內濃度最少的電荷載子；n 型半導體的少數載子為電洞，p 型半導體的少數載子為電子。

11.5 節

pn 接面（pn junction）：在半導體單晶內分隔 p 型與 n 型區域的介面。

偏壓（bias）：施於電子元件兩極的電壓。

順向偏壓（forward bias）：在 pn 接面，朝導電方向施予的偏壓；在順向偏壓的 pn 接面，多數載子電子與電洞流向接面而產生大電流。

反向偏壓（reverse bias）：在 pn 接面施予偏壓以產生微量電流；在反向偏壓的 pn 接面，多數載子電子與電洞流離開接面。

整流二極體（rectifier diode）：可將交流電轉成直流電的 pn 接面二極體（AC 到 DC）。

雙載子接面電晶體（bipolar junction transistor, BJT）：有三個部分、兩個接面的半導體元件。此三個部分分別是射極、基極和集極。雙載子接面電晶體（BJT）可以是 npn 或 pnp 型。射極－基極接面是順向偏壓，而集極－基極接面為反向偏壓，因此電晶體可當作電流放大器。

11.8 節

介電質（dielectric）：一種電絕緣材料。

電容器（capacitor）：由以多層介電材質相隔的傳導平板組成的電子元件，可儲存電荷。

電容值（capacitance）：電容器儲存電荷能力的量測值，以法拉為單位。電路中用的單位是皮法拉（1 pF = 10^{-12} F）和微法拉（1 μF = 10^{-6} F）。

介電常數（dielectric constant）：含介電質電容器的電容值與真空電容器電容值的比值。

介電強度（dielectric strength）：介電材料能導電時，每單位長度（電場）的電壓，也就是介電質在崩潰前可容忍的最大電場。

11.11 習題 *Problems*

知識及理解性問題

11.1 定義以下與金屬導體的電子流動有關的名詞：(a) 漂移速度；(b) 鬆弛時間；(c) 電子移動。

11.2 造成金屬的電阻率會隨著溫度上升而增加的原因為何？何謂聲子？

11.3 形成固溶體的元素對純金屬的電阻率有什麼影響？

11.4 能帶模型如何解釋絕緣體（例如純鑽石）的低導電係數？

11.5 解釋本質矽和鍺的導電係數為什麼會隨著溫度的升高而增加。

11.6 針對以下所列畫出顯示施體能階與受體能階的能帶圖：(a) 摻雜磷雜質原子的 n 型矽；(b) 摻雜硼雜質原子的 p 型矽。

11.7 說明在反向偏壓下，pn 接面二極體的多數載子和少數載子之移動情形。

11.8 何謂齊納二極體？此元件是如何運作的？請以一機制來解釋其運作。

11.9 什麼是介電質的介電常數？電容值、介電常數以及電容器的平板間的距離有什麼樣的關係？

11.10 什麼是介電材料的介電損失角和介電損失因子？為什麼不希望有高介電損失因子？

應用與分析問題

11.11 計算一直徑為 0.720 cm、長 0.850 m 的鐵棒在 20°C 時的電阻〔ρ_e (20 °C) = 10×10^{-6} Ω·cm〕。

11.12 一矽晶圓摻雜了 7.0×10^{21} 磷原子/m^3。計算 (a) 摻雜後的電子和電洞濃度；(b) 在 300 K 時的電阻率（假設 $n_i = 1.5 \times 10^{16}/m^3$，$\mu_n = 0.1350$）。

11.13 一摻雜了砷的矽晶圓在 27 °C 時的電阻率為 7.50×10^{-4} Ω·cm。假設為本質載子移動率而且完全離子化，試問：

(a) 多數載子的濃度（載子數/cm^3）為多少？

(b) 材料內硼與矽的原子比值為多少？

11.14 計算 GaAs 在 125 °C 時的本質導電係數是多少（E_g = 1.47 eV；μ_n = 0.720 m^2/(V·s)；μ_p = 0.020 m^2/(V·s)；$n_i = 1.4 \times 10^{12} m^{-3}$）。

11.15 一簡單平板電容器在 12000 V 電壓下可儲存 6.5×10^{-5} C 的電壓。假設平板面積為 $3.0 \times 10^{-5} m^2$，平板之間距為 0.18 mm，則兩平板間的介電材料之介電常數必須是多少？

CHAPTER 12

光的特性
Optical Properties

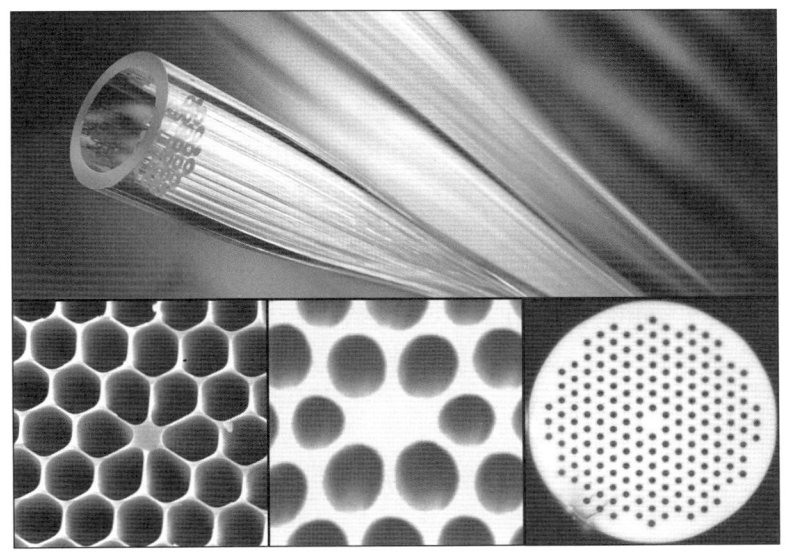

（資料來源：*Crystal Fibre A/S.*）

光子晶體纖維和一般正常的晶體結構很像，只是它重複模式尺度更大（微米範圍），而且只會橫向於纖維。要製造光纖，首先要堆疊許多二氧化矽玻璃管形成柱體。然後經過加溫，將柱體抽拉成直徑只有數十微米的細纖維。成形後的纖維構造呈蜂巢狀。由於它們結構的關係，光線可在這些纖維中以目前讓人還無法完全解釋的方式傳導。例如，光纖可容許某些特定頻率的光線通過，但會阻擋其他頻率的光線。此種特性可被應用於製造像是可調諧波長光源與光開關元件。上圖顯示的是一光晶體纖維的結構。上方是初成形的光纖管，而特定光纖管的橫切面則顯示於下方。[1]

---

[1] 資料來源：http://www.rikei.co.jp/dbdata/products/producte249.html.

12.1 介紹
Introduction

材料的光學特性在今日的高科技中非常重要。本章先介紹一些材料對光的折射、反射與吸收等基本知識,接著要探討材料如何與光交互作用而產生發光(luminescence)的相關原理與機制,然後會研究雷射輻射所引起的受激放射(stimulated emission)。我們也會檢視低光損耗光纖的發展如何促成了新的光纖通訊系統。

12.2 光與電磁光譜
Light and the Electromagnetic Spectrum

可見光是一種電磁輻射,波長約 0.40 至 0.75 μm(見圖 12.1)。可見光涵蓋的顏色範圍從紫色到紅色,如圖 12.1 中放大的部分所示。紫外線區域的波長涵蓋約 0.01 到 0.40 μm 的範圍,而紅外線區域則是從 0.75 到 1000 μm 之間的範圍。

光的真實本質可能永遠都是謎。不過,光被視為可形成波,且含稱為光子(photon)的粒子。其能量 ΔE、波長 λ 和頻率 v 可寫成以下基本關係式:

$$\Delta E = hv = \frac{hc}{\lambda} \tag{12.1}$$

其中 h 為普朗克常數(Planck's constant),值為 6.62×10^{-34} J·s。c 則為真空下的光速,值為 3.00×10^8 m/s。這些公式讓我們得以將光子視為能量 E 的粒子,或是具某特定波長與頻率的波。

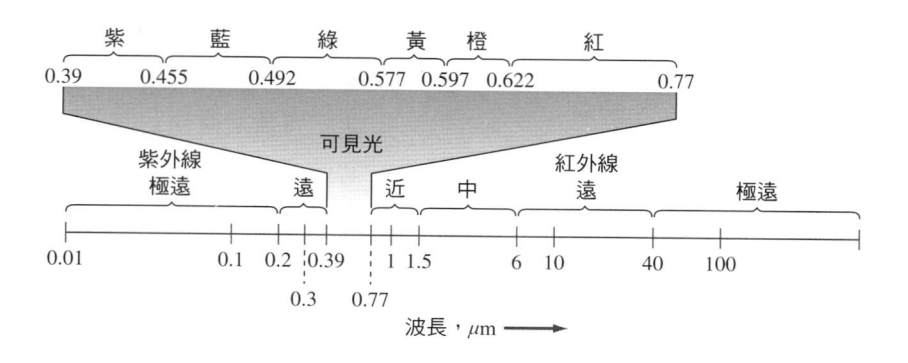

圖 12.1 從紫外線區到紅外線區的電磁光譜。

例題 12.1

ZnS 半導體內有一光子從低於傳導帶的 1.38 eV 雜質能階掉到價電帶中。在此轉移過程中光子所產生的輻射波長是多少？若為可見光，則此幅射為何種顏色？ZnS 的能隙為 3.54 eV。

解

光子從低於傳導帶的 1.38 eV 能階掉到價電帶的能源差是 3.54 eV - 1.38 eV = 2.16 eV。

$$\lambda = \frac{hc}{\Delta E} \tag{12.1}$$

其中 $h = 6.62 \times 10^{-34}$ J·s
$c = 3.00 \times 10^{8}$ m/s
1 eV $= 1.60 \times 10^{-19}$ J

因此，

$$\lambda = \frac{(6.62 \times 10^{-34} \text{ J·s})(3.00 \times 10^{8} \text{ m/s})}{(2.16 \text{ eV})(1.60 \times 10^{-19} \text{ J/eV})(10^{-9} \text{ m/nm})} = 574.7 \text{ nm} \blacktriangleleft$$

此光子的波長為 574.7 nm，是電磁光譜的可見黃光區。

12.3 光的折射
Refraction of Light

12.3.1 折射率

當光子穿越過透明的材料時，它們會損失一部分能量，造成光的速度降低，且會改變方向。圖 12.2 顯示一光束從空氣中進入密度較高的介質（例如普通玻璃）後會減緩，使得光束的入射角會大於折射角。

光線穿過介質的相對速度是以**折射率**（**index of refraction**）n 來表示。介質的 n 值被定義為真空中的光速 c 和介質中的光速 v 之比值：

$$\text{折射率 } n = \frac{c\,(\text{真空中的光速})}{v\,(\text{介質中的光速})} \tag{12.2}$$

表 12.1 列出一些玻璃和結晶固體的典型平均折射率，範圍落在 1.4 到 2.6 之間。多數矽酸鹽玻璃的 n 值是落在 1.5 至 1.7 之間。折射率極高（$n = 2.41$）的鑽石讓多平面鑽石得以閃爍光亮靠的就是多重內折射。$n = 2.61$ 的氧化鉛（密陀僧）被添加在矽酸鹽玻璃以提高其折射率，如此便可作為裝飾用途。材料的折射率是波長與頻率的函數。例如，燧石玻璃的折射率在波長為 0.40 μm 時為 1.60，在波長為 1.0 μm 時則為 1.57。

表 12.1	某些材料的折射率
材料	平均折射率
玻璃類：	
矽石玻璃	1.458
碳酸鈉－石灰－矽石玻璃	1.51-1.52
硼矽酸鹽（耐熱）玻璃	1.47
重燧石玻璃	1.6-1.7
結晶固體類：	
剛玉，Al_2O_3	1.76
石英，SiO_2	1.555
氧化鉛，PbO	2.61
鑽石，C	2.41
光學塑膠類：	
聚乙烯	1.50-1.54
聚苯乙烯	1.59-1.60
聚甲基丙烯酸甲酯	1.48-1.50
聚四氟乙烯	1.30-1.40

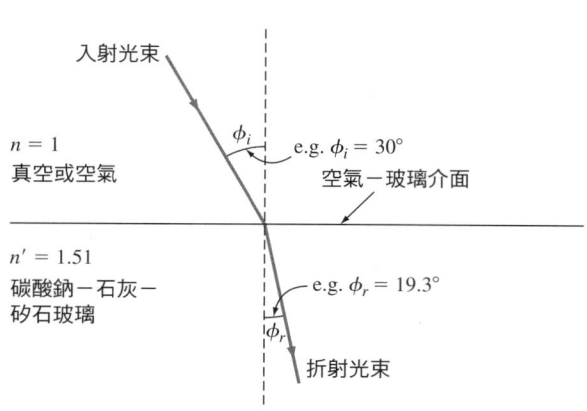

圖 12.2 光線從真空（空氣）進到碳酸鈉－石灰－矽石玻璃的折射。

12.3.2　斯涅爾定律

由折射率 n 的介質進入折射率 n' 的介質的光線折射率與入射角 ϕ、折射角 ϕ' 兩者的關係如下：

$$\frac{n}{n'} = \frac{\sin \phi'}{\sin \phi} \quad \text{（斯涅爾定律）} \tag{12.3}$$

當光線從高折射率進入低折射率的介質時，會存在一個臨界入射角 ϕ_c；入射角一旦大於 ϕ_c，光會全內反射（見圖 12.3）。臨界入射角 ϕ_c 被定義為 ϕ'（折射角）= 90°。

注意：我們在本章後面會看到，如果光纖的核心為高折射率玻璃，而外層包覆著低折射率玻璃，如此即可長距離傳導光，因為光持續在內部反射。

圖 12.3 圖中顯示光線從高折射率介質 n 進入低折射率介質 n' 會存在一個內反射的臨界入射角 ϕ_c。注意到射線 2 的入射角 ϕ_2 大於 ϕ_c，因此全部反射回高折射率介質內。

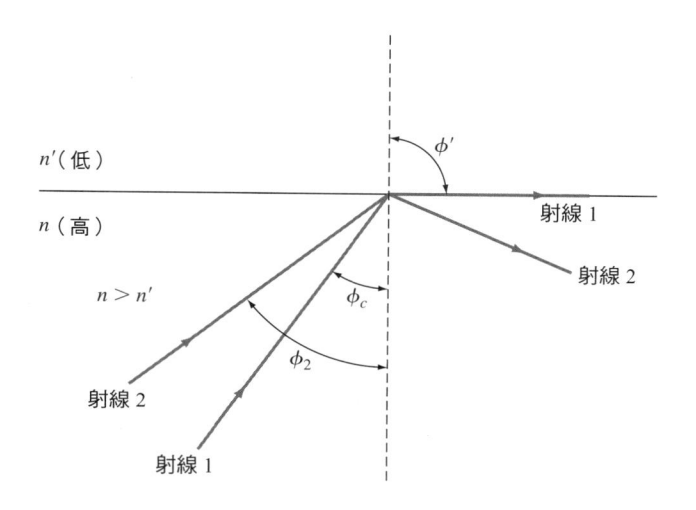

例題 12.2

光線由一平面碳酸鈉－石灰－矽石玻璃（$n = 1.51$）進入到空氣（$n = 1$），其全部反射的臨界入射角 ϕ_c 是多少。

解

利用斯涅爾定律〔式（12.3）〕：

$$\frac{n}{n'} = \frac{\sin \phi'}{\sin \phi_c}$$

$$\frac{1.51}{1} = \frac{\sin 90°}{\sin \phi_c}$$

(12.1)

其中 n = 玻璃的折射率
n' = 空氣的折射率
ϕ' = 全反射角 90°
ϕ_c = 全反射臨界角（未知）

$$\sin \phi_c = \frac{1}{1.51}(\sin 90°) = 0.662$$

$$\phi_c = 41.5° \blacktriangleleft$$

12.4 光線的吸收、穿透及反射
Absorption, Transmission, and Reflection of Light

每種材料多少都會吸收光線，因為光子會與材料的原子、離子或分子的電子與鍵結結構交互作用〔即**吸收率（absorptivity）**〕。某材料可容許多少光線穿透的分率取決於該材料對光的反射和吸收量。對波長 λ 來說，入射光的反射（reflection）、吸收（absorption）和穿透（transmission）比例的總和必須等於 1：

（反射分率）$_\lambda$ +（吸收分率）$_\lambda$ +（穿透分率）$_\lambda$ = 1　　　(12.4)

以下討論這些分率的值如何因材料而異。

12.4.1　金屬

除了截面非常薄，金屬材料會強烈反射及／或吸收波長範圍在長波（無線電波）至中段紫外線範圍內的入射輻射光。由於金屬的傳導帶與價電帶重疊，入射輻射可輕易將電子激發到較高能階。當電子一落回較低能階，光子能很低，而波長很長。此作用會導致金屬平滑表面有強烈的反射光線，在許多金屬（例如金和銀）都可觀察到。金屬吸收能量的多寡視各金屬的電子結構而定。例如，銅和金會吸收較多短波長的藍光和綠光，而反射波長較長的黃光、橙光、紅光等光線，使得這些金屬的平滑表面呈現其所反射光線的顏色。像是銀和鋁等其他金屬會強烈反射所有可見光，因此會呈現白「銀」色。

12.4.2 矽酸鹽玻璃

平板玻璃單面的光反射　入射光被拋光平面玻璃板單一表面反射的比例非常小。反射量主要是受到玻璃折射率 n 與光射進玻璃之入射角的影響。垂直入射光（即 $\phi_i = 90°$）被單一表面反射的分率 R〔稱作反射率（reflectivity）〕可由以下關係式求得：

$$R = \left(\frac{n-1}{n+1}\right)^2 \tag{12.5}$$

其中 n 是反射介質的折射率。對小於 $20°$ 的入射角，使用此公式可得好的近似值。使用式（12.5），$n = 1.46$ 的矽酸鹽玻璃的 R 值為 0.035，或是說反射百分率為 3.5%。

例題 12.3

計算一般入射光從折射率 1.46 的矽酸鹽玻璃拋光平滑表面的反射率。

解

使用式（12.5）且此玻璃的 n 值為 1.46，可求得

$$反射率 = \left(\frac{n-1}{n+1}\right)^2 = \left(\frac{1.46-1.00}{1.46+1.00}\right)^2 = 0.035$$

$$反射率\% = R(100\%) = 0.035 \times 100\% = 3.5\% \blacktriangleleft$$

平板玻璃的光吸收　由於玻璃會吸收傳遞光線的能量，因此當光路徑增長時，強度就會降低。無散射中心（scattering center）的玻璃片或板（厚度為 t）的入射光強度 I_0 和出射光強度 I 的關係可表示如下：

$$\frac{I}{I_0} = e^{-\alpha t} \tag{12.6}$$

其中常數 α 稱為線性吸收係數（linear absorption coefficient），若厚度以 cm 量測時，該係數的單位為 cm^{-1}。如以下例題所示，光穿過透明矽酸鹽玻璃平板時，被吸收而損失的能量很小。

例題 12.4

一般入射光射到厚度 0.50 cm、折射率 1.50 的拋光平板玻璃。當光線穿過玻璃板上下兩平面間時，被玻璃吸收的光分率為多少（$\alpha = 0.03$ cm^{-1}）？

解

$$\frac{I}{I_0} = e^{-\alpha t} \qquad I_0 = 1.00 \qquad \alpha = 0.03 \text{ cm}^{-1}$$

$$I = ? \qquad t = 0.50 \text{ cm}$$

$$\frac{I}{1.00} = e^{-(0.03 \text{ cm}^{-1})(0.50 \text{ cm})}$$

$$I = (1.00)e^{-0.015} = 0.985$$

因此，被玻璃吸收而損失的光分率是：$1 - 0.985 = 0.015$ 或 1.5%。

平板玻璃的反射率、吸收與穿透率 入射光穿透玻璃的量取決於玻璃上下表面對光的反射量及玻璃板內的吸收量。圖 12.4 顯示光線穿透過玻璃平板。在圖中，入射光到達玻璃下表面的分率為 $(1-R)(I_0 e^{-\alpha t})$，因此由下表面反射的分率為 $(R)(1-R)(I_0 e^{-\alpha t})$。因此，兩者的差異即為光線穿透的分率 I：

$$\begin{aligned} I &= [(1-R)(I_0 e^{-\alpha t})] - [(R)(1-R)(I_0 e^{-\alpha t})] \\ &= (1-R)(I_0 e^{-\alpha t})(1-R) = (1-R)^2 (I_0 e^{-\alpha t}) \end{aligned} \qquad (12.7)$$

圖 12.5 顯示，如果入射光波長大於約 300 nm，則 90% 的入射光會穿透矽玻璃。短波長的紫外線光則大部分會被吸收，大幅降低穿透效果。

12.4.3 塑膠

很多非結晶塑膠的透光性都很好，像是聚苯乙烯、聚甲基丙烯酸甲酯和聚碳酸酯。不過，在某些塑膠內，有些結晶區域的折射率比非結晶基質更高。如果這些區域的尺寸大於入射光的波長，光波就會被反射和折射所散射，使材料

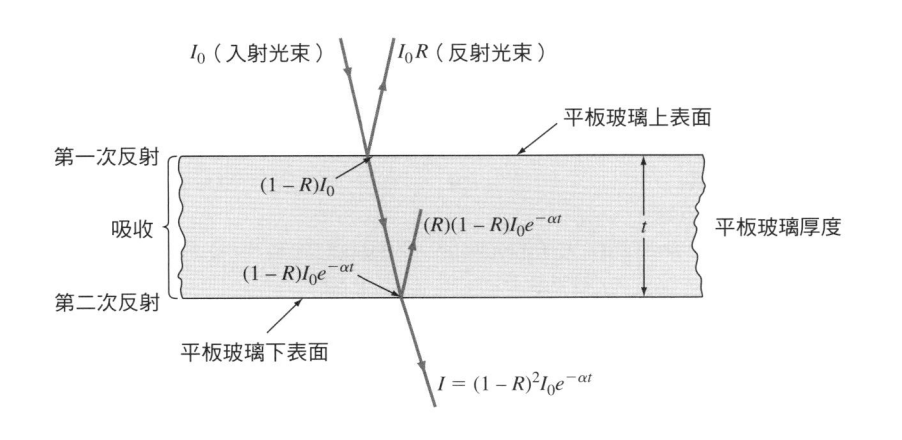

圖 12.4 光線穿透平板玻璃，反射在平板的上、下表面發生，吸收則發生於平板內部。

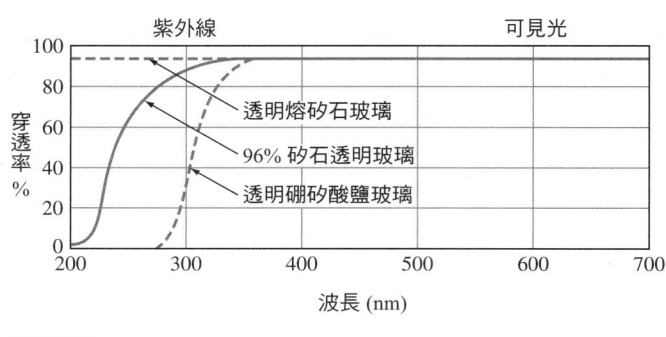

圖 12.5 幾種透明玻璃的穿透率與波長的關係。

圖 12.6 結晶區域介面的多重內部反射使得部分結晶熱塑性塑膠的透明度降低。

的透明度降低（見圖 12.6）。例如，聚乙烯薄片支鏈（branched-chain）結構的結晶程度較低，因此比有著更多結晶的直鏈（linear-chain）結構且密度較高的聚乙烯更透明。其他部分結晶（partly crystalline）塑膠的透明度則從模糊朦朧到不透明都有，主要視這些材料本身的結晶性程度、雜質含量與填料含量而定。

12.4.4 半導體

半導體吸收光子的方式有好幾種（見圖 12.7）。在本質（純）半導體中（例如 Si、Ge 和 GaAs），當光子能量被吸收後，電子會從價電帶跳越能隙進入傳導帶，因而產生電子－電洞對（見圖 12.7a），前提是入射光子的能量必須等於或大於能隙 E_g。若光子的能量大於 E_g，多餘的能量會以熱能耗散。對於含有施體或受體雜質原子的半導體來說，要將電子從價電帶激發到受體能階（見圖 12.7b），或者把電子從施體能階激發到傳導帶（見圖 12.7c），需要被吸收的光子能量很低（是故波長很長）。因此，半導體不會受到高能量和中能量（短或中波長）光子的影響，但是對於低能量、波長很長的光子則會受到影響。

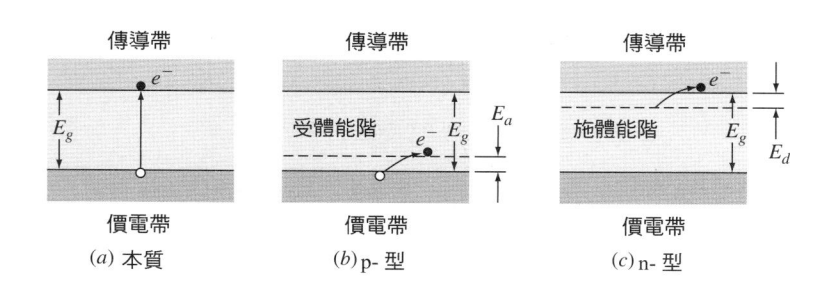

圖 12.7 半導體中光子的光吸收。光吸收發生於：(a) 若 $h\upsilon > E_g$；(b) 若 $h\upsilon > E_a$；(c) 若 $h\upsilon > E_d$

例題 12.5

計算本質矽半導體在室溫時所能吸收的光子最短波長是多少（$E_g = 1.10$ eV）？

解

利用式（12.1）求此半導體所能吸收的最短波長：

$$\lambda_c = \frac{hc}{E_g} = \frac{(6.62 \times 10^{-34} \text{ J} \cdot \text{s})(3.00 \times 10^8 \text{ m/s})}{(1.10 \text{ eV})(1.60 \times 10^{-19} \text{ J/eV})}$$

$$= 1.13 \times 10^{-6} \text{ m 或 } 1.13 \text{ μm} \blacktriangleleft$$

因此，要發生吸收，光子的波長至少要達 1.13 μm，才能使電子被激發跳越過 1.10 eV 的能隙。

12.5 發光

Luminescence

物質在吸收能量後，自發性地放射出可見光或是接近可見光的輻射的過程稱為**發光**（luminescence）。在此過程中，來自可能是高能量電子或是光子的輸入能量會將發光材料中的電子從共價帶激發至傳導帶。受到激發的電子在發光時會降至較低能階，有時會與電洞再結合。假如放光現象是發生在激發後 10^{-8} 秒之內，此發光稱為**螢光**（fluorescence）。假如放光現象是在激發後的 10^{-8} 秒後才發生，則此發光稱為**磷光**（phosphorescence）。

發光是由稱為磷光體（phosphor）的材料所產生，可吸收高能量、短波長的輻射，並且會自發性地放出低能量、長波長的輻射光。在工業上，活化體（activator）雜質原子會作為添加物以控制發光材料的放射光譜。活化體在主體材料的傳導帶和共價帶之間的能隙提供個別能階（discrete energy level）（見圖 12.8）。針對磷光發生機制的一種假設是：被激發的電子因不同原因受困於高能階，因此必須掙脫後才能掉到較低能階並放射出特定光譜帶的光。這個受困過程可以說明受激發磷光體延遲放光的原因。

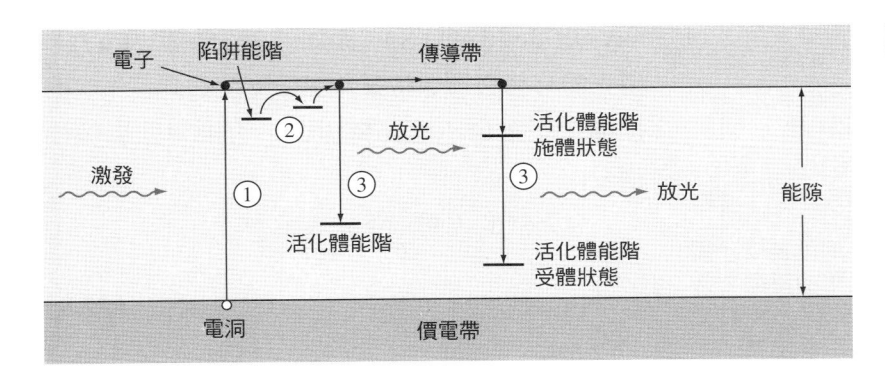

圖 12.8 發光期間的能量改變。(1) 將電子激發至傳導帶或陷阱能階以形成電子－電洞對；(2) 電子受熱可從一個陷阱能階被激發至另一個陷阱能階，或是直接進入傳導帶；(3) 電子能先掉落至較高的活化體（施體）能階，隨後再落到較低的受體能階，放出可見光。

發光的過程可依激發能量的來源分類。在工業上有兩種重要的類型，分別是光致發光（photoluminescence）和陰極發光（cathodoluminescence）。

12.5.1 光致發光

在一般的螢光燈內，光致發光透過鹵磷酸鹽（halophosphate）磷光體，將紫外線輻射從低壓水銀電弧轉換成可見光。大部分燈管使用的是一種鈣鹵磷酸鹽，近似成分是 $Ca_{10}F_2P_6O_{24}$，並以氯離子取代 20% 的氟離子。銻離子（Sb^{3+}）可以產生藍色放射光，而錳離子（Mn^{2+}）可以產生橙紅色放射光帶。藉由改變 Mn^{2+} 的含量，則可得到藍色、橙色和白色光的種種不同色調。被激發水銀原子的高能量紫外線光會使螢光燈管內壁的磷光體塗層放射出低能量、長波長的可見光（見圖 12.9）。

12.5.2 陰極發光

這類的發光是由激發後的陰極產生一束高能量的撞擊電子，可應用於像是電子顯微鏡、陰極射線示波器和具有陰極射線管的彩色電視等處。彩色電視螢幕的磷光尤其有趣，新型電視機映像管面板內面有非常窄（約 0.25 mm 寬）的垂直條狀紅色、綠色與藍色放光磷光體（見圖 12.10）。進入電視機的信號通過具有許多細小長形洞（約 0.15 mm 寬）的遮光鋼板，在整個螢幕以每秒 30 次的頻率被掃描。這些數量龐大但面積狹小的磷光體面積暴露在每秒 15,750 條水平射線的連續快速掃描，使肉眼的持續視覺可看到解析良好的清晰畫面。常使用於彩色電視機的磷光體材料有產生藍色光的硫化鋅（ZnS）（受體為 Ag^+，施體為 Cl^-）、產生綠色光的 (Zn,Cd)S（受體為 Cu^+，施體為 Al^{3+}），以及產生紅色光的氧硫釔（yttrium oxysulfide）（Y_2O_2S）〔添加了 3% 的銪（Eu）〕。磷光體材料必須保持某些影像亮度直到下一次的掃描，不過也不能保持太久，否則會使影像模糊。

發光強度 I 可以下式表示：

$$\ln \frac{I}{I_0} = -\frac{t}{\tau} \tag{12.8}$$

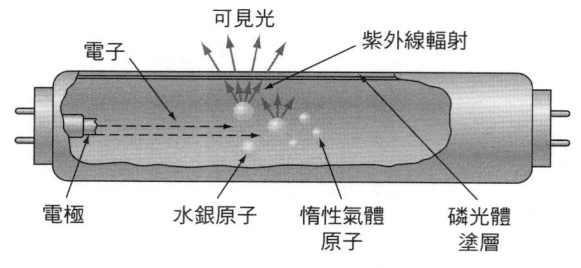

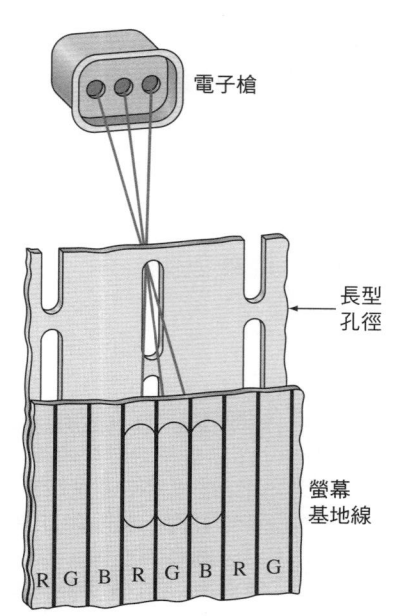

圖 12.9 螢光燈的剖視圖，顯示電極產生電子後，受到激發的水銀原子產生紫外線，再去激發燈管內壁的磷光體塗層；被激發的磷光體塗層會透過發光反應放射出可見光。

圖 12.10 圖中顯示彩色電視螢幕內的垂直條狀紅色（R）、綠色（G）、藍色（B）磷光體的排列，另外也可看到遮光鋼板的幾個長形孔徑。
（資料來源：RCA.）

其中 I_0 是原始發光強度，I 是在 t 時間後的發光強度，τ 為材料的鬆弛時間常數。

例題 12.6

一彩色電視磷光體的鬆弛時間為 3.9×10^{-3} 秒。此磷光體材料的發光強度要降至其原始強度的 10%，會需要多少時間？

解

從式（12.8）的 $\ln(I/I_0) = -t/\tau$，或者

$$\ln \frac{1}{10} = -\frac{t}{3.9 \times 10^{-3} \text{ s}}$$

$$t = (-2.3)(-3.9 \times 10^{-3} \text{ s}) = 9.0 \times 10^{-3} \text{ s} \blacktriangleleft$$

12.6 輻射與雷射的受激放射
Stimulated Emission of Radiation and Lasers

由傳統光源像是螢光燈所放射出的光線，是因為被激發的電子掉到較低能階而放出能量之故。這些光源裡具相同元素的原子會各自且隨意地放射出相似波長的光子，結果導致輻射放射方向零亂，而且波列（wave train）間彼此為異相（out of phase）。這種形式的輻射稱為非同相（incoherent）輻射。相對地，稱為**雷射（laser）**的光源所產生的輻射**光束（beam）**則是由同相同調（coherent）波所組成，且為平行、同方向、單色的（或幾乎是單色）。「雷射」（laser）這個字是個首字母縮略字（acronym），代表：light amplification by stimulated emission of radiation。在雷射中，一些激發光子會刺激許多頻率及波長相同的光子一併以同相放光，形成同相強化光束（見圖 12.11）。

接著，我們以固態紅寶石雷射為例來說明雷射作用的機制。圖 12.12 中的紅寶石雷射是含有約 0.05% Cr^{3+} 離子的單晶氧化鋁（Al_2O_3）。Cr^{3+} 離子占據了 Al_2O_3 晶體結構中的替代晶格位置，使雷射棒呈粉紅色。這些離子可視為螢光中心，被激發後會掉至較低能階，進而引發特定波長的光子放射。紅寶石棒晶體的兩端被研磨成平行以利光放射。在晶體棒的後端放置一個平行的全反射鏡面，而在雷射的前端則有另一個可以部分穿透的鏡面，使得同相雷射光束得以通過。

氙閃光燈的高強度輸入可提供足夠的能量，將 Cr^{3+} 離子的電子從基態激發至較高能階，如圖 12.13 中的 E_3 能帶。在

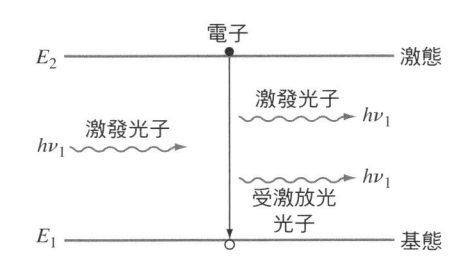

圖 12.11 圖中顯示受到具相同頻率及波長的激發光子激發，而產生受激放光光子的情形。

圖 12.12 脈衝式紅寶石雷射圖。

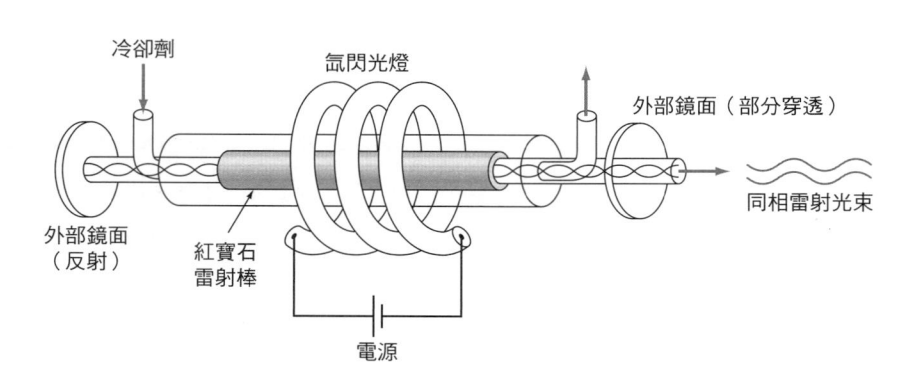

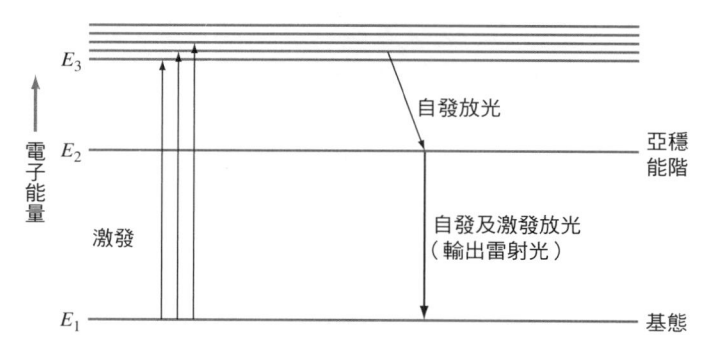

圖 12.13 三能階雷射光系統的簡單能階圖。

這個稱為激發（pumping）雷射的過程中，被激發的電子可能會掉回基態，或是亞穩（metastable）能階 E_2，如圖 12.13 所示。然而，在發生受激放光之前，被注入至較高能量的非平衡亞穩能階 E_2 的電子數必須大於在基態 E_1 的電子數，此種條件稱為電子能態的**居量逆轉（population inversion）**，如圖 12.14b 所示，可和圖 12.14a 作比較。

在電子回到基態的自發放光之前，激發的 Cr^{3+} 離子可以在在亞穩態停留約數毫秒。電子從圖 12.13 中的亞穩能階 E_2 掉回基態能階 E_1 時，最先產生的一些光子會引發受激放光的連鎖反應，造成許多電子都同樣地從 E_2 跳到 E_1。這種行為會產生大量同相且移動方向平行的光子（見圖 12.14c）。部分從 E_2 跳到 E_1 的光子會掉出單晶棒外，但多數光子會在位於兩端的平行鏡面間沿著紅寶石圓棒來回反射，激發出更多從 E_2 掉回 E_1 的電子，使同相輻射束更強大（見圖 12.14d）。最後，當足夠強度的同相光束在棒內形成後，光束會以高能量脈衝（大約 0.6 ms）穿過位在雷射前端的部分穿透鏡面（見圖 12.14e 與圖 12.12）。摻雜 Cr^{3+} 的氧化鋁（紅寶石）晶體棒所產生的雷射光波長為 694.3 nm，為可見紅光。這種只能間歇性突然放光的雷射為脈衝性（pulsed type）雷射。相對地，大多數的雷射光都是連續性光束操作，因此稱為連續波（continuous-wave, CW）雷射。

12.6.1 雷射的種類

現代科技使用許多不同類型的氣體、液體和固體雷射。我們將簡單地說明其中幾種的重要特性。

紅寶石雷射 紅寶石雷射的結構及作用如前所述。這種雷射目前已不常用，因為與製作簡單的釹（Nd）雷射相比，紅寶石雷射的晶體棒成長困難。

全銀塗層　　　　　　　　　部分銀塗層

掺 Cr 紅寶石單晶

(a)　　　　　　　　　　　　(b)

就在下次反射前　　在中間結晶　　反射後

(c)　　　　　　　　　　　　(d)

● 被激發的 Cr 原子
○ 基態的 Cr 原子

(e)

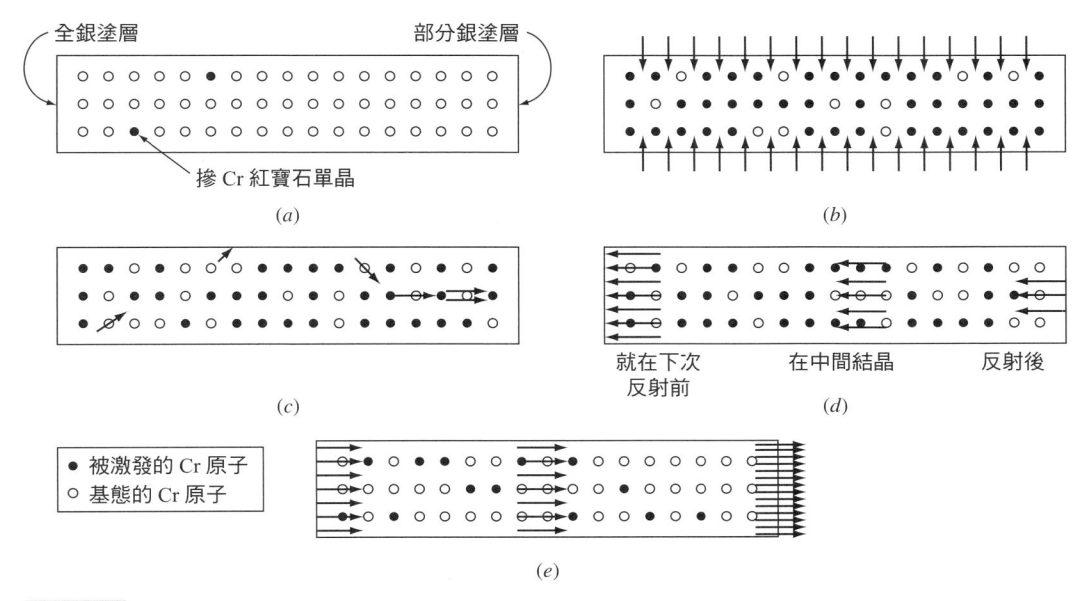

圖 12.14　圖示脈衝式紅寶石雷射作用的步驟：(a) 平衡狀態；(b) 被氙閃光燈激發；(c) 少數自發放光的光子引起受激放光光子的放射；(d) 光子反射回來，繼續激發出更多的光子放光；(e) 足夠強度的雷射光束最後放光。

（資料來源：*R. M. Rose, L. A. Shepard, and J. Wulff, "Structure and Properties of Materials," vol. IV, Wiley, 1965.*）

釹-YAG 雷射　釹－釔－鋁－石榴石雷射（neodymium-yttrium-aluminum-garnet, Nd:YAG）是在 YAG 晶體中加入 1% 的釹所製成。此雷射放射出波長 1.06 μm 的近紅外線，連續功率可達 250 W，且脈衝功率可高達數百萬瓦。YAG 主體材料的優點是熱傳導性佳，可排除過多的熱量。在材料製程中，釹-YAG 雷射可作為銲接、鑽孔、劃記及切割之用（見表 12.2）。

二氧化碳雷射　二氧化碳雷射是最高功率雷射的其中一種，主要操作範圍是波長 10.6 μm 的中紅外線，功率變化可從小至數毫米瓦的連續功率，到能量高

表 12.2　雷射在材料加工的應用

應用	雷射的種類	說明
1. 銲接	YAG*	高平均功率雷射，用於深度穿透與高產量銲接。
2. 鑽孔	YAG CWCO$_2$†	高峰值功率，用於具最少熱影響區、錐度小，和最大深度的精密鑽孔。
3. 切割	YAG CWCO$_2$	對金屬、塑膠及陶瓷進行高速二維和三維空間複雜形狀的精密切割。
4. 表面處理	CWCO$_2$	鋼表面的變態硬化，方法為透過不聚焦的掃描方式加熱金屬表面使溫度達沃斯田溫度以上，並讓金屬自己淬火。
5. 劃記	YAG CWCO$_2$	在完全燃燒的陶瓷或矽晶圓上大面積刻劃，以提供個別電路基板。
6. 光刻法	激元	在半導體的製造中，細線及光譜穩定的激元之光刻法製程。

*YAG = 釔－鋁－石榴石是用在固態釹雷射的結晶主體。
†CWCO$_2$ = 連續波（相對於脈衝波）二氧化碳雷射。

達 10,000 焦耳的大脈衝。二氧化碳雷射的操作是透過電子碰撞，將氮分子激發至亞穩能階，再轉移它們的能量去激發 CO_2 分子，使得被激發的 CO_2 分子掉回較低能階而釋放出雷射。二氧化碳雷射用在金屬加工的應用上，像是切割、銲接以及鋼的局部熱處理（見表 12.2）。

半導體雷射 半導體或二極體雷射的尺寸如一顆鹽粒，是最小的雷射。它們有一個半導體化合物（如 GaAs）製成的 pn 接面，其能帶間隙足以容許雷射作用（見圖 12.15）。一開始，GaAs 二極體雷射為單一 pn 接面的同質接面（homojunction）雷射（見圖 12.15a）。晶體被切成兩個末端面以提供雷射的共振腔體。晶體與空氣間的介面會產生雷射所必要的反射，因為兩者折射率不同。在高濃度摻雜 pn 接面施加強順向偏壓後，二極體雷射會達到居量逆轉，產生大量的電子－電洞對，其中有許多會再結合並射出光子。

雙異質接面（double heterojunction, DH）雷射可提升效率，如圖 12.15b 所示。在雙異質接面 GaAs 雷射中，p 型 GaAs 薄層夾在 p 型與 n 型 $Al_xGa_{1-x}As$ 層之間，將電子和電洞限制在薄 p 型 GaAs 層。AlGaAs 層的能隙較寬，折射率也較低，因此會把雷射光限制在迷你型的波導內行進。GaAs 二極體雷射最常用於雷射光碟（compact disk）。

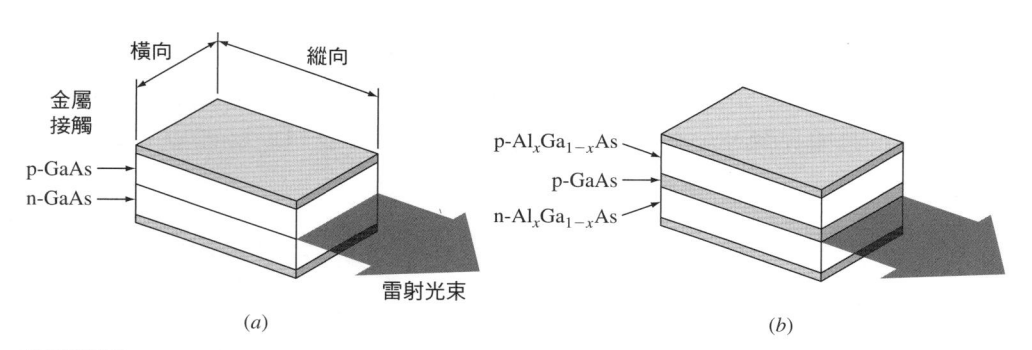

圖 12.15 (a) 簡單的同質接面 GaAs 雷射；(b) 雙異質接面 GaAs 雷射。p 型與 n 型 $Al_xGa_{1-x}As$ 層的能隙較寬，折射率也較低，因此將電子與電洞限制在活性的 p 型 GaAs 層內。

12.7 光纖
Optical Fibers

細如髮絲的（直徑 ≈ 1.25 μm）光纖主要由矽石（SiO_2）玻璃製成，用在現代的**光纖通訊**（optical-fiber communication）系統中。這些通訊系統基本上包含一個能把電子訊號編碼為光訊號的發射器（亦即半導體雷射）、傳送光訊號的光纖，以及可將光訊號轉換回電訊號的光二極體（見圖 12.16）。

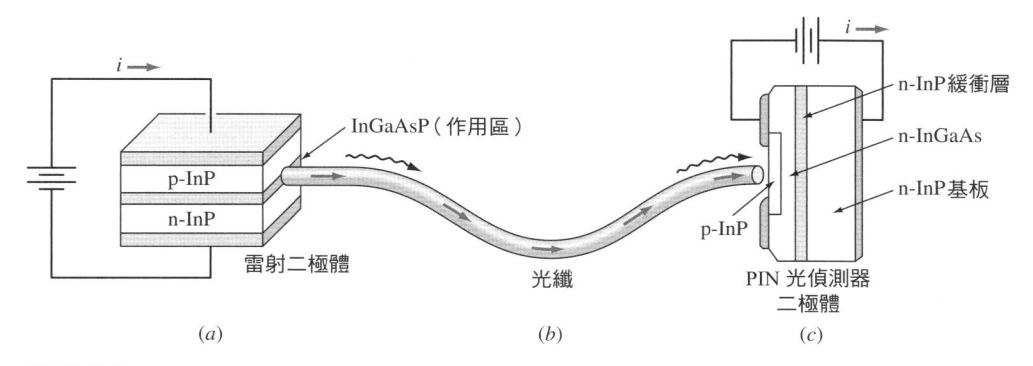

圖 12.16 光纖通訊系統的基本元素：(a) InGaAsP 雷射發射器；(b) 傳輸光子的光纖；(c) PIN 光偵測器二極體。

12.7.1 光纖中的光損耗

用於通訊系統的光纖其光損耗（衰減）必須非常低，才能讓輸入的編碼光訊號得以長距離（即 40 km）傳輸，且仍能被完整偵測。對於光纖所用的極低光損耗玻璃，在 SiO_2 玻璃中的雜質含量（尤其是 Fe^{+2} 離子）一定得非常低。一般來說，光纖的光損耗〔**光衰減（light attenuation）**〕是以分貝／公里（dB/km）為單位。光傳輸材料在光傳輸一段距離 l 之後的光損耗，與輸入光強度大小 I_0 及出口光強度 I 的關係式可寫為：

$$-\text{光損耗 (dB/km)} = \frac{10}{l\,(\text{km})} \log \frac{I}{I_0} \tag{12.9}$$

例題 12.7

光傳輸使用的低光損耗矽石玻璃纖維有 0.20 dB/km 的光衰減。(a) 光在此玻璃光纖中傳輸 1 km 後，還剩下多少分率的光？(b) 經過 40 km 的傳輸後，還剩下多少分率的光？

解

$$\text{衰減 (dB/km)} = \frac{10}{l\,(\text{km})} \log \frac{I}{I_0} \tag{12.9}$$

其中 $I_0 =$ 光源處的光強度
$I =$ 偵測時的光強度

a. $-0.20\ \text{dB/km} = \dfrac{10}{1\ \text{km}} \log \dfrac{I}{I_0}$ 或 $\log \dfrac{I}{I_0} = -0.02$ 或 $\dfrac{I}{I_0} = 0.95$ ◀

b. $-0.20\ \text{dB/km} = \dfrac{10}{40\ \text{km}} \log \dfrac{I}{I_0}$ 或 $\log \dfrac{I}{I_0} = -0.80$ 或 $\dfrac{I}{I_0} = 0.16$ ◀

注意：最新的單模態光纖能傳輸通訊光數據遠達約 40 公里，不需任何強化。

12.7.2 單模與多模光纖

光傳輸使用的光纖主要是作為光通訊中光訊號的**光波導（optical waveguide）**。若光纖的核心玻璃折射率比外層被覆玻璃的折射率還要高，則光在通過時就能被保留在光纖內（見圖 12.17）。單模（single-mode）光纖的核心直徑約為 8 μm，外被覆層的直徑約為 125 μm，只允許一條導光線路徑（見圖 12.17a）。多模（multimode）光纖的核心折射率為漸進式，當許多光波模態同時通過纖維時，出口訊號會比單模光纖來得更分散（見圖 12.17b）。大部分現代光纖通訊系統都是使用單模光纖，因為它的光損耗較低，且較容易製作，成本也較低。

12.7.3 現代光纖通訊系統

大部分現代光纖通訊系統使用單模光纖及 InGaAsP 雙異質接面雷射二極體發射器（見圖 12.18a），操作於波長 1.3 μm 的紅外線，可將光損降至最低。InGaAs/ InP PIN 光二極體常用來作為偵測器（detector）（見圖 12.18b）。這個系統不需使用中繼器重複就可將訊號傳送 40 公里。1988 年 12 月，第一個橫跨大西洋的光纖通訊系統開始運轉，可同時傳送 40,000 通電話。到了 1993 年，海底光纖纜線已多達 289 條。

摻鉺光纖放大器（erbium-doped optical-fiber amplifier, EDFA）讓光纖通訊系統又向前跨進一大步。EDFA 是一段摻雜稀土元素鉺的二氧化矽光纖（通常約為 20 至 30 公尺長），以提供光纖增益（gain）。從外部用半導體雷射激發光纖內部時，摻鉺的光纖維會拉升所有以波長 1.55 μm 為主通過的入射光線訊號的功率。因此，摻鉺光纖既是放出雷射的介質，也是光導光。EDFA 可用於光傳遞系統中來增強來源端（功率放大器）、接收端（前置放大器），以及整條光通訊網路（線上的中繼站）上的光訊號功率。第一條 EDFA 光纖是在 1993 年用於 AT&T 公司連接舊金山與 Point Arena 之間的網路。

圖 12.17 針對 (a) 單模與 (b) 多模光纖在截面對折射率、光線路徑和訊號之輸入與輸出進行比較。就長距離光通訊系統而言，單模光纖有較清楚的輸出訊號，是比較好的選擇。

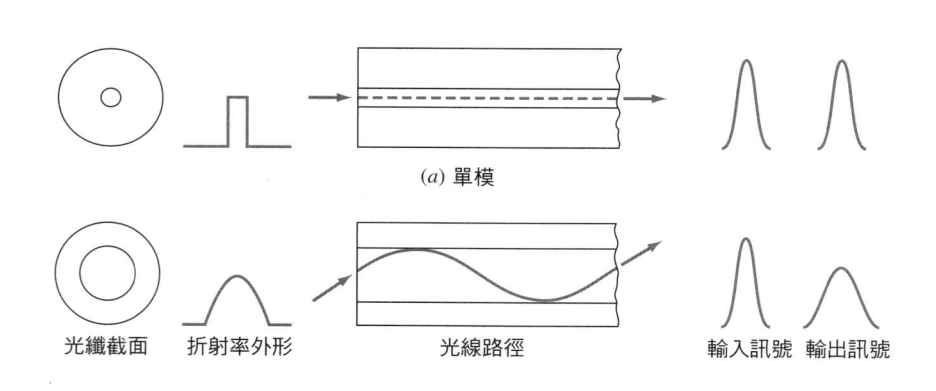

(a) 單模

(b) 多模

光纖截面　折射率外形　光線路徑　輸入訊號　輸出訊號

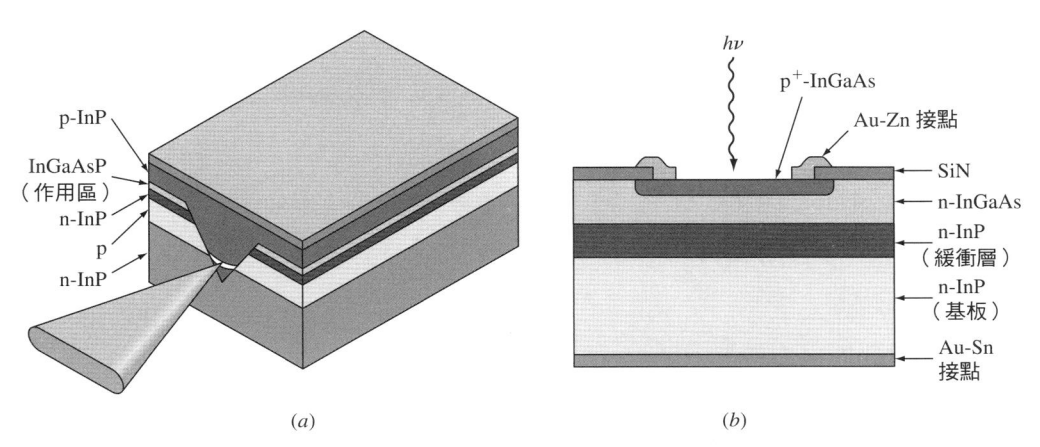

圖 12.18 (a) 化學基板埋入長距離光纖通訊系統使用的異質結構 InGaAsP 雷射二極體；(b) 用在光學通訊系統的 PIN 光偵測器。
（資料來源：AT&T Archives.）

12.8 名詞解釋 *Definitions*

12.3 節
折射率（index of refraction）：光在真空中的速度與光穿透其他介質的速度之比值。

12.4 節
吸收率（absorptivity）：入射光被材料吸收的分率。

12.5 節
發光（luminescence）：材料吸收了光或其他能量後，會放射出波長較長的光線。
螢光（fluorescence）：材料吸收了光或其他能量後，在激發後的 10^{-8} 秒內放光。
磷光（phosphorescence）：磷光體吸收了光之後，在激發 10^{-8} 秒以後才放光。

12.6 節
雷射（laser）：light amplification by stimulated emission of radiation。
雷射光束（laser beam）：由光子激發放光而產生的單色、同相輻射光束。
居量逆轉（population inversion）：高能階的原子數比低能階的原子數多的狀態，是發生雷射作用的必要條件。

12.7 節
光纖通訊（optical-fiber communication）：利用光線來傳輸資料的方式。
光衰減（light attenuation）：光的強度降低。
光波導（optical waveguide）：有被覆層的光纖，光可沿著此光纖在其內藉由全內反射與折射而傳播。

12.9 習題 *Problems*

知識及理解問題

12.1 解釋為什麼切割後的鑽石得以閃爍光亮。為什麼有時在製作裝飾玻璃時會添加 PbO？

12.2 何謂光折射的斯涅爾定律？利用圖示說明。

12.3 解釋為什麼金呈黃色，而銀呈「銀白」色。

12.4 說明發光過程。

12.5 說明螢光和磷光的差異。

12.6 說明紅寶石雷射的運作原理。

12.7 說明以下種類的雷射之運作與應用：(a) 釹-YAG；(b) 二氧化碳；(c) 雙異質接面 GaAs。

應用及分析問題

12.8 ZnO 半導體內有一光子從雜質能階 2.30 eV 掉回價電帶。此轉移產生的輻射線波長是多少？若此輻射線為可見光，會是什麼顏色？

12.9 一光滑的平板玻璃厚 6.0 mm、折射率 1.51、線性吸收係數 0.03 cm^{-1}，計算其穿透率。

12.10 計算以下材料所能吸收的輻射最小波長是多少：(a) GaP；(b) GaSb；(c) InP。

12.11 添加錳的 Zn_2SiO_4 磷光體之鬆弛時間是 0.015 秒，計算此材料的發光強度降至原強度的 8% 需時多久。

12.12 一 1.3 μm 的跨大西洋海底光纖纜線之衰減量為 − 0.31 dB/km，且中繼器之間的距離是 40.2 km。假射光從中繼器出發的強度是 100%，計算光到一個中繼器的剩餘強度是多少。

材料的磁性質

Magnetic Properties of Materials

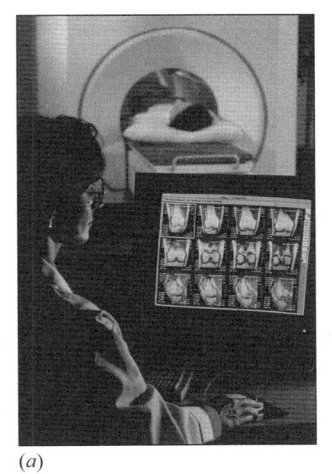

CHAPTER 13

(a)　(b)　(c)

（資料來源：*Zimmer, Inc.*）

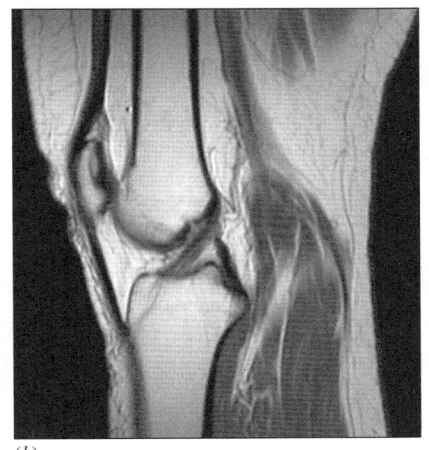

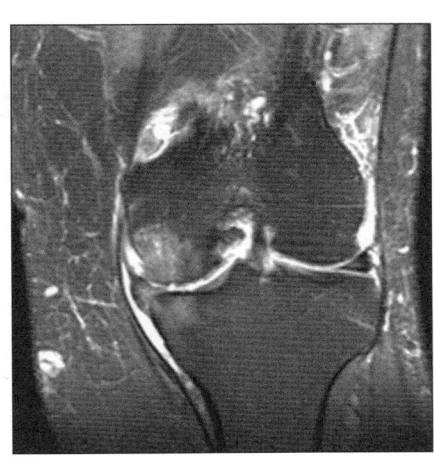

磁振造影（magnetic resonance imaging, MRI）技術是用於從人體內部取得高品質影像。醫師和專家們能藉此安全地檢查與心臟、腦、脊椎和人體其他器官相關的疾病。磁振造影之所以能產生圖像，主要是因為脂肪與水分子多由氫組成，而氫會產生微小的磁性訊號，可被儀器偵測到，進而測繪出組織。

MRI 的硬體設備包括產生磁場的大磁鐵、產生梯度磁場的傾斜線圈，以及偵測人體內分子訊號的射頻線圈。整體而言，MRI 是一個需要數學、物理學、化學和材料科學等專業知識的複雜系統。它也需要生物工程師、造影科學家及建築師的專門技術，以設計出有效且安全的機器。

以整形外科為例，MRI 可以精確地為受損的軟組織造影。上圖的 MRI 圖像顯示了健康的（左邊）和被撕裂的前十字韌帶（右邊）。外科醫生會根據受損的程度，來決定是否進行關節鏡手術來置換受傷的前十字韌帶。

13.1 導論
Introduction

　　磁性材料（magnetic material）對工程設計很重要，尤其是在電子工程的領域。磁性材料一般可分為兩大類：軟磁材料（soft magnetic material）和硬磁材料（hard magnetic material）。軟磁材料用在易於磁化和易於去磁化的情況，像是配電變壓器的核心（見圖 13.1a）、小型變壓器、電動機及發電機的定子與轉子材料等。硬磁材料則應用在需要永久磁性、不會輕易消磁的情況，像是揚聲器、電話接收器、同步無刷馬達，以及汽車啟動馬達內的永久磁石。

13.2 磁場與磁量
Magnetic Fields and Quantities

13.2.1 磁場

　　讓我們先回顧磁性及磁場的基本特性。金屬元素中只有鐵、鈷、鎳於室溫下被磁化時，會在自身周圍產生強磁場，也就是所謂的**鐵磁性**（**ferromagnetic**）。若在磁鐵棒上放一張灑滿鐵粉的紙，即可看到環繞磁鐵棒的**磁場**（**magnetic field**）（見圖 13.2）存在。圖 13.2 顯示磁棒有兩個磁極，磁力

(a)   (b)

圖 13.1　(a) 工程設計用的新磁性材料：金屬玻璃材料用於配電變壓器的磁心。變電器的核心使用這種高磁性的非晶質金屬玻璃軟合金，會比使用傳統的鐵－矽合金的核心減少約 70% 的能量損失；

（資料來源：(a) *General Electric Co.*）

(b) 帶狀的金屬玻璃。

（資料來源：(b) *Metglas, Inc.*）

線看似從一極射出，從另一極進入。

一般來說，磁性的本質為偶極；目前還沒有發現過磁單極。磁場一定會同時存在兩個相隔某距離的磁極，而這種偶磁極也會出現在小至原子內。

帶電導體也能產生磁場。圖 13.3 顯示一個所謂螺線管（solenoid）的長銅線圈產生的磁場，其長度長於其半徑；長度 l、圈數 n 的螺線管之磁場強度 H 是：

$$H = \frac{0.4\pi ni}{l} \tag{13.1}$$

其中 i 是電流。磁場強度 H 的 SI 制單位是安培／公尺（A/m），cgs 制單位是奧斯特（oersted, Oe）。H 的 SI 制和 cgs 制之間的等量單位轉換是 1 A/m = $4\pi \times 10^{-3}$ Oe。

13.2.2 磁感應

我們現在將去磁化的鐵棒放入螺線管，然後讓電磁化電流通過螺線管，如圖 13.3b 所示。此時，由於螺線管內有磁鐵棒，使得其外部磁場更強。螺線管外部增強磁場的強度等於原本自身磁場加上磁鐵棒的外部磁場。此新的相加磁

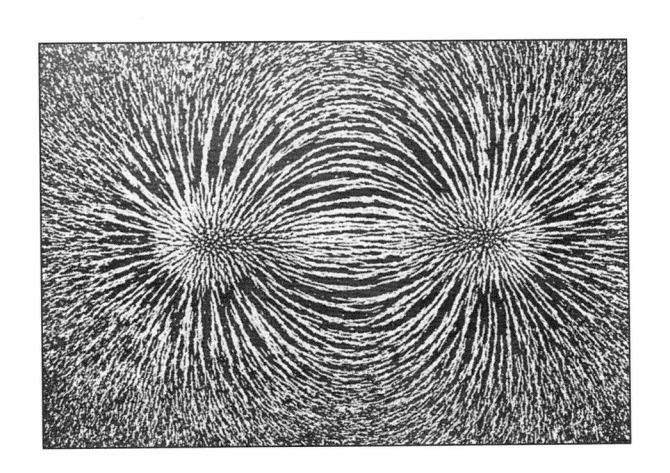

圖 13.2 將一張灑滿鐵粉的紙放到磁棒上面，即可看到環繞磁棒的磁場。磁棒是有兩個極性的，磁力線看似從一極射出，從另一極射入。

（資料來源：*Physical Science Study Committee, as appearing in D. Halliday and R. Resnick, "Fundamentals of Physics," Wiley, 1974, p.612.*）

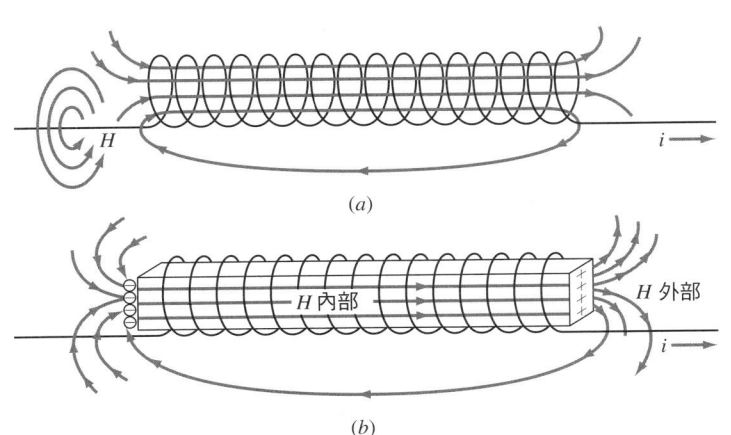

圖 13.3 (a) 圖示電流通過稱為螺線管的銅線圈所產生的磁場；(b) 將一鐵棒放入有電流通過的螺線管時，環繞螺線管的磁場會增強。

（資料來源：*C. R. Barrett, A. S. Tetelman, and W. D. Nix, "The Principles of Engineering Materials," 1st ed., © 1973.*）

場稱為**磁感應**（**magneticinduction**）或通量密度（flux density），以符號 B 表示。

磁感應 B 等於施加磁場 H 和螺線管內磁鐵棒所形成的外部磁場的總和。鐵棒所引發的每單位體積中的磁感應矩量稱為**磁化強度**（**intensity of magnetization**）或簡稱磁化（magnetization），表示為符號 M。在 SI 單位制中，

$$B = \mu_0 H + \mu_0 M = \mu_0(H + M) \tag{13.2}$$

其中 μ_0 = 真空磁導率（permeability of free space）= $4\pi \times 10^{-7}$ 特斯拉·公尺／安培（T·m/A）= $4\pi \times 10^{-7}$ 牛頓／安培^2（N/A^2）。μ_0 並無物理意義，只適用於 SI 制的式（13.2）。B 的 SI 制單位為韋伯／平方公尺（Wb/m^2）或特斯拉（T）。H 和 M 的 SI 制單位為安培／公尺（A/m）。在 cgs 單位制中，B 為高斯（G），H 為奧斯特（Oe）。表 13.1 將這些磁單位做了整理。

對鐵磁材料而言，磁化量 $\mu_0 M$ 經常會遠大於外加磁場 $\mu_0 H$，所以 $B \approx \mu_0 M$ 的假設往往得以成立。因此，鐵磁材料的兩個物理量 B（磁感應）和 M（磁化強度）有時可以互換。

13.2.3 磁導率

如上所述，在外加磁場中置入鐵磁材料可增加磁場強度。磁化強度的增加量是以**磁導率**（**magnetic permeability**）μ 量測，其被定義為磁感應 B 與外加磁場 H 的比值，或

$$\mu = \frac{B}{H} \tag{13.3}$$

假設外加磁場為真空，則

$$\mu_0 = \frac{B}{H} \tag{13.4}$$

其中 $\mu_0 = 4\pi \times 10^{-7}$ T·m/A = $4\pi \times 10^{-7}$ N/A^2 = 真空磁導率，如上所述。

另外一個定義磁導率的方法是**相對磁導率**（**relative permeability**）μ_r，亦即 μ/μ_0。所以

表 13.1 磁量單位整理

磁量	SI 制單位	cgs 制單位
B（磁感應）	韋伯／平方公尺（Wb/m^2）或特斯拉（T）	高斯（G）
H（外加磁場）	安培／公尺（A/m）	奧斯特（Oe）
M（磁化強度）	安培／公尺（A/m）	
單位轉換：		
1 A/m = $4\pi \times 10^{-3}$ Oe		
1 Wb/m^2 = 1.0×10^4 G		
真空磁導率		
$\mu_0 = 4\pi \times 10^{-7}$ T·m/A		

$$\mu_r = \frac{\mu}{\mu_0} \quad (13.5)$$

且

$$B = \mu_0 \mu_r H \quad (13.6)$$

相對磁導率 μ_r 為無因次量。

相對磁導率可測量磁感應的大小。就某種程度上，磁性材料的磁導率就像是介電材料的介電常數。不過，鐵磁材料的磁導率並非常數，而會隨著材料磁化而改變，如圖 13.4 所示。磁性材料的磁導率通常是用它的起始磁導率 μ_i，或是其最大磁導率 μ_{max} 來測量。圖 13.4 顯示 μ_i 與 μ_{max} 值是如何由磁性材料起始 B-H 磁化曲線的斜率量測而得。容易被磁化的磁性材料具高磁導率。

13.2.4 磁化率

由於磁性材料的磁化強度與外加磁場之間成正比，名為**磁化率**（magnetic susceptibility）χ_m 的比例因子可定義如下：

$$\chi_m = \frac{M}{H} \quad (13.7)$$

這是一個無因次量。材料的微弱磁性反應通常可用磁化率來量測。

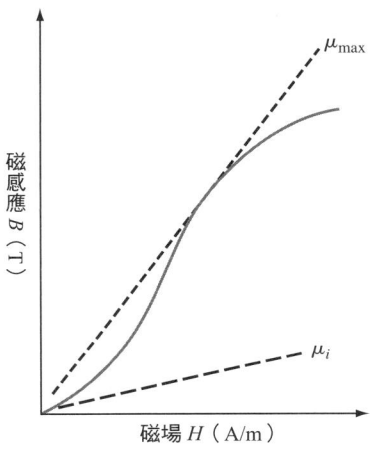

圖 13.4 鐵磁材料的起始 B-H 磁化曲線。斜率 μ_i 為起始磁導率，斜率 μ_{max} 為最大磁導率。

13.3 磁性的類型
Types of Magnetism

磁場和磁力源自基本電荷（也就是電子）的運動。電子流過導線時會在導線周圍產生磁場，如圖 13.3 的螺線管所示。材料的磁性也來自電子運動，但是此處的磁場與磁力是因為電子自旋及電子環繞原子核的軌道運動而產生（見圖 13.5）。

13.3.1 反磁性

作用在材料中原子上的外加磁場會造成軌道電子略微失衡，使得原子內部形成一個方向與外加磁場相反的小磁偶極。這種作用所形成的相反磁場效應稱為**反磁性**（diamagnetism）。反磁性效應會產生一個非常小的負磁化率 $\chi_m \approx -10^{-6}$（見表 13.2）。所有的材料都會發生反磁性現象，但是多數材料的負磁化效應會被正磁

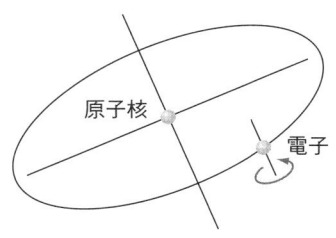

圖 13.5 波爾原子圖，一電子自旋並環繞其原子核的軌道運轉。電子的自旋及環繞其原子核的軌道運轉即為材料產生磁性的原因。

表 13.2　一些反磁性與順磁性元素的磁化率

反磁性物質	磁化率 $\chi_m \times 10^{-6}$	順磁性物質	磁化率 $\chi_m \times 10^{-6}$
鎘	−0.18	鋁	+0.65
銅	−0.086	鈣	+1.10
銀	−0.20	氧	+106.2
錫	−0.25	鉑	+1.10
鋅	−0.157	鈦	+1.25

化效應抵銷。反磁性行為並無明顯的工程價值。

13.3.2　順磁性

在外加磁場的作用下，會顯示微弱正磁化率現象的材料即稱為順磁的（paramagnetic），而此磁化效應就稱為**順磁性（paramagnetism）**。外加磁場一旦被移除，材料的順磁性效應就會消失。順磁性會在許多材料中產生磁化率，範圍介於 10^{-6} 到 10^{-2}。表 13.2 顯示不同順磁材料在 20°C 時的磁化率。在外加磁場中，原子或分子的個別磁偶極矩會規則排列，因此產生順磁性。由於磁偶極的方向會被熱擾動攪亂，因此溫度愈高，順磁性就會愈弱。

一些過渡和稀土元素的原子擁有未填滿的內層軌域及未成對的電子。由於固體中沒有其他鍵結電子得以平衡，因此原子內這些未成對的電子會造成很強的順磁效應，有時甚至會形成非常強的鐵磁與亞鐵磁效應。

13.3.3　鐵磁性

反磁性與順磁性均是因為外加磁場感應而產生，而且磁性只有磁場作用時才會存在。另外還有第三種磁性，稱為**鐵磁性（ferromagnetism）**，極具工程價值。可以隨需求而形成或消除的大磁場可用鐵磁材料製造。從工業的角度來看，鐵（Fe）、鈷（Co）、鎳（Ni）是最重要的鐵磁性元素。稀土元素釓（gadolinium, Gd）在低於 16°C 時也有鐵磁性，但沒什麼工業價值。

過渡元素 Fe、Co、Ni 的鐵磁特性是來自內層未成對的電子自旋在晶格上的排列。個別原子的內層軌域被自旋方向相反的電子對填滿，因此不會產生淨磁偶極矩。在固體中，原子的外層價電子互相結合而產生化學鍵結，因此這些電子也沒有明顯的磁偶極矩。Fe、Co 與 Ni 的未成對內層 $3d$ 電子為產生鐵磁性的原因。鐵原子有 4 個未成對 $3d$ 電子，鈷原子有 3 個，鎳原子有 2 個（見圖 13.6）。

在處於室溫的 Fe、Co、Ni 固體樣品中，相鄰原子的 $3d$ 電子自旋為平行排列；這種現象稱為自發性磁化（spontaneous magnetization）。原子磁偶極平行排列只會在名為磁域（magnetic domain）的微小區域發生。若磁域方位是隨機分布，大型樣品中就不會出現淨磁化現象。Fe、Co 與 Ni 原子的磁偶極矩是因為

未成對 3d 電子	原子	總電子數	3d 電子軌域	4s 電子數
3	V	23	↑ ↑ ↑	2
5	Cr	24	↑ ↑ ↑ ↑ ↑	1
5	Mn	25	↑ ↑ ↑ ↑ ↑	2
4	Fe	26	↑↓ ↑ ↑ ↑ ↑	2
3	Co	27	↑↓ ↑↓ ↑ ↑ ↑	2
2	Ni	28	↑↓ ↑↓ ↑↓ ↑ ↑	2
0	Cu	29	↑↓ ↑↓ ↑↓ ↑↓ ↑↓	1

圖 13.6 3d 過渡元素的中性原子磁矩。

可產生正值的交換能才得以平行排列。平行排列發生的必要條件是，原子間距與 3d 軌道直徑的比值必須在約 1.4 至 2.7 之間（見圖 13.7）。因此，Fe、Co 與 Ni 為鐵磁性，而 Mn 與 Cr 則不然。

13.3.4　單一未成對電子的磁矩

每個自旋的電子（見圖 13.5）就像是一個磁偶極，擁有一個名叫**波爾磁子（Bohr magneton）** μ_B 的磁偶極矩，其值為

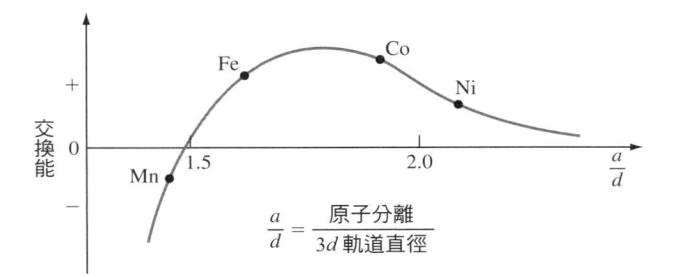

圖 13.7 對某些 3d 過渡元素而言，磁交換交互作用能是原子間距與對 3d 軌道直徑比值的函數。有正交換能的元素具鐵磁性；有負交換能的元素則具反鐵磁性。

$$\mu_B = \frac{eh}{4\pi m} \qquad (13.8)$$

其中 e 是電荷電量，h 是浦朗克常數，m 是電子質量。使用 SI 制，$\mu_B = 9.27 \times 10^{-24}$ A·m²。原子中的電子多半都成對，因此正、負磁矩會相互抵銷。然而內層電子殼中的未成對電子（如 Fe、Co、Ni 的 3d 電子）會有微小的正磁偶極矩。

例題 13.1

利用關係式 $\mu_B = eh/4\pi m$，證明波爾磁子的數值為 $9.27 \times 10^{-24} \text{A} \cdot \text{m}^2$。

解

$$\mu_B = \frac{eh}{4\pi m} = \frac{(1.60 \times 10^{-19} \text{ C})(6.63 \times 10^{-34} \text{ J} \cdot \text{s})}{4\pi (9.11 \times 10^{-31} \text{ kg})}$$
$$= 9.27 \times 10^{-24} \text{ C} \cdot \text{J} \cdot \text{s/kg}$$
$$= 9.27 \times 10^{-24} \text{ A} \cdot \text{m}^2 \blacktriangleleft$$

單位一致，如下：

$$\frac{\text{C} \cdot \text{J} \cdot \text{s}}{\text{kg}} = \frac{(\text{A} \cdot \text{s})(\text{N} \cdot \text{m})(\text{s})}{\text{kg}} = \frac{\text{A} \cdot \cancel{s}}{\text{kg}} \left(\frac{\text{kg} \cdot \text{m} \cdot \text{m}}{\cancel{s^2}} \right)(\cancel{s}) = \text{A} \cdot \text{m}^2$$

例題 13.2

求純鐵的飽和磁化強度 M_s（單位為 A/m）與飽和磁感應 B_s（單位為 T）的理論值，假設由於鐵 4 個未成對的 $3d$ 電子，使得所有的磁矩在磁場內的排列相同。使用方程式 $B_s \approx \mu_0 M_s$，並假設 $\mu_0 H$ 可以忽略不計。純鐵的單位晶格為 BCC 結構，晶格常數 $a = 0.287$ nm。

解

一個原子的磁矩是 4 個波爾磁子，因此：

$$M_s = \left[\frac{\frac{2 \text{ 個原子}}{\text{單位晶胞}}}{\frac{(2.87 \times 10^{-10} \text{ m})^3}{\text{單位晶胞}}} \right] \left(\frac{4 \text{ 個波爾磁子}}{\text{原子}} \right) \left(\frac{9.27 \times 10^{-24} \text{ A} \cdot \text{m}^2}{\text{波爾磁子}} \right)$$

$$= \left(\frac{0.085 \times 10^{30}}{\text{m}^3} \right)(4)(9.27 \times 10^{-24} \text{ A} \cdot \text{m}^2) = 3.15 \times 10^6 \text{ A/m} \blacktriangleleft$$

$$B_s \approx \mu_0 M_s \approx \left(\frac{4\pi \times 10^{-7} \text{ T} \cdot \text{m}}{\text{A}} \right) \left(\frac{3.15 \times 10^6 \text{ A}}{\text{m}} \right) \approx 3.96 \text{ T} \blacktriangleleft$$

例題 13.3

鐵的飽和磁化強度為 1.71×10^6 A/m。共獻此磁化強度的每個原子平均有幾個波爾磁子？鐵為 BCC 晶體結構，$a = 0.287$ nm。

解

飽和磁化強度 M_s（單位為 A/m）可由以下式（13.9）來計算：

$$M_s = \left(\frac{\text{原子數}}{\text{m}^3} \right) \left(\frac{\text{波爾磁子的 } N\mu_B \text{ 數}}{1 \text{ 個原子}} \right) \left(\frac{9.27 \times 10^{-24} \text{ A} \cdot \text{m}^2}{\text{波爾磁子}} \right)$$
$$= \text{ans in A/m} \tag{13.9}$$

$$\text{原子密度（原子數／m}^3) = \frac{2 \text{ 個原子／BCC 單位晶胞}}{(2.87 \times 10^{-10} \text{ m})^3 / \text{單位晶胞}}$$

$$= 8.46 \times 10^{28} \text{ atoms/m}^3$$

將式（13.9）重新排列，並代入 M_s、原子密度與 μ_B，可得：

$$N\mu_B = \frac{M_s}{(\text{atoms/m}^3)(\mu_B)}$$

$$= \frac{1.71 \times 10^6 \text{ A/m}}{(8.46 \times 10^{28} \text{ atoms/m}^3)(9.27 \times 10^{-24} \text{ A} \cdot \text{m}^2)} = 2.18 \mu_B/\text{atom} \blacktriangleleft$$

13.3.5　反鐵磁性

有些材料還會發生另外一種磁性，稱為**反鐵磁性**（**antiferromagnetism**）。施加外加磁場於反鐵磁材料，則材料原子的磁偶極矩會和外加磁場反向排列（見圖 13.8b）。固態的錳和鉻元素在室溫下會顯示反鐵磁性，並擁有負交換能，因為它們的原子間距和 3d 軌道直徑的比值小於 1.4（見圖 13.7）。

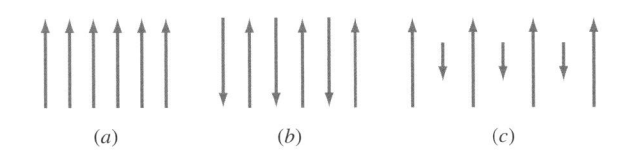

圖 13.8　不同磁化型態的磁偶極矩排列方式：(a) 鐵磁性；(b) 反鐵磁性；(c) 亞鐵磁性。

13.3.6　亞鐵磁性

在某些陶瓷材料中，不同離子有不同大小的磁矩。當這些磁矩呈反向平行排列時，可得單一方向的淨磁矩〔**亞鐵磁性**（**ferrimagnetism**）〕（見圖 13.8c）。具此種特性的材料稱為鐵氧磁體（ferrite）。鐵氧磁體有很多種，其中一種的主要成分為磁鐵礦（Fe_3O_4），是古時候用的磁石。鐵氧磁體的電導性低，因此適合許多電子應用。

13.4　溫度對鐵磁性的影響

Effect of Temperature on Ferromagnetism

在 0 K 以上的任何溫度，熱能會使鐵磁材料的磁偶極矩偏離完美的平行排列。因此，使鐵磁材料磁偶極矩平行排列的交換能會與使磁偶極矩隨機排列的熱能相互抗衡（見圖 13.9）。最後，隨著溫度的增加，鐵磁材料的鐵磁性會在達到某個溫度後完全消失，而材料會變成順磁性。這個溫度稱為**居里溫度**（**Curie temperature**）。當鐵磁材料降溫至低於其居里溫度時，鐵磁性磁域會再次形成，而材料也會再度具有鐵磁性。Fe、Co、Ni 的居里溫度分別是 770°C、1123°C 與 358°C。

圖 13.9 在低於居里溫度 T_c 時，溫度對鐵磁材料的飽和磁化強度 M_s 之影響。當溫度增加時，磁矩的排列即趨向於不規則化。

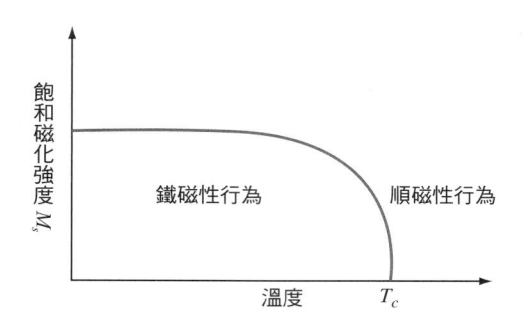

13.5 鐵磁金屬的磁化與去磁化
The Magnetization and Demagnetization of a Ferromagnetic Metal

如 Fe、Co、Ni 等鐵磁金屬被置於磁場會被大幅磁化，直到磁場被移除後，它們還是可以保有部分磁化強度。我們現在來討論在磁化和去磁化的過程中，外加磁場 H 對磁感應 B 的影響，如圖 13.10 中 B 對 H 的圖形所示。首先，我們先將鐵磁金屬（例如鐵）緩慢降溫至其居里溫度以下以便消磁，然後在其上施加磁場，並觀察外加磁場對磁感應的影響。

當外加磁場從零開始增加，B 便會沿著圖 13.10 的 OA 線從零開始往上增加，直到 A 點的**飽和感應**（**saturation induction**）磁化強度。當外加磁場降為零，原始的磁化曲線並不會回溯，同時會留下一個磁通密度，稱為**殘磁感應強度**（**remanent induction**）B_r（見圖 13.10 的 C 點）。為了使磁感應降為零，必須施加一個稱為**矯頑磁力**（**coercive force**）的反向（負）磁場 H_c（見圖 13.10 的 D 點）。如果負磁場持續增加，材料終究會達到圖 13.10 中 E 點的反向飽和感應磁化強度。如果將反向磁場移除，磁感應就會在圖 13.10 的 F 點降回到殘磁感應強度。此時再施加正向磁場，B-H 曲線就會沿著 FGA 移動，形成一個迴路。重複施加反向和正向磁場到飽和感應的話，就會產生 $ACDEFGA$ 這個反覆繞行的曲線迴路，稱為**遲滯迴路**（**hysteresis loop**），其內部面積可用來計算磁化和去磁化循環所損失的能量或所做的功。

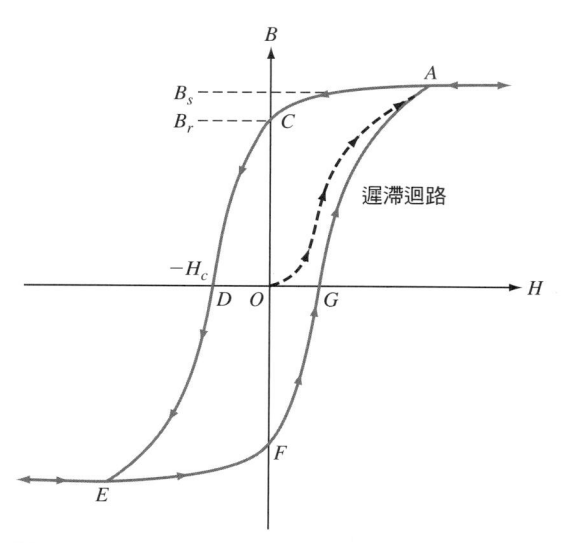

圖 13.10 鐵磁材料之磁感應 B 對外加磁場 H 的遲滯迴路。曲線 OA 為磁化一去磁樣品時，起始 B 對 H 的磁化關係。重複進行磁化與去磁化到飽和感應，便可描繪出遲滯迴路 $ACDEFGA$。

13.6 軟磁材料
Soft Magnetic Materials

軟磁材料（soft magnetic material）很容易被磁化與去磁化，而硬磁材料就很難磁化及去磁化。在早期，軟磁材料是軟的，硬磁材料是硬的。但是現在已經不然。

像是鐵－矽（3% 至 4%）合金這種用在變壓器、馬達及發電機核心的軟磁材料遲滯迴路很窄，矯頑磁力也低（見圖 13.11a）。而相對地，用於永久磁石的硬磁材料遲滯迴路很寬，矯頑磁力也高（見圖 13.11b）。

13.6.1 軟磁材料的理想特性

軟的鐵磁材料其遲滯迴路矯頑磁力一定要愈低愈好。也就是說，材料的遲滯迴路必須盡量窄，材料才容易磁化，而磁導率才會高。高飽和磁感應在許多應用上都是軟磁材料應具備的重要特性。因此對大部分的軟磁材料而言，遲滯迴路都應該既窄且高（見圖 13.11a）。

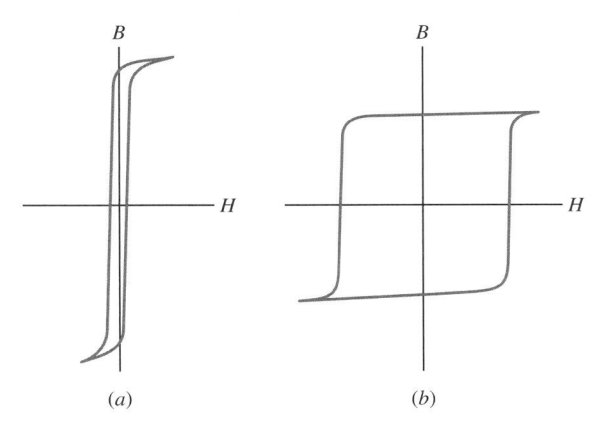

圖 13.11 (a) 軟磁材料的遲滯迴路；(b) 硬磁材料的遲滯迴路。軟磁材料的遲滯迴路很窄，使其容易磁化與去磁化；而硬磁材料的遲滯迴路很寬，使其難以磁化與去磁化。

13.6.2 軟磁材料的能量損失

遲滯能損耗 遲滯能損耗（hysteresis energy loss）是在材料的磁化與去磁化過程中，來回推動磁壁所需消耗的能量。軟磁材料內的雜質、結晶缺陷與析出物都會阻礙磁壁移動，使遲滯能損耗提高。增加材料差排密度所造成的材料塑性變形也會增加遲滯能損耗。一般來說，從遲滯迴路的內部面積大小就能估算磁性遲滯能損耗。

在使用交流電頻率為 60 循環／秒的變壓器磁心，電流每秒會經過整個遲滯迴路 60 次。由於變壓器磁心中磁性材料的磁壁運動，每次循環都會消耗一些能量。因此，增加電磁裝置的交流電輸入頻率就會增加遲滯能損耗。

渦流能損耗 由交流電輸入導電磁心的脈動磁場會產生瞬間的電壓梯度，進而引發雜散電流。這些經感應而產生的電流稱為渦電流（eddy current），會因電阻發熱而成為能量損耗的來源。在變壓器磁心使用層狀或片狀結構可降低**渦流能損耗**（eddy-current energy loss），在磁心導磁材料中加入絕緣層能防止渦電流從一層進入到另一層。另一個降低渦流能損耗的方法是使用絕緣體軟磁材料，這在高頻率時尤其有效。高頻電磁會用鐵氧磁氧化物及其他類似的磁性材料。

13.6.3 鐵－矽合金

鐵－矽（3% 至 4%）合金是最常用的軟磁材料。在西元 1900 年以前，低頻（60 循環／秒）電力裝置使用普通低碳鋼，像是變壓器、馬達與發電機磁心等，但是這些磁性材料的磁心能量損耗都很高。

在鐵內添加 3% 至 4% 的矽所製成的**鐵－矽合金（iron-silicon alloy）**在降低磁心損耗方面有以下優點：

1. 矽提升低碳鋼的電阻率，進而可降低渦電流損耗。
2. 矽減少鐵的磁異向能、增加磁導率，也使遲滯能磁心損耗降低。
3. 添加矽（3% 至 4%）可減少磁致伸縮、降低遲滯能損耗和變壓器噪音。

不過，這麼做的缺點是，矽會降低鐵的延性，因此最多只能添加 4% 左右。矽也會降低鐵的飽和感應和居里溫度。

使用層狀（堆積片材）結構可以更進一步降低變壓器磁心的渦流能損耗。新型變壓器磁心是多層厚度約 0.025 至 0.035 cm 的鐵矽薄片組合而成，層與層間夾有絕緣薄層。鐵矽薄片的兩面會塗上絕緣材料，可防止雜散渦電流朝與薄片垂直的方向流動。

另一個降低變壓器磁心能量損耗的方法源自 1940 年代，使用的是晶粒取向鐵矽薄片。利用冷加工以及再結晶處理，Fe-3% Si 薄片可大量產生立方體對邊（COE）{110}〈001〉晶粒取向材料（見圖 13.12）。它的磁導率更高且遲滯損耗更低（見表 13.3）。

13.6.4 金屬玻璃

金屬玻璃（metallic glass）是一種相當新的金屬類材料，其主要特徵為非結晶結構，和一般具有結晶結構的金屬合金不同。從液態開始降溫時，一般金屬與合金中的原子會自行排列成有序的晶格。表 13.4 列出八種具工程重要性的金屬玻璃原子成分。這些材料都具重要的軟磁特性，且幾乎都是由不同比重的 Fe、Co、Ni 鐵磁元素和 B、Si 類金屬元素組合而成。這些特別軟的磁性材料可應用於低磁心能量損耗電力變壓器、磁感測器和錄音磁頭等。

金屬玻璃有幾項優良的特性。它們的強度高〔高達 650 ksi（4500 MPa）〕、硬度高並帶有些許可彎曲性，同時耐腐蝕性也非常好。表 13.4 中的金屬玻璃相當容易被磁化與去磁化。這些材料沒有晶界，也沒有長程的結晶異向性限制，因此磁壁特別容易移動。此一特性使金屬玻璃能被用來發展多層式金屬玻璃電

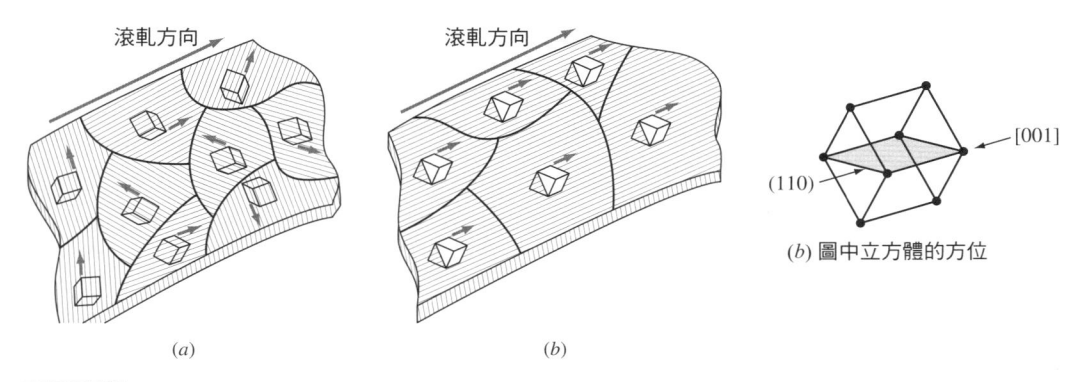

圖 13.12 多晶體 Fe-3~4% Si 薄片之 (a) 隨機組織；(b) 擇優取向 (110)[001] 織構。小立方體代表每個晶粒的結晶方向。

(資料來源：*R. M. Rose, L. A. Shepard, and J. Wulff, "Structure and Properties of Materials," vol. IV: "Electronic Properties," Wiley, 1966, p. 211.*)

表 13.3 軟磁材料的一些磁性特質

材料及成分	飽和磁感應 B_s (T)	矯頑磁力 H_c (A/cm)	起始相對導磁率 μ_i
磁鐵塊，0.2-cm	2.15	0.88	250
M36冷軋Si-Fe鋼片（隨機排列）	2.04	0.36	500
M6 (110) [001], 3.2% Si-Fe（具方向性排列）	2.03	0.06	1,500
45 Ni-55 Fe（45 高導磁合金）	1.6	0.024	2,700
75 Ni-5 Cu-2 Cr-18 Fe（mumetal）	0.8	0.012	30,000
79 Ni-5 Mo-15 Fe-0.5 Mn（超導磁合金）	0.78	0.004	100,000
48% MnO-Fe$_2$O$_3$, 52% ZnO-Fe$_2$O$_3$（軟鐵氧磁體）	0.36		1,000
36% NiO-Fe$_2$O$_3$, 64% ZnO-Fe$_2$O$_3$（軟鐵氧磁體）	0.29		650

資料來源：*G. Y. Chin and J. H. Wernick, "Magnetic Materials, Bulk," vol. 14: Kirk-Othmer Encyclopedia of Chemical Technology, 3rd ed., Wiley, 1981, p. 686.*

力變壓器磁心，其磁心消耗只有傳統鐵－矽鋼片磁心的 70%。

13.6.5 鎳鐵合金

外加磁場的強度很低時，商用純鐵和鐵－矽合金的磁導率相對會較低。在一般像是變壓器磁心等電力應用中，較低的起始磁導率不是很重要，因為這些

表 13.4 金屬玻璃：成分、特性與應用

合金（原子 %）	飽和磁感應 B_s (T)	最大導磁率	應用
Fe$_{78}$B$_{13}$Si$_9$	1.56	600,000	電力變壓器、低磁損
Fe$_{81}$B$_{13.5}$Si$_{3.5}$C$_2$	1.61	300,000	脈衝變壓器、磁電機開關
Fe$_{67}$Co$_{18}$B$_{14}$Si$_1$	1.80	4,000,000	脈衝變壓器、磁電機開關
Fe$_{77}$Cr$_2$B$_{16}$Si$_5$	1.41	35,000	電流變壓器、感測器磁心
Fe$_{74}$Ni$_4$Mo$_3$B$_{17}$Si$_2$	1.28	100,000	高頻率時磁損低
Co$_{69}$Fe$_4$Ni$_1$Mo$_2$B$_{12}$Si$_{12}$	0.70	600,000	磁感測器、錄音磁頭
Co$_{66}$Fe$_4$Ni$_1$B$_{14}$Si$_{15}$	0.55	1,000,000	磁感測器、錄音磁頭
Fe$_{40}$Ni$_{38}$Mo$_4$B$_{18}$	0.88	800,000	磁感測器、錄音磁頭

資料來源：*Metglas Magnetic Alloys, Allied Metglas Prodcuts.*

裝置是在高磁化下運轉。但是用來偵測與傳輸微弱訊號的高敏感度通訊裝置就常使用**鎳鐵合金**（**nickel-ironalloy**），因為它在低外加磁場時的磁導率高許多。

一般來說，商用生產的 Ni-Fe 合金有兩大類，第一類的鎳含量約占 50%，第二類則約含 79%。表 13.3 列出此類合金的一些磁特性。50% Ni 合金的磁導率中等（μ_i = 2500；μ_{max} = 25,000），飽和感應高〔B_s = 1.6 T（16,000 G）〕。79% Ni 合金的磁導率高（μ_i = 100,000；μ_{max} = 1,000,000），但飽和感應較低〔B_s = 0.8 T（8000 G）〕。這些合金常用於音頻及儀器變壓器、儀器繼電器、轉子和定子疊片等。帶捲磁心常用於電子變壓器（見圖 13.13）。

Ni-Fe 合金的磁導率如此之高，是因為所使用組合成分的異向性及磁致伸縮能很低。Ni-Fe 合金家族的初始磁導率在 78.5% Ni-21.5% Fe 時最高，不過需要快速冷卻至 600°C 以下才能抑制有序結構的形成。

在一般的退火程序後，外加磁場可使含 56% 至 58% Ni 的鎳鐵合金的初始磁導率提升三到四倍。**磁性退火**（**magnetic anneal**）致使 Ni-Fe 晶格的原子產生方向性的有序，進而能增加合金的初始磁導率。圖 13.14 顯示磁性退火對 65% Ni–35% Fe 合金的遲滯迴路所造成的影響。

13.7 硬磁材料

Hard Magnetic Materials

13.7.1 硬磁材料的特質

硬磁材料（**hard magnetic material**）的特徵是矯頑磁力（H_c）和殘存磁感應強度（B_r）都高，如圖 13.11b 所示。因此，硬磁材料的遲滯迴路都既寬且高。磁化這些材料的外加磁場夠強，便能把材料的磁域定向至與外加磁場同方

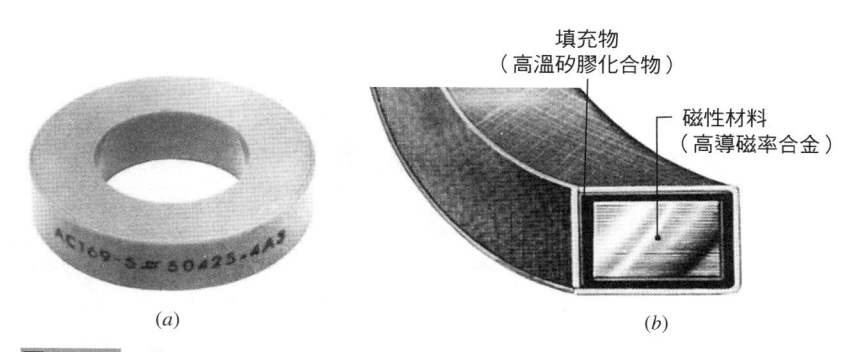

圖 13.13 帶捲磁心。(a) 為封裝的磁心，(b) 為用酚樹脂封裝的帶捲磁心截面。注意在磁性合金帶捲和酚樹脂封裝層之間有一矽膠填充物。高退火 Ni-Fe 帶捲合金的磁性對應變破壞相當敏感。

（資料來源：*Magnetics.*）

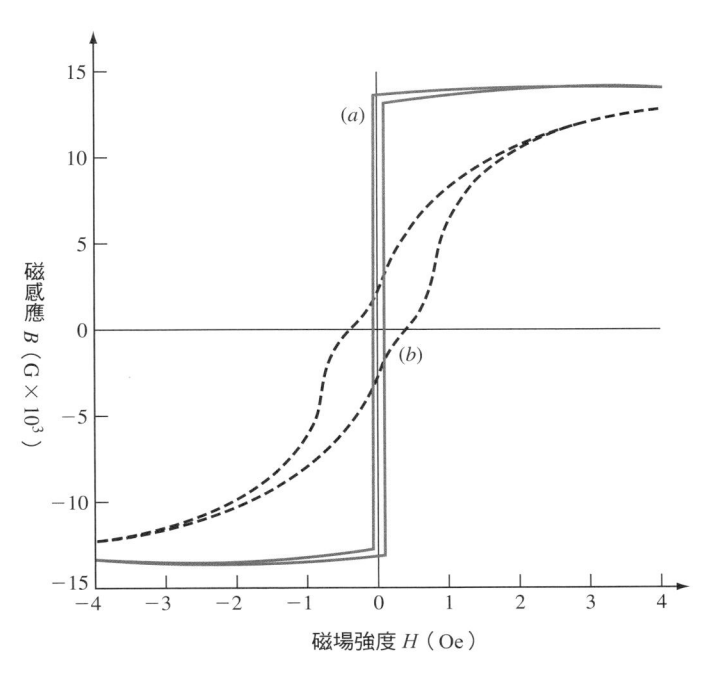

圖 13.14 磁性退火對 65% Ni–35% Fe 合金的遲滯迴路所造成的影響。(a) 有磁場退火的 65 高導磁合金；(b) 無磁場退火的 65 高導磁合金。

（資料來源：*K. M. Bozorth, "Ferromagnetism," Van Nostrand, 1951, p. 121.*）

向。某些外加磁場的能量會變成儲存在所產出的永久磁石中的位能。因此，相對於去磁化的磁石，完全磁化的永久磁石能量狀態會較高。

硬磁材料一旦磁化，就很難被消磁。硬磁材料的去磁化曲線被選擇為位在第二象限的遲滯迴路，可被用來和永久磁石的磁性強度作比較。圖 13.15 比較幾種不同硬磁材料的去磁化曲線。

13.7.2 亞力可合金

亞力可（鋁－鎳－鈷）合金〔alnico (aluminum-nickel-cobalt) alloy〕是目前最重要的商用硬磁材料，使用量占了美國硬磁材料市場的 35%。這些合金的特徵是能量積高〔$(BH)_{max}$ = 40 至 70 kJ/m³（5 至 9 MG·Oe）〕、殘磁感應強度高〔B_r = 0.7 至 1.35 T（7 至 13.5 kG）〕，而矯頑磁力中等〔H_c = 40 至 160 kA/m（500 至 2010 Oe）〕。表 13.5 列出一些亞力可合金與其他永磁合金的磁性。

亞力可族合金為添加了 Al、Ni、Co 與約 3% Cu 的鐵基合金。矯頑磁力較高的亞力可 6 與 9

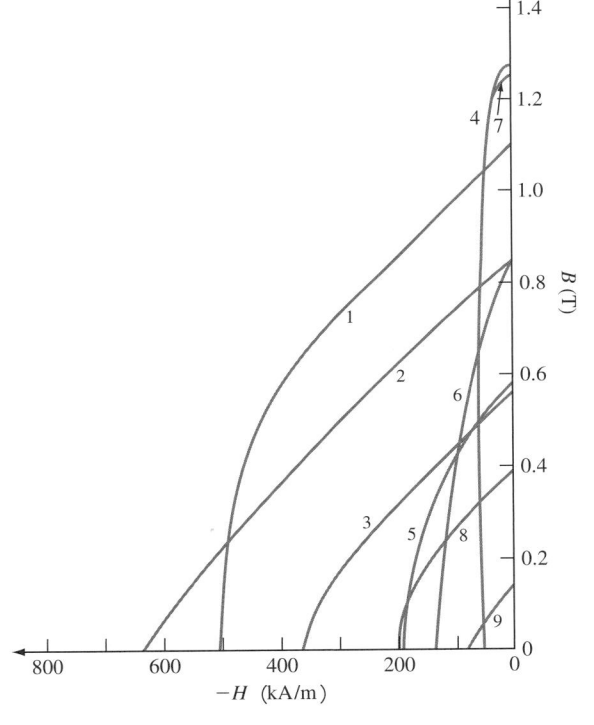

圖 13.15 不同硬磁材料的去磁化曲線。1：Sm(Co,Cu)$_{7.4}$；2：SmCo$_5$；3：鍵結 SmCo$_5$；4：亞力可合金 5；5：Mn-Al-C；6：亞力可合金 8；7：Cr-Co-Fe；8：鐵氧磁體；9：鍵結鐵氧磁體。

（資料來源：*G.Y.Chin and J. H. Wemick, "Magnetic Materials, Bulk," vol. 14: Kirk-Othmer "Encyclopedia of Chemical Technology," 3d ed., Wiley, 1981, p. 673.*）

合金還會另外添加少量的 Ti。圖 13.16 顯示一些亞力可合金成分的直條圖。亞力可 1 到 4 合金為等向性（isotropic），而亞力可 5 至 9 合金為異向性，因為它們在磁場中熱處理時會形成沉澱物。

13.7.3　稀土合金

稀土合金（rare earth alloy）磁體在美國的產量相當可觀，且磁性也優於任何商用磁性材料。稀土合金磁體的最大能量積 $(BH)_{max}$ 可高達 240 kJ/m³（30 MG・Oe），矯頑磁力則可達 3200 kA/m（40 kOe）。稀土過渡元素的磁性主要

表 13.5　硬磁材料的一些磁性

材料與成分	殘磁感應強度 B_r (T)	矯頑磁力 H_c (kA/m)	最大能量積 $(BH)_{max}$ (kJ/m³)
亞力可合金 1, 12 Al, 21 Ni, 5 Co, 2 Cu, bal Fe	0.72	37	11.0
亞力可合金 5, 8 Al, 14 Ni, 25 Co, 3 Cu, bal Fe	1.28	51	44.0
亞力可合金 8, 7Al, 15 Ni, 24 Co, 3 Cu, bal Fe	0.72	150	40.0
稀土元素－Co, 35 Sm, 65 Co	0.90	675-1200	160
稀土元素－Co, 25.5 Sm, 8 Cu, 15 Fe, 1.5 Zr, 50 Co	1.10	510-520	240
Fe-Cr-Co, 30 Cr, 10 Co, 1 Si, 59 Fe	1.17	46	34.0
$MO \cdot Fe_2O_3$ (M = Ba, SR)（鐵氧硬磁體）	0.38	235-240	28.0

資　料　來　源：G. Y. Chin and J. H. Wernick, "Magnetic Materials, Bulk," vol.14: Kirk-Othmer Encyclopedia of Chemical Technology, 3rd ed., Wiley, 1981, p. 686.

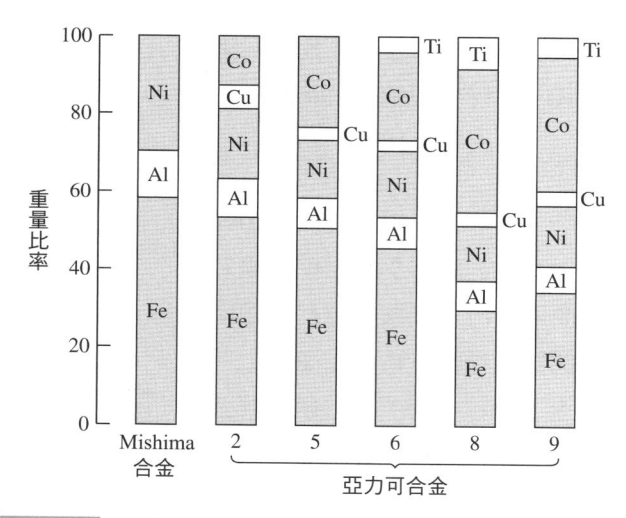

圖 13.16　亞力可合金的化學成分。此系列合金是由日本人 Mishima 於 1931 年在日本所發現。

（資料來源：B. D. Cullity, "Introduction to Magnetic Materials," Addison–Wesley, 1972, p. 566.）

是源自未成對的 4f 電子，和之前提過的 Fe、Co、Ni 等金屬的磁性是因為未成對的 3d 電子而來的機制類似。商用稀土磁性材料主要有兩大類：一種是以單相的 $SmCo_5$ 為基礎，而另一種則是以成分與 $Sm(Co,Cu)_{7.5}$ 類似的析出硬化合金為基礎。

$SmCo_5$ 單相磁體是最廣為使用的稀土磁性材料。這種材料的矯頑磁力機制來自磁壁在表面或晶界的成核和/或釘扎（pinning）。這些材料的磁場強度很高，$(BH)_{max}$ 值約在 130 至 160 kJ/m^3（16 至 20 MG·Oe）之間。

在析出硬化的 $Sm(Co,Cu)_{7.5}$ 合金中，$SmCo_5$ 中的部分 Co 會被 Cu 取代，使得在低老化溫度（400°C 至 500°C）時可產生微細且與 $SmCo_5$ 結構同調的析出物（約 10 nm）。這些材料會以磁場排列顆粒的粉末冶金法進行商產。添加少量的鐵和鋯可提升矯頑磁力。商用 $Sm(Co_{0.68}Cu_{0.10}Fe_{0.21})_{7.4}$ 合金典型的 $(BH)_{max}$ = 240 kJ/m^3（30 MG·Oe），B_r = 1.1 T（11,000 G）。圖 13.15 和圖 13.17 皆顯示出稀土磁性合金磁性強度的顯著改善。

Sm-Co 磁石也用在醫學元件上，像是植入泵和閥及用來促進眼瞼運動的微型馬達。稀土磁石也常用於電子腕錶和行波管。使用稀土磁體製造直流馬達、同步馬達和發電機可縮小機器的體積。

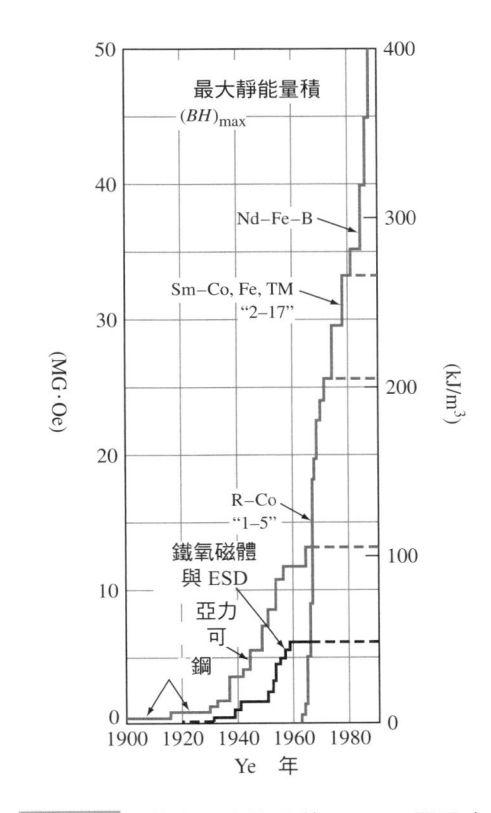

圖 13.17 藉由最大能量積 $(BH)_{max}$ 顯示出 20 世紀永久磁石品質的進步。
（資料來源：*K. J. Strnat, Soft and Hard Magnetic Materials with Applications," ASM Inter., 1986, p. 64.*）

13.7.4 釹－鐵－硼磁性合金

約在 1984 年左右，科學家發現了 $(BH)_{max}$ 高達 300 kJ/m^3（45 MG·Oe）的 Nd-Fe-B 硬磁材料。今日，這種材料能用粉末冶金法或快速固化融熔紡絲製程生產。圖 13.18a 顯示 $Nd_2Fe_{14}B$ 快速固化帶的顯微結構。在此結構中，高鐵磁性的 $Nd_2Fe_{14}B$ 基材顆粒受非鐵磁性的富 Nd 的薄晶粒邊界相包圍。這種材料的矯頑磁力和能量積 $(BH)_{max}$ 相當高，因為要使通常在基材晶粒晶界處成核的反向磁域成核相當困難（見圖 13.18b）。非鐵磁性富 Nd 粒間相會迫使基材為 $Nd_2Fe_{14}B$ 的晶粒在晶界將其反向磁域成核，以便使材料磁化反向。這個過程會使材料整體的 H_c 與 $(BH)_{max}$ 值達到最大。Nd-Fe-B 永久磁石可用於各種電動馬達，尤其是需要重量輕、體積小的汽車啟動馬達。

圖13.18 (a)由最佳淬火條件製成的 Nd-Fe-B 薄帶的穿透式電子顯微鏡照片，顯示方位隨機排列的晶粒被箭頭所指的薄晶粒邊界相包圍；(b) $Nd_2Fe_{14}B$ 單晶粒顯示反向磁域成核。

（資料來源：(a) J. J. Croat and J. F. Herbst, MRS Bull., June 1988, p. 37.）

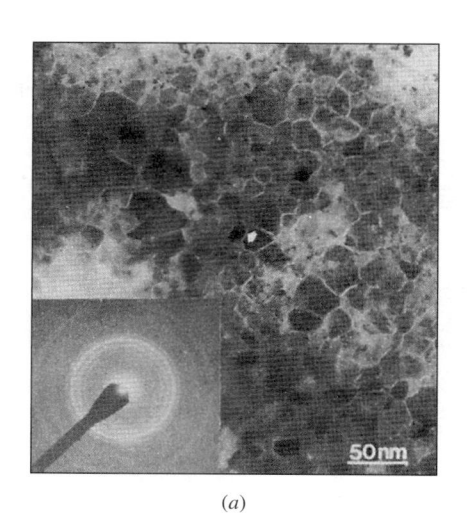

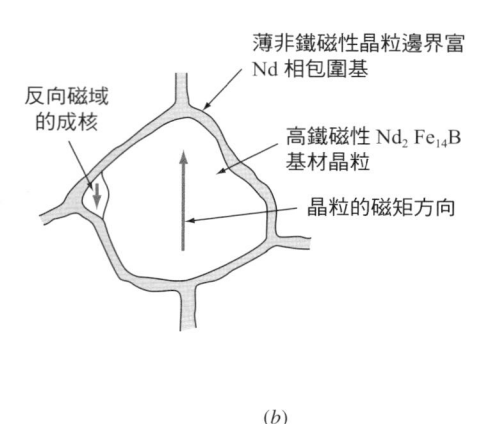

13.7.5 鐵－鉻－鈷磁性合金

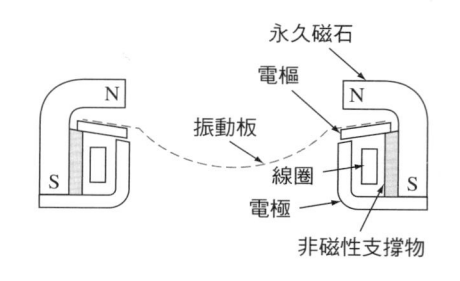

圖13.19 電話接收器使用延性永久磁石 Fe-Cr-Co 合金。U 型電話接收器的剖面圖顯示永久磁石的位置。

（資料來源：S. Jin et al., IEEE Trans. Magn., **17**:2935 (1981).）

磁性鐵－鉻－鈷合金（iron-chromium-cobalt alloy）一族在 1971 年被開發出來，有著和亞力可合金類似的冶金結構及永久磁性。差別是鐵－鉻－鈷合金能在室溫下進行冷加工。這種合金的典型成分是 61% Fe–28% Cr–11% Co。Fe-Cr-Co 合金常見的磁性為 B_r = 1.0 至 1.3 T，H_c = 150 至 600 A/cm，$(BH)_{max}$ = 10 至 45 kJ/m³。表 13.5 列出 Fe-Cr-Co 磁性合金的一些典型磁性。

Fe-Cr-Co 合金在工程應用上特別重要，因為它們的冷作加工延性容許在室溫下高速成形。現代電話接收器內的永久磁石就是這種冷作可變形的永久磁石合金的實用範例（見圖 13.19）。

13.8 鐵氧磁體
Ferrites

鐵氧磁體是一種磁性陶瓷材料，混合了粉末狀鐵氧化物（Fe_2O_3）、其他氧化物和粉狀碳酸鹽後，擠壓成形，再高溫燒結而成。有時還需要切削加工才能得到想要的外形。鐵氧磁體產生的磁化強度夠大，有商業價值，不過它們的磁化飽和程度並不如鐵磁材料。鐵氧磁體的磁域組織和遲滯迴路跟鐵磁材料相似。和鐵磁材料一樣，鐵氧磁體也可分為鐵氧軟磁與鐵氧硬磁。

13.8.1 鐵氧軟磁

鐵氧軟磁（soft ferrite）顯現出鐵氧磁性行為。鐵氧軟磁內有淨磁矩，因為材料中有兩組方向相反未成對內層電子的自旋偶極矩，兩者無法相互抵銷（見圖 13.8c）。

立方鐵氧軟磁的成分與結構 大部分的立方鐵氧軟磁組成為 $MO \cdot Fe_2O_3$，其中 M 是二價金屬離子，像是 Fe^{2+}、Mn^{2+}、Ni^{2+} 或 Zn^{2+} 等。鐵氧軟磁的結構是基於一種由礦物尖晶石（$MgO \cdot Al_2O_3$）結構變異後的反尖晶石結構。尖晶石和反尖晶石結構都含有 8 個次晶胞，如圖 13.20a 所示。每個次晶胞包含一個 $MO \cdot Fe_2O_3$ 分子，而每個分子有 7 個離子，因此每個單位晶胞內共有 7 × 8 = 56 個離子。每個次單位晶胞有由 $MO \cdot Fe_2O_3$ 分子的 4 個離子所組成的 FCC 晶體結構（見圖 13.18b）。極小的 M^{2+} 與 Fe^{2+} 金屬離子（半徑約 0.07 至 0.08 nm），占據較大氧離子（半徑約 0.14 nm）間的間隙型空間。

我們之前就討論過，FCC 單位晶胞中有等量 4 個八面體間隙型位置與 8 個四面體間隙型位置。正常尖晶石結構中，八面體間隙位置只被占據一半，因此一個單位晶胞內只有 $\frac{1}{2}$（8 個次晶胞 × 4 個位置／次晶胞）= 16 個八面體間隙位置被占據（見表 13.6）。正常尖晶石結構中，一單位晶胞內有 8 × 8（四面體間隙位置／次晶胞）= 64 個位置／單位晶胞，但其中只有 $\frac{1}{8}$ 被占據，因此一單位晶胞內只有 8 個四面體間隙位置被占據（見表 13.6）。

正常尖晶石結構（normal spinel structure）單位晶胞有 8 個 $MO \cdot Fe_2O_3$ 分子，其中 8 個 M^{2+} 離子占據了 8 個四面體間隙位置，而 16 個 Fe^{3+} 離子占據了 16 個八面體間隙位置。但是**反尖晶石結構**（inverse spinel structure）則不然：8 個 M^{2+} 離子占據 8 個八面體間隙位置，而 16 個 Fe^{3+} 離子則會被分開，8 個占據八面體間隙位置，另外 8 個則占據四面體間隙位置（見表 13.6）。

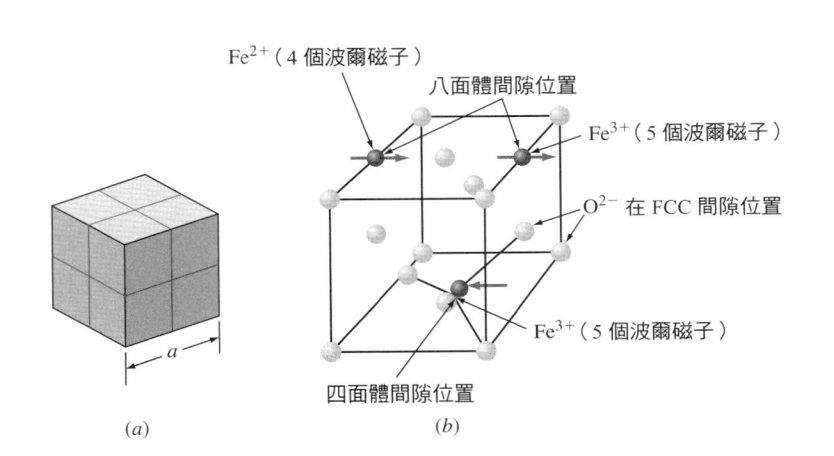

圖 13.20 (a) $MO \cdot Fe_2O_3$ 型鐵氧軟磁的單位晶胞，由 8 個次晶胞所組成；(b) $FeO \cdot Fe_2O_3$ 鐵氧磁體的次晶胞。在外加磁場的作用下，八面體間隙離子的磁矩方向和四面體間隙離子的磁矩方向相反，所以次晶胞內有淨磁矩，也因此材料也有淨磁矩。

表 13.6 金屬離子在組成為 MO·Fe$_2$O$_3$ 的尖晶石鐵氧磁體單位晶胞內的排列

間隙型位置	間隙數	被占據數	正常尖晶石	反尖晶石
四面體	64	8	8 Me^{2+}	8Fe^{3+} ←
八面體	32	16	16 Fe^{3+}	8Fe^{3+}，8Me^{2+} → →

鐵氧軟磁的性質與應用

磁性材料的渦電流損耗　鐵氧軟磁是重要的磁性材料，因為除了有磁性外，它們也是電阻率高的絕緣體。高電阻率在高頻率的磁性應用上非常重要，因為如果磁性材料具導電性，則在高頻率下的渦電流能量損耗會非常大。渦電流來自感應電壓梯度，因此頻率愈高，渦電流增加也會愈大。由於鐵氧軟磁是絕緣體，因此適合磁性應用，例如高頻率操作的變壓器磁心。

鐵氧軟磁的應用　鐵氧軟磁幾種最重要的應用包括微弱訊號、記憶磁心、視聽器材和錄影（音）磁頭。訊號微弱時，鐵氧軟磁被當作變壓器與低能量感應器用。大量的鐵氧軟磁是用在偏向軛磁心、返馳變壓器，以及電視接收器的聚焦線圈。

多種磁帶的錄製磁頭都使用 Mn-Zn 和 Ni-Zn 尖晶石鐵氧磁體。由於合金磁頭會有高渦電流損耗現象，因此錄製磁頭作業所需要的頻率（100 kHz 至 2.5 GHz）對金屬合金磁頭而言太高，所以會使用多晶 Ni-Zn 鐵氧磁體。

有些電腦上會使用以 0 與 1 二位元邏輯為基礎的記憶磁心。若要斷電時不流失所記憶的資訊，磁心就很重要。由於磁心記憶體沒有可移動的零件，因此適用於高耐衝擊性應用，例如某些軍事用途。

13.8.2　鐵氧硬磁

會被用來作為永久磁石的一群**鐵氧硬磁**（**hard ferrite**）的一般化學式為 MO·6Fe$_2$O$_3$，且為六方晶結構。其中最重要的是鋇鐵氧磁體（BaO·6Fe$_2$O$_3$），由飛利浦公司在 1952 年以 Ferroxdure（長效磁石）為商標名引入荷蘭。近幾年，鋇鐵氧磁體已逐漸被磁性更好的鍶鐵氧磁體（strontium ferrite）所取代，其一般化學式為 SrO·6Fe$_2$O$_3$。這些鐵氧磁體和鐵氧軟磁的製程幾乎相同，亦即在外加磁場下進行濕壓，使得顆粒的易磁化方向軸與外加磁場方向排列一致。

六方晶鐵氧磁體的成本低、密度小、矯頑磁力強，如圖 13.15 所示。材料的磁性強度來自其高磁晶異向性，它們的磁化咸信是源自磁壁的成核及運動，由於它的晶粒太大，不可能會有單一磁域行為。它們的 $(BH)_{max}$ 能量積範圍從 14 到 28 kJ/m^3 不等。

這些鐵氧硬磁陶瓷永久磁石廣泛應用在發電機、繼電器與馬達中。電子應用則包括喇叭、電話鈴聲裝置和接收器。它們也可用於關門持續裝置、密封裝置及閂鎖等裝置以及許多玩具設計。

13.9 名詞解釋 *Definitions*

13.2 節

鐵磁材料（ferromagnetic material）：能夠被高度磁化的材料，鐵、鈷、鎳元素為鐵磁材料。

磁場（magnetic field H）：由外加磁場，或由電流通過導線或螺線管所產生的磁場。

磁感應（magnetic induction B）：將材料插入外加磁場後，外加磁場與磁化強度之和。使用 SI 制，$B = \mu_0(H + M)$。

磁化強度（magnetization M）：將材料置於強度 H 的磁場內因而增加的磁通量。在 SI 制中，磁化強度等於真空磁導率（μ_0）乘以磁化強度，或：$\mu_0 M$（$\mu_0 = 4\pi \times 10^{-4}$ T·m/A）。

磁導率（magnetic permeability μ）：磁感應 B 與外加磁場 H 的比值；$\mu = B/H$。

相對磁導率（relative permeability μ_r）：材料的磁導率與真空磁導率的比值；$\mu_r = \mu/\mu_0$。

磁化率（magnetic susceptibility χ_m）：磁化強度 M 與外加磁場 H 的比值；$\chi_m = M/H$。

13.3 節

反磁性（diamagnetism）：材料受到外加磁場作用，產生一微弱的相反磁場反應；反磁性材料的負磁化率很小。

順磁性（paramagnetism）：材料受到外加磁場作用，產生一微弱的同向磁場反應；順磁性材料的正磁化率很小。

鐵磁性（ferromagnetism）：材料在外加磁場作用下，產生一個很強的磁化強度。移去此外加磁場後，鐵磁性材料還是保有大部分的磁化強度。

波爾磁子（Bohr magneton）：在鐵磁性或鐵氧磁性材料中，一個未成對電子所產生的磁矩；波爾磁子是一個基本單位，1 波爾磁子 = 9.27×10^{-24} A·m²。

反鐵磁性（antiferromagnetism）：材料受到外加磁場作用，原子的磁偶極矩會和外加磁場反向排列，因此不會有淨磁化現象。

亞鐵磁性（ferrimagnetism）：材料受到外加磁場作用，不同離子的磁偶極矩呈反向平行排列，因此有淨磁矩。

13.4 節

居里溫度（Curie temperature）：鐵磁材料的鐵磁性在材料加熱到某個溫度後會完全消失而變成順磁性，該溫度即為居理溫度。

13.6 節

磁致伸縮（magnetostriction）：在外加磁場下，鐵磁材料在磁化方向上的長度變化。

13.5 節

飽和感應（saturation induction B_s）：鐵磁材料磁感應 B_s 或磁化 M_s 的最大值。

殘磁感應強度（remanent induction B_r）：在 H 降至零後，鐵磁材料內的 B 或 M 值。

矯頑磁力（coercive forceHc）：使鐵磁性或鐵氧磁性材料內的磁感應降為零，而必須施加的磁場。

遲滯迴路（hysteresis loop）：將鐵磁性或鐵氧磁性材料磁化和去磁化所繪出的 B 與 H 或 M 與 H 關係圖。

13.6 節

軟磁材料（soft magnetic material）：具高磁導率與低矯頑磁力的磁性材料。

遲滯能損耗（hysteresis energy loss）：繞行遲滯迴路一次所損耗的功或能量。大部分的能量是在磁化時移動磁壁而損耗。

渦流能損耗（eddy-current energy loss）：使用交流電時，因磁性材料內出現感應電流而造成的能量損失。

鐵－矽合金（iron-silicon alloy）：在鐵內添加 3% 至 4% 矽（Fe-3%~4% si）的合金，是具高飽和磁感應的軟磁材料。此類合金用於馬達、低頻率電力變壓器和發電機。

鎳鐵合金（nickel-iron alloy）：高磁導率的軟磁合金，用於需要高敏感度的電子儀器，例如音頻與儀器變壓器。兩種常用的基本組成為 50% Ni–50% Fe 與 79%Ni–21% Fe。

13.7 節

硬磁材料（hard magnetic material）：具高矯頑磁力與高飽和感應的磁化材料。

亞力可（鋁－鎳－鈷）合金〔alnico（aluminum-nickel-cobalt）alloy〕：基本成分為 Al、Ni、Co 及約 25% 至 50% Fe 的永磁合金族。此類合金中有些會添加少量的 Cu 和 Ti。

稀土合金（rare earth alloy）：具極高能積的永磁合金族，此類合金最重要的兩種商用成分為 $SmCo_5$ 和 $Sm(Co, Cu)_{7.4}$。

最大能量積（maximum energy product, $(BH)_{max}$）：硬磁材料去磁化曲線上 B 與 H 乘積的最大值。$(BH)_{max}$ 值的 SI 制單位是 J/m^3。

鐵－鉻－鈷合金（iron-chromium-cobalt alloy）：含約 30% Cr–10~23% Co，其餘為鐵的永磁合金族，其優點為可在室溫下冷加工。

13.8 節

鐵氧軟磁（soft ferrite）：一般化學式為 $MO \cdot Fe_2O_3$ 的陶瓷化合物，其中的 M 是二價離子，像是 Fe^{2+}、Mn^{2+}、Zn^{2+} 或 Ni^{2+}。這種材料具鐵氧磁性，而且是絕緣體，因此可用於高頻率變壓器磁心。

正常尖晶石結構（normal spinal structure）：一般化學式為 $MO \cdot M_2O_3$ 的陶瓷化合物。此化合物的氧離子會形成 FCC 晶格，而 M^{2+} 離子會占據四面體間隙位置，M^{3+} 離子則占據八面體間隙位置。

反尖晶石結構（inverse spinal structure）：一般化學式為 $MO \cdot M_2O_3$ 的陶瓷化合物。此化合物的氧離子會形成 FCC 晶格，而 M^{2+} 離子會占據八面體間隙位置，M^{3+} 離子則會占據八面體以及四面體間隙位置。

鐵氧硬磁（hard ferrite）：陶瓷永磁材料，此材料最重要一族的一般化學式為 $MO \cdot Fe_2O_3$，其中的 M 是鋇（Ba）離子或鍶（Sr）離子。此種材料是六方晶體結構，其成本和密度都低。

13.10 習題 *Problems*

知識及理解性問題

13.1 說明因電子而產生磁場的兩種機制。

13.2 定義何謂亞鐵磁性。鐵氧磁體是什麼？請舉一個鐵磁化合物的例子。

13.3 何謂居里溫度？

13.4 定義何謂軟磁材料，何謂硬磁材料。

13.5 金屬玻璃有哪些特性？

應用及分析問題

13.6 計算鎳的飽和磁化強度和飽和感應磁化強度，假設所有未成對 $3d$ 電子都用在磁化上（Ni 是 FCC 晶格結構，$a = 0.352$ nm）。

13.7 畫出鐵磁材料的遲滯曲線，並且標出：(a) 飽和磁感應 B_s；(b) 殘磁感應 B_r；(c) 矯頑磁力 H_c。

13.8 計算圖 13.15 中亞力可 5 合金（曲線 4）的最大能量積。

13.9 一般咸信 $SmCo_5$ 磁性合金的矯頑磁力機制為何？

13.10 以下各鐵氧磁體分子的淨磁矩分別是多少：(a) $FeO \cdot Fe_2O_3$；(b) $NiO \cdot Fe_2O_3$；(c) $MnO \cdot Fe_2O_3$？

13.11 計算鐵氧磁體 $NiO \cdot Fe_2O_3$ 的飽和磁化值（單位為 A/m）與飽和感應（單位為 T）（$NiO \cdot F_2O_3$ 的 $a = 0.834$ nm）。

附錄

Appendix

附錄 I 元素的性質

元素	符號	熔點, °C	密度 * g/cm³	原子半徑, nm	晶體結構† (20°C)	晶格常數 (20°C), nm a	c
鋁 (Aluminum)	Al	660	2.70	0.143	面心立方	0.40496	
銻 (Antimony)	Sb	630	6.70	0.138	菱方	0.45067	
砷 (Arsenic)	As	817	5.72	0.125	菱方‡	0.4131	
鋇 (Barium)	Ba	714	3.5	0.217	體心立方‡	0.5019	
鈹 (Beryllium)	Be	1278	1.85	0.113	六方最密堆積‡	0.22856	0.35832
硼 (Boron)	B	2030	2.34	0.097	斜方		
溴 (Bromine)	Br	−7.2	3.12	0.119	斜方		
鎘 (Cadmium)	Cd	321	8.65	0.148	六方最密堆積‡	0.29788	0.561667
鈣 (Calcium)	Ca	846	1.55	0.197	面心立方‡	0.5582	
碳 (Carbon) (石墨)	C	3550	2.25	0.077	六方	0.24612	0.67078
銫 (Cesium)	Cs	28.7	1.87	0.190	體心立方		
氯 (Chlorine)	Cl	−101	1.9	0.099	正方		
鉻 (Chromium)	Cr	1875	7.19	0.128	體心立方‡	0.28846	
鈷 (Cobalt)	Co	1498	8.85	0.125	六方最密堆積‡	0.2506	0.4069
銅 (Copper)	Cu	1083	8.96	0.128	面心立方	0.36147	
氟 (Fluorine)	F	−220	1.3	0.071			
鎵 (Gallium)	Ga	29.8	5.91	0.135	斜方		
鍺 (Germanium)	Ge	937	5.32	0.139	鑽石立方	0.56576	
金 (Gold)	Au	1063	19.3	0.144	面心立方	0.40788	
氦 (Helium)	He	−270	...	...	六方最密堆積		
氫 (Hydrogen)	H	−259	...	0.046	六方		
銦 (Indium)	In	157	7.31	0.162	面心正方	0.45979	0.49467
碘 (Iodine)	I	114	4.94	0.136	斜方		
銥 (Iridium)	Ir	2454	22.4	0.135	面心立方	0.38389	
鐵 (Iron)	Fe	1536	7.87	0.124	體心立方‡	0.28664	
鉛 (Lead)	Pb	327	11.34	0.175	面心立方	0.49502	
鋰 (Lithium)	Li	180	0.53	0.157	體心立方	0.35092	
鎂 (Magnesium)	Mg	650	1.74	0.160	六方最密堆積	0.32094	0.52105
錳 (Manganese)	Mn	1245	7.43	0.118	立方‡	0.89139	
汞 (Mercury)	Hg	−38.4	14.19	0.155	菱方		
鉬 (Molybdenum)	Mo	2610	10.2	0.140	體心立方	0.31468	
氖 (Neon)	Ne	−248.7	1.45	0.160	面心立方		
鎳 (Nickel)	Ni	1453	8.9	0.125	面心立方	0.35236	
鈮 (Niobium)	Nb	2415	8.6	0.143	體心立方	0.33007	
氮 (Nitrogen)	N	−240	1.03	0.071	六方‡		
鋨 (Osmium)	Os	2700	22.57	0.135	六方最密堆積	0.27353	0.43191
氧 (Oxygen)	O	−218	1.43	0.060	立方‡		
鈀 (Palladium)	Pd	1552	12.0	0.137	面心立方	0.38907	
磷 (Phosphorus) (白色)	P	44.2	1.83	0.110	立方‡		
鉑 (Platinum)	Pt	1769	21.4	0.139	面心立方	0.39239	
鉀 (Potassium)	K	63.9	0.86	0.238	體心立方	0.5344	
錸 (Rhenium)	Re	3180	21.0	0.138	六方最密堆積	0.27609	0.44583
銠 (Rhodium)	Rh	1966	12.4	0.134	面心立方	0.38044	
釕 (Ruthenium)	Ru	2500	12.2	0.125	六方最密堆積	0.27038	0.42816
鈧 (Scandium)	Sc	1539	2.99	0.160	面心立方	0.4541	
矽 (Silicon)	Si	1410	2.34	0.117	鑽石立方	0.54282	
銀 (Silver)	Ag	961	10.5	0.144	面心立方	0.40856	

元素	符號	熔點, °C	密度 * g/cm³	原子半徑, nm	晶體結構[†] (20°C)	晶格常數 (20°C), nm a	c
鈉 (Sodium)	Na	97.8	0.97	0.192	體心立方	0.42906	
鍶 (Strontium)	Sr	76.8	2.60	0.215	面心立方[‡]	0.6087	
硫 (Sulfur)（黃色）	S	119	2.07	0.104	斜方		
鉭 (Tantalum)	Ta	2996	16.6	0.143	體心立方	0.33026	
錫 (Tin)	Sn	232	7.30	0.158	正方[‡]	0.58311	0.31817
鈦 (Titanium)	Ti	1668	4.51	0.147	六方最密堆積[‡]	0.29504	0.46833
鎢 (Tungsten)	W	3410	19.3	0.141	體心立方	0.31648	
鈾 (Uranium)	U	1132	19.0	0.138	斜方[‡]	0.2858	0.4955
釩 (Vanadium)	V	1900	6.1	0.136	體心立方	0.3039	
鋅 (Zinc)	Zn	419.5	7.13	0.137	六方最密堆積	0.26649	0.49470
鋯 (Zirconium)	Zr	1852	6.49	0.160	六方最密堆積[‡]	0.32312	0.51477

* 固體在 20°C 時的密度。

[†] b = 0.5877 nm。

[‡] 在其他溫度時會有其他晶體結構。

附錄 II　元素的離子半徑 [1]

原子序	元素（符號）	離子	離子半徑, nm	原子序	元素（符號）	離子	離子半徑, nm
1	H	H^-	0.154	23	V	V^{3+}	0.065
2	He					V^{4+}	0.061
3	Li	Li^+	0.078			V^{5+}	~0.04
4	Be	Be^{2+}	0.034	24	Cr	Cr^{3+}	0.064
5	B	B^{3+}	0.02			Cr^{6+}	0.03–0.04
6	C	C^{4+}	<0.02				
25	Mn	Mn^{2+}	0.091				
7	N	N^{5+}	0.01–0.02			Mn^{3+}	0.070
8	O	O^{2-}	0.132			Mn^{4+}	0.052
9	F	F^-	0.133	26	Fe	Fe^{2+}	0.087
10	Ne					Fe^{3+}	0.067
11	Na	Na^+	0.098	27	Co	Co^{2+}	0.082
12	Mg	Mg^{2+}	0.078			Co^{3+}	0.065
13	Al	Al^{3+}	0.057	28	Ni	Ni^{2+}	0.078
14	Si	Si^{4-}	0.198	29	Cu	Cu^+	0.096
		Si^{4+}	0.039	30	Zn	Zn^{2+}	0.083
15	P	P^{5+}	0.03–0.04	31	Ga	Ga^{3+}	0.062
16	S	S^{2-}	0.174	32	Ge	Ge^{4+}	0.044
		S^{6+}	0.034	33	As	As^{3+}	0.069
17	Cl	Cl^-	0.181			As^{5+}	~0.04
18	Ar			34	Se	Se^{2-}	0.191
19	K	K^+	0.133			Se^{6+}	0.03–0.04
20	Ca	Ca^{2+}	0.106	35	Br	Br^-	0.196
21	Sc	Sc^{2+}	0.083	36	Kr		
22	Ti	Ti^{2+}	0.076	37	Rb	Rb^+	0.149
		Ti^{3+}	0.069	38	Sr	Sr^{2+}	0.127
		Ti^{4+}	0.064				

原子序	元素（符號）	離子	離子半徑,nm	原子序	元素（符號）	離子	離子半徑,nm
39	Y	Y^{3+}	0.106	66	Dy	Dy^{3+}	0.107
40	Zr	Zr^{4+}	0.087	67	Ho	Ho^{3+}	0.105
41	Nb	Nb^{4+}	0.069	68	Er	Er^{3+}	0.104
		Nb^{5+}	0.069	69	Tm	Tm^{3+}	0.104
42	Mo	Mo^{4+}	0.068	70	Yb	Yb^{3+}	0.100
		Mo^{6+}	0.065	71	Lu	Lu^{3+}	0.099
44	Ru	Ru^{4+}	0.065	72	Hf	Hf^{4+}	0.084
45	Rh	Rh^{3+}	0.068	73	Ta	Ta^{5+}	0.068
		Rh^{4+}	0.065	74	W	W^{4+}	0.068
46	Pd	Pd^{2+}	0.050			W^{6+}	0.065
47	Ag	Ag^{+}	0.113	75	Re	Re^{4+}	0.072
48	Cd	Cd^{2+}	0.103	76	Os	Os^{4+}	0.067
49	In	In^{3+}	0.092	77	Ir	Ir^{4+}	0.066
50	Sn	Sn^{4-}	0.215	78	Pt	Pt^{4+}	0.052
		Sn^{4+}	0.074			Pt^{4+}	0.055
51	Sb	Sb^{3+}	0.090	79	Au	Au^{+}	0.137
52	Te	Te^{2-}	0.211	80	Hg	Hg^{2+}	0.112
		Te^{4+}	0.089	81	Tl	Tl^{+}	0.149
53	I	I^{-}	0.220			Tl^{3+}	0.106
		I^{5+}	0.094	82	Pb	Pb^{4-}	0.215
54	Xe					Pb^{2+}	0.132
55	Cs	Cs^{+}	0.165			Pb^{4+}	0.084
56	Ba	Ba^{2+}	0.143	83	Bi	Bi^{3+}	0.120
57	La	La^{3+}	0.122	84	Po		
58	Ce	Ce^{3+}	0.118	85	At		
		Ce^{4+}	0.102	86	Rn		
59	Pr	Pr^{3+}	0.116	87	Fr		
		Pr^{4+}	0.100	88	Ra	Ra^{+}	0.152
60	Nd	Nd^{3+}	0.115	89	Ac		
61	Pm	Pm^{3+}	0.106	90	Th	Th^{4+}	0.110
62	Sm	Sm^{3+}	0.113	91	Pa		
63	Eu	Eu^{3+}	0.113	92	U	U^{4+}	0.105
64	Gd	Gd^{3+}	0.111				
65	Tb	Tb^{3+}	0.109				
		Tb^{4+}	0.089				

[1] 不同晶體的離子半徑會因諸多因素而不同。

資料來源：C. J. Smithells (ed.), "Metals Reference Book," 5th ed., Butterworth, 1976.

某些聚合物的玻璃轉換溫度及熔化溫度

聚合物	玻璃轉換溫度（℃）	熔化溫度（℃）
Nylon 66	50	265
Nylon 12	42	179
Polybutylene terepthalate (PBT)	22	225
Polycarbonate	150	265
Polyetheretherketone (PEEK)	157	374
Polyethylene Terephthalate (PET)	69	265
Polyethylene	−78	100
Acrylonitrile Butadiene Styrene (ABS)	110	105
Polymethyl Methacrylate (PMMA)	38	160
Polypropylene (PP)	−8	176
Polystyrene	100	240
Polytetrafluoroethylene (PTFE)	−20	327
Polyvinyl Chloride (PVC)	87	227
Polyvinyl Ethyl Ether	−43	86
Polyvinyl Fluoride	40	200
Styrene Acrylonitrile	120	120
Cellulose Acetate	190	230
Acrylonitrile	100	317
Polyacetal	−30	183
Polyphenylene Sulfide Molded	118	275
Polysulfone	185	190
Polychloroprene	−50	80
Polydimethyl Siloxane	−123	−40
Polyvinyl Pyrrolidone	86	375
Polyvinylidene Chloride	−18	198

附錄 III　物理量及單位

物理量	符號	單位	縮寫
長度	l	英吋 (inch)	in
		公尺 (meter)	m
波長	λ	公尺 (meter)	m
質量	m	公斤 (kilogram)	kg
時間	t	秒 (second)	s
溫度	T	攝氏溫度 (degree Celsius)	°C
		華氏溫度 (degree Fahrenheit)	°F
		絕對溫度 (Kelvin)	K
頻率	ν	赫茲 (hertz)	Hz $[s^{-1}]$
力	F	牛頓 (newton)	N $[kg \cdot m \cdot s^{-2}]$
應力：			
拉伸應力	σ	帕斯卡 (pascal)	Pa $[N \cdot m^{-2}]$
剪應力	τ	磅／每平方英吋 (pounds per square inch)	lb/in^2 或 psi
能、功、熱量		焦耳 (joule)	J $[N \cdot m]$
功率		瓦特 (watt)	W $[J \cdot s^{-1}]$
電流	i	安培 (ampere)	A
電荷	q	庫倫 (coulomb)	C $[A \cdot s]$
電位差、電子移動力	V, E	伏特 (volt)	V
電阻	R	歐姆 (ohm)	Ω $[V \cdot A^{-1}]$
磁感應	B	特斯拉 (tesla)	T $[V \cdot s \cdot m^{-2}]$

希臘字母

名稱	小寫	大寫	名稱	小寫	大寫
Alpha	α	A	Nu	ν	N
Beta	β	B	Xi	ξ	Ξ
Gamma	γ	Γ	Omicron	o	O
Delta	δ	Δ	Pi	π	Π
Epsilon	ϵ	E	Rho	ρ	P
Zeta	ζ	Z	Sigma	σ	Σ
Eta	η	H	Tau	τ	T
Theta	θ	Θ	Upsilon	υ	Y
Iota	ι	I	Phi	ϕ	Φ
Kappa	κ	K	Chi	χ	X
Lambda	λ	Λ	Psi	ψ	Ψ
Mu	μ	M	Omega	ω	Ω

SI 單位字首

乘數	字首	符號
10^{-12}	pico	p
10^{-9}	nano	n
10^{-6}	micro	μ
10^{-3}	milli	m
10^{-2}	centi	c
10^{-1}	deci	d
10^{1}	deca	da
10^{2}	hecto	h
10^{3}	kilo	k
10^{6}	mega	M
10^{9}	giga	G
10^{12}	tera	T

例如：1 kilometer = 1 km = 10^3 meters。

参考書目

References for Further Study by Chapter

第 1 章

Annual Review of Materials Science. Annual Reviews, Inc. Palo Alto, CA.

Bever, M. B. (ed.) *Encyclopedia of Materials Science and Engineering*. MIT Press-Pergamon, Cambridge, 1986.

Canby, T. Y. "Advanced Materials—Reshaping Our Lives." Nat. Geog., 176(6), 1989, p. 746.

Engineering Materials Handbook. Vol. 1: *Composites*, ASM International, 1988.

Engineering Materials Handbook. Vol. 2: *Engineering Plastics*, ASM International, 1988.

Engineering Materials Handbook. Vol. 4: *Ceramics and Glasses*, ASM International, 1991.

www.nasa.gov

www.designinsite.dk/htmsider/inspmat.htm

Jackie Y. Ying, *Nanostructured Materials*, Academic Press, 2001.

"Materials Engineering 2000 and Beyond: Strategies for Competitiveness." *Advanced Materials and Processes* 145(1), 1994.

"Materials Issue." *Sci. Am.*, 255(4), 1986.

Metals Handbook, 2nd Edition, ASM International, 1998.

M. F. Ashby, *Materials Selection in Mechanical Design*, Butterworth-Heinemann, 1996.

M. Madou, *Fundamentals of Microfabrication*, CRC Press, 1997.

Nanomaterials: Synthesis, Properties, and Application, Editors: A. S. Edelstein and R. C. Cammarata, Institute of Physics Publishing, 2002.

National Geographic magazine, 2000–2001.

Wang, Y. et al., High Tensile *Ductility in a Nanostructured Metal, Letters to Nature*, 2002.

第 2 章

Binnig, G., H. Rohrer, et al. in *Physical Review Letters*, v. 50 pp. 120–24 (1983).

http://ufrphy.lbhp.jussieu.fr/nano/

Brown, T. L., H. E. LeMay and B. E. Bursten. *Chemistry*. 8th ed. Prentice-Hall, 2000.

Chang, R. *Chemistry*. 5th ed. McGraw-Hill, 2005.

http://www.molec.com/products_consumables. html#STM

H. Dai, J. H. Hafner, A. G. Rinzler, D. T. Colbert, R. E. Smalley, Nature 384, 147–150 (1996).

http://www.omicron.de/index2.html?/results/stm_image_of_chromium_decorated_steps_of_cu_111/~Omicron

http://www.almaden.ibm.com/almaden/media/image_mirage.html

Chang, R. General *Chemistry*. 4th ed. McGraw-Hill, 1990.

Chang, R. *Chemistry*. 8th ed. McGraw-Hill, 2005.

Ebbing, D. D. *General Chemistry*. 5th ed. Houghton Mifflin, 1996.

McWeeny, R. *Coulson's Valence*. 3d ed. Oxford University Press, 1979.

Moore, J.W., Stanitski, C.L. and Jurs, P.C., "Chemistry–The molecular science," 3rd Ed., 2008, Thompson.

Pauling, L. *The Nature of the Chemical Bond*. 3d ed. Cornell University Press, 1960.

Silberberg, M.S., "Chemistry–The molecular nature of matter and change," 4th Ed., 2008, McGraw-Hill.

Smith, W. F. T. M. S. *Fall Meeting*. October 11, 2000. Abstract only.

第 3 章

Barrett, C. S. and T. Massalski. *Structure of Metals*. 3d ed. Pergamon Press, 1980.

Cullity, B. D. *Elements of X-Ray Diffraction*. 2d ed. Addison-Wesley, 1978.

Wilson, A. J. C. *Elements of X-Ray Cystallography*. Addison-Wesley, 1970.

第 4 章和第 5 章

Flemings, M. *Solidification Processing*. McGraw-Hill, 1974.

Hirth J. P., and J. Lothe. *Theory of Dislocations*. 2d ed. Wiley, 1982.

Krauss, G. (ed.) *Carburizing: Processing and Performance*. ASM International, 1989.

Minkoff, I. *Solidification and Cast Structures*. Wiley, 1986.

Shewmon, P. G. *Diffusion in Solids*. 2d ed. Minerals, Mining and Materials Society, 1989.

第 6 章

ASM Handbook of Failure Analysis and Prevention. Vol. 11. 1992.

ASM Handbook of Materials Selection and Design. Vol. 20. 1997.

Courtney, T. H. *Mechanical Behavior of Materials*. McGraw-Hill, 1989.

Courtney, T. H. *Mechanical Behavior of Materials*. McGraw-Hill, 2d ed. 2000.

Dieter, G. E. *Mechanical Metallurgy*. 3d ed. McGraw-Hill, 1986.

Hertzberg, R. W. *Deformation and Fracture Mechanics of Engineering Materials*. 3d ed. Wiley, 1989.

http://www.wtec.org/loyola/nano/06_02.htm

Hertzberg, R. W. *Deformation and Fracture Mechanics of Materials*. 4th ed. 1972.

K. S. Kumar, H. Van Swygenhoven, S. Suresh, *Mechanical behavior of nanocrystalline metals and alloys*, Acta Materialia, 51, 5743–5774, 2003

Schaffer et al. "*The Science and Design of Engineering Materials*," McGraw-Hill, 1999.

T. Hanlon, Y. -N. Kwon, S. Suresh, *Grain size effects on the fatigue response of nanocrystalline metals*, Scripta Materialia, 49, 675–680, 2003.

Wang et al., *High Tensile Ductility in a nanostructured Metal*, Nature. Vol. 419, 2002.

Wulpi, J. D., "*Understanding How Components Fail*," ASM, 2000.

第 7 章

Massalski, T. B. *Binary Alloy Phase Diagrams*. ASM International, 1986.

Massalski, T. B. *Binary Alloy Phase Diagrams*. 3d ed. ASM International.

Rhines, F. *Phase Diagrams in Metallurgy*. McGraw-Hill, 1956.

第 8 章

Benedict, G. M. and B. L. Goodall. *Metallocene-Catalyzed Polymers*. Plastics Design Library, 1998.

"Engineering Plastics." Vol. 2, *Engineered Materials Handbook*. ASM International, 1988.

Kaufman, H. S., and J. J. Falcetta (eds.) *Introduction to Polymer Science and Technology*. Wiley, 1977.

Kohen, M. *Nylon Handbook*. Hanser, 1998.

Moore, E. P. *Polypropylene Handbook*. Hanser, 1996.

Moore, G. R., and D. E. Kline, *Properties and Processing of Polymers for Engineers*. Prentice-Hall, 1984.

Salamone, J. C. (ed.) *Polymeric Materials Encyclopedia*. Vols. 1 through 10. CRC Press, 1996.

第 9 章

Barsoum, M. *Fundamentals of Ceramics*. McGraw-Hill, 1997.

Bhusan, B. (ed.) *Handbook of Nanotechnology*, Springer, 2004.

"Ceramics and Glasses," Vol. 4, *Engineered Materials Handbook*. ASM International, 1991.

Chiang, Y., D. P. Birnie, and W. D. Kingery. *Physical Ceramics*. Wiley, 1997.

Davis, J. R. (ed.) *Handbook of Materials for Medical Devices*, ASM International, 2003.

Edelstein, A. S. and Cammarata, R. C. (eds.) *Nanomaterials: Synthesis, Properties, and Application*, Institute of Physics Publishing, 2002.

Engineered Materials Handbook. Vol. 4: Ceramics and Glasses. ASM International, 1991.

Handbook of Materials for Medical Devices, J. R. Davis, Editor, ASM International, 2003.

Handbook of Nanotechnology, Editor: B. Bhusan, Springer, 2004.

J. A, Jacobs and T. F. Kilduf, *Engineering Materials Technology*, 5th ed., Prentice Hall, 2004.

Jacobs, J. A. and Kilduf, T. F. *Engineering Materials Technology*, 5th ed., Prentice Hall, 2004.

Kingery, W. D., H. K. Bowen, and D. R. Uhlmann. *Introduction to Ceramics*. 2d ed. Wiley, 1976.

Medical Device Materials, Proceedings of the Materials and Processes for Medical Devices Conference, S. Shrivastava, Editor, ASM international, 2003.

Mobley, J. (ed.). *The American Ceramic Society*, 100 Years. American Ceramic Society, 1998.

Nanomaterials: Synthesis, Properties, and Application, Editors: A. S. Edelstein and R. C. Cammarata, Institute of Physics Publishing, 2002.

Nanostructured Materials, Editor: Jackie Y. Ying, Academic Press, 2001.

Shrivastava, S. (ed.) *Medical Device Materials*, Proceedings of the Materials and Processes for Medical Devices Conference, ASM International, 2003.

Wachtman, J. B. (ed.) *Ceramic Innovations in the Twentieth Century*. The American Ceramic Society, 1999.

Wachtman, J. B. (ed.) *Structural Ceramics*. Academic, 1989.

Ying, J. Y. (ed.) *Nanostructured Materials*, Academic Press, 2001.

第 10 章

Chawla, K. K. *Composite Materials*. Springer-Verlag, 1987.

"Composites." Vol. 1, *Engineered Materials Handbook*. ASM International, 1987.

Engineered Materials Handbook. Vol. 1: Composites. ASM International, 1987.

Engineers' Guide to Composite Materials. ASM International, 1987.

Handbook of Materials for Medical Devices, J. R. Davis, Editor, ASM International, 2003.

Harris, B. *Engineering Composite Materials*. Institute of Metals (London), 1986.

Metals Handbook. Vol. 21: *Composites*. ASM International, 2001.

M. Nordin and V. H. Frankel, *Basic Biomechanics of the Musculoskeletal System*, 3rd Ed., Lippincot, Williams, and Wilkins, 2001.

Nanostructured Materials, Editor: Jackie Y. Ying, Academic Press, 2001.

http://silver.neep.wisc.edu/~lakes/BoneTrab.html

第 11 章

Binnig, G., H. Rohrer, et al. in *Physical Review Letters*, v. 50 pp. 120–24 (1983).

http://ufrphy.lbhp.jussieu.fr/nano/

H. Dai, J. H. Hafner, A. G. Rinzler, D. T. Colbert, R. E. Smalley, Nature 384, 147–150 (1996).

http://www.omicron.de/index2.html?/results/stm_image_of_chromium_decorated_steps_of_cu_111/~Omicron

http://www.almaden.ibm.com/almaden/media/image_mirage.html

Hodges, D. A. and H. G. Jackson. *Analysis and Design of Digital Integrated Circuits*. 2d ed. McGraw-Hill, 1988.

Mahajan, S. and K. S. Sree Harsha. *Principles of Growth and Processing of Semiconductors*. McGraw-Hill, 1999.

http://www.molec.com/products_consumables.html#STM

Nalwa, H. S. (ed.) *Handbook of Advanced Electronic and Photonic Materials and Devices*. Vol. 1: Semiconductors. Academic Press, 2001.

Sze, S. M. (ed.) *VLSI Technology*. 2d ed. McGraw-Hill, 1988.

Sze, S. M. *Semiconductor Devices*. Wiley, 1985.

Wolf, S. *Silicon Processing for the VLSI Era*. 2d ed. Lattice Press, 2000.

第 12 章

Chafee, C. D. *The Rewiring of America*. Academic, 1988.

Hatfield, W. H. and J. H. Miller, *High Temperature Superconducting Materials*. Marcel Dekker, 1988.

Miller, S. E. and I. P. Kaminow. *Optical Fiber Communications II*. Academic Press, 1988.

Miller, S. E. and I. P. Kaminow. *Optical Fiber Communications II*. Academic Press, 1988.

Nalwa, H. S. (ed.) *Handbook of Advanced Electronic and Photonic Materials and Devices*. Vols. 3–8. Academic Press, 2001.

第 13 章

Chin, G. Y. and J. H. Wernick. "Magnetic Materials, Bulk." Vol. 14, *Kirk-Othmer Encyclopedia of Chemical Technology*. 3d ed. Wiley, 1981, p. 686.

Coey, M. et al. (eds.) *Advanced Hard and Soft Magnetic Materials*. Vol. 577. Materials Research Society, 1999.

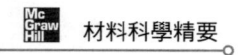

Cullity, B. D. *Introduction to Magnetic Materials*. Addison-Wesley, 1972.

Livingston, J. *Electronic Properties of Engineering Materials*. Chapter 5. Wiley, 1999.

Salsgiver, J. A. et al. (ed.) *Hard and Soft Magnetic Materials*. ASM International, 1987.

索引
Index

A

absorptivity　吸收率　345
acceptor level　受體能階　318
activation energy　活化能　122
advanced ceramic　先進陶瓷　8
alloy　合金　101
alnico（aluminum-nickel-cobalt）alloy　亞力可（鋁－鎳－鈷）合金　373
anneal　退火　151
antiferromagnetism　反鐵磁性　367
aramid fiber　醯胺纖維　287
Arrhenius rate equation　阿瑞尼斯速率方程式　124
atomic mass unit, amu　原子質量單位　20
atomic number, Z　原子序　20
atomic packing factor, APF　原子堆積因子　67

B

beam　光束　351
bias　偏壓　323
bipolar junction transistor, BJT　雙載子接面電晶體　325
blend　混摻物　7
body-centered cubic, BCC　體心立方　65
Bohr magneton　波爾磁子　365
bond energy　鍵能　47
bond length　鍵長　47
bond order　鍵級　47
bonding pair　鍵結對　47
boundary surface　邊界表面　29
brittle fracture　脆性斷裂　156

C

capacitance　電容值　333
capacitor　電容器　332
carbon fiber　碳纖維　286
ceramic material　陶瓷材料　4, 250
chain polymerization　鏈狀聚合化　193
chemically strengthened glass　化學強化玻璃　278
cis-1,4 polyisoprene　順-1,4 聚異戊二烯　230
coercive force　矯頑磁力　368
columnar grain　柱狀晶粒　99
composite material　複合材料　4, 284
compression molding　壓模成形　224
conduction band　傳導帶　312
cooling curve　冷卻曲線　174
coordination number, CN　配位數　252
copolymerization　共聚合化　213
copolymer　共聚合物　199
covalent bonding　共價鍵結　46
covalent radius　共價半徑　36
creep rate　潛變速率　163
creep　潛變　163
critical radius　臨界半徑　98
critical（minimum）radius ratio　臨界（最小）半徑比　252
cross-linking　交聯　224
crystal structure　晶體結構　62
crystallinity　結晶度　205
crystal　晶體　62
Curie temperature　居里溫度　367

D

degree of polymerization, DP　聚合度　194
degrees of freedom　自由度　173
diamagnetism　反磁性　363
dielectric constant　介電常數　333
dielectric strength　介電強度　334
dielectric　介電質　332
direction indices　方向指數　71
dislocation　差排　105
donor level　施體能階　317
ductile fracture　延性斷裂　156
ductile to brittle transition, DBT　延脆轉變　158

E

E glass　E 型玻璃　285
eddy-current energy loss　渦流能損耗　369
elastic deformation　彈性變形　134
elastomer　彈性體　230
electric current density　電流密度　29, 306
electric current　電流　303
electrical conductivity　導電係數　304
electrical conductor　導體　304
electrical insulator　電絕緣體　304
electrical resistance　電阻　303
electrical resistivity　電阻率　303
electromagnetic radiation　電磁輻射　23
electron affinity, EA　電子親和力　39
electron density　電子密度　29
electronegativity　電負度　40
electronic material　電子材料　4
electron　電子　313
embryo　胚　97
energy-band model　能帶模型　310
engineering strain　工程應變　135
engineering stress-strain diagram　工程應力－應變曲線圖　139
engineering stress　工程應力　134
equiaxed grain　等軸晶粒　99

equilibrium interionic distance　離子間平衡距離　42
equilibrium phase diagram　平衡相圖　171
equilibrium　平衡　172
eutectic composition　共晶成分　177
eutectic point　共晶點　177
eutectic reaction　共晶反應　177
eutectic temperature　共晶溫度　177

F

face-centered cubic, FCC　面心立方　65
fatigue failure　疲勞失效　160
fatigue life　疲勞壽命　161
fatigue　疲勞　160
ferrimagnetism　亞鐵磁性　367
ferromagnetic　鐵磁性　360
ferromagnetism　鐵磁性　364
ferrous metal and alloy　鐵基金屬及合金　5
fiber-reinforced plastic　纖維強化塑膠　289
first ionization energy, IE1　第一游離能　38
fluctuating dipole　變動偶極　55
fluorescence　螢光　349
forward biased　順向偏壓　323
Frenkel imperfection　法蘭克缺陷　105
functionality　官能度　197

G

Gibbs phase rule　吉布斯相定律　173
glass transition temperature, T_g　玻璃轉換溫度　203, 274-275
glass-forming oxide　玻璃形成氧化物　275
glass　玻璃　274
grain boundary　晶界　106
grain　晶粒　99

H

Hall-Petch equation　Hall-Petch 方程式　150
hard ferrite　鐵氧硬磁　378

hard magnetic material　硬磁材料　372
hardness　硬度　143
Hess Law　赫斯定律　45
heterogeneous nucleation　異質成核　98
hexagonal close-packed, HCP　六方最密堆積　65
high-resolution transmission electron microscope, HRTEM　高解析穿透式電子顯微鏡　113
hole　電洞　313
homogeneous nucleation　均質成核　97
homopolymer　同質聚合物　198
hybrid orbital　混成軌域　48
hydrogen bond　氫鍵　56
hypereutectic　過共晶　178
hypoeutectic　亞共晶　178
hysteresis energy loss　遲滯能損耗　369
hysteresis loop　遲滯迴路　368

I

index of refraction　折射率　343
injection molding　射出成形　224-225
intensity of magnetization　磁化強度　362
intergranular　粒間　158
intermediate oxide　中間氧化物　275
interstitial diffusion　間隙擴散　126
interstitial solid solution　間隙型固溶體　103
intrinsic semiconductor　本質半導體　312
invariant reaction　無變度反應　184
inverse spinel structure　反尖晶石結構　377
ionic bonding　離子鍵結　41
ionization energy　游離能　25
iron-chromium-cobalt alloy　鐵－鉻－鈷合金　376
iron-silicon alloy　鐵－矽合金　370
isomorphous system　類質同型系統　175
isotope　同位素　20

L

laser　雷射　351
lattice energy　晶格能　45
lattice point　晶格點　62
law of chemical periodicity　化學週期定律　22
law of mass conservation　質量守恆定律　18
law of multiple proportions　倍比定律　18
light attenuation　光衰減　355
linear atomic density, ρ_l　線原子密度　84
liquidus line　液相線　175
low-angle boundary　低角度晶界　106
luminescence　發光　349

M

magnetic anneal　磁性退火　372
magnetic field　磁場　360
magnetic permeability　磁導率　362
magnetic quantum number　磁量子數　30
magnetic susceptibility　磁化率　363
magneticinduction　磁感應　362
majority carrier　多數載子　319
mass number, A　質量數　20
materials engineering　材料工程　3
materials science　材料科學　3
material　材料　2
mer　單體單元　194
metallic bond　金屬鍵　51
metallic glass　金屬玻璃　91
metallic material　金屬材料　4
metallic radius　金屬半徑　36
metalloid　類金屬　40
microelectromechanical system, MEM　微機電系統　12
micromachine　微機械　12
Miller indices of a crystal plane　結晶面的米勒指數　74
minority carrier　少數載子　319
modulus of elasticity　彈性模數　140

mole 莫耳 20
monomer 單體 193
monotectic reaction 偏晶反應 183
motif 基本單元 62

N

nanomaterial 奈米材料 12
negative oxidation number 負氧化數 40
network covalent solid 共價網狀固體 50-51
network modifier 網路改良劑 275
nickel-ironalloy 鎳鐵合金 372
nonferrous metal and alloy 非鐵基金屬及合金 5
normal spinel structure 正常尖晶石結構 377
n-type（negative-type）extrinsic semiconductor n型（負型）外質半導體 317
nucleus charge effect 核電荷效應 32
nucleus 核 96
number of components 成分數量 173

O

octahedral 八面體 259
optical waveguide 光波導 356
optical-fiber communication 光纖通訊 354
orbital 軌域 29

P

paramagnetism 順磁性 364
Pauli's exclusion principle 鮑立不相容原理 31
peritectic reaction 包晶反應 180
permanent dipole 永久偶極 55
phase 相 171
phosphorescence 磷光 349
photon 光子 26
piezoelectric ceramic 壓電陶瓷 11
planar atomic density, ρ_p 面原子密度 82
pn junction pn接面 322
polycrystalline 多晶體 100

polymeric material 高分子聚合物材料 4
polymer 聚合物 193
population inversion 居量逆轉 352
positive oxidation number 正氧化數 39
primary bond 主要鍵結 40
primary 初晶 179
principal quantum number 主量子數 30
proeutectic 共晶前 179
p-type（positive-carrier-type）extrinsic semiconductor p型（正載子型）外質半導體 318

Q

quantum 量子 23

R

radius ratio 半徑比 252
rare earth alloy 稀土合金 374
reactive metal 活性金屬 40
reactive nonmetal 活性非金屬 40
rectifier diode 整流二極體 324
refractory 耐火材料 271
region of thermal arrest 熱阻抗區 174
relative permeability 相對磁導率 362
remanent induction 殘磁感應強度 368
reverse biased 反向偏壓 323
roving 紗束 285

S

S glass S型玻璃 285
saturation induction 飽和感應 368
scanning electron microscope, SEM 掃描式電子顯微鏡 111
scanning probe microscope, SPM 掃描探針顯微鏡 114
Schottky imperfection 蕭特基缺陷 105
second ionization energy, IE2 第二游離能 38
secondary bond 次級鍵結 54

self-diffusion 自我擴散 125-126
self-interstitial 或 interstitialcy 自我間隙 105
semiconductor 半導體 304
semicrystalline 半晶質 91
shape-memory alloy 形狀記憶合金 11
shared pair 共享對 47
shear strain 剪應變 137
shear stress 剪應力 137
shielding effect 屏蔽效應 32
slip system 滑動系統 148
slipband 滑動帶 145
slip 滑動 145
smart material 智慧型材料 11
soft ferrite 鐵氧軟磁 377
soft magnetic material 軟磁材料 369
solid solution 固溶體 101
solid-solution strengthening 固溶強化 153
solidus line 固相線 175-176
solvus line 固溶線 177
space lattice 空間晶格 62
spin quantum number 自旋量子數 31
stacking fault 疊差 105-106
stepwise polymerization 逐步聚合化 202
stereoisomer 立體異構體 205
stereospecific catalyst 立體特異性催化劑 206
strain hardening 應變硬化 152
substitutional diffusion 置換擴散 125
substitutional solid solution 置換型固溶體 101
superalloy 超合金 5
superplasticity 超塑性 154
system 系統 173

T

tempered glass 強化玻璃 277
tetrahedral 四面體 259
thermoplastic 熱塑性塑膠 192
thermosetting plastic 熱固性塑膠 192
tow 纖維束 287
trans-1,4 polyisoprene 反-1,4 聚異戊二烯 231
transgranular 穿晶 158
transmission electron microscope, TEM 穿透式電子顯微鏡 112
twinning 雙晶 148
twin 雙晶 106
twist 扭轉 106

U

ultimate tensile strength, UTS 最大拉伸強度 140
uncertainty principle 測不準原理 27
unit cell 單位晶胞 62

V

vacancy 空位 104
valence band 價電帶 312
volume density, ρ_v 體密度 82
vulcanization 硫化 232

Y

yield strength 降伏強度 140

397